Wilhelm Müller

Dahlia, Fuchsia, Gerbera

WILHELM MÜLLER

DAHLIA, FUCHSIA, GERBERA

Ein unterhaltsames Handbuch
über Pflanzengattungen und ihre Namenspatrone

Mit Beiträgen von Richard Müller
und Wolfgang Zähle

Manuscriptum

ISBN 978-3-937801-04-9

Umschlaggestaltung: Achim Schmidt, Waltrop
2. Auflage 2007

Inhalt

Vorwort

So unwahrscheinlich es ist, bei der Bestellung eines »Reis Trauttmannsdorff« selbst in einem Gourmet-Tempel etwas über den Namensgeber dieser kulinarischen Köstlichkeit zu erfahren, wird man auch kaum Näheres über den Namenspatron einer Pflanzengattung in einem Gärtnereibetrieb in Erfahrung bringen. Und beim Nachschlagen in dem umfangreichen Angebot an Pflanzenenzyklopädien, botanischen Ratgebern und Bestimmungsbüchern muß man sich, sofern überhaupt entsprechende Informationen vermittelt werden, meist mit kargen Hinweisen begnügen. Das vorliegende Buch möchte dazu beitragen, diese Lücke auszufüllen. Aus einer Sammlung von über achthundert biographischen Skizzen des Autors werden knapp sechshundert vorgelegt. Die Auswahl umfaßt nicht nur die Namenspatrone bekannter und beliebter, sondern auch zahlreicher weithin unbekannter Gattungen. Gerade unter diesen »Exoten« könnte sich aber manche Spezies befinden, die sich bei der derzeitigen intensiven Suche nach neuen Heilmitteln (und Kosmetika) aus der Pflanzenwelt eines Tages als begehrtes Phytopharmakon den Laboratorien oder Apotheken präsentieren wird. Als aktuelles Beispiel sei auf die in den Trockengebieten Südafrikas beheimatete und nach dem in diesem Buch berücksichtigten James Sutherland benannte *Sutherlandia frutescens* verwiesen, die heute zur Behandlung HIV-infizierter Patienten verwendet wird. Die Besonderheiten der vorgestellten Lebensläufe, die zumeist auch interessante Facetten zur Geschichte der Botanik widerspiegeln, sind vielfältig: abenteuerliche Unternehmungen, ernstes wissenschaftliches Streben, kaufmännisches Geschick, romanhafte Schicksale – hinzu kommen jene schillernden, nicht selten allzumenschlichen Begebenheiten, die sich mit mythologischen Gestalten verknüpfen. Zahlreiche Einzelheiten der biographischen Skizzen verdanke ich der freundlichen und bereitwilligen Unterstützung durch Mitarbeiter von Archiven und Bibliotheken. Für ausführliche Hilfen danke ich Frau Fernanda Menegalle (Padua), Frau Dr. Magdalena Mularczyk (Wroclaw/Breslau) und den Herren Dr. Norbert Höser (Altenburg), Prof. R. W. Home (Melbourne), Dr. Klaus Dobat (Tübingen), Dr. Franz Dumont (Mainz) und Mgr. Richard Mohan (Pettigo, Donegal). Mein Dank gilt dem Verlag für die Aufnahme des ungewöhnlichen Projektes in sein Programm. Ganz besonders bin ich dem Lektor, Herrn Dr. Wolfgang Zähle, für seine sorgsame Begleitung und kenntnisreiche Aufmerksamkeit verpflichtet. Ich bitte um Nachsicht, wenn dieses Kaleidoskop der unterschiedlichsten Lebensläufe trotz aller Sorgfalt die eine oder andere Unstimmigkeit enthalten mag, da die zu Rate gezogenen Quellen und Darstellungen nicht in jedem Falle widerspruchsfreie und endgültige Auskünfte geben. Herrn Richard Müller danke ich für seinen gemeinverständlichen und praxisnahen Beitrag über die komplizierte Technik der Namensgebung in der Botanik. Es würde mich freuen, wenn es mit den hier versammelten biographischen Skizzen gelänge, manch blutleeren Name einer Gattung, auch wenn er als Synonym gewissermaßen ins zweite Glied zurücktreten mußte, für den Pflanzenfreund mit Leben zu erfüllen.

Wilhelm Müller

Einleitung

Die wissenschaftlichen botanischen Namen sind dem Laien meist ein Buch mit sieben Siegeln. Zugegeben, die oft kompliziert aussehenden – und auch zu lesenden – Bezeichnungen sind dem des Lateinischen und Griechischen nicht Mächtigen von vornherein erst einmal verschlossen. Aber dann schälen sich nicht selten plötzlich Namen heraus, die teils vertraut, teils eher fremd erscheinen, aber als Namen unverkennbar sind. Stehen sie an erster Stelle der in der Regel zweiteiligen (binären) Pflanzenbezeichnung oder allein, dann bezeichnen sie eine Gattung, d. h. eine Gesamtheit von Arten mit bestimmten gleichen wesentlichen Merkmalen.

Was sind das für Namen? Zunächst einmal sind zu unterscheiden Namen von historischen Personen oder Geschlechtern und Namen aus der Mythologie, speziell der griechischen: *Dahlia, Laelia, Lamarckia* stehen für die ersteren, *Danae, Dianella, Narcissus* für letztere. Eponyme heißen solche Gattungsbezeichnungen nach realen, fiktiven oder mythologischen Personennamen in der Fachsprache. Sie kommen auch in anderen Wissenschaften oder gar als Markenbezeichnungen vor. Die historisch verbürgten Personen umspannen einen Zeitraum vom Altertum bis ins 20. Jahrhundert. Viele Namen konzentrieren sich auf Länder, die Kolonien besaßen und von denen aus daher besonders intensiv gereist wurde. Daß in jenen fernen Territorien viele bis dahin unbekannte Pflanzen entdeckt wurden, liegt auf der Hand. Aber auch Länder, in denen die Botanik einen bedeutenden Stellenwert hatte, etwa Deutschland und die Schweiz, sind mit zahlreichen Namen vertreten. Bei England spielt zudem das hohe Ansehen der Gartenkultur eine wichtige Rolle.

Die meisten Namenspatrone haben sich Verdienste um die Entdeckung, Bestimmung oder Einführung von Pflanzen erworben, um die wissenschaftliche Systematik, zeichnerische Darstellung oder ganz allgemein um die Förderung der botanischen Bemühungen. Auffallend viele dieser Persönlichkeiten hatten Medizin studiert und wandten sich dabei oder auch später der Botanik zu – ein deutlicher Hinweis darauf, wie eng einst Heilkunst und Pflanzenkunde, vor allem Kräuterkunde, verbunden waren.

Neben den eigentlichen Familiennamen stehen auch Besitztitel als Namensgeber, so für *Strelitzia* Prinzessin Charlotte Sophia von Mecklenburg-Strelitz, für *Sansevieria* Raimondo de Sangro, Fürst von San Severo.

Manche Pflanzennamen sind uns so vertraut, daß man mit ihnen kaum mehr Personen verbindet. Das liegt wohl daran, daß zum einen bei ihnen eine annähernde Gleichheit zwischen wissenschaftlichem Namen und deutscher Bezeichnung vorliegt: Fuchsie *(Fuchsia)* und Dahlie *(Dahlia)* stehen dafür. Und: Diese Pflanzen, hier Blumen, sind weit verbreitet und nahezu jedermann bekannt. Hört oder liest man den Namen, denkt man unbedingt zuerst an die Blume – und nicht an Leonhart Fuchs oder Anders Dahl.

Ganz anders bei der *Goethea*. Hier denkt man sofort an den großen Dichter. Zum einen gibt es keine deutsche Bezeichnung für die Pflanze, vor allem aber ist sie hierzulande kaum bekannt, da sie im brasilianischen Regenwald zu Hause ist.

So gibt es schon bei den direkten Zusammenhängen von Pflanzen und Namen manch überraschende Entdeckung zu machen. Zu einer hochinteressanten, oft spannenden Kultur-

geschichte weitet sich dann das Eindringen in Biographien und Schicksale der Namenspatrone oder von Personen aus ihrem Umkreis, sei es das abenteuerliche Leben des William Bligh oder der eng mit Alexander von Humboldt verbundene Weg Bonplands.
Köstlich und oft amüsant wird die Beschäftigung mit Namenspatronen aus der Mythologie, wenn man über die bloßen Namen hinaus das Agieren der Götter, ihrer Abkömmlinge und sonstiger Figuren mit all ihren durchaus nicht altertümlichen Eigenschaften verfolgt. Ein wundersames, phantastisches und symbolträchtiges Universum tut sich hier auf.
Das Buch wendet sich an einen breiten Nutzerkreis, nicht in erster Linie an den botanischen Fachmann, obgleich auch er es mit Gewinn wird verwenden können. Im Mittelpunkt stehen deshalb auch nicht nomenklatorische Fragen, sondern Biographien, Lebensinhalte und -schicksale. Eine vollständige Erfassung aller in Frage kommenden Namen verbot sich von selbst – sie würde wohl mehrere tausend Einträge erfordern. So haben wir eine Auswahl von Namen solcher Persönlichkeiten getroffen, deren Biographien uns besonders wichtig, interessant, beziehungsvoll, spannend, tragisch oder auch skurril erschienen. Deshalb wurden auch Gattungsbezeichnungen aufgenommen, die inzwischen durch andere ersetzt sind und nur noch als Synonyme, d. h. als nicht mehr gültige Bezeichnungen, angeführt werden, deren Namenspatrone aber eine besondere Biographie aufweisen, wie z. B. *Mandevilla*. Außerdem wurden auch Gattungen berücksichtigt, die zwar zu Synonymen wurden wie etwa *Funkia*, aber unter dieser nicht mehr offiziellen Bezeichnung oft noch gehandelt werden. Manches ist breiter ausgeführt, manches nur kurz skizziert, da wenig (oder auch besonders viel und allgemein Vorauszusetzendes) über die betreffenden Personen bekannt ist. In jedem Falle wird eine Fülle von Informationen geliefert, die man sofort nutzen oder aus eigenem Interesse auch vertiefen und erweitern kann.
Über moderne Pflanzenjäger und die Entdeckung und Beschaffung neuer Pflanzen in der Gegenwart informiert ausführlich Bobby J. Ward in seinem Buch »The Plant Hunter's Garden – The New Explorers and Their Discoveries«, Portland und Cambridge 2004.
Die Einträge sind alphabetisch nach den wissenschaftlichen Namen der Gattungen – nicht nach den Personennamen – angeordnet, da die Ausgangsfrage für den Nutzer ja zumeist ist, woher die Gattungen ihren Namen haben. Ihre Schreibweise entspricht der Schreibung in dem Standardwerk »Zander – Handwörterbuch der Pflanzennamen« von W. Erhardt, E. Götz, N. Bödeker und N. Seybold, 16. Aufl., Stuttgart 2000, und im »International Plant Names Index« (IPNI). Synonyme sind mit einem Sternchen * gekennzeichnet: Während z. B. im Falle *Acca (*Feijoa) Acca* der gültige, *Feijoa* aber ein nicht mehr gebräuchlicher Gattungsname ist, wurde im Falle **Brossaea (Gaultheria) Brossaea* zu inkorrekten, synonymen Gattungsbezeichnung und durch *Gaultheria* ersetzt. Es ist verständlich, daß diese zwar lästigen, jedoch unvermeidlichen Umbenennungen der Transparenz der Nomenklatur nicht gerade förderlich sind. Bis aber die neuen, im Regelwerk des Internationalen Code der Botanischen Nomenklatur (ICBN) festgelegten Pflanzenbezeichnungen in der Praxis angewandt werden, braucht es seine Zeit. Deshalb ist es leicht erklärlich, daß manche Pflanzen weiterhin im Handel unter ihrem nun zum Synonym gewordenen Namen angeboten werden.
Unter dem Eintrag – gleich, ob gültiger Name wie *Acca* oder Synonym wie **Brossaea* – findet sich in jedem Falle der zugrunde liegende Personenname. Aber auch bei der zweiten

möglichen Fragestellung, ob eine bestimmte Person Namenspatron ist, wird der Nutzer in den weitaus meisten Fällen problemlos fündig. Da der Großteil der Gattungsnamen aus direkten Stammableitungen von Personennamen besteht, findet man von Boccone ohne weiteres zu *Bocconia*, von Kniphof zu *Kniphofia*, aber auch von Telephos zu *Telephium*. Nur in ganz wenigen Fällen gelingt dies nicht ohne weiteres, etwa von L'Héritier zu *Heritiera*, von Moritz (von Oranien) zu *Mauritia* oder von Bock zu *Tragus* (Gattungsname mit der latinisierten Namensform identisch). Hier hilft das Register der Personennamen und von ihnen abgeleiteten Gattungen weiter, ebenso bei Ableitungen von identischen Familiennamen, hinter denen aber verschiedene Personen stehen (Hooker, Nees von Esenbeck, Smith). Bei Textverweisen auf Namen, aus denen sich problemlos die dazugehörigen Gattungsnamen erschließen lassen, steht im allgemeinen nur das Verweiszeichen (>), das sicher zu der zum Namen gehörenden Gattung führt; bei Namen, aus denen nicht formal zwingend der Gattungsname folgt, steht hinter dem Verweiszeichen zusätzlich der Name der Gattung: Bernard de Jussieu (>*Bernardia*).
Nicht alle Lebensdaten ließen sich zweifelsfrei ermitteln, speziell, wenn sie aus älterer Zeit sind. Bei Schreibweisen von Namen gibt es in der Literatur, auch in Standardwerken, manche Varianten, dazu kommen in älterer Zeit Latinisierungen. Objektive Kriterien für die Schreibung gibt es bei solchen Varianten kaum.
Werke der beschriebenen Persönlichkeiten werden nur in Auswahl genannt; oft handelt es sich um illustrierte botanische Prachtwerke, deren Originale heute kostbare Raritäten und, sofern keine Nachdrucke (Reprints) davon vorliegen, meist nur schwer zugänglich sind. Für die Ermittlung näherer Angaben ist nach wie vor unersetzlich, obgleich nicht lückenlos, Claus Nissens große kommentierte Bibliographie »Die botanische Buchillustration«, Stuttgart 1951, 2. ergänzte Aufl. 1966.
In sehr vielen der biographischen Skizzen werden wissenschaftliche Akademien und Gesellschaften genannt, deren Mitglieder die jeweiligen Persönlichkeiten oft waren. Die bedeutendsten werden im Kurzporträt im Anhang dargestellt.
Der Versuch, den wissenschaftlichen Gattungsnamen Namen im deutschen Sprachgebrauch zuzuordnen, muß notwendigerweise ein Torso bleiben: Für diese Namen gibt es kein verbindliches Verzeichnis, sie lassen sich zum Teil mehreren wissenschaftlichen Namen zuordnen und umgekehrt, mancher Name ist nur eine regionale Bezeichnung, und schließlich benennen die meisten deutschen Namen nur bestimmte Arten, nicht aber die Gattung. Und für eine Unzahl wissenschaftlicher Gattungsnamen gibt es überhaupt keine deutschen Entsprechungen. Dennoch wird dem Anhang ein Verzeichnis der Gattungsnamen im deutschen Sprachgebrauch beigefügt, um die Orientierung im Werk zu erleichtern.

Von Abelia bis Zinnia – die Gattungen und ihre Namenspatrone

Synonyme sind mit * versehen – siehe auch Seite 10 –,
Verweise mit (>) – siehe auch Seite 11.

A

Abelia

Clarke Abel (1780–1826) war Doktor der Medizin und praktizierte in Norwich. Als die Englische Ostindien-Kompanie Lord Amherst (>) ins Reich der Mandarine schickte, begleitete Abel als »Chief Medical Officer and Naturalist« die Gesandtschaft. 1816 wurden die Anker gelichtet, und die »Alceste« segelte zunächst westwärts nach Rio de Janeiro. Mit neuem Kurs nach Südosten und um das Kap der Guten Hoffnung wurde zunächst Hongkong erreicht. Vor den Toren Pekings wartete man im Sommerpalast des Kaisers auf die Erlaubnis, vor das Antlitz des Erhabenen treten zu dürfen. Doch die Mission verlief sehr unglücklich, das heißt, sie fand überhaupt nicht statt. Seine Lordschaft fuhr in einer pompösen Karosse, gezogen von vier Maultieren, vor, weigerte sich, den vom Hofzeremoniell vorgeschriebenen, aber ihm unzumutbar erscheinenden Begrüßungsritus, die Prostration, auszuführen und verließ beleidigt den Palast. Ohne also das Antlitz des Kaisers gesehen zu haben, wurden Lord Amherst und sein Troß kurzerhand unter militärischer Bewachung 1817 wieder nach Europa zurückgeschickt. Dennoch gelang es Abel, auf dem Rückmarsch zur Küste fleißig Pflanzen und Samen zu sammeln. Abel hatte sich auch mit den Landessitten befaßt. Er beschrieb verschiedene Methoden des Opiumrauchens und berichtete über die von chinesischen und japanischen Ärzten unter der Bezeichnung Moxa angewandte Therapie zur Heilung lokaler Schmerzen: Man zerreibt in einem Mörser Blätter und zarte Stiele einer Mogusa benannten Pflanze (davon wahrscheinlich abgeleitet Moxa) und formt daraus einen kleinen Kegel, den man auf die schmerzende Hautstelle plaziert und anzündet. Die zunderartige Masse verbrennt im Nu und nimmt die Schmerzen weg. Abels Ausbeute an Pflanzen erreichte England leider nicht. Die »Alceste«, der die Sammlung für die Passage anvertraut war, lief auf ein Korallenriff und versank im Südchinesischen Meer. 1818 wurde Abel Mitglied der Londoner Linnean Society. Als Chefarzt der englischen Ostindien-Kompanie verbrachte er mehrere Jahre in Kalkutta, wo er 1826 verstarb.

*Acca (*Feijoa)*

Die altrömische Göttin oder Heroine Acca nimmt in der Sagenwelt eine sehr zwielichtige Stellung ein, was sich schon aus ihren Beinamen schließen läßt. Als Acca Larentia, Mutter der Laren, die als Beschützer der Felder und Wege, des Herdes und der Familie höchste Verehrung genossen, war sie die Gattin jenes Hirten Faustulus, der die unbarmherzig ausgesetzten Zwillinge Romulus und Remus gefunden hatte. Acca nahm sich besonders des kleinen Romulus an und kümmerte sich mütterlich um ihn. Zum Dank für dieses edle Verhalten verehrten sie die Römer gleich zweimal, nämlich im April und im Dezember. Da bekanntlich zunächst eine Wölfin (lat. *lupa*) die Zwillinge gesäugt hatte, bis die brave Acca die Stelle einer Amme übernahm, bekam auch sie den Beinamen Lupa. Damit aber nimmt diese idyllische Geschichte eine Wendung ins Frivole. Lupa bedeutet nämlich auch die Dirne! So wundert es nicht, daß Acca gelegentlich noch mit den Beinamen Faula oder Fabula, was ebenfalls mit Hure zu übersetzen ist, gerufen wurde. Das aber leitet zu einem zweiten, nicht minder interessanten Acca-Mythos über. Einst forderte in Rom an einem Feiertage, an dem Herkules verehrt wurde, der Hüter seines Tempels den Gott selbst zu einem Brettspiel auf. Herkules willigte ein und stimmte auch der Bedingung zu, daß der Verlierer der Partie dem Gewinner eine üppige Mahlzeit und ein ebensolches Mädchen zu spendieren habe. Der Tempelhüter verlor natürlich das Spiel und servierte, wie abgemacht, seinem göttlichen Gegner ein opulentes Mahl und die stadtbekannte liebreizende Dirne Acca. Nachdem Herkules alles gebührend genossen hatte, bedankte er sich höflich bei ihr und versprach, daß sie den Lohn für ihre Dienste von dem Manne erhalten werde, der ihr am nächsten Morgen als erster über den Weg laufen wird. Dieser Glückspilz war ein gewisser Tarutius, ein wohlhabender etruskischer Großgrundbesitzer. Von ihrer Schönheit überwältigt, nahm er sie zur Frau und hinterließ ihr ein beträchtliches Erbe. Als Acca verschied oder als göttliches Wesen einfach verschwand, was sich nicht genau eruieren läßt, vermachte sie großherzig ihren Reichtum dem römischen Volke.

Achillea

Achillpflanze, Garbe, Schafgarbe

Als Musterbeispiel eines antiken Helden gehört Achilles zu den bekanntesten Sagengestalten. Nur sein Einstieg in diese Rolle war nicht gerade ein rühmliches Ereignis. Eines Tages klopften auch die Werber für den Feldzug gegen Troja an die Pforte seines väterlichen Palastes. Doch der junge Mann hatte alles andere im Kopfe, als sich kriegslüstern zu geben. Flugs verkleidete er sich als Mädchen und bestaunte unerkannt mit den Hausgenossinnen die von den Werbern als Köder ausgelegten prächtigen Geschenke. Plötzlich ertönten außerhalb des Palastes schrille militärische Trompetensignale. Achill zuckte zusammen, ließ alle Kostbarkeiten liegen und rannte wie der Blitz begeistert nach draußen. Damit war es mit der Kriegsdienstverweigerung aus. Wieder einmal konnte sich der Schlaukopf Odysseus, der zu den Werbern gehörte, über eine gelungene List ins Fäustchen lachen. In glänzender Rüstung trat Achill ins Griechenheer und segelte seinem tragischen Schicksal entgegen. Als er geboren war, hatte ihn nämlich seine fürsorgliche Mutter Thetis, eine mit einem gewissen Peleus verehelichte Meeresnymphe, in den Unterweltfluß Styx getaucht, um ihn unverwundbar zu machen. Dabei hielt sie seine rechte Ferse umschlungen, die hierdurch natürlich ungeschützt blieb. Mit göttlicher Unerbittlichkeit lenkte bekanntlich beim Sturm der Griechen auf Troja sein Erzwidersacher Apollon den Pfeil des Paris so, daß er die gefährdete Ferse des sieggewohnten Helden todbringend durchstach. Kein Kraut und keine ärztliche Kunst konnten ihn, der selbst durch seine Ausbildung bei dem Kentauren Cheiron (>) zu heilen wußte, retten.

Actaea

Christophskraut

Als der Weidmann Aktaion mit seiner Meute von 50 Hunden wieder einmal durch Berg und Tal streifte, wollte er seinen Augen nicht trauen. Sah er doch, wie Artemis, die schöne Göttin der Jagd, gerade zum Bade in ein Gewässer steigen wollte. Aber der Voyeur hatte die Rechnung ohne den Wirt bzw. ohne die Umsicht der Göttin gemacht. Sie hatte ihn erspäht. Das Vergnügen des unverschämten Spanners, am Stammtisch mit seinem delikaten Erlebnis zu prahlen, machte Artemis auf grausame Weise zunichte, indem sie Aktaion in einen Bock verwandelte. Seine Hunde zögerten nicht, ihn wie ein Beutetier in Stücke zu reißen. Und weil die Früchte der *Actaea* so gefährlich sein sollen wie die Hunde des unseligen Jägers, gab ihr Linné (>) dessen Namen.

Adansonia

Affenbrotbaum, Baobab

Michel Adanson (1727–1806) wurde in Aix-en-Provence geboren. Seine Familie stammte aus Schottland. In Paris wurde er im Collège Sainte-Barbe ausgebildet und begann dann ein theologisches Studium mit der Absicht, Geistlicher zu werden. Der Erzbischof von Paris, ein Freund der Familie, hatte für ihn schon eine Stelle als Kanonikus reserviert. Doch Adanson wechselte die Fakultät und entschied sich für das Studium der Natur. Ab 1744 studierte er am Collège Royal und am Jardin du Roi. Durch die Vermittlung von Pierre Félix Barthélémy David, einem der Direktoren der Compagnie des Indes, erhielt er einen Verwaltungsposten dieser Gesellschaft in Senegal. 1748 brach er nach Afrika auf, 1754 traf er wieder in Paris ein. In seinem Gepäck brachte er mehr als 5.000 Pflanzen, ein dickes Bündel Manuskripte und verschiedene Tiere mit. Die in Afrika gesammelten Erfahrungen veröffentlichte Adanson 1757 unter dem Titel »Histoire naturelle du Sénégal«. Von besonderem Wert für die Handelskompanie waren natürlich seine Aufzeichnungen zur Geographie des Senegal und ein Wörterbuch der Landessprache. 1758 erhielt er auf Anregung des Kanzlers Malesherbes von König Ludwig XV. einen Posten bei der Regierung, mit dessen kleinem Gehalt sich Adanson über Wasser halten und die Arbeit an seinem zweibändigen Werk »Familles des plantes«, das auch den Versuch zu einer Geschichte der Botanik enthält, abschließen konnte. Adanson plante eine erweiterte Ausgabe, die 27 mit Abbildungen reich ausgestattete Bände umfassen sollte. In einer längeren Abhandlung berichtete er über den Baobab oder Affenbrotbaum *(Adansonia digitata)*. König Ludwig XVI. stellte ihm die Imprimerie Royale, die königliche Druckerei, und als Wohn- und Arbeitssitz das Trianon zur Verfügung. Inzwischen war er offiziell als Botaniker bei der Académie Royale des Sciences angestellt worden. Nach Aussagen seines Sohnes war Adanson bei einem höchst anspruchslosen Lebensstil ein unermüdlicher Arbeiter mit einem täglichen Pensum von 18 bis 20 Stunden. Bei Züchtungsversuchen mit Melonen und Gerste prägte er den Ausdruck Mutation. Für die von Diderot redigierte »Encyclopédie«, das Standardwerk der Aufklärungszeit, verfaßte er über 400 Artikel. 1779 unternahm er Reisen in die Alpen und die Pyrenäen. Die Revolution jedoch machte seine weitgesteckten Pläne zunichte. Als er zur Gründung des Institut de France, des Nachfolgers der Königlichen Akademie, eingeladen wurde, konnte er nicht teilnehmen, weil er keine Schuhe hatte. Der Innenminister gestand ihm eine kleine Pension zu. Ohne Unterbrechung arbeitete Adanson bis zum Tode an seinem großartigen Plan und hinterließ eine umfangreiche Sammlung an Manuskripten.

Adlumia

John Adlum (1759–1836) wurde in York, Pennsylvania, geboren, ging unter die Soldaten und brachte es bei der Miliz zum General. Ab 1795 bekleidete er für drei Jahre ein Richteramt in Lycoming County (Pennsylvania). Seine wahre Bestimmung aber war die Kultivierung der Reben. In Georgetown (District of Columbia) erwarb er Land und richtete eine Züchtungsanstalt ein. Adlum experimentierte zunächst mit europäischen Importen, entschied sich aber später, auch auf den Rat von Thomas Jefferson (>), für den Anbau einheimischer Rebsorten. Besonders empfahl er den Anbau der sogenannten Catawba-Traube, die bald von den amerikanischen Winzern bevorzugt wurde. Seine Erfahrungen teilte er 1823 in einem Werk über die Kultivierung und Herstellung von Wein mit. 1826 folgte die Publikation »Adlum on Making Wine«. Er verstarb 1836 in der Nähe von Georgetown in seinem Domizil »The Vineyard«.

Adonis

Adonisröschen, Teufelsauge

Adonis' Mutter war Myrrha, die ihn mit ihrem trunken gemachten Vater Kyniras, einem König von Zypern, in dunkler Nacht gezeugt hatte. Als der König, der nun Vater und zugleich Großvater des ungeborenen Kindes war, die blutschänderische Buhlschaft gewahr wurde, zog er sein Schwert und wollte seine Tochter umbringen. Aber Aphrodite, die hinter der Geschichte steckte, verwandelte Myrrha schnell in einen Baum. Das väterliche Schwert spaltete den Stamm, und heraus kollerte das Knäblein Adonis. Aphrodite verbarg es flugs in einer Kiste, die sie Persephone, der Göttin der Unterwelt, anvertraute. Persephone zog den kleinen

Adonis auf und machte ihn, als er zum berückend schönen Jüngling gereift, zu ihrem Liebhaber. Aber auch Aphrodite begehrte Adonis nun zum Liebesspiel. Ein weiser Gerichtsspruch gestand den mannstollen Göttinnen zu, jeweils ein Drittel des Jahres den Schönen genießen zu dürfen, im dritten Drittel sollte er sich allein die Zeit vertreiben. Aphrodite bezirzte jedoch den Jüngling so, daß er ihr zwei Jahresdrittel den Genuß seiner Schönheit gewährte. Die empörte Persephone veranlaßte ihren Götterfreund Ares zu einem entsetzlichen Racheakt. In der Gestalt eines wilden Ebers zerfleischte er mit seinen Hauern den begehrten Leib des Jünglings. Als die Tropfen seines Blutes die Erde netzten, verwandelten sie sich in einen Teppich rötlicher Anemonen. »Doch kurz ist ihr Dasein. / Denn da nur allzu lose hinfällig die Blätter ihr hängen, / wird sie vom Winde verweht und trägt nach diesem den Namen.« (*92*, X, 737). Anemos bedeutet im Griechischen Wind.

Aeginetia

Paulos von Ägina war ein griechischer Arzt, der im 7. Jahrhundert lebte und vermutlich in Alexandria praktizierte und lehrte. Als sein Hauptwerk kennt man ein siebenbändiges Handbuch. Band III, der den Krankheiten »von Kopf bis Fuß« gewidmet war, wurde im frühen Mittelalter ins Lateinische übersetzt. Die arabischen Mediziner schätzten Paulos besonders als Geburtshelfer und priesen ihn als al-qabili, als »für die Hebammen zuständig«. Durch die Übertragung seiner Schriften durch Johannitius (808–873), der eigentlich Hunain ibn Ishaq hieß und Leibarzt des Kalifen al-Mutawakkil in Bagdad war, flossen viele Zitate aus dem Handbuch in die arabische medizinische Literatur ein. Abulkasim (936–1013) schrieb ein größeres Werk und benutzte im Kapitel über Chirurgie mit einigen Modifikationen die Beiträge des Paulos von Ägina zu dieser Sparte der Heilkunde.

Afzelia

Adam Afzelius (1750–1837) studierte zunächst in Uppsala orientalische Sprachen, wandte sich aber dann der Botanik zu und wurde ein Schüler und »Apostel« von Linné (>). 1789 begab er sich nach England, wo er die Gelegenheit bekam, an Expeditionen nach Sierra Leone teilzunehmen (1792–93 und 1794–96). Bei einem Angriff der Franzosen auf die dortige britische Kolonie wurde seine gesamte Sammlung vernichtet. Afzelius begann einen Neuanfang, konnte wieder eine reiche Auswahl an Pflanzen zusammentragen und kehrte mit dieser Kollektion nach Uppsala zurück.

Agave *(*Bonapartea)*
Agave

Agave, die Tochter des Kadmos und der Harmonia, war verheiratet mit einem gewissen Echion. Aus dieser Ehe entsprang ihr Sohn Pentheus. Als Dionysos (>) und seine Mänaden, eine Horde wilder zügelloser Weiber, zu denen auch Agave gehörte, in Böotien das Land verwüsteten und in rauschhafter Besessenheit sogar die Kälber auf den Weiden zerrissen, versuchte Pentheus dem Treiben Einhalt zu gebieten. Doch vom Wein und von religiöser Inbrunst betört, richtete sich die Wut der Verblendeten gegen den Lästigen. Seine Mutter Agave führt die rasende Rotte an und stürmt, von Wahnsinn ergriffen, auf ihn, den sie für einen Eber hält, los. »›Hei!‹ so ruft sie laut, ›so kommt doch, ihr Schwestern! Jenen gewaltigen Eber, der unsre Gefilde verwüstet, schlagt mir nieder den Eber!‹ So rennt die tobende Horde gegen den Bebenden ... Keinen Arm mehr kann er jammernd zur Mutter erheben, nur die Stümpfe allein der geschändeten Glieder ihr zeigen. ›Schau doch, Mutter!‹, so schrie er; Agave sieht es und schüttelt das Haar in den Lüften, reißt ihm das Haupt herunter und packt es mit blutigen Fingern.« (*83*, III, 710).

Aglaia

Aglaia, das ist die »Glänzende«, und ihre beiden Schwestern Euphrosyne (Frohsinn) und Thaleia (Blüte), die hochgeborenen Töchter einer Verbindung des Zeus mit der Urgöttin Eurynome in dunklen Zeiten, begegnen uns als die anmutigen, stets zum Lachen aufgelegten, tanzenden und singenden Begleiterinnen der Aphrodite (>*Paphiopedilum*) und wurden die drei Chariten, die Freundlichen, genannt. Die Römer übernahmen dieses Trio als Grazien. Aglaia heiratete später Abas, den König von Argolis, und gebar ihm Zwillingssöhne. Sie mußte wohl eine sehr beschwerliche und unangenehme Schwangerschaft durchgemacht haben, denn die beiden rauflustigen Knaben hatten schon im Mutterleib begonnen, sich heftig zu streiten. Zum Kummer ihrer Mutter setzten sie nach dem frühen Tode des Vaters im Kampf um das Erbe ihr Leben mit zunehmender Gewalt fort. Über Aglaias Schicksal schweigen die Chronisten. Wahrscheinlich hat ihr die Enttäuschung über ihre Söhne das Herz gebrochen. Mit Wehmut wird sie wohl der Tage gedacht haben, als sie noch mit ihren beiden Schwestern bei den Olympischen Spielen die Athleten aus Orchomenos, wo die Chariten besonders eifrig verehrt wurden, mit Gesang und Tanz anfeuerte. Als die ersten Cheerleader lehren auch sie uns: nichts Neues unter der Sonne.

Ainsliaea

Sir Whitelaw Ainslie (1767–1837) wurde in Dunse, Berwick, geboren, studierte Medizin und erwarb in Leiden in Holland den Doktortitel. 1788 trat er als Hilfschirurg in die East India Company ein und wurde in einer Garnison im indischen Chingleput eingesetzt. 1810 beauftragte man ihn, Maßnahmen zur Verbesserung des Gesundheitszustandes der Truppenkontingente auszuarbeiten. Vier Jahre später diente er als Oberchirurg in Madras. 1815 quittierte er den Dienst und kehrte nach England zurück. Für seine Verdienste erhielt Ainslie 1816 eine Belohnung von 600 Guineen. Seine während des Indienaufenthaltes gesammelten Erfahrungen über die Verwendung von einheimischen Produkten in der Medizin und Landwirtschaft bei den Hindus faßte er in der Abhandlung »Materia Indica« (1813, 1826) zusammen. In weiteren Veröffentlichungen berichtete er über medizinische Themen wie z. B. über die Cholera. Ainslie war Mitglied der Royal Society. Im Ruhestand versuchte er sich auch an dichterischen Projekten. So verfaßte er das Drama »Clemenza oder das etruskische Waisenkind« in fünf Akten, das mehrmals aufgelegt wurde. Zwei Jahre nach seiner Erhebung in den Adelsstand verstarb Sir Ainslie in London.

Aitonia

William Aiton (1731–1793) stammte aus Hamilton in Schottland und ergriff den Gärtnerberuf. 1754 suchte er in London eine Stelle und wurde von Philip Miller (>) erst als Gehilfe, später als Gärtner am Botanischen Garten in Chelsea eingestellt. 1759 holte man ihn in die Verwaltung des Botanischen Gartens Kew, der zu dieser Zeit im Besitz der Princess of Wales war. Aiton setzte sich mit außerordentlichem Eifer für den Ausbau des Gartens ein und nahm jede Gelegenheit wahr, den Pflanzenbestand mit Neuerwerbungen zu bereichern. Durch seine Initiative wurde 1772 Francis Masson (>) als einer der ersten Sammler nach Südafrika geschickt. 1789 veröffentlichte Aiton den »Hortus Kewensis«, einen Katalog der Flora des inzwischen königlichen Gartens, in dem über 5.600 Spezies berichtet wurde. Als zuverlässige Helfer standen ihm Solander (>) und Dryander (>) zur Seite. Eine zweite Auflage dieses epochalen Werkes erschien in fünf Bänden 1810 bis 1813 unter der Herausgeberschaft seines Sohnes. Ohne Frage war es Aitons Verdienst, aus Kew einen der bedeutendsten botanischen Gärten geschaffen zu haben. Er wurde von seinen Zeitgenossen als wohltätiger, mildherziger und frommer

Mann geschätzt. In der Gunst König Georgs III. stand er so hoch, daß ihm dieser in Kew ein Haus errichten ließ. Aiton starb 1793 an einem Leberleiden und fand auf dem Friedhof in Kew in Nachbarschaft zu seinem geliebten Garten seine letzte Ruhestätte.

Albizia *(*Paraserianthes)*
Ostindische Walnuß, Schirmakazie

Antonio Albizzi (?–1532) wurde in Florenz geboren. Er trat in den Zisterzienserorden ein und erhielt im Kloster S. Salvatore bei Florenz die Abtswürde. Albizzi war in allen Wissenschaften und ganz besonders in der Mathematik versiert. Seine Kommentare zu den Schriften Euklids fanden in der Fachwelt große Bewunderung. Als Naturforscher befaßte er sich mit Sümpfen und deren ökologischen Problemen. Er war hoch angesehen bei Papst Leo X. und erhielt mehrfach das Angebot, ein Bistum zu übernehmen, was er jedoch stets ausschlug.

Aldrovanda
Wasserfalle

Ulisse Aldrovandi (1522–1605) wurde in Bologna geboren und gehört zu den herausragenden Naturforschern Italiens. Zunächst studierte er in seiner Vaterstadt Mathematik und Jura. Dann wechselte er 1545 nach Padua, um dort Philosophie und Medizin zu studieren. 1553 dozierte er in Bologna Medizin und Logik. Acht Jahre später ernannte ihn die Universität zum ersten Professor für Naturgeschichte, heute würden wir sagen für Biologie. Auf ausgedehnten Reisen bemühte er sich, seine Kenntnisse der Natur durch eigene Anschauung zu vertiefen. Er gründete in Bologna ein naturhistorisches Museum und leitete den dortigen Arzneikräutergarten. Zu seinen Pflichten gehörte die sorgfältige Begutachtung neuer Pflanzen, die der Großherzog von Toskana, Francesco I. de Medici, aus dem Botanischen Garten in Pisa anforderte. Aldrovandi korrespondierte mit den Botanikern in ganz Europa und tauschte Samen aus. Sein Hauptwerk war die 13bändige Naturgeschichte »Opera omnia«, von der er selbst nur vier Bände zwischen 1599 und 1603 publizieren konnte. Die restlichen wurden nach seinem Tode von seiner Witwe und Kollegen veröffentlicht. Die Katalogisierung der Tiere und Pflanzen enthält neben der Darstellung der neuesten in Amerika entdeckten Arten auch Beschreibungen von Fabelwesen. Ein besonderer Abschnitt berichtet über Mißbildungen (»De Monstris«). Der 13. Band mit dem Titel »Dendrologia« ist der Botanik gewidmet. Aldrovandi arbeitete mit einem begnadeten Künstler, dem aus Verona stammenden großherzoglichen Hofmaler Giacomo Ligozzi, zusammen, dessen wunderbare Pflanzenporträts in Aquarell- und Gouachetechnik in den Uffizien in Florenz und in der Universitätsbibliothek in Bologna zu bestaunen sind. Eine der Glanzleistungen Aldrovandis auf medizinischem Gebiet war die Beobachtung von Entwicklungsstadien des Hühnchens an unterschiedlich lange bebrüteten Eiern. Zu Recht gehört er zu den Begründern der Embryologie. Ein weiteres Verdienst sind seine Vorschläge zur Hebung des Gesundheitswesens in seiner Vaterstadt. Sein Naturalienkabinett, seine Manuskripte und sein umfangreiches Herbarium vermachte er der Universität in Bologna. Aldrovandi verstarb im Alter von 83 Jahren erblindet in einem Hospital seiner Vaterstadt.

Alibertia

Jean-Louis Alibert (1766–1837) aus Villefranche de Rouergue erhielt nach seinen ersten Lektionen die weitere Ausbildung bei den »Vätern der christlichen Lehre«, bis diese Erziehungseinrichtung bei Ausbruch der Französischen Revolution aufgelöst wurde. Die Schließung betraf auch weiterführende Institutionen, zu denen auch die verkrustete, in ihrem Lehrsystem rückwärtsgerichtete Pariser Medizinische Fakultät gehörte. Zur Ausbildung von Ärzten und Chirurgen wurde nun die École de Santé gegründet, die mit einem modernen Lehrplan und mit Französisch als Unterrichtssprache dem Medizinstudium ein neues Gesicht gab. Alibert absolvierte an der École de Santé seine ärztliche Ausbildung und erhielt 1799 den Doktortitel. Schon 1796 hatte er wesentlichen Anteil an der Gründung der Société Médicale d'Émulation, die von seinem Freund Xavier Bichat (1771–1802), einem der großen französischen Ärzte und Forscher, ins Leben gerufen worden war. Alibert wurde zum Sekretär dieser medizinischen Gesellschaft gewählt. Während des Direktorats und des Kaiserreichs arbeitete er am Hôpital St. Louis in Paris und lehrte an der medizinischen Fakultät Materia medica (Arzneimittellehre). Seine Veröffentlichungen betrafen diese Sparte und Erkrankungen der Haut. So beschrieb er 1808 Ergebnisse einer Selbstinjektion mit Mammakarzinom-Gewebe. Als einfühlsamen und geduldigen Arzt am Krankenbett rühmten ihn die Patienten, als hochherziger und meist anonymer Spender linderte er soziale Nöte. Nach dem politischen Umsturz wurde er Leibarzt König Ludwigs XVIII. Unerwartet starb Alibert im November 1837. Man munkelte, unter mysteriösen Umständen habe ihn eine Frau erpreßt. Daß diese Frau eine ehemalige Geliebte gewesen sei, habe ihn zu Tode schockiert.

Allamanda *(*Allemanda)*
Allamande, Dschungelglocke, Goldtrompete

Jean Nicolas Sébastien Allamand (1713–1787) stammte aus Lausanne. Dort studierte er Theologie, zog 1738 nach Holland und wurde Privatlehrer. 1740 begann er in Leiden mit dem Studium der Rechtswissenschaften. Seinen Lebensunterhalt verdiente er sich als Erzieher der Söhne des Mathematikers 's-Gravesande, durch dessen Einfluß sich Allamand mehr und mehr mit chemischen und physikalischen Untersuchungen beschäftigte. 1747 erhielt er an der friesischen Hochschule Franeker eine Professur für Philosophie. 1748 durfte er sich als Auszeichnung mit dem Barett eines Meisters der schönen Künste schmücken. Ein Jahr später holte ihn die Universität Leiden auf einen Lehrstuhl. 1754 bekam er die Mitgliedschaft in der Akademie in Harlem. Eine weitere Auszeichnung war seine Aufnahme in die hochangesehene Royal Society in London. Unter seinen Schriften finden sich mehrere Abhandlungen über die Elektrizität und eine in mehreren Auflage erschienene Übersetzung der »Elementa Chemiae« von Boerhaave ins Französische. Allamand verstarb 1787 in Leiden. Das von ihm eingerichtete Kabinett mit Kuriositäten aus der Natur vermachte seine Witwe der Universität. Nicht auszuschließen ist, daß Frédéric Allamand (1736–1803?), einem Schweizer Arzt und Botaniker, der mit Linné korrespondierte und Surinam bereiste, die Ehre des Namenspatronats zukommt.

Allionia

Carlo Allioni (1728–1804) aus Turin studierte Medizin und promovierte 1747. Seine ärztlichen Erfolge und seine Forschungsergebnisse brachten ihm 1756 die Aufnahme in die Königliche Akademie in Madrid und ein Jahr später in die Akademien von Montpellier und Göttingen ein. Über mehrere Jahre studierte er immer wieder ausbrechende Fieberepidemien mit unbekannter Ursache in Piemont und berichtete 1758 in einer weit über die Grenzen Italiens Aufsehen erregenden Abhandlung über seine Befunde und Therapieempfehlungen für diese rätselhafte Krankheit. 1760 wurde er in Turin Professor der Botanik und Direktor des Botanischen Gartens, dessen Artenbestand sich unter seiner Leitung von 1.200 auf über 4.500 vermehrte. Allioni forschte auch über Fossilien in Piemont und trug eine Insektensammlung mit über 4.000 Objekten zusammen. Als weltweit anerkannter Botaniker wurde er Mitglied zahlreicher

Akademien und Fachgesellschaften. Linné (>) tauschte mit ihm Erfahrungen aus, bewunderte seinen »herkulischen« Eifer und gab der Gattung *Allionia* seinen Namen. 1777 übertrug man ihm aufgrund seines organisatorischen Talents auch noch die Direktion des Turiner Museums, die er bis zu seinem Tode innehatte. Den Lehrstuhl für Botanik mußte er 1781 aus Gesundheitsgründen abgeben. Sein Sehvermögen nahm kontinuierlich ab, und 1804 verstarb er fast völlig erblindet in Turin. In Allionis umfangreichem Schriftenverzeichnis wechseln sich medizinische mit botanischen Titeln ab. Unter seinen botanischen Arbeiten gilt die zweibändige »Flora Pedemontana« mit Atlas (1785) als Hauptwerk, zu dem auch Bellardi (>) wesentlich beitrug. Teile seiner Sammlungen und viele Manuskripte wurden 1942 bei einem Luftangriff zerstört. Von seinen Kollegen wurde Allioni mit dem Beinamen »piemontesischer Linné« geehrt.

Alonsoa
Alonsoe, Nesselblatt

José Alonso y Quintanilla (1793–1860) stammte aus Madrid, wo er Medizin und Botanik studierte. An der Universität in Toledo wurde er Professor für Agrikultur und Vizedirektor des Botanischen Gartens. 1846 berief man ihn als Professor für Botanik an die Universität in Madrid. Er schrieb mehrere Abhandlungen zur Physiologie der Pflanzen und über Agrikultur. 1849 und 1850 erschien sein Katalog des Pflanzenbestandes im Botanischen Garten von Madrid. Ob die wenig schmeichelhafte Behauptung seines Landsmanns Colmeiro, Quintanilla sei einer der größten Ignoranten gewesen, stimmt, wollen wir dahingestellt sein lassen.

Alpinia

Prospero Alpini (1553–1617) wurde als Sohn eines angesehenen Arztes in Marostica bei Vicenza geboren. Er begann 1547 in Padua mit dem Studium der Medizin und wurde 1594 als »Lektor der Arzneipflanzen« an die dortige Universität berufen. 1603 bekam er die Leitung des bereits 1545 als Kräutergarten angelegten Botanischen Gartens übertragen. 1580 konnte er als Leibarzt den venezianischen Konsul auf einer Reise zu den Ägäischen Inseln und bis nach Kairo begleiten. Anschließend hielt er sich mehrere Jahre in Ägypten auf. Die Ergebnisse seiner botanischen Studien veröffentlichte Alpini 1592 in seinem Werk »De Plantis Aegypti«, in dem er zahlreiche unbekannte Pflanzen beschrieb und klassifizierte. Als Arzt interessierte er sich für die in Ägypten häufig vorkommenden Krankheiten und berichtete darüber in dem Buch »De Medicina Aegyptiorum«, das 1591 erschien. In diesem Werk geht er auch auf landesübliche Heilmittel ein. Alpini sorgte mit Leidenschaft und Umsicht für den Ausbau des Botanischen Gartens in Padua, der sehr bald weit über die Grenzen Italiens hinaus berühmt wurde. 1586 hatte er die Ehre, Leibarzt des Dogen Andrea Doria zu sein.

Alstroemeria
Inkalilie, Peruanische Lilie

Baron Klas Alstroemer (1736–1794) war Kanzleirat in Göteborg und ein Freund von Linné (>), dem er 1763 die Erkenntnis zukommen ließ, es gehöre wohl zur neuesten Mode, daß jedermann eine Naturaliensammlung anlegt. Er selbst erwarb das Herbarium des Sohnes von Linné, das auch Pflanzen des Vaters enthielt. Alstroemer überließ es der botanischen Abteilung des Naturwissenschaftlichen Museums in Stockholm, wo es noch jetzt gehütet wird.

Althaea
Eibisch

Althaia war die Gemahlin von König Oineus (das bedeutet Weinmann) von Kalydon. Eines Tages kehrte bei ihm als Gast der Gott Dionysos (>) ein. Der König hatte aber schnell durchschaut, daß der Besuch nicht ihm, sondern seiner Gattin galt. Doch zuvorkommend, wie es sich gegenüber einem Gott gehört, zog er sich zurück und machte beide Augen ganz fest zu. Dionysos vergalt ihm diese freundliche Geste, indem er ihm den Weinstock schenkte und ihn die Kunst des Kelterns lehrte. Als Frucht der ehebrecherischen Verbindung gebar Althaia ein Töchterchen. Das war aber nicht ihr einziger Fehltritt. Nachdem sie eben mit ihrem Gatten Oineus das Bett geteilt hatte, schenkte sie in gleicher Nacht auch noch dem göttlichen Ares ihre Gunst. Dieser Intimkonstellation folgte die Entbindung von einem Knäblein, dem man den Namen Meleagros gab. Als dieser sieben Tage zählte, traten die drei Schicksalsgöttinnen auf. Eine von diesen, Atropos (>), sah, wie ein Stück Holz im Herdfeuer verbrannte und weissagte, Meleagros würde nur so lange leben, bis das Scheit zu Asche geworden. Althaia riß geistesgegenwärtig sofort das Holz von der Feuerstelle, tauchte es unter Wasser und verbarg es in einer Truhe. Das Leben des Sohnes war gerettet, aber nur scheinbar. Während der berühmten kalydonischen Eberjagd kam es zwischen Meleagros, der sich zu einem tüchtigen Weidmann entwickelt hatte, und den zwei Brüdern seiner Mutter zum blutigen Streit um die Beute. Meleagros tötete seine Onkel. Althaia geriet in rasende Verzweiflung, die Mutterliebe und die schwesterliche Rache für ihre Brüder kämpften in ihrem Herzen, bis sie schließlich das unselige Holz aus der Truhe holte und verbrannte. Und noch beim Zerlegen des Ebers fühlte Meleagros ein plötzliches inneres Brennen und brach entseelt zusammen. Althaia, verstrickt in die Unerbittlichkeit eines tragischen Geschicks, erhängte sich. Übrigens kam wohl Linné, der dem Eibisch den lateinischen Namen gegeben hatte, über einen etymologischen Umweg zur Königin Althaia. Sicherlich wußte er, daß die frühen griechischen Ärzte den Saft dieser Pflanze als Heilmittel benutzten. Und »heilen« ist im Griechischen »althainein«. Deshalb ist es naheliegend, daß dem mythologisch versierten Linnaeus die bedauernswerte Figur der Königin als effektvolle und dekorative Namenspatin in den Sinn kam.

Amaryllis

Belladonnalilie

Meist wird kurz und bündig berichtet, Amaryllis sei in alter Zeit eine schöne Hirtin gewesen. Doch können wir aus den Hirtengedichten des antiken Sachkenners Vergil (>) noch ein bißchen mehr über die junge Dame erfahren. Sie war wohl in der Tat im idyllischen Arkadien eine solche Schönheit vom Lande, daß der davon überwältigte und folglich rasend in sie verliebte Berufskollege Tityrus lauthals versuchte, dem Echo ihren Namen mit Deutlichkeit beizubringen. Doch ihr Herzchen gehörte einem anderen. Schmachtend sehnte sie sich nach ihrem Daphnis. Ferner lesen wir, daß sie ein Leckermäulchen war und besonders Maronen bevorzugte. Nach einem Streit besann sich ein verflossener Galan, es wäre wohl besser gewesen, ihre Nörgeleien zu ertragen. Wir dürfen daraus schließen, daß Amaryllis auch, wie man heute sagt, ein bißchen zickig sein konnte. Mit einem Wort, sie würde auch in unsere Zeit passen.

Ambrosinia

Bartolomeo (1588–1657) und Giacinto (1605 bis 1671) Ambrosini waren ein Brüderpaar aus Bologna. Beide waren Mediziner und Botaniker. Ihre zahlreichen Schriften zur Botanik enthielten nicht nur Pflanzenbeschreibungen, sondern befaßten sich auch mit der Problematik der Synonyme. Giacinto bemühte sich in dem 1666 erschienenen Wörterbuch »Phytologia« sogar um, allerdings sehr gewagte, etymologische Namensableitungen. Bartolomeo praktizierte als angesehener Arzt, lehrte an der Universität in Bologna als Professor und leitete den Botanischen Garten. Während der Pestepidemie von 1630 erwarb er sich durch seinen ärztlichen Einsatz große Verdienste. Seine Erfahrungen teilte er 1631 in einem Essay mit. Auch durch andere medizinische Schriften, die sich mit praktischen und theoretischen Themen befaßten, wurde er über die Grenzen Italiens hinaus bekannt. Er verstarb 1657 in Bologna. Giacinto übernahm noch im gleichen Jahr den Lehrstuhl an der Universität und die Leitung des Botanischen Gartens. Ein Werk, das sich mit den Bäumen befaßte, konnte er nicht mehr vollenden. Der spätere Amtsnachfolger der beiden Brüder, Ferdinando Bassi, führte ihnen zu Ehren den Gattungsnamen *Ambrosinia* ein.

Amherstia
Tohabaum

Countess Sarah Amherst (1762–1838), geb. Thynne, verwitwete Gräfin von Plymouth, schloß 1800 mit William Pitt, Lord Amherst Earl of Arracan, den Bund der Ehe. Lady Amherst hatte an der Seite ihres Gatten ein sehr bewegtes Leben. Nach dem Mißerfolg seiner Mission in China, an der als Botaniker Clarke Abel (>) teilgenommen hatte, erlitt er auf der Rückreise nach Europa Schiffbruch und konnte sich nach Batavia retten. Bevor er 1817 wieder in Portsmouth vor Anker ging, stattete Lord Amherst unterwegs der Insel St. Helena einen Besuch ab und hatte mit dem Exkaiser Napoleon I. eine längere Unterredung. 1823 wurde er von den Direktoren der englischen Ostindien-Kompanie als Generalgouverneur von Indien eingesetzt. Diesen Aufenthalt benutzten seine Gattin und seine Tochter fleißig zum Pflanzensammeln. Ein bevorzugtes Sammelgebiet war Simla am Fuße des Himalaja, wo sich in der Höhenlage ein beliebtes Erholungsgebiet für die britischen Kolonialbeamten befand. Während dieser Zeit kam es mit dem König von Burma zu Gebietsstreitigkeiten. Der Monarch verlangte von seinen Generälen, sie sollten seine Lordschaft in goldenen Fesseln vor seinen Thron schleppen. Der Generalgouverneur erklärte 1824 Burma den Krieg und eroberte die südlichen Landesteile des Königreichs. Hierzu gehörte auch der Küstenstreifen Arracan. 1826 wurde Lord Amherst als Earl of Arracan in den Grafenstand erhoben. In Kalkutta befand sich nicht nur die Residenz des Gouverneurs, sondern auch ein bedeutender botanischer Garten, dessen damaliger Direktor Nathaniel Wallich (>) es sich nicht nehmen ließ, als galanter Mann den aus Burma stammenden Tohabaum mit seinen orchideenartigen Blüten nach Countess Sarah Amherst und deren Tochter Lady Sarah Elizabeth zu benennen. Als 1828 der Generalgouverneur nach England zurückkehrte, führten seine beiden Damen eine reichhaltige und interessante Kollektion sorgfältig präparierter Pflanzen mit sich.

Amicia

Giambattista Amici (1786–1863) stammte aus Modena und war Professor der Mathematik an der dortigen Universität. Außerdem versah er das Amt eines Ministers des öffentlichen Unterrichtswesens. 1831 wurde er Direktor der Sternwarte in Florenz. Zugleich war er Professor in Pisa. Amici hatte eine Werkstatt für Tele- und Mikroskope eingerichtet. Ihm verdanken wir die Einführung der sogenannten Immersionstechnik, die er 1837 erfand. Hierunter versteht man das Eintauchen der Linse des Mikroskopobjektivs in ein flüssiges Medium, um die unterschiedliche Lichtbrechung zwischen Glas und Luft zu beseitigen. Um die Qualität seiner Geräte zu prüfen, betrieb Amici auch pflanzenanatomische Studien, wobei er sich zur Herstellung möglichst dünner Präparate lediglich eines Federmesserchens bediente. Hierbei entdeckte er das Wachstum des Pollenschlauches durch den Griffel und dessen Eindringen in den Eiapparat.

Amsinckia

Wilhelm Amsinck (1752–1831) studierte nach einer klassischen Schulausbildung in seiner Vaterstadt Hamburg in Leipzig und Göttingen Rechtswissenschaften. 1774 konnte er das Studium mit der Promotion zum Lizentiaten der Rechte abschließen. Auf einer längeren Reise durch Europa erweiterte er seine Kenntnisse, bevor er 1786 in Hamburg zum Ratsherrn gewählt wurde. 1802 wurde ihm das Amt des Bürgermeisters übertragen. Amsinck veranlaßte 1800 die Eindeichung der Elbinsel Finkenwerder und 1802 die Errichtung des Leuchtturms in Cuxhaven. Mit Nachdruck sorgte er für die Verbesserung des Schulwesens. Eine Herzensangelegenheit war ihm die Förderung des Botanischen Gartens. Erfolgreich setzte er sich bei Verhandlungen mit dem revolutionären Frankreich ein. Sowohl auf dem Kongreß in Rastatt 1797 wie auf dem Reichsdeputationshauptschluß 1803 in Regensburg vertrat er als standfester Patriot die Belange Hamburgs. Während der französischen Gewaltherrschaft gab Amsinck seine Ämter ab und zog sich ins Privatleben zurück. Nach dem Ende dieser Zeit befürwortete er durchaus nicht alle Reformen, sondern betrieb mit klugem Augenmaß und politischer Zurückhaltung gegenüber allen zu weit gehenden Neuerungen die Wiederherstellung der hamburgischen Selbständigkeit. Die Verwaltung und Organisation der reichen Averhoffschen Stiftung ermöglichte es ihm, Gelehrte, Künstler, Handwerker und Hilfsbedürftige zu unterstützen. In seiner Rechtschaffenheit und unermüdlichen prunklosen Tätigkeit gehört Wilhelm Amsinck zu den hervorragenden Persönlichkeiten Hamburgs.

Andromeda
Gränke, Lavendelheide, Rosmarinheide

Andromeda war die Tochter des Äthiopierkönigs Kepheus und seiner Gemahlin Kassiopeia. Als Sühne für eine Götterbeleidigung ihrer hochmütigen Mutter wurde sie im Meer nackt an einen Felsen gekettet und sollte einem Meeresungeheuer als Opfer dargebracht werden. Perseus, der dank der geflügelten Sandalen der Athene zufällig vorbeiflog oder, wie andere sagen, auf dem Flügelpferde Pegasus an dem Felsen vorbeiritt, sah die schöne Andromeda, verliebte sich und begehrte sie zur Frau. Die Zustimmung der raffinierten Eltern galt eigentlich mehr der Sicherheit des Töchterchens, das erst einmal vor dem nahenden Ungeheuer errettet werden mußte, als dem ungebetenen zukünftigen Schwiegersohn. Dieser verwandelte flugs mit der Zauberkraft des Medusenhauptes das Ungeheuer in einen Stein und bekam seine Andromeda. Später zog er sich mit seiner Gattin nach Asien zurück. Dort wurde dem Paar ein Sohn mit Namen Perses geboren, der Herrscher der Perser wurde. Athene setzte Andromedas Abbild unter die Sterne, wo man es an der westlichen Seite des Sternbildes Perseus leicht entdecken kann. Linné (>) fiel beim Anblick der Pflanze die antike Sage ein: »Mitten im Wasser auf einem Grashöcker, auf der sumpfigen Wiese, gleichsam Andromeda, auf ein Felseneiland gebunden, bis an die Knie im Wasser, nämlich bis über die Wurzeln ...«; und er gab der Pflanze im Sumpf deren Namen.

Arethusa

Arethusa war eine der 50 Töchter des libyschen Herrschers Danaos und gehörte mit zahlreichen Schwestern zur Schar der Najaden, die als Nymphen des feuchten Elements die griechische Welt der Mythen bereicherten. Als schöne Begleiterin der Jagdgöttin Artemis durchstreifte Arethusa eines Tages wieder einmal rastlos die Wälder. Erhitzt und müde kühlte sie ihre Füße im klaren Wasser eines Flusses. Verborgen im tiefen Schatten des Ufergebüsches wagte es die schamhafte Jungfrau, ihre Kleider abzulegen und nackt in die lockenden Fluten zu tauchen. Sie wußte ja nicht, daß sie lüstern vom Gott dieses Flusses beobachtet wurde. Alphaios, so hieß er, hatte schon einmal vergeblich versucht, Artemis in seine Gewalt zu bekommen. Auch diesmal näherte er sich wie ein verliebter Galan der überraschten Schönheit. Nackt, wie sie war, flüchtete Arethusa und durcheilte so schnell, wie sie ihre Füße nur tragen konnten, Länder und Meere. Doch Alphaios stellte ihr weiter nach, und bald spürte sie schon seinen keuchenden heißen Atem im Nacken. Verzweifelt flehte sie zu Artemis, und schützend umhüllte die Göttin sie mit einer dichten Wolke. Alphaios ließ sich nicht täuschen und wartete beharrlich. Schließlich verwandelte die Göttin ihren Schützling in eine Quelle, die wir am Gestade der Stadt Syrakus auf Sizilien, geziemend in einen halbrunden Mauerring gefaßt, bewundern können. Doch wenig nur nützte der Göttin Trick. Alphaios nämlich legte seine Menschenform ab, wurde zu Wasser und vereinte sich endlich mit Arethusa.

***Aristotelia** *(Terminalia)*

Aristoteles (384–322 v. Chr.) wurde als Sohn des Leibarztes des mazedonischen Königs Philipp in Stageira auf der Halbinsel Chalkidike geboren. Deshalb nennt man ihn auch den Stagiriten. Unter Anleitung seines Vaters beschäftigte er sich schon früh mit Anatomie und Naturwissenschaften. Mit 17 Jahren trat er in Athen in die Akademie des großen Philosophen Platon ein und durfte bald Vorlesungen halten. Nach dem Tode des Meisters 348 begab er sich nach Kleinasien, um zusammen mit anderen Platonikern eine Akademie zu gründen. Drei Jahre später siedelte er auf Wunsch König Philipps als Lehrer für dessen Sohn Alexander nach Mazedonien über. Aristoteles gab sein Bestes, um seinen Zögling in jeder Weise auf sein königliches Amt vorzubereiten. Als Alexander nach der Ermordung seines Vaters den Thron bestieg und Vorbereitungen zur Eroberung seines Weltreichs traf, wurde der Unterricht eingestellt. 335/34 kehrte Aristoteles nach Athen zurück und rief im Lykaion eine eigene Philosophenschule ins Leben. Da man bei den Diskussionen in den Säulengängen hin und her wandelte, wurden der Meister und seine Schüler die Peripatetiker genannt. Um nach dem Tode Alexanders des Großen 323 den mazedonenfeindlichen Angriffen in Athen zu entgehen, zog sich Aristoteles auf die Insel Euböa zurück, wo er ein Jahr später verstarb. Er begründete und hinterließ ein Lehrgebäude, das im Okzident bis ins hohe Mittelalter Grundlage und Richtschnur der Wissenschaften blieb. Seine Schriften umfassen philosophische Auseinandersetzungen (Dialoge) und naturwissenschaftliche Erkenntnisse, sie stellen ein Universalsystem dar. Natürlich waren seine Forschungsergebnisse nicht frei von Irrtümern, die auch in die Tradierung seiner Lehren eingingen. Tiere und Pflanzen, die im Stufenreich der Natur die niedrigsten Organismen sind, werden sorgfältig beschrieben. Bei manchen festsitzenden Seetieren zweifelte er an ihrer Tiernatur, weil sie innig mit dem Boden verwachsen sind. Der Mensch nimmt dank seiner Verstandesbegabung und seiner vollkommensten körperlichen Organisation die höchste Stufe im Reich der Lebewesen ein. Das Herz ist für Aristoteles der Sitz der Seele und der Gefühle. Bis auf seine Zeit gehen unsere Redensarten »Ein Herz und eine Seele«, »ein beherzter Mensch« u. a. zurück. Wie dieser überragende Universalgelehrte ausgesehen haben mag, wissen wir nicht. Es sei denn, wir glauben dem Abbasiden-Kalifen al-Ma'mun (er regierte 813–833), der Aristoteles im Traum gesehen hat: »einen Mann von rötlich-weißer Hautfarbe, mit hoher Stirn, buschigen Brauen, kahlem Kopfe, dunkelblauen Augen und schönen Zügen, auf einem Katheder sitzend.« *(54)*

Artemisia

Artemisie, Beifuß, Edelraute

Artemisia von Halikarnassos in Kleinasien liebte ihren Ehemann König Mausolos von Karien über alle Maßen. Mausolos war ein sehr attraktiver Mann, und das gute Aussehen lag offenbar in der Familie.

Die schöne Artemisia war nämlich seine Schwester. In Kleinasien war es damals durchaus üblich, daß königliche Geschwister einerseits das Bett teilten und andererseits erbitterte Feinde sein konnten. Bruder Mausolos starb 353 v. Chr. in Artemisias Armen, woran, wissen wir nicht. Für ihn ließ sie das exquisiteste Grabmal errichten, das man damals außerhalb Ägyptens je gesehen hatte. Es wurde von den größten Künstlern der Welt gestaltet und verziert. Es hatte die Form einer Hochzeitstorte, war 46 m hoch und gekrönt von einer Statue ihres Gatten in einem von Rössern gezogenen Streitwagen. Alles war in den grellen Farben bemalt, die damals modern waren. Es wurde von den Zeitgenossen als eines der sieben Weltwunder eingestuft. Nicht zufällig heißt ein aufwendiges Grabmal noch heute Mausoleum. Neben ihrem Talent im Denkmalbau hatte Artemisia noch weitere Begabungen. Sie liebte die Künste, das Theater und die Naturwissenschaften. Schon drei Jahre nach Mausolos' Tod verstarb auch Artemisia.

Als weiterer Widmungsträger wird die griechische Jagdgöttin Artemis genannt, über die zusammen mit ihrer römischen Entsprechung Diana (>*Dianella*) berichtet wird. Da beide Göttinnen ursprünglich nicht um eine reichliche Jagdbeute, sondern um eine komplikationslose Geburt angefleht wurden, ergibt sich schon eine Beziehung zwischen Artemis als Geburtshelferin und dem Beifußkraut. *Artemisia* und besonders die Art *absinthum*, auch als echter Wermut bekannt, enthält nämlich in ihrem ätherischen Öl den Stoff Thujon. Und Thujon hat nicht nur wie im Absinth, der »grünen Fee«, eine psychoaktive Wirkung, sondern stimuliert auch die Gebärmutter. So war die Anwendung größerer Dosen von Extrakten thujonhaltiger Pflanzen, zu denen auch der Lebensbaum gehört, zu Abtreibungszwecken in alten Zeiten eine gängige Praxis. Dieser Mißbrauch spricht natürlich nicht gegen die gewünschte wehenfördernde Hilfe der Artemis in Form einer verträglichen Dosis von Thujon aus dem Beifußkraut.

Asclepias

Papageienpflanze, Seidenpflanze

Asklepios war ein Sohn des Gottes Apollon, der neben seinen vielen anderen Aufgaben auch die Heilkunst wahrnahm. Die Mutter des Asklepios war eine gewisse Koronis, Tochter des thessalischen Königs Phlegyas und offenbar eine Dame mit einem weiten Herzen. Sie betrog nämlich Apoll mit einem Liebhaber namens Ischys, der zudem noch ein Sterblicher war. Diese Liaison hinterbrachte die Krähe, die zu dieser Zeit noch ein weißes Federkleid trug, dem Gott, der nicht lange fackelte und die schwangere Koronis erschoß. Nebenbei verwandelte er die Krähe in einen schwarzen Vogel. Aber bald quälten ihn Gewissensbisse und die alte Liebe zu Koronis. Apoll konnte sie zwar nicht wieder lebendig machen, doch gelang es ihm dank seiner ärztlichen Kunst, wenigstens die Frucht seiner Liebe, den kleinen Asklepios, zu retten. Andere Legenden besagen, Apoll habe Koronis auf einen Scheiterhaufen geschickt und aus ihrem brennenden Körper den noch fetalen Asklepios herausgezogen. Aber wie es halt bei reichen und vielbeschäftigten Leuten oft so ist, konnte oder wollte er sich nicht um seinen Sprößling kümmern. Das Knäblein wurde zwar nicht in ein Internat gesteckt, doch bei einem Privaterzieher in Kost und Logis gegeben. Dieser Erzieher war ein Pferdemensch, ein Kentaur, namens Cheiron (>), was ein Glücksfall war. Denn erstens war Klein Asklepios durch seinen Vater medizinisch vorbelastet, und zweitens war dieser Cheiron ein ganz hervorragender Heilkünstler. Und somit war der berufliche Lebensweg des Asklepios gewissermaßen vorbestimmt. Er wurde zu der Gestalt, in der wir ihn heute kennen: ein Arzt mit unerhörtem Wissen und grenzenloser Heilkraft. Sein Erbgut gab er weiter an zwei Söhne, Podaleirios (>) und Machaon, und an mehrere Töchter, darunter Hygieia und Panakeia, die Allheilerin. Wer die Mutter war, steht nicht ganz fest. Aber leider, leider nahm es mit Asklepios kein gutes Ende. Die Göttin Artemis (>) flehte ihn eines Tages an, ihren verstorbenen Liebling Hippolyt wieder zum Leben zu erwecken. Das zunächst etwas zögerliche Verhalten des Doktors beseitigte Artemis durch die Aussicht auf hohe Belohnung. Nun setzte der Arzt sein grenzenloses Können ein und brachte den Verstorbenen tatsächlich wieder zum Leben zurück. Doch die Strafe für dieses wunderbare, aber frevelhafte Kunststück, ein Privileg nur des obersten der Götter, folgte auf dem Fuße. Zeus schleuderte seinen Donnerkeil, und Asklepios verschwand in der Unterwelt. Zur Zeit einer Pestepidemie in Rom besann man sich auf Asklepios und wollte ihn in der Hoffnung auf seine Hilfe aus dem griechischen Epidauros einführen. Während der heftigen Diskussion um die Erlaubnis für diese Transaktion erschien Asklepios dem römischen Unterhändler im Traum.

»...er hielt einen knotigen Stock in der Linken,
Während die Rechte das Haar des langen Bartes herabstrich,
Und aus der gütigen Brust erschollen die freundlichen Worte:
›Fürchte dich nicht! Ich komme zu euch und verlasse mein Bildnis.
Sieh hier diese Schlange, die meinen Stecken umwindet
Präg dir den Anblick ein, damit du sie wiedererkennest,
Denn in sie verwandelt, doch größer, werd ich erscheinen‹«.

(*92*, XV, 656)

Und so geschah es auch. In Schlangengestalt erschien er Griechen und Römern. Damit war jede Diskussion beendet. Zu Schiff brachte man ihn mit gebührendem Pomp 293 v. Chr. nach Italien, errichtete ihm auf einer Insel im Tiber als neue Heimstatt einen Tempel und nannte ihn mit lateinischer Zunge fortan Äskulap. Die in den Ovidischen Versen genannte Schlange wurde später als Äskulapnatter *(Elaphe longissima)* identifiziert und zusammen mit dem Äskulapstab zum weltweiten Symbol des Ärztestandes stilisiert. Diese übrigens ungiftige, vom Aussterben bedrohte Natter wurde zum Tier des Jahres 2000 gekürt. Wir dürfen anfügen, daß man in Mesopotamien eine Vase aus dem dritten vorchristlichen Jahrtausend fand, die den Heilgott Ningizzida mit seinem Emblem zeigt: zwei um einen Stab sich ringelnden Schlangen!

Astartea

Astarte, die Göttin der körperlichen Liebe, der weiblichen Lust und der Fruchtbarkeit, die Beherrscherin der Männer, die lüsterne Meeresgöttin, die auf dem Wasser tanzte, aber auch die Göttin des Krieges, wurde in Kanaan und Phönizien verehrt und hatte besonders in den Küstenstädten ihre Kultstätten. Auch unter dem Namen Susannah, die Liliengöttin, wurde sie angebetet. Als Aschtaroth verführte sie meist zusammen mit ihrem göttlichen Gemahl Ba'al, wie im Buche der Richter im Alten Testament berichtet, die Kinder Israel zum Abfall vom Gesetz. In ihrem Heiligtum pflegte man die Tempelprostitution, und in den Weihestätten auf Hügeln in freier Natur ließ man im Frühling, wenn die Lämmer geboren werden, und im Herbst zur Erntezeit Astarte hochleben, wozu auch zügellose Sexorgien gehörten. Welche Beliebtheit die Teilnahme an den orgiastischen Riten ihres Kults hatte, läßt sich auch in anderen Schriften des Alten Testaments ablesen – wie ein roter Faden durchziehen sie die Warnungen vor dieser das Triebleben dominierenden Muttergottheit. Viele Facetten ihrer Erscheinung verschmelzen mit den anderen großen Göttinnen des alten Orients, mit Ischtar, Kybele, Anat und Kadesch. Die lieblichen Wesenszüge der Astarte übertrugen die Griechen auf Aphrodite (>*Paphiopedilum*) und die Römer auf ihre Venus. Verehrt im Planeten Venus, begrüßt und verabschiedet sie als hell strahlender Morgen- und Abendstern den alltäglichen Lauf des Sonnenwagens am Firmament.

Athamanta

Augentrost, Augenwurz

Athamas, König über Böotien in Griechenland, so wird berichtet, bekam wie sein unglückseliger Bruder Sisyphos die Rache der Götter zu spüren. Auf olympischen Befehl mußte er eine gewisse Nephele wider ihren Willen ehelichen, die ihm prompt drei Kinder gebar. Aber das änderte nichts an ihrer tiefen Abneigung gegen den königlichen Gemahl. Verärgert schaute sich dieser nach einer anderen um, verliebte sich in ein Fräulein Ino und zeugte mit dieser zwei Kinder. Das jedoch ging Nephele zu weit. Zornbebend verlangte sie von der Göttin Hera, der Wächterin über die eheliche Treue, des Athamas Tod. Davor rettete ihn zwar Herakles (>), doch Hera verwirrte Athamas' Sinne derart, daß er plötzlich einen seiner Bastardsöhne für einen Hirsch hielt und ihn erlegte. Entsetzt floh Ino mit ihrem zweiten Kind und stürzte sich ins Meer. Athamas wanderte aus und gründete ein neues Königreich, das Athamanien genannt wurde.

Atropa
Tollkirsche

Atropos ist eine der in weiße Gewänder gekleideten drei Schicksalsgöttinnen, die am Anfang der Schöpfung aus der Vereinigung der Finsternis mit der Nacht entstanden waren: Klotho, die den Lebensfaden Spinnende, Lachesis, die Zuteilende, und Atropos, die Unerbittliche, den Lebensfaden Abschneidende, so wie das Gift von *Atropa belladonna*, das Atropin, unabwendbar zum Tode führt. Dieses Trio, von den Griechen die Moiren, die Losverteilenden, genannt, wurde als Parzen von den Römern in ihre Mythologie übernommen.

Attalea

Attalos I. (269–197 v. Chr.), König von Pergamon (110 km nördlich von Izmir) seit 241, hatte bald nach Antritt seiner Herrschaft durch einen Sieg über die keltischen Stämme, die das Land verwüsteten, den Beinamen »Soter« (Retter) verdient. Um der gefährlichen Nachbarschaft Makedoniens die Spitze zu nehmen, verbündete er sich mit den Römern, denen er im Zweiten Makedonischen Krieg (200–197 v. Chr.) seine Flotte zur Verfügung stellte. Den von allen hochgeschätzte König zeichneten neben seinen soldatischen Tugenden auch Freigebigkeit und die Förderung von Kunst und Wissenschaft aus. Pergamon war damals ein Zentrum der Literatur. Die Bibliothek konnte sich mit der berühmten Bücherei von Alexandria messen. In Pergamon wurde auch der Gebrauch des Pergaments eingeführt. Auf Anordnung des hochgebildeten Königs wurde ein Garten zum Anbau und zur Kultivierung von Medizinalpflanzen angelegt. Der in Berlin aufgestellte Pergamonaltar entstand jedoch erst unter seinem nicht minder fähigen Sohn Eumenes II.

Aubrieta
Aubrietie, Blaukissen

Claude Aubriet (1665–1742) stammte aus Châlons-sur-Marne. Als junger Mann begab er sich nach Paris und arbeitete als Gehilfe bei Jean Joubert aus Poitiers, der für die königliche Pflanzensammlung als Zeichner angestellt war. Der Botaniker Pitton de Tournefort (>) erkannte die Begabung Aubriets und ließ ihn für sich arbeiten. 1700 begleitete er Tournefort zusammen mit dem deutschen Arzt Andreas Gundelheimer auf einer Reise in die Levante, die über Kreta und die Ägäischen Inseln nach Kleinasien bis zur Schwarzmeerküste führte. Während der Rückreise erkrankte Aubriet und mußte 1702 nach Frankreich zurückkehren. Nach dem Tode Jouberts lebte er als dessen Nachfolger im Jardin du Roi und konnte sich ein Landhaus in Passy leisten. Bei der Ausarbeitung seiner Skizzen von der Levante-Reise fand er auch noch die Zeit, Vaillants (>) »Botanicon Parisiense« zu illustrieren. Dann wandte er sich der Entomologie zu und begann mit Vorarbeiten für ein großes Werk über die Metamorphose der Insekten, das er aber nicht vollenden konnte. 1735 übergab er seinen Posten seiner Schülerin Madeleine Basseporte. Testamentarisch verfügte er, daß seine Bestattung so einfach wie möglich sein sollte. Sein Kapital hinterließ Aubriet je zur Hälfte für wohltätige Zwecke und für Gebete um sein Seelenheil.

Averrhoa

Gurkenbaum

Averroes (1126–1198), eigentlich Ibn Rushd Abu Walid, studierte Jura und Medizin und bekleidete in Sevilla und Córdoba das angesehene Amt des obersten Kadi (Richter). Als Mediziner hatte er bei Avenzoar, dem aus einer jüdischen Familie stammenden großen Arzt, gelernt und stieg zum Leibarzt islamischer Fürsten auf. Averroes erkannte die Netzhaut als den lichtempfindlichen Teil des Auges. Er verfaßte ein umfangreiches medizinisches Werk, das als Handbuch aus dem Arabischen ins Lateinische übersetzt wurde. Wie sein verehrter Lehrer Avenzoar war auch er ein Bewunderer und Anhänger des Aristoteles (>). Seine Kommentare zu dessen Schriften beeinflußten bis ins späte Mittelalter das ärztliche Denken. Als Philosoph schrieb er kritische Abhandlungen über Religion. Er war zu der Erkenntnis gekommen, daß es keine individuelle Unsterblichkeit gibt und die Seele in der Natur und im Universum ihre Auflösung findet. Seine Lehre einer Synthese aristotelischer Erkenntnisse mit der Theologie des Islam mußte natürlich auf heftigste Ablehnung stoßen. Averroes mußte untertauchen; er fand bei jüdischen Familien Unterschlupf bis zu seiner Verbannung aus Al-Andalus. 1195 emigrierte er nach Marokko und verbrachte die letzten Jahre seines Lebens in Marrakesch.

Avicennia

Mangrovenbaum

Avicenna (980–1037), eine Latinisierung seines eigentlichen Namens Abu Ali Husain Ibn Abdallah Ibn Sina, wurde in der Nähe von Buchara in Transoxanien (heute Usbekistan) geboren und konnte bereits mit zehn Jahren den Koran auswendig rezitieren. Sein vermögender Vater ließ ihn Mathematik, Jura, Philosophie und Medizin studieren. Als er 16 Jahre alt war, soll er den damaligen Samanidenherrscher von einer Krankheit geheilt haben. Zum Dank durfte er die umfangreiche Bibliothek seines hohen Patienten benutzen. Auf abenteuerlicher Wanderschaft durchlebte er alle Höhen und Tiefen des Lebens. Zweimal erlangte er die Würde eines Wesirs, und mehrmals wurde er eingekerkert. Zur Ruhe kam Ibn Sina in Hamadan in der Nähe Teherans und in Isfahan, wo er lehrend und praktizierend eine große Schülerzahl um sich versammelte. In rastloser Tätigkeit als Arzt, Staatsmann und Schriftsteller füllte er seine Tage aus. Dabei aber war er kein trockener Gelehrter: Wein, Weib und Gesang liebte er vielleicht mehr, als seiner Konstitution zuträglich war. Seine zahlreichen enzyklopädischen Schriften befaßten sich mit allen Gebieten des Wissens. Ibn Sinas Hauptwerk »Kanon der Heilkunde« (Al-Qanun fi't-tibb), geschult an der Dialektik des Aristoteles (>), ist in fünf große Abschnitte unterteilt, die didaktisch sehr geschickt in immer kleinere Teile gegliedert sind. Zunächst werden die Aufgaben der Medizin erläutert, es folgen eine allgemeine Krankheitslehre, die Pulslehre, die Harnschau, die Diätetik, eine allgemeine und spezielle Therapie. Eine Beschreibung der Krankheiten von Kopf bis Fuß (a capite ad calcem) schließt sich an. Zum Abschluß des Werkes werden Verletzungen, Vergiftungen und Arzneimittel abgehandelt. Diese umfangreiche Gesamtschau der Heilkunde wurde im Abendland bis ins 16. Jahrhundert zur Richtschnur ärztlicher Ausbildung. Der Kanon Ibn Sinas in lateinischer Übersetzung war unabdingbarer Lehrstoff an allen medizinischen Zentren und Fakultäten. Als Praktiker beschäftigte sich Ibn Sina mit chemischen Untersuchungen, wobei er das Destillieren erfunden haben soll. Diese Kunst diente aber bald nicht nur zur Erforschung der Materie, sondern auch zur Herstellung wohlschmeckender Rosenessenzen. Vor seinem Ende erlitt der Meister heftige Kolikanfälle, die er mit häufigen Klistieren behandelte, was ihm jedoch eine Dysenterie bescherte. Die Intensität des Leidens führte zu Ohnmachtsanfällen, die er mit einem Mithridatikon (>*Eupatorium*), einem Gegengift, zu verhindern versuchte. Doch alle Bemühungen der Selbsttherapie blieben vergeblich, und Ibn Sina verstarb im Ramadan 1037. Sein Grab befindet sich in Hamadan, seit 1954 ein Neubau des Mausoleums mit einem Turm und einer angeschlossenen Bibliothek.

B

Babiana

Gleich vier Versionen der Zuordnung bieten sich an. Nach Wittstein *(133)* soll Babia der Name einer Göttin der Kindheit in Syrien sein. Hierfür fand sich als Beleg in einem Wörterbuch der Mythologie von 1836 *(128)* die Angabe, daß Babia in Damaskus als Göttin der Kindheit verehrt worden sei. Zum Wohle der Neugeborenen sei sie als schützender Genius angefleht worden. Vielleicht aber geht der Name auf die Gemahlin Baba des sumerischen Stadtgottes Ningirsu in Lagasch (3. Jahrtsd.. v. Chr.) zurück, die als Heilgottheit – man nannte sie »Ärztin der Schwarzköpfigen« – verehrt wurde. Allerdings müßte man dann dem Namensgeber John Sims die Freiheit zugestehen, aus ästhetischen Gründen das freundliche i eingeschoben zu haben. Hyam und Pankhurst *(65)* meinen, Babia sei eine latinisierte Version des südafrikanischen Wortes babiaan für baboon (Pavian); interessanterweise wird die von den Pavianen geschätzte, am Kap wachsende *Babiana stricta* im Englischen auch Baboon Flower genannt. Nach Genaust *(42)* leitet sich *Babia* von der Stadt Bab bei Aleppo ab, wobei das angehängte i die Bedeutung hat, aus Bab stammend, so wie z. B. ein Isfahani ein Mensch aus Isfahan ist.

Backebergia

Curt Backeberg (1894–1966) wurde in Lüneburg geboren, besuchte das dortige Gymnasium Johanneum und entschied sich für eine Ausbildung zum Exportkaufmann. 1925 kam er als selbständiger Kaufmann mit Südamerika in Kontakt. 1927 gründete er nach Bekanntschaft mit Kakteenspezialisten und unter deren Einfluß eine Kakteenhandlung in Hamburg. Seine Reisen als Exportkaufmann in die Länder Mittel- und Südamerikas verband er nun mit einer rastlosen Tätigkeit als Pflanzensammler. Über die Ergebnisse berichtete Backeberg in Vorträgen und Mitteilungen in Fachzeitschriften, die ihn bald zu einem gesuchten Kenner der Kakteenwelt machten. Seine Expeditionen finanzierte er nicht nur aus den Erträgen der Handlung, sondern auch mit Beiträgen privater kaktophiler Sammler. 1938 führte ihn der Auftrag, für die Hamburger Dauerausstellung »Planten und Blomen« Riesenkakteen zu besorgen, nach Mexiko, mit tonnenschweren Exemplaren kehrte er in die Hansestadt zurück. Im Zweiten Weltkrieg wurde Backeberg als Vortragsreisender zur Truppenbetreuung eingesetzt. Blättert man in seiner unterhaltsamen »Wunderwelt Kakteen«, so darf man wohl annehmen, daß es Backeberg hervorragend verstand, die Soldaten für die stachlige Gesellschaft zu begeistern. 1944 wurde durch Bomben die gesamte Verglasung seiner Hamburger Gewächshäuser zerstört, was durch das Angebot von selbstangebautem Tabak aber schnell behoben werden konnte. Nach Kriegsende setzte er die Vortragsreisen fort. 1951 übernahm er in St. Jean Cap Ferrat (Südfrankreich) die Leitung des Botanischen Gartens. 1955 kehrte er nach Hamburg zurück und widmete sich der Bearbeitung seines umfangreichen Materials zu einem sechsbändigen Handbuch mit dem Titel »Die Cactaceae« (1958–1962). 1963 begann er mit den Vorarbeiten zu einem »Kakteenlexikon«, dessen Erscheinen er nicht mehr erleben konnte. Ein Herzanfall setzte 1966 seinem Leben ein Ende. Curt Backeberg war Ehrenmitglied mehrerer in- und ausländischer Fachgesellschaften. Ein Jahr vor seinem Tode wurde er mit dem Verdienstorden der Bundesrepublik Deutschland ausgezeichnet. Mit dieser Schilderung seines Lebensweges ist jedoch das Kapitel Backeberg noch nicht abgeschlossen. Bei den Bemühungen, seine umfangreichen Befunde und Ergebnisse in einem System zu klassifizieren, kam es mit den sachkundigen Spezialisten zu unliebsamen Kontroversen, die nicht zuletzt durch seine Persönlichkeitsstruktur – »Ein gewisser Grad von Arroganz und vor allem die mangelnde Kompromißbereitschaft…« (*35*, S. 141) – noch verschärft wurden. In dem Backeberg würdigenden Essay lesen wir weiter: »Seine in vielen Fällen immer extremer werdenden Ansichten zu Fragen der Klassifikation der Familie Cactaceae führten allerdings zum Teil recht bald zu tiefgreifenden Meinungsverschiedenheiten und zum Teil leider auch zu offenem Krieg ...« (*35*, S. 115). Am Wandel der Zahl der Gattungen, der besonders wichtigen systematischen Einheiten, läßt sich eindrucksvoll ersehen, wie Backebergs Klassifikationssystem ins Abseits geriet. In seinem »Kakteenlexikon« von 1966 unterscheidet er 233 Gattungen, 1974 sind es im System des Kakteenspezialisten Buxbaum 156, und bei den Botanikern Barthlet und Hunt schrumpft 1993 ihre Zahl auf 98. Bedenkt man aber, daß Backeberg als Kaufmann und nicht als ausgebildeter Botaniker zu seinem Lebensinhalt gefunden hatte, sind seine fehlerhaften Klassifikationen, an denen er, jede Kritik brüsk zurückweisend, mit Verbissenheit festhielt, vielleicht verständlich. Doch es ehrt Curt Backeberg, einen neuzeitlichen Pflanzenjäger, daß seine höchst informativen Beschreibungen und sein umfangreiches Fotoarchiv noch Jahrzehnte nach der Publikation mangels besseren Materials bei der Erforschung der Kakteen zu Hilfe genommen wurden. Und die Benennung einer Säulenkaktusgattung nach ihm würdigt zusätzlich seine Verdienste.

Banisteria

John Banister (1650–1692) studierte in Oxford und wurde Geistlicher. Bischof Compton (>) schickte ihn 1678 mit dem Auftrag, für die Church of England zu missionieren, nach Virginia. Reverend Banister hatte als Proselytenmacher wenig Erfolg, um so mehr bewies er zur nicht geringen Freude des Bischofs großes Geschick als Pflanzensammler. Immerhin blieb er aber nach mehreren Reisen der Theologie treu, indem er sich schließlich in Virginia als Pfarrer niederließ. Er führte eine intensive botanische Korrespondenz mit dem Bischof in London und versorgte ihn mit seltenen Pflanzen. Seine Sammelleidenschaft wurde ihm jedoch zum Verhängnis. Beim Versuch, ein Pflänzchen vom Rande einer Klippe zu ergattern, stürzte John Banister in die Tiefe und brach sich das Genick.

Banksia

Banksie

Sir Joseph Banks (1743–1820) wurde, aus einer ursprünglich schwedischen Familie stammend, in Lincolnshire geboren. Nach Unterricht in Harrow und Eton schrieb er sich am berühmten Christ's College der Universität Oxford ein. Nach dem Abschluß als M. A. (Master of Arts) unternahm er 1761 eine Reise nach Labrador und Neufundland und kehrte mit einer reichen Ausbeute an Pflanzen und Insekten zurück. 1766 wurde er in die Royal Society aufgenommen. 1768 begab er sich für drei Jahre in Begleitung seines schwedischen Freundes, des Botanikers Solander (>), unter Kommandant Cook an Bord der »Endeavour« auf eine Weltreise, die eine der großen Leistungen der Seefahrts- und Entdeckungsgeschichte wurde. Das Team von Wissenschaftlern, Zeichnern und Gehilfen, das Banks angeworben hatte, wurde ebenso wie die Gerätschaften zur Untersuchung, Haltbarmachung und Aufbewahrung der gesammelten Objekte aus Banks' eigener Tasche bezahlt. Die Expedition überquerte den Atlantik in Richtung Südamerika, umsegelte Kap Hoorn, erreichte 1769 Tahiti und erforschte auf der Weiterfahrt Neuseeland. Im April 1770 wurde die australische Ostküste angelaufen und als New South Wales für Großbritannien in Besitz genommen. Bei Expeditionen an Land entdeckte Banks besonders in der Botany Bay zahlreiche unbekannte Pflanzen. 1771 erreichte die »Endeavour« wieder England. Trotz vieler Schicksalsschläge – so des Todes eines Drittels der Mannschaft, darunter beide Zeichner – war die Expedition ein herausragender Erfolg, nicht zuletzt dank der immensen Leistung Banks', der mehr als 30.000 Pflanzenexemplare sammelte und trocknete. Die zeichnerische und publizistische Erschließung dieses Riesenfundus geriet jedoch bald ins Stocken, was u. a. dazu führte, daß andere Botaniker eine ganze Reihe Pflanzen Jahre später erneut beschrieben und unter anderen Namen erstmals publizierten. Das Projekt wurde erst zwischen 1980 und 1990 mit enormem Aufwand zu Ende gebracht. Das Botanische Museum Berlin-Dahlem besitzt als einzige Institution in Mitteleuropa das komplette Bankssche »Florilegium«, eine der bedeutendsten und schönsten botanischen Editionen überhaupt. Nach seiner Rückkehr besuchte Banks die westlich von Schottland und Irland gelegenen Inseln. 1771 verlieh ihm die Universität von Oxford die juristische Doktorwürde. 1778 wählte ihn die Linnean Society zum Präsidenten. Dieses Amt bekleidete er bis zu seinem Tode. 1781 wurde er zum Baronet erhoben. Weitere ehrenvolle Auszeichnungen waren die Verleihung des Bath-Ordens 1795 und die Aufnahme in das Institut de France 1802. Seine umfangreiche Bibliothek, die von seinem Freund Dryander (>) in einem fünfbändigen Werk katalogisiert wurde, überließ er großzügig der Wissenschaft zur Benutzung. Sir Banks setzte sich auch für die Rückgabe der in englische Hand gefallenen Reiseprotokolle des Seefahrers und Entdekkers La Pérouse an Frankreich ein. Ab 1772 war er Direktor der Königlichen Gärten in Kew, die dank seiner Initiative, seiner weltweiten Verbindungen und nicht zuletzt der generösen Unterstützung aus seiner Privatschatulle zu einer einzigartigen botanischen Einrichtung wurden. Von seinen zwei privaten Gärten verfügte einer sogar über ein Warmhaus. 1810 beteiligte er sich maßgeblich an der Gründung der Londoner Horticultural Society. Sir Banks vermachte seine umfangreiche Sammlung und seine Bibliothek dem Britischen Museum.

Barbarea

Barbarakraut, Barbenkraut

Die heilige Barbara (?–306) lebte als Tochter ihres reichen Vaters Dioskuros entweder in der Türkei oder im Libanon, vielleicht aber auch in Catania, wo sie die Stadt vor einem Ausbruch des Ätna bewahrte – so genau weiß man es nicht. Jedenfalls ließ sich die zu einer Schönheit herangewachsene Tochter gegen den Willen des Vaters von einem christlichen Priester, den ihr der Kirchenvater Origenes (185–254) geschickt hatte, taufen. Doch auch diese Begebenheit wird in einer weiteren Quelle anders berichtet. Der zufolge soll sie nämlich in einer Vision von Johannes dem Täufer in die Gemeinde der Christen aufgenommen worden sein. Die Strafe für diese frevelhafte Widerborstigkeit folgte auf dem Fuße. Der Vater wollte sie erschlagen. Barbara versteckte sich in einem Felsspalt. Doch ein Hirte verriet sie. Er wurde zu Stein, und seine Schafe verwandelten sich in Heuschrecken. Ihr machte man den Prozeß und marterte sie mit Geißeln und lodernden Fackeln. Doch damit nicht genug, jagte der erbarmungslose Vater die brennende nackte junge Frau durch die Gassen und hieb ihr schließlich den Kopf ab. Aber für diese unmenschliche Gnadenlosigkeit erhielt er prompt seine Quittung: ein Blitz machte seinem Leben ein Ende. Als Märtyrerin bildet Barbara zusammen mit Margarete von Antiochien und Katharina von Alexandrien seit dem späten Mittelalter das beliebte Kleeblatt »Die drei heiligen Madln«. Am 4. Dezember, ihrem Festtag, stellt man Zweige vom Apfel- oder Kirschbaum ins Wasser und hofft, daß sie zu Weihnachten blühen. Die heilige Barbara, eine der Vierzehn Nothelfer, fungiert für eine buntgewürfelte Klientel als Schutzpatronin: Artillerie und Feuerwehr, Köche, Metzger, Architekten, Dachdecker, Totengräber, Bergleute und, nicht zu vergessen, Gefangene bitten um ihre Unterstützung. Bei Fieber, Gewitter, Pest und Brandgefahr kann ihr Beistand nützlich sein. Und die gnadenlos Gequälte und Geschundene fleht man um ein gutes Sterben an.

Barkeria

George Barker (1776–1845) war einer der großen Söhne der Stadt Birmingham. Nach dem juristischen Studium ließ er sich in seiner Vaterstadt als Anwalt nieder. Neben seinen beruflichen Verpflichtungen sorgte er mit Energie für die Durchsetzung sozialer Ziele im Stadtparlament. Er gehörte zu den Vätern des Birmingham Musical Festival, dessen Einnahmen dem Ausbau der Hospitäler zugute kamen. Als Mitbegründer der Philosophischen Gesellschaft gab er in Vorlesungen über Themen aus der Chemie Anstöße zur Einrichtung neuer Gewerbebetriebe. Aufmerksam verfolgte er die Erfindungen von James Watt auf dem Gebiet des Dampfmaschinenbaus, und dank seiner Initiative faßte Birmingham den Entschluß zum Bau einer Eisenbahn. Seine Verdienste wurden 1839 mit der Mitgliedschaft in der Royal Society belohnt. Seine Vaterstadt verewigte ihn in einer Marmorstatue, die im General Hospital zu besichtigen ist.

Barringtonia

Daines Barrington (1727–1800) studierte in Oxford Jura und glänzte bald durch einen rasanten Aufstieg auf der Karriereleiter der Verwaltungsämter. Daß er bereits mit 24 Jahren Leiter des Admiralitätsgerichtes wurde, verdankte er wohl nicht zuletzt auch dem mächtigen Einfluß von Freunden seiner hochangesehenen Familie. Nach der Übernahme weiterer juristischer Aufgaben wurde Barrington 1764 zum Stadtrichter in Bristol ernannt. Seiner Berufung zum Ratgeber des Königs folgte die Wahl zum Vorstand der Royal School of Law. Ab 1778 versah er das Amt des zweiten Richters von Chester. 1785 legte er bis auf den Posten als Hauptkommissar über die Lagerhäuser in Gibraltar seine Ämter nieder. 1800 verstarb Barrington in London. Seine Zeitgenossen rühmten ihn als unparteiischen Richter, liberal, nicht stolz, weder Rechthaber noch Kriecher, als einen Mann mit hervorragendem Verstand. Barrington veröffentlichte mehrere hochgeschätzte Werke zur Rechtsgeschichte. Vielseitig interessiert, übrigens auch an Antiquitäten, unterbreitete er der Royal Society Vorschläge zur Erforschung des Nordpols. Diese führten nach eingehender Prüfung durch die Admiralität zur Entsendung von zwei Schiffen unter dem Kommando von Kapitän Phipps in die arktischen Gewässer. 1767 erschien von ihm ein Jahrbuch für Naturfreunde. Wie umfangreich das Spektrum seiner Interessen war, mag schließlich ein Essay über die Sprache der Vögel belegen, den er in einer zoologischen Fachzeitschrift veröffentlichte.

Bartonia

Benjamin Smith Barton (1766–1815) stammte aus Lancaster in Pennsylvania. Sein Vater, ein Geistlicher, hatte sich als Nebenbeschäftigung der Botanik gewidmet. Dadurch wurde sicherlich schon früh bei seinem Sohn das Interesse an der Natur geweckt. Nach dem Tode seiner Eltern zog Benjamin Barton zu seinem Bruder nach Philadelphia, wo er mit dem Studium der Medizin begann, das er in Europa 1786 bis 1788 in Edinburgh fortsetzte. Mit einer Arbeit über das giftige Bilsenkraut gewann er einen Preis der Royal Medical Society. Nach einem kurzen Aufenthalt an der Universität Göttingen kehrte er 1789 nach Amerika zurück. Am College in Philadelphia wurde ihm das Lehramt für Naturgeschichte und Botanik anvertraut. Mit dieser Aufgabe wurde Barton als Professor von der University of Pennsylvania übernommen. Wahrscheinlich war dies der erste Lehrstuhl für Naturgeschichte in Nordamerika. 1803 erschien sein Werk »Elements of Botany«. Bemerkenswert ist noch die Freundschaft zwischen Barton und dem Pflanzensammler Thomas Nuttal (>).

Bartramia

John Bartram (1699–1777) wurde als Sproß einer Quäkerfamilie in Marple bei Darby in Pennsylvania auf einer Farm geboren. Wie es sich für den ersten amerikanischen Botaniker gehört, erzählte man sich die rührende Geschichte, die Begeisterung für die Pflanzenwelt habe ihn ergriffen, als er beim Pflügen ein Gänseblümchen umgeknickt und dabei dessen symmetrischen Bau bemerkt habe. Zum Leidwesen seiner Frau, die seine Begeisterung für die Botanik für reine Zeitverschwendung hielt, besorgte er sich alle erreichbare Fachliteratur in Philadelphia. Da Bartram sich auch für die Medizin interessierte, galt natürlich in erster Linie den Heilpflanzen seine Aufmerksamkeit. Weil das Studium der Schriften Linnés (>) Lateinkenntnisse voraussetzte, lernte er das Nötigste bei einem Privatlehrer. In der Nähe Philadelphias kaufte er 1728 am Schuylkill River ein Stück Land, legte einen Garten an und errichtete auch noch ein Haus aus Steinen. Dann begann er mit Züchtungsexperimenten. Begeistert hatte er über der Tür seines Gartenhauses sogar einen frommen Spruch in Griechisch angebracht, das aber nicht ganz fehlerfrei war. Bartram unternahm zahlreiche Exkursionen, um Pflanzen zu sammeln, die bald mit Hilfe von Peter Collinson (>) ihren Weg in englische Gärten fanden. 1751 berichtete er über seine Unternehmungen, die ihn bis zum Ontariosee führten, 1755 und 1760 bereiste er die südlicheren Territorien. Seine lebenslange Brieffreundschaft mit Collinson begann etwa um 1733. Als Bartram zu seiner ersten Reise nach Virginia aufbrach, ermahnte ihn sein Freund und Geschäftspartner, »...go very clean, neat and handsombody dressed«, denn die Virginier seien »a very gentle, well-dressed people and look, perhaps, more at a man's outside than his inside.« (*9*, S. 89). 1743 gründete Benjamin Franklin in Philadelphia die American Philosophical Society, die als Gegenstück zur Royal Society in London gedacht war. Bartram befand sich unter den Gründungsmitgliedern und vertrat die botanische Wissenschaft. Franklin verfügte als Postmaster of Pennsylvania und ab 1753 sogar als Postmaster General of British North America, daß alle Korrespondenz der Gesellschaftsmitglieder portofrei sein sollte. Das kam natürlich dem wissenschaftlichen Austausch zwischen den in- und ausländischen Mitgliedern der Gesellschaft sehr zugute. Durch die Fürsprache Collinsons wurde Bartram 1765 von Georg III. zum Botaniker des Königs mit einem Jahresgehalt von 50 Pfund ernannt. Zu Bartrams Briefpartnern in Europa gehörten die Königin von Schweden und natürlich die erste Garde der Botaniker seiner Zeit, wie Linné (>), Gronovius (>) oder Dillen (>). Sein Garten in Philadelphia wurde zur Attraktion und von seinen amerikanischen Kollegen bewundert. Häufig konnte Bartram als Besucher Benjamin Franklin und George Washington (>) begrüßen. Seiner Zeit voraus, scheute er sich nicht, seinen Sklaven die Freiheit zu geben, sie an seiner Tafel zu versammeln und als bezahlte Helfer zu betrachten. Bartrams Garten ist jetzt ein Teil von Philadelphias Parklandschaft.

Bartsia

Jaan Bartsch (1710–1738) lernte Linné (>), der sich in Holland aufhielt, kennen, und beide freundeten sich an. 1737 beendete Bartsch in Leiden das Medizinstudium und erwarb mit einer Abhandlung über die Körpertemperatur des Menschen den Doktortitel. Sein akademischer Lehrer, der Professor für Medizin und Botanik Boerhaave, schickte den frischgebackenen Doktor ein Jahr später nach Surinam. Diese Reise fand jedoch ein fatales Ende. Das ungesunde Tropenklima und zusätzlich noch Schikanen des Gouverneurs setzten Bartsch so zu, daß er sechs Monate nach seiner Ankunft mit 28 Jahren verstarb. Sein Freund Linné bewahrte sein Andenken mit der Verleihung des Namens *Bartsia* an eine Gattung aus der Familie der Braunwurzgewächse.

Batschia

August Johann Georg Karl Batsch (1761–1802) wurde in Jena geboren, wo er auch Medizin studierte und Direktor des Botanischen Gartens wurde. In Jena gründete er die Gesellschaft für Fortschritte der Naturwissenschaften, deren Vorstand er bis zu seinem Lebensende war. Als Systematiker teilte er die Pflanzen nach Familien ein. Manche Titel seiner Schriften lassen auf ein romantisches Gemüt schließen, wie z. B. »Der geöffnete Blumengarten« (1796). Als eine Verbeugung vor dem weiblichen Geschlecht muß man seine »Botanik für Frauenzimmer« von 1795 anerkennen.

Bauera

Franz Andreas (1758–1840) und Ferdinand Lucas (1760–1826) Bauer waren ein Brüderpaar aus Österreich, dessen großartiges künstlerisches Talent sich in England entfaltete. Die beiden Söhne eines Kunstmalers kamen in Feldsberg bei Wien auf die Welt, wo ihr Vater beim Fürsten von Liechtenstein in Diensten stand. Franz konnte sein Talent bereits mit 13 Jahren unter Beweis stellen. Später versuchte er in Paris sein Glück. Die Begegnung mit Sir Joseph Banks (>) änderte seine Pläne. Banks nahm den jungen Mann mit über den Kanal und verschaffte ihm eine Dauerstellung als Zeichner an den Royal Gardens in Kew. Mit königlicher Zustimmung trat Franz Andreas 1790 seinen Dienst in Kew an, wo er bis zu seinem Tode blieb. Seine Dienstbezüge und ein generöses Draufgeld aus der Privatschatulle von Banks sicherten ihm ein großzügiges Auskommen. In den 50 Jahren, die er in Kew zubrachte, schuf er brillante und unvergleichlich exakte Zeichnungen des botanischen Materials, das die vielen Sammler und Reisenden in der Regierungszeit Georgs III. in die Royal Gardens brachten. Bald umgaben ihn auch mehr oder weniger talentierte Schüler, zu denen auch Königin Charlotte gehörte. Sie kolorierte zur größten Zufriedenheit des Meisters seine Zeichnungen. Franz Andreas Bauer entwickelte sich zu einem sachkundigen Botaniker, der im Alter auch noch das Mikroskop für seine Zeichenkunst entdeckte. Als Banks seine Untersuchungen über den Mehltau begann, war ihm Franz mit seinem Mikroskop ein unentbehrlicher Helfer.

Völlig anders verlief das Leben Ferdinand Bauers, des jüngeren Bruders. Als er 15 Jahre zählte, entdeckte Pater Boccius, der Abt des Klosters in Feldsberg, das Zeichentalent des Jünglings und ermunterte ihn zu einer Serie von Miniaturen, die in die Kollektion des Fürsten von Liechtenstein aufgenommen wurden. 1784 vermittelte ihn Pater Boccius an den Oxforder Professor John Sibthorp. Ferdinand sollte Sibthorp auf einer Expedition in die Levante als Zeichner begleiten. Zwei Jahre später begann die Reise und führte durch die Ägäischen Inseln und über Konstantinopel nach Smyrna (Izmir) und Zypern. Ferdinand zeichnete fleißig Pflanzen und Landschaften. Nach der Rückkehr vollendete er in Oxford seine Skizzen zu Sibthorps großartiger »Flora Graeca« (1806–1840). 1801 trieb die Wanderlust Ferdinand nach Australien. Unter dem Kommando von Kapitän Matthew Flinders trat er wieder als Expeditionszeichner an Bord der »Investigator« die Reise an. Nach der gelungenen Umsegelung des fünften Kontinents zwang das leckgeschlagene Schiff den Kommandanten zur Landung auf Mauritius, wo ihn die Franzosen in Gefangenschaft nahmen. Während Kapitän Flinders erst nach zehn Jahren England wiedersah, konnte Ferdinand schon nach fünf Jahren in London mit der Ausarbeitung seiner Aufzeichnungen beginnen. 1813 hatte er sein Werk über die Flora von Neuholland (bis 1814 Bezeichnung für Australien) vollendet. Aber leider fanden sich weder geeignete Graveure noch Koloristen, um seine Zeichnungen in Druckplatten umzusetzen. In mühevoller Arbeit machte er sich selbst ans Werk. Schließlich packte er seine Sachen und kehrte nach Österreich zurück. In der Nähe von Schloß Schönbrunn kaufte er sich ein Häuschen und arbeitete weiter an seinen australischen Zeichnungen. Auf botanischen Exkursionen wanderte er durch die Steiermark und in die Alpen, besuchte noch einmal

alte Freunde in England und verstarb 1816 in seiner Heimat.
Es wäre müßig, die Kunst der beiden Brüder gegeneinander abzuwägen; ihr Stil und ihre Technik ähneln sich so sehr, daß man keinem den Vorzug geben könnte. Goethe (>) konnte die Illustrationen Ferdinands, die er Weimar sah, nicht genug bewundern. Als unübertroffen rühmte er in den Bildern die Synthese zwischen dem künstlerischen Anspruch und der wissenschaftlichen Akkuratesse. Die Brüder Bauer gehören fraglos zu den besten Pflanzenmalern nicht nur des 18./19. Jahrhunderts.

Bauhinia

Jean (1541–1613) und Gaspard (1560–1624) Bauhin, auch als Johann und Caspar Bauhin bekannt, wurden in Basel geboren, wohin ihr Vater, ein praktischer Arzt, aus Amiens als Calvinist flüchten mußte. Jean, der Erstgeborene, zunächst von seinem Vater in den Arztberuf eingeführt, wandte sich dann der Botanik zu und stand bereits mit 18 Jahren im Briefwechsel mit Conrad Gessner (>). Sein Studium begann er in Basel und setzte es 1560 in Tübingen bei Leonhart Fuchs (>) fort. Dann begab er sich nach Zürich, schloß sich Gessner an und durchwanderte mit ihm die Alpen. Sein weiterer Weg führte ihn nach Italien, wo er sich einige Zeit in Padua aufhielt. In Montpellier setzte er das Studium der Medizin und der Naturwissenschaften bei dem großen Meister Rondelet (>) fort. Sein nächstes Ziel war Lyon, wo er zusammen mit Dalechamps (>) eine Geschichte der Pflanzen plante. Die Verwirklichung scheiterte an den Religionsstreitigkeiten. Bauhin mußte Lyon verlassen und kehrte nach Basel zurück, wo er 1566 zum Professor der Rhetorik ernannt wurde. Daneben übte er eine so angesehene ärztliche Praxis aus, daß ihn der Herzog Ulrich von Württemberg und Mömpelgard 1570 als Leibarzt zu sich rief. Herzog Ulrich war ein begeisterter Liebhaber der Botanik und kultivierte in seinem Garten seltene Bäume und Pflanzen. Bauhin verfaßte in Mömpelgard (heute Montbéliard) mehrere botanische und medizinische Schriften, u. a. über die Tollwut und ihre Therapie. Besonders erwähnenswert ist sein Bericht über den Obstbaumbestand im Herzogtum, in dem er 56 verschiedene Apfel- und 36 Birnensorten in Holzschnittmanier abbildete. Dieses Werk war das erste seiner Art und wurde auch ins Deutsche übersetzt. Sein Plan, eine Universalgeschichte der Pflanzen zu schreiben, blieb unvollendet; die dreibändige »Historia plantarum universalis« mit mehr als 3.500 Holzschnitten erschien postum erst 1650.
Sein jüngerer Bruder Gaspard sollte nach dem Willen der Eltern Geistlicher werden. Doch nach dem Beispiel seines Bruders schlug Gaspard einen anderen Weg ein. Mit 16 Jahren begann er in Basel Medizin und Botanik zu studieren und wechselte dann nach Padua. Während seines dreijährigen Aufenthaltes in Italien durchwanderte er botanisierend und mit Fachkollegen diskutierend das Land. 1579 besuchte er Montpellier und anschließend Paris, wo er sich mit der Chirurgie vertraut machte. 1581 erwarb er in Basel den Doktortitel und wurde dort 1588 zum Professor für Anatomie und Botanik ernannt. 1614 übernahm er in Basel nach dem Tode seines verehrten Lehrers Felix Plater dessen Lehrstuhl für Medizin und den Rang des obersten Stadtarztes. 1596 erschien unter dem Titel »Phytopinax« ein Katalog mit 2.460 Pflanzen, unter denen er erstmals die Kartoffel beschrieb. Von seinen weiteren botanischen Schriften sei eine erweiterte Ausgabe des Kräuterbuches des Tabernaemontanus (>) von 1613 erwähnt. Sein besonderes Verdienst auf botanischem Gebiet war der Versuch, durch die Reduktion umständlicher Beschreibungen auf wenige treffende Bezeichnungen die Identität der Pflanzen zu bestimmen. Auf dem medizinischen Sektor verdienen seine Beiträge zur Anatomie hervorgehoben zu werden. In seinem 1605 in Frankfurt erschienenen »Theatrum anatomicum« z. B. stellte er das gesamte Wissen über den menschlichen Körper zusammen. In die Medizingeschichte ist er

durch die Beschreibung eines Ventils eingegangen, das den Rückfluß des Dickdarminhaltes in den Dünndarm verhindert und nach einem delikaten Prioritätsstreit als Bauhinsche Klappe zu einem festen Begriff wurde. Sein Kollege Riolan, Anatom an der Pariser medizinischen Fakultät und einflußreicher Leibarzt der Königin Maria von Medici, bezichtigte ihn nämlich des Plagiats, ja, nannte ihn in seiner aufbrausenden Art sogar einen Verrückten. Bauhin konnte aber nachweisen, daß ihm diese Valvula ileo-coecalis schon seit 1579 bekannt war, als sie noch von keinem anderen gesehen oder beschrieben worden war. Gaspard Bauhin verstarb hoch geehrt 1624 in Basel.

Beaufortia

Margaret Beaufort (1441–1509), die Tochter und Erbin des Herzogs von Somerset, heiratete 1455 Edmund Tudor, den Halbbruder von Heinrich VI., und gebar einen Sohn, den späteren König Heinrich VII. Mit viel Geschick und Mut verteidigte sie während des sogenannten Rosenkrieges die Anwartschaft ihres Sohnes auf die Krone. Sie wurde somit die Begründerin der Tudor-Linie in der Abfolge der englischen Könige. Margaret, die dreimal verheiratet war, legte ein religiöses Gelübde ab und erschien nur noch selten am königlichen Hofe. Mit der Gründung der theologischen Lehrstühle in Oxford und des St. John's College in Cambridge schuf sie ihr bleibendes Denkmal. Literarisch trat sie mit Übersetzungen französischer Andachtsbücher ins Englische hervor. Als Lady Margaret wurde sie von Studenten und Gelehrten hoch verehrt.

Beckmannia

Johann Beckmann (1739–1811) kam in Hoya im Hannoverschen zur Welt, besuchte in Stade die Schule und schrieb sich als Zwanzigjähriger an der Universität in Göttingen ein, um Theologie zu studieren. Bald merkte er, daß seine Talente auf anderen Gebieten lagen und betrieb Mathematik, Naturwissenschaften und Ökonomie. Diese Bildung bereicherte er noch mit dem Erlernen alter und neuer Sprachen. 1762 schaute er sich in den Niederlanden um, und ein Jahr darauf übernahm er in St. Petersburg eine Lehrerstelle für Mathematik, Physik und Naturgeschichte. 1765 gab er dieses Amt auf und bereiste bis 1766 Schweden und Dänemark. Inzwischen hatte er sich einen solchen Namen gemacht, daß ihm die Universität Göttingen eine Professur für Philosophie anbot. Er nahm an und erweiterte dieses Fach mit glänzenden Vorlesungen über ökonomische Probleme. Der Beifall war so groß, daß man ihm 1770 eine Professur für Ökonomie übertrug. Seine praktischen Erfahrungen und seine beeindruckenden Sprachkenntnisse befähigten Beckmann zu gründlicher und vielseitiger Forschung. So konnte er seinen Unterricht mit Vorlesungen über Landwirtschaft, Warenkunde, Handel, Polizeiwesen und Mineralogie bereichern. 1772 führte er den Begriff »Technologie« ein und ließ 1777 als erstes Lehrbuch auf diesem Gebiet eine »Anleitung zur Technologie« erscheinen, das bis 1809 sechs Auflagen erlebte. Er gilt als Begründer dieser Disziplin und Wegbereiter der Warenkunde. Ein weiteres herausragendes Werk unter seinen ökonomischen Publikationen waren die »Grundsätze der deutschen Landwirtschaft« von 1769. Johann Beckmann schied 1811 in Göttingen aus dem Leben.

Begonia

Begonie, Schiefblatt

Michel Bégon (1638–1710) stammte aus Blois und wurde in seiner Vaterstadt Magistratsbeamter. Auf Betreiben eines Verwandten trat er in die Marine ein und stieg bald zu höheren Ämtern auf. Er wurde Intendant der französischen Inselbesitzungen in Amerika und residierte auf Saint-Domingue, dem heutigen Haiti. Neben seinen Verwaltungsaufgaben interessierte er sich für die Naturwissenschaften und besonders für die Botanik. Als der Franziskaner und große Botaniker Charles Plumier (>) im Auftrage König Ludwigs XIV. die Insel besuchte, fand er in Bégon einen kenntnisreichen und begeisterten Begleiter. Ihm zu Ehren benannte Plumier die in den Regenwäldern der Insel entdeckte Begonie mit seinem Namen. Bégon wurde noch zum Gouverneur von Kanada ernannt. Nach seiner Rückkehr nach Frankreich erhielt er die Verwaltung über die in Rochefort und La Rochelle stationierten Schiffe. Diesen Posten versah er bis zu seinem Tode 1710 in Rochefort. Bégon war ein großzügiger Mäzen der Wissenschaften. Seine umfangreiche Bibliothek und sein Kabinett mit einer ansehnlichen Sammlung von Antiquitäten, seltenen Pflanzen und allerlei Kuriositäten stand jederzeit den Gelehrten offen.

Bellardia

Carlo Ludovico Bellardi (1741–1826) wurde im piemontesischen Cigliano geboren, studierte Medizin und promovierte 1763. Bereits ein Jahr darauf war er an der medizinischen Fakultät der Universität Turin tätig und arbeitete zusammen mit Allioni (>) an einer Darstellung der Flora des Piemont, die 1785 mit dem Titel »Flora Pedemontana« erschien. Auf ausgedehnten Wanderungen in seiner Heimat konnte Bellardi den Katalog an neuen, bisher unbekannten Pflanzen erheblich erweitern. Mit italienischen und ausländischen Kollegen pflegte er einen regen Briefwechsel. 1791 wurde er Mitglied der Königlichen Akademie der Wissenschaften. Bellardi, inzwischen zum Professor ernannt, folgte 1805 einem Ruf in die Gesundheitsverwaltung. Als Familienvater versammelte er 13 Kinder um sich. 1826 verstarb Bellardi in Cigliano.

Bellevalia

Pierre Richer de Belleval (1558–1623) wurde in Châlons-sur-Marne geboren, studierte in Montpellier Medizin und erwarb in Avignon den Doktorhut. In jener Zeit war es noch üblich, daß die Studenten, um sich Kenntnisse in Botanik anzueignen, die ja einen wesentlichen Anteil der Medizin ausmachte, nach Italien gingen, wo sich die Botanischen Gärten in Padua, Pisa und Bologna zu Hochburgen der Pflanzenkunde entwickelt hatten. Diesem Zustand machte König Heinrich IV. ein Ende, indem er 1593 durch ein Edikt die Gründung eines Botanischen Gartens in Montpellier verfügte. Der Professor für Medizin sollte im Winter Anatomie und im Frühling und Sommer Botanik lehren. Als geeigneten Lehrer wählte man 1596 Belleval, wobei der Herzog von Montmorenci wohl etwas nachgeholfen hatte, der damit dem Arzt für die Hilfe während einer Pestepidemie danken wollte. Mit großem Eifer erfüllte Belleval den königlichen Wunsch und war bereits zwei Jahre später in der Lage, ein Liste mit 2.000 Pflanzen vorzulegen, die auch noch 52 Tafeln mit – nicht gerade geglückten – Abbildungen enthielt. Die geplante Aufteilung der Lehrverpflichtung wurde von ihm jedoch nicht eingehalten. Er war so mit der Botanik ausgefüllt, daß es ihm nicht möglich war, im Winter Anatomie zu lehren. Es kam natürlich in der Fakultät zu Streitereien, die nach einigen Jahren damit endeten, daß man einen zweiten Professor bestellte. Neben kleineren Mitteilungen hatte Belleval ein großes Werk vorbereitet, das er nicht mehr vollenden konnte. Er verstarb 1623 in Montpellier und hinterließ neben seinem Manuskript 400 Kupferplatten mit zwar einfachen, aber von einem hervorragenden Graveur gekonnt ausgeführten Strichzeichnungen, von denen leider nur wenige erhalten blieben. Belleval gehört zu den Gründern der Botanik in Frankreich. Er war auch derjenige, der die Botanik als eigenes Fach im Rahmen des Medizinstudiums einführte.

**Benthamidia* (*Cornus*)
Hartriegel

George Bentham (1800–1884) stammte aus der Nähe von Plymouth. 1805 wurde sein Vater, ein

General, von der Britischen Admiralität nach St. Petersburg versetzt, wo auch die Familie bis 1807 wohnte. 1815 ließ sich die Familie in Südfrankreich in der Nähe von Montpellier nieder. Bentham junior sammelte eifrig Pflanzen und dehnte seine Exkursionen in die Pyrenäen aus. So konnte er 1826 einen Katalog der Pflanzen dieses Gebietes in französischer Sprache vorlegen. Im gleichen Jahr kehrte die Familie nach England zurück. Bentham entschied sich nun für das Jurastudium, das er 1832 abschließen konnte. Bereits 1829 hatte er das Sekretariat der Royal Horticultural Society übernommen, das er bis 1840 verwaltete. Nachdem China im Friedensvertrag von 1842 Hongkong an England abgetreten hatte, konnten die Pflanzenfreunde, unter denen viele britische Militärärzte glänzten, ohne Einschränkung die Flora dieser Insel erforschen. Bentham war es deshalb 1861 in seiner »Flora Hongkongensis« möglich, eine Liste mit fast 1.000 Arten von 550 Gattungen zusammenzustellen. Von 1861 bis 1874 wurde ihm die große Ehre zuteil, Präsident der Linnean Society, der er seit 1826 angehörte, zu sein. 1874 wurde ihm von der Universität Cambridge die Würde eines Doktors der Rechtswissenschaft und 1878 die Mitgliedschaft des Ordens vom Heiligen Michael und Georg verliehen. Sein Herbarium schenkte er den Kew Gardens. Sein Freund Sir Joseph Hooker (>*Hookerella*) konnte Bentham, der sich eigentlich zurückziehen wollte, überreden, mit ihm zusammen eine Publikation über alle Gattungen der höheren Pflanzen zu schreiben. Es kam zu einer kongenialen Partnerschaft, aus der das große Werk »Genera Plantarum« entstand, das 1883 vollendet wurde.

Bentinckia

Lord William Cavendish Bentinck (1774–1839), Sohn des Herzogs von Portland, begann 1791 als Fähnrich seine militärische Laufbahn. Während der Napoleonischen Kriege diente er als Attaché bei den verbündeten Mächten Rußland und Österreich in Oberitalien. 1803 wurde er zum Gouverneur in Madras berufen. Die den einheimischen indischen Regimentern von ihrem Militärkommandeur Sir John Cradock befohlenen Neuerungen – das Verbot, das Zeichen ihrer Kastenzugehörigkeit zu tragen, Bartlosigkeit und ein Haarschnitt nach europäischem Muster – führten zu Meutereien. Wahrscheinlich brachten die Einführung einer Kopfbedeckung, die von den Indern als eine Art Christianisierung empfunden wurde, und die befohlene Pflege der Patronentaschen mit Schweinefett das Faß zum Überlaufen. Die Aufständischen brachten zahlreiche britische Offiziere und Mannschaften um. Dieses Massaker in Vellore, als Sepoy-Aufstand (Sepoy – Name für die indischen Soldaten) in die Geschichte eingegangen, zog rigorose Strafmaßnahmen nach sich. Obwohl Bentinck, nachdem er Kenntnis von diesen Ereignissen erhalten hatte, sofort für eine Abstellung der unsinnigen Anordnungen sorgte, wurden er und Cradock 1807 nach London zurückgerufen. Nicht auszuschließen ist allerdings, daß die tiefere Ursache des Sepoy-Aufstandes der Versuch war, durch einen Umsturz ein islamistisches Regime in Südindien einzuführen. 1808 trat Bentinck als Divisionskommandeur in der Armee von Sir Wellesley (>), dem späteren Duke of Wellington, in Portugal wieder militärische Dienste an. Von 1811 bis 1814 befehligte er die britischen Truppenkontingente auf Sizilien. Erst nach dreizehnjähriger militärischer bzw. diplomatischer Untätigkeit erhielt Bentinck ein Amt, in dem er sich hervorragend bewährte: er wurde 1827 zum Generalgouverneur von Bengalen in Südindien berufen. Schon kurze Zeit nach seinem Amtsantritt war es ihm gelungen, die arg zerrütteten Finanzen der Kolonialverwaltung zu sanieren. Bentinck sorgte nicht nur für die Verbesserung der Schiffsverbindungen zwischen Indien und England, sondern unterstützte auch nachdrücklich die Flußschiffahrt auf dem Ganges und anderen großen Strömen des Subkontinents. Als besonders mutige und humane Leistung Bentincks ist das 1829 erlassene Verbot der Witwenverbrennung anzuführen. Leider konnte mit dem Erlaß, der sie zum Mord erklärte, diese entsetzliche patriarchalische Gepflogenheit, auch unter der indischen Bezeichnung Satie bekannt, nur wenig eingedämmt werden; bis in die jüngste Zeit wurde über Fälle von Witwenverbrennung berichtet. In den letzten Jahren seiner Amtszeit ließ sein Gesundheitszustand merklich nach und zwang ihn, in den heißen Monaten in ein Bergsanatorium auszuweichen. 1835 legte er sein hohes Amt nieder. Seine Biographen heben ihn als den ersten britischen Gouverneur in Indien hervor, der die weise Einsicht hatte, den Eingeborenen über eine angemessene Schulbildung den Zugang zu öffentlichen Ämtern zu ermöglichen. Zurückgekehrt nach Europa waren ihm noch vier Lebensjahre vergönnt. Als man ihm die Erhebung in den Pairsstand antrug, lehnte er ab. Lord Bentinck verstarb 1839 in Paris.

Berardia

Pierre Bérard (Ende 16. Jh. – um 1660) war Apotheker in Grenoble und beschäftigte sich ausgiebig mit der Kräuterkunde. Er war der erste Botaniker, der sich mit der Flora der Dauphiné befaßte. 1654 erschien von ihm ein Werk in sechs Bänden, in dem über 6.000 Pflanzen beschrieben und nach dem System von Gaspard Bauhin (>) klassifiziert werden. Mit vielen Gelehrten Italiens, Deutschlands und Spaniens unterhielt er einen regen Briefwechsel. Vielleicht war es seine Leidenschaft zur Pflanzenwelt, die ihm bei seinen Zeitgenossen den Ruf eines Sonderlings einbrachte. In den Eintragungen des Steuer- und Rechnungsamtes von Grenoble finden sich interessante Angaben zu seiner pharmazeutischen Tätigkeit. So mischte er z. B. aus Mehl, Myrrhe, Aloe und Aristolochia, einem Osterluzeigewächs, eine Paste, die das brandige Bein eines armen Burschen heilen sollte. An anderer Stelle wird ein Pflaster nach Paracelsus oder eine Apostelsalbe notiert. Als Sproß einer alten Adelsfamilie führte Bérard ein Wappen, das je zur Hälfte einen goldenen Löwen auf blauem und einen silbernen Panther auf sandfarbenem Grund zeigte.

Bergenia (**Megasea*)
Bergenie

Carl August von Bergen (1704–1759) absolvierte das Studium der Medizin an der Universität Viadrina in seiner Vaterstadt Frankfurt/Oder, danach in Leiden, Paris und Straßburg. 1731 promovierte er in Frankfurt/Oder, wo er 1732 Professor für Anatomie wurde. Er erhielt die Erlaubnis, die Leichen aller Selbstmörder zu zergliedern, wodurch die Anatomie wesentlich gefördert wurde. 1738 erhielt von Bergen die Professur für Botanik und 1744 auch die für Pathologie und Therapie. Zu seinen botanischen Schriften gehört »Flora Francofurtana«. Als Anatom berichtete er über den Nervus sympathicus, über die Hirnkammern und den Bau der weichen Hirnhaut. Bekanntheit erlangte er auch mit seinen Unterweisungen über den Gebrauch des Mikroskops.

Bernardia

Bernard de Jussieu (1699–1776) wurde in Lyon geboren. In Montpellier studierte er Medizin und promovierte 1720 auch dort. Zwei Jahre später trat er am Jardin du Roi in Paris die Stelle als Demonstrator an, die er bis zu seinem Tode innehatte. Ab 1758 verwaltete er auch den Königlichen Botanischen Garten im Trianon. Als man ihm 1770 eine Professur anbot, lehnte er dankend ab. Jussieu kreierte ein spezielles Pflanzensystem, das als das ältere Jussieusche System bekannt wurde. Aber nicht genug mit diesem einen Glanzlicht der Pflanzenkunde, entstammten dieser Familie noch weitere bedeutende Botaniker. Bernards Bruder Joseph (1704–1779) durchstreifte von 1747 bis 1750 als Pflanzensammler allein die Anden. Als er sich von

Lima nach Europa einschiffen wollte, hielt man ihn mit Gewalt zurück und zwang ihn zur Mitarbeit beim Brückenbau. Joseph ertrug diese Behandlung jedoch nicht und fiel in eine Geistesverwirrung, unter der er auch noch nach seiner Rückkehr in sein Vaterland 1771 bis zu seinem Tode litt. Bernards älterer Bruder Antoine (1686–1758) wurde Arzt und später Professor für Botanik am Königlichen Botanischen Garten in Paris. In der nächsten Generation ergriff dessen Sohn, Antoine Laurent (1748–1836), das gleiche Metier und hielt ab 1770 in Paris Vorlesungen über Botanik. Die medizinische Fakultät berief ihn 1804 zum Professor. Antoine Laurent griff die Ideen seines Onkels Bernard auf und schuf das neue Jussieusche Pflanzensystem. Sein Sohn Adrien Henri Laurent (1797–1853) trat in die Fußstapfen des Vaters und mauserte sich mit zahlreichen Veröffentlichungen zu einem angesehenen Botaniker, was 1826 mit einer Professur belohnt wurde.

Berteroa
Graukresse

Carlo Giuseppe Luigi Bertero (1789–1831) wurde in Santa Vittoria im Piemont geboren, betrieb philosophische Studien und wandte sich dann der Botanik zu. Er studierte in Turin Medizin und promovierte 1811 mit einer Arbeit über piemontesische Medizinalpflanzen. Nach der Übernahme eines Sekretärpostens in der napoleonischen Besatzungszeit kehrte er während der Restauration an die Universität Turin zurück. Zahlreiche Exkursionen in den Alpen und im Piemont erweiterten die Kenntnisse über die Flora dieser Regionen. 1816 entschloß sich Bertero zu einer Forschungsreise auf die Antillen. Zur Vorbereitung lernte er Englisch und Spanisch und besuchte die botanischen Sammlungen in Paris. Als Schiffsarzt gelangte er nach Guadeloupe, wo er zwei Jahre praktizierte und sich mit der tropischen Flora vertraut machte. 1819 bereiste er Puerto Rico und 1820/21 Santo Domingo und Haiti. Nach Piemont zurückgekehrt, setzte er dort seine Exkursionen fort. 1827 hielt er sich in Paris auf, wo er mit dem großen Botaniker de Candolle Freundschaft schloß. Sein nächstes Reiseziel war Chile. Um seine Beobachtungen selbst festhalten zu können, nahm er bei dem ausgezeichneten französischen Pflanzenmaler Turpin (>) Unterricht. 1827 verließ er Frankreich in Le Havre und erreichte 112 Tage später sein Ziel. Seine reiche floristische Ausbeute fand später Abnehmer in zahlreichen europäischen Sammlungen. 1830 segelte er nach Tahiti. Auf der Rückreise nach Valparaiso verlor er bei einem Schiffbruch sein Leben. Bertero war seit 1826 Mitglied der Turiner Akademie.

Bertholletia
Brasilnußbaum, Paranußbaum

Claude-Louis Comte de Berthollet (1748–1822) stammte aus Savoyen, studierte Medizin und promovierte 1770 in Turin. Zwei Jahre später begab er sich nach Paris, um seine Kenntnisse in Chemie zu erweitern. Er wirkte dann dort als Professor für Chemie. Berthollet entdeckte u. a. die Zusammensetzung des Ammoniaks, arbeitete über Chlor und dessen Verbindungen (Bertholletsche Bleichflüssigkeit), wodurch die Techniken der Färberei und Wäscherei auf eine wissenschaftliche Basis gegründet werden konnten. Weitere Arbeiten beschäftigten sich mit dem Knallsilber (Bertholletsches Knallpulver). Von großer Bedeutung für die theoretische Chemie wurden seine Untersuchungen über die Gesetze der chemischen Affinität. Zusammen mit Lavoisier, Fourcroy (>), Monge und anderen machte er sich um die chemische Nomenklatur verdient. Berthollet war ein ausgezeichneter Experimentator, aber hatte wenig Talent für das Unterrichten. Deshalb legte er sein Amt als akademischer Lehrer nieder und widmete sich nur noch der Forschung. Als Leiter des wissenschaftlichen Stabes begleitete er Napoleon auf seinem Feldzug in

Ägypten. Unter König Ludwig XVIII. wurde er Senator, in den Grafenstand erhoben und nach der Restauration mit der Pairswürde geehrt. Seine letzten Lebensjahre wurden durch persönliche Schicksalsschläge getrübt. Berthollet starb in Arcueil bei Paris.

Bertolonia

Antonio Bertoloni (1775–1869) aus Sarzana in Italien erhielt seine ersten Lektionen von seiner überaus gescheiten und strengen Mutter. Sie erkannte bald die Begabung ihres Antonio für die Wissenschaften, besonders für die Mathematik. So schickte sie ihn 1792 auf die Universität Pavia. Dort entwickelte sich Bertoloni zwar nicht zu einem Mathematiker, aber während des Medizinstudiums unter den Fittichen von Scopoli (>) zu einem ausgezeichneten Botaniker. Aus der Umgebung von Pavia trug er ein umfangreiches Herbarium zusammen, das er jedoch bei den Plünderungen der napoleonischen Soldateska verlor. 1796 promovierte er in Genua zum Doktor der Medizin und übte zunächst den Arztberuf aus. Um 1800 publizierte er erste botanische Mitteilungen. 1804 erschienen als Frucht seiner Studien in Ligurien die »Plantae Genuenses«. 1811 finden wir ihn als Lehrer in Genua, wo er auch naturkundliche Vorlesungen an der dortigen Universität hielt. 1815 berief ihn die Universität Bologna auf den Lehrstuhl für Botanik, den er bis zu seinem Tode innehatte. Sein Hauptwerk, die zehnbändige »Flora Italica« (1833–54), ist die erste Gesamtdarstellung der italienischen Flora und wird als eines der großen wissenschaftlichen Monumente Italiens gerühmt.

Besleria

Basilius Besler (1561–1629), als Sohn eines Predigers in Nürnberg geboren, wurde Apotheker und übernahm 1586 in Nürnberg die später »Zum Marienbild« genannte Apotheke, die im Zweiten Weltkrieg in Schutt und Asche gelegt wurde. Beslers großes Interesse galt den Naturwissenschaften. Er legte einen eigenen Botanischen Garten und ein Naturalienkabinett an. 1594 wurde er in den Großen Rat der Stadt Nürnberg gewählt. 1609 wurde der Botanische Garten des Fürstbischofs Johann Conrad von Gemmingen von Nürnberg nach Eichstätt verlegt. Besler verfaßte im Auftrag dieses Bischofs eine Beschreibung des Gartens, die 1613 als »Hortus Eystettensis« publiziert wurde; auf 367 kolorierten Kupferstichtafeln verschiedener Künstler mit fast 1.100 Einzelabbildungen wird der Pflanzenbestand nach Jahreszeiten geordnet dargestellt. Allerdings muß man wohl gerechterweise ergänzen, daß an diesem prachtvollen Katalog der Botaniker Ludwig Jungermann (>) als Mitautor ganz wesentlich beteiligt war. Aus welchen Gründen auch immer wurde dessen Name in dem Werk, das der Familie Besler sicherlich ein hübsches Sümmchen einbrachte, nicht erwähnt.

Biebersteinia

Friedrich August Baron Marschall von Bieberstein (1768–1828) wurde in Stuttgart geboren und erhielt auch dort seine Erziehung. Nach Abschluß seiner Studien entschloß er sich, nach Rußland auszuwandern, um in der Armee eine Karriere zu machen. Er wurde in die Distrikte am Kaspischen Meer geschickt, um geographische Vermessungen durchzuführen. Später wurde Bieberstein zum Inspektor für die Seidenfabrikation und zum Generalinspekteur über das Erziehungswesen in Mittelrußland ernannt. Forschungsreisen führten ihn auf die Krim und in den Kaukasus, wobei er sich besonders eifrig der Botanik widmete. Seine Ergebnisse legte er in der dreibändigen »Flora Taurico-Caucasica« (1808–19) nieder. Marschall

Bieberstein starb 1828 in der Nähe von Charkow.

Bignonia *(*Doxantha)*
Kreuzrebe

Jean-Paul Bignon (1662–1743), geboren in Paris, war Abt zu St. Quentin, Bibliothekar Ludwigs XIV. und Mitglied der Académie Française. Er war einer der ersten Mitarbeiter am »Journal des Savants«. Sein Haus in Saint-Côme war ein Treffpunkt der Wissenschaftler und Künstler. 1691 sorgte er für die Aufnahme des Botanikers und Forschers Pitton de Tournefort (>) in die Académie des Sciences. Dieser benannte aus Dankbarkeit drei Jahre später eine orangerote trompetenblütige Kletterpflanze nach seinem Gönner. Bignon starb in der Nähe von Melun.

Billardiera

Jacques Julien Houton de Labillardière (1755–1834) kam in Alençon zur Welt und begann nach seiner Grundausbildung in seiner Heimatstadt und in Montpellier Medizin zu studieren. In Paris schloß er das Studium mit der Erlangung der Doktorwürde 1780 ab. Er hatte sich auf die Botanik spezialisiert und unternahm in den folgenden Jahren zahlreiche Exkursionen quer durch Europa. In England studierte er unter der Obhut von Sir Joseph Banks (>) während eines längeren Aufenthaltes exotische Pflanzen. Wieder in Frankreich, befaßte er sich mit der Alpenflora. 1786 brach er zu einer Reise in den vorderen Orient auf, die ihn bis nach Damaskus führte. Unterwegs stattete er im Libanon dem berühmten Zedernwald, der schon damals aus nur wenigen hundert Bäumen bestand, einen Besuch ab. Neben den botanischen Beobachtungen machte er sich Notizen über die Sitten und Gebräuche der Bevölkerung und nahm geographische Vermessungen vor. Während er nach seiner Rückkehr mit der Ausarbeitung seiner Aufzeichnungen beschäftigt war, bot sich ihm die Gelegenheit zu einer neuen Expedition. Die Revolutionsregierung hatte sich entschlossen, ein Geschwader auf die Suche nach den Spuren des Entdeckungsreisenden La Pérouse zu schicken, der 1785 im Auftrag von König Ludwig XVI. eine Erdumseglung unternommen hatte und im Pazifik verschollen war. Labillardière begleitete das Unternehmen, das übrigens nichts über das Schicksal des verschwundenen Entdeckers herausfand, als Naturforscher. Das Geschwader verließ 1791 Brest, umsegelte das Kap der Guten Hoffnung und hielt sich 1792 an der Küste Australiens, damals Neuholland genannt, auf. Als Vertreter einer feindlichen Macht kassierten bei einem Aufenthalt auf Java 1793 die Holländer das Geschwader. Labillardière wurde wie ein Kriegsgefangener behandelt und in einem Fort in der Nähe von Batavia festgehalten. Nach seiner Entlassung 1795 mußte er feststellen, daß seine gesamte, mit Mühe zusammengetragene Pflanzensammlung von den Holländern nach England transportiert worden war. Labillardière wandte sich an Sir Banks, der ihm ohne zu zögern das Material zurückerstattete. 1800 nahm ihn die französische Akademie, das Institut de France, als Nachfolger von L'Héritier (>*Heritiera*) in ihre Reihen auf. In den folgenden Jahren veröffentlichte er seine Forschungsergebnisse. Seine Hauptwerke behandelten die Flora Australiens und der Pazifischen Inseln. Um sich völlig unabhängig seiner Arbeit widmen zu können, blieb er Junggeselle. Seine Kollegen schilderten ihn als einen treuen und zuverlässigen Freund, einen geistreichen und stets fröhlichen Menschen. Labillardière verstarb 1834 in Paris.

Billbergia

Gustaf Johan Billberg (1772–1844) stammte aus Karlskrona in Schweden und begann 1788 in Lund Jura zu studieren. Nach seinem Examen 1790 arbeitete er zunächst in seiner Heimatstadt und wechselte ein Jahr später in den Gerichtsdienst der

Marine. Über den Zoll, das Rechnungsamt der Flotte und das Artilleriekontor stieg er 1797 zu einem leitenden Regierungsbeamten in Visby auf der Insel Gotland auf, wo er auch für den Bau einer Orangerie sorgte. Um 1810 wurde er nach Stockholm berufen, und 1837 nahm er als Gerichtsrat seinen Abschied aus dem Staatsdienst. Billberg zeigte schon in frühen Jahren eine auffällige Neigung zur Botanik und Entomologie. Auch als er auf Drängen seines Vaters die Beamtenlaufbahn begann, wurde seine Sammeltätigkeit nicht gebremst. Seit 1793 stand er mit dem Botaniker Thunberg (>) in fruchtbarem Briefwechsel. 1815 berichtete er ihm stolz, daß in seinem Garten über 2.000 Spezies besichtigt werden könnten. Besonders pflegte er die Entomologie. Deshalb finden sich unter seinen biologischen Veröffentlichungen vor allem Mitteilungen über Insekten. 1815 erschien seine »Ökonomische Botanik für Landwirtschaft, Gartenbau und Apotheke«. Billberg war Mitglied zahlreicher in- und ausländischer gelehrter Gesellschaften.

Bismarckia

Bismarckpalme

Fürst Otto Eduard Leopold von Bismarck-Schönhausen (1815–1898), der nach der Einigung Deutschlands 1871 als Reichskanzler die Regierungsgeschäfte übernommen hatte, zog sich nach seiner Entlassung 1890 auf die ihm vom Reich überlassene Domäne Friedrichsruh im Sachsenwald östlich von Hamburg zurück. Dort erfreute sich der Privatier als der »Alte vom Sachsenwald« nicht nur an den ihn ehrenden Besuchern und Abordnungen, sondern auch an der Natur des Forstbestandes. Als ihm zu Ohren kam, daß sein Nachfolger in Berlin »die uralten Bäume vor der Gartenseite seiner, früher meiner, Wohnung hat abhauen lassen«, grollte er empört: »Kaiser Wilhelm I., der in dem Reichskanzlergarten glückliche Jugendtage verlebt hatte, wird im Grabe keine Ruhe haben, wenn er weiß, daß sein früherer Gardeoffizier alte Lieblingsbäume, die ihresgleichen in Berlin und Umgebung nicht hatten, hat niederhauen lassen, um ein *poco più di luce* zu gewinnen. Ich würde Herrn von Caprivi manche politische Meinungsverschiedenheit eher nachsehen als die Zerstörung uralter Bäume ...« (*11*, S. 667). Bei diesen uralten Bäumen handelte es sich um fünf Rüstern, die Reste einer unter König Friedrich I. angelegten vierreihigen Allee, und eine Buche, in deren Rinde Zar Nikolaus I. als Bräutigam der Prinzessin Charlotte von Preußen seinen Namen in kyrillischen Buchstaben eingeschnitten hatte. Die botanische Namenspatenschaft des Eisernen Kanzlers läßt sich noch um ein triviales Produkt ergänzen, nämlich die Bismarckeiche, die aber im Aussterben begriffen ist. Dabei handelt es sich um ein längliches Backerzeugnis, dessen Oberfläche mit Schokoladencreme borkenartig reliefiert wurde, die mit Blättchen aus grünem Marzipan (Efeu) rankenartig umsponnen war. Auf dem zoologischen Sektor ist der Bismarckhering sozusagen in aller Munde. Weniger bekannt sein dürfte, daß des Kanzlers Name auch für einen Quadrupeden aus der Klasse der Säugetiere herhalten mußte. Reisende zu den ägyptischen Pyramiden wurden, wie uns Louise Mühlbach mitteilt, 1870 in Kairo lautstark aufgefordert: »Nehmen meinen Esel! Gut Esel! Berliner Esel! Bismarck Esel!« (*29*, S. 189)

Blackwellia

Elizabeth Blackwell (1700–1758) stammte aus Aberdeen. Als Tochter eines wohlhabenden Strumpfhändlers heiratete sie heimlich ihren Vetter Alexander Blackwell, der sich leider als ein windiger Abenteurer entpuppte. Ob er tatsächlich Medizin studiert oder eine Apothekerlehre absolviert hat, wie ihm nachgesagt wurde, bleibt im Verborgenen. Elizabeth und Alexander setzten sich nach London ab, um in der Metropole ihr Glück zu machen. Der junge Ehemann nahm zunächst eine Stelle als

Korrektor in einer Druckerei an und eröffnete 1730 eine eigene Druckerei. Da Blackwell keine entsprechende Ausbildung nachweisen konnte und 1734 mit einem Schuldenberg Pleite machte, wurde er ins Gefängnis geworfen. Rettung kam von Elizabeth. Seine geschäftstüchtige und talentierte Frau kam auf die Idee, mit einem Bildband über medizinische Kräuter eine Marktlücke zu füllen. Sie mietete sich gegenüber dem Botanischen Garten in Chelsea ein, besorgte sich von dort Pflanzen, begann fleißig zu zeichnen, auf Kupferplatten zu gravieren und zu kolorieren. Schließlich konnte sie in zwei Bänden 1737 und 1739 ein Kräuterbuch mit 500 großformatigen Abbildungen anbieten. Bei der Textgestaltung hatte sie ihr Ehemann aus der Gefängniszelle unterstützt. Ihr Werk – sie nannte es »A Curious Herbal« – florierte, und bald kam Alexander wieder auf freien Fuß. 1742 tauchte er ohne Elizabeth in Schweden auf, ließ sich als Arzt nieder und wurde bald der Quacksalberei bezichtigt. 1745 machte er sich mit einer Schrift über die Verbesserung der schwedischen Landwirtschaft einen Namen, die allerdings, wie sich erst später herausstellte, Wort für Wort das Plagiat einer älteren englischen Publikation war. Blackwell wurde mit der Leitung einer königlichen Musterfarm betraut, brachte aber offenbar wenig zustande. Der große Linné (>), der ihm 1746 einen Besuch abstattete, war jedenfalls wenig beeindruckt. Zunehmende Kritik an seinen Methoden und Zweifel an seiner Lauterkeit drängten Blackwell in eine äußerst prekäre Lage. Mit der Aussicht auf eine erhebliche Bestechungssumme tauchte er in einen politischen Sumpf und beteiligte sich konspirativ an der Vorbereitung zum Sturz des schwedischen Königshauses. Doch das Komplott flog auf, er wurde des Hochverrats angeklagt und für schuldig befunden. Erst gerädert, dann enthauptet, endete Alexander Blackwell 1747 in Stockholm diesen wahrhaft romanhaften Lebenslauf. Das weitere Schicksal seiner in London gebliebenen Gattin ist unbekannt. Sicher ist nur, daß Elizabeth Blackwell 1758 verstorben ist. Ihr »Curious Herbal« war von so hervorragender Qualität, daß es 1750 bis 1773 in erweitertem Umfang von dem Nürnberger Arzt Christoph Jacob Trew (>) unter Mitarbeit seines Freundes Christian Gottlieb Ludwig (>) als »Herbarium Blackwellianum« neu aufgelegt wurde.

Blandfordia

George Spencer-Churchill, Marquis of Blandford, Duke of Marlborough (1766–1840). Den Zusatznamen Churchill durfte er durch königliche Lizenz ab 1817 führen. Er studierte in Oxford Jura und erwarb dort 1792 den Titel eines D. C. L. (Doctor of Civil Law). Von 1790 bis 1796 und 1802 bis 1804 war Spencer-Churchill Parlamentsmitglied. Dann versah er zwei Jahre das Amt des Schatzmeisters. 1806 durfte er als Baron Spencer of Wormleighton einen Sitz im Oberhaus einnehmen. In der Nähe von Reading besaß er einen botanischen Garten, für dessen Pflege – wie auch für den Erwerb exotischer Gewächse – er Unsummen ausgab. Ein zweites Steckenpferd war seine Bibliothek, in der er Kostbarkeiten wie das Meßbuch von Bedford hütete. In späteren Jahren mußte er seinen aufwendigen Lebensstil erheblich einschränken, und zurückgezogen verstarb der fünfte Duke of Marlborough 1840 in Blenheim Palace, dem einstigen Wohnsitz seines großen Vorfahren in Oxfordshire.

Blighia

William Bligh (1754–1817) stammte aus Cornwall. Er wurde Seemann in der Royal Navy und diente als Segelmeister auf der »Resolution« bei der zweiten Weltumseglung Cooks 1772–74. Er machte mehrere Seegefechte mit, stieg zum Leutnant auf und erhielt 1787 das Kommando über die »Bounty«. Er sollte von Tahiti Brotfruchtbäume und andere Pflanzen nach Britisch-Westindien transportieren, die dort akklimatisiert und kultiviert werden sollten. Während Bligh und seine naturwissenschaftlichen Begleiter die Insel durchstreiften, gab sich die Besatzung trotz seines ausdrücklichen Verbotes einem ungezügelten und ausschweifenden Leben mit den eingeborenen Schönheiten hin. Die strengen Vorhaltungen des aufbrausenden und anmaßenden Kapitäns führten unter dem Rädelsführer Fletcher Christian Ende April 1789 zu der durch Literatur und Film bekannten »Meuterei auf der Bounty«. Die Meuterer setzten Bligh und seine Begleitung kurzerhand in einem kleinen Beiboot aus. Dank der navigatorischen Geschicklichkeit des Kapitäns konnten die Ausgesetzten nach mehreren Wochen auf der Insel Timor landen, von wo sie die Heimreise nach England antraten. Fletcher Christian und 15 Komplizen segelten zur Insel Pitcairn und führten ein glückliches Dasein, bis eines Tages die englische Fregatte »Pandora« auftauchte. In größter Panik flohen die Meuterer durch den dichten Regenwald hinauf zum Vaihiria-See. Sie wurden von den englischen Soldaten aufgegriffen und nach London gebracht, wo man ihnen den Prozeß machte. Blighs Verdienste um die Seefahrt und die Naturwissenschaften, insbesondere um die Botanik, wurden 1801 mit der Aufnahme in die Royal Society belohnt. Er wurde Fregattenkapitän und nach einigen kriegerischen Unternehmungen 1805 Gouverneur von Neusüdwales (Australien). Sein harsches und autokratisches Benehmen brachte ihm bei seinen Untergebenen wenig Sympathie ein. 1808 setzte ihn aus eigener Machtbefugnis ein gewisser Major Johnston ab und warf ihn bis 1810 ins Gefängnis. Johnston wurde 1811 auf seinen Geisteszustand untersucht und entlassen. Bligh kehrte als Konteradmiral nach England heim und zog sich auf seinen Besitz in Farningham zurück. 1814 erhielt er noch den Rang eines Vizeadmirals. »Brotfruchtbaum Bligh«, wie man ihn nach dem Abenteuer auf Tahiti nannte, verstarb 1817 in London.

Blumenbachia

Johann Friedrich Blumenbach (1752–1840) aus Gotha studierte Medizin und war von 1776 bis 1835 Professor an der Universität in Göttingen. Blumenbach begründete die vergleichende Anatomie als Lehrfach und veröffentlichte 1804 ein Handbuch über diesen speziellen Zweig der medizinischen und zoologischen Wissenschaft. Sein besonderes Interesse galt der Anthropologie. 1775 legte er eine Einteilung der Menschen in vier bis fünf Großrassen vor, die natürlich aus jener Zeit und ihren Erkenntnisgrenzen heraus verstanden werden muß. Seine anthropologische Vorlesung muß so packend gewesen sein, daß sie den Prinzen von Neuwied (*Maximiliana* >) zu völkerkundlichen Expeditionen nach Amerika anregte. Blumenbach verstarb fünf Jahre nach seiner Emeritierung in Göttingen.

Bocconia

Paolo Boccone (1633–1704) erblickte als Sproß einer vornehmen Familie in Palermo das Licht der Welt. Angeregt vom Besuch des Botanischen Gartens in Messina unternahm er ausgedehnte Reisen durch Europa und studierte die Flora. 1671 erschien in Paris als Frucht dieser Reisen eine Abhandlung über seine naturwissenschaftlichen Untersuchungen und Beobachtungen. Diese Publikation fand durch ein Diplom mit der Ernennung zum Ehrenmitglied der Academia Leopoldina ihre Anerkennung. Großherzog Cosimo III. von Toskana in Florenz ernannte ihn zum Hofbotaniker und Dozenten der Kräuterkunde an der Universität Padua. 1682 trat Boccone in den Zisterzienserorden ein und erhielt den Ordensnamen Silvio. Er stand mit vielen berühmten Gelehrten in Kontakt und diskutierte medizinische und zoologische Themen. 1684 berichtete er über prophylaktische und kurative Maßnahmen gegen die Pest. In seinen späteren Jahren zog sich Bruder Silvio in den Konvent seines Ordens Santa Maria d'Altofronte bei Palermo zurück. Hier studierte er mit Hilfe eines Mikroskops die Embryologie pflanzlicher Keime.

Er befaßte sich mit dem Erdbeben von 1693 in Sizilien, mit dem Biß der Tarantel und möglichen Gegengiften und dem Gebrauch von Schwämmen zur Blutstillung. Das Verzeichnis seiner weiteren Schriften umfaßt eine breitgefächerte Auswahl der verschiedensten Themen aus allen Bereichen der Naturwissenschaften. Hervorzuheben ist u. a. eine Abhandlung von 1669 über den Bezoarstein (>*Monardes*), ein kurioses Medikament seiner Zeit. 1704 verließ Boccone, ein Universalgelehrter, in der Abgeschiedenheit seines Konvents die Welt.

Boehmeria

Indische Nessel, Ramie

Georg Rudolf Böhmer (1723–1803) stammte aus Liegnitz in Schlesien. In Leipzig studierte er Naturwissenschaften und Medizin. 1749 erwarb er den Dr. phil. und ein Jahr später den Dr. med. Die Universität in Wittenberg setzte ihn 1752 als Professor der Anatomie und Botanik ein. Da er das Pech hatte, daß sich seine Kollegen um die Vorlesungen drückten, mußte er die gesamten Lehrveranstaltungen übernehmen. Auf eigene Kosten richtete er einen botanischen Garten ein. Die Bestände des anatomischen Kabinetts bereicherte er mit vielen Neuerwerbungen. Ein besonderes Steckenpferd war seine Sammlung chirurgischer Instrumente. Das Vorlesungsprogramm erweiterte Böhmer durch die Aufnahme der Chemie. 1766 ernannte man ihn zum Kreisphysicus. 1783 wurde er auch noch Professor der Therapie. Neben seinen wahrhaft immensen Unterrichtsverpflichtungen fand Böhmer erstaunlicherweise immer noch die Zeit, von 1785 bis 1789 ein »Handbuch der Naturgeschichte« zu schreiben.

Boenninghausenia

Clemens Maria Franz von Bönninghausen (1785–1864) stammte aus Holland und studierte in Groningen Jura. Nach seinem Examen war er Verwaltungsbeamter. Als er 1828 erkrankte, wandte er sich der Homöopathie zu. Seine Kenntnisse in dieser Heilkunst ließ er auch anderen zugute kommen. Seine Heilerfolge überzeugten offenbar Preußens König Friedrich Wilhelm IV., der ihm 1843 sozusagen von höchster Stelle durch Kabinettsorder die Befugnis zur Ausübung der ärztlichen Tätigkeit erteilte. Zu seinen Patienten gehörte auch die französische Kaiserin Eugénie, was ihm die Ernennung zum Ritter der Ehrenlegion einbrachte. Er war eng mit dem Begründer der Homöopathie Samuel Hahnemann befreundet. In seinen botanischen Schriften widmete er sich der Münsteraner Flora. Von Bönninghausen starb in Münster.

Bolusanthus

Harry Bolus (1834–1911) wurde in Nottingham geboren, kam 1850 als Kaufmann und Pflanzensammler nach Südafrika und ließ sich in Graaf-Reinet nieder. Nach dem Tod seines ältesten Sohnes wandte er sich 1865 ganz der Botanik zu. 1875 zog er zu seinem Bruder nach Kapstadt, mit dem er gemeinsam dem Beruf eines Börsenmaklers nachging. Doch schon ein Jahr später besuchte er die Kew Gardens in London und bereitete sich nach seiner Rückkehr auf ausgedehnte Expeditionen durch Südafrika vor. 1883 bis 1886 durchstreifte er die östliche Kapregion. Weitere Forschungsreisen folgten von 1893 bis 1906. Bereits 1886 hatte er »A Sketch of the Flora of South Africa« veröffentlicht. Sein besonderes Interesse galt den Orchideen, über die er 1893 und 1896 berichtete. Bolus, der schon 1873 zum Mitglied der Linnean Society in London gewählt worden war, erhielt 1902 die Ehrendoktorwürde der University of the Cape of Good Hope und stiftete im gleichen Jahr einen Lehrstuhl für Botanik am South Africa College, der 1917 seinen Namen erhielt. Harry Bolus starb in Oxted, Surrey.

Bomarea

Jacques Christophe Valmont de Bomare (1731 bis 1807) wurde in Rouen geboren und besuchte das Jesuitenkolleg in seiner Vaterstadt. 1750 begab er sich nach Paris. Entgegen dem Willen seines Vaters, der einen Advokaten aus ihm machen wollte, hörte er anatomische und pharmazeutische Vorlesungen. Hierdurch angeregt, versenkte er sich ganz in das Studium der Naturwissenschaften. Im Auftrag der Regierung durchreiste er Europa, um Bergwerke und metallverarbeitende Einrichtungen kennenzulernen. Bis nach Lappland und Island reichte der Radius seiner Erkundungsreisen. Nach seiner Rückkehr nach Paris 1756 hielt er bis 1788 öffentliche Vorlesungen über alle Sparten der Naturwissenschaften, die ihn bald zu einer bekannten Persönlichkeit über Frankreich hinaus machten. Sein guter Ruf erreichte auch Linné (>), der ihn zu seinen Leistungen beglückwünschte. 1768 brachte er einen »Dictionnaire d'Histoire naturelle« in zwölf Bänden heraus. 1769 übernahm er in Chantilly die Leitung des physikalischen und naturwissenschaftlichen Kabinetts des Prinzen von Condé. Von 1795 bis 1806 hielt er wieder seine öffentlichen Vorlesungen und unterrichtete nebenher noch an einer Schule. Unter seinen Veröffentlichungen verdient noch ein fünfbändiges Nachschlagewerk über die Naturwissenschaften, das ab 1764 in mehreren Auflagen erschien, besondere Beachtung. Aus Furcht verbrannte er während des Revolutionsterrors seine Reiseberichte, seine akademischen Diplome und seine Korrespondenz mit Linné (>) und Rousseau (>). Wegen seiner Rechtschaffenheit und Wohltätigkeit wurde Valmont von seinen Zeitgenossen verehrt und bewundert.

Bonplandia

Aimé Jacques Alexandre Goujaud dit (genannt) Bonpland (1773–1858) stammte aus La Rochelle. Als Sohn eines Arztes wollte er den Beruf des Vaters ausüben und begann Medizin zu studieren. Die politischen Ereignisse in Frankreich zwangen ihn jedoch, das Studium aufzugeben. Bonpland heuerte bei der Marine an und überstand als Chirurg auf einer Fregatte die Schrecken der Revolution. Mit Empfehlungsschreiben in der Tasche reiste er nach Paris und hatte nicht nur das Glück, als Schüler des großen Klinikers Corvisart (1755–1821) das Studium fortsetzen zu können, sondern auch Alexander von Humboldt (>) zu begegnen. Die beiden jungen Leute freundeten sich an und lernten voneinander. Bonpland brachte Humboldt Botanik und Anatomie bei, und dieser weihte ihn in die Geheimnisse der Physik und Mineralogie ein. Humboldt war mitten in den Vorbereitungen für eine längere Forschungsreise und schlug seinem Freund vor, ihn als Botaniker zu begleiten, womit Bonpland einverstanden war. Die Expedition führte nicht, wie ursprünglich geplant, ins Reich der Pharaonen, sondern nach Südamerika. 1799 begann von Teneriffa aus die Überfahrt. Ein Höhepunkt der Reise wurde die Besteigung des erloschenen Vulkans Chimborazo bis auf 5.759 m. Nach der Heimreise über Havanna und New York betraten die beiden Forscher 1804 in Bordeaux wieder Europa. Bonpland hatte mehr als 6.000 getrocknete Pflanzenarten mitgebracht, von denen etwa 3.000 unbekannt waren. In 17 Bänden, von denen vier aus der Feder Bonplands stammten, wurde die südamerikanische Flora beschrieben. Und obwohl Bonpland manche Probleme mit der wissenschaftlichen Aufarbeitung der Funde hatte, gab es für den noblen Humboldt nie Zweifel an der gemeinsam getroffenen Verabredung, daß alle Schriften, die als Früchte der Expedition zu betrachten sind, beider Namen zugleich führen sollten. Die kaiserliche Pflanzenliebhaberin Joséphine (>*Lapageria*) lud ihn nach Malmaison ein und bot ihm die Leitung ihrer Gärten an. Bonpland verlebte dort eine glückliche Zeit bis zum Tode der Kaiserin 1814. Trotz der inständigen Bitten ihres Sohnes Eugène de Beauharnais ließ er sich von dem unglückseligen Entschluß, sich in Südamerika niederzulassen, nicht abbringen. 1816 trat er die Überfahrt an und erhielt 1818 in Buenos Aires eine Professur für Naturwissenschaften. Vier Jahre später unternahm er eine Expedition in den Gran Chaco. Unwissentlich geriet er in ein Gebiet, das von dem fanatischen und unberechenbaren Diktator Francia für Paraguay beansprucht wurde. Bonplands Lager wurde überfallen, er erhielt einen Säbelhieb auf den Kopf, und seine Begleiter wurden niedergemacht. Bonpland schleppte man in Ketten in das Innere des Landes, wo er in einer Garnison als Arzt eingesetzt wurde. Sobald Humboldt von dem Unglück seines Freundes erfahren hatte, wandte er sich sofort an Dr. Francia und erbat, leider erfolglos, Bonplands Freilassung. Selbst die Intervention des britischen Premiers stieß auf taube Ohren. Erst nach neun Jahren wurde Bonpland endlich freigelassen. Er zog sich in die kleine Stadt Santa Borja in der Nähe der Grenze zu Brasilien zurück. Umgeben von seinen Mischlingskindern, die ihm eine Indianerin beschert hatte, verbrachte er unter sehr primitiven Verhältnissen die Jahre bis zu seinem Hinscheiden. Sein Heim war eine Lehmhütte, seine Bettstatt der Fußboden. Ehrendiplome und Medaillen aus dem fernen Europa vermochten ihn nicht mehr auf den Alten Kontinent zu locken. Sein freundschaftlicher Briefwechsel mit Humboldt – auch Besuchern trug er Grüße an Humboldt auf – und die jährliche, ihm von der französischen Regierung garantierte Rente verbanden ihn noch mit den alten Zeiten. Aimé Bonpland starb im Alter von 85 Jahren. Doch selbst nach seinem Tode schlug das Unglück auf makabre Weise noch einmal zu. Ein betrunkener Bauer durchbohrte wütend den einbalsamierten Leichnam, weil er seinen Gruß nicht erwidert hatte.

Bosistoa

Joseph Bosisto (1824–1898) aus Leeds erlernte nach Beendigung seiner Schulzeit 1839 den Apothekerberuf und erhielt 1847 die Berufsbestätigung von der Pharmazeutischen Gesellschaft Großbritanniens, die ihn später zu ihrem Ehrenmitglied ernannte. 1848 verließ er Europa und segelte nach Australien. Bald nach seiner Ankunft machte er die Bekanntschaft Ferdinand von Muellers (>), aus der eine lebenslange Freundschaft wurde. 1851 begab sich Bosisto unter die Goldgräber. Wahrscheinlich hat er sich in dieser Zeit aber mehr mit der Botanik als mit der Goldschürferei befaßt. Ein Jahr nach diesem Intermezzo eröffnete er in Richmond im Bundesstaat Victoria eine Apotheke. Das Geschäft blühte kräftig, und bald wurde er als «Doktor« Bosisto ein bekannter Mann. Sein Eukalyptusöl mit einem gelben Papagei als Markenzeichen auf dem Etikett gehörte einfach in jede Hausapotheke. Nicht weniger berühmt wurde er mit seinem »Syrup of Red Gum« als Magen- und Darmtonikum. Ab 1865 waren seine Produkte in Europa, Indien und Südamerika auf dem Markt. Bei aller Geschäftstüchtigkeit war Bosisto durchaus kein Quacksalber oder Scharlatan; ihn zeichnete die seltene Kombination von Kommerz und Wissenschaft aus. 1857 gründete er die Pharmazeutische Gesellschaft von Victoria. 1858 wurde er Mitglied der Royal Society of Victoria. Als Autor war »Bos«, wie ihn seine Freunde nannten, häufig in pharmazeutischen Zeitschriften vertreten. Mit Nachdruck setzte er durch, daß der Verkauf giftiger Substanzen nur den Apothekern und Ärzten erlaubt wurde. Von 1865 bis 1867 bekleidete er das Bürgermeisteramt in Richmond. Nach der Aufnahme eines Partners und der Ausweitung des Geschäftes geriet Bosisto zunehmend in finanzielle Schwierigkeiten. 1896 versuchte er sich in der Parfümherstellung. Zwei Jahre später verstarb er in dürftigen Verhältnissen. Er hinterließ 56 Pfund Schulden und die Bitte, von Blumen und Kränzen Abstand zu nehmen.

Boswellia

Weihrauchbaum

James Boswell (1740–1795), der älteste Sohn von Lord Auchinleck, studierte in seiner Vaterstadt

Edinburgh und in Glasgow. 1760 hielt er sich in London auf und machte die Bekanntschaft der führenden Köpfe der Gesellschaft. Gegen seine Neigung für eine militärische Laufbahn bestimmte ihn sein Vater zum Anwaltsberuf. Boswell kehrte nach Schottland zurück und studierte in Edinburgh Rechtwissenschaft. Nach dem Examen erweiterte er in Utrecht seine Kenntnisse. Anschließend besuchte er Deutschland, die Schweiz und Korsika. 1766 kehrte er nach Schottland zurück und eröffnete eine Anwaltskanzlei. 1795 zog es ihn wieder nach London, in die Stadt, die für ihn das Paradies auf Erden bedeutete und in der er noch im gleichen Jahr verstarb. Als Schriftsteller tat er sich mit Veröffentlichungen über den Zustand Korsikas und einem Tagebuch einer Reise zu den Hebriden hervor. Am bekanntesten jedoch wurde Boswell durch eine Lebensbeschreibung seines Freundes Samuel Johnson (1709–1784), der durch seine Journale »The Rambler« und »The Idler«, eine große Shakespeare-Ausgabe und seine Schriften über die englische Sprache literarische Berühmtheit erlangt hatte. Boswell hatte Dr. Johnson 1763 kennengelernt und veröffentlichte 1791 die Biographie seines Freundes, die als Meisterwerk galt und größte Anerkennung fand.

Auch sein Onkel John Boswell (1710–1780), ein Arzt, wird als Namenspatron erwähnt.

Bougainvillea

Bougainvillee, Drillingsblume, Wunderblume

Louis Antoine de Bougainville (1729–1811), Sohn eines Pariser Notars, sollte in die Fußstapfen seines Vaters treten. Doch er konnte diesem Berufsziel nichts abgewinnen und wurde Soldat. 1754 finden wir ihn als Gesandtschaftssekretär in London. 1756 wurde er als Dragonerkapitän nach Kanada geschickt, wo er sich bei den Auseinandersetzungen um die Forts Carillon und St. Sacrement besonders auszeichnete. Im Alter von 34 Jahren entschied sich Bougainville für die Marinelaufbahn. Er faßte den Plan, auf den Falklandinseln, die sich damals noch Malvinen nannten, eine französische Kolonie zu gründen. Im Rang eines Kapitäns führte er 1763 das Vorhaben aus. Diese Kolonie bestand für drei Jahre. 1766 unternahm Bougainville als Beauftragter des französischen Königs eine »Informationsreise« in den Stillen Ozean, die dem Auskundschaften der englischen Stützpunkte diente. An Bord der Fregatte »Boudeuse« verließ er St. Malo und segelte nach Südamerika. In Rio de Janeiro entdeckte Commerson (>), der als Botaniker das Unternehmen begleitete, einen Kletterstrauch mit zwar unscheinbaren Blüten, aber farbenprächtigen Hochblättern und benannte ihn nach seinem Kapitän *Bougainvillea*. 1768 erreichte man durch die Magellanstraße, deren Passage 52 Tage gedauert hatte, den Pazifik. Zahlreiche Südseeinseln wurden entdeckt und kartographiert, zum Teil auch für Frankreich in Besitz genommen (Französisch-Polynesien). Bougainville bezeichnete deren Bewohner als die glücklichsten Menschen der Erde, da sie nach seiner Meinung keine Leidenschaften kennen. Nach der Landung auf Tahiti wurden die Franzosen besonders freundlich begrüßt. Allerdings wußte man damals noch nicht, daß bei den Eingeborenen der Diebstahl durchaus keine verwerfliche Handlung war. Erst wenn der Dieb wegen seiner Ungeschicklichkeit ertappt wurde, galt die Tat als strafbar. Und so währte wegen der Diebeskunst der tahitischen Bewohner die Freundschaft nicht lange. Nach der Erforschung der Salomonen und Bismarckinseln und der nördlichen Küste von Neuguinea kehrte er um das Kap der Guten Hoffnung nach Frankreich zurück und ging 1769 in St. Malo vor Anker. Im Krieg mit Amerika lieferte er sich 1781 vor der Insel Martinique mit Admiral Hood ein Seegefecht. Nach Kriegsende plante Bougainville eine Entdeckungsreise zum Nordpol. Als kapriziöse Idee eines unsteten und abenteuergierigen Seefahrers wurde dieses Projekt von Brienne, dem Minister Ludwigs XVI., schroff abgelehnt. 1790 zog sich Bougainville ins Privatleben zurück. Er war nicht nur ein glänzender Seefahrer, sondern auch ein begabter Mathematiker, der für eine Arbeit zur Integralrechnung bereits 1756 in die Royal Society zu London aufgenommen worden war. Sein diplomatisches Geschick im Umgang mit den Eingeborenen hatte ihm bei den Indianern sogar die Aufnahme in den Stamm der »Schildkröten« eingebracht.

Boussingaultia

Jean Baptiste Joseph Dieudonné Boussingault (1802–1887), geboren in Paris, verdiente sich seine ersten wissenschaftlichen Sporen während einer Expedition in Südamerika auf dem Gebiete der Mineralogie. Nach Frankreich zurückgekehrt, erhielt er in Lyon den Lehrstuhl für Chemie. 1839 wurde er Professor für Agrikultur und gründete das Institut Nationale Agronomique. Boussingault experimentierte zur Assimilation der Pflanzen, wies die Bedeutung des Chlorophylls für die Photosynthese nach und zeigte den Zusammenhang zwischen dem Angebot an Stickstoff aus den salpetersauren Salzen des Bodens und dem Pflanzenwachstum. Seine Ideen und Experimente überprüfte er in seinem privaten Gutshof in Bechelbronn im Elsaß. Als Dank für die durch seine physiologischen und biochemischen Arbeiten erzielten Fortschritte im Landbau erhielt er den Ehrennamen »Vater der Agronomie«.

Bouvardia
Bouvardie

Charles Bouvard (1572–1658) stammte aus der Nähe von Vendôme. Da sein Vater Arzt war, wurde er schon von Kindheit an für diesen Beruf vorgesehen. Er studierte zunächst in Angers und erhielt dann in Paris den Doktorgrad. Sein glänzender Ruf als Arzt brachte ihm 1625 die Berufung zum Professor am Collège de France ein. Dann wurde er Superintendant (Oberaufseher) des Botanischen Gartens, und 1628 ernannte ihn König Ludwig XIII. zu seinem Leibmedicus. Berühmt machten ihn seine Dispute in der medizinischen Fakultät, in denen er kein Blatt vor den Mund nahm. Mit Kühnheit mokierte er sich über den Zustand der Medizin am königlichen Hofe und in der Stadt. Von ihm stammte der die Kollegenzunft brüskierende Vorschlag, eine Gerichtsbehörde zu schaffen, die die Ärzte beurteilen sollte. Bouvard besaß einen herrischen Charakter und duldete keinen Widerspruch. Er soll dem König 200 Medizinen und ebenso viele Klistiere verschrieben haben. Nach dem Bericht eines Zeitgenossen ließ er seinen Souverän siebenundvierzigmal zur Ader. Zur Befriedigung seiner Eitelkeit setzte er sogar durch, daß ihm das Recht zugestanden wurde, die Robe eines Staatsrats zu tragen. Außer einer Schrift über den desolaten Zustand der Medizin hat sich noch eine Krankengeschichte in Versen über die Herzogin von Mercoer aus dem Jahre 1624 erhalten.

Bowenia

Sir George Ferguson Bowen (1821–1899) wurde in Irland geboren und in Oxford erzogen. 1844 schloß er sein Studium der klassischen Sprachen mit Auszeichnung ab. Drei Jahre später wurde er Präsident der Universität auf der Insel Korfu. Auf mehreren Reisen lernte er Griechenland kennen und verfaßte einige Bücher über seine Eindrücke. 1854 publizierte er ein »Handbook for Travellers in Greece«. Im gleichen Jahr übernahm er den Posten des Chefsekretärs der Verwaltung der Ionischen Inseln, die bis 1858 britisches Protektorat waren. Ein Jahr darauf wurde Sir Bowen zum ersten Gouverneur von Queensland in Australien ernannt und trat in Brisbane seinen Dienst an. Auf vielen Reisen durch seinen Distrikt kümmerte er sich vorbildlich um die Belange der Kolonisten und machte seinen Einfluß geltend. Nach einer für dieses Amt außergewöhnlich langen Dienstzeit berief ihn das

Kolonialministerium 1868 zum Gouverneur von Neuseeland. Fünf Jahre später kehrte er als Gouverneur von Victoria wieder nach Australien zurück. Doch dieses Ämterkarussell nahm kein Ende: 1879 Gouverneur auf Mauritius, 1882 schließlich auch noch in Hongkong. 1886 nahm er zwar seinen Abschied, konnte aber nicht verhindern, daß er 1887 als Chef einer königlichen Kommission auf Malta zur Verfügung stehen mußte. Die Universitäten von Oxford und Cambridge verliehen ihm die juristische Ehrendoktorwürde. Sir Bowen verstarb 1899 in Brighton.

Bowiea

James Bowie (1789–1869), Sohn eines Londoner Samenhändlers, war Gärtner in den Kew Gardens. Von Sir Joseph Banks (>) wurde er 1814 für zwei Jahre als Pflanzensammler nach Brasilien und nach seiner Rückkehr in gleicher Mission 1816 nach Südafrika geschickt, wo er sich bis 1823 aufhielt. 1818 freundete er sich in Knysna an der Küste in der Nähe von Kapstadt mit einem gewissen George Rex an, einem illegitimen Sohn König Georgs III., der ihn vorsorglich nach Südafrika abgeschoben hatte. Hier führte Rex zusammen mit zahlreichen Mischlingsnachkommen ein liederliches Leben. Bowie genoß mehrmals seine Gastfreundschaft und benannte nach ihm eine in dieser Gegend entdeckte Spezies *Streptocarpus rexii.* Von seinem Aufenthalt schickte er zahlreiche Pflanzen, vor allem Sukkulenten, nach England. Aber als Sir Banks 1820 starb, verloren die Kew Gardens ihren tatkräftigen und einflußreichen Direktor und mußten die Ausgaben kürzen. Deshalb wurde Bowie zurückbeordert. In London geriet er in schlechte Gesellschaft und verbrachte seine Tage in Spelunken, wo er die Gäste mit Geschichten von seinen Reisen nach Brasilien und Südafrika amüsierte. Schließlich ging er noch einmal ins Kapland. 1836 verwaltete er dort den Garten des Barons Carl von Ludwig. Doch ohne Ausdauer und den nötigen Geschäftssinn kam er auf keinen grünen Zweig mehr. Seine weiteren Lebenswege sind unbekannt. Man weiß nur, daß James Bowie 1869 in Kapstadt verstarb.

Brahea (**Erythea)*

Tycho (eigentl. Tyge) de Brahe (1546–1601) war ein dänischer Junker und sollte Jura studieren, wozu er wenig Neigung zeigte. Bereits als Junge hatte er sich mit astronomischen Problemen beschäftigt. Aber als gehorsamer Sohn fügte er sich dem Willen seines Vaters und studierte in Deutschland. Bei einem Duell wegen eines mathematischen Problems wurde ihm ein Stück der Nase abgeschlagen, deshalb mußte er sich jeden Morgen einen Ersatz aus einer Gold-Silber-Kupfer-Legierung ankleben. Sein Interesse an der Astronomie überwog bald das ungeliebte Jurastudium. Schnell konnte er auf diesem Felde Ergebnisse vorweisen, die ihn im Ausland berühmter machten als in seiner dänischen Heimat. So wurde sein königlicher Herr, Friedrich II. von Dänemark, erst über Umwege auf den bereits weltweit anerkannten Astronomen aufmerksam und förderte den jungen Mann mit unerhörten Mitteln. Brahe wurde ein Prozent des jährlichen Haushaltsbudgets des Landes zur Verfügung gestellt. Auf der Insel Ven im Sund wurde die erste Sternwarte Europas erbaut und erhielt den stolzen Namen Uranienborg. Bald war die umlaufende Galerie besetzt mit den modernsten astronomischen Geräten, die man nur auftreiben konnte. Zahlreiche Schüler und Gäste aus aller Welt, darunter nicht wenige Könige, Herzöge und Grafen, bevölkerten studierend und diskutierend Uranienborg. Aber bald machte sich der ständige Seewind als Störfaktor für die Beobachtungen bemerkbar. Kurzerhand richtete man eine unterirdische Warte ein und nannte sie Stjernborg, also Sternenburg. Von den zahlreichen auf subtilen Beobachtungen (noch ohne Fernrohr!) basierenden Ergebnissen seien nur die Vermessungen von Sternorten angeführt, die auf zwei Bogenminuten genau waren. Die Angaben von Kopernikus mußten sich noch mit einer Abweichung von 20 Minuten begnügen. Hier soll auch an Brahes Schwester Sophia erinnert werden, die ihm als ebenso eifrige wie hochgebildete Assistentin bei den mühseligen astronomischen Rechenarbeiten zur Seite stand. Leider machte sich Brahe zunehmend mit seinem herrischen und rücksichtslosen Charakter so unbeliebt, daß man ihm nach dem Tode des Königs die Mittel entzog. In seinem gekränkten Stolze folgte er einer vielversprechenden Einladung des Kaisers und wurde 1599 in Prag Hofastronom Rudolfs II. Es war aber nur bei den Versprechungen geblieben, die kaiserliche Unterstützung reichte nicht aus, die von Brahe geplante Sternwarte einzurichten. Enttäuscht und verbittert lebte er nur noch kurze Zeit bis zu seinem äußerst ungewöhnlichen Ende. Da an des Kaisers Tafel die Gäste nicht eher ihren Platz verlassen durften, bis Seine Majestät sich zu erheben geruhten, mußte auch Brahe, der reichlich dem Wein zugesprochen hatte, mit fürchterlichen Schmerzen im Unterleib ausharren, bis schließlich ein Blasenriß seinem Leben ein Ende setzte. Von dieser Geschichte kursieren mancherlei Varianten.

Brassavola

Antonio Musa Bras(s)avola (1490/1500–1550/55). Sein Vater, Graf Francesco Brasavola, war nicht nur ein leidenschaftlicher Arzt in Ferrara, sondern auch ein Kenner der Medizingeschichte. Für ihn war es selbstverständlich, daß sein Sohn ebenfalls zum Arzt geboren sei. Deshalb gab er ihm auch den Namen der antiken Arztpersönlichkeit Antonius Musa (>), der Leibarzt des Kaisers Augustus war. Der junge Brasavola erhielt eine gründliche Ausbildung in alten Sprachen und Philosophie, die es ihm ermöglichte, schon mit 18 Jahren Vorlesungen über Logik zu halten. Die weiteren Studien an seiner weltberühmten Heimatuniversität, an der naturwissenschaftliche Kapazitäten wie Leoniceno, Manardo und Barbaro lehrten, führten zur Berufung als Professor der Physik. Als Doktor der Medizin begegnet er uns im Alter von 25 Jahren. Ercole I. und Ercole II., die Herzöge von Ferrara, zogen ihn als Leibarzt an sich. Dadurch bekam er die Möglichkeit, als deren Reisebegleiter ausgiebig in Norditalien und den Adriastaaten zu botanisieren. Bei einem Staatsbesuch in Frankreich wurde er wegen seiner universellen Gelehrtheit von König Franz I. zum Ritter des St.-Michael-Ordens erhoben. Mit weiteren Ehrenbezeigungen bedachten ihn König Heinrich VIII. von England und mehrere Päpste. Brasavola muß ein ungemein fleißiger Autor gewesen sein. Neben zahlreichen Büchern in den verschiedensten Wissensgebieten schrieb er auf dem medizinischen Sektor einen Kommentar über Hippokrates (>) und einen Index zu dem voluminösen Nachlaß des römischen Arztes Galen. Von besonderem Reiz ist sein Büchlein mit dem langen lateinischen Titel »Examen omnium simplicium medicamentorum quorum in officinis usus est«. In diesem Werk, meist kurz als »Examen simplicium« zitiert, geht es um eine Analyse und Überprüfung der in den Apotheken angebotenen Heilmittel. Brasavola kleidete den Text in eine lebhafte Diskussion zwischen einem Gelehrten namens Brasavolus (!), einem alten Apotheker, der sich Senex (Greis) nennt und nicht genau weiß, was er eigentlich seinen Kunden verkauft, und einem jungen, ungebildeten Gehilfen mit dem Namen Herbarius. Nach anfänglicher Skepsis des alten Apothekers wird aus ihm ein wißbegieriger Schüler, der sich wie auch der Leser Schritt um Schritt genaue Kenntnisse des offizinalen Kräuterschatzes aneignet. Brasavola zeigt uns in diesem geistreichen und launigen Kolloquium, daß er durchaus nicht nur ein trockener, ernster Gelehrter, sondern auch ein humorvoller und ironischer Weltmann war.

Brassia

William Brass (?–1783) war Gärtner beim Duke of Northumberland. Von einem Syndikat, dem neben dem Herzog auch Sir J. Banks (>) angehörte, wurde er zum Pflanzensammeln an die Goldküste geschickt. So segelte er 1780 auf der »Endymion« unter dem Kommando eines Kapitäns Carteret ab. Doch der eigensinnige Kapitän hielt nicht auf die Goldküste zu, sondern zog es vor, den Bug in Richtung Westindien zu richten. Brass wurde kurzerhand auf ein anderes Schiff, das aus Bristol kam, übergesetzt, auf dem man ihn mit einem horrenden Preis für die Passage schröpfte. Als er endlich nach fünf Monaten in Cape Coast Castle an Land gesetzt wurde, stand er mittellos mit arg zerschlissenen Kleidern da. Der Gouverneur, an den er sich verzweifelt wandte, war jedoch ein genauso armer Schlucker wie er, der nämlich sein Gehalt meist in Form von Handelsware erhielt. Doch alle diese widrigen Umstände konnten unseren Pflanzensammler nicht davon abhalten, tapfer seine Aufgabe zu erfüllen. Er schickte Samen und Berichte nach London, stellte ein Herbarium mit 250 Pflanzen zusammen und führte ein sorgfältiges Tagebuch, in dem er alle Einzelheiten zur Pflege und Kultivierung notierte. Robert Brown (>), ein bekannter Botaniker und Taxonom in London, erkannte den hohen Stellenwert der Anstrengungen von Brass und benannte eine südamerikanische Orchideengattung nach ihm. William Brass kam nicht mehr in den Genuß dieser Ehrung, auf der Rückreise nach England verstarb er 1783.

Breynia

Jacob (1637–1697) und Johann Philipp (1680–1764) Breyn(e), Vater und Sohn. Jacob Breyne wurde in Danzig geboren und studierte in Holland an der Universität Leiden Medizin und Botanik. Bevor er auf Wunsch seiner Eltern, die ihn lieber als Kaufmann gesehen hätten, nach Danzig zurückkehrte, besuchte er Belgien und Deutschland, um botanische Einrichtungen und seltene Pflanzen kennenzulernen. Ein Angebot der Leidener Universität, eine Professur zu übernehmen, soll er aus Bescheidenheit abgelehnt haben. 1678 berichtete Jacob Breyne in einem Werk, das 109 Tafeln mit Kupferstichen enthielt und in seiner Privatpresse gedruckt wurde, über exotische und weniger bekannte Pflanzen. Von einem weiteren botanischen Werk erschienen 1680 und 1689 nur zwei Abschnitte. Die geplante Darstellung der Flora Pommereliens wurde durch seinen Tod verhindert. Jacob Breyne pflegte einen ausgedehnten Kontakt mit europäischen Gelehrten und über die Niederländische Ostindien-Handelskompanie auch mit deren Vertretern in Übersee. Sein Sohn Johann Philipp, ebenfalls in Danzig geboren, studierte zunächst in Königsberg, dann in Leiden Medizin und Naturwissenschaften. 1700 trat er mit seiner ersten wissenschaftlichen Veröffentlichung, einer Abhandlung über eine ceylonesische Chrysantheme, hervor. Im nächsten Jahr erwarb er mit einer Arbeit über Pilze und ihre Anwendung in der Medizin den Doktortitel. Anschließend begab er sich auf eine ausgedehnte Reise, zuerst nach England, wo er mit Sir Hans Sloane (>) Bekanntschaft schloß, dann über Portugal und durch das Mittelmeer nach Italien. Nach dem Besuch der dortigen Universitätsstädte kehrte er 1704 über Österreich und Deutschland nach Danzig zurück. Über den Umfang seiner während dieser Reise geknüpften persönlichen Beziehungen zu den verschiedensten Gelehrten kann man nur staunen. Erhalten sind rund 1.450 Briefe von etwa 175 Schreibern in fünf verschiedenen Sprachen! Bereits ein Jahr nach seiner Rückkehr begann Johann Philipp mit der Auswertung seiner wissenschaftlichen Beobachtungen. Seine Mitteilungen ließ er z. T. in den »Philosophical Transactions«, der Zeitschrift der Royal Society in London, erscheinen. 1717 wurde er Mitglied dieser erstrangigen Gesellschaft. 1720 war er Mitbegründer der Danziger »Litterarischen Gesellschaft«, in der er mit zahlreichen Vorträgen zu botanischen, zoologischen und mineralogischen Themen auftrat. In einem Glashaus seines Gartens kultivierte er exotische Pflanzen wie Ananas, Bananen und Kaffee. 1745 berichtete er stolz über eine blühende und mit 60 Früchten behangene Banane. Der Erfolg seiner Kultivierung war so groß, daß er 1760 118 Ananaspflanzen, einige Kaffeesträucher und Euphorbien zum Verkauf anbieten konnte. Johann Philipp Breyne war aber nicht nur ein erfolgreicher Naturforscher, auch als Arzt trat er hervor. Eine »goldene« Praxis ermöglichte ihm den Erwerb mehrerer Grundstücke. Als ärztlicher Gutachter wurde er weit über Danzig hinaus hochgeschätzt, wofür der von ihm zusammen mit seinem großen holländischen Kollegen Hermann Boerhaave 1716 vorgelegte Bericht über den Gesundheitszustand Zar Peters I. Zeugnis ablegt.

Bromelia
Bromelie

Olaus (Olof) Bromel (1639–1705) veröffentlichte als Arzt und Botaniker in Göteborg 1694 eine kleine Abhandlung über die Flora der Umgebung der Stadt. Diese war das erste Werk, das sich mit der Pflanzenwelt Schwedens befaßte. Neben medizinischen Schriften erschien 1687 auch eine Studie über den Hopfen. Als Arzt begleitete er mehrere schwedische Gesandtschaften nach England, Holland und Deutschland. Als letzte Veröffentlichung legte Bromel 1698 ein Inventar seines Naturalienkabinettes vor.

****Brossaea** (Gaultheria)*
Scheinbeere

Guy de la Brosse (1586–1641), der Leibarzt von König Ludwig XIII., leitete 1626 die Gründung des »Jardin Royal pour la Culture des Plantes médicinales« ein. Zur Ausführung des Planes kam es aber erst 1635. Über den Bestand des Gartens und über den Nutzen der Medizinalpflanzen berichtete Brosse in mehreren Schriften. Eines seiner größeren Werke war mit 400 Abbildungen ausgestattet. Die Kupferplatten für den Druck dieser Illustrationen verkauften seine Erben nach Gewicht einem Kesselschmied. Nur einige konnten Vaillant (>) und Antoine de Jussieu (>*Bernardia*) vor der Vernichtung bewahren.

Broussonetia

Pierre Marie Auguste Broussonet (1761–1807) wurde in Montpellier als Sohn eines Arztes geboren und sollte in dessen Fußstapfen treten. Er studierte in seiner Heimatstadt Medizin und erwarb im Alter von 18 Jahren mit einer Schrift zur vergleichenden Anatomie den Doktorgrad. In Paris erhoffte er sich eine Position an der Hochschule, was jedoch an seinem jugendlichen Alter scheiterte. Broussonet versuchte das Beste aus dieser Enttäuschung zu machen, indem er sich in naturwissenschaftliche Studien stürzte. Er bearbeitete zoologische Probleme und führte in Frankreich auch auf diesem Gebiet die binäre Nomenklatur Linnés (>) ein, die bisher nur in der Botanik angewandt wurde. Während eines dreijährigen Aufenthaltes in England publizierte er u. a. eine Abhandlung über Fische, erwarb sich das Wohlwollen von Sir J. Banks (>) und wurde Mitglied der Royal Society. Zurück in Paris reichte er bei der Académie des Sciences mehrere ichthyologische Abhandlungen ein, worauf er in die Akademie aufgenommen wurde. 1785 stellte ihn die neugegründete Société d'Agriculture als Sekretär ein. In dieser Funktion bemühte er sich um zahlreiche Verbesserungen in der Landwirtschaft. 1787 gab er einen Kalender für Bauern heraus. In einer Denkschrift schlug er vor, Leinen aus spanischem Ginster herzustellen. Er sorgte für die Einführung von Merinoschafen und Angoraziegen. Doch dann veränderte die große Revolution sein Leben. 1789 war er bei der Eröffnung der Generalstände in Versailles. Er wurde mit der Lebensmittelversorgung von Paris beauftragt und in die gesetzgebende Versammlung aufgenommen, in der er sich aber wenig bemerkbar machte. Der Versuch, sich nach Montpellier zurückzuziehen, mißlang, und er wurde verhaftet. Er konnte fliehen und schlug sich über die Pyrenäen zu Fuß und mittellos nach Madrid durch. Zunächst von Botanikerkollegen aufgenommen, wurde er von royalistischen Emigranten wieder vertrieben. Er versuchte auf einem englischen Schiff nach Indien zu entkommen. Ein Sturm verschlug den Segler nach Lissabon, wo Broussonet in der Bibliothek eines Herzogs Unterschlupf fand. Aber auch aus diesem Versteck wurde er gejagt, irrte längere Zeit in Südspanien umher und gelangte als Arzt des Botschafters der Vereinigten Staaten nach Marokko. Hier betrieb er botanischen Studien und sammelte Pflanzen. Nach der Löschung von der Liste der Emigranten kehrte er nach Frankreich zurück und wurde zum Konsul in Mogador in Marokko ernannt. In der gleichen Eigenschaft wurde er ans Kap der Guten Hoffnung beordert, bis er als Professor für Botanik nach Montpellier berufen wurde. Von seinen Veröffentlichungen verdient besonders eine Abhandlung über die Pflanzen der Kanarischen Inseln genannt zu werden. Wenige Monate vor seinem Tod verlor er das Gedächtnis für Eigennamen und Substantive, aber durch den Gebrauch von umschreibenden Adjektiven konnte er Namen und Sachen benennen.

Browallia

Johan Browall (1707–1755), lat. Browallius, wurde in Västerås in Schweden geboren und studierte Theologie in Uppsala. Er interessierte sich lebhaft für die Botanik, lernte Linné (>) kennen und befreundete sich mit ihm. 1737 übernahm er an der Universität in Åbo in Finnland, das damals noch zu Schweden gehörte, die Professur für Naturgeschichte. Um die teils verwickelten Vorgänge bei der Befruchtung der Pflanzen verständlich zu machen, hatte Linné sich nicht gescheut, Vergleiche aus dem menschlichen Liebes- und Eheleben heranzuziehen. So erläuterte er, daß zwei Staubblätter und ein Fruchtblatt in einer Blüte mit zwei Männern und einer Frau im Bett vergleichbar wären. Den Ausdruck »Kryptogamie« umschrieb er unbekümmert als Geschlechtsverkehr im Geheimen. Das entsetzte natürlich nicht nur manchen zeitgenössischen Botaniker, sondern beeindruckte im negativen Sinne den Vatikan so sehr, daß er sich gezwungen sah, Linnés Publikation auf den Index verbotener Schriften zu setzen. Der wackere Browallius jedoch, der inzwischen in Åbo zum Bischof aufgestiegen war, trat für seinen Freund Linnaeus ein und verteidigte ihn in mehreren Streitschriften. Unter seinen botanischen Schriften finden sich Beschreibungen der Floren verschiedener Landesteile Schwedens. Geehrt wurde Browallius nicht nur als Namenspate einer Pflanzengattung, sondern auch mit der Mitgliedschaft in der Akademie der Wissenschaften in Stockholm.

*Browningia (*Azureocereus)*

Robert Brown (1773–1858) aus Montrose in Schottland wurde Arzt und diente ab 1795 als Militärmedicus. Er nutzte seine freie Zeit eifrig zum Pflanzensammeln. Brown war ein kritischer und methodischer Kopf, Charaktereigenschaften, die ihm schon in seiner Studentenzeit bescheinigt wurden. Wie aus seinen Tagebuchaufzeichnungen hervorgeht, war er aber auch ein sehr humorvoller Mann. So berichtet er nicht nur über die gesammelten Pflanzen, sondern auch darüber, daß er im Kasino nach drei Pinten Port bis um drei Uhr in der Frühe sanft in seinem Sessel geschlummert hat. Seine in Irland geschlossene Bekanntschaft mit Sir J. Banks (>) setzte er in London fort, wo er zum Mitglied der Linnean Society gewählt wurde. Über Sir Banks erhielt er das Angebot, als Naturwissenschaftler unter dem Kommando von Kapitän Flinders auf der »Investigator« an einer Forschungsreise nach Australien teilzunehmen, das er sofort annahm. 1801 segelte die »Investigator« in Richtung New Holland. Unterwegs fand Brown reichlich Gelegenheit zu botanisieren. In der Torresstraße jedoch erlitt der Segler Schiffbruch. Flinders geriet in französische Gefangenschaft. Brown konnte seine Reise fortsetzen und gelangte auch nach Australien. Mit der großartigen Ausbeute von 4.000 Pflanzen kehrte er 1805 nach England zurück. Noch im gleichen Jahr wurde er Bibliothekar der Linnean Society. Diesen Posten füllte er bis 1822 aus. Die Auswertung seiner Sammlung fand 1820 ihren ersten literarischen Niederschlag. Etwa ab 1831 beschäftigten ihn die Probleme der Befruchtung im Pflanzenreich. Mit einem einfachen Mikroskop, dessen Auflösungsvermögen einem heutigen Präpariermikroskop entsprach, fand er heraus, daß Vorgänge, die wir heute als Chemotaxis bezeichnen, hierbei eine wesentliche Rolle spielen. 1827 entdeckte er in Pflanzenzellen das Phänomen, das als »Brownsche Molekularbewegung« bekannt ist. 1831 berichtete er über die Bedeutung des Zellkerns, den er »Nucleus« oder »Alveola« nannte. Brown unterteilte als erster die höheren Pflanzen in Gymnospermen und Angiospermen, also Nackt- und Bedecktsamer. 1849 wurde er Präsident der Linnean Society. Einen Ruf auf den Lehrstuhl für Botanik an der Universität London (1819) schlug er aus. Man ernannte ihn zum Mitglied der Royal Society. Eine weitere Ehrung war die Verleihung des Ordens Pour le Mérite durch den König von Preußen. 1858 verstarb Robert Brown im Alter von 85 Jahren. Humboldt (>) gab ihm den Titel »Facile Botanicorum princeps, Britanniae gloria et ornamentum« (lat. *facile* – unstreitig).

Bruckenthalia
Ährenheide

Samuel Freiherr von Bruckenthal (1721–1803) wurde in Löschkirch in Siebenbürgen geboren und befaßte sich in Halle und Leipzig mit juristischen Studien. Nach seine Rückkehr in die Heimat trat er in den Staatsdienst und erwies sich bald als hervorragender Verwaltungsmann. Kaiserin Maria Theresia förderte ihn als wertvolle Stütze ihres Reiches und übertrug ihm schließlich das Amt des siebenbürgischen Landesgouverneurs. Der kinderlose Freiherr verwendete seine Einkünfte großzügig zur Einrichtung prachtvoller Gärten und wissenschaftlicher Sammlungen, die viele einheimische und fremde Besucher anzogen. In seinem Testament verfügte er, daß die Zinserträge aus seinem Vermögen zur Vervollkommnung und zum Ausbau seiner Sammlungen verwendet werden sollten. Diese umfaßten eine Bibliothek mit 15.000 Bänden, eine Münzsammlung, eine Mineraliensammlung und eine wertvolle Gemäldesammlung, die in 15 Zimmern und einem großen Saal präsentiert war. Dekoriert mit dem Großkreuz des St.-Stephan-Ordens verstarb Samuel von Bruckenthal in Hermannstadt.

Brugmansia *(*Datura)*
Engelstrompete, Stechapfel

Sebald Justin Brugmans (1763–1819), in Franeker in den Niederlanden geboren, lernte auf dem Gymnasium in Groningen alte Sprachen und bei seinem Vater Antonius Brugmans, der Professor an der friesischen Universität in Franeker war, Naturwissenschaften. Mit 15 Jahren wurde er Student in Groningen. Schon in dieser Zeit tat er sich als Pflanzen- und Fossiliensammler hervor. 1781 wurde er mit einer mineralogischen Arbeit Magister der freien Künste und Doktor der Philosophie. 1783 wechselte Brugmans als Kandidat der Medizin nach Leiden über. An der Universität Groningen promovierte er 1785 zum Doktor der Medizin und wurde im gleichen Jahr zum Hochschullehrer nach Franeker berufen, wo er Naturkunde, Astronomie und Metaphysik dozierte. Doch schon ein Jahr später erhielt er einen Ruf nach Leiden. Dort übernahm er nach dem Tode von Allamand (>) auch noch dessen Vorlesungen über Physik und Naturkunde. Brugmans befaßte sich in seinem Kolleg über Zoologie als erster mit vergleichend-anatomischen Problemen. 1791 wechselte er von der philosophischen an die medizinische Fakultät über.

Seine Gelehrsamkeit spiegelt sich auch in mehreren Auszeichnungen für Preisfragen wider, die von den Akademien in Bordeaux (1782), Dijon (1783) und Berlin (1785) gestellt worden waren. Als sich 1794 nach dem Vordringen der französischen Revolutionsarmee die Engländer und Hannoveraner aus Holland zurückziehen mußten, wurde Brugmans 1795 mit der Einrichtung eines Militärhospitals in Leiden und mit der Reorganisation des militärischen Sanitätswesens beauftragt. Hierzu gehörte auch die Einrichtung eines Zentrallagers für Heilmittel und Verbandstoffe. Ferner begründete er in Leiden eine spezielle Schule für den militärischen Sanitätsdienst. Brugmans erledigte diese organisatorischen Aufgaben mit größtem Geschick. Als man ihm nach der Errichtung der Batavischen Republik den Posten des Kriegsministers anbot, lehnte er jedoch ab. 1807, nachdem aus der Batavischen Republik ein Königreich geworden war, berief ihn König Louis Bonaparte, ein Bruder Napoleons, zum Staatsrat und zum Generalinspekteur des Sanitätswesens der Armee und der Marine. Dieses Amt behielt er auch nach dem Sturz Napoleons, der Brugmans übrigens sehr geschätzt hatte, bei. Sein eminentes Organisationstalent bewies er nach der Schlacht bei Waterloo (18.06.1815). In Brüssel hatte man 27.000 verwundete und kranke Soldaten in Hospitälern, öffentlichen Gebäuden und Privathäusern untergebracht. Brugmans sorgte umgehend für deren Verlegung in die Umgebung Brüssels und für die sofortige Bestattung Hunderter Gefallener. Dank seiner umsichtigen Maßnahmen konnte Brüssel vor einer Epidemie bewahrt werden. Außer diesen politisch-militärischen Ämtern hatte er auch noch bis 1814 das Rektorat der Universität Leiden inne. Ihm war es auch zu verdanken, daß der Hortus Botanicus in Leiden beträchtlich vergrößert werden konnte. Seine umfangreiche Bibliothek und seine privaten Sammlungen vermachte Brugmans der Universität, für die er sich in den schweren Zeiten der politischen Wirren und Unsicherheit mit Erfolg eingesetzt hatte.

Brunfelsia

Otto Brunfels (1489–1534) besuchte die Gelehrtenschule in seiner Geburtsstadt Mainz, erwarb den Magistergrad und trat als Mönch in die Straßburger Kartause ein. Dort hielt er es aber nicht lange aus, floh aus den Klostermauern und wandte sich sogar dem Protestantismus zu. 1524 tritt er als Prediger in Straßburg auf. Schließlich promovierte er auch noch zum Doktor der Medizin und ließ sich als Praktiker nieder. Als angesehener Arzt wurde er zum Stadtphysicus und Professor der Medizin nach Bern berufen. Braunfels gab ein Kräuterbuch heraus, als lateinische Ausgabe »Herbarum vivae eicones« betitelt und als deutsche Ausgabe »Contrafayt Kreütterbuch. Nach rechter vollkommener Art und Beschreibung der Alten, best berümpten Aertzt« benannt. Die hervorragenden Abbildungen, in denen die naturgetreue Wiedergabe komplizierter Blütenkonstruktionen besonders ins Auge sticht, wurden von Meister Hans Weidlitz aus Straßburg ausgeführt. Linné (>) nannte Brunfels einen der Väter der Botanik. Im Alter von 46 Jahren verstarb er an einem Halsleiden.

**Buchozia* (*Serissa*)

Pierre Joseph Buc'hoz (1731–1807) – er schrieb sich wirklich so – ist in Metz geboren, studierte zunächst Jura und ließ sich in Pont-à-Mousson 1750 als Advokat nieder. Doch bald vertauschte er die Jurisprudenz mit der Medizin. 1759 legte er in Nancy seine Doktorprüfung ab und stieg schnell zum Leibarzt des Königs Stanislaus von Polen auf. Um aber seine literarischen Pläne verwirklichen zu können, gab er seinen Posten auf und begann ein Werk nach dem anderen zu publizieren. Zunächst erschienen 13 Bände über die Flora Lothringens. Dann befaßte er sich mit allen möglichen Themen der Naturwissenschaften. Er berichtete über die Behandlung der Tuberkulose mit der gleichen Verve wie über moderne Medizin. Es kamen von ihm kolorierte Schriften über chinesische und amerikanische Blumen auf den Markt. Er erfand Pflanzennamen, die nicht anerkannt wurden. So kompilierte er mit unglaublichem Fleiß über 300 Bände. Blunt *(13)* attestiert ihm, »that he wrote on all branches of natural science without understanding any of them.« Selbst so publikumswirksame Mitteilungen »Wie werde ich reich und bleibe gesund durch Gemüse« oder über die Heilung von Geschlechtskrankheiten mit Kräutern fanden nicht das erhoffte Echo. Nach dem Tode seiner Gattin wurde er sehr einsam und arm. Doch eine Freundin seiner verstorbenen Frau errettete ihn bald aus seinem Elend und heiratete ihn. In den letzten Lebensjahren polterte dieser schreibbesessene Mann mit Schmähschriften gegen die Republik und alle Welt, die sein Genie nicht anerkennen wollten. Der Botaniker L'Héritier (>*Heritiera*), der ihn geradezu verabscheute, benannte höchst maliziös die stinkende *Buchozia foetida* nach seinem mehr als skurrilen Zeitgenossen.

Buddleja *(*Buddleia)*
Buddleie, Schmetterlingsflieder, Sommerflieder

Andrew Buddle (1660–1715) wurde in Cambridge erzogen. Sein besonderes botanisches Interesse galt den Moosen. Im Verlaufe seiner Forschung wurde er einer der besten Kenner der Kryptogamenflora. Als weiteres Spezialgebiet sind seine Untersuchungen über die Gräser zu nennen. Wie viele Wissenschaftler zu seiner Zeit übernahm auch Buddle ein geistliches Amt, das er in Suffolk und London ausübte. Bei der Vorbereitung zu einer geplanten umfangreichen Veröffentlichung über die Flora Englands überraschte ihn der Tod.

Bufonia
Buffonie

Georges-Louis Leclerc de Buffon (1707–1788) stammte aus dem Städtchen Montbard in Burgund und nannte sich nach seiner Erhebung in den Grafenstand durch Ludwig XV. Comte de Buffon. Seine wohlhabende Familie schickte ihn zunächst auf eine Jesuitenschule und bestimmte ihn zum Jurastudium. Buffon jedoch begab sich an die Universität in Angers und studierte Medizin und Naturwissenschaften. 1730 mußte der junge Studiosus wegen eines Duells Frankreich verlassen und sah sich in der Schweiz, in Italien und England um. Nach seiner Rückkehr und dem Tod seiner Mutter kam es zu Erbstreitigkeiten. Buffon ging als Sieger hervor, wechselte seitdem kein Wort mehr mit seinem Vater und wurde, nun finanziell unabhängig, Privatgelehrter. 1733 konnte er die Mitgliedschaft der Académie des Sciences erwerben und übernahm 1739 das Amt des Intendanten des Jardin du Roi und des Naturalienkabinetts in Paris. Buffon vertrat die Theorie der Entstehung der Lebewesen durch Urzeugung, und im Gegensatz zu Lamarck (>) lehrte er die Vorstellung ihrer weiteren Entwicklung als Folge von Klimakatastrophen. Zusammen mit seinem Jugendfreund Daubenton (>) aus Montbard gab er eine Naturgeschichte in 44 Bänden heraus, die von 1749 bis 1804 erschien, großen Erfolg hatte und ohne Frage ein Standardwerk des Zeitalters der Vernunft und Aufklärung war. 1753 nahm ihn die Académie Française als Mitglied auf. Mit Linné (>), dessen taxonomisches Prinzip er als künstlich ablehnte, kam es zum Gelehrtenstreit, in dem sich der große Schwede mit einer Pikanterie an seinem Gegner rächte. Buffons Einwände kamen ihm wie Unkenrufe vor. Und da »bufo« im Lateinischen die Kröte ist, strich er boshaft ein f aus dem Gattungsnamen und nannte die unauffällig im Wasser wachsende Pflanze nun *Bufonia.* Buffon, dessen Ansichten nicht frei von Irrtümern waren, gehört dennoch zu den großen Wegbereitern der naturwissenschaftlichen Forschung. Schon zu Lebzeiten reichte sein Ruhm weit über die Grenzen Europas hinaus, was aber nicht verhindern konnte, daß sein Sohn während der Revolution ein Opfer der Guillotine wurde.

Bungea

Alexander Andrejewitsch von Bunge (1803–1890) wurde in Kiew geboren. Seine Gymnasialzeit verbrachte er in Dorpat, wo er von 1821 bis 1825 Medizin studierte und promovierte. Während seines Studiums befaßte er sich mit der Pflanzenwelt und wurde ein aufmerksamer Schüler des Botanikprofessors Ledebour. 1826 ließ er sich in Barnaul im Gouvernement Tomsk als Praktiker nieder. Noch im gleichen Jahr wurde er als Arzt an die Kolywan-Woskressenski-Bergwerke gerufen. Mit Ledebour unternahm er eine Forschungsreise in das Altai-Gebirge, wo es zu einer Begegnung mit Alexander von Humboldt (>) kam. Auf dessen Empfehlung ermöglichte ihm die St. Petersburger Akademie eine Reise nach China an die Kaiserlich Russische Mission in Peking. So erreichte er nach Durchquerung der Wüste Gobi 1831 Peking. Leider zeigte er wenig von der notwendigen Geduld im Umgang mit der chinesischen Bürokratie, setzte sich auch noch über das Verbot, außerhalb der Stadtmauern Pflanzen zu sammeln, hinweg und dehnte seine Exkursionen in die umgebenden Berge aus. Es kam bald zu Differenzen, und Bunge wurde schließlich aus dem Reich der Mitte ausgewiesen. Auf dem Rückweg überwinterte er in Irkutsk und kehrte 1832 mit einer Sammlung von 420 Pflanzen und einer Käferkollektion aus Nordchina und der Mongolei nach St. Petersburg zurück. 1833 ernannte ihn die Universität in Kasan zum Professor der Botanik. 1835 führte ihn eine Expedition an das untere Wolgagebiet nach Astrachan und Saratow. Ein Jahr darauf berief ihn die Universität in Dorpat zum Nachfolger seines ehemaligen Lehrers. 1858 bis 1859 begleitete er eine diplomatische Mission nach Persien. In zahlreichen Mitteilungen der St. Petersburger Akademie, deren Ehrenmitglied er 1875 wurde, berichtete er über die Flora Chinas und der Mongolei. 1881 zog von Bunge zu seiner Tochter nach Sewastopol, wo er 1897 verstarb.

Burbridgea

Frederick William Thomas Burbridge (1847–1905) war zunächst Gärtner in den Kew Gardens. 1877 sammelte er im Auftrag der Londoner Firma Veitch (>) in Borneo. Dort fand er auch die fleischfressenden Kannenstauden (*Nepenthes*), die eine Attraktion der englischen Hautevolee wurden. In den feuchtwarmen Wäldern der Insel entdeckte er mehrere Arten. Eine entzückte besonders das zahlungskräftige Publikum: *Nepenthes sanguinea*, die wie rohes Rindfleisch aussah. Ob hier vielleicht im Unterbewußtsein eine Verbindung zum Roastbeef bestand? Von 1879 bis zu seinem Tode war Burbridge Kurator am Botanischen Garten in Dublin.

Burkea

Joseph Burke (1812–1873) aus Bristol brach 1839 von London aus nach Südafrika in die englische Kapkolonie auf, um als Sammler für Lord Derby auf Tier- und Pflanzenjagd zu gehen. In Uitenhage traf er mit Zeyher (>) zusammen. Die Reise führte nach Norden zum Oranje-Fluß. Aus Angst vor einer Blatternepidemie hatten die unterwegs aufgesuchten Farmer keine Hilfe gewährt, so daß die beiden Forscher große Mühe hatten, mit ihren Ochsengespannen ohne Verluste den Zeitplan einzuhalten. Im Januar 1841 erreichten sie den überfluteten Caledon. Die Wagen mußten zerlegt werden und konnten nur stückweise auf das jenseitige Ufer transportiert werden. Weiter ging es zum Vaal, der in einem Regen- und Schneesturm überquert wurde. Am Krokodil-Fluß erreichte der Treck sein Endziel. Mehrere Wochen bis in den Herbst wurden Tiere, darunter Löwen und Rhinozerosse, gejagt und eingefangen. Auf dem Rückwege erfreuten sich die Forscher des Besuches ihres schwedischen Kollegen Wahlenberg (>) und hatten Gelegenheit zu einem Erfahrungsaustausch. Nach Überquerung des Oranje-Flusses änderten sie die Marschrichtung nach Westen und erreichten nach Durchforschung des Karru-Hochlands 1842 mit einer riesigen Kollektion von lebenden und toten Tieren, getrockneten Pflanzen, Zwiebeln und Samen wieder die Küste. Burke kehrte mit der Ausbeute dieser zweijährigen Expedition nach England zurück. Hoch erfreut über den Ausgang des Unternehmens betraute Lord Derby Burke mit einer neuen Mission nach Nordamerika. Der jedoch heiratete zunächst und kam erst 1844 bis 1846 in Kanada und Kalifornien den Wünschen seines Auftraggebers nach. Joseph Burke blieb in den USA, ließ sich in Harrisonville nieder, holte seine Familie zu sich und verstarb 1873, gesegnet mit zehn Kindern.

Burmannia

Johannes Burman (1707–1779) wurde in Amsterdam geboren und nach dem Tod seines Vaters im Hause seines Onkels Pieter Burman, eines Universitätsprofessors, erzogen. Er studierte in Leiden als Schüler von Boerhaave Medizin. Nach seinem Doktorexamen praktizierte er von 1728 an in seiner Vaterstadt und wurde gleichzeitig eingeladen, im Botanischen Garten Vorlesungen zu halten. In dieser Zeit kam es zur Begegnung mit Linné (>). 1738 wurde Burman Professor der Botanik in Amsterdam und Leiter des Botanischen Gartens. Mit Eifer sorgte er für dessen Erweiterung. Nicht zuletzt war ihm seine Zugehörigkeit zu den ersten Familien Amsterdams bei der Erwerbung neuer Pflanzen hilfreich. Linné rühmte ihn wegen seiner Großzügigkeit. Burman erfreute sich einer großen internationalen Anerkennung, man nannte ihn den dritten Dioskorides (>). 1737 veröffentlichte er eine Darstellung der Pflanzenwelt Ceylons. Unter seinen weiteren Werken sticht besonders die mit 100 Tafeln ausgestattete Beschreibung seltener afrikanischer Pflanzen hervor. Eines seiner besonderen Verdienste waren seine Bemühungen um die Edition bedeutender botanischer Werke. So besorgte er z. B. die Kopie eines Manuskriptes über Pflanzen der indonesischen Insel Ambon, das bei der Verschikkung nach Europa verlorengegangen und dessen Autor Rumpf auf dieser Insel verstorben war, fügte dem niederländischen Text eine lateinische Übersetzung bei und gab das Werk von 1741 bis 1750 in sechs Bänden mit über 600 Tafelbildern heraus. 1755 besorgte Burman die Edition einer von Charles Plumier (>) stammenden und auch von ihm illustrierten Beschreibung amerikanischer Pflanzen mit über 250 Tafeln. Vorausschauend befürwortete er die Gründung eines Botanischen Gartens in Batavia (Djakarta). Übrigens war Burman einer der ersten, der das Klassifizierungssystem von Linné konsequent anwandte und propagierte. Burman verstarb 1779 in seiner Vaterstadt.

Bursera

Joachim Burser oder Burserius (1583–1639) stammte aus Kamenz in der Lausitz und studierte Medizin. Er praktizierte dann in Meißen, wo er auch zum Stadtphysikus berufen wurde. 1625 siedelte er als Professor der Medizin und Physik an die Universität von Sorø in Dänemark über. Burser legte ein Herbarium vor allem mit Pflanzen aus Dänemark an, das schließlich 25 Bände umfaßte. Als Nomenklatur benutzte er das System von Gaspard Bauhin (>), mit dem er in wissenschaftlichem Austausch stand. Als Kriegsbeute kam das Werk unter Carl X. Gustav nach Schweden und wurde später auch von Linné (>) genutzt.

Buxbaumia

Johann Christian Buxbaum (1694–1730) wurde als Sohn eines Arztes in Merseburg geboren, der ihn 1707 auf das dortige Gymnasium schickte. Schon ein Jahr später wechselte er auf die berühmte Fürstenschule in Schulpforte bei Naumburg über, wo er eine gründliche Ausbildung in den alten Sprachen erhielt. Der junge Buxbaum zeigte schon in seiner Kindheit eine große Vorliebe für die

Kräuterwissenschaft, wie man die Botanik damals noch nannte. So blieb es auch nicht aus, daß die Botanik während seines Medizinstudiums in Leipzig, Wittenberg und Jena an erster Stelle stand. In Jena begegnete er einem Kommilitonen namens Rupp oder Ruppius (>), einem zwar hervorragenden Botaniker, aber höchst liederlichen Kumpan, mit dem er sich eifrig in der Kräuterwissenschaft übte. 1717 ging er auf Wunsch seines Vaters nach Holland, um sich in der Medizin zu vervollständigen und den Doktorgrad zu erlangen. Aus letzterem wurde aber nichts, da Buxbaum junior das dafür vorgesehene Geld lieber dazu verwendete, länger in Holland zu bleiben. Als er aber schließlich wieder zu seinem Vater zurückgekehrt war, sorgte dieser für eine Stelle bei dem berühmten Medicus Hoffmann in Halle. Dort sollte dem Junior der letzte Schliff in der Arzneikunst beigebracht werden. Sehr bald aber erkannte und unterstützte Hoffmann die botanische Begabung seines Assistenten. Die zwei Jahre bei Hoffmann von 1718 bis 1720 nutzte Buxbaum zur Fertigstellung einer »Flora von Halle«. Als er gerade das Manuskript abgeschlossen hatte, erhielt er von Zar Peter dem Großen das Angebot, auf einer Insel in der Newa einen botanischen Medizinalgarten, einen »Hortus medicus«, anzulegen, die Hofapotheke mit Kräutern zu versorgen und das Land botanisch zu erforschen. Buxbaum nahm an und reiste 1721 nach Rußland. Dieser Apothekergarten, wie man ihn nannte, wurde 1823 von Zar Alexander I. auch noch zu einer Forschungsstätte ausgebaut und erhielt nun die Bezeichnung »Kaiserlicher Botanischer Garten«. Zurück zu Buxbaum, der 1724 an der Reise des Grafen Romanzoff (>), des russischen Gesandten bei der Hohen Pforte, nach Konstantinopel teilnahm. Wegen seiner Gelehrsamkeit wurde Buxbaum vom Sultan hoch geehrt. Er unternahm eine ausgedehnte Forschungsreise durch die Türkei, Armenien, den Kaukasus und Persien, von wo er über Astrachan 1727 mit einer großen Sammlung orientalischer Pflanzen nach St. Petersburg zurückkehrte. Die Zarin Katharina, die inzwischen den Thron bestiegen hatte, erhob Buxbaum zum Mitglied der Kaiserlich-Russischen Akademie und zum Lehrer an der neugegründeten Universität. Doch schon zwei Jahre später sah er sich genötigt, seinen Abschied zu nehmen, um in der Heimat seine zerrüttete Gesundheit wiederherzustellen. Doch nicht nur ein Übermaß an Wodka und die Schwindsucht, sondern auch noch eine Syphilis, die er sich im Orient zugezogen hatte, richteten ihn zugrunde. Erst 36 Jahre alt, verstarb Buxbaum in Wermsdorf bei Merseburg.

C

Cabralea

Pedro Álvares Cabral (1467/68–1518/26) wurde in Belmonte in Portugal geboren. König Emanuel I., der Große (1469–1521, König seit 1495), auch der Glückliche genannt, beauftragte Cabral, die Malabarküste in Südwestindien in Besitz zu nehmen und wirtschaftlich zu erschließen, was nichts anderes hieß, als für die Einfuhr von Gewürzen zu sorgen. Mit einer stolzen Flotte von 13 mit Kanonen bestückten Karavellen und 1.200 Mann nebst sechs Franziskanern an Bord stach Cabral im Jahre 1500 in See. Ein heftiger Sturm auf dem Atlantik brachte das Geschwader vom Kurs ab und trieb es nach 30 Tagen an eine unbekannte Küste. Damit war ein Land entdeckt, aus dem man kostbare Farbhölzer nach Portugal schickte, die »Brazil« genannt wurden und dem Land den Namen Brasilien bescherten. Der Entdecker setzte die Reise mit Kurs auf das Kap der Guten Hoffnung fort und erreichte schließlich mit einer dezimierten Flotte den indischen Hafen Calicut. Nachdem er als Vergeltung für den Tod von rund 50 seiner Leute, die in Kämpfen mit Einheimischen umgekommen waren, die Stadt beschossen und eine Reihe Schiffe versenkt hatte, trat er mit den ersehnten Gewürzen an Bord die Rückfahrt an und konnte 1501 mit dem Rest der Flotte, nämlich sechs Schiffen, in Lissabon vor Anker gehen.

Caesalpinia

Andrea Cesalpino (1519–1603), lat. Caesalpinus, erblickte in der schönen Stadt Arezzo das Licht der Welt. In Pisa studierte er Philosophie und Medizin. 1549 wurde er dort Doktor der Medizin. 1555 ernannte ihn die Universität zum Professor der Medizin und zum Direktor des Botanischen Gartens. In seinen naturwissenschaftlichen Anschauungen folgte er den Lehren des Aristoteles (>). Cesalpino kam zu dem Schluß, daß das Herz die Mitte des Körpers und somit auch der Sitz des Lebensquells sei. Ihm schwebte auch bereits die Idee einer Zirkulation des Blutes vor, wenn er feststellt, es fließe über die Lungen von der rechten in die linke Herzhälfte. Allerdings stellte er sich vor, der Austausch gehe über Poren vor sich. In der Botanik versuchte er erstmalig, die Pflanzen nach der Funktion besonderer Merkmale einzuteilen, wobei die Blüten und Früchte eine wesentliche Rolle spielen. Diese Erkenntnisse faßte er 1583 in einem größeren Werk zusammen. Cesalpino gehörte zu den ersten, die ein Herbarium anlegten. 1592 holte ihn Papst Clemens VIII. als Leibarzt nach Rom, wo er auch seine Lehrtätigkeit als Professor der Medizin fortsetzen konnte und 1603 verstarb.

Calandrinia
Kalandrinie

Jean-Louis Calandrini (1703–1758) stammte aus Genf und studierte an der dortigen Akademie. Als 1724 ein Lehrstuhl für Mathematik eingerichtet wurde, bewarb er sich um dessen Besetzung. Zusammen mit seinem Studienfreund Gabriel Cramer gewann er die Ausschreibung. Beide sollten sich in die Professur teilen. Nach dem Motto »Gute Freunde stehen zusammen« kamen sie überein, sozusagen im Schichtwechsel eines dreijährigen Turnus das Amt wahrzunehmen. Während Cramer den Anfang machte, begab sich Calandrini auf Reisen nach Frankreich und England. 1727 übernahm er vereinbarungsgemäß den Platz Cramers. Als 1734 ein Lehrstuhl für Philosophie vakant wurde, bewarb er sich und erhielt ihn. Zugunsten der Ernennung zum Generalschatzmeister der Republik verzichtete er 1750 auf seine Professur. Calandrini wurde zwar vor allem als Mathematiker bekannt, doch erwarb er sich auch große Verdienste um die Naturwissenschaften und hier besonders um die Botanik.

Caldasia

Francisco José de Caldas (1771–1816) stammte aus Popayán, einem Ort im spanisch regierten Neugranada (heute Kolumbien). Der frühreife Knabe mit seinen melancholisch blickenden tiefschwarzen Augen interessierte sich für die Naturwissenschaften und soll als junger Mann die Anden mit selbstgebauten Präzisionsinstrumenten durchwandert haben. J. C. Mutis (>) nahm ihn in sein naturwissenschaftliches Forschungsteam als Experten für Geographie und Astronomie auf. Nach dessen Tod 1808 übernahm der junge Caldas die Leitung des Unternehmens. 1810 proklamierte Neugranada seine Unabhängigkeit und brachte den spanischen Vizekönig hinter Gitter. Als die Königstreuen von der Küste her vordrangen und die junge Republik bestürmten, gaben Caldas und viele seiner Mitarbeiter die Wissenschaften auf und schlossen sich der Armee der Freiheitskämpfer an. Mit der Abdankung Napoleon Bonapartes 1815 konnten die alten Dynastien wieder ihre Macht übernehmen, was natürlich auch für die spanischen Besitztümer in der Neuen Welt verheerende Folgen hatte. Madrid schickte einen General namens Pablo Morillo mit dem Auftrag, Neugranada wieder der Krone zu unterstellen, nach Südamerika. Nach seiner Ankunft räumte er mit den Freiheitskämpfern auf und ergriff auch die Mitglieder des Forschungsteams. Einer nach dem anderen wurde an die Wand gestellt. Caldas wurde im Süden Kolumbiens aufgespürt. Ein Gesuch seines spanischen Anwalts um Aufschub der Vollstreckung des Todesurteils unter Hinweis auf die wissenschaftliche Bedeutung seines Klienten erledigte der Adjutant Morillos mit der Randbemerkung: »Abgelehnt. Spanien hat Gelehrte genug.« In einem Brief bat Caldas den General, man möge ihn an den Füßen gefesselt einsperren, aber ihm wenigstens die Zeit lassen, einen Abschlußbericht zu verfassen. Ohne Erwiderung wurde die Exekution angeordnet und am 29. Oktober 1816 vollzogen.

Caldesia
Herzlöffel

Ludovico Caldesi (1821–1884) stammte aus Faenza und wuchs in die Wirren und kriegerischen Verwicklungen des italienischen Freiheitskampfes gegen Österreich hinein. 1848 reihte er sich in die Truppen der Freiwilligen ein und mußte die Kapitulation Vicenzas miterleben. Wieder in Faenza schlug er die Wahl in den Magistrat aus und begab sich nach Florenz, um sich unter der Anleitung von Filippo Parlatore mit Eifer dem Studium der Botanik zu widmen. Doch schon ein Jahr später wechselte er als Deputierter nach Rom, das er aber nach dem Sturz der Republik im Juli 1849 schleunigst verlassen mußte. Über San Marino floh er nach Genua, wo er seine botanischen Studien wieder aufnahm. 1859 vertauschte er nochmals für kurze Zeit die Wissenschaft mit der Politik und wurde in Bologna Abgeordneter in der Volksversammlung der Romagna. Es folgten einige Jahre wissenschaftlicher Tätigkeit in Faenza, bis er 1866 zu den Fahnen Garibaldis eilte und als Hauptmann der nationalen Einigung diente. Wieder im zivilen Leben, kehrte er zur Botanik zurück. 1884 kam dieser als Botaniker hochgeschätzte glühende Patriot bei einem Verkehrsunfall ums Leben. Sein Herbarium hatte Caldesi testamentarisch der Universität Bologna vermacht.

Calypso

Kalypso, eine schönlockige Nymphe, residierte einsam auf einer fernen Insel, Ogygia mit Namen, in einer mit allem Komfort ausgestatteten Grotte. Dichtes Gehölz aus Erlen, Pappeln und Zypressen, in denen Scharen geschwätziger Vögel nisteten, und

Wiesen, übersät mit Petersilie und Iris, umgaben ihr mit rankendem Wein umkränztes Heim. Als der Wille der Götter den vielgeplagten Odysseus nach einem Schiffbruch an das Gestade von Ogygia geworfen hatte, nahm ihn Kalypso freundlich auf, umsorgte ihn zärtlich und versprach ihm Unsterblichkeit und ewige Jugend, wenn er bei ihr bliebe. Doch der edle Dulder Odysseus konnte es nicht versprechen, noch immer sehnte er sich nach seiner hehren Gemahlin Penelope im heimatlichen Ithaka. Nur wider seinen Willen, wie uns in der Sage versichert wird, teilte er Nacht für Nacht in Liebe vereint das Lager mit seiner großzügigen Wohltäterin. Tagsüber starrte er unter Tränen seufzend und sein Geschick beklagend von den Klippen des Ufers auf das tosende Meer. Sieben Jahre ertrug Odysseus dieses ambivalente Los, am Tage zehrende Pein und nächtens feurige Umarmung, bis ihn Kalypso auf Befehl des Göttervaters entlassen mußte. Mit Groll gegen die Olympier im Herzen, die ihr die Seligkeit lustvoller Gemeinschaft mit einem Sterblichen mißgönnten, sorgte sie für den Bau eines auch mit einem Segel gut ausgerüsteten Floßes. Noch ein letztes Mal erfreuten sie sich der Liebe. Wohlversorgt mit reichlichem Proviant, frisch gebadet und gehüllt in prächtige Kleider segelte der listenreiche Odysseus zu neuen Abenteuern davon. Als Abschiedsgeschenk sandte ihm die nun wieder einsame Kalypso noch günstige Fahrtwind nach. Diese romantische Affäre wurde bei der Schullektüre der Odyssee natürlich übergangen. Da wir aber schon wußten, was sich da so abspielt, fragten wir scheinheilig nach dem Grund für die Auslassung. Die etwas unsichere, pädagogisch magere Begründung wurde mit Gelächter quittiert, selbstverständlich mit einem homerischen.

Camellia
Kamelie

Georg Joseph Kamel SJ (1661–1706), lat. Camellus, in Brünn geboren, trat 1682 als Laienbruder in die Gesellschaft Jesu ein, die ihn eine Apothekerlehre absolvieren ließ. Nach seinem Examen leitete er eine Jesuiten-Apotheke in Krumau im Böhmerwald. Seit 1689 diente er auf den Philippinen in einer Niederlassung seines Ordens als Apotheker, Krankenwärter und Missionar. 1706 wurde er noch zum Priester geweiht. Pater Kamel war ein großer Naturfreund und Sammler mit weitgespannten Interessen. Neben Pflanzen und Tieren erforschte er auch Fossilien, Mineralien und warme Quellen. Seine Ergebnisse, u. a. eine Arbeit über die Flora der Insel Luçon, veröffentlichte er in den angesehenen englischen »Philosophical Transactions«. Mit den bedeutendsten Gelehrten Europas unterhielt er einen lebhaften Briefwechsel. Seine Herbarien wurden ins Britische Museum aufgenommen. Leider ist gelegentlich zu lesen, er habe 1739 die *Camellia japonica* nach Europa eingeführt, was ja schon deswegen unmöglich ist, weil er da bereits 33 Jahre tot war. Außerdem erscheint es sehr fraglich, ob er jemals in Japan gewesen war. Verbürgt ist aber, daß in jenem Jahr die erste Kamelie (auch China- oder Lorbeerrose genannt) in einem englischen Gewächshaus blühte und Linnaeus (>) die Gattung 1735 nach ihm benannte. Fest steht auch, daß Pater Kamel schon 17 Orangensorten unterschied.

Carlina
Eberwurz, Golddistel, Wetterdistel

Karl der Große (742–814) übernahm 768 nach dem Tode seines Vaters Pippin III., des Kurzen, in Noyon nach Akklamation des Volkes und feierlicher Schilderhebung die Würde eines Königs der Franken. Edle und weniger edle Taten begleiteten Karls Weg zum mächtigsten Herrscher im Abendland. Am Weihnachtstage des Jahres 800 vollendete sich dieser Aufstieg in Rom mit der Krönung zum Kaiser. Von seiner Lieblingspfalz in Aachen aus, dem »Neuen Rom«, ordnete Carolus, »der von Gott gekrönte Kaiser, Herrscher des Römischen

Imperiums und durch die Barmherzigkeit Gottes König der Franken und Langobarden«, wie sein Titel nun lautete, den ausgedehnten Verwaltungsapparat seines Reiches und ließ seine Verordnungen, Kapitularien genannt, durch die Königsboten verbreiten. Das »Capitulare de Villis« (Verordnung über die Landgüter) von 812 befaßt sich besonders mit Anweisungen zur Anpflanzung von Gemüse und Kräutern. Die Liste ist erstaunlich lang; unbedingt anzupflanzen waren u. a. Salbei, Rosmarin, Kümmel, Anis, Petersilie, Sellerie, Fenchel, Bohnenkraut, Minze, Zwiebel, Knoblauch und Koriander. Besonderer Wert wurde auf die peinlich genaue Ausführung der befohlenen Maßnahmen in den Krongütern gelegt, deren Gärten als Vorbilder für eine Verbreitung der Küchenflora sicherlich genauso sorgten wie die klösterlichen Kräutergärtlein. Anfang Januar 814 erkältete sich Karl in Aachen beim Baden, bekam heftiges Fieber, eine Rippenfellentzündung und verstarb am Ende jenes Monats. Nach einer Legende machte ihn ein Engel auf die Eberwurz als wirksames Mittel gegen die Pest aufmerksam, die auf diese Weise zur ständigen Sanitätsausrüstung seines Heeres gehörte.

Carlowrightea

Charles Wright (1811–1885) wurde in Wetherfield (Connecticut) geboren und besuchte von 1831 bis 1835 das College in Yale. In dieser Zeit erwachte auch sein Interesse an der Botanik. 1837 siedelte er nach Texas über und verdiente sich mit den verschiedensten Tätigkeiten, zu denen auch das Pflanzensammeln gehörte, seinen Lebensunterhalt.. 1847 dehnte er seinen botanischen Jagdbereich weit nach Süden zum Rio Grande aus. 1853 schloß er sich der bis 1856 von Commodore Cadwallader Ringgold im Auftrag der Regierung der Vereinigten Staaten von Amerika geführten Expedition durch den Nordpazifik an. Wright sammelte in den angelaufenen Ländern und Inseln über 1.000 Spezies, die zum größten Teil von George Bentham (>) in England bestimmt wurden. Im Herbst 1856 unternahm Wright eine Forschungsreise nach Cuba, die bis 1865 dauerte. Nach seiner Rückkehr beteiligte er sich mehrere Jahre an den Arbeiten des amerikanischen Botanikers Asa Gray und zog sich dann in seinen Geburtsort Wetherfield zurück, wo er auch verstarb.

Carludovica

Karl (Carlos) IV. von Spanien (1748–1819) und seine Gemahlin Maria Luisa (lat. Ludovica) von Parma (1751–1819) stehen Pate für diese Gattung. Karl stand unter dem Einfluß seiner Gemahlin und ihres Günstlings Godoy. Maria Luisa übte mit ihrem Liebhaber die eigentliche Regierung aus. Sie suchte ihren Sohn, den späteren König Ferdinand VII., von der Thronfolge auszuschließen. Der wahre Charakter dieser ominösen Familie aus dem Hause der spanischen Bourbonen wird schonungslos in Goyas Gemälde »Familie Karls IV.« dargestellt. Ein wenig zu ihren Gunsten spricht, sie seien Förderer der Botanik gewesen. Napoleon I. nutzte den Familienzwist auf seine Weise aus und lockte 1808 alle Beteiligten nach Bayonne in eine Falle. Er hatte sich erboten, als fairer Schiedsrichter die Thronstreitigkeiten zu schlichten. Schließlich kam es dank seiner geschmeidigen Taktik zur Lösung des Konfliktes, indem nämlich Karl und Ferdinand zugunsten des französischen Kaisers auf den Thron verzichteten und Joseph Bonaparte, ein Bruder des Kaisers, König von Spanien wurde. »Hinsichtlich der meisterlichen Regie und der Raffinesse, mit der er seine Rolle spielte, war die Komödie oder Tragödie von Bayonne (sie war eigentlich beides) eine Glanzleistung Bonapartes. Er vollführte diese ganze Prozedur des Thronraubes mit … solcher Virtuosität, daß er dabei nicht einmal die Handschuhe ausziehen mußte.« (*82*, S. 493). Es sei noch angemerkt, daß die *Carludovica palmata*, die man ihrer fächerförmigen Blätter wegen für eine junge Palme halten könnte, die aber in die Familie der Cyclanthaceen gehört, das Material für die famosen und teuren Panamahüte liefert, die eigentlich Ecuadorhüte heißen müßten. *Carludovica palmata* wächst nämlich in den südlichen Küstenregionen Ecuadors und wird auch dort verarbeitet. Nur in den frühen Morgenstunden, in denen die Feuchtigkeit die nötige Geschmeidigkeit der Fasern garantiert, sind die Flechter am Werk.

Carnegiea

Andrew Carnegie (1837–1919). »Klein, aber gedrungen, mit einem Stiernacken und von eiserner Willenskraft, verrichtet er die Arbeit von drei Menschen. Oft im Eisenbahnwagen denkend, diktierend, dekretierend, essend und auch wohl schlafend – doch kurz nur und selten –, so fuhr er, ein Feldherr des Handels, durchs Land ... Er konnte ein großherzig freigebiger Freund, aber auch ein guter Hasser sein. Jovial verstand er einem Widersacher auf die Schulter zu klopfen und allen Haß aus ihm heraus zu lachen, aber auch rücksichtslos einen Gegner zu Boden zu werfen.« (*8*, S. 386) Geboren in dem schottischen Städtchen Dunfermline, wanderte er mit seiner Familie als Zwölfjähriger nach Amerika aus. Als Klöppelboy an der Spulmaschine einer Spinnerei verdiente er sein erstes Geld. Über die Tätigkeit als Heizer, später als Telegraphist kam er zur eben fertiggestellten Pennsylvaniabahn. Hier entdeckte er seine Begabung als Unternehmer. Und so folgte bald ein geschäftlicher Erfolg auf den anderen. Er wurde Mitbegründer einer Schlafwagengesellschaft, gründete eine Aktiengesellschaft, die die hölzernen Brücken durch eiserne ersetzte, und trat schließlich ins Ölgeschäft ein. Bald aber begann er sich im Stahlgeschäft einen Namen zu machen. Durch die Auswertung von Patenten und durch geschickte Spekulationen wurde er schon mit 50 Jahren zum reichsten Mann in Amerika. 1899 zog er sich von den Geschäften zurück, erwarb in seiner schottischen Heimat das Schloß Skibo Castle und begann gemäß seinem Motto »Wer reich stirbt, stirbt entehrt«, sein Riesenvermögen segenspendend als Carnegiestiftungen, deren Gesamtwert bei seinem Tode auf 350 Millionen Dollar geschätzt wurde, auszugeben. Neben vielen Schulen, Büchereien, Instituten ist wohl die Carnegie Hall in New York die bekannteste seiner Stiftungen. Der kandelaberförmige, bis 20 m hoch wachsende Kaktus, der seinen Namen trägt, hieß ursprünglich *Cereus giganteus* und wurde 1908 ihm zu Ehren in *Carnegiea gigantea* umbenannt.

Cassiope
Schuppenheide

Kassiopeia war die Gattin des Königs Kepheus. Sie prahlte damit, daß ihre Schönheit die der bezaubernden Töchter des Meeresgottes Poseidon, der Nereiden, weit übertreffe. Das konnten diese, fünfzig an der Zahl, aber nicht auf sich sitzen lassen und beschwerten sich bei ihrem Papa. Poseidon bebte vor gekränktem Vaterstolz und klatschte zornbebend seinen Dreizack mit solcher Wucht auf das Wasser, daß im Königreich des Kepheus »Land unter!« gejammert wurde. Nicht genug damit, mobilisierte er auch noch das Seeungeheuer Ketos, das das Land bedrohte und Andromeda (>), das hübsche Töchterchen der frevlerischen Königin, dreist als Opfer verlangte. Kaum hatte Perseus, ein hochherziger junger Mann, der sich zufällig in dieser Gegend herumtrieb, das Königstöchterlein, im Meer an einen Felsen gekettet dem Ungeheuer zum Fraß angeboten, befreit und als Lohn galant um ihre Hand gebeten, beging die eitle Königin eine zweite Bosheit. Eine Mesalliance befürchtend, verweigerte sie dem mutigen Werber die Tochter und schickte ihm unversehens 200 Häscher auf den Hals, die jedoch von Perseus mit einem fabelhaften Trick in Steine verwandelt wurden. Kassiopeias Schlechtigkeit hatte das Maß voll gemacht; Poseidon zog sie aus dem Verkehr und versetzte sie kurzerhand in einen Marktkorb gepreßt (andere

Interpretationen sprechen von einem Stuhl) an den Sternenhimmel. Er gab sie noch obendrein der Lächerlichkeit preis, indem sie von Zeit zu Zeit kopfüber aus dem Korb (bzw. vom Stuhl) zu purzeln scheint. Die Kreisbewegung des Sternbildes um den nicht weit entfernten Polarstern aber ist die Ursache für dieses Phänomen.

Catesbaea

Mark Catesby (1679?–1749), »a very curious gentleman«, war Engländer aus Sudbury und begab sich 1712 nach Virginia. Von dort bereiste er 1715 botanisierend Jamaica. Von 1722 bis 1726 hielt er sich auf den Bahamas und in Florida auf. Catesby sorgte für die Anpflanzung einheimischer amerikanischer Ziergewächse in den Gärten der Kolonisten und erteilte wertvolle Ratschläge für deren Kultivierung. Auf seine Anregung hin wurde in Virginia der bis zu 60 m hoch wachsende Tulpenbaum zum bevorzugten Schattenspender. Nach seiner Rückkehr nach England propagierte er die Einführung amerikanischer Zier- und Nutzhölzer. 1730 publizierte er mit lebhafter Unterstützung des Oxforder Professors William Sherard (>) »A Natural History of Carolina, Florida, and the Bahama Islands«, die er als Amateur in bemerkenswerter Qualität selbst illustriert hatte. Er pflegte möglichst frisch gesammelte Pflanzen zu zeichnen und bevölkerte seine Bilder zusätzlich mit zoologischen Objekten. Selbst Fischen erlaubte er, sich zwischen den Zweigen zu tummeln. Da es ihm zu teuer war, seine Bilder in Paris oder Amsterdam stechen zu lassen, erlernte Catesby auch noch die Kunst des Gravierens.

Cattleya

William Cattley (?–1832) war ein reicher Kaufmann und besaß in Barnet im Norden Londons einen ausgedehnten Garten mit einem Gewächshaus. Als Hobbybotaniker war er einer der eifrigsten Pflanzensammler seiner Zeit. Cattley war Mitglied der Londoner Horticultural Society und seit 1821 der Linnean Society. Seine besondere Fürsorge galt der Erwerbung und Kultivierung von Orchideen. In seinem Auftrag und mit seiner finanziellen Unterstützung beschrieb und veröffentlichte sein Freund John Lindley (>) in mehreren Schriften Orchideen aus Cattleys Kollektion. Lindley benannte seinem Gönner zu Ehren eines der schönsten Genera dieser bizarren Pflanzenfamilie *Cattleya.*

Cavanillesia

Antonio José Cavanilles (1745–1804) wurde in Valencia geboren und in einem Jesuitenkolleg erzogen. Ab 1762 studierte er Philosophie und Theologie in Murcia und promovierte 1766. Auf Betreiben des Bischofs von Murcia wurde er mit einem Lehrstuhl für Philosophie betraut, den er viele Jahre innehatte. Zum Erzieher der Kinder der Infantin bestellt, kam Cavanilles als Begleiter einer Gesandtschaft 1771 nach Paris, wo sein Interesse an der Pflanzenkunde geweckt wurde. Als Schüler von Antoine Laurent de Jussieu, dem Neffen von Bernard de Jussieu (>*Bernardia*) besuchte er ab 1780 Vorlesungen und Demonstrationen im Jardin du Roi. Ab 1785 erschienen in rascher Folge botanische Schriften mit Abbildungen, die er selbst geschaffen hatte. Nach der Rückkehr in seine Heimat erhielt er 1789 von der Regierung den Auftrag, die Flora von Spanien zu bearbeiten. Das Ergebnis dieses umfassenden Unternehmens, in dem Cavanilles auch geographische und soziologische Aspekte berücksichtigte, wurde 1795 mit zahlreichen Abbildungen in Madrid gedruckt. 1801 übertrug man ihm die Leitung des Königlichen Botanischen Gartens und einen Lehrstuhl für Botanik in Madrid. Für das Ansehen dieser Wissenschaft sorgte er durch öffentliche Vorträge. Gleichsam wie mit einem Ritterschlag wurde Cavanilles durch die Aufnahme in das Institut de France geehrt. König

Karl IV. stattete ihn mit Würden und Einkünften aus. Cavanilles hatte Samen einer Pflanze aus Mexiko erhalten, die dort Acocotli-Blume genannt wurde. Zunächst hielt er die Knolle dieses Gewächses für eßbar, was unangenehme Folgen hatte. Bald aber entdeckte er die Schönheit der Blüten. Nach seinem schwedischen Kollegen Anders Dahl (>) nannte Cavanilles die Pflanze *Dahlia*. Bald trat die Schöne aus Mexiko zur Eroberung der Blumenliebhaber an. In immer überraschenderen Variationen, wobei sich besonders die Engländer züchterisch hervortaten, gehörte sie nach kurzer Zeit zum festen Repertoire in jedem Garten. Cavanilles verfaßte neben seinem sechsbändigen Hauptwerk über die Flora Spaniens zahlreiche Abhandlungen aus den verschiedensten Sparten der Botanik, darunter auch eine Mitteilung über die Einführung und Nützlichkeit der Erdnüsse. 1796 wehrte er Kontroversen mit seinen Kollegen L'Héritier (>*Heritiera*), Pavón (>) und Ruiz (>) mit einer fundierten Streitschrift ab. 1804 überraschte Cavanilles der Tod mitten in der Arbeit an einer Abhandlung über seinen geliebten Botanischen Garten. 1928 wurde die Fachzeitschrift »Cavanillesia« nach ihm benannt.

Cavendishia

Henry Cavendish (1731–1810) wurde als zweiter Sohn des Herzogs von Devonshire in Nizza geboren und sollte eine Militärlaufbahn einschlagen. Doch interessierte er sich mehr für die Wissenschaften und machte von den Möglichkeiten, sich auf Grund seiner Herkunft ein angenehmes Leben zu gestatten, keinen Gebrauch. Nach einem abgebrochenen Studium in Cambridge ließ er sich 1753 in London nieder und richtete sich als Privatgelehrter ein Labor ein. Seine Einstellung entfremdete ihn seinen Eltern, die seinen Weg mit Gleichgültigkeit quittierten. Cavendish entwickelte sich zu einem der bedeutendsten Naturforscher. 1760 wurde er Mitglied der Royal Society. Von seinen zahlreichen Entdeckungen sollen hier nur einige angeführt werden. Es gelang ihm, die Dichte von Gasen zu bestimmen. Er war an der Entdeckung des Stickstoffs beteiligt, isolierte den Wasserstoff und entdeckte dessen Verbrennbarkeit zu Wasser. 1798 konnte er mit der von ihm entwickelten Drehwaage die mittlere Dichte und das Gewicht der Erde bestimmen. Er führte Versuche mit der Elektrizität durch. Zu der Fülle seiner Veröffentlichungen gehörten auch Abhandlungen über Meteorologie und Astronomie. 1773 vermachte ihm ein Onkel, den die ablehnende Haltung der Eltern zu seinem Neffen kränkte, eine Rente von mehr als 500.000 Pfund. Cavendish konnte sich nun sorglos seinen Forschungen widmen. Bei allem Reichtum blieb er stets der einfache Mr. Cavendish. Sein Haushalt funktionierte wie ein Uhrwerk. Seine persönlichen Bedürfnisse waren mehr als minimal. Seine Kleidung wechselte weder im Zuschnitt noch in der Farbe. Seine umfangreiche Bibliothek stand jedem offen. Um nicht gestört zu werden, verlegte er die Bibliothek zwei Meilen entfernt von seinem Labor. Selbstverständlich dachte er auch nicht an eine Heirat. Cavendish war großzügig, trat aber nie als Wohltäter öffentlich in Erscheinung. Im Alter von 78 Jahren verstarb dieser in jeder Hinsicht noble Mann in London.

Cecropia
Ameisenbaum

Kekrops, ein Sohn der Mutter Erde, der ursprünglich Kerkops hieß, was der Geschwänzte bedeutet, war halb Schlange und halb Mensch. Als König von Attika beseitigte er rohe und barbarische Sitten seiner Landsleute. Anstelle wilden Trieblebens und zügelloser Vermischung führte er die Ehe zwischen einem einzigen Mann und einer einzigen Frau, also die Monogamie, ein. Blutige Opfer ersetzte er durch die Darbringung von Gerstenkuchen. Kekrops, der ja selbst ein Erdentsprossener war, sorgte dafür, daß die Toten in der Erde bestattet und somit ihrer eigentlichen Mutter zurückgegeben wurden. Ihm gelang es, eine Stadt mit einem Burgberg zu gründen, die er Kekropia nannte. Als auf dem Burgberg stellvertretend für Athene und Poseidon erstmals ein Ölbaum grünte und eine Quelle entsprang, mußten sich die Bürger nach einem Orakelspruch für eine der Gottheiten als Namensträger ihrer Stadt entscheiden. Im Gegensatz zu späteren Zeiten bestimmten die Frauen das öffentliche Leben noch mit und durften wählen. Den Männern an Zahl überlegen, entschieden sie den Urnengang zugunsten von Athene. Kekrops ließ der Beschützerin seiner Stadt, die nun Athen hieß, auf dem Burgberg, der Akroplis, einen Tempel mit einer hölzernen Statue der Göttin errichten und führte die Panathenäischen Feste mit Wettkämpfen, Theaterdarbietungen und anderen Unterhaltungen ein. Um den Groll des enttäuschten Poseidon zu besänftigen, mußten die Frauen auf viele ihrer Rechte verzichten. Auch wurde eingeführt, daß die Kinder nicht mehr den Namen der Mutter, sondern den des Vaters führten. Als der Ur-Athener Kekrops starb, bestattete man ihn auf der Akropolis an der Stelle, wo der erste Ölbaum sproß. Sein Grab, das Kekropion, ist in dem heiligen Bezirk, in dem auch das erste hölzerne Standbild der Athene verehrt wurde und wo wir heute noch das Erechtheion bewundern.

***Celsia** (*Verbascum*)
Königskerze

Olof Celsius (1670–1756) lehrte an der schwedischen Universität Uppsala Theologie und orientalische Sprachen. König Karl XI. schickte ihn als Botschafter des Evangeliums nach Deutschland, Holland, Frankreich und Italien. Celsius verband seine Sprachkenntnisse mit einem Faible für die Botanik und studierte die in der Bibel vorkommenden Pflanzen. Von 1702 bis 1741 berichtete er in einer Serie von Abhandlungen über seine Befunde. Eine Zusammenfassung dieses Themas, die dank seiner profunden Sprachkenntnisse allen anderen bisherigen ähnlichen Mitteilungen weit überlegen war, erschien 1745 als »Hierobotanicon« (griech. *hieros* – heilig). In einem anderen Werk stellte er die Flora der Umgebung von Uppsala vor. Weitere Schriften beschäftigten sich mit Themen aus der Theologie und der Geschichte. Zweimal wurde ihm die Würde des Erzbischofs von Uppsala angetragen, die er ablehnte. Ihm kommt auch das Verdienst zu, das Genie Linnés (>) erkannt und gefördert zu haben. Celsius nahm den jungen Linné in seinem Hause auf, stellte ihm seine Bibliothek zur Verfügung und beflügelte auf jede Weise sein Talent. Als Begründer der Naturwissenschaften in Schweden mit dem ehrenvollen Beinamen »Plinius des Nordens« verstarb Olof Celsius 1756 in Uppsala.
Als zweiter Namenspate für das Genus *Celsia* ist Jacques Martin Cels (1743–1806) nicht auszuschließen. Cels wurde in Versailles geboren und betätigte sich als Steuereinnehmer, ein Amt, das im Frankreich des Ancien Régime ein sehr einträgliches Geschäft war. Die große Revolution machte diesem ausbeuterischen Profit rasch ein Ende. Auch dem Geldschrank von Cels blieb die Plünderung nicht erspart. Seine Kenntnisse in Botanik und Agrikultur, die er sich bei Bernard de Jussieu (>*Bernardia*) angeeignet hatte und die ihm bisher die Freizeit verschönten, nutzte er nun zum Erwerb des täglichen Brotes. Er legte einen Garten an, in dem er exotische Pflanzen kultivierte und verkaufte. Das Geschäft lief gut, und er konnte es sich sogar leisten, im Jahre 1800 den bekannten Botaniker Ventenat (>) mit einer »Beschreibung neuer oder wenig bekannter Pflanzen im Garten von J. M. Cels« als Propagandisten einzuspannen. Als Fachmann in Fragen der Agrikultur verfaßte er im Auftrag des Innenministeriums Ratschläge und Anweisungen für die Landwirtschaft. 1806 verstarb dieser findige Mann an einer Rippenfellentzündung.

Chamissonia

Adelbert von Chamisso (1781–1838), eigentl. Louis Charles Adelaide de Chamisso de Boncourt, stammte aus einer alten lothringischen Adelsfamilie, die auf Schloß Boncourt in der Champagne ansässig war und während der Französischen Revolution 1789 aus Frankreich vertrieben wurde. 1796 ließ sich die Familie in Berlin nieder. Während seine Brüder als Porzellanmaler zum Unterhalt der Familie beitrugen, diente Adelbert der Königin von Preußen als Page im Charlottenburger Schloß. Zunächst von Privatlehrern unterrichtet, besuchte er anschließend das von Hugenotten gegründete Französische Gymnasium in Berlin. Nach der Entlassung aus dem Pagendienst trat Chamisso in die Kadettenanstalt ein, wurde Fähnrich und stieg zum Leutnant auf. Während dieser Zeit schloß er die Bekanntschaft mit dem späteren Politiker und Literaten Varnhagen von Ense, aus der eine lebenslange Freundschaft entstand. Varnhagen erinnert sich: »Den Franzosen konnte Chamisso in keinem Zuge verleugnen; Sprache, Bewußtsein, Sinnesart, Manieren und Wendungen, alles erinnerte an seine Herkunft ... Seine langen Beine, die knappe Uniform, der Hut und der Degen, der Zopf, der Stock und die Handschuhe, alles konnte ihm unvermutet Ärgernis machen; am meisten aber und sichtbarsten kämpfte er mit der Sprache, die er unter gewaltigen Anstrengungen mit einer Art von Meisterschaft und Geläufigkeit radebrechte, welches er auch in der Folge zum Teil mit Vorliebe behielt. Er hatte deutsche Lieder und Elegien gedichtet, sogar einen ›Faust‹ in Jamben angefangen, und ich hörte mit Staunen und Bewunderung, was er davon mit seiner zerquetschenden Aussprache, in einer Türe stehend und den Durchgang hemmend, mir aus dem Gedächtnis hersagte. Die deutsche Bildung und Sprache waren der Gegenstand seiner tiefsten Verehrung und Sehnsucht ....« (*123*, S. 127). Die Erfolge Napoleons jedoch stürzten ihn Gewissenskonflikte, und um nicht als preußischer Offizier eines Tages gegen seine Landsleute kämpfen zu müssen, reichte er 1808 seinen Abschied ein und wurde in Ehren aus der Armee entlassen. Die Bekanntschaft mit der Schriftstellerin Germaine de Staël führte ihn in die Schweiz, wo er auf Schloß Coppet Madame zwei Jahre Gesellschaft leistete. Während dieser Zeit entdeckte Chamisso die Liebe zur Botanik. 1812 begann er in Berlin mit dem Studium der Naturwissenschaften, mußte es aber ein Jahr später zu Beginn des Befreiungskrieges unterbrechen und fand als Hauslehrer bei dem Grafen Itzenplitz in Kunersdorf eine Bleibe. Hier im Oderbruch entstand auch seine wundersame Geschichte vom Peter Schlemihl, der seinen Schatten verkauft hatte. Sie gehört wohl zu den bekanntesten der literarischen Werke, mit denen der Lyriker und Erzähler Chamisso Weltruhm erlangte. Mit Begeisterung nahm Chamisso den Vorschlag des russischen Grafen Romanzoff (>) an, sich an einer Entdeckungsreise zu beteiligen. Die Expedition sollte versuchen, von der Beringstraße aus eine Passage zwischen Asien und Alaska zur Hudsonbai zu finden. 1815 stach der hierfür ausgerüstete Zweimastsegler »Rurik« von Kronstadt aus in See und nahm in Kopenhagen Chamisso an Bord. Zusammen mit dem Zoologen und Arzt Eschscholtz (>) aus Dorpat und dem dänischen Botaniker Wormskiold bildete er das Naturforscherteam, dem ein russischer Zeichner zur Seite stand. Zum Kapitän des mit acht Kanonen bestückten und nur 180 Tonnen fassenden Schiffes wurde der seemännisch hochbegabte Otto von Kotzebue (1787–1846) bestimmt. Über Teneriffa erreichte man die brasilianische Küste und konnte 1816 Kap Hoorn umschiffen. Entlang der Küste Chiles nach Norden lief die »Rurik« Mitte des nächsten Jahres die Halbinsel Kamtschatka an. Die Suche nach der erhofften Durchfahrt blieb ergebnislos. Der Kapitän steuerte nach Süden und entdeckte zahlreiche noch unbekannte Inseln. Ein zweiter Versuch, eine Nordwestpassage zu finden, mußte bereits nach Erreichen der Beringstraße wegen einer Erkrankung Kotzebues abgebrochen werden. Im Spätsommer 1818 ging die »Rurik« in St. Petersburg vor Anker. Als Chamisso die Entdeckung des Generationswechsels bei den Salpen, tonnenförmigen Manteltieren der Meere, veröffentlichte, brachte ihm dies 1819 den Dr. h. c. der Friedrich-Wilhelm-Universität in Berlin ein. Doch auch der Spottgesang der ungläubigen Kritiker blieb nicht aus, man bezeichnete ihn als den wissenschaftlichen Märchendichter. Im gleichen Jahr erhielt Chamisso eine Assistentenstelle am Botanischen Garten in Berlin, und 1833 wurde er zum Vorsteher der Königlich Preußischen Herbarien in Berlin ernannt. 1836 erschien sein vielbeachteter Bericht »Reise um die Welt mit der Romanzoffschen Entdeckungsexpedition in den Jahren 1815 bis 1818«. Er arbeitete insbesondere über die Geschlechtlichkeit der Pflanzen und über menschliche Kulturerfolge bei der Einwanderung ursprünglich nicht heimischer Pflanzen. 1838, ein Jahr nach dem Tode seiner geliebten Frau Antonie, starb Chamisso, leidenschaftlicher Naturforscher und deutscher Dichter mit französischem Blut, in Berlin. Beim Vergleich zwischen dichterischer und botanischer Produktivität Chamissos kam R. Schneebeli-Graf (zit. in *110*) zu dem Ergebnis, daß seine wissenschaftlichen Publikationen mit 2.500 Druckseiten etwa das Doppelte der poetischen ausmachen.

Chironia

Cheiron aus dem Geschlecht der Kentauren, zur Hälfte Pferd, zur Hälfte Mensch, hauste auf dem Gipfel des Peliongebirges an der Ostküste des griechischen Festlandes. Anders als seine wilden und hemmungslosen Stammesgenossen begegnet uns Cheiron als ein menschenfreundlicher, fröhlicher und musikalisch gebildeter Geselle. Vor allem aber war er ein unübertroffener Heilkundiger. In seinem elfenbeinernen Apothekerschrank häuften sich unzählige Kräuter und Elixiere. Zu seinen Schülern gehörte neben anderen prominenten Studenten der Held Achilleus (>), dem er den Genuß von Rehkalbsmark empfahl, um seine Lauftechnik zu optimieren – eine ganz besondere Art des Dopings. Auch der nicht minder berühmte Asklepios (>) saß zu des Meisters Füßen und wurde in alle Geheimnisse der ärztlichen Kunst eingeweiht. Verwickelt in zahllose Abenteuer der Götter und Sterblichen, war ihm eine gräßliche Endzeit beschieden. Aus Versehen durchbohrte ein vergifteter Pfeil aus dem Köcher seines alten Freundes Herakles (>) sein Knie und blieb stecken. Erschrocken zog ihn Herakles zwar sofort aus der Wunde, konnte aber nicht verhindern, daß das Gift nun seine Wirkung entfaltete. Alle Künste Cheirons nutzten nichts, und kein Gegenmittel konnte helfen. Da Cheiron ein Unsterblicher war, peinigte ihn das Gift mit höllischen Schmerzen, ohne ihn zu töten. Jammernd und klagend verkroch er sich in seine Höhle. Viele Jahre mußte er ausharren, bis auf Drängen des Herakles der Göttervater bereit war, ihn gegen Prometheus auszutauschen. Cheiron verlor seine Unsterblichkeit und wurde endlich durch den Tod von seinen Qualen erlöst.

Choisya
Orangenblume

Jacques Denis Choisy (1799–1859) wurde in der Nähe von Genf geboren. Nach einem Philosophiestudium trat er 1817 in ein theologisches Seminar ein, das er 1821 als »Prediger des Heiligen Evangeliums« verließ. Während seines Studiums besuchte er auch die Vorlesungen des berühmten Botanikers de Candolle und wurde ein begeisterter Pflanzenkundler. Bereits in dem Jahre seiner Ernennung zum Prediger veröffentlichte er eine botanische Abhandlung. 1822 verbrachte er ein Jahr in Paris und lernte die dortigen Leuchten der Botanik kennen. Choisy erhielt in Genf an der Akademie die Professur für Philosophie, die er 25 Jahre lang innehatte. Seine Vorlesungen über Wahrscheinlichkeits- und Klassifikationstheorien würzte er mit gleichsinnigen Problemen in der Botanik. Neben seinen Lehrverpflichtungen nahm er zahlreiche Ämter wahr. So bekleidete er u. a. von 1844 bis 1846 das Amt als Rektor der Akademie. Seit 1821 war er Mitglied der Genfer Physikalischen und Naturwissenschaftlichen Gesellschaft und später der Société Helvétique des Sciences Naturelles. Zahlreiche botanische Aufsätze und Mitteilungen zeugen von seinem Rang als Botaniker. Auch als Mitarbeiter der Botaniker de Candolle (Vater und Sohn) erwarb er sich einen Namen. Schließlich soll nicht unerwähnt bleiben, daß Choisy viele Jahre Mitglied der Verwaltungskommission des Botanischen Gartens in Genf war. Seine Arbeit als Sekretär in der Compagnie des Pasteurs und als Herausgeber der Zeitschrift »Le Protestant« wurden ihm jedoch zum Verhängnis. Die politischen Ereignisse in der Schweiz in den vierziger Jahren, die zum Sturz des konservativen Regimes führten, brachten nämlich auch eine Revision des Unterrichtswesens mit sich. Im Zuge dieser Maßnahmen verlor Choisy 1846 seine Stellung und geriet in materielle Not. Er zog sich ins Privatleben zurück und suchte Trost in der Meditation und der Botanik. Ein glückliches Familienleben half ihm über die Enttäuschung hinweg. Seine letzten Lebensjahre wurden durch Krankheit überschattet. Choisy verstarb 1859 in Genf.

Christia

Johann Ludwig Christ (1739–1813) wurde in Öhringen (Württemberg) geboren und interessierte sich schon seit frühester Jugend für den Anbau von Äpfeln und Birnen. Nach seiner Ausbildung für den geistlichen Beruf wurde er Pfarrer einer Gemeinde in der Wetterau. 1786 erhielt das Amt des Oberpfarrers in Kronberg im Taunus. Seine seelsorgerische Tätigkeit ließ ihm genügend Zeit, sich mit dem Obstanbau, der Landwirtschaft und der Imkerei zu beschäftigen. Christ schuf wesentliche Grundlagen für eine planmäßige Obstzüchtung, wozu auch eine systematische Einteilung der Sorten gehörte. Seine Erfahrungen legte er 1797 in einem wegweisenden »Handbuch über die Obstbaumzucht und Obstlehre« nieder. 1809 folgte seine »Vollständige Pomologie«. Als anerkannter Pomologe (Obst-, speziell Sortenkundler) machte sich dieser tüchtige, dem Boden verwurzelte Kirchenmann auch um den Anbau und die Verbreitung von Edelkastanien und Mirabellen verdient.

Cinchona

Chinarindenbaum, Fieberrindenbaum

Doña Francisca Henríquez de Rivera, Gräfin von Chinchón, war die Gemahlin des spanischen Vizekönigs in Peru. Als diese Dame 1638 auf dem Wege nach Quito war, wurde sie vom Malariafieber befallen. Ihr Leibarzt, Dr. Juan del Vega, versuchte vergeblich, das Fieber zu senken. In letzter Not vertraute er die hohe Dame der Heilkunst eines Inkaarztes an, der sie mit einem Aufguß aus der zerstoßenen roten Rinde des Quinquinabaumes rettete. 1639 nahm sie dieses Wundermittel mit nach Spanien, um die vom sogenannten Sumpffieber befallenen Arbeiter ihrer Ländereien zu behandeln. Linné (>) gab ihr zu Ehren dem Baum den Gattungsnamen *Cinchona*. Allerdings war die Wirksamkeit der Rinde schon vor dem Jahre 1633 entdeckt worden. Jesuiten-Missionare, die sich besonders um den Import der Fieberrinde verdient gemacht hatten, bekämpften mit ihr in Rom die endemische Malaria, und 1693 war es einem ihrer Mitbrüder gelungen, den Kaiser von China damit vom Wechselfieber zu heilen. Die Droge wurde unter den Bezeichnungen Jesuitenpulver, Jesuitenrinde oder Pulvis patrum gehandelt. Der Apotheker Taylor in England konnte mit diesem Pulver König Karl II. (1630–1685) von seinen Fieberattacken heilen. Exakt beschrieb erstmalig 1738 der französische Mathematiker, Astronom und Forschungsreisende Charles Marie de La Condamine den Fieberrindenbaum. Botaniker fanden heraus, daß verschiedene Cinchona-Arten in den Anden in einem Waldgürtel von 10° nördlicher bis 19° südlicher Breite vorkommen. In den folgenden Jahren schrumpfte der Bestand der Bäume durch Raubbau jedoch derartig, daß die peruanische Regierung die Ausfuhr lebender Exemplare und von Keimlingen des Baumes bei Todesstrafe untersagte. Doch 1854 gelang dem Deutschen J. K. Hasskarl (>) unter abenteuerlichen Umständen der Schmuggel von Cinchonamaterial nach

Niederländisch-Indien (heute Indonesien), das dann mit großem Erfolg auf Java angepflanzt wurde. Sechs Jahre später wurde der Pflanzenjäger Richard Spruce (>) von der britischen Regierung beauftragt, auf irgendeine Weise ebenfalls den Anbau des Baumes in Indien möglich zu machen. Spruce war bereits für die Londoner Kew-Gärten in Übersee tätig gewesen und hatte den südamerikanischen Kontinent durchforscht. Er machte einige Bestände von Cinchonabäumen ausfindig, sammelte zwischen Juni und Dezember 1860 etwa 100.000 Samen und zog daraus 600 Keimlinge, die er in Spezialbehältern zunächst auf Flößen nach Guayaquil in Ecuador transportierte. Von dort gelangten sie nach Indien, wo ausgedehnte Cinchona-Plantagen zum Segen der Opfer der Anophelesmücke, der Überträgerin der Malaria, angelegt wurden.

Circaea

Hexenkraut

Linné (>) gab dieser Gattung den Namen der Zauberin Kirke oder Circe, die auf dem Eiland Aiaia in einem prächtigen Palaste ihr Unwesen trieb, indem sie ihre Gäste zunächst bezirzte und dann in Tiere verwandelte. Deshalb ist es einleuchtend, daß man auch vom Hexenkraut spricht. Als die Gefährten des Odysseus bei ihr vorbeischauten, wurden sie nach der bewährten Praxis in Wildschweine verzaubert. Doch dem schlauen Odysseus gelang es, durch Schnuppern an dem Kraut Moly den Zauber zu brechen, Circe zu überlisten und sogar das purpurbedeckte Lager mit ihr zu teilen. Was das Kräutlein Moly mit den weißen Blütenblättern und seiner schwarzen Knolle für eine Gattung gewesen sein mag, bleibt ein Rätsel. Manche denken an eine seltene weißblühende wilde Zyklame, für andere verbirgt sich dahinter eine Knoblauchpflanze, wobei man wohl hinsichtlich des betörenden Duftes geteilter Meinung sein dürfte.

Clappertonia

Hugh Clapperton (1788–1827) wuchs als jüngstes von 21 Geschwistern mit einer mäßigen Schulbildung auf. Mit 13 Jahren trat er als Offiziersbursche in die Marine ein und stieg über den Kombüsenmaat in den Leutnantsrang auf. Auf einer Reise nach Ostindien war Clapperton 1810 bei der Erstürmung von Port Louis auf der Île de France (Mauritius) der erste, der in die Bresche sprang und die französische Trikolore herunterholte. 1814 reiste er nach Labrador, wo er sich bis 1816 aufhielt. Bei einer Fahrt durch die eisigen Küstengewässer versuchte er einen ertrinkenden Jungen zu retten, wobei er eine Hand einbüßte. Clapperton jagte mit den Indianern und erwarb sich sogar das Stammeszeichen der Huronen. Und beinahe hätte er eine Häuptlingstochter geheiratet. 1817 wurde sein Flottenverband abgetakelt und Clapperton auf halben Sold gesetzt. 1820 wurde er als Begleiter einer Expedition nach Zentralafrika verpflichtet. Die Forscher durchquerten von Tripolis aus die Sahara, erreichten 1822 Murzuk und drangen bis an die Westküste des Tschadsees vor. Clapperton wandte sich westwärts und wollte das Quellgebiet des Niger aufsuchen. In Sokota, der Hauptstadt der Haussa, verwehrte ihm jedoch der Sultan den Weitermarsch. Er kehrte um und traf 1825 wieder in England ein. Noch im gleichen Jahr beauftragte ihn die African Association, vom Golf von Benin aus den Oberlauf des Niger zu erforschen. Von seinen vier englischen Begleitern verlor er drei durch Krankheit schon wenige Tage nach dem Aufbruch. Clapperton erreichte 1826 mit seinem schwerkranken treuen Diener Richard Lander unter unsäglichen Strapazen Katunga, den Hauptsitz der Yoruba. Nach fürsorglicher Pflege durch die Eingeborenen setzten beide über den Niger und kamen bis nach Sokota, dem Endpunkt der ersten Expedition. Von den Strapazen genesen, bezauberte Clapperton mit seinem Humor und seiner hünenhaften Erscheinung eine reiche Witwe namens Zuma mit dem schönsten Haus in der Stadt und tausend Sklaven, die den stattlichen weißen Mann unbedingt heiraten wollte. In Scharlach und Gold gehüllt verfolgte sie ihn auf einem weißen Roß und begleitet von einer dröhnenden Musiktruppe auf Schritt und Tritt, bis sie schließlich der Sultan in ihre Schranken verwies. Clapperton wollte weiter bis nach Timbuktu. Aber auch diesmal wurde dies von dem Sultan verwehrt. Das Verbot traf ihn wie ein Schock. Lander berichtet, Clapperton habe nach dieser Entscheidung sein Lachen verloren. Enttäuschung und Entmutigung schwächten seinen Körper, im März 1827 warf ihn eine Dysenterie nieder, und einen Monat darauf verstarb Clapperton nicht weit von Sokota in einer Lehmhütte. Sein Tagebuch, ergänzt mit Landers Aufzeichnungen, läßt uns an dem wechselvollen Leben dieses Pioniers teilnehmen.

Clarkia *(*Eucharidium, *Godetia)*
Klarkie, Kreuzblume, Mandelröschen

Als Namenspatronen für diese Gattung begegnet man erstaunlicherweise gleich fünf Personen: einem amerikanischen General D. Clarke, einem englischen Geistlichen und Reisenden E. D. Clark, einem Herrn J. Clarke, der 1730 aus Madeira und Virginia schöne Pflanzen mitbrachte, einem zweiten amerikanischen General W. Clark und schließlich einem amerikanischen Forschungsreisenden des frühen 19. Jahrhunderts (Genaust 1976). Dieser ist sehr wahrscheinlich, wie Hyam und Pankhurst (1995) ermittelten, der letztlich allein in Frage kommende Namenspatron. Es handelt sich um den Miterforscher des unbekannten Nordwest-Territoriums der USA, William Clark (1770–1838). In Virginia geboren, wuchs er als Farmerkind in engem Kontakt zur Natur auf, war bald ein ausgezeichneter Reiter und Jäger und zeichnete mit viel Talent Tiere und Landschaften. Sein Rotschopf bescherte dem kräftigen Jüngling später den Namen »Red Head«, den ihm die Indianer gaben, gegen die er mehrfach focht, nachdem er 1792 in die Armee eingetreten war. 1796 quittierte er den Dienst im Kapitänsrang und zog sich ins Privatleben zurück. Während seiner Dienstzeit hatte er Freundschaft mit Meriwether Lewis (>) geschlossen, der ihm 1803 anbot, sich an einer Expedition zur Erforschung der Nordwest-Territorien bis zum Pazifik zu beteiligen. Clark stimmte zu und brach 1804 von St. Louis aus mit seinem Freund und 45 Mann in eine unbekannte Welt auf. Als sehr wertvoll für das Gelingen des Unternehmens erwies sich die Teilnahme einer Indianerin als Führerin, Sacajewa (Sacagawea), deren Idealporträt auf einer neuen Golddollar-Münze zu sehen ist. Vor allem ihre genaue Kenntnis von Naturerscheinungen und ihre Fähigkeit, natürliche Anzeichen gleichsam lesen zu können, waren unschätzbar. In bestem Einvernehmen zwischen Lewis und Clark wurde das Unternehmen zu einem glücklichen Ende gebracht. Als die Expedition 1806 nach sechseinhalbtausend Kilometern wieder in St. Louis eintraf, wurden die schon aufgegebenen Reisenden als Helden gefeiert. 1814 erschienen Clarks sorgfältige Abbildungen von Fauna und Flora, seine genauen Landkarten und umfangreichen Tagebuchaufzeichnungen. 1813 wurde er zum Gouverneur des Missouri-Territoriums ernannt. Als Sonderbeauftragter für Indianerfragen empfing er Häuptlinge, beriet mit ihnen und begleitete sie gelegentlich nach Washington. Seine letzten Lebensjahre verbrachte er in seinem Heim in St. Louis, einer gastfreundlichen Begegnungsstätte für Weiße und Rote. Nach seinem Tode wurde er mit militärischen Ehren zu Grabe getragen.

Claytonia
Claytonie

John Clayton (1694?–1773) kam in Fulham, Kent, in England auf die Welt und erfuhr seine Schulausbildung wahrscheinlich in Eton oder Cambridge, der sich, wie angenommen wird, ein Jurastudium anschloß. Um 1720 folgte er seinem Vater in die amerikanischen Kolonien und fand in der Nähe von

Philadelphia eine Anstellung als Sekretär am Court of Gloucester County. Seine Dienste wurden in der üblichen Weise mit Tabak entgolten, der dann durch Export in bare Münze umgesetzt wurde. Von 1767 bis 1773 konnte Clayton jährlich ungefähr 15 Fässer Tabak zu je 240 Litern exportieren. Zu diesen Einkünften kamen noch Nebeneinnahmen, die einen durchaus gehobenen Lebensstandard erlaubten. Aus seinen Bestellungen im Mutterland ergibt sich eine recht noble Einrichtung seines Hauses. So orderte er persische Teppiche und Mahagonimöbel. Für seine Tafel bestellte er aus England Bier und Madeirawein. In späterer Zeit lebten 19 Personen in seinem Haushalt. Zu den Nebeneinnahmen gehörten auch seine Pflanzensendungen, die er als Botaniker aus Neigung auf ausgedehnten Exkursionen zusammentrug. Aus dem Amateur wurde ein anerkannter Kenner der nordamerikanischen Flora. Etwa ab 1735 begann er mit der Versendung getrockneter Pflanzen an Gronovius (>) in Leiden und leitete damit die gemeinsame Arbeit an einem bedeutenden Werk ein, das 1738 als »Flora Virginica« erschien und mehrere Auflagen erlebte. Um 1737 lernte er seinen botanischen Kollegen John Bartram (>) kennen, mit dem ihn, wie mit Gronovius, eine lebenslange Freundschaft verband. 1746 unternahm Clayton eine Reise in den Norden bis nach Kanada, von der er mit einer üppigen Ausbeute an Gewächsen und anderen naturwissenschaftlichen Objekten zurückkehrte. 1773 erkrankte Clayton und verstarb noch im gleichen Jahr.

Cleyera

Andreas Cleyer (1634–1697/98) stammte aus Kassel und wurde Arzt. In Holland bewarb er sich bei der VOC (Vereenigde Oostindische Compagnie) um eine Anstellung und kam als Schiffsarzt in den Fernen Osten. Diesen Dienst versah er bis 1680. 1682 übernahm er die Leitung der Niederlassung der VOC in Japan und wechselte nach einem Jahr nach Batavia. 1685 wurde er wieder nach Japan geschickt. Neben seiner kaufmännischen und ärztlichen Tätigkeit widmete er sich der Botanik, sammelte Pflanzen und studierte deren medizinische Anwendung und ökonomische Brauchbarkeit. Doch ließ sich Cleyer Verfehlungen zuschulden kommen, die zu seiner Ausweisung führten. In diesem Zusammenhang wurden zahlreiche japanische Dolmetscher des Kapitalverbrechens angeklagt und hingerichtet. Cleyer kehrte mit einer Pflanzensammlung im Gepäck nach Europa zurück. In einigen Schriften berichtete er über asiatische Drogen und publizierte Mitteilungen von Missionaren über chinesische Medizin.

Clintonia

De Witt Clinton (1769–1828) wurde in Orange, New York, geboren, studierte am Columbia College Jura und erhielt wenige Jahre nach seinem Studienabschluß die Zulassung als Anwalt. Sein Einstieg in die politische Arena begann 1790 als Sekretär seines Onkels George Clinton, des Gouverneurs des Staates New York. 1798 kam er als Republikaner in den Senat dieses Staates. 1803 wurde Clinton zum Bürgermeister von New York gewählt. Dieses Amt hatte er mit zweijähriger Unterbrechung bis 1815 inne. Bei der Präsidentenwahl 1812 unterlag er James Madison. Mehrmals wurde er zum Gouverneur des Staates New York gewählt. Clinton erwarb sich große Verdienste um den Bau des Eriekanals, einer Verbindung zwischen Hudson River und Eriesee, dessen Vollendung er noch erleben durfte. Als Privatmann war er als Freund der Naturwissenschaften bekannt. Clinton verstarb in Albany (New Jork).

Clivia
Klivie, Riemenblatt

Lady Charlotte Florentia Clive (1787–1866) war eine Enkelin des Begründers der britischen Herrschaft in Ostindien, Lord Robert Clive (1727–1774). Lady Clive wurde Gattin des dritten Duke of Northumberland. Für viele Jahre war die durch natürliche Anmut ausgezeichnete Dame Erzieherin der späteren Queen Victoria (>).

Clusia

Charles de l'E(s)cluse (1526–1609), lat. Carolus Clusius, stammte aus Arras, das damals zu den Niederlanden gehörte. Nach dem Willen seines Vaters bereitete er sich zunächst in Gent auf die Universität vor und begann ab 1546 in Löwen Jura zu studieren. Außerdem vervollständigte er seine Kenntnisse in den alten Sprachen und glänzte später mit seinem eleganten Latein. Nachdem er 1548 Lizentiat der Rechte geworden war, verbrachte er ein Jahr in Marburg zur Vertiefung seiner Ausbildung. 1549 trat er in Wittenberg zu Melanchthon in Beziehung und schloß sich der Reformation an. Im nächsten Jahr reiste er über Frankfurt und Straßburg in die Schweiz, wo er sich in Genf aufhielt und wahrscheinlich zum Calvinisten wurde. 1551 tauchte er in Montpellier auf und studierte als beflissener Schüler und Tischgenosse Rondelets (>) drei Jahre Medizin und Botanik. Seine Familie, die während des Krieges Kaiser Karls V. mit dem französischen König Heinrich II. nach Antwerpen geflüchtet war, rief ihn zu sich. In Antwerpen sichtete und ordnete Clusius die Beobachtungen und Exkursionsergebnisse seines Aufenthaltes in Montpellier. In dieser Zeit, als sich die Botanik vom Mittelalter löste und die Werke von Ruel (>), Bock (>), Fuchs (>) und anderen neue Akzente setzten, besorgte Clusius eine zuverlässige Übersetzung des »Cruyde Boeck« von Dodoneus (>), die 1547 erschien. 1560 setzte er in Paris sein Medizinstudium fort. Auf Wunsch seines Freundes Crato von Kraftheim in Breslau übernahm er in dieser Zeit die Erziehung zweier schlesischer Brüder. Außerdem scheint er konspirative Verbindungen zu den Hugenotten gehabt zu haben; jedenfalls wurde er samt seinen Zöglingen 1562 aus Frankreich ausgewiesen. 1564 bereiste er zusammen mit Jacob Fugger aus Augsburg Spanien und Portugal. Anschließend hielt er sich mehrere Jahre zuerst in Brügge, dann in Mecheln auf und sichtete sein iberisches Material. 1573 folgte er dem Rufe Kaiser Maximilians II. nach Wien, um einen Kräutergarten einzurichten. Den Aufenthalt in Österreich ergänzte er mit Exkursionen nach Ungarn, wo er die Freundschaft des Magnaten Balthasar Batthyány genoß. Bei seiner Sammeltätigkeit schützte ihn eine berittene Leibwache seines Gastgebers. Nach dem Abgang Kaiser Maximilians verlor er 1588 nicht nur einen gütigen Mäzen, sondern unter Rudolph II. wegen seiner antikatholischen Haltung auch seine Ämter und zog nach einem Zwischenaufenthalt in Kassel bei Landgraf Wilhelm IV. von Hessen nach Frankfurt am Main. In dieser Zeit bereitete er eine Gesamtausgabe seiner Werke vor. Unglücklicherweise erlitt er einen Oberschenkelhalsbruch, als dessen Folge er nur noch mit Hilfe von Krücken gehen konnte. 1593 folgte er einem Ruf an die Universität Leiden als Professor für Botanik. Durch sein unruhiges Wanderleben quer durch den Kontinent war Clusius zu einem der hervorragendsten Kenner der europäischen Flora geworden. Seine Entdeckungen und Beschreibungen veröffentlichte er in seiner »Rariorum plantarum historia«, in der sich auch Abbildungen der Kartoffel finden, die er als Radix esculenta, also eßbare Wurzel, empfahl. Gewissermaßen als besonderen Leckerbissen hatte Clusius seine Tulpenzwiebelsammlung mit nach Leiden gebracht. Die Anzucht dieser Kostbarkeiten aus der Türkei und Persien löste später in Holland den Zwiebelwahn, die Bollenrasernij, aus, die zu erheblichen ökonomischen Irritationen führte. Seine gesammelten Werke »Opera Omnia« erschienen 1601 und 1605. Mit einer Geschichte der Pilze in Ungarn, die in der »Rariorum plantarum historia« enthalten ist, wurde er einer der Begründer der Mykologie. Carolus Clusius verstarb mit fast 84 Jahren in Leiden.

Cobaea

Glockenrebe, Glockenwinde

Barnabé Cobo SJ (um 1570–1657), geboren im spanischen Lobera nahe Jaén, trat 1601 in die Gesellschaft Jesu ein, ging 1596 nach Übersee und bereiste die Antillen, Mexiko und Peru, wo er schließlich bis 1653 als Missionar arbeitete. Als Schriftsteller berichtete er in zehn Bänden über die Neue Welt und ihre Geschichte, Flora und Fauna. Seine Werke wurden aber erst nach seinem Tode gedruckt oder lagerten als Handschriften in Madrid. Als Prokurator der peruanischen Provinz der Gesellschaft Jesu brachte Cobo die Chinarinde nach Spanien und Italien.

Coldenia

Cadwallader Colden (1688–1776) ist in Irland geboren, wuchs aber als Sohn schottischer Eltern in Schottland auf und graduierte in Edinburgh zum Bachelor of Arts (B. A.). Anschließend studierte er in London Medizin und promovierte. Nach der Übersiedlung in die amerikanischen Kolonien 1708 (nach einigen Quellen 1710) praktizierte er bis 1715 in Pennsylvanien. Dann kehrte er nach England zurück und veröffentlichte seinen ersten wissenschaftlichen Beitrag. Wieder in Amerika, begann in New York mit dem Eintritt in die Gerichtskanzlei des Gouverneurs sein Aufstieg im öffentlichen Leben. Colden wurde Ratsmitglied und 1761 stellvertretender Gouverneur von New York. Nach der Unabhängigkeitserklärung mußte er als Royalist sein Amt aufgeben. 1775 zog er sich auf seinen Ruhesitz in Long Island zurück, wo er ein Jahr später verstarb. Als Mediziner berichtete er 1736 über die in Amerika am häufigsten auftretenden Krankheiten und 1743 über die Ursache und Therapie des Gelbfiebers. Ganz besonders hatte es ihm die Botanik angetan. Schon wenige Monate nachdem Linné (>) sein Bestimmungssystem veröffentlicht hatte, führte es Colden in Amerika ein. Die Beschreibungen von über 300 amerikanischen Pflanzen, die er an Linné geschickt hatte, schätzte dieser sehr hoch und ließ einen großen Teil davon in den »Acta« der Königlichen Gesellschaft der Wissenschaften zu Uppsala veröffentlichen. In seinem Nachlaß fanden sich zahlreiche wissenschaftliche Notizen und Manuskripte, Aufzeichnungen von meteorologischen Beobachtungen, Bemerkungen über die Eigenschaft des Lichts, über die Intelligenz der Tiere u. a. m.

Colletia

Philibert Collet SJ (1643–1718) stammte aus Châtillon-les-Dombes, wurde in einem Jesuitenkolleg in Lyon erzogen und trat in Avignon mit 16 Jahren in diesen Orden ein. Er wurde als Lehrer in Dôle und Roanne eingesetzt. Nach seinem 22. Geburtstag gab er dieses Amt auf und reiste nach London, wo er mit einigen Wissenschaftlern Bekanntschaft schloß. Nach der Rückkehr in die Heimat übernahm er verschiedene Verwaltungsaufgaben und bemühte sich, sein Wissen, besonders in der Botanik, zu vertiefen. Er veröffentlichte zahlreiche, meist theologische, Abhandlungen. Unter seinen botanischen Schriften findet sich eine kritische Stellungnahme zur Klassifikation der Pflanzen durch J. P. de Tournefort (>), die 1697 erschienen war. 1702 verfaßte er eine Abhandlung über die Flora in der Umgebung von Dijon, in der er zur Klassifizierung neben anderen Merkmalen Farbe, Duft und Geschmack der Pflanzen heranzog. Nach dem Urteil seiner Kritiker hatte Collet die Prinzipien der Botanik wohl nicht ganz richtig verstanden. Immerhin aber benannte sein Landsmann Commerson (>) die Gattung *Colletia* nach ihm. Collet verstarb 1718 in seiner Vaterstadt.

Collinsonia

Peter Collinson (1694–1768) wurde in London als Sohn eines Stoffhändlers und Herrenausstatters geboren und trat als cleverer Geschäftsmann in die Fußstapfen seines Vaters. Dank seiner Handelsbeziehungen kannte er die Kapitäne aller in London Anker werfenden Schiffe. Als begeisterter Hobbybotaniker nutzte er mit Geschick diese Verbindungen, um an Pflanzenimporte aus aller Welt zu kommen. Auf diese Weise konnte er auch die modische Sammelleidenschaft der englischen Nobilität für exotische Gewächse mit Gewinn befriedigen. Natürlich hatte er auch enge geschäftliche Kontakte zu den amerikanischen Kolonien. So versuchte er über seine Handelspartner auch Pflanzen aus Amerika zu bekommen. Verständlicherweise führte dies aber aufgrund der Interesselosigkeit der Kaufleute oft zu nur mageren Ergebnissen. Das änderte sich jedoch, als Collinson durch Zufall mit dem Pflanzenjäger John Bartram (>) bekannt wurde, der ihm kistenweise Pflanzen über den Ozean schickte. Nicht alle Sendungen erreichten London in brauchbarem Zustand. Viele gingen während des Siebenjährigen Krieges verloren, andere enthielten nur noch vermoderte Reste. Parasiten und Ungeziefer richteten den Inhalt der Kisten zugrunde. Nicht zuletzt war die Gleichgültigkeit der Seeleute an diesen Verlusten schuld, weil die Pflanzenbehälter so an Deck gestapelt wurden, daß mit den Brechern Salzwasser eindringen konnte. Etwas besser gestaltete sich der Transfer von Samen, die man in Kürbissen, in sorgfältig mit Wachs oder Firnis versiegelten Schildpattschalen oder sogar Schnupftabakdosen über den Ozean schickte. Immerhin währte die risikoreiche Geschäftsverbindung mit seinem Freund Bartram 33 Jahre. Da das aufwendige Hobby selbst für den vermögenden Collinson nicht gerade nur Peanuts kostete, gründete er mit Gleichgesinnten eine Interessengemeinschaft, die mit einem Jahresbeitrag von 10 Pfund die Auslagen auf ein erträgliches Minimum senkte. In dem Verzeichnis der Mitglieder dieser Gemeinschaft finden sich so hervorragende Amateurbotaniker wie der Duke of Norfolk und der Earl of Bute (>). Collinsons Interesse galt aber nicht nur der Botanik. Mit Hingabe widmete er sich dem gesamten Spektrum der Naturwissenschaften. So verfolgte er mit Begeisterung und mit pekuniärer Unterstützung Benjamin Franklins elektrische Experimente. In seinem Anwesen Mill Hill in Middlesex pflegte Collinson einen großartigen Garten mit einem Treibhaus voll kostbarer Pflanzen, den er 1736 mit Stolz dem großen Linné (>) präsentierte, aber der natürlich auch die Unterwelt anlockte. 1765 kam es zu ersten Diebstählen, und weitere Plünderungen folgten. Man munkelte, daß das botanische Diebesgut über dunkle Kanäle in Holland auftauchte. Peter Collinson, ein leidenschaftlicher Amateurbotaniker und großzügiger Förderer der Wissenschaften, verstarb nach kurzer Krankheit im August des Jahres 1768.

Columnea
Columnee, Rachenrebe

Fabio Colonna (lat. *columna* – Säule; 1566/67 bis 1640/50) war Neapolitaner und genoß eine gründliche Ausbildung in Latein, Griechisch und Mathematik. Außerdem war er musikalisch begabt und gebildet. Von ihm stammt eine Abhandlung über die Philosophie der Musik. Das Jurastudium absolvierte er an der Universität in Neapel. Colonna litt seit seiner Kindheit an Epilepsie. Wohl mit aus diesem Grunde begeisterte er sich für die Medizin und insbesondere die Botanik. Er suchte nach einer Pflanze, die schon von Dioskurides (>) im griechischen Text als Mittel gegen das Anfallsleiden beschrieben worden war. Er identifizierte als diese Pflanze die Valeriana, den Baldrian. Sowohl sich selbst als auch Kinder und Erwachsene behandelte er mit pulverisierter Baldrianwurzel. Die Anfälle blieben nach Aussagen seiner Familie und Freunde aus und wiederholten sich nicht. Der erstaunliche Erfolg veranlaßte die medizinische Fakultät der Universität Neapel zur Einführung dieser Baldriantherapie. 1592 veröffentlichte Colonna seine botanischen Studienergebnisse in einem schmalen Bändchen. Zur Wiedergabe der teils ganzseitig abgebildeten Pflanzen benutzte er als erster für ein botanisches Werk in Kupfer gestochene Druckstöcke. Dieses Büchlein machte einen solchen Eindruck, daß ihn die hochangesehene Academia dei Lincei – der Name bedeutet die Luchsäugigen, und kein Geringerer als Galileo hatte ihn vorgeschlagen – zu ihrem Mitglied wählte. Seine Berufung in ein höheres Richteramt gab Colonna bei vielen Reisen reichlich Gelegenheit, Pflanzen zu sammeln und zu studieren. Als Frucht dieser botanischen Nebentätigkeit erschien 1616 ein Buch mit dem Titel »Ecphrasis«, das er dem Kardinal Farnese, einem Förderer der Botanik, widmete. In diesem Werk beschreibt er über 200 zum Teil bisher unbekannte Pflanzen. Als Besonderheit ist anzumerken, daß die Pflanzen in Familien zusammengefaßt waren, d. h., es war ein bedeutender Schritt zu einer brauchbaren Systematik. Fabio Colonna starb nach langer Krankheit 1640.

Commelina

Caspar Commelin (1668–1731) stammte aus Amsterdam und studierte in Leiden Medizin, wo er 1694 mit einer Abhandlung über die Regenwürmer zum Doktor der Medizin promoviert wurde. Er ließ sich danach als praktischer Arzt in seiner Vaterstadt nieder. 1682 gründete sein Onkel Jan in Amsterdam einen »Hortus medicus«. 1696 holte man Caspar als weiteren botanischen Fachmann zur Unterstützung des bereits an diesem Garten amtierenden Ruysch. Als er 1706 als zweiter Professor für Botanik an die Amsterdamer Hochschule, das Athenaeum, berufen wurde, einigten sich beide salomonisch über das Vorlesungsprogramm: er übernahm die holländische und Ruysch die übrige Pflanzenwelt. Commelin trat mit zahlreichen botanischen Veröffentlichungen hervor. U. a. berichtete er mehrfach über den Pflanzenbestand im Amsterdamer »Hortus medicus«. Zusammen mit anderen Kollegen war er 1726 an der Herausgabe einer »Pharmakopoea Amstelodamensis«, also eines in Amsterdam gebräuchlichen Verzeichnisses der in den Apotheken geführten Heilmittel einschließlich ihrer Zusammensetzung und Herstellung, beteiligt.

Commersonia

Philibert Commerson (1727–1773) stammte wie seine 13 Geschwister aus den wasserreichen Dombes in Burgund. Sein Vater erkannte Philiberts Neigung für die Naturwissenschaften, insbesondere für die Botanik, und schickte ihn auf die Universität in Montpellier in Südfrankreich, die mit ihrem Botanischen Garten ein Mekka für alle Pflanzenliebhaber war. Leider führte der etwas kriminell angehauchte Übereifer unseres Jungbotanikers zu gelegentlichen zwangsweisen Unterbrechungen seiner Studien. Einer seiner Professoren erwischte ihn nämlich in flagranti, wie er für sein privates Herbarium in diesem Garten Pflanzen abriß. Natürlich bremsten derartige Malheurs nicht den Eifer Philiberts; bald war er unter seinen Zunftkollegen als verrückter Pflanzensammler bekannt: man nannte ihn seiner Besessenheit wegen einen Botanomaniker. Zum Hofbotaniker ernannt, stürzte er sich mit Begeisterung in das Abenteuer, mit Bougainville (>) von 1766 bis 1769 auf der »Boudeuse« die Welt zu umsegeln. Nichts konnte Commerson von seiner Botanomanie abhalten, weder in Brasilien ein übles Geschwür am Bein noch die Wetterunbilden in der Magellanstraße. Seine botanischen Entdekkungen auf dieser Reise waren über 50 neue Gattungen und 3.000 neue Arten. Sein Forscherleben endete jedoch abrupt, als sich durch einen dummen Zufall herausstellte, daß sein beflissener Diener Jean Baret in Wirklichkeit ein Frauenzimmer war. Als Jeanne Baret verließ sie nach diesem Fiasko das Schiff und kehrte nach Frankreich zurück. Ob Commerson als ein gerissener Abenteurer die wahre Natur seines Famulus gekannt hatte, wurde nie geklärt. Beschämt und enttäuscht trennte er sich von Bougainville und begab sich nach Madagaskar. Die Order aus Paris, nach Frankreich zurückzukehren und ein Amt als Hofgärtner anzunehmen, schlug er in den Wind. Er blieb auf der Insel, richtete Gärten ein und erforschte bis zu seinem Tode die reiche Flora Madagaskars. Die Académie de France, die noch nichts von seinem Ableben wußte, ehrte Commerson für seine Verdienste um die Botanik und ernannte ihn einstimmig zu ihrem Mitglied.

Comptonia

Henry Compton (1632–1713) war der jüngere Sohn des zweiten Earl of Northampton. Er strebte zunächst eine Militärkarriere an, quittierte aber 1660 den Dienst, um Geistlicher zu werden. Zwölf Jahre nach seiner Ordination wurde er zum Bischof von Oxford und 1675 von London erhoben. Meinungsstreitigkeiten mit der Kirche blieben nicht ohne Folgen. Compton wurde von seinen klerikalen Pflichten entbunden, durfte jedoch das Bistum weiter verwalten. Da er einen botanischen Garten am Fulham Palace eingerichtet hatte, füllte er die reichlichen freien Stunden mit dessen Pflege. Mit Hilfe seines Gärtners George London vergrößerte er den Garten und bereicherte ihn mit Gewächsen aus aller Welt. Schließlich schickte er auch noch den jungen Geistlichen John Banister (>) nach Brasilien auf Pflanzenjagd. Und so gehörte bald der Garten des Kirchenmannes mit seiner ungewöhnlichen Kollektion an exotischen Pflanzen zu den Sehenswürdigkeiten Londons.

Conringia
Ackerkohl

Hermann Conring (1606–1681) wurde in Norden in Friesland geboren und machte sich bereits mit 14 Jahren als Verfasser eines satirischen Gedichtes einen Namen. 1625 begann er in Leiden Theologie und Medizin zu studieren. 1632 wurde er an der Universität Helmstedt Professor für Naturgeschichte und 1637 für Medizin. Sein guter Ruf als tüchtiger Arzt bescherte ihm 1649 das Amt als Leibarzt der Fürstin von Ostfriesland. Ein Jahr darauf trug ihm sogar Königin Christine von Schweden das gleiche Amt an. Ihr Nachfolger, Karl X. Gustav, berief ihn ebenfalls zum Leibarzt und erhob ihn auch noch zum Geheimrat. 1660 diente er in gleicher Eigenschaft dem Herzog von Braunschweig. Auf der nächsten Sprosse seiner Karriereleiter wurde ihm 1669 die Ehre zuteil, vom König von Dänemark zum Staatsrat ernannt zu werden. Sein europaweites Renommee hatte ihm sogar eine jährliche Pension vom französischen König Ludwig XIV. eingebracht. Der vielseitige Mann verfaßte Schriften nicht nur über Medizin, sondern auch über Musik und Politik. Besonders gerühmt wurden seine Veröffentlichungen zur Geschichte und zum Staatsrecht. Mit seiner Schrift »De origine juris germanici« (1643) gilt er als Begründer der deutschen Rechtsgeschichte. Hermann Conring verstarb wahrscheinlich in Helmstedt, wo er an der Universität seit 1650 eine Professur für Politik – die Politik galt ihm als angewandte »Staatsmedizin« – innehatte. Rund 250 gedruckte Schriften und Bücher und Tausende von Briefen und Gutachten gehören zur Hinterlassenschaft eines der letzten Universalgelehrten, der zwar praktischer als Leibniz orientiert war (und deswegen wohl auch bald vergessen wurde), aber kaum weniger vielseitig.

Correa
Australische Fuchsie

José Francisco Correia da Serra (1750–1823) stammte aus Serpa in Portugal und wurde von seinem Vater zum Studium nach Rom geschickt. José trat in einen geistlichen Orden ein und widmete sich dem Studium des klassischen Altertums. 1777 lernte er den Herzog von Lafoens kennen, mit dem ihn bald eine lebenslange Freundschaft verband. Dieser Herzog gründete mit königlicher Protektion zur Hebung der allgemeinen Bildung seiner Landsleute in Lissabon eine Akademie der

Wissenschaften. Als deren Präsident holte er seinen Freund Correia als Sekretär nach Portugal zurück. Mit großem Eifer richtete man eine Druckerei, ein naturgeschichtliches Kabinett und Laboratorien für experimentelle Physik und für Chemie ein. In ungewohnter Weise drückten bald wissensdurstige Adlige und Bürgerliche nebeneinander die Bänke dieser Einrichtungen. Zu den zahlreichen Schriften, die nun die Druckerei der Akademie verließen, steuerte Correia nicht wenige bei. Neben geschichtlichen Werken glänzte er mit Mitteilungen über die Physiologie der Pflanzen, die in ganz Europa geschätzt wurden. 1786 zwang ihn religiöse Intoleranz, sein Vaterland zu verlassen. Er flüchtete nach Paris und 1796 nach London, wo er von Sir Joseph Banks (>) herzlich aufgenommen und Mitglied der Royal Society wurde. Um einem unwürdigen diplomatischen Streit – es handelte sich um die Besetzung des portugiesischen Botschafterpostens – zu entgehen, zog sich Correia nach Frankreich zurück und arbeitete unverdrossen am Jardin des Plantes in Paris. 1812 mußte er den langen Arm seiner Feinde in Portugal fürchten und wich nach Nordamerika aus. In Philadelphia wurde er hilfsbereit von Benjamin Barton (>) aufgenommen. Correia hielt zwar botanische Vorlesungen, lehnte jedoch das Angebot einer Professur ab. 1816 wurde er zum Botschafter Portugals in den Vereinigten Staaten ernannt. Mit Nachdruck wandte er sich gegen die freche und offenbar von der Regierung geduldete Piraterie amerikanischer Schiffe, die den Handel mit Portugal rücksichtslos ruinierten. Den besorgten Vorstellungen des Botschafters wich der damalige Präsident Adams aus und deckte somit die Attacken gegen die portugiesische Handelsflotte. Daran änderte auch eine anonym von Correia verfaßte Broschüre nichts, in der er schonungslos die amerikanische Piraterie und die ungerechte Haltung der Regierung anprangerte. Angewidert von diesen Zuständen verzichtete er auf sein Amt, kehrte nach Portugal zurück und übernahm 1821 einen leitenden Posten in der Finanzverwaltung. 1823 erlebte er noch seine Ernennung zum Parlamentsabgeordneten, verstarb aber noch im gleichen Jahr in den Bädern von Caldas da Rainha.

Cortusa
Glöckel, Heilglöckchen

Giacomo Antonio Cortuso (1513–1603) wurde in Padua geboren. Nach dem Tod von Melchiorre Guilandino (Wieland) übernahm er als dessen Nachfolger mit einem Jahresgehalt von 100 Dukaten die Leitung des Botanischen Gartens in seiner Vaterstadt. Floristische Reisen führten ihn in die verschiedenen Regionen Italiens, nach Dalmatien, in die griechische Inselwelt und sogar nach Skandinavien. Unter seiner Leitung wurde der Garten 1590 mit einer Ringmauer gegen Hochwasserschäden umgeben. Zur besseren Bewässerung ließ er Bleirohre verlegen. Cortuso sorgte mit Eifer für die Vergrößerung des Pflanzenbestandes und organisierte zu diesem Zwecke einen Austausch von Pflanzen, Samen und Früchten mit vielen Kollegen, zu denen Berühmtheiten wie Gesner (>), Lobel (>), Clusius (>) und Mattioli (>) gehörten. Die besonderer Liebe zu einem privaten botanischen Garten, in dem er seltene und interessante Gewächse pflegte, teilte er mit den vornehmen seiner Landsleute des Veneto. Zur Zeit der Pestepidemie von 1576 tat er sich als Arzt hervor. Als auch ihn die Seuche befiel, kurierte er sich selbst und wurde wieder gesund. Cortuso, der von seinen Zeitgenossen ein »nobilis botanicus« genannt wurde, verstarb im Alter von 90 Jahren nach einem Schlaganfall. Es war Pietro Andrea Mattioli (>), der als erster eine Pflanzengattung mit einem Personennamen bezeichnete – mit dem Cortusos.

Cunninghamia
Spießtanne

Allan (1791–1839) und Richard (1793–1835) Cunningham wurden in Wimbledon geboren und endeten ihr Leben als Botaniker in Australien. Allan sammelte von 1814 bis 1831 Pflanzen für die Kew Gardens in London. Zusammen mit James Bowie (>) segelte er nach Rio de Janeiro und bereiste Südamerika. Dann beorderte man ihn nach Neusüdwales in Australien. Dort richtete er in Paramatta sein Hauptquartier ein, von wo er seine Sammelexpeditionen startete. Nach fast 17 Jahren kam er nach England zurück. Seine Reiseerlebnisse präsentierte er in der Zeitschrift der angesehenen Royal Geographical Society. Nach dem tragischen Ende seines Bruders Richard bot man ihm die Stelle als Colonial Botanist in Sydney an, die er 1836 übernahm. Die überwiegend aus Verwaltungsaufgaben bestehende Tätigkeit enttäuschte ihn so, daß er bereits ein Jahr später seinen Posten aufgab. 1838 bereiste er Neuseeland. Wegen seiner nachlassenden Gesundheit plante Allan Cunningham, nach England zurückzukehren, doch er verstarb noch in Sydney. Sein jüngerer Bruder Richard begann seine Laufbahn als Botaniker in den Kew Gardens in London als königlicher Gärtner. Er stieg zum Sekretär des Direktors auf und versah diesen Posten elf Jahre. Als 1832 in Sydney die Stelle des Colonial Botanist und Leiters des Botanischen Gartens frei wurde, trug man ihm diese Ämter an. Richard ging 1833 in Australien an Land. Während einer Expedition im nächsten Jahr in das Innere von Ostaustralien hatte er sich im Busch verirrt und wurde – vor Hunger und Durst entkräftet – von Eingeborenen ermordet.

Curtisia

William Curtis (1746–1799), ein Botaniker und Entomologe, war von 1772 bis 1777 Vorsteher des Apothekergartens in Chelsea/London. Als Gründer der Botanischen Gärten in Bermondsey (1771) und Brompton (1789) machte er sich einen Namen. Curtis verfaßte mehrere Schriften über die Flora Londons (»Flora Londinensis«, 1777–98). 1787 rief er das berühmte, noch heute existierende »Curtis's Botanical Magazine« ins Leben und fungierte bis zu seinem Tode auch als Herausgeber.

D

Daboecia
Irische Heide, Kriechheide

Sankt Dabeoc war ein Schüler des heiligen Patrick, des Nationalheiligen von Irland; er muß zu dieser Zeit ein noch junger Mann gewesen sein, denn er lebte noch 55 Jahre nach dessen Tod gegen Ende des 4. Jahrhunderts, d. h. die Wirkungszeit von Dabeoc ist in den Anfang und die Mitte des 5. Jahrhunderts zu setzen. Er war wahrscheinlich nicht keltischer Abstammung. Er soll ein Sohn des britischen Königs Brychan von Brycheiniog und einer sächsischen Königstochter namens Dina gewesen sein. Seine Familie folgte ihm nach Irland und wurde zum Christentum bekehrt. Loch Derg im Nordwesten Irlands in der Grafschaft Donegal ist übersät mit 46 kleinen Inseln, die Mehrzahl nackte Felsen, die aus dem Wasser ragen. Eine größere ist Saints' Island, auch St. Dabeocs Island genannt. Dort gründete er eine mönchische Gemeinde und war ihr erster Abt. Im Kalender der irischen Heiligen gedenkt man seiner am 1. Januar, wahrscheinlich seinem Geburtstag, am 24. Juli, vermutlich seiner Einsetzung als Abt, und am 16. Dezember, wohl seinem Todestag. Er soll die Gabe der Prophetie gehabt und das Kommen von Kolumkill (St. Kolumban d. Ältere, 521–597) vorausgesagt haben. Am südwestlichen Ufer des Loch Derg findet sich auf einem Hügel ein Felsblock, der auch noch heute als St.-Dabeocs-Stuhl bezeichnet wird. Zur Aufgabe seiner Mönchsgemeinde gehörte die Betreuung eines Purgatoriums auf der Insel Station Island, das St. Patrick geoffenbart worden war. So heißt es in der »Legenda aurea« des Jacobus de Voragine: »Und Gott der Herr wies ihm eine Statt und ließ ihn daselbst mit seinem Stabe einen Kreis machen: und siehe, die Erde öffnete sich in dem Kreis und ein tiefer Abgrund erzeigte sich. Sanct Patricio aber ward kundgetan, daß dies ein Fegefeuer sei.« (*130,* S. 246) Die weitere Schilderung dieser schrecklichen Lokalität beeindruckte die Menschen so sehr, daß die Insel, die jetzt von einer modernen Basilika überragt wird, zu einem der meistbesuchten abendländischen Wallfahrtsorte wurde. Es wird sogar vermutet, daß Dante in seiner »Göttlichen Komödie« das Purgatorium im fernen Irland vor Augen hatte. Auch noch heute strömen Scharen von Pilgern von dem nächstgelegenen kleinen Städtchen Pettigo nach Station Island im Loch Derg, das mit seiner Umgebung in alter Zeit Dabeocs Kirchenland genannt wurde, um sich einem dreitägigen strengen Bußritual zu unterwerfen.

Dahlia
Dahlie, Georgine

Anders Dahl (1751–1789) stammte aus der schwedischen Gemeinde Varnhem. 1770 begann er in Uppsala Medizin und Naturwissenschaften zu studieren und gehörte bald zu den fleißigsten Schülern Linnés (>). 1775 disputierte er unter dem Vorsitz von Linné über eine entomologische Arbeit. Ein Jahr später schloß er das Studium ab. Bis 1780 hielt er sich im Ausland auf und war auch längere Zeit in Deutschland. Anschließend wirkte er als Angestellter bei Klas Alströmer (>). In diese Zeit fallen auch seine Reisen 1783 und 1784 in der Region Bohuslän, wo er sich mit Untersuchungen an Phanerogamen und Algen beschäftigte. 1787 erhielt er eine Stelle als botanischer Demonstrator und Professor für Medizin an der Akademie in Åbo. Doch schon zwei Jahre später verstarb er an einer fieberhaften Erkrankung. Bereits in seiner Studienzeit konnte Dahl ein Herbarium mit über 2.000 seltenen Spezies vorweisen. In zahlreichen Mitteilungen berichtete er über die Flora seiner Heimat. 1786 wurde er von der Universität Kiel mit der Verleihung der Ehrendoktorwürde geehrt. Als nach dem Tod der Witwe Linnés der Schacher um den Nachlaß ihres Gatten begann, hatte sich Dahl mit Nachdruck für dessen Verbleib in Schweden eingesetzt. In einem undurchsichtigen Ränkespiel erhielten jedoch die Engländer den Zuschlag. Mit dem Gattungsnamen *Dahlia* ehrte der Geistliche und Direktor des Botanischen Gartens in Madrid, Antonio José Cavanilles (>), seinen frühverstorbenen schwedischen Kollegen

Dalechampia
Schmiele

Jacques Dalechamps (1513–1588), lat. Jacobus Dalechampius, kam in Caen in der Normandie zur Welt. 1545 schrieb er sich an der Universität in Montpellier ein und wurde bereits zwei Jahre später unter der Obhut seines berühmten Lehrers Guillaume Rondelet (>) zum Doktor der Medizin promoviert. Nach ärztlicher Tätigkeit in Grenoble und Valence ließ er sich 1552 in Lyon nieder, wo er auch verstarb. In seinem Hauptwerk »Historia generalis plantarum«, das in 18 Büchern 1586–87 erschien, wird die Flora der Umgebung von Lyon mit einer beträchtlichen Anzahl neuer Spezies besonders berücksichtigt. Daneben glänzte Dalechampius nicht nur als Übersetzer griechischer medizinischer Autoren ins Lateinische, sondern auch als Herausgeber der Schriften des römischen Philosophen Seneca.

Danae
Alexandrinischer Lorbeer

Danae war die einzige Tochter des Akrisios, dem prophezeit war, daß sie einen Sohn gebären werde, der seinen Großvater töten würde. Deshalb schloß Akrisios sie in ein Zimmer aus Bronze ein, damit niemand in ihre Nähe kommen könnte. Zeus jedoch liebte Danae und besuchte sie in Gestalt goldenen Regens. Darauf gebar sie einen Sohn, dem der Name Perseus gegeben wurde. Erbost sperrte Akrisios, der an eine Schwängerung durch Zeus nicht glauben konnte, was man ja wohl verstehen kann, die Mutter und ihr Kind in eine Kiste und setzte sie im Meer aus. Die Kiste landete an einer Insel und wurde von einem Fischer gefunden. Der König dieser Insel nahm die beiden auf und sorgte für sie. Ein Bruder des Königs, Polydektes, verliebte sich in Danae, die jedoch diese Liebe nicht erwiderte. Unbarmherzig wurde sie wieder eingesperrt, damit sie entweder nachgeben oder vor Hunger sterben sollte. Perseus als braver Sohn befreite seine Mutter und zog mit ihr nach Asien. Doch durch einen Zufall erfüllte sich die schon fast vergessene Prophezeiung. Bei einer Sportveranstaltung warf Perseus einen Diskus, dessen Flug die unbarmherzigen Götter so lenkten, daß er seinem Großvater Akrisios das Haupt zerschmetterte.

Daphne
Seidelbast, Steinröschen

Daphne war eine Bergnymphe und Priesterin der Mutter Erde. Apollon hatte schon lange bevor er nach seiner Bestrafung durch seinen Vater Zeus zum ernsten Vertreter seiner Göttersippe mutiert war, wie auf andere junge Damen auch auf Daphne mindestens ein Auge geworfen. Doch zuvor mußte er einen Nebenbuhler, einen gewissen Leukipp, ausschalten, was auf elegante Weise erledigt wurde. Leukipp hatte sich nämlich in Mädchenverkleidung in den fröhlichen Reigen der Bergnymphen eingeschmuggelt. Apollon wußte davon und überredete die Damen, nackt zu baden. Und so konnte es nicht ausbleiben, daß der arme Leukipp sehr schnell enttarnt und für sein frevelhaftes Benehmen erbarmungslos zerstückelt wurde. Nun sah Apoll seinen Zeitpunkt gekommen, stellte Daphne nach und fing sie ein. Aber der Schlauberger hatte nicht mit den Zauberkünsten der Mutter Erde gerechnet. Kaum hatte diese die angstvollen Hilferufe gehört, war sie zur Stelle, zauberte Daphne nach Kreta hinweg und ließ an deren Stelle einen Lorbeerbaum entstehen. Enttäuscht und beschämt wand sich Apoll aus dessen Blättern zum Troste einen Kranz. Mit einer neuen Identität überraschte unsere gerettete Dame unter dem Namen Pasiphaë in Kreta als Gemahlin des Königs Minos die Nachwelt mit haarsträubenden Geschichten, die aber nicht hierhergehören.

Darlingtonia

Kobraschlauchpflanze

William Darlington (1782–1863) aus Dilworth in Pennsylvanien. Er wuchs in einer Farm auf und widmete sich der Kultivierung des Bodens. An der University of Pennsylvania studierte er Medizin und promovierte 1804 zum M. D. (Medicinae Doctor). An der gleichen Universität wurde ihm das Lehramt für Medizinbotanik übertragen. Darlington sammelte in seinem Herbarium 8.000 Pflanzen. Neben kleineren botanischen Schriften publizierte er 1859 als sein Hauptwerk »American Weeds and Useful Plants«.

Darwinia

Erasmus Darwin (1731–1802), den Großvater von Charles Darwin, ehrte man mit diesem botanischen Namenspatronat. Er stammte aus Elton, Nottinghamshire, und wurde Arzt. 1761 promovierte Darwin in Edinburgh. Zunächst praktizierte er in Lichfield und ließ sich 1781 in Derby nieder. Neben der Betreuung der Patienten verfaßte er Lehrgedichte, die mit naturwissenschaftlichen Themen wie z. B. Vererbung, Anpassung, Entwicklung die Ideen seines großen Enkels als Andeutungen vorwegnahmen. Als fleißiger Schreiber veröffentlichte Erasmus Darwin zahlreiche Schriften. So begann er 1794 sein vierbändiges Werk »Zoonomia or the Laws of Organic Life«. Seine »Phytologia« erschien 1801 und nach seinem Tod 1803 »The Temple of Nature or the Origin of Society«. Seine gesammelten poetischen Werke lagen postum 1806 vor.

**Daubentonia* (*Sesbania*)

Louis Jean-Marie Daubenton (1716–1800) wurde in Montbar in Burgund geboren und sollte auf Wunsch seines Vaters in Paris zum Theologen ausgebildet werden, was er jedoch umging, indem er heimlich Medizin studierte, wobei er sich ganz besonders für die Anatomie interessierte. Der Tod des Vaters gab ihm die Freiheit, sich öffentlich zu seinem wirklichen Studium zu bekennen. 1741 konnte er in Reims die Doktorprüfung ablegen. Anschließend ließ er sich in seiner Heimatstadt nieder und eröffnete eine Arztpraxis. Sein älterer Freund aus Kindertagen, Georges-Louis Leclerc de Buffon (>), der es inzwischen zum Intendanten des Jardin du Roi gebracht hatte, holte ihn 1742 nach Paris und vermittelte ihm 1745 das Amt eines Demonstrators im Naturalienkabinett. Buffon und Daubenton gaben eine Naturgeschichte in 44 Bänden heraus, die als ein wesentlicher Pfeiler im Zeitalter der Aufklärung eine weite Verbreitung fand. Daubenton steuerte zahlreiche Artikel zu zoologischen und mineralogischen The-men bei. Es war für ihn selbstverständlich, nur über das zu urteilen und zu berichten, was er mit eigenen Augen gesehen hatte; für Spekulationen und Hypothesen hatte er keinen Sinn. 1778 wurde er zum Professor der Naturgeschichte und Mineralogie ernannt. Seine Untersuchungen über Verdauungsstörungen führten zur Empfehlung von Ipecacuana-Pastillen, die verbunden mit seinem Namen bald en vogue waren. 1799 wurde er mit der Würde eines Senators bedacht. Daubenton, der stets ein einfaches Leben geführt hatte, verstarb im 84. Lebensjahr in der Neujahrsnacht von 1799 auf 1800. Auf dem Schloßberg über Montbar, in dem sein Jugendfreund, Mentor und Förderer Buffon einen Garten angelegt hatte, ehrte das Städtchen Daubenton mit cincm Denkmal. Als Anatom betrachtet er einen Schädel, während sich zu seinen Füßen zwei Schafe tummeln. Diese zunächst etwas merkwürdige Komposition ist schnell erklärt: Daubenton hatte sich zum Wohle der französischen Landwirtschaft mit

Nachdruck und Erfolg für die Einbürgerung einer besonders geeigneten spanischen Schafrasse eingesetzt, was er 1782 auch publizistisch mit seinen »Instruktionen für Schäfer« propagierte.

Davidia
Taschentuchbaum, Taubenbaum

Jean Pierre Armand David (1826–1900) erblickte in Espelette, einem kleinen Ort in den Pyrenäen, das Licht der Welt. Schon in seiner Knabenzeit fühlte er sich zu den Naturwissenschaften berufen. Sein verständnisvoller Vater unterstützte diese Neigung und war auch damit einverstanden, als sein Sohn den Wunsch äußerte, Priester zu werden. 1848 trat der junge David in den Lazaristenorden ein und wurde bald mit dem naturgeschichtlichen Unterricht betraut. Nachdem er zehn Jahre lang in Savona an der italienischen Riviera sein Lehramt mit Begeisterung und Geduld absolviert hatte, wurde ihm endlich sein Herzenswunsch erfüllt. Seine Oberen schickten den nun Fünfunddreißigjährigen nach China an eine Schule in Peking. David war damals als Naturwissenschaftler schon so bekannt, daß ein Gremium hochangesehener Gelehrter des Pariser Naturhistorischen Museums ihn mit Einwilligung des Ordensgenerals bat, Pflanzen für das Museum zu sammeln. Als David 1861 seine Stelle in Peking antrat, zögerte er nicht, dem Wunsche der Pariser Gelehrten mit solchem Eifer nachzukommen, daß seine Sendungen die Erwartung der Bittsteller weit überstiegen. Der Unterrichtsminister setzte sich bei dem Ordensgeneral dafür ein, ihn als Leiter einer Expedition in die Mongolei freizustellen. So konnte David, sorgfältig mit Gerätschaften und Kleidung versehen, wozu auch seine Priesterausrüstung gehörte, 1866 diese Reise antreten. Es folgten noch zwei weitere Expeditionen, die ihn über Westchina in das chinesische Tiefland und bis an die tibetische Grenze führten. Mit größter Selbstdisziplin als Forschungsreisender und systematischer Methodik als Wissenschaftler bereicherte er mit umfangreichen Herbarien die Kenntnis der asiatischen Flora. Weitere Sammlungen enthielten die verschiedensten zoologischen Objekte. Wahrscheinlich eher durch sein liebenswürdiges und bescheidenes Auftreten als durch Bestechung gelang ihm der Erwerb lebender Exemplare von in freier Wildbahn ausgerotteten Tieren aus dem kaiserlichen Park in Peking. Auf seinen Wanderungen schützten ihn sein Selbstvertrauen, seine Umsicht und sicherlich auch sein Vertrauen auf Gottes Hilfe vor den gnadenlosen Anschlägen chinesischer Banditen, deren Übergriffe gegen die verhaßten Abendländer damals an der Tagesordnung waren. Allmählich aber machten sich die Folgen der Strapazen bemerkbar. Erschöpft und krank kehrte er von seiner dritten Expedition nach Shanghai zurück und nahm 1874 im Mutterhause seines Ordens das Lehramt wieder auf. Für die französischen Naturwissenschaftler ist David einer ihrer hervorragendsten Entdecker und für seinen Orden einer der berühmtesten Lazaristen.

Decaisnea
Blauschote

Joseph Decaisne (1807–1882) wurde in Brüssel geboren und zog mit seinen Eltern nach Paris, wo er sich unter der Anleitung seines älteren Bruders Henri in der Zeichenkunst ausbilden ließ. Doch bald gab er die Malerei auf und studierte ab 1823 Medizin. Decaisne entdeckte die Botanik für sich, hängte die Heilkunst an den Nagel und trat schon ein Jahr später im Naturgeschichtlichen Museum von Paris eine Gärtnerlehre an. Sein Chef Charles de Mirbel (>) wurde auf den begeisterten Gärtner aufmerksam und betraute ihn 1828 mit der Aufsicht über die Samenabteilung. Schon zwei Jahre später setzte man Decaisne als Forscher für die agronomische Botanik ein. Nachdem er 1847 in die Académie des Sciences aufgenommen worden war, erhielt er 1848 den Lehrstuhl für angewandte Botanik. 1850 wurde er Nachfolger seines Mentors und Lehrers Mirbel. Decaisne verfaßte zahlreiche botanische Abhandlungen, von denen mehrere die Pflanzenkrankheiten zum Thema haben.

Desfontainia

René Louiche Desfontaines (1750–1833) war ein Bretone aus Tremblay. In der Schule entpuppte er sich als fauler Bengel, der nur Äpfel stehlen konnte und nach Ansicht des Schulmeisters höchstens zum Schiffsjungen taugte. Dennoch schickten ihn seine Eltern nach heiligen Versprechungen auf eine höhere Schule nach Rennes. Dort wendete sich auch prompt das Blatt, und Desfontaines wurde einer der besten Schüler. Er entschloß sich, Arzt zu werden, und studierte ab 1773 in Paris. 1781 erwarb er den Doktortitel. Dann entdeckte er seine Neigung zur Botanik und arbeitete im Jardin du Roi. Von 1783 bis 1785 unternahm er eine Forschungsreise durch Nordafrika. Von Tripolis im Osten bis zu den Atlasbergen im Westen durchstreifte er botanisierend das Land. Mit riesigem Gepäck, das neben einem dicken Herbarium auch große Mengen an Samen und Stecklingen enthielt, traf er wieder in Paris ein. Die Ergebnisse der Reise veröffentlichte er als »Flora Atlantica« (1798–99). In Afrika hatte er zahlreiche neue Pflanzenarten entdeckt. So war er der erste wissenschaftliche Bearbeiter der Dattelpalme. 1786 erhielt er am Jardin du Roi eine Professur für Botanik und wurde Direktor am Musée d'Histoire Naturelle. Seine begeisternden Vorlesungen wurden reichlich von Studenten und Pflanzenliebhabern besucht. Unter den 500 bis 600 Hörern aller Stände befand sich auch ein gewisser J. J. Rousseau (>). Während der Revolution zog sich Desfontaines in seine Bibliothek und in sein Labor zurück und überstand ohne Schaden die Schrekkenszeit. Nur zweimal wagte er sich hervor – einmal zu einem Besuch eines Girondisten und Kollegen im Gefängnis, zum anderen zusammen mit Thouin (>), um L'Héritier (>*Heritiera*) mit der Begründung, nur dieser könne die wertvolle Sammlung von Dombey (>) auswerten, vor dem Tode unter dem Fallbeil zu retten. Unter seinen zahlreichen Veröffentlichungen finden sich u. a. eine ökologisch-ökonomische Abhandlung über Bäume und Sträucher in Frankreich (1809) und ein Bericht über Versuche zur künstlichen Befruchtung der Pflanzen (1831). Desfontaines wurde 1802 zum Offizier der Ehrenlegion ernannt. Bis ins hohe Alter bewahrte er sich seine Begeisterung für die Botanik. Gegen Ende seines Lebens verschlechterte sich sein Sehvermögen rapide. Fast erblindet ließ er sich in die Gewächshäuser führen und war glücklich, wenn er allein mit dem Tastsinn manche Pflanze erkennen konnte. Es verwundert nicht, daß nach diesem liebenswerten Manne und herausragenden Botaniker gleich zwei Pflanzengattungen benannt wurden: *Desfontainia* aus der Familie der Brechnußgewächse und *Fontanesia* aus der Familie der Ölbaumgewächse.

Dianella

Dies ist die Verkleinerungsform von Diana. Ihre Gestalt als gewaltige Jägerin, meist dargestellt in zierlichen Schnürstiefeln und einem kessen safrangelben rotgesäumten Minirock, ausgerüstet mit Pfeil und Bogen, begleitet von einem Hirsch oder von Hunden, übernahmen die Römer von der griechischen Artemis. Aber merkwürdigerweise war es ursprünglich nicht die Jägerei, der die beiden Damen später ausgiebig frönten, sondern eine ganz andere Tätigkeit, mit der sie zunächst identifiziert wurden: Als die Mutter der Artemis nämlich entbunden wurde, kamen Zwillinge, eben Artemis und ihr Bruder Apollon, auf die Welt. Artemis kam als erste und stand nach weiteren neun wehenreichen Tagen erstaunlicherweise ihrer Mutter bei der Geburt ihres Bruders helfend zur Seite. Deshalb wurde sie von den Frauen um Hilfe für eine glückliche Geburt angefleht. Und auch die römische Diana wurde ursprünglich als Helferin für eine komplikationslose Entbindung angerufen. So war also am

Anfang nicht das edle Weidwerk, als dessen göttliche Vertreterinnen wir Diana und Artemis bewundern, sondern ihre Hebammenkunst der Grund für ihre Verschmelzung im Reigen der mythologischen Gestalten.

Dicksonia
Baumfarn

James Dickson (1738–1822) stammte aus Schottland. Nach seiner gärtnerischen Ausbildung bekam er eine Anstellung im Covent Garden in London. Der berühmte Botaniker Sir Joseph Banks (>) bemerkte seine Fähigkeiten, unterstützte ihn und stellte ihm großzügig seine umfangreiche Bibliothek zur Verfügung. Dicksons Interesse galt den Kryptogamen. Zwischen 1785 und 1791 botanisierte er in den Highlands seiner schottischen Heimat. Eine dieser Exkursionen unternahm er zusammen mit dem damals berühmten Forschungsreisenden Mungo Park (>). Das Ergebnis dieser Tour bestand nicht nur aus einer großen Ausbeute an botanischen Objekten, sondern auch aus der Heimführung der Schwester Mungo Parks als Ehefrau. Dickson veröffentlichte mehrere Bücher über sein Spezialgebiet, darunter einen »Catalogus Plantarum Cryptogamicarum Britanniae«. Er wurde Mitglied der hochangesehenen Linnean Society und der Horticultural Society. James Dickson gehörte zu den bedeutenden Botanikern seiner Zeit in England.

Dieffenbachia
Dieffenbachie

Ernst Dieffenbach (1811–1855) stammte aus Gießen, wo er von 1828 bis 1833 Medizin studierte. Wegen seiner Teilnahme an der Burschenschaft, die wegen ihrer liberalen Ideen verboten war, mußte er sein Studium vorzeitig abbrechen und in den Untergrund gehen. In Zürich konnte er 1835 promovieren. Auf Betreiben Österreichs ausgewiesen, flüchtete Dieffenbach jedoch 1836 nach England, wo er sich als Mitarbeiter der Zeitschriften »Edinburgh Review« und »British Annals of Medicine« mühsam über Wasser hielt. Doch 1839 wendete sich das Blatt, ihm wurde von der New Zealand Company die Leitung einer Expedition nach Neuseeland anvertraut. Das Schwergewicht seiner Durchforschung der noch weitgehend unbekannten Inseln lag auf dem geologischen Sektor. Im Umgang mit den Eingeborenen, den Maoris, fand er diese freundlich und intelligent. Allerdings verwehrten sie ihm den Zugang zu ihren religiösen Feierplätzen. 1841 kehrte er nach Europa zurück und verfaßte seine »Travels in New Zealand«, die 1843 erschienen. Im gleichen Jahr zog es ihn wieder nach Gießen zurück. Doch trotz der Gönnerschaft des großen Chemikers Justus von Liebig und des weltberühmten Naturforschers Alexander von Humboldt (>) konnte er wegen seiner politischen Vergangenheit nur mit einer Übersetzertätigkeit mühsam sein Leben fristen. Erst nach der Revolution von 1848, die er als Redakteur der »Freien Hessischen Zeitung« unterstützte, wurde er 1849 endlich Privatdozent und ein Jahr später an der Universität in Gießen Professor für Geologie. Aber nicht lange konnte Dieffenbach die verdiente Ruhe nach seinem wechselvollen Lebenslauf genießen; er verstarb bereits mit 44 Jahren.
Als ein anderer Kandidat für das Namenspatronat wird Josef Dieffenbach genannt, der Obergärtner am Botanischen Garten in Wien war und 1863 verstarb.

Diervilla

Dièreville – weder Vorname noch Lebensdaten sind bekannt – stammte aus der Normandie und betätigte sich als Handelsvertreter. In dieser Eigenschaft übernahm er den Verkauf einer Schiffsladung in Acadie (Akadien), einer französischen Provinz in Nordamerika. 1699 segelte er von La

Rochelle ab und war nach 54 Tagen am Ziel. Nachdem er seine Waren verkauft hatte, machte er sich so schnell wie möglich auf die Heimreise und war froh, bald wieder im Heimathafen zu sein, da seine Erfahrungen in Acadie durchaus nicht mit den rosigen Beschreibungen übereinstimmten. Er griff zur Feder und verfaßte eine Beschreibung von Land und Leuten in Acadie, aber in Versen! Seine Freunde, denen er sein Manuskript zeigte, hielten mit Recht von dieser Poesie nicht viel und rieten ihm zum Prosastil. Dièreville folgte diesem Rat nur halbherzig und mischte Verse mit Prosa. Das Opus erschien 1708. Er hebt die Liebe der Acadier zu Frankreich hervor, das sich zur Provinz allerdings wie eine Rabenmutter benehme. Die Armut der Bewohner führte er auf den miserablen Zustand des Handels zurück, dem durch die Verwaltung nur Hemmnisse in den Weg gelegt würden. Neben seinen soziologischen Feststellungen berichtete er auch über naturkundliche Themen, so über den Ahornsirup, über verschiedene Gewächse, über die Tierwelt, in der ihm Enten begegnet seien, die auf Bäumen jagten. Von den Sitten der Eingeborenen beeindruckte ihn ganz besonders der Tabakgenuß, mit dem sie die Tristesse ihres Daseins zu betäuben suchten.

Dillenia

Johann Jakob Dillen (1684–1747), lat. Dillenius, stammte aus Darmstadt, studierte Medizin und machte sein Doktorat in Gießen, wo er auch von 1715 bis 1725 als Professor für Botanik lehrte. Aus dieser Zeit stammt seine Abhandlung über die Flora der Gießener Umgebung. Der Amateurbotaniker und Oxforder Professor William Sherard (>) holte ihn 1721 als große Hilfe bei der Abfassung seiner Arbeiten nach England. Nach dessen Tod betraute Williams Bruder, der Apotheker James Sherard, Dillenius mit der Beschreibung und Katalogisierung seines Gartens in Eltham. Das Ergebnis dieser Arbeit wurde mit Abbildungen von Dillens Hand als »Hortus Elthamensis« 1732 publiziert. 1728 erhielt Dillenius durch ein großzügiges Legat seines Förderers Sherard den ersten Lehrstuhl für Botanik an der Universität Oxford, den er bis zu seinem Tode innehatte. 1741 publizierte er »Historia muscorum«, eine Geschichte der Moose.

Dinteranthus

Moritz Kurt Dinter (1868–1945) stammte aus Bautzen und bildete sich an den Botanischen Gärten in Dresden und Straßburg zum Botaniker aus. Sein besonderes Interesse galt den Sukkulenten. 1884 holte ihn Sir Thomas Hanbury als Kustos an seinen Garten La Mortola in der Nähe von Ventimiglia an der italienischen Riviera, der für seinen reichen Bestand an südafrikanischen Sukkulenten bekannt war. 1897 gab Dinter diese Stellung auf und reiste nach Südafrika. Von Swakopmund aus durchforschte er teils zu Fuß, teils mit einem Ochsengespann die umgebenden Territorien. 1900 ernannte ihn die deutsche Kolonialregierung zum offiziellen Territorialbotaniker, eine Stellung, die er bis 1914 innehatte. Dinter richtete eine Baumschule für Zypressen, Eukalyptus und Kameldorn-Sträucher ein. 1905 lernte er während eines Heimaturlaubes in Bautzen seine künftige Frau kennen, die ihm als enthusiastische Sammlerin und Begleiterin auf seinen Expeditionen nach Afrika folgte. 1909 erschien sein erstes Buch: »Deutsch-Südwestafrika: Flora, forst- und landwirtschaftliche Fragmente«. 1914 legte er einen Bericht mit über 60 ausgezeichneten Fotografien über neue und wenig bekannte Pflanzen Deutsch-Südwestafrikas vor. Während des Ersten Weltkrieges hielten sich die Dinters in Deutschland auf und kehrten 1922 nach Afrika zurück. Mit Unterstützung des englischen Gouverneurs konnten sie wieder botanisierend durch das Land reisen und versorgten die Division of Botany in Pretoria mit Sukkulenten, Zwiebelgewächsen und Samen. 1924 ernannte die deutsche

Regierung Dinter zum Professor. Nach der Rückkehr 1925 in die Heimat besuchte das Ehepaar von 1928 bis 1929 und 1933 bis 1935 nochmals Südwestafrika. 1945 verstarb Dinter in Neukirch in Sachsen. Ihm wird das Verdienst zugeschrieben, den größten Beitrag zur Kenntnis der südwestafrikanischen Flora geleistet zu haben. Ihm zu Ehren wurde auch eine botanische Zeitschrift »Dinteria« benannt.

Dionaea

Venusfliegenfalle

Dione war von uralter Herkunft, so daß es unmöglich ist, ihre Personenstandsdaten mit standesamtlicher Genauigkeit anzugeben. So soll sie entweder von der Luft mit der Erde gezeugt worden oder das Ergebnis einer Liebesbeziehung zwischen dem ehrwürdigen Titanen Okeanos und der Meeresnymphe Thetys sein. Nachdem sie herangewachsen war, behauptete sie als Eichengöttin ihren Platz in der griechischen Mythen- und Sagenwelt. Nach alter Vorstellung bevorzugen Tauben und Spatzen das Geäst der Eichen als Nistplätze. Als stete Begleiter umflattern sie deshalb Dione. Da diese beiden Vogelarten ja meist in großen Scharen auftreten, was für eine rege Vermehrung spricht, schrieb man ihnen die Eigenschaft der Lüsternheit zu. Dione war in dieser Beziehung anscheinend auch ganz reizvoll. Denn Vater Zeus, der sich bekanntlich auf diesem Sektor der Psyche gut auskannte, ließ sich mit ihr ein. So kommt es, daß sowohl Semele, eine Königstochter, als eben auch Dione als Mutter des Dionysos (>) paradieren. Noch ein zweites Mal soll es zwischen Zeus und Dione zu einem erotischen Abenteuer gekommen sein, als dessen Frucht Aphrodite entstanden sei. Doch nach einer anderen, gängigeren Version wurde die Göttin der Liebe, auch Paphia (>*Paphiopedilum*) genannt, auf eine sehr merkwürdige, delikate Weise zur Welt gebracht.

Dionysia

Dionysos hatte Semele (>) zur Mutter und Zeus zum Vater. Wie meist, so hatte auch bei dieser Liebschaft Zeus seine wahre Identität verheimlicht. Im sechsten Monat ihrer Schwangerschaft wollte Semele endlich wissen, wer ihr so geheimnisvoller Liebhaber war. Entrüstet wies Zeus das Begehren zurück und brachte sie mit Donner und Blitz um. Doch der Schlaukopf Hermes rettete den Embryo und nähte ihn geschwind in den Schenkel des Göttervaters ein. Es traten keine Abstoßungsreaktionen ein, und nach weiteren drei Monaten erblickte ein Knäblein das Licht der Welt. Deshalb nannte man es Dionysos, d. h. der zweimal Geborene. Nicht genug mit diesem ungewöhnlichen Eintritt in die Welt, ließ Hera, die betrogene Gattin des Zeus, den Bankert zerstückeln und, um ganz sicher zu gehen, auch noch kochen. Blutstropfen, die bei dieser Prozedur auf die Erde fielen, wurden zu Granatapfelbäumen. Fast wie im wirklichen Leben sprang auch hier eine gütige Großmutter ein, setzte den kleinen Dionysos wieder zusammen und versteckte ihn in Mädchenkleidern. Doch dieser Trick konnte die eifersüchtige Hera nicht täuschen, sie schlug ihn mit geistiger Umnachtung. Verblendet zog Dionysos mit einem Troß von wilden und geilen Satyrn und nicht weniger umtriebigen Frauenzimmern, den Mänaden, durch die Welt bis nach Indien. Mit von der Partie war sein Erzieher, der Trunkenbold Silen (>). Tobend, lärmend und vor keiner Übeltat zurückschreckend ergötzte sich diese Bande mit Raubzügen, Kriegen und Morden, zu denen auch das grausige Verbrechen von Agave (>) gehörte. Inzwischen hatte Dionysos den Weinstock und die berauschende Wirkung seiner Trauben entdeckt und verbreitete den Anbau der Reben und die Kunst des Kelterns über die Welt. Von olympischer Abkunft bestand er auf göttlicher Verehrung, und gehorsam feierte man ihn bald berauscht vom Wein in orgiastischen Festen und errichtete ihm Heiligtümer und Tempel. Als Bacchus hielt er bei den Römern seinen Einzug. Als seine Tage unter den Sterblichen gezählt waren, holte ihn sein Vater Zeus in den Olymp und schenkte ihm zum Ärger seiner grollenden Gemahlin auch noch eine göttliche Behausung. Von manchen wird die Mutterschaft der Semele als Irrtum hingestellt, die wahre Mutter des Dionysos sei die Titanin Dione (>) gewesen.

Dioscorea
Yams, Yamswurzel

Pedanios Dioskorides (im 1. Jh. n. Chr.), auch Dioskurides, stammte aus Anazarbos, einem Ort in der Nähe von Tarsus in Kilikien, einer Landschaft in Kleinasien, und war Arzt und Botaniker. Über seine Person wissen wir so gut wie nichts. Als Truppenarzt unter den Kaisern Nero und Vespasian auf römischen Kriegsschiffen kam er bei den Feldzügen in viele Länder. Dioskorides von Anazarbos verfaßte das mehrbändiges Werk »De materia medica«, das alle damals bekannten Heilmittel enthält. Es befaßt sich in fünf Abteilungen besonders ausführlich mit den Pflanzen, von denen er 600 beschreibt; er ordnet sie nicht nur, wie damals üblich, nach dem Alphabet, sondern auch nach ihren äußeren Merkmalen und ihrer pharmakologischen Wirkung. Ein besonderer Stellenwert kommt seiner Nomenklatur zu. Er benutzt natürlich die Pflanzennamen seines Kulturkreises, die er aber auch noch mit den bei anderen Völkern üblichen Bezeichnungen ergänzt. Ferner führt er 90 Mineralien als Medikamente zur Behandlung von Haut- und Augenkrankheiten auf sowie 35 Heilmittel aus tierischen Erzeugnissen. In seiner Abhandlung über die Gifte findet sich auch zugleich ein Verzeichnis der Gegengifte. Ein weiteres Kapitel ist der Tollwut und den Folgen von Stichen giftiger Tiere gewidmet. Auch hier begnügt er sich nicht nur mit der Beschreibung der Krankheiten, sondern führt zugleich die notwendigen Gegenmaßnahmen an. Dioskorides benutzte zwar als Quelle wahrscheinlich Schriften des Mediziners Sextius Niger, doch sind seine Beschreibungen viel ausführlicher und verwerten vor allem eigene Erfahrungen. Bis zum 16. Jahrhundert war sein großartiges Werk Vorbild für sämtliche Arzneibücher und das meistverwendete Lehrbuch an den Universitäten. Dioskorides benutzte übrigens erstmals das griechische Wort »botaniké«, also Botanik.

Dodonaea

Rembert Dodoens (1517–1585), lat. Rembertus Dodonaeus, stammte aus Friesland, wurde in Mecheln erzogen und studierte Medizin. Zur Weiterbildung besuchte er ohne das Hemmnis einer Sprachbarriere, weil die gelehrte Welt überall in Europa Lateinisch sprach, Universitäten in Deutschland, Frankreich und Italien. Als fertiger Doktor ließ er sich zunächst in Antwerpen nieder. Ein befreundeter Verleger lenkte seine Aufmerksamkeit auf die Botanik und animierte ihn 1552, zu Pflanzenbildern von Leonhart Fuchs (>) einen lateinischen Text zu verfassen. Dieses kleine Werk ergänzte er mit über 100 Abbildungen und ließ es in flämischer Sprache als »Cruydeboeck« erscheinen. Mit Hilfe hervorragender Zeichner und Holzschneider stellte Dodonaeus ab 1568 eine Auswahl neuer Pflanzendarstellungen zusammen. Zwei Jahre später waren es über 100 Bilder von Pflanzen mit besonders auffälligen Blüten oder mit einem hervorstechenden Duft, die er unter dem Titel »Historia florum« veröffentlichte. Diese Kollektion erweiterte er 1574, indem er noch Abbildungen von Pflanzen mit Abführwirkung hinzufügte. Sein rühriger Verleger Plantin brachte es fertig, Dodonaeus zusammen mit zwei anderen Koryphäen der Botanik, nämlich mit seinem Freund Carolus Clusius (>) und mit Lobelius (>), zu einem gemeinsamen Werk unter einen Hut zu bringen. Als Ergebnis veröffentlichte dieses Triumvirat ein Werk, das in 840 Kapiteln über 1.340 Pflanzen mit

Abbildungen und Beschreibungen berichtet. Dodonaeus trug vor allem mit seinem medizinischen Wissen zum Erfolg der Publikation bei. 1564 wollte ihn der spanische König als Leibarzt an seinen Hof holen. Da sich die Verhandlungen in die Länge zogen, Dodoens Frau starb und Mecheln von den Spaniern geplündert wurde, entschloß er sich, als Leibarzt von Kaiser Maximilian II. und dessen Nachfolger Rudolph II. nach Wien zu übersiedeln. Gelangweilt vom Leben am Hofe und in Sorge um seinen Grundbesitz in Mecheln, wollte er bald in die Niederlande zurück. Die Bürgerkriegswirren in seiner Heimat zwangen ihn jedoch zu einem, wie er hoffte, vorübergehenden Aufenthalt in Köln. Aber erst acht Jahre später, 1582, konnte er endlich in seine Heimat zurück. Nach seiner Rückkehr nahm er ein großzügiges Angebot der Universität Leiden an und wurde Professor der Medizin. Hoch geehrt versah Dodonaeus dieses Amt bis zu seinem Tode.

Dombeya

Joseph Dombey (1742–1794), in Mâcon (Burgund) geboren, studierte Medizin und wurde ein Schüler des berühmten Botanikers Jussieu (>*Bernardia*). Dombey wurde von seiner Regierung ausersehen, die von dem spanischen König Karl III. angeordnete Expedition nach Peru zu begleiten, das damals als Vizekönigreich spanische Kolonie war. So segelte er 1778 mit den beiden spanischen Kollegen Ruiz (>)und Pavón (>) nach Südamerika. Leider stand die Zusammenarbeit dieses Forschertrios unter keinem guten Stern, gegenseitige Animositäten schürten Neid und Mißgunst. Von Dombey wird berichtet, er habe mit vollen Händen Geld ausgegeben, dessen Herkunft jedoch unbekannt war. Mehrere Jahre durchstreifte dieses Team die spanischen Besitzungen Südamerikas und sammelte Pflanzen. 1785 trennte sich Dombey von den beiden Spaniern und übernahm den Seetransport der in großen Kisten verstauten gesamten bisherigen Expeditionsausbeute. Vor der portugiesischen Küste kam es zum Schiffbruch, und der größte Teil der Kisten wurde ins Meer gerissen. Dombey gelang es, seine Sammlung zu retten. Auf der Weiterreise nach Frankreich wurden ihm in Cadix (Cádiz) durch eine intrigante Zollmaßnahme Teile seiner Kollektion abgeknöpft. Zu allem Unglück bestand auch noch die spanische Regierung auf dem zu Beginn des Unternehmens gegebenen Versprechen, nichts zu publizieren, bevor Ruiz und Pavón, die noch bis 1788 unterwegs waren, zurückgekehrt wären. Durch Drohungen setzte man Dombey unter Druck; ein Mann, der ihm ähnlich sah, wurde in diesem Zusammenhang sogar umgebracht. Dombey gelang es, in aller Heimlichkeit nach Frankreich zurückzukehren. Er verbrannte seine Aufzeichnungen. Den ehrenvollen Ruf, einen Sitz in der Académie des Sciences einzunehmen, schlug er aus. Die Untätigkeit bedrückte ihn aber bald so sehr, daß er sich mit Erfolg um eine Mission in die Vereinigten Staaten bewarb. Doch die Kette seines Unheils nahm kein Ende. Auf der Überfahrt wurde sein Schiff von Piraten gekapert und Dombey in ein Gefängnis auf dem Inselchen Montserrat in der Karibik geworfen, wo er, ans Eisen gelegt, bald verstarb. Selbst nach dem Tode dieses mutigen und bewundernswerten französischen Pflanzenjägers ging das Unglück weiter. Dombey, der sein Versprechen nicht brechen wollte, hatte tatsächlich keine Zeile publiziert. Sein gerettetes Herbarium übergab der große Buffon (>) dem Botaniker L'Héritier (>*Heritiera*) zur Bearbeitung. Als die Spanier jedoch auf einer Auslieferung des Herbariums bestanden, war L'Héritier inzwischen nach England ausgewichen. Nach 15 Monaten wollte er die Bearbeitung abschließen, was ihm aber nicht gelang, weil er ermordet wurde.

Doodya

James Samuel Doody (1656–1706) wurde als Apotheker zum Superintendenten und Pflanzendemonstrator des von der Apothekerzunft 1624 in Chelsea eingerichteten Physic Garden für medizinische Pflanzen berufen. Der Garten diente der Lehre und Forschung. Doody, der den Ruf einer wissenschaftlichen Koryphäe unter den Londoner Apothekern genoß, hatte in seiner Position (mit einem Jahresgehalt von 100 Pfund) einen ausgefüllten Tag. Dennoch fand er Zeit, sich seinem Spezialgebiet, der Erforschung der Kryptogamen, mit Erfolg zu widmen. 1695 übernahm er als Oberaufseher mit drei anderen Mitgliedern der Apothecaries' Company den Chelsea Physic Garden als Pächter.

***Douglasia** (Androsace)*

Mannsschild

David Douglas (1798–1834) stammte aus Scone in Schottland. Als Kind ein unausstehlicher, fauler und renitenter Lümmel, der aus der Schule gejagt wurde, wandelte er sich wunderbarerweise in einen wissensdurstigen, fleißigen und glänzenden Botaniker. Als einfacher Gärtner begann er in Glasgow und wurde bald ein Meister, der in dem Park von Valleyfield bei Dunfernline zum Obergärtner vorgesehen war. Er durfte nach Herzenslust die Schloßbibliothek benutzen und war schnell ein so belesener Mann, daß er alsbald dem Universitätsprofessor für Botanik William Hooker (>*Hookera*) auffiel. Dieser empfahl Douglas der Royal Horticultural Society in London, die ihn als Pflanzensammler nach Amerika schickte. Damit begann für Douglas eine rastlose Wanderzeit, in der er den Kontinent wiederholt durchquerte. Seine Reisen führten ihn nach Brasilien, Kanada, in den Norden der Vereinigten Staaten und nach Nordkalifornien. 1824 war er in Rio, von 1825 bis 1827 bereiste er British Columbia, die westlichste Provinz Kanadas. Er schloß Freundschaft mit den Rothäuten, die ihn treffend »Grasmann« nannten und für einen großen weißen Häuptling hielten. Nach dreijährigem Aufenthalt in der Neuen Welt kehrte er 1827 nach England zurück. Er brachte eine reiche Ausbeute an lebenden und getrockneten Gewächsen, an Samen und Früchten mit, darunter auch die Douglasfichte, deren korrekter botanischer Gattungsname aber *Pseudotsuga* lautet. Er war in diesen drei Jahren nicht nur Pflanzen-, sondern auch Bärenjäger und Bergsteiger gewesen, er hatte nämlich die zwei höchsten Gipfel der Rocky Mountains bezwungen. In London blieben die Ehrungen nicht aus, er wurde zum Mitglied der Königlichen Gartenbaugesellschaft, der Linné-, der Zoologischen und der Geologischen Gesellschaft ernannt. Man reichte ihn als achtundzwanzigjährige Berühmtheit in den Salons und Ballsälen herum und stilisierte ihn zum Star. Ob ihm dieser Rummel zu Kopfe stieg oder er sich einfach langweilte, bleibt sein Geheimnis. Er wurde jedenfalls unleidlich, mürrisch und zänkisch. Douglas und die Londoner Gesellschaft waren froh und erleichtert, als ihn die britische Regierung 1829 mit einem neuen Auftrag an die Westküste von Nordamerika schickte. Endlich konnte er wieder in seinem Element sein. Rastlos und erfolgreich sammelte Don David, wie ihn die Kalifornier nannten, von 1830 bis 1832 neue Gewächse und Samen. 1833 segelte er nach Hawaii, wo sich im Juli 1834 sein Schicksal erfüllte. Er war in eine mit Zweigen und Blättern getarnte Viehfalle gestürzt, in der ihn ein wilder Stier zu Tode trampelte und unter sich begrub.

Downingia

Andrew Jackson Downing (1815–1852) wurde in Newburgh (New York) am Hudson als Sohn eines Gärtnereibesitzers geboren. Nach seiner Schulzeit arbeitete er zunächst als Gärtner und entdeckte dabei sein Talent für die Landschaftsmalerei. Bald begann er botanische Mitteilungen zu veröffentlichen. Dann befaßte er sich mit der Landschaftsgärtnerei und studierte alle erreichbare Literatur zu diesem Thema. 1838 baute er sich ein Haus nach seinen Vorstellungen, das harmonisch in die Landschaft und einen gepflegten Garten eingebettet war. Dort bewirtete der kleine, schmale südländisch aussehende Mann großzügig seine Gäste und diskutierte mit Hingabe sein Lieblingsthema. 1841 legte er in dem bald vom Publikum begeistert aufgenommenen Buch »A Treatise on the Theory and Practice of Landscape Gardening, Adapted to North America« die theoretischen und praktischen Aspekte der Landschaftsgärtnerei dar, dessen letzte Auflage, man staune, 1921 erschien. Auf diesen Klassiker folgten noch weitere Werke zum Thema. Downing wurde Ehrenmitglied der meisten amerikanischen Gartenbau-Vereinigungen. Als 1846 die Zeitschrift »Horticulturist« gegründet wurde, bat man ihn um die Übernahme der Herausgeberschaft. Downing betreute in dieser Position mit Umsicht und Engagement diese Zeitschrift bis zu seinem Tode. 1851 wurde er in die Planungen für das Kapitol, das Weiße Haus und das Smithonian Institute einbezogen. Aber es war ihm nicht vergönnt, die Realisierung seiner Pläne für den ehrenvollen Auftrag noch zu erleben. Im Juli 1852 fuhr er mit seiner Familie und Freunden auf einem Dampfer von Newburgh in Richtung New York. Unterwegs brach auf dem Schiff ein Feuer aus. Downing, selbst ein hervorragender Schwimmer, verlor bei der Rettung der Nichtschwimmer aus dem Hudson sein Leben. Am Ufer des Flusses erinnern viele Villen und Farmen in ihrer Harmonie mit der Landschaft an seine Kunst.

*Dregea (*Wattakaka)*

Johann Franz Drège (1794–1881) entstammte einer Hugenottenfamilie und wurde in Altona geboren. Nach seiner Ausbildung zum Gärtner in Göttingen arbeitete er in den Botanischen Gärten von München, Riga, Berlin und St. Petersburg. 1826 verließ er Europa und schloß sich seinem Bruder Carl, einem gelernten Apotheker, im südafrikanischen Paarl an. Die beiden Brüder spezialisierten sich auf das Sammeln naturwissenschaftlicher Objekte, Carl auf zoologische (darüber hinaus auch ethnologische), Franz auf botanische. Auf seiner ersten Expedition sammelte Franz 1827 in der Umgebung von Kapstadt. Im nächsten Jahr begab sich das Brüderpaar gemeinsam weiter in das Innere der Kapregion. Carl führte einen Vorrat an Arzneimitteln mit sich, die er bei den Farmern gegen naturwissenschaftliche Objekte eintauschte. Ihre Route führte sie längs des Olifant River. Auch in den folgenden Jahren durchquerten die Brüder mit ihren Ochsengespannen eifrig sammelnd Südafrika. 1834 kehrte Franz mit einer Kollektion von 200.000 getrockneten Pflanzen nach Europa zurück. Den größten Teil seiner Sammlung konnte er verkaufen, bevor durch die große Brandkatastrophe von 1842 in Hamburg der Bestand der Kollektion dezimiert wurde. In seiner Veröffentlichung »Zwei pflanzengeographische Documente« (1843) befaßte er sich als erster mit diesem Thema, was ihm die Ehre einbrachte, von Marloth (>) »Vater der südafrikanischen Phytogeographie« genannt zu werden. 1851 ließ sich Franz Drège in Altona bis zu seinem Tode in behaglichem Komfort nieder.

Dryandra

Jonas Carlsson Dryander (1748–1810) war ein Schüler Linnés (>) und erwarb 1766 in Lund mit einer Arbeit über Pilze den Magistergrad. Nach der Veröffentlichung weiterer botanischer Untersuchungen wurde ihm von Sir Joseph Banks (>) in London angeboten, als Nachfolger seines Landsmanns Solander (>) seine umfangreiche Büchersammlung zu ordnen und zu katalogisieren. Dryander siedelte 1777 nach England über und machte sich mit Feuereifer an die Aufgabe. Von 1798 bis 1800 erschien in fünf Bänden der »Catalogus bibliothecae historico-naturalis Josephi Banks«. Dryander ließ es nicht bei einer bloßen Zusammenstellung bewenden, sondern deckte auch Lücken im Bestand auf, die durch weltweite Mithilfe von professionellen und Amateurbotanikern geschlossen werden konnten. Sein Amt ließ ihm nur wenig Zeit für einige wissenschaftliche Mitteilungen in den »Transactions« der Linnean Society, der er seit 1788 angehörte.

Duchesnea

Indische Scheinerdbeere

Antoine Nicolas Duchesne (1747–1827) wurde in Versailles geboren und verbrachte seine meiste Zeit im Botanischen Garten des Trianon, an dem sein Vater als Verwalter der Gebäude angestellt war. Der junge Duchesne interessierte sich vor allem für den Gartenbau. 1764 schrieb er einen Essay über Kürbisse. Ganz besonders aber hatten es ihm die Erdbeeren angetan, über die er 1766 eine Naturgeschichte verfaßte. Im gleichen Jahr begleitete er Abbé Nollin, den Direktor der Königlichen Baumschulen, auf einer Reise nach England und studierte die dortigen Gartenbauverhältnisse. Nach der Französischen Revolution wurde er Lehrer in Versailles und an der Militärschule in Saint-Cyr.

Duhaldea (Inula)

Jean Baptiste Du Halde SJ (1674–1743) kompilierte unter Benutzung von Briefen aus Missionsniederlassungen in China, die z. T. an ihn gerichtet waren, und eines chinesischen Standardwerkes über Naturgeschichte und Medizin 1735 eine »Description de l'Empire de la Chine«. Dieses Buch wurde in viele Sprachen übersetzt und erlebte mehrere Auflagen. Der große Schweizer Botaniker Auguste Pyramus de Candolle war von den floristischen Berichten in dem Werk des Jesuiten so beeindruckt, daß er ihn mit der Namensgebung **Duhaldea chinensis* für eine Alant-Art ehrte, die allerdings jetzt *Duhaldea (*Inula) cappa* genannt wird. Ansonsten gelten *Duhaldea* und *Inula* als gleichberechtigte Gattungsnamen.

Duroia

Johann Philipp Du Roi (1741–1785), in Braunschweig geboren, studierte in Helmstedt Medizin und promovierte 1764. Du Roi, der sich mit der Botanik, insbesondere trieb er dendrologische Studien, befaßte, übernahm 1765 den Posten eines Aufsehers in der Veltheimschen Baumschule in Harbke. Seine Erfahrungen legte er 1771–72 in der Mitteilung »Die Harbkesche wilde Baumzucht, theils nordamerikanischer und anderer fremder, theils einheimischer Bäume« nieder. 1777 praktizierte er als Arzt in Braunschweig, wo er zum Stadtphysicus aufstieg. Nach seiner Ernennung zum Hofmedicus erlangte Du Roi auch noch das Amt eines Assessors beim Obersanitäts-Collegium.

Dyckia

Josef Maria Franz Anton Hubert Ignaz Fürst und Altgraf zu Salm-Reifferscheidt-Dyck (1773–1861) wurde auf Schloß Dyck bei Neuss geboren und besuchte in Köln das Jesuitenkollegium. Nach dieser Zeit eines strengen Unterrichts bildete er sich durch Privatstudien in Wien, Brüssel und Paris weiter aus. Die Französische Revolution mit ihren territorialen Folgen entzog ihm zwar das Souveränitätsrecht über die Herrschaft Dyck, überließ ihm aber seinen Besitzstand, zu dessen Wahrung er wiederholt in Paris vorstellig werden mußte. Diese Reisen nutzte er nicht nur zum Umgang mit den führenden französischen Botanikern, sondern auch zur Vermählung mit einer charmanten und geistreichen Witwe eines Pariser Chirurgen. Aus Neigung zur wissenschaftlichen Welt oder aus Liebe zu seiner Gattin schlug er jedenfalls für viele Jahre seine Zelte in Paris auf. Während dieser Zeit reifte bei ihm der Entschluß, sich ganz der Erforschung sukkulenter Pflanzen zu widmen. Nach seiner Rückkehr auf Schloß Dyck errichtete er Gewächshäuser, kultivierte und sammelte Sukkulenten aus aller Welt. So konnte er außer einigen kleineren Mitteilungen über

Agaven und Kakteen 1834 die umfangreiche Abhandlung »Hortus Dyckensis, ou catalogue des plantes cultivées dans les jardins de Dyck« vorlegen, in der er mit hervorragender Sachkenntnis über 1.500 Fettpflanzen berichtete. Als angesehener Spezialist wurde er Ehrenmitglied in zahlreichen wissenschaftlichen Gesellschaften und 1819 sogar in die Academia Leopoldina aufgenommen. Zu seinen Schöpfungen gehörten auch eine Ackerbauschule und eine Versuchsanstalt, in der agrochemische Untersuchungen durchgeführt wurden. Als Offizier brachte er es zum preußischen Generalmajor. 1816 wurde er von König Friedrich Wilhelm III. in den erblichen Fürstenstand erhoben. Nachdem er in seinen letzten Lebensjahren zur Linderung eines Lungenleidens öfters ohne befriedigenden Erfolg Bäder in den Pyrenäen aufgesucht hatte, versuchte er 1860 in Nizza Besserung zu finden. Doch im März des folgenden Jahres verstarb er im 88. Lebensjahr.

Dyera

Sir William Turner Thiselton-Dyer (1843–1928) aus Westminster wurde 1885 Direktor der Kew Gardens. Aus seiner Feder stammt u. a. die »Flora of Tropical Africa«. Thiselton-Dyer war ein fortschrittlicher Mann und wollte mit der Zeit gehen. So wagte er 1896 erstmalig, weibliche Arbeitskräfte einzustellen. Allerdings mußten die jungen Damen sich wie ihre männlichen Kollegen kleiden: braune Anzüge mit Knickerbockers, jenen bauschigen Beinkleidern, die damals in England in Mode kamen und dort als Golfhose noch heute gentlemanlike sind. Diese Vorsichtsmaßnahme erwies sich aber bald als Schlag ins Wasser. Dyers Damenriege lockte Scharen von Schaulustigen an, was den Arbeitseifer nicht gerade beförderte.

E

Echeveria

Echeverie, Nabelkraut

Atanasio Echeverría (18. Jh.). 1787 begann auf königliche Order Karls III. von Spanien eine Expedition zur Erforschung der Flora und Fauna Neu-Spaniens (Mexiko). Echeverría begleitete als wissenschaftlicher Zeichner mit einem Jahresgehalt von 500 Pesos dieses von Don Martín de Sessé y Lacasta und dem jungen und tatkräftigen Botaniker José Mariano Mociño geleitete Unternehmen. 1793 nahm er mit Mociño an der nicht ungefährlichen Besteigung des aktiven Vulkans San André de Tuxtla teil. Nach der Durchforschung der Sierra Madre und einem Abstecher nach Kalifornien wandte sich die Expedition nach Süden bis nach Tabasco. Als Ergebnis dieser Forschungsreise konnte Echeverría 1.400 kolorierte Pflanzenzeichnungen vorweisen. 1795 setzte die Gesellschaft nach Havanna über. Dort erkrankte Echeverría schwer an einer Dysenterie und konnte kaum seine Skizzen ausarbeiten. Nach seiner Wiederherstellung und der Rückkehr nach Mexiko wurde ihm von Sessé das verlockende Angebot gemacht, ihn bei Verdoppelung seines bisherigen Gehaltes auf einer weiteren Reise zu begleiten. Insgesamt erstreckte sich diese Mexiko-Expedition über 16 Jahre. Nach Sessés Rückkehr nach Spanien und seinem Tode 1807 dauerte es bis 1887, ehe die Ergebnisse dieses Unternehmens als »Plantae Novae Hispaniae« und »Flora Mexicana« vorlagen.

**Ecklonea* (*Trianoptiles*)

Christian Friedrich Ecklon (1795–1868) wurde in Apenrade in Dänemark geboren und durchlief dort auch eine Apothekerlehre. Von 1820 bis 1823 finden wir ihn als Gehilfen in Preetz unweit von Kiel. Nebenher beschäftigte er sich intensiv mit der Botanik. 1823 reiste er nach Kapstadt und arbeitete in seinem Beruf. Seine freie Zeit benutzte er zum Botanisieren auf dem Tafelberg. 1827 hängte er den Apothekerkittel an den Nagel und betrieb in Südafrika nur noch das Sammeln von Naturalien. Die Unio Itineraria, ein botanischer Reiseverein in Esslingen, verpflichtete ihn als Pflanzensammler. 1828 segelte er mit einer größeren Kollektion nach Europa. Nach der Verteilung des Materials brachte ihm dessen günstige Beurteilung durch die Fachwelt eine kleine Pensionszuwendung des Königs von Dänemark ein. Angespornt durch diesen Erfolg und mit Unterstützung des Esslinger Vereins brach Ecklon im Jahr darauf wieder nach Südafrika auf. Sein Sammelgebiet dehnte er weit nach Osten und bis ins Kaffernland aus. In dieser Zeit traf er mit Zeyher (>) zusammen. Gemeinsam starteten sie 1830 eine ausgedehnte Exkursion, auf der die Pflanzenwelt auf den Hochflächen des Karru-Gebietes gründlich erforscht wurde. Mit 38 Kisten, gefüllt mit Samen, Zwiebeln und getrockneten Pflanzen, kehrte Ecklon 1832 nach Kapstadt zurück und brach mit dieser Ausbeute nach Hamburg auf. Dort bezog er bis 1837 ein Haus im Botanischen Garten und kümmerte sich um den Verkauf der Kollektion. Zusammen mit Zeyher veröffentlichte er in mehreren Mitteilungen eine genaue Beschreibung der Sammlung. Als Anerkennung für diese Leistung ehrte ihn die Universität in Kiel mit der Verleihung des Doktortitels. Ecklon reiste wieder nach Kapstadt und setzte das Sammeln fort. Doch der Enthusiasmus der früheren Jahre stellte sich nicht mehr ein, sein Gesundheitszustand ließ zunehmend nach, und als ihn 1843 Nathaniel Wallich (>) besuchte, fand er einen kranken Mann, unfähig, Exkursionen zu unternehmen. Mit Mühe konnte Ecklon noch eine Auswahl von Medizinalpflanzen zusammenstellen, die für die Londoner Weltausstellung von 1851 bestimmt war. 1863 lebte er zurückgezogen in einem Häuschen am Rande Kapstadts. Als nach dem Krieg Preußens und Österreichs gegen Dänemark 1864 im Frieden zu Wien König Christian IX. Holstein und Schleswig abtreten mußte, verlor Ecklon auch seine schmale Pension. Die Barmherzigkeit einiger Freunde bewahrte den Dahinvegetierenden vor dem Hungertod. Ruhelos am Meeresstrand wandernd oder untätig in Apotheken herumsitzend verbrachte er seine letzten Lebensjahre, bis ihn Anfang 1868 eine schwere Krankheit ans Bett fesselte. Als es Herbst wurde, starb Christian Ecklon, in seinen besten Jahren ein hochgeschätzter und begeisterter Pflanzenjäger, jetzt ein einsamer, verbrauchter Mann, in einem Hospital.

**Edwardsia (Sophora)*

Sydenham Teast Edwards (1769?–1819) stammte aus Abergaverny in Wales. Sein zeichnerisches Talent wurde von William Curtis, einem Blumenzüchter und Herausgeber der »Flora Londinensis«, erkannt und gefördert. Er brachte ihn nach London, wo Edwards eine Anstellung als Illustrator beim »Botanical Magazine« fand. 27 Jahre lang versorgte er die Zeitschrift mit seiner Kunst. Aufgrund eines Mißverständnisses löste er 1815 seinen Vertrag und trat zur Konkurrenz, zum »Botanical Register«, über, was ihm natürlich sein Förderer Curtis sehr übelnahm. Edwards zeichnete sich durch großen Fleiß aus. Seine Bilder gewannen zunehmend an Ausdruckskraft und Farbintensität und ließen seine Kritiker, die anfangs ein zu flaues Grün bemängelten, bald verstummen. Besonders in seinen Tafeln zur »Flora Londinensis« stellte er seine Kunst unter Beweis.

Egeria

Egeria bewohnte als vielbegehrte Nymphe eine geräumige Grotte nahe der Via Appia in der römischen Campagna. Sie war sehr intelligent, weise und verstand sich auch auf die Heilkunst. Numa Pompilius, der Nachfolger des legendären Romulus, verbrachte die Nächte in den Armen Egerias und ließ sich zwischendurch von ihr in der Kunst des Staatslenkens belehren. Mit ihren Ratschlägen gab er dem römischen Volk sinnvolle religiöse und moralische Gesetze. Man sagt, König Numa Pompilius sei ihr heimlicher Gemahl gewesen. Nach seinem Tode verwandelte sich Egeria in den nahen Albaner Bergen am schattigen Nemisee in eine Quelle.

Ehretia

Georg Dionysius Ehret (1708–1770) kam aus Heidelberg. Seinen ersten Zeichenunterricht erhielt er von seinem Vater, einem Landwirt. Nach einer Gärtnerlehre bekam er eine Stelle in den kurfürstlichen Gärten in Heidelberg. Seine Liebe zur Natur zog die Aufmerksamkeit des Markgrafen von Baden auf sich. Ehret durfte sich um den Stolz seines Herren, seine Tulpen und Hyazinthen, kümmern. Diese bevorzugte Stellung des jungen Burschen rief natürlich den Neid seiner Kollegen hervor. Und es kam, wie es kommen mußte: Ehret wurde »gemobbt«. Dem Markgrafen blieb nichts übrig, als sein faules Gärtnerpack zu verfluchen und sich von Ehret zu trennen. Nach Umwegen über Wien landete er schließlich bei einem Bankier in Regensburg, bei dem er es einige Jahre aushielt. Zu seinem Glück bekam der Nürnberger Arzt Dr. Christoph Jacob Trew (>) seine Bilder zu sehen und erkannte sein künstlerisches Talent. Ehret zog nach Nürnberg, und aus der Bekanntschaft wurde eine lebenslange Freundschaft. Über Basel, wo er seinen ehemaligen Gönner, den arg gebeutelten und von den Franzosen vertriebenen Markgrafen, wiedersah, und Lyon reiste er nach Montpellier. Dann führte ihn seine Wanderschaft über die Auvergne nach Paris. Nach einer überaus freundlichen Aufnahme bei Bernard de Jussieu (>*Bernardia*) reiste Ehret mit einem von König Ludwig XV. persönlich ausgestellten Paß nach London und sah sich dort ein Jahr um. Dann zog es ihn nach Holland, wo er den zu jener Zeit dort weilenden jungen Linné (>)

kennenlernte. Sie wurden die besten Freunde. 1736 kehrte Ehret nach England zurück. Seine Kunst hatte er so vervollkommnet, daß er zum gesuchten und gefeierten Pflanzenporträtisten wurde. Als Malgrund bevorzugte er Pergament. In seinen Abbildungen erlaubte er sich weder künstlerische Freiheiten, noch imponieren sie durch eine rein wissenschaftliche Darstellung. Es gelang ihm meisterhaft, einen Mittelweg zu finden, der beiden Ansprüchen gerecht wurde. Seine Mitarbeit an Linnés »Genera Plantarum« und Cliffords »Hortus Cliffortianus« bewog Sir Hans Sloane (>), ihn als Zeichner für die »Transactions«, das Hausjournal der Royal Society, einzustellen. Die Londoner vornehme Gesellschaft buhlte um die Gunst, bei ihm Zeichenstunden nehmen zu können. Doch über die Ergebnisse seiner aristokratischen Schülerschaft ist nichts Besonderes zu berichten. Die zahlreichen Aufträge zur Illustration botanischer Werke, die übrigens hoch bezahlt wurden, füllten seine Tage voll aus. Das höchst lukrative Angebot, an den dänischen Königshof zu wechseln, schlug er aus. 1757 wurde Ehret zum Mitglied der Royal Society gewählt, eine besonders ehrenvolle Auszeichnung für einen Ausländer. Seine Erfolge und sein Ruhm ließen ihn aber nicht seinen alten Freund Trew (>) in Nürnberg vergessen, den er in Dankbarkeit mit Bildern versorgte. Seine Liebe zur Kunst und zur Natur, sein Fleiß und seine Genialität ließen Georg Dionysius Ehret zu einem der bedeutendsten Pflanzenzeichner des 18. Jahrhunderts werden.

Ehrhartia (Leersia)

Jacob Friedrich Ehrhart (1742–1795) stammte aus dem Aargau in der Schweiz. Sein Vater, ein reformierter Pfarrer, beschäftigte sich in seiner Freizeit mit den Naturwissenschaften und weckte in seinem Sohn die Liebe zur Botanik. So hatte der junge Ehrhart öfters Gelegenheit, mit dem großen Albrecht von Haller (>) an Exkursionen teilzunehmen. Doch zunächst widmete er sich beruflich ökonomischen Fragen. Aber als sein Vater gestorben war, entschloß er sich auf Drängen seiner Familie, Apotheker zu werden, und durchlief ab 1765 eine dreijährige Lehre in Nürnberg. Danach arbeitete er in Erlangen. 1769 gestattete er sich, versehen mit einer sehr knappen Barschaft, eine achtwöchige Exkursion in die Schweiz. 1770 siedelte er nach Hannover über. Doch schon ein Jahr später brach er nach Schweden auf, um die dortigen Gelehrten von Angesicht zu Angesicht kennenzulernen. In Stockholm bekam er eine Stelle in der Hofapotheke. Seine freie Zeit verbrachte er mit dem Studium der Materia medica und Botanik. Der Ruhm Linnés(>), des Fürsten der Botaniker, zog ihn 1773 nach Uppsala, wo er dessen Vorlesungen besuchte. Zum Broterwerb arbeitete er in der Universitätsapotheke. 1774 gab er seinen Beruf endgültig auf und blieb als Schüler Linnés zwei Jahre in Uppsala. Zur Botanik kam noch das Interesse für Chemie und Mineralogie. 1776 kehrte Ehrhart nach Hannover zurück. Der Leibarzt des Königs, ein alter Freund der Familie, setzte sich dafür ein, daß dieses »ungemein geschikkte Subject« (*19*, S. 881) eine Anstellung bekam, und so wurde Ehrhart 1780 »Königlich Großbrittanischer und Churfürstlich Braunschweig-Lüneburgischer Botanicus« in Herrenhausen. In dem damaligen Dirigenten des Hof- und Gartendepartements, Christian Ludwig von Hake (>), fand er einen verständigen Förderer seiner Bemühungen. In Dankbarkeit benannte Ehrhart ihm zu Ehren eine Pflanzengattung *Hakea*. Neben Arbeiten über das Dickenwachstum der Pflanzen und die Bestäubung durch Insekten machte er sich als Entdecker und Analytiker von Mineralquellen einen Namen. 1787 legte er den ersten Band seiner »Beiträge zur Naturkunde« vor. Ehrhart wurde Ehrenmitglied zahlreicher in- und ausländischer Gesellschaften. Nach seiner Pensionierung verwehrten ihm seine Nachfolger das Betreten der Gewächshäuser – sogar durch Anbringen von Vorhängeschlössern –, weil er für sein privates Herbarium seltene Blüten abgeschnitten haben soll. Wahrscheinlicher ist aber die Version, daß die

Herren es nicht ertrugen, von ihm korrigiert zu werden. Nach einer schweren Erkältungskrankheit verstarb der »Botanikus von Herrenhausen« 1795 in Hannover. Wenn Ehrhart den Apothekerberuf auch nicht mehr ausübte, so setzte er sich doch kritisch mit ihm auseinander. So forderte er die Einstellung des Branntweinverkaufs in den Apotheken, und die oft teuren Neujahrsgeschenke der Apotheker an die Ärzte sollten verboten werden. Als er erfuhr, daß statt Magnesia häufig Gips nach Schweden verkauft würde, wetterte er: »Die Bösewichter, welche das thun, sollten sich doch durch das Andenken an die fürchterlichen Gedanken, die ihrer in der Todesstunde warten, abschrecken lassen.« (*18*, S. 882) Mit pikanten und geradezu modern erscheinenden Spitzen schrieb er den Ärzten ins Stammbuch »... schämet euch künftig, den Kranken theure Arzneien aus Ost- und Westindien zu verschreiben, wenn ihr solche wohlfeil und eben so gut, oder noch besser, in Deutschland haben könnt ... Seidt Christen, oder doch wenigstens Menschen.« (*18*, S. 882).

Eichhornia

Johann Albrecht Friedrich Eichhorn (1779–1856), in Wertheim am Main geboren, studierte von 1796 bis 1799 in Göttingen Jura und widmete sich der Verwaltungslaufbahn. 1800 wurde er Auskultator am Obergericht in Kleve. 1810 stieg er zum Kammergerichtsrat auf. 1811 wurde er zum Syndikus der Berliner Universität berufen. Zu den Berliner Patrioten gehörend, die auch mit dem Major Schill in Verbindung standen, stellte er während der Befreiungskriege die Berliner Landwehr auf, diente im Stabe des Feldmarschalls Blücher in der schlesischen Armee und wurde schließlich in die unter dem Freiherrn vom Stein geleitete Zentralverwaltung der gegen Napoleon verbündeten Mächte berufen. 1816 finden wir ihn zunächst als Geheimen Legationsrat und von 1831 bis 1840 als Direktor im Ministerium für Auswärtige Angelegenheiten. Mit Ausdauer und politischem Geschick bereitete er gegen innere und äußere Widerstände, insbesondere gegen Metternich, die Gründung des Zollvereins vor. 1840 wird er Minister für geistliche, Unterrichts- und Medizinalangelegenheiten in Preußen. Schadete ihm schon seine Einstellung gegen die Rationalisten und Vertreter der Hegelschen Philosophie an den Universitäten, so stempelte ihn die häufige Bevorzugung kirchlich-orthodoxer Kandidaten bei der Besetzung der Lehrstühle schließlich zum Reaktionär. 1849 mußte Eichhorn von seinem Amt zurücktreten.

Ekebergia

Carl Gustav Ekeberg (1716–1784) diente als Kapitän auf verschiedenen Schiffen der Schwedischen Ostindien-Handelskompanie und fuhr zwischen 1743 und 1771 mehrmals nach Indien und China. Auf seiner ersten Reise erlitt er in einem schweren Sturm Schiffbruch und konnte sich auf die Insel Hainan retten. Nachdem er sich dort gehörig umgesehen und den Anbau von Nutzpflanzen studiert hatte, segelte er weiter nach Macao. Seine wertvollen Erfahrungen teilte er der Schwedischen Akademie der Wissenschaften mit. 1766 unternahm er eine weitere Reise nach China, auf der ihn sein Vetter, der Biologe Anders Sparrman (>), begleitete. Zur letzten Fahrt nach China startete Ekeberg 1770.

*Emilia (*Cacalia)*

»Émile ou De l'éducation« (Émile oder Über die Erziehung) ist der Titel des 1762 erschienenen Romans von Jean-Jacques Rousseau (>) (1712–1778). Am Beispiel dieser Romanfigur wollte er der Gesellschaft klarmachen, daß der von Natur aus gute Mensch durch Unvernunft, Vorurteile und Irrtümer seiner Erzieher verbogen und in seiner naturgemäßen Entfaltung behindert wird. Der frei geborene Mensch muß seine guten Gaben, wie sie aus den Händen des Schöpfers kommen, unter den besten Bedingungen entfalten können. Nur so kann er den Verfall der Sitten aufhalten und einer fortschreitenden Degeneration entgehen. Darum hieß seine Parole: »Zurück zur Natur!« Sein Émile, der Idealmensch, begeisterte nicht nur theoretisierende Humanitätsvertreter, sondern setzte auch im alltäglichen Leben seine Akzente. Die Kenntnis des »Émile« war für die Gebildeten zur Zeit Ludwigs XVI. ebenso wichtig wie etwa die genaue Kenntnis der Gesetze. Es galt etwa bald als Selbstverständlichkeit, daß Mütter ihre Kinder selbst stillten. Besonders förderlich für Körper und Geist erschien die Bewegung in der Kälte. Zum Erziehungsprogramm gehörte ganz selbstverständlich auch die körperliche, speziell die handwerkliche, Tätigkeit. Ludwig XVI. war bekanntlich froh, wenn er sich in seine Schlosserei zurückziehen konnte, und der spätere König Louis Philippe absolvierte in seiner Jugend eine Ausbildung zum Tischler und Drechsler. Aber unmittelbar nach Erscheinen des Romans versuchte eine religiöse Reaktion, den Verfasser mundtot zumachen. Bereits im Juni 1762 verurteilte das Pariser Parlament den erst im Mai erschienenen Roman zum Feuer, der Erzbischof wetterte in einem Hirtenbrief gegen den »Émile«, und Rousseau entging der Verhaftung nur durch die Flucht in ein abgelegenes Dorf in Neuchâtel, wo er in dieser preußischen Enklave Ruhe zu finden hoffte. Sein »Émile« blieb nicht ohne Nachfolger. 1782, also vier Jahre nach dem Tod von Rousseau, wurde am Vorabend der Revolution der dreibändige Roman der Comtesse de Genlis »Adèle et Théodore, ou Lettres sur l'éducation« (Adelheid und Theodor oder Briefe über die Erziehung) zum Kassenschlager. Noch im gleichen Jahr mußte eine zweite Auflage den Lesehunger befriedigen. Und bald erschienen Übersetzungen ins Englische, Niederländische und Deutsche. »Émile« und der »Contrat social« (Gesellschaftsvertrag) Rousseaus gehören ohne Frage zu den geistigen Wegbereitern der Französischen Revolution von 1789. Die merkwürdige Persönlichkeit allerdings, die hinter diesem Meister des Wortes und großer Ideen steht, gibt auch heute noch manches Rätsel auf. Besonders ungeklärt bleibt der Widerspruch zwischen den sittlich anspruchsvollen und hehren Ratschlägen zur Erziehung und der Handlungsweise an seinen eigenen Kindern: Fünf Säuglinge waren es, die er nacheinander in einem Findelhaus abstellte. Alle Versuche seiner Verehrerinnen und Verehrer, akzeptable Gründe zur Entschuldigung für diesen Frevel des großen Sentimentalisten ausfindig zu machen, sind nicht stichhaltig.

Eschscholzia

Eschscholzie, Goldbecher, Goldmohn, Kappenmohn

Johann Friedrich von Eschscholtz (1793–1831) wurde in Dorpat, heute Tartu, in Estland geboren. 1813 bis 1815 studierte er an der dortigen Universität Medizin und promovierte zum Dr. med. Von 1819 bis 1830 war er Prosektor und von 1830 bis 1831 Professor und Gerichtsmediziner am anatomischen Institut in Dorpat. Gleichzeitig nahm er noch den Posten des Direktors des zoologischen Kabinetts wahr. Als 1815 Graf Romanzoff (>) eine Expedition ausrüstete, war Eschscholtz als Naturforscher und Arzt zusammen mit seinem Botanikerkollegen Chamisso (>) dabei. Unter dem Kommando des Kapitäns Otto von Kotzebue suchte die Brigg »Rurik« vergebens eine Verbindung der Beringstraße mit der Hudsonbai und durchforschte die Inselwelt in der Südsee. Diese Reise dauerte bis 1818. Wieder als Naturforscher und diesmal als Oberarzt nahm Eschscholtz auch an der zweiten Weltumseglung unter Kapitän Kotzebue auf der »Predprijatie« von 1826 bis 1826 teil. Die Reise ging auch diesmal in die Südsee. Eschscholtz war Mitglied der Kaiserlichen Gesellschaft der Naturforscher in Moskau. Er beschrieb eine bis dahin unbekannte Affengattung und entdeckte zusammen mit Chamisso während einer längeren Windstille auf dem Atlantik den Generationswechsel der Salpen. Bei der Vermehrung dieser im Meer treibenden

Manteltiere wechselt eine zweigeschlechtliche mit einer ungeschlechtlichen Generation ab. 1819 gab er einen »Zoologischen Atlas« heraus. 1831 verstarb Eschscholtz in Dorpat an Typhus.

Esenbeckia

Christian Gottfried Daniel Nees von Esenbeck (1776–1858) wurde wie auch sein jüngerer Bruder Theodor Friedrich Ludwig (>*Neesia*) auf Schloß Reichenberg bei Erbach im Odenwald geboren. 1796 begann er in Jena Medizin und Naturwissenschaften zu studieren und konnte 1800 in Gießen promovieren. Als praktischer Arzt ging er für zwei Jahre wieder in seine Heimat und zog sich dann auf sein Landgut Sickershausen bei Kitzingen zurück, das ihm seine frühverstorbene erste Frau hinterlassen hatte. Nachdem er aber durch die Napoleonischen Kriege sein Vermögen verloren hatte, mußte er seine naturwissenschaftlichen Studien als Privatgelehrter aufgeben. Die Universität Erlangen bot ihm die Professur für Botanik und das Direktorat über den Botanischen Garten an. Er nahm an und ging 1817 nach Erlangen. Doch bereits ein Jahr später folgte er einem Ruf mit dem gleichen Angebot an die neugegründete Universität nach Bonn. Wertvolle Unterstützung bei der Organisation des Botanischen Gartens gewährte ihm Wilhelm Sinning (>). 1830 fand er in Breslau als Professor der Botanik und Direktor des Botanischen Gartens ein neues Wirkungsfeld. Zu seinen akademischen Ämtern kam noch die Präsidentschaft in der Leopoldinischen Akademie der Naturforscher hinzu, die er bereits 1818 übernommen hatte und bis zu seinem Tode behielt – ungeachtet aller gegen ihn vorgebrachten moralischen und politischen Anwürfe in seinen späten Jahren. Sein literarisches Werk umfaßte nicht nur fachspezifische Abhandlungen, sondern auch für das breite Publikum bestimmte Schriften wie die »Allgemeine Formenlehre der Natur« von 1852. In seiner Metamorphosenlehre, in der er über Goethe (>) hinausgeht, entwickelte Esenbeck abstrakte Vorstellungen, die wenig Zustimmung fanden. Goethe rühmte Esenbeck schon 1805 als »eine von den gründenden Naturen, die wir jetzt so nöthig brauchen«, und blieb ihm bis zu seinem Tode freundschaftlich und in regem Briefwechsel verbunden. Die Benennung einer Pflanzengattung mit seinem Namen (>*Goethea*) durch Esenbeck bedeutete ihm außerordentlich viel. Im Revolutionsjahr 1848 wurde er, der sich schon vorher Gedanken zu sozialen Problemen gemacht hatte, politisch aktiv. Als Abgeordneter der Preußischen Nationalversammlung brachte er einen Gesetzentwurf unter dem Titel »Die demokratische Monarchie« ein, begründete den »Demokratisch-Sozialen Arbeiterverein« und betätigte sich so, daß man ihn wegen »gefährlicher sozialer Bestrebungen« Anfang 1849 aus Berlin auswies. Schon 1845 aber hatte ihn die Publikation »Das Leben in der Ehe in der vernünftigen Menschheit und ihr Verhältniß zum Staat und zur Kirche«, in der er ein ein freies Zusammenleben von Mann und Frau vertrat, das er auch selbst praktizierte, in ein moralisches Abseits gestellt. Da diese Praxis unvereinbar mit den herrschenden Sittlichkeitsauffassungen seiner Zeit war, führte dies bald zur Anklage wegen Konkubinats und zu seiner Beurlaubung und 1852 zur Entlassung ohne Pension. Seine politische Betätigung wurde erst in zweiter Linie dafür angeführt. In ärmlichen Verhältnissen brachte er, unterstützt von Freunden, seine letzten Lebensjahre zu. Seine wertvolle Bibliothek und sein Herbarium mit 80.000 Spezies mußte er natürlich verkaufen. 1858 hauchte er in seiner Mietwohnung in einem Breslauer Vorort sein Leben aus – einer der herausragenden Botaniker seiner Zeit, der ca. 7.000 Pflanzenarten beschrieben hatte, beinahe so viele wie der große Linné.

Eugenia

Eugenie, Kirschmyrte

Eugen Prinz von Savoyen-Carignan (1663–1736) bewarb sich gegen den Willen seiner Familie, die den schmächtigen und unansehnlichen Prinzen für den geistlichen Stand bestimmt hatte, bei König Ludwig XIV. um den Eintritt in die Armee. Nach dem kränkenden und abschlägigen Bescheid des französischen Königs suchte er 1683 sein Glück bei Kaiser Leopold I. Tatkräftig und diplomatisch klug bewährte er sich mit seinen hervorragenden militärischen Fähigkeiten im Kriege gegen die Türken wie im Spanischen Erbfolgekrieg und wurde zu dem Helden, den wir als den »Edlen Ritter« besingen. Neben seinen soldatischen Talenten zeichnete sich Eugen auch durch Kunstkenntnis und Gelehrsamkeit aus. Die für seine Zeit auffällige geistige Aufgeschlossenheit rückte ihn schon an die Schwelle zur Aufklärung. 1693 kaufte er am südlichen Rande Wiens das Gelände, auf dem er seine Sommerresidenz und seinen Ruhesitz, das prächtige Belvedere, errichten ließ. Die Planung vertraute er dem berühmten Barockarchitekten Johann Lukas von Hildebrandt an. 1700 begann der bayerische Gartendirektor Dominique Girard mit der Anlage der Gärten, die zusammen mit dem 1716 fertiggestellten unteren und dem 1723 abgeschlossenen oberen Belvedere eine harmonische Einheit bilden. Die gesamte Anlage breitet sich an einem Hang aus, was den Vorstellungen der damaligen Gartenbaukunst besonders entgegenkam. Quellen, Kaskaden und Kanäle begleiten mit ihrem strömenden Wasser die treppenartig angelegten Terrassen. In diesem Ensemble konnte sich der große, aber von Statur kleine und schmächtige Prinz Eugen von seinen Taten ausruhen. Für seine Begeisterung an der Natur sprechen auch seine bibliophilen Erwerbungen wie das »Florilegium«, eine Sammlung hervorragender französischer Blumenbilder, das er wahrscheinlich 1728 erstand, oder die einmaligen Naturselbstdrucke des Pariser Arztes Jean Nicolas de La Hire. Während eines Plauderstündchens an einem Aprilabend 1736 mit seiner einzigen Vertrauten, der Gräfin Battyani, überkam den Prinzen ein Schwächeanfall, man mußte ihn in seine Gemächer bringen, wo der siegreiche Feldherr und »Edle Ritter« nicht im Pulverdampf, sondern ganz friedlich im Bett sein Leben verlor.

Eupatorium
Wasserdost, Wasserhanf

Mithridates VI. Eupator Dionysos (um 132–63 v. Chr., König seit 120). Nachdem Mithridates V., der sich Euergetes, d. h. der Gutes Bewirkende, nannte, umgebracht worden war (manche behaupten, von seiner ehrgeizigen Gattin Laodike), konnte sein Sohn und Thronerbe Mithridates VI., mit Beinamen Eupator, d. h. der gute Vater, die Herrschaft über das Königreich Pontos in Kleinasien am Rande des Schwarzen Meeres antreten. Als kühnem Heerführer und Strategen gelang ihm bald die Ausdehnung seines Reiches bis zur Krim. Bei dem Versuch, seine Herrschaft nach Westen auszuweiten, geriet er mit den Römern in Konflikt. 88 v. Chr. ließ er an einem Tag 80.000 Feinde umbringen, ein grausiges Ereignis, das als »Vesper von Ephesus« in die Geschichte einging. Trotz seiner Tapferkeit und seines rücksichtslosen Vorgehens wurde er im sogenannten Dritten Mithridatischen Kriege 66 v. Chr. von Pompejus geschlagen und auf die Krim vertrieben. Sein grausamer Charakter, der dem Beinamen Eupator hohnsprach, machte auch vor seinem Bruder Chrestus, d. h. der Tugendhafte, seinen Töchtern und Gattinnen nicht halt, die er ermorden ließ. Als er in seinem Exil von, meuternden und rebellierenden Truppen bedrängt, den Tod vor Augen hatte, wollte er sich mit Gift umbringen, was aber nicht gelang. Mithridates hatte nämlich von einem Arzt namens Zopyros vor längerer Zeit ein Gegengift erhalten, das er an Verbrechern testete. Nachdem sich der König auf diese Weise von der Wirksamkeit des Antidotum Zopyrinum überzeugt hatte, nahm er es in kleinen Dosen prophylaktisch über Jahre. Dadurch abgehärtet, blieb die Dosis Gift, die er in seinem Schwertknauf mit sich führte, wirkungslos. Schließlich bat er einen seiner letzten Getreuen, ihn mit dem Schwert zu töten. In der

Burg von Pantikapeion (heute Kertsch) erhielt er den Gnadenstoß. Übrigens spricht man bei einer durch Gewöhnung erworbenen Giftfestigkeit von Mithridatismus.

Euphorbia

Wolfsmilch

Euphorbus (um die Zeitenwende) bildete mit seinem Bruder Antonius Musa (>) ein berühmtes Ärztepaar. Während Musa in Rom praktizierte, diente Euphorbus König Juba II. (>) von Mauretanien als Leibarzt. Der geistig hochstehende Herrscher hatte im Atlasgebirge eine milchsaftführende Pflanze entdeckt und in Dankbarkeit nach seinem Doktor benannt. Diese Geschichte erfahren wir von Gaius Plinius dem Älteren im 25. Buch seiner umfangreichen »Naturalis Historia«. Plinius, der 79 n. Chr. beim Vesuvausbruch ums Leben kam, berichtet weiter, daß die Sammler des Milchsaftes eine Verbesserung ihres Sehvermögens festgestellt hätten. Als Medikament sei der Saft als Gegenmittel nach einem Schlangenbiß angewandt worden. Unabhängig davon, an welcher Körperstelle die Schlange das Gift injiziert hatte, wurde das Medikament dem Patienten durch einen sehr ungewöhnlichen Eingriff appliziert. Man machte nämlich auf dem Kopf in der Scheitelregion einen Einschnitt und flößte den Milchsaft ein. Leider verschweigt uns Plinius, wie hoch die Erfolgsrate dieser Methode war. Die Heilkundigen treten öfter im brüderlichen Duett auf. Wie Euphorbus und Musa waren auch Podaleirios (>) und Machaon ein Brüderpaar. Ebenso kannte sich das Zwillingspaar Kastor und Pollux, Söhne des Zeus und der Leda, in der Heilkunde aus. Auf ihren weißen Rössern eilten die beiden Dioskuren, wie sie genannt wurden, den Menschen in Not zu Hilfe. In römischer Zeit praktizierte man in ihrem Kult vor allem den Tempelschlaf und die Traumdeutung. In christlicher Zeit läßt sich diese Serie von Ärztepaaren mit den heiligen Zwillingen Cosmas und Damian fortsetzen.

Euryale

Euryale, deren Name »die Weitspringende« bedeutet, war eine der fürchterlichen Gorgonen, dreier Schwestern mit Schlangen im Haar, glühenden Augen, bleckender Zunge und riesigen Hauern, entsprungen aus der inzestuösen Liebe zwischen Phorkys und seiner Schwester Keto. Die Bäcker im alten Griechenland schmückten ihre Öfen mit Gorgonenmasken, um Neugierige davor zu warnen, die Tür zu öffnen. Die Berühmteste dieses furchterregenden Trios war Medusa.

F

Fabiana
Falsche Heide

Don Francisco Fabián y Fuero (1719–1801), geboren in Terzaga in Spanien, studierte in Alcalá Theologie. In Sigüenza promovierte er und wurde 1744 zum Priester geweiht. Später wurde er zum Rektor dieser Universität bestimmt. Dieses Amt tauschte er 1765 nach seiner Versetzung nach Mexiko mit der Würde des Bischofs von Puebla de los Ángeles. 1773 holte man ihn nach Spanien zurück und erhob ihn zum Erzbischof von Valencia. Dort richtete er einen botanischen Garten ein, in dem er auch Pflanzen aus Amerika kultivieren ließ.

Ferraria

Giovanni Battista Ferrari SJ (1584–1655) stammte aus Siena, trat in den Jesuitenorden ein und wurde ein hochangesehener Orientalist. Als Professor für Hebräisch gehörte er zu den Spitzenvertretern seines Faches. Neben seiner Gelehrsamkeit besaß Ferrari auch eine glänzende Rednergabe. Seine Predigten waren berühmt, wurden gesammelt und 1625 in Mailand gedruckt. Die Berufspflichten an der Universität Siena ließen ihm aber noch Zeit, sich botanischen Themen zu widmen. So verfaßte er ein Werk über das Züchten von Blumen, das mit dem Titel »De florum cultura« 1633 in Rom erschien. Eine weitere botanische Schrift über die Quittenzucht veröffentlichte er 1646. Er verstarb in Siena.

Ficinia

Heinrich David August Ficinus (1782–1857) wurde in Dresden geboren und trat mit 13 Jahren als Lehrling in die väterliche Mohren-Apotheke ein. In Kamenz, Prag und Breslau absolvierte er die Gehilfenzeit. Ab 1803 studierte er in Berlin am Collegium Medico-Chirurgicum Medizin. 1804 bestand er in Dresden die Apothekerprüfung und setzte 1805 in Wittenberg sein Studium fort, wo er auch zum Doktor der Medizin promovierte. Er kehrte nach Dresden zurück und ließ sich als praktischer Arzt nieder. Die dortige Medizinisch-Chirurgische Akademie ernannte ihn 1814 zum Professor für Physik. Drei Jahre später holte man ihn als Professor für Naturkunde und Arzneimittellehre an die der Akademie angeschlossene Tierarztschule. Die Übernahme der väterlichen Apotheke 1822 hielt ihn nicht davon ab, von 1828 bis 1833 auch noch an der Technischen Bildungsanstalt zu unterrichten. 1818 ehrte ihn die berühmte Academia Leopoldina mit der Mitgliedschaft. Seine 1807–1808 erschienene »Flora der Gegend um Dresden« war wahrscheinlich der Auslöser für die Benennung einer Cyperaceen-Gattung mit seinem Namen.

Fitchia

Walter Hood Fitch (1817–1892) absolvierte in einer Glasgower Firma eine Ausbildung zum Stoffgestalter. Sir William Hooker (>*Hookera*), der zu dieser Zeit an der Universität in Glasgow den Lehrstuhl für Botanik innehatte, lernte den begabten Zeichner kennen, war beeindruckt von seinem großen Talent und bot ihm eine Stellung an. Als Hooker 1841 zum Direktor der Royal Kew Gardens aufstieg, nahm er ihn mit. Im »Botanical Magazine« wirkte Fitch von 1834 bis 1877 als künstlerischer Mitarbeiter, und die fast 1.000 hervorragenden Abbildungen von seiner Hand trugen nicht wenig zum Ansehen der Zeitschrift bei. Er beherrschte nicht nur die Techniken des Zeichnens und Kolorierens, sondern auch die Lithographie. Mit unglaublich sicherem Strich zeichnete er auf die Steinplatten. Von seiner

Manier, die Konturen mit der Feder oder der Lithographentinte zu betonen, wechselte er in späteren Jahren auf den Gebrauch der Kohle über, wodurch die Abbildungen eine gewisse Härte verloren. Auch dem Nachfolger im Direktorat der Kew Gardens, Sir Joseph Hooker (>*Hookerella*), diente Fitch mit größtem künstlerischen Einsatz. Er war der erste, der es verstand, die getrockneten Pflanzen des Herbars in natürliche, lebensechte Porträts zu verwandeln. Mit großem Einfühlungsvermögen schuf er von den Feldskizzen der Botaniker vollendete Abbildungen. Dies zeigte sich besonders eindrucksvoll an den Illustrationen zu den »Rhododendrons of Sikkim-Himalaya« von Sir Joseph Hooker. Besonders reizvoll für den floristisch interessierten Hobbymaler sind seine Anleitungen zum Pflanzenzeichnen, die er 1869 im »Gardener's Chronicle« veröffentlichte. Mit vielen Tips beschreibt er seine Technik und ermuntert den Adepten zum Versuch. 1879 bat Hooker beim Premierminister um eine finanzielle Anerkennung seines Künstlers. Als dieser nicht so recht anbiß, verwies Hooker sehr geschickt auf die berühmten Lithographien, die Fitch von der bekannten *Victoria* (>) *regia* gefertigt hatte. Dieser versteckte Hinweis auf das britische Nationalgefühl verfehlte nicht seine Wirkung. Fitch erhielt eine jährliche Pension von 100 Pfund. Nach seinem Tod setzte sein Neffe John Nugent Fitch (1840–1927) als Illustrator für das »Botanical Magazine« das Werk des Onkels fort. In den Lithographien für die »Illustrations of the New Zealand Flora« (1914) nach den Zeichnungen von Mathilda Smith (>*Smithianta*) stellte der Neffe die Beherrschung auch dieser Technik unter Beweis.

Flemingia

John Fleming (1747–1815) studierte Medizin und promovierte in Edinburgh. 1768 wurde er von der britischen East India Company zum Chef des Medizinischen Dienstes in Bengalen ernannt. Fleming publizierte in verschiedenen Fachzeitschriften und schuf einen Katalog indischer Medizinalpflanzen und Drogen, der 1810 in Kalkutta erschien und ins Niederländische und Deutsche übersetzt wurde. 1813 kehrte Fleming nach England zurück und verstarb zwei Jahre später in London.

Fockea

Gustav Woldemar Focke (1810–1877) kam in Bremen zur Welt. Schon während der Schulzeit befaßte er sich mit botanischen Untersuchungen. In Heidelberg begann er 1830 mit dem Medizinstudium, wobei er sich besonders für die Botanik und mikroskopische Untersuchungen interessierte. 1833 bestand er mit einer Arbeit über die Atmung der Pflanzen das Doktorexamen. In Wien, Berlin und Halle vervollständigte er seine ärztliche Ausbildung. In Berlin lernte er Ehrenberg (1795–1876) kennen, der durch seine Systematik pflanzlicher und tierischer Mikroorganismen und als Begründer der Mikropaläontologie Berühmtheit erlangte. Focke reifte in seinen mikroskopischen Studien durch den Einfluß Ehrenbergs zu einem Meister ersten Ranges. 1836 ließ er sich in seiner Vaterstadt als Arzt nieder. Seine nicht sehr umfangreiche Praxis ließ ihm genügend Zeit für mikroskopische Studien. 1847 begann er mit der Veröffentlichung seiner »Physiologischen Studien«. 1860 nahm ihn die ehrwürdige Leopoldinische Akademie in Halle in ihre Reihen auf. 1863 wurde Focke zum Mitglied des Bremischen Gesundheitsrates ernannt. 1864 trat er als Gründungsmitglied dem Bremer Naturwissenschaftlichen Verein bei und übernahm bald dessen Vorsitz. Eine ganz andere Facette im Leben dieses talentierten Naturforschers war seine Beschäftigung mit der Astronomie. Als Enkel seines Großvaters Olbers (1758–1840), eines Pioniers der Kometenforschung, erlernte er die Handhabung astronomischer Instrumente und konnte durch seine Fertigkeit zu dessen Beobachtungen beitragen. Focke verstarb in seiner Geburtsstadt.

Fontanesia

s. unter ***Desfontainia***

Fordia

Charles Ford (1844–1927) regte in Hongkong die Aufforstung des Umlandes an und setzte 1879 als Superintendent die Einrichtung eines botanischen Gartens durch. 1882 beauftragte ihn die britische Regierung mit dem Sammeln von Kassia-Setzlingen. Ford gelang es, etwa 1.700 junge Kassiapflanzen von Kanton (Guangzhou) aus nach Hongkong zu bringen und zu kultivieren. In den folgenden Jahren erforschte er auf mehreren ausgedehnten Expeditionen die chinesische Bergwelt. Von diesen Unternehmungen und Exkursionen nach Formosa (Taiwan) versorgte er reichlich die Kew Gardens in England mit lebenden chinesischen Pflanzen. Außer einem umfassenden Katalog des Pflanzenbestandes im Botanischen Garten von Hongkong verfaßte Ford mehrerer Mitteilungen über chinesische Medizinalgewächse.

Forstera

Johann Reinhold Forster (1729–1798) und sein Sohn Johann Georg Adam Forster (1754–1794). Vater Forster stammte aus Dirschau bei Danzig und war zunächst Pfarrer, bevor er seine Liebe zu den Naturwissenschaften entdeckte. 1765 bereiste er Rußland, und 1772 bis 1775 nahm er an der zweiten Cookschen Weltumseglung teil. Sein herrischer Charakter ließ ihn als Tyrannen seiner Familie erscheinen. Auch Vorgesetzte und Kollegen stieß er oft vor den Kopf, was sein Sohn immer wieder leidlich ausbügeln mußte. Ewig in Geldnot und wiederholt im Schuldturm, fristete der ehemals gefeierte Weltumsegler sein Dasein. Zeitweilig lebte er von einer Professur für Naturwissenschaften und für die Sprachen Deutsch und Englisch in Warrington in England. 1780 holte ihn Friedrich II. von Preußen als Professor für Naturwissenschaften an die Universität in Halle. Der König nannte den Weltreisenden einen »erzgroben Kerl«, weil Forster ihn mit den nicht gerade schmeichelhaften Worten: »Ich habe bereits fünf Könige gesehen, drei wilde, zwei zahme, aber keinen wie Eure Majestät!« begrüßt hatte. 1798 starb Reinhold Forster in Halle. Sein Sohn Georg wurde in Nassenhuben bei Danzig geboren, wo sein Vater damals Pfarrer war. Der Wunsch Reinhold Forsters, seinen Sohn auf die Cooksche Weltumseglung mitnehmen zu dürfen, war ihm gewährt worden. Nach seiner Rückkehr wurde Georg 1778 zum Aufseher über das Naturalienkabinett und die Antikensammlung des Landgrafen in Kassel ernannt und durfte als Professor am Collegium Carolinum Naturkunde lehren. Diese Ämter brachten aber nur wenig ein, so daß er ohne Zögern 1784 einen Ruf an die damals polnische Universität in Wilna (heute Vilnius/Litauen) annahm. Er sollte nicht nur Vorlesungen über Naturkunde halten, sondern auch noch als Fachberater beim Aufbau der Bergwerke und Forstbetriebe einen gesicherten Posten bekommen. Dieses Unternehmen wurde jedoch eine große Enttäuschung. Das Vorlesungspublikum bestand aus wenigen, nichtinteressierten Studenten, von der Stelle als Fachberater war nicht mehr die Rede. Hinzu kam eine trostlose Umgebung, die die Qual dieser unbefriedigenden Tätigkeit nur noch steigerte. Als ihm 1787 von der Zarin angeboten wurde, mit Kapitän Mulowsky die Welt zu umsegeln, war er sofort einverstanden; welch ein Glück, die Südsee, Tahiti, die Osterinseln wiedersehen zu dürfen! Doch dieser Traum war bald ausgeträumt. Der Krieg mit den Türken brach aus, und die Expedition wurde abgesagt. 1788 erreichte ihn ein Angebot aus Mainz. Der Kurfürst und Erzbischof Friedrich Karl Joseph von Erthal, ein liberaler und aufgeschlossener Potentat, bot ihm die Verwaltung der Universitätsbibliothek und die Professur für Naturgeschichte an. Froh, die düstere und einsame Zeit in Wilna beenden zu können, siedelte er nach

Mainz über. Noch einmal durfte er glückliche Tage erleben, als er mit Alexander von Humboldt (>) 1790 eine Reise auf dem Rhein bis nach Holland und weiter über England nach Frankreich unternehmen konnte. 1792 kapitulierte Mainz vor der französischen Revolutionsarmee. Nach dem Muster in den französischen Städten gründeten auch die Mainzer Bürger einen Klub der »Freunde der Freiheit und Gleichheit«. Die Ideen der großen Revolution fielen bei Forster auf einen fruchtbaren Boden. Als 1793 in Mainz ein Nationalkonvent, der für eine Rheinische Republik eintrat, ins Leben gerufen wurde, bestimmte man ihn zum Vizepräsidenten. Als herausragendes Mitglied einer Mainzer Abordnung der Revolutionsfreunde reiste er nach Paris. In einer Nachtsitzung des Jakobinerklubs hielt er eine Rede und berichtete über die Konstitution der Rheinischen Republik. Mit dem Einverständnis Robespierres schickte ihn der Wohlfahrtsausschuß als Kommissar zusammen mit einem zweiten Mann, der wahrscheinlich sein Überwacher war, zur Revolutionsarmee an die Nordfront. Am Ende des Schreckensjahres der Revolution kehrte er voller Zweifel und niedergeschlagen nach Paris zurück. Eine Brustfellentzündung fesselte ihn ans Bett, und Anfang Januar 1794 machte in seiner schäbigen Pariser Dachkammer ein Schlaganfall dem Leben dieses ungewöhnlichen Mannes ein Ende. Als Naturwissenschaftler hatten die beiden Forsters eine immense Ausbeute an Pflanzen, Mineralien und zoologischen Objekten von der Cookschen Expedition mitgebracht. In ihren Tagebüchern berichten sie über Wasserströmungen und andere hydrographische Untersuchungen. Der jüngere Forster beschrieb 1777 in »A Voyage round the World« ihr Cooksches Abenteuer. Das Werk brachte ihm zahlreiche wissenschaftliche Ehrungen ein, so die Aufnahme (mit kaum 23 Jahren!) in die Royal Society zu London. Unter dem Titel »Reise um die Welt, während den Jahren 1772 bis 1775« erschien eine deutsche Ausgabe. Georg Forsters Persönlichkeit erscheint auch jetzt noch vielen seiner Biographen und Kritiker als ambivalent. Die Doppelfigur des bewunderten Weltumseglers und des revolutionären Jakobiners läßt ihn je nach (einseitiger) Sichtweise für die einen als interkulturellen, aufgeklärten Naturkundler und für die anderen als kosmopolitischen Weltbürger erscheinen. Vielleicht aber liegen bei einer unvoreingenommenen Betrachtung die beiden Wesensformen Georg Forsters im Kern gar nicht auseinander?

Forsythia

Forsythie, Goldflieder, Goldglöckchen

William Forsyth (1737–1804), geboren in Old Medrum, Aberdeen, wurde Gärtner und betreute ab 1763 einen Garten in Syon. Von 1771 bis 1784 arbeitete er im Apothecary's Garden in Chelsea (London). Er legte den ersten Felsengarten in England an, wozu er sich alte Steine vom Tower in London und Lavabrocken aus Island, die Sir J. Banks (>) von seiner Expedition mitgebracht hatte, holte. Als Spezialist für die Kultivierung von Obst- und Forstgehölzen veröffentlichte er 1791 ein Buch über deren Krankheiten, dem 1802 eine Abhandlung zu ihrer Behandlung folgte. 1784 wurde Forsyth von König Georg III. zum Oberaufseher der königlichen Gärten in St. James und Kensington ernannt. Der Baumbestand in Kensington war in einem ziemlich traurigen Zustand. Forsyth mußte die Bäume weitgehend beschneiden. Zur Abdekkung der Wundflächen erfand er ein Pflaster, das aus Kuhdung, Leim, Holzasche, Sand, Seife und Urin zusammengebraut war. Voreiligerweise propagierte er das Pflaster als ein Wundermittel, veröffentlichte ein Buch über sein »Plaister« und forderte obendrein noch 1.500 Pfund für seine Erfindung. Die angesehenen Gründungmitglieder – darunter auch John Wedgwood, der Sohn des Erfinders des gleichnamigen Porzellans – der Horticultural Society, die durch ein Privileg König Georg III. ab 1810 ihrem Namen »Royal« voranstellen durfte, waren so beeindruckt, daß sie Forsyth zur Gründungsveranstaltung einluden. Aber es fehlte auch nicht an ernstzunehmenden Kritikern, die sein Pflaster schlicht als Schwindel bezeichneten. Einem drohenden Eklat entzog sich William Forsyth, indem er nur wenige Monate nach Gründung der Gesellschaft im Juli 1804 verstarb.

Fortunella

Kumquat

Robert Fortune (1812–1880) aus Blackadder Town, Berwickshire, arbeitete als Gärtner zuerst am Botanischen Garten in Edinburgh und ab 1842 bei der Royal Horticultural Society in Chiswick. Diese Gesellschaft schickte ihn 1843 als Pflanzensammler nach China. Man hatte ihm speziell eingeschärft, auf der Rückreise besonders die Wardschen Behälter im Auge zu behalten. Dies waren ungemein nützliche Transportkisten, eine Erfindung des Londoner Arztes Nathaniel Bagshaw Ward. Durch Zufall hatte der bemerkt, daß sich Pflanzen in einem verschlossenen Glasbehälter ohne weitere Pflege über längere Zeit halten lassen. Das mit den Wurzeln aus einem feuchten Substrat aufgenommene Wasser wird über die Blätter wieder abgegeben, schlägt sich an dem Glas nieder und rinnt zurück in das Substrat. Dr. Ward überprüfte seine Entdeckung über Jahre und publizierte 1834 seine Erfindung, die das Verschicken der Pflanzen von einem Kontinent zum anderen geradezu revolutionierte, so daß man sogar von einer prä- und post-Wardschen Ära sprechen kann. Fortune traf 1843 in Hongkong ein. Als Brite war er nach dem 1842 beendeten Krieg mit England um die Führung im Opiumhandel kein gerngesehener Besucher im Reich der Mitte. Von Hongkong segelte er in Richtung Shanghai, geriet aber in ein Unwetter und mußte mit zerfetzten Segeln zurückkehren. Während das Schiff überholt wurde, machte er einen Landausflug. Unterwegs bedrohte ihn eine Räuberbande, die ihm seine gesammelten Pflanzen abnahm und sie in alle Winde zerstreute. In Ning-Po studierte er eingehend die Kultivierung des Teestrauches. Die gepriesene Schönheit der Frauen von Suchow (Suzhou) reizte ihn, diesen Ort zu besuchen, in dem er aber als Fremder nichts zu suchen hatte. So ließ sich Fortune als Chinese verkleidet auf das Abenteuer ein, wurde aber bestohlen und war von der Schönheit der Damen arg enttäuscht. 1845 reiste er nach Manila und sammelte eifrig Orchideen. Auf der Rückreise geriet er unter Piraten, die er aber – obwohl fieberkrank – beherzt in die Flucht schlug. Von Hongkong kehrte er 1846 mit 18 Wardschen Kisten, die 250 lebende Pflanzen enthielten, nach England zurück. Bemerkenswerterweise waren nur 35 Pflanzen während des Transports eingegangen. Sein Bericht über seine Wanderjahre in China, der schon ein Jahr später erschien, wurde ein Bestseller. In den folgenden Jahren reiste Fortune noch mehrmals als Pflanzensammler nach China. Seinen Auftraggebern, unter denen auch das amerikanische Patentamt war, brachte er umfangreiche Kollektionen, vor allem Rhododendron-Keimlinge, mit. Nach Indien brachte er Keimlinge und Pflanzen der besten chinesischen Teesorten. Zwischendurch schrieb er weitere Bücher über seine Reisen. Fortune verstarb 1880 in London in Wohlstand, den er mit seinen Büchern und dem Verkauf von asiatischen Antiquitäten und Kuriositäten erworben hatte.

Fothergilla

Federbuschstrauch

John Fothergill (1712–1780) wurde in Carr End, Yorkshire, geboren und studierte Medizin. 1736 erhielt er in Edinburgh sein Doktorat. Nach wissenschaftlichen Reisen durch Flandern, Deutschland und Frankreich ließ er sich 1740 in London nieder. Während der schweren Diphtherie-Epidemie 1746–48 setzte er anstelle von Aderlässen und Abführmitteln eine erfolgreiche Therapie mit verdünnten Mineralsäuren und Brechmitteln in kleinen Dosen ein. Seine Erfolge bescherten ihm eine goldene Praxis, deren Einnahmen er für wohltätige

Zwecke und die Förderung der Naturwissenschaften ausgab. Die Royal Society nahm ihn 1753 als Mitglied auf. 1762 kaufte er Land in Upton, Essex, und legte einen botanischen Garten an. Auf floristischem Gebiet wurde er besonders durch seine Ratschläge für einen sicheren Pflanzentransport aus Übersee bekannt. Er empfahl, die Gewächse in eine offene Kiste zu setzen, die mit einem Bambusgerüst mit einer Segeltuchbespannung versehen ist. Je nach Wetterlage könnte man dann das Segeltuch lüften oder zuziehen. Eine elegantere Lösung des Problems wäre aber der Transport in Kisten mit einem Schiebedeckel aus Glas. Grundsätzlich jedoch, riet Fothergill, der offenbar auch mit einem bemerkenswerten Realitätssinn ausgestattet war, müsse man die Fürsorge für das Transportgut durch die Bestechung des Kapitäns, der Offiziere und der Mannschaft sichern. Fothergill gehörte auch zu dem Syndikat, das zusammen mit Banks (>) und anderen William Brass (>) als Pflanzensammler an die Goldküste schickte.

Fouquieria (**Idria*)

Pierre Éloy Fouquier (1776–1850) entstammte einer angesehenen Bauernfamilie in der Nähe von St. Quentin. In Meaux begann er mit einer Ausbildung zum Chirurgen, dehnte das Studium auf die Gesamtmedizin aus und erhielt 1801 die Zulassung zum Arztberuf. Ein Jahr darauf bestand er das Doktorexamen. Als Schüler des großen französischen Klinikers Corvisart (1755–1821) beschritt auch Fouquier mit viel Erfolg neue Wege in der Heilkunst, was ihm 1817 die Berufung zum Nachfolger seines Lehrers an die Pariser Charité einbrachte. Besonderen Wert legte er auf die Verbesserung des klinischen Unterrichts, wozu auch die Unterweisung im Gebrauch des Hörrohrs, des Stethoskops, gehörte, das 1816 sein Kollege Laennec (1781–1826) erfunden hatte. Fouquier wurde bald gerühmt für seine sicheren und zutreffenden Diagnosen. In zahlreichen Abhandlungen befaßte er sich mit der Wirkungsweise des Eisenhutes, des Opiums, der Brechnuß und vieler anderer Medikamente. Mit peinlicher Genauigkeit betrat und verließ er täglich zur gleichen Stunde das Krankenhaus. Nach der Julirevolution 1830 berief ihn König Louis Philippe zum Leibarzt. 1832 und 1849 wurde Fouquier für seinen unerschrockenen ärztlichen Einsatz während der Cholera ausgezeichnet. 1838 ernannte man ihn zum Offizier und 1847 zum Kommandeur der Ehrenlegion. 1848 veränderte jedoch die Revolution seine bisher stets gerühmte Herzlichkeit, Heiterkeit und seinen fast stoischen Gleichmut. Die Paris erschütternden Aufstände, blutigen Straßenkämpfe und das Schicksal der königlichen Familie, mit der er freundschaftlich verbunden war, setzten ihm hart zu. Persönliche Schicksalsschläge, insbesondere der Verlust seiner Frau, nahmen ihm den Lebensmut, und im Alter von 74 Jahren verstarb Fouquier in Paris.

**Fourcroya* (*Fourcraea*)
Fourcroye

Antoine François de Fourcroy (1755–1809), in Paris geboren, verlor früh seine Eltern und wurde von seinen Schwestern aufgezogen. Den quälenden Schulbesuch brach er mit kaum 14 Jahren ab und versuchte, mit Kompositionen und Theaterstücken sein täglich Brot zu verdienen – allerdings mit wenig Erfolg. So wechselte er als Angestellter in die Welt des Handels. Fourcroy logierte zu dieser Zeit bei einem Freund seines Vaters, dem Mediziner Vicq d'Azyr, der ihn ermunterte, Medizin zu studieren. Der junge Fourcroy stürzte sich mit Feuereifer auf das Studium. Zwei Jahre später bereits glänzte er mit einer medizinischen Abhandlung. Er besuchte besonders interessiert die Chemievorlesungen von Professor Buquet, der ihn bald zu seinem Assistenten machte. Fourcroy durfte Vorlesungen und Kurse abhalten. Die Klarheit seiner Ausführungen, die Präzision seiner Demonstrationen und die

Wärme seines Vortrags zogen zahllose Hörer ins Amphitheater. Mitglieder des Hofes, Prinzen und ausländische Gelehrte bewunderten die Eloquenz, mit der er selbst schwierige Zusammenhänge und Theorien verständlich darstellen konnte. Der große Buffon (>) vertraute ihm 1784 den Lehrstuhl für Chemie am Jardin du Roi an. Ein Jahr später wurde er zum Mitglied der Académie des Sciences gewählt. 1786 und 1787 erarbeitete er zusammen mit Lavoisier, Monge, Berthollet (>) und anderen Wissenschaftlern eine grundlegend neue chemische Nomenklatur. In der Revolutionszeit übernahm er von 1789 bis 1792 in verschiedenen Sektionen ehrenvolle Ämter. 1792 wählte man ihn in den Nationalkonvent. Seinen Sitz nahm er aber erst ein Jahr später, lange Zeit nach der Verurteilung Ludwigs XVI., ein. Um den Preis seines Kopfes hielt er sich von den Ausschreitungen der Schreckenszeit fern und engagierte sich lediglich im Komitee für die Volksaufklärung. Und wenn er die Rednertribüne bestieg, dann befaßte er sich nur mit Fragen der öffentlichen Verwaltung. Für proskribierte Wissenschaftler und Künstler setzte er sich mutig ein und konnte vielen das Leben retten, leider nicht Lavoisier. Fourcroy vermochte oder wagte es nicht, seinen großen Kollegen vor dem Schafott zu bewahren. Nach dem Ende der Schreckensherrschaft wurde ihm sein Verhalten als verbrecherische Schwäche vorgeworfen. Diese gemeine Unterstellung vermochte auch nicht sein feuriges Bekenntnis am 15. Thermidor des Jahres IV aus der Welt zu schaffen: »Man beschuldigt mich seines Todes, mich, seinen Freund, seinen Bewunderer, mich, der ihn verteidigte, der ihn beweinte, der ihn bei jeder Gelegenheit in der Öffentlichkeit lobte! Welch schreckliche Verleumdung!« Als Mitglied des Wohlfahrtsausschusses reorganisierte er die École Polytechnique, gründete mehrere Medizinschulen und kümmerte sich um das Unterrichtswesen. Nach Auflösung des Nationalkonvents wurde er in den Ältestenrat berufen, dem er zwei Jahre angehörte. Dann zog er sich ins Privatleben zurück und widmete sich seinen wissenschaftlichen Studien. Unter Napoleon übernahm er als Generaldirektor mit größtem Erfolg die Organisation des Unterrichtswesens. Die Ausarbeitung der Hochschulstatuten hatte ihn fünf Jahre beschäftigt und eigentlich für das Amt des Grandmaître der Universitäten profiliert. Doch der Kaiser verlieh einem anderen diese Auszeichnung. Im Dezember 1809, am selben Tag, an dem Napoleon diese peinliche Fehlentscheidung durch die Ernennung zum Grafen des Kaiserreiches, verbunden mit einer Dotation von 20.000 Francs, wiedergutmachen wollte, verstarb Fourcroy.

Francoa

Francisco Franco (16. Jhd.) stammte aus San Felipe de Játiva in der Nähe von Valencia und studierte an der Universität in Alcalá de Henares Medizin, wo er nach dem Examen einen Lehrstuhl übernahm. Später bekam er in Portugal an der Universität von Coimbra eine Professorenstelle. Der portugiesische König Johann III. machte ihn zu seinem Leibmedicus. Doch als der mit der Inquisition zusammenhängende Sinneswandel des Königs zu einer Abschottung Portugals gegen alles Ausländische führte, mußte auch Franco das Land verlassen. 1555 berief ihn die Universität Sevilla auf einen Lehrstuhl für Medizin. Die Stadt verdankt ihm auch die Gründung eines botanischen Gartens, der auf Anweisung König Philipps II. nach dem Muster des Gartens in Aranjuez angelegt werden sollte. Mehrere Reisen führten ihn durch Europa. Franco befaßte sich besonders mit Infektionskrankheiten und deren Therapie, worüber er ausführlich 1569 berichtete. Eine ganz wichtige Empfehlung betraf die Einhaltung einer speziellen Diät. Während einer Pestepidemie riet er zum damals als Wundermittel betrachteten Bezoarstein, einem steinartigen Konkrement, das sich im Magen von Wiederkäuern, besonders Ziegen, findet. Als Gemüse mit wirksamer Heilkraft propagierte Franco die Schwarzwurzel. In einer weiteren bekannten Abhandlung von 1569 schrieb er über den Schnee und seine Anwendung zu therapeutischen Zwecken.

Freesia
Freesie

Friedrich Heinrich Theodor Freese (1799–1876) wurde in Schleswig geboren, studierte Medizin und lebte bis zu seinem Tode in Kiel. Als Arzt und Geburtshelfer übte er eine beliebte und vor allem von der ländlichen Bevölkerung gut besuchte Praxis aus. Dem Pflanzenliebhaber und Hobbybotaniker Freese galt die Ehrung mit der Übertragung seines Namens auf die zierliche Wildpflanze – ein Schwertliliengewächs – aus den Hochebenen um Kapstadt durch den Fachbotaniker Friedrich Wilhelm Klatt (1825–1897).

Fremontodendron *(*Fremontia)*

John Charles Frémont (1813–1890) stammte aus Savannah (Georgia) und soll bereits mit 17 Jahren verblüffende Kenntnisse in Geometrie und Algebra gehabt haben. In Charleston (South Carolina) studierte er Ingenieurwissenschaften und arbeitete anschließend hauptsächlich im Dienste von Eisenbahngesellschaften. 1838 wurde er im Rang eines Leutnants Bediensteter der staatlichen Topographischen Abteilung. Frémont übernahm Forschungsaufträge in das westliche Nordamerika bis an die Pazifikküste. In Begleitung seiner Frau durchreiste er mit einem Planwagen den Wilden Westen und studierte die Geologie und Zoologie der unbekannten Regionen. Die Erforschung der Sitten und Gebräuche der Indianer war ein weiterer Schwerpunkt seiner wissenschaftlichen Interessen. Als aufmerksamer Naturbeobachter entdeckte er in der Mojawe-Wüste mehrere unbekannte Pflanzenspezies. In den Berichten seiner Expeditionen 1842 in die Rocky Mountains und 1843 bis 1844 in die Oregon-Region und den Norden Kaliforniens liest man von Büffeljagden, schneeverwehten Pässen, sengenden Wüsten und abenteuerlichen Erlebnissen. Seine kartographischen Aufzeichnungen dienten als wesentliche Ansatzpunkte für die spätere Landerwerbung durch die USA. Eine dritte Expedition 1845 galt der Erkundung der zentralen Regionen Kaliforniens. Danach nahm er im Range eines Oberstleutnants seinen Abschied. 1850 und 1851 vertrat er als Senator Kalifornien. 1848 und 1853 führte er für ein Kapitalistenkonsortium und seinen Schwiegervater einen Forschungsauftrag an der pazifischen Küste aus, der der geographischen Erkundung für die Trassierung einer Eisenbahnlinie galt. Frémonts Popularität in den USA war so bedeutend, daß ihn die Republikaner 1856 zum Kandidaten für das Amt des Präsidenten nominierten. Im Sezessionskrieg 1861 bis 1865 diente er als Generalmajor der Unionsstaaten in der Mississippi-Armee. 1864 wurde er nochmals von den Republikanern für das Präsidentenamt vorgeschlagen. Von 1878 bis 1883 war er Gouverneur von Arizona. In den letzten Lebensjahren verarmte er wegen Fehlspekulationen im Eisenbahngeschäft. 1890 verstarb John Charles Frémont, einer der bedeutendsten nordamerikanischen Forschungsreisenden, in New York.

Frenela *(Callitris)*
Zypressenkiefer

Augustin Jean Fresnel (1788–1827), in der Nähe von Bernay in Frankreich geboren, war ab 1806 als Straßen- und Brückenbauingenieur tätig. Er war als Royalist bekannt und wurde deshalb 1815 nach der Rückkehr Napoleons von der Insel Elba entlassen. Doch schon 1816 holte man ihn wieder zurück und ernannte ihn noch zusätzlich zum Sekretär bei der Kommission für Leuchttürme. Doch nicht diese Tätigkeit begründete seine weltweite Bekanntheit. Fresnel beschäftigte sich nämlich nebenher mit der optischen Physik. Er entdeckte bei Interferenzversuchen die Wellennatur des Lichtes und berichtete 1815 darüber mit einer mathematisch exakt formulierten Abhandlung. Es gelang ihm als erstem, Lichtwellenlängen zu bestimmen. Mit dem Physiker D. F. J. Arago zusammen untersuchte er die Phänomene der Doppelbrechung und Polarisation. Beim Übergang von Licht in ein anderes Medium werden Anteile in einem bestimmten Verhältnis gebrochen, reflektiert oder polarisiert, worüber wir uns in den Fresnelschen Formeln unterrichten können. 1821 entwickelte er die Stufen- oder Zonenlinse. Diese heute auch aus Kunststoff billig herstellbare Linse mit geringem Gewicht wird bei Leuchtfeuern und in Scheinwerfern verwendet. 1823 wurde er mit der Aufnahme in die Académie des Sciences geehrt. Fresnel verstarb in Ville d'Avray bei Paris.

Fresenia

Johann Baptist Georg Wolfgang Fresenius (1808 bis 1866) stammte aus Frankfurt am Main und studierte ab 1826 in Heidelberg und Gießen Medizin. Nach seiner Promotion ließ er sich als praktischer Arzt in Frankfurt nieder und übernahm noch das Amt des Armenarztes. Fresenius hatte sich aber auch als Botaniker einen Namen gemacht, was 1831 zum Eintritt als Lehrer der Botanik am Senckenbergischen Institut in Frankfurt führte. Zum hundertjährigen Bestehen der Senckenberg-Stiftung erhielt er 1863 den Professorentitel. 1834 veröffentlichte Fresenius »Beiträge zur Flora von Ägypten und Arabien« und 1837 bis 1845 »Beiträge zur Flora von Abyssinien«.

Freycinetia

Louis-Claude de Saulces de Freycinet (1779–1842), geboren in Montélimar, wurde Marineoffizier, bekam 1803 das Kommando über die Goelette »Casuarina« und wechselte bald auf die Korvette »Géographe« über, auf der er unter dem Kommando von Nicolas Baudin seine erste Entdeckungsreise unternahm, die ihn an die Küsten Neuhollands (Australien) führte. 1811 wurde er zum Fregattenkapitän ernannt und übernahm das Kommando über die Korvette »Uranie«. 1817 lief diese von Toulon zu einer Expedition in die südlichen Gefilde des Globus aus. Der Auftrag umfaßte Untersuchungen zum Erdmagnetismus und zur Meteorologie. Delikaterweise, ein Kuriosum für ein Kriegsschiff, befand sich seine frischangetraute Frau im Matrosenkostüm mit an Bord. Nachdem man Teneriffa passiert hatte, bediente sich Madame Freycinet wieder ihrer weiblichen Kleidung und wurde von der ganzen Besatzung respektiert und geachtet. Die »Uranie« erreichte Rio de Janeiro, segelte weiter nach Süden, umfuhr das Kap der Guten Hoffnung und lief über die Inseln Mauritius und Bourbon schließlich die Insel Timor an, die Freycinet schon von seiner Expedition mit Baudin bekannt war. Unerfreuliche politische Zustände auf dieser Insel und das mörderische Klima veranlaßten ihn, zügig seine Untersuchungen durchzuführen und weiterzusegeln. Im Januar 1819 passierte er die Admiralitätsinseln und erreichte die Marianen, auf denen Material zur Erforschung von Flora und Fauna gesammelt wurde. Im Mai ankerte er an den Sandwich-Inseln. Die Weiterfahrt führte ihn an Neuseeland vorbei an die Küsten Feuerlands. Dort erlitt die »Uranie« in einem Unwetter Schiffbruch. Ausrüstung und Gepäck konnten aber gerettet werden. Mit einem mexikanischen Schiff, das in der Nähe vor Anker lag und das Freycinet beschlagnahmen konnte, segelte er nach Norden, warf einen Blick auf Montevideo und Rio und legte im November 1820 in Le Havre an. Seine drei Jahre dauernde Forschungsreise öffnete ihm die Pforte zur Académie des Sciences. Mit der Ernennung zum Kommandanten der Ehrenlegion trat er 1833 in den Ruhestand.

Fuchsia
Fuchsie

Leonhart Fuchs (1501–1566) wurde in Wemding im

Nördlinger Ries geboren und ging in Heilbronn zur Schule. Im Alter von zwölf Jahren war er bereits in der Artistenfakultät der Universität zu Erfurt als Student eingeschrieben. Nach fünf Jahren kehrte er in seine Heimat zurück und versuchte vergebens, mit der Einrichtung einer Lateinschule Erfolg zu haben. Enttäuscht wechselte er als Baccalaureus Artium an die Universität in Ingolstadt, einer katholischen Hochburg humanistischer Bestrebungen. 1521 erwarb er den Titel eines Magister Artium. Zur Erweiterung seiner Kenntnisse wandte sich Fuchs der Medizin zu und wurde 1524 in den Annalen der Universität als Doktor der Medizin geführt. Er war ein begeisterter Lutheraner, was aber in Ingolstadt bald nicht mehr besonders gern gesehen wurde. Deshalb begab er sich nach München, wo er zwei Jahre blieb und heiratete. Von seinen Kindern wurde der älteste Sohn Friedrich (1532–1604) auch Mediziner und versorgte seinen Vater aus Italien mit Pflanzen. Nachdem sich die Wogen der Religionsstreitigkeiten in Ingolstadt geglättet hatten, nahm Leonhart Fuchs dort den Lehrstuhl für Medizin an. Es folgten von 1528 bis 1535 wechselnde Aufenthalte zwischen Ingolstadt und Ansbach, wo er zeitweilig als Leibarzt für das Wohlbefinden des Markgrafen Georg des Frommen zu sorgen hatte. In dieser Zeit erwarb sich Fuchs bei der Bekämpfung einer grassierenden, »Englisches Fieber« genannten Infektionskrankheit große Verdienste. Wahrscheinlich durch die Vermittlung und Fürsprache Melanchthons bei Herzog Ulrich von Württemberg kam Fuchs 1535 als Medizinprofessor an die Universität Tübingen, wo er bis zu seinem Tode tätig war. In humanistischer Bildung groß geworden, setzte er sich vehement für eine Abkehr von der arabischen und eine Rückkehr zur griechischen Medizin ein. Neben vielen anderen Schriften verfaßte er, ein Kuriosum für die damalige Zeit, ein Lehrbuch der Medizin in Tabellenform, also ein auf die kürzeste Formel gebrachtes Kompendium, das bei Fachgenossen und Studenten reißenden Absatz fand. Leider war Fuchs gegenüber anderen Autoren überkritisch und unduldsam, was zu manch beleidigender Auseinandersetzung führte. So geriet er sich mit einem Königsberger Professor mit Namen Placotomus, der eigentlich Brettschneider hieß, nur deshalb in die Haare, weil ihn der in seinen Büchern nicht erwähnt hatte. Seine Selbstgefälligkeit ließ manche Freundschaft, wie die zu dem berühmten Anatomen Andreas Vesalius, in die Brüche gehen. Doch trotz dieser charakterlichen Schattenseiten gehört Leonhart Fuchs ohne Frage zu den ganz großen Wegbereitern der neuzeitlichen Botanik und wurde mit Recht »Vater der Botanik« genannt. Unter seinen zahlreichen Veröffentlichungen ist an erster Stelle das 1542 erschienene Pflanzenbuch »De historia stirpium commentarii« zu nennen, das ein Jahr später auch in deutscher Sprache als »New Kreütterbuch« herausgegeben wurde, weil die lateinische Ausgabe der Mehrzahl der Ärzte wenig verständlich war. Sicherlich spielten dabei aber auch ökonomische Erwägungen seines Verlegers eine wesentliche Rolle. Es ist ein prächtiges und großzügig ausgestattetes Werk. Ein Novum war eine nach dem Vorwort in alphabetischer Folge angeordnete Erklärung der Fachausdrücke. Das Werk umfaßt über 500 jeweils eine ganze Seite ausfüllende Abbildungen von hervorragender Qualität, was die inzwischen hochentwickelte Holzschneidekunst ermöglichte. So werden in diesem Werk die Künstler Heinrich Füllmaurer, Albrecht Meyer und Veit Rudolph Specklin mit Recht lobend hervorgehoben. Alle Pflanzen wurden mit ihrer Wurzel dargestellt. Gelegentlich ließ Fuchs Blüten und Früchte gesondert abbilden. Unter den zahlreichen, oft ihm freundschaftlich verbundenen Zulieferern von Pflanzen, Skizzen und Vorlagen für seine Veröffentlichungen verdient der in Bologna wirkende Botaniker Luca Ghini (1490–1556) besonders erwähnt zu werden. Die erste Art der Fuchsie wurde 1696 von dem Franziskanerpater Charles Plumier (>) in Amerika entdeckt und 1703 von ihm zu Ehren des großen Botanikers mit dem Namen *Fuchsia triphylla flore coccineo* benannt. Sie blieb lange Jahre die einzige bekannte Art ihrer Gattung und wurde erst 1788 in die europäischen Gärten eingeführt.

***Funkia** *(Hosta)*
Funkie

Heinrich Christian Funck (1771–1839) wurde – wie sein berühmter Zeitgenosse Jean Paul – in Wunsiedel im Fichtelgebirge geboren. Bereits während seiner Schulzeit in Hof zeigte er eine ausgesprochene Vorliebe für die Pflanzenwelt. Von 1789 bis1792 erlernte er in Regensburg in der Elefanten-Offizin die Apothekerkunst. Seine Bekanntschaft mit David Heinrich Hoppe (>) und eine Anstellung 1793 in Salzburg lösten seine Begeisterung für die Alpenflora aus. Bis 1830 besuchte er auf Hochgebirgsreisen die deutschen und schweizerischen Alpen. 1808 übernahm er in Gefrees in Oberfranken die seiner Mutter gehörende Apotheke. Seine Mitbürger verehrten ihn sehr und übertrugen ihm das Amt des Bürgermeisters. 1821 erhielt er einen Ruf an die Berliner Universität, den er aber ablehnte. 1834 verkaufte er die Apotheke, um sich ganz der Wissenschaft widmen zu können. Große Verdienste erwarb er sich als Kenner der Laubmoose. Als sein Hauptwerk ist »Cryptogamische Gewächse des Fichtelgebirges« zu nennen, das in fortlaufenden Heften von 1830 bis1838 erschien.
Als weiterer möglicher Namenspatron wird Ludwig Philipp Funke (1755–1807), ein Lehrer am Philanthropinum in Dessau und ab 1804 Rudolstädtischer Regierungsrat, genannt. Er verfaßte eine »Naturgeschichte und Technologie für Lehrer in Schulen und für Liebhaber dieser Wissenschaften«.

G

Galinsoga
Franzosenkraut, Knopfkraut

Mariano Martínez de Galinsoga (1766–1797) studierte in Madrid Medizin. 1789 ernannte man ihn zum Chirurgen der Provinz Valladolid und später zum Chefarzt der spanischen Armee. Sein guter Ruf als Arzt brachte ihm auch noch die Ernennung zum Leibarzt der Königin ein. Galinsoga wurde als Direktor des Botanischen Gartens und des Chemischen Laboratoriums in Madrid eingesetzt. Schließlich bekam er auch noch das Amt des Inspektors der Mineralquellen. Besondere Verdienste erwarb er sich mit der Einrichtung einer Medizinalschule in Madrid. Erst 31 Jahre alt verstarb Galinsoga in Toledo.

Galtonia
Riesenhyazinthe, Sommerhyazinthe

Sir Francis Galton (1822–1911) wurde in Birmingham geboren. Mit vier Jahren konnte er bereits lesen und rechnen. In Cambridge und London studierte er Medizin. 1845 unternahm er eine Reise nach Ägypten und Syrien. 1850 bis 1852 führte ihn eine Expedition nach SW-Afrika ins Damara- und Ovamboland. Die dort gesammelten Pflanzen überließ er den Kew Gardens in London. Nach einer großen Erbschaft wurde er finanziell unabhängig und Privatgelehrter. Er beschäftigte sich eingehend mit der Meteorologie und legte als erster Wetterkarten an. 1856 wurde er Mitglied der Royal Society. Um 1865 begann er, sich Problemen der Vererbung zuzuwenden. Auf Anregung seines Vetters Charles Darwin vertiefte er sich in dieses Gebiet und veröffentlichte 1869 ein Abhandlung über das Thema Genie und Vererbung. Er sammelte Fingerabdrücke und stellte ihre Unveränderlichkeit fest. 1893 berichtete er ausführlich über »Finger prints« und ihre Nutzung zur Personenidentifikation. Besonderen Wert legte Galton auf statistische Methoden. So trug er stets ein Stück Papier bei sich, in das er ein Loch stach, wenn ihm eine attraktive Frau begegnete. Mit diesem Verfahren meinte er nachweisen zu können, daß London und Aberdeen mit den schönsten Frauen gesegnet seien. 1904 gründete er ein Laboratorium für anthropometrische Messungen. Seine Vorstellungen über die Vererbung führten ihn unter dem von ihm geprägten Begriff Eugenik zu dem Schluß, durch Auslese die menschliche Rasse, insbesondere die weiße, veredeln zu können. Seine Theorie fiel nicht nur in den USA auf fruchtbaren Boden, sondern hat auch in Deutschland zu unseligen Ereignissen geführt. Galton wurde zwei Jahre vor seinem Tod in Haslemere, Surrey, geadelt. Der Universität in London vermachte er mit der Auflage, einen Lehrstuhl für Eugenik zu gründen, 45.000 Pfund.

Gardenia
Gardenie

Alexander Garden (1728–1791) wurde in Charleston in South Carolina geboren. Seine aus Schottland stammenden Eltern schickten ihn zur Ausbildung nach Europa. In Aberdeen und Edinburgh studierte er Medizin und Botanik. 1752 reiste er nach Charleston zurück und lehrte 1754 als Professor für einige Zeit in New York am King's College. 1755 ließ er sich nach seiner Heirat als Arzt in Charleston nieder. Neben der umfangreichen Arbeit in seiner Praxis fand Garden noch Zeit, sich intensiv mit botanischen und zoologischen Studien zu befassen. Mit Verblüffung registrierte er eine unglaubliche Ignoranz seiner amerikanischen Kollegen auf botanischem Gebiet, die nicht in der Lage wären, Sauerampfer von einem Kohlstrunk zu unterscheiden. Seine spätere Bekanntschaft mit den amerikanischen Botanikern Colden (>), Bartram (>)

und Clayton (>) milderte jedoch sein hartes Urteil. Auf Betreiben Linnés (>), dem Garden Pflanzen und zoologische Objekte nach Schweden geschickt hatte, wurde er 1763 in die Königliche Gesellschaft für Künste und Wissenschaften in Uppsala aufgenommen. Gern wäre er der hochangesehenen Royal Society in London beigetreten, doch die nicht unerhebliche Aufnahmegebühr von 21 Pfund überstieg zunächst seine finanziellen Möglichkeiten. Erst 1783 konnte er sich den Eintritt in diese illustre Gesellschaft leisten. Während des Unabhängigkeitskrieges ergriff Garden für England Partei und zog nach Anerkennung der Vereinigten Staaten von Amerika im Friedensvertrag von Versailles 1783 mit seiner Familie nach London. Durch seinen heiteren und offenen Charakter und seine angenehmen Umgangsformen erwarb er sich bald Ansehen und Respekt. 1785 erhielt er von der Universität in Glasgow die medizinische Doktorwürde. Die Royal Society ehrte ihn mit der Wahl zu ihrem Vizepräsidenten. 1791 verstarb Alexander Garden in London an Tuberkulose.

Gaultheria *(*Pernettya)*

Gaultherie, Rebhuhnbeere, Scheinbeere, Torfmyrte

Jean-François Gaulthier (1708–1756) stammte aus dem französischen Departement Manche, Region Basse-Normandie, und wurde Arzt. 1741 wurde er zum Königlichen Mediziner in Quebec in Kanada ernannt. Seine Kenntnisse erweiterte er durch ein intensives Studium der einheimischen Heilgebräuche. Damit verband er auch ein außerordentliches Interesse an der Botanik. So veranlaßte er die Sammlung kanadischer Pflanzen, die den Grundstock für einen botanischen Garten bildeten. Seine Vorliebe galt den Holzgewächsen, deren Eigenschaften und wirtschaftlich brauchbare Produkte er studierte. Die Ergebnisse veröffentlichte Gaulthier in mehreren Abhandlungen. Zu seinen botanischen Aufgaben gehörte auch die Versorgung des Jardin du Roi in Paris mit Exemplaren der kanadischen Flora. Als der schwedische Botaniker Pehr Kalm (>) Kanada bereiste, ließ es sich Gaulthier nicht nehmen, seinem Gast als Führer zu dienen. Ein weiteres Feld, um das er sich mit Eifer kümmerte, war die Meteorologie. 1742 organisierte er die erste Wetterstation in Kanada. Unterstützt wurde er dabei von keinem Geringeren als Réaumur (>), der ihn mit einem Thermometer versorgte, das besonders zur Messung tiefer Temperaturen geeignet war. Gaulthier beobachtete die Nordlichterscheinungen und entdeckte 1745 einen Kometen.

Gaylussacia

Joseph Louis Gay-Lussac (1778–1850) wurde Schüler an der École Polytechnique, wo er sehr bald die Aufmerksamkeit Berthollets (>) auf sich zog, der ihn mit seinem Wohlwollen und seiner Protektion unterstützte. Gay-Lussac befaßte sich nach Abschluß seiner Ausbildung mit der Theorie von der Ausdehnung der Gase. Er fand heraus, daß das Volumen einer Gasmenge beim Erwärmen auf 1°C um $^{1}/_{273,15}$ des Volumens bei 0 °C zunimmt (Gay-Lussacsches Gesetz). Zur weiteren Erforschung dieser physikalischen Gesetzmäßigkeit unternahm er am 6. Fructidor des Jahres XII nach dem Revolutionskalender einen Ballonaufstieg, der ihn in knapp 4.000 m Höhe brachte. Bei einem zweiten Aufstieg erreichte er fast 7.000 m. Beide Unternehmungen erbrachten nicht nur wichtige physikalische Erkenntnisse, sondern machten den jungen Forscher in der wissenschaftlichen Welt bekannt. So entwickelte sich auch eine Freundschaft mit Alexander von Humboldt (>), die zu einer gemeinsamen Studienreise von 1805 bis 1806 durch Frankreich, die Schweiz, Italien und Deutschland führte. Seine Untersuchungen und bahnbrechenden Erkenntnisse auf physikalischem und chemischem Gebiet brachten ihm zahlreiche Ehrungen ein. Er wurde 1808 zum Mitglied der Akademie der Wissenschaften und der Akademie der Medizin gewählt, erhielt eine Professur an der Sorbonne und an der

École Polytechnique und wurde zum Kommandanten der Ehrenlegion ernannt. 1831 wählte man ihn in seinem Heimatdepartement Haute-Vienne zum Deputierten. Als Politiker beteiligte er sich an den Diskussionen über Probleme der Industrie und des Handels. Mit seinen Erfahrungen diente er dem Schul- und Erziehungswesen. 1839 verlieh der König als Krönung aller Ehren Gay-Lussac die Würde eines Pairs von Frankreich.

Gazania
Gazanie

Theodor Gaza (1398?–1478). Über seine Kindheit und Jugend ist wenig bekannt. Wahrscheinlich stammte dieser Grieche aus Thessaloniki, das er nach der Eroberung durch die Türken 1430 wie viele andere Landsleute verlassen mußte. Man weiß, daß er über Sizilien auf das italienische Festland kam. In Mantua vertiefte er sich in die lateinische Sprache und Literatur. Er brauchte nur drei Jahre, um Latein, die damalige Sprache der Wissenschaft, so zu beherrschen, als wäre er damit aufgewachsen. Dies verdankte er nicht zuletzt seinem Lehrer Vittorino da Feltre, der als Erneuerer des klassischen Latein ein Meister dieser Sprache war. 1440 erteilte Gaza in Siena Unterricht in Griechisch. Sein Ruf als glänzender Latinist und Gräzist erreichte auch das Ohr des Herzogs von Ferrara, der ihm das Rektorat der Akademie in Ferrara übertrug. 1450 folgte er einem Ruf von Papst Nikolaus V. nach Rom, der ihn mit der Übersetzung des griechischen Textes der botanischen Werke des Theophrast (>) ins Lateinische betraute. Diese ehrenvolle, aber schwierige Aufgabe – mußten doch zutreffende lateinische Bezeichnungen für die griechischen Pflanzennamen des Theophrast gefunden werden – meisterte er von 1451 bis 1456. Die Übersetzung wurde in der Kinderzeit des Buchdrucks noch handschriftlich vervielfältigt, was natürlich manchen Fehler mit sich brachte. Erst fünf Jahre nach Gazas Tod erschien das erste gedruckte Exemplar. Nach dem Hinscheiden des Papstes sorgte sich der König von Neapel um ihn. Nach dessen Tod fand Gaza in Kardinal Bessarion, einem griechischen Landsmann, einen Förderer, der ihm eine Pfründe in den Abruzzen besorgte. Mit großzügigen Spenden unterstützte Gaza vor den Türken geflüchtete Landsleute. Um seine eigene Not, in die er dadurch geraten war, zu lindern, klopfte er mit einer kostbar gebundenen Übersetzung des Aristoteles als Aufmerksamkeit und mit der Bitte um Erstattung seiner Auslagen bei Papst Sixtus IV. an die Tür. Gaza wurde abgewiesen und zog sich grollend über den Egoismus der »fetten Esel« wieder in die Abruzzen zurück, wo er 1478 starb. Bis ins hohe Alter war Gaza ein glänzender Lehrer und Gelehrter. Neben der Übersetzung des Theophrast und der zoologischen Abhandlungen des Aristoteles verfaßte er zahlreiche philologische Werke. Es wundert nicht, daß man vor diesem außerordentlichen Menschen der Renaissance nicht nur bei persönlicher Begegnung den Hut zog, sondern auch beim Passieren seines Hauses.

Gentiana
Enzian

Gentius (2. Jh. v. Chr.) war von 180 bis 168 König von Illyrien. Der römische Schriftsteller C. Plinius d. Ä. (23–79) berichtet, Gentius habe die Heilwirkung der Pflanze, deren Name in unserem Sprachgebrauch zu Enzian wurde, als erster erkannt. Vielleicht war ihm auch die Wirkung bei einer überdosierten Einnahme des Enzians nicht unbekannt, er soll nämlich ein dem Trunk ergebener Herrscher gewesen sein. Auch ohne diesen Charaktermakel verlief seine Lebenskurve nicht sehr glücklich. Von seinem mazedonischen Nachbarn König Perseus wurde er mit dem Versprechen auf eine Hilfszahlung von 300 Talenten ermuntert, sich mit den Römern anzulegen. Gentius ging auf diesen Handel ein, trat öffentlich gegen diese auf und nahm sogar deren Gesandte in

Gewahrsam. Sein Kollege Perseus hatte sein Ziel erreicht und dachte nicht mehr an die versprochenen Talente. Rom ließ aber nicht mit sich spaßen, sondern rückte mit zwei Legionen und den dazugehörigen Bundesgenossen unter dem tüchtigen Prätor L. Anicius gegen den übers Ohr gehauenen Gentius vor. In einem Blitzkrieg von 30 Tagen wurde 168 v. Chr. dessen Hauptstadt erobert. Gentius kam mit Gattin und Kindern in Gefangenschaft und wurde als Trophäe im Triumphzug in Rom vorgeführt. Und wie üblich wurde Illyrien als Provinz ins Römische Reich eingegliedert.

Gerardia

John Gerard (1545–1612) aus Nantwich in Cheshire soll Medizin studiert habe. Nach seinen eigenen Angaben hatte er Moskau, Dänemark, Schweden und Polen kennengelernt. Es scheint nicht ausgeschlossen, daß er als Schiffschirurg unterwegs war. Sicher ist, daß er 1562 bei einem angesehenen Mitglied der Barber-Surgeon Company in London, der von den studierten Ärzten geringgeschätzten Barbier- und Chirurgenzunft, in die Lehre gegangen ist und ihm 1569 ein Freibrief für dieses Metier ausgestellt wurde. Ein gewisser Lord Burleigh holte ihn als Obergärtner für seinen Garten nach Hartfordshire. Gerard hatte sein eigenes Haus mit einem Garten in Holborn, in dem über 1.000 Pflanzen aus aller Welt, die ihm von seinen Freunden zugetragen wurden, gediehen. 1596 stellt er einen Katalog seiner Pflanzen zusammen, der 1599 eine zweite Auflage erlebte. 1598 und 1607 wird er in der Prüfungskommission der Barber-Surgeon Company registriert. Wenige Jahre vor seinem Hinscheiden verpachtete ihm die Gattin von König Jakob I., Anna von Dänemark, einen Garten. 1597 erscheint das Meisterwerk, das ihn berühmt und zum königlichen Botaniker machte, sein »Herbal«, wobei die Übersetzung als Kräuterbuch nicht ganz zutreffend ist, da es nicht nur Kräuter im Sinne von Medizinalgewächsen enthält; besser wäre Pflanzenbuch oder Florilegium. In diesem Werk, in dem er auch auf Texte des flämischen Kräuterbuchautors Dodoens (>) zurückgreift, beschreibt er nicht nur die Pflanzen, sondern erläutert ihren Gebrauch und weist auf die Anwendungen in der Volksmedizin hin. Die lateinischen Namen ergänzt er mit den üblichen englischen Bezeichnungen. Dieses Werk illustrierte er mit über 1.800 Abbildungen. Für die meisten wurden Holzmodeln benutzt, die bereits 1590 von Tabernaemontanus (>) gebraucht worden waren. Wegen mancher Fehler stieß Gerards »Herbal« auf herbe Kritik. Besonders Lobel (>) beklagte sich bitter und bezichtigte ihn des Plagiats. Dennoch wurde das Buch ein Bestseller und konkurrierte mit den nicht minder hoch geschätzten Werken seines Zeitgenossen Parkinson (>). Gerard und Shakespeare waren eine Zeitlang Nachbarn. Vielleicht erklärt dies die auffällige Fülle volkstümlicher Pflanzennamen in Shakespeares Werken.

Gerbera

Gerbera

Traugott Gerber (1710–1743) stammte aus Zodel in der Oberlausitz, studierte in Leipzig Medizin und erwarb dort 1735 mit einer Arbeit über Schnürbrüste den medizinischen Doktorgrad. Die Zarin (1730–1740) Anna Iwanowna, eine Nichte Peters des Großen, holte ihn noch im gleichen Jahr für eine Vertragszeit von vier Jahren als Aufseher des Moskauer Apothekergartens nach Rußland. 1738 wurde der Vertrag um weitere drei Jahre verlängert. Zur Erforschung medizinisch verwertbarer Pflanzen unternahm Gerber im Auftrag der Regierung ausgedehnte Exkursionen an die Wolga, den Don, das Schwarze Meer und bis an die Grenze zu China, deren Ergebnisse er in zwei Manuskripten (1741 und 1742) niederlegte; eine weitere Mitteilung erschien postum 1769. Als während des gemeinsam mit Österreich geführten Krieges gegen die Türken (1736–1739) in der Ukraine die Pest auftrat, wurden fast alle Moskauer Ärzte dorthin abkommandiert, während Gerber 1738 für zehn Monate die Stelle eines Hospitalarztes übernehmen mußte. Außerdem übertrug man ihm den Anatomieunterricht für die Studenten der Moskauer Universität. Nach der Streichung des Direktorpostens am Apothekergarten 1742 wurde Gerber entlassen. Sicher ist, daß Gerber 1743 in Wyborg, einer Hafenstadt am finnischen Meerbusen, als Feldarzt der russischen Armee verstorben ist. Sein letztes bekanntes Lebenszeichen ist ein Brief an A. von Haller (>). Bereits 1737 soll Gronovius (>) die in Südafrika heimische Korbblütlergattung, die er schon 1717 wissenschaftlich beschrieben hatte, nach Gerber benannt haben, warum, ist bis heute unbekannt.

Gesneria

Konrad Ges(s)ner (1516–1565) wurde in Zürich als Sohn eines armen Kürschners geboren und von einem Verwandten, einem gewissen Johann Frick (Friccinius), erzogen, der in dem Knaben auch die Liebe zur Natur weckte. Der junge Gesner ging dann als Famulus nach Straßburg und lernte in seiner Freizeit Lateinisch, Griechisch und Hebräisch. Ein Stipendium der Stadt Zürich ermöglichte ihm in Bourges und Paris das Studium der Medizin. 1535 bekam er eine Anstellung als Elementarlehrer in Zürich. Da ihn diese Tätigkeit nicht ausfüllte, setzte er in Basel das Medizinstudium fort. Wegen eines Rufes nach Genf als Professor der griechischen Sprache brach er das Studium ab. Da ihm auch dieses Lehramt keine Befriedigung brachte, gab er die Professur auf und beendete in Montpellier die Arztausbildung. Nach der Promotion in Basel ließ er sich in Zürich als praktischer Arzt nieder und bekam eine Anstellung als Stadtarzt. Dieses Amt ließ ihm genügend Zeit, ein Griechisch-Lateinisches Lexikon und Übersetzungen antiker Naturforscher herauszugeben. 1554 wurde er Oberstadtarzt in Zürich und Professor für Naturgeschichte an der Universität. Er sorgte für die Einrichtung eines botanischen Gartens mit einer Alpenanlage. Seine »Historia Plantarum« konnte er nicht mehr vollenden. Das Werk war mit vorzüglichen Abbildungen und Detailzeichnungen von Blüten und Früchten ausgestattet. Gesner war einer der ersten, der Gattungen nach berühmten Botanikern benannt hat. Seine meisten botanischen Schriften wurden erst 200 Jahre später herausgegeben. Auch auf zoologischen Gebiet hat er Bedeutendes geleistet, u. a. mit einer mehrbändigen »Historia Animalium«. Der ihm zuerkannte Ehrentitel »Nordischer Plinius« entspricht nicht ganz seiner Bedeutung; Gesner war mehr, mit seiner Genauigkeit und wissenschaftlichen Zuverlässigkeit übertraf er den römischen Autor bei weitem. Als Arzt setzte er sich neben der Verschreibung der von Paracelsus propagierten mineralischen Mittel mit Eifer für die Anwendung pflanzlicher Arzneien ein. Besonders dankbar waren ihm die Zürcher Bürger für seinen Einsatz während einer Pestepidemie. Erst 49 Jahre alt, wurde er in Ausübung seiner ärztlichen Pflicht selbst ein Opfer der Pest.

***Gilibertia** (Turraea)*

Jean-Emmanuel Gilibert (1741–1814) wurde in Lyon geboren. Er begann Theologie zu studieren, wechselte aber zur Medizin über und setzte dieses Studium 1760 in Montpellier fort, wo er zwei Jahre später den Doktorgrad erlangte. In der kleinen Stadt Chazay ließ er sich dann 1766 als praktischer Arzt nieder. Auf Empfehlung des großen Naturforschers Haller (>) an den König von Polen, Stanislaus II. August, reiste er 1775 nach Polen, um in Grodno einen Lehrauftrag für Botanik anzunehmen und einen botanischen Garten einzurichten. 1781 veröffentlichte er unter dem Titel »Flora Lituanica« die Befunde über die Pflanzenwelt Litauens. Gilibert hatte bald dank seines guten Unterrichts auch in klinischer Medizin einen großen Zulauf. Als die Universität nach Wilna verlegt wurde, bekam er dort einen Lehrstuhl für Naturgeschichte und Pharmakologie. Doch das rauhe Klima und wahrscheinlich auch die Intrigen neidischer Kollegen vergällten ihm seinen Aufenthalt so sehr, daß er trotz der Bitten König Stanislaus' II. 1783 seinen Abschied einreichte. In seiner Heimatstadt Lyon wurde er leitender Arzt am Hôtel-Dieu, Professor am Collège de Médicine und Mitglied der Lyoner Akademie. 1793 wählte man ihn zum Bürgermeister. Wie viele andere hervorragende Geister seiner Zeit geriet Gilibert in den Strudel der Revolution. Er wurde gefangengesetzt. Durch den Aufstand der Lyoner Bürgerschaft gegen den Nationalkonvent kam Gilibert wieder frei und übernahm während der Belagerung der Stadt die Präsidentschaft im Departementsausschuß. Nach der Einnahme Lyons durch die Revolutionstruppen gelang ihm die Flucht. 18 Monate irrte Gilibert durch Frankreich und das Ausland. Sobald er aber wieder ohne Gefahr auftauchen konnte, ging er wieder nach Lyon, wo man ihm seine Professur zurückgab. 1810 zog er sich aus Krankheitsgründen von seinen Ämtern zurück. Gilibert hatte zahlreiche botanische und medizinische Schriften publiziert. Darunter ist sein umfangreiches Werk »Systema plantarum Europae« hervorzuheben, in dem er als überzeugter Anhänger des Linnéschen Systems dessen binäre Nomenklatur anwandte. Einen besonderen Namen hatte er sich als leidenschaftlicher Gegner der Scharlatanerie in der Medizin gemacht. Vehement kritisierte Gilibert die Unwissenheit und Habsucht der Ärzte und setzte sich für eine Standesreform ein.

Gillenia

Dreiblattspiere

Arnold Gillen (1586–1633), lat. Gillenius, stammte aus Kassel und studierte in Basel Medizin. 1619 holte ihn der Herzog Johann Albrecht II. von Mecklenburg als Leibmedicus nach Güstrow. Gillenius erhielt ein Jahresgehalt von 550 Gulden bei freier Wohnung. Offenbar hatte sich der Doktor so gut bewährt, daß seine Besoldung 1621 aufgestockt wurde, nämlich mit vier Drömpt Roggen, vier Drömpt Gerste, einem Ochsen, vier Hammeln und vier feisten Schweinen. Doch als die Gemahlin des Herzogs 1623 starb, hielt ihn nichts mehr in Güstrow, auch nicht die feisten Schweine. Er kehrte nach Kassel zurück und eröffnete eine Praxis. Außerdem legte er einen botanischen Garten an und sammelte in seiner freien Zeit in der Umgebung Pflanzen. Die Flora in seinem Garten beschrieb er in einer Schrift mit dem Titel »Catalogus Plantarum Horti Gileniani«. Nicht gerade freundlich wurde im »Allgemeinen Gelehrten-Lexicon« von 1787 seine Arbeit als »ein mageres Pflanzenverzeichnis« bewertet. Der Landgraf Moritz von Hessen-Kassel erhob Gillenius zu seinem Leibarzt, betraute ihn maßgeblich mit der Zusammenstellung eines Herbariums und übertrug ihm auch noch die Aufsicht über sein chemisches Laboratorium. Nach der Eintragung im Kirchenbuch war Gillenius ein »Medicus eximius et Practicus felicissimus, insuper vir bonus et urbanus« (ein hervorragender Arzt und erfolgreicher Praktiker und obendrein ein gütiger und gebildeter Mann).

Gisekia

Paul Dietrich Giseke (1741–1796), in Hamburg geboren, studierte Medizin und Botanik in Göttingen, wo er 1767 auch promovierte. Es folgten Studienreisen nach Frankreich und Schweden. In Uppsala reihte er sich in den Schülerkreis um Linné (>) ein. Nach der Rückkehr in seine Heimatstadt übte er den Beruf eines praktischen Arztes aus. Seit 1771 glänzte er mit der höchst ungewöhnlichen Fächerkombination Physik und Poesie als Lehrer am Hamburger Akademischen Gymnasium. Während seiner Anstellung als zweiter Bibliothekar an der Stadtbibliothek von 1784 bis1794 wurde Giseke 1789 zum Mitglied der Academia Leopoldina ernannt. Nach seinem Aufstieg zum ersten Bibliothekar versah er dieses Amt bis zu seinem Tode.

Gleditsia

Falscher Christusdorn, Gleditschie, Lederhülsenbaum

Johann Gottlieb Gleditsch (1714–1786) studierte in Leipzig Medizin und Philosophie und promovierte 1732 zum Dr. phil. 1731–1735 versah er den Posten eines Kustos am Boseschen und Botanischen Garten in Leipzig. Das Collegium medico-chirurgicum in Berlin nahm ihn 1735 als Mitglied auf. 1736 lebte er in Trebnitz im Kreise Lebus auf dem Landgut der Familie von Ziethen. 1740 wurde Gleditsch dort Kreis-Physicus. In Frankfurt an der Oder erwarb er 1742 den medizinischen Doktorgrad. 1744 ehrte ihn die Königlich Preußische Akademie der Wissenschaften mit der Mitgliedschaft. Im gleichen Jahr übernahm er als Praefectus (Direktor) die Leitung des Berliner Botanischen Gartens, die er bis 1786 innehatte. Seit 1768 hielt er als anerkannter Spezialist für Gartenbau und Forstwissenschaft Vorlesungen. 1780 ernannte man ihn zum Mitglied der Hof-Apothekerkommission. 1749 brachte Gleditsch im Berliner Botanischen Garten ein weibliches Exemplar der Palme *Chamaerops humilis,* das bisher nie Samen getragen hatte, zur Samenbildung, indem er es mit Pollen bestäubte, den er sich von einem männlichen Exemplar aus dem Leipziger Garten hatte schicken lassen. Diesen zum Verständnis der Befruchtungsphysiologie eminent wichtigen Versuch wiederholte er zweimal mit vollem Erfolg. Er ist als »Experimentum Berolinense« in die Geschichte der Botanik eingegangen. Dieses Experiment war ein nicht hoch genug zu schätzendes Kunststück, wenn man die Kurzlebigkeit der Pollen und die damaligen Transportbedingungen bedenkt.

Gleichenia

Wilhelm Friedrich von Gleichen-Rußwurm (1717 bis 1783). Wegen dauernder Streitereien im Bayreuther Elternhaus wurde er als Kind zu Verwandten und Freunden abgeschoben, die sich aber wenig um die Erziehung des Knaben kümmerten. 1728 kam er in Frankfurt/Main als Page an den Hof des Fürsten von Thurn und Taxis. Zwei Jahre später war er als Kadett in Dresden, wo er endlich auch am wissenschaftlichen Unterricht teilnehmen konnte. Weil er als Sekundant an einem Duell mit tödlichem Ausgang beteiligt war, mußte er, als Frau verkleidet, aus Dresden fliehen. Er wanderte zu Fuß in seine fränkische Heimat, konnte 1734 als Fähnrich in den brandenburgisch-kulmbachischen Truppen des Markgrafen von Bayreuth wieder Fuß fassen und nahm als Major am ersten Schlesischen Kriege teil. Durch seine Tüchtigkeit avancierte er in kurzer Zeit zum Oberstleutnant. Seine liebenswürdige Persönlichkeit erwarb ihm bald die Gunst des Markgrafen und seiner Gemahlin Sophie Wilhelmine, der geistreichen Schwester Friedrichs des Großen. Nachdem er 1748 von seiner Mutter unter der Auflage, ihren Familiennamen Rußwurm zu adoptieren, das Gut Greiffenstein in Unterfranken geerbt hatte, nahm er 1756 unter Beibehaltung des markgräflichen Wohlwollens und mit der Ernennung zum Geheimrat seinen Abschied, um sich der Renovierung seines etwas heruntergekommenen Erbes zu widmen. Durch Zufall fiel ihm das von einem gewissen Ledermüller verfaßte Büchlein »Microscopische Augen- und Gemüthsergötzungen« in die Hände. Begeistert entdeckte er nun das Mikroskopieren als seine wissenschaftliche Leidenschaft. Als deren Frucht erschien 1764 »Das Neueste aus dem Reiche der Pflanzen« und 1777 das ebenfalls umfangreiche Werk »Auserlesene mikroskopische Entdeckungen bey Pflanzen, Blumen und Blüthen, Insecten und andern Merkwürdigkeiten«. Zu seinen Beobachtungen gehörten auch intensive Untersuchungen an Spermatozoen und Pollenkörnchen, die ihn zu dem Schluß kommen ließen, daß es sich um analoge, der Fortpflanzung dienende Gebilde handeln müsse. Von Gleichen benutzte aber das Mikroskop nicht nur, sondern bemühte sich auch um dessen technische Verbesserung. In den letzten Lebensjahren interessierte er sich zunehmend für physikalische und geologische Themen. Mitteilungen über die Farben des Schattens (1778, 1779) und ein Aufsatz über die »Entstehung, Bildung und Umbildung des Erdkörpers« zeugen von seinen neuen Interessen. 1780 wurde er als aufrecht und ehrenhaft geachteter Mann in den Rat der Fränkischen Reichsritterschaft gewählt. Nach schwerer Krankheit verstarb von Gleichen-Rußwurm 1783.

Gloxinia
Gloxinie

Benjamin Peter Gloxin (1765–1794) entstammte einer aus Worms nach Colmar eingewanderten Familie. 1785 promovierte er in Straßburg mit einer Arbeit über botanische Beobachtungen zum Doktor der Medizin und unterhielt in Colmar eine Praxis. Als Anhänger der Ideen der Aufklärung war er von 1791 bis 1793 Präsident der Gesellschaft der Freunde der Konstitution. Nach Umwandlung dieser Gesellschaft in eine Revolutionäre Volksgesellschaft der Freunde der Freiheit und Gleichheit übernahm Gloxin das Amt des Vizepräsidenten. Außerdem war er Offizier in der Nationalgarde. Gloxin verstarb, noch nicht dreißigjährig, in Colmar.

Gmelina

Johann Georg (1709–1755) und Samuel Gottlieb (1744–1774) Gmelin waren Mitglieder einer bekannten Gelehrtenfamilie. Johann Georg wurde in Tübingen als Sohn eines Apothekers und Chemikers geboren und war bereits mit 14 Jahren imstande, den Professoren an der Tübinger Universität geistig zu folgen. Schon 1727 (mit 18 Jahren!) legte er der Fakultät seine medizinische Doktorarbeit vor. Als zwei seiner Lehrer einen Ruf nach St. Petersburg angenommen hatten, entschloß er sich auch, in Rußland wissenschaftliche Studien zu betreiben. Von der Kaiserlichen Akademie in St. Petersburg erhielt er ein jährliches Stipendium. 1729 wollte er nach Tübingen zurückkehren. Doch das Angebot, an der Akademie einen Lehrauftrag zu übernehmen, bewog ihn zu bleiben. 1730 wurde er an der Akademie zum Professor für Chemie und Naturgeschichte ernannt. Als 1733 die sogenannte kamtschatkische Expedition startete, übernahm Gmelin in einem speziellen Unternehmen die Erforschung des Inneren von Sibirien. Neben zwei wissenschaftlichen Begleitern gehörten zu seinem Team sechs Studenten, zwei Maler, zwei Jäger, zwei Bergleute, vier Feldmesser und zwölf Soldaten mit einem Korporal und merkwürdigerweise einem Trommler. Über Tobolsk und Tomsk erreichte die Mannschaft 1734 Irkutsk. Auf Streifzügen bis an die Grenze zu China durchforschte die Expedition das unerschlossene Land. Im Winter 1736 auf 37 zerstörte ein Feuer große Teile der Aufzeichnungen und Sammlungen. Gmelin drang auf dem Jenissej noch bis zum 66. Breitengrad vor. Über den Ural, wo er Bergwerke besuchte, kehrte er nach über neunjährigem Aufenthalt in Sibirien 1743 nach St. Petersburg zurück. Unerfreuliche Verhältnisse an der Akademie, die für Gmelin im Streit mit seinem Kollegen Siegesbeck (>) gipfelten, trübten zunächst das Wiedersehen. 1747 durfte er einen Heimaturlaub antreten. In Tübingen wurde ihm die Professur für Medizin, Botanik und Chemie angeboten. Gmelin nahm das Angebot an und kehrte nicht nach Rußland zurück. Neben seinen akademischen Verpflichtungen fand er Zeit, sein Hauptwerk, die vierbändige »Flora Sibirica« (1747–69), zu veröffentlichen. Die beiden letzten Bände gab nach seinem Tode sein Neffe heraus. Seine Reiseerlebnisse in Sibirien schrieb er in vier Bänden nieder. 1755 verstarb Johann Georg Gmelin im 46. Lebensjahr in Tübingen.

Sein Neffe Samuel Gottlieb Gmelin kam ebenfalls in Tübingen zur Welt, studierte auch Medizin und promovierte 1763. Nach Reisen durch Frankreich und Holland erhielt er wie sein Onkel einen Ruf als Professor der Naturgeschichte an die Kaiserliche Akademie in St. Petersburg. Auf Befehl der Kaiserin Katharina II. brach er 1768 zu einer Forschungsreise in das südliche Rußland und das nördliche Persien auf. Mit vier Studenten, einem Apotheker, einem Zeichner, einem Jäger und einem Präparator reiste Gmelin über Moskau und Tula in den Süden und durchforschte 1769 das Dongebiet. Von 1770 bis 1773 hielt sich die Expedition an den Küsten des Kaspischen Meeres auf. 1774 wurde das Unternehmen auf allerhöchsten Befehl zurückgerufen. Gmelin machte sich an der Westküste des Meeres auf den Weg und wollte über Baku und Derbent die russische Grenzfestung im Mündungsgebiet des Terek am Fuße des Kaukasus erreichen. Unterwegs jedoch wurde er von einem Khan des Chaitaken-Stammes wenige Tagereisen von der Grenze entfernt gefangengenommen. Der Khan stellte laufend wechselnde Bedingungen für seine Freilassung. Zeitweilig verlangte er ein Lösegeld von 30.000 Rubeln.Die Kaiserin wollte mit Waffengewalt einschreiten, doch Samuel Gottlieb Gmelin starb nach sechsmonatiger Gefangenschaft 1774 an der Ruhr. Die Ergebnisse seiner Expedition erschienen unter dem Titel »Reise durch Rußland zur Untersuchung der drey Natur-Reiche« (1770–84) in vier Bänden; der letzte Band wurde postum von Peter Simon Pallas (>) herausgegeben.

*Godetia *(Clarkia)*

Atlasblume

Charles-Henri Godet (1797–1879) stammte aus Neuchâtel in der Schweiz. 1818 verdiente er seinen Lebensunterhalt als Lehrer für die griechische Sprache. 1822 nahm er die Stelle als Hauslehrer beim Grafen Orlowski in Podolien an, wo er fünf Jahre blieb. Zum Troste wandte sich der heimwehkranke junge Schweizer der Pflanzenkunde zu und begann die südrussische Flora zu sammeln. 1828 wurde ihm eine Reise in den Kaukasus und an das Kaspische Meer angeboten. Godet willigte in das nicht ungefährliche Unternehmen ein. Nur mit Hilfe eines speziellen Passes der kaiserlichen Regierung war es möglich, unbeschadet durch die kriegführenden Bergstämme des Kaukasus zu kommen. 1829 nahm er eine Hauslehrerstelle in Paris an. Hier knüpfte er die Bekanntschaft mit namhaften Biologen, insbesondere mit dem großen Cuvier, bei dessen Begräbnis Godet einer der Sargträger sein durfte. Ab 1834 lebte er wieder in Neuchâtel, wo er 1837 zum Inspecteur des Études und zum Stadtrat ernannt wurde. Aus politischen Gründen legte er 1848 seine Ämter nieder. In dieser Zeit schrieb er als seine Hauptarbeit die »Flore du Jura«, die 1853 erschien. Von 1859 bis 1876 war Godet Bibliothekar der öffentlichen Bibliothek in Neuchâtel.

*Goebelia *(Sophora)*

Carl Christoph Traugott Friedemann Göbel (1794–1851) kam in Niederroßla bei Weimar auf die Welt. In Eisenach absolvierte er eine Apothekerlehre, der sich in Jena das Studium der Pharmazie anschloß. Nach der Promotion nahm er eine Stelle an der Universitätsapotheke in Jena an. 1821 leitete er als Direktor die von ihm ins Leben gerufene Pharmazeutische Lehranstalt in Jena. Die Universität berief ihn 1824 auf den Lehrstuhl für Pharmazie, den er bis 1828 innehatte. Dann ging er als Professor für Chemie und Physik nach dem damals russischen Dorpat. Göbel gründete dort auch 1844 das erste russische Pharmazeutische Institut. Unter seinen Publikationen, die sich überwiegend mit den Belangen seines Faches befaßten, erschien 1837–38 ein Bericht über seine »Reise in die Steppen des südlichen Rußlands«. 1843 faßte er in vier Bänden die Grundlehren der Pharmazie zusammen. Göbel wurde mit dem Titel eines Kaiserlich Russischen Staatsrats geehrt.

Goethea

Johann Wolfgang von Goethe (1749–1832), in Leipzig und Straßburg zum Juristen ausgebildet, trat 1776 in den Weimarer Staatsdienst ein. Zu seinen Verwaltungsämtern gehörte ab 1782 die Leitung der Bergwerkskommission, ein Ressort, das er als geologischer und mineralogischer Forscher von Grund auf beherrschte. Ihm war es zu verdanken, daß sich die Mineralogie als eigenständiges Fach von der Physik lösen konnte. In letzterer trat er vor allem mit einem Werk über die Farbenlehre hervor, das jedoch die Farbentheorie von Newton nicht zu ersetzen vermochte. Von seinen weiteren naturwissenschaftlichen Forschungen sind seine Untersuchungen auf anatomischem Gebiet hervorzuheben, insbesondere die Entdeckung des Zwischenkieferknochens auch bei menschlichen Embryonen und Kleinkindern, durch die er den Menschen als Glied in die Kette des tierischen Stammbaums einreihte und damit den Weg zur Deszendenztheorie ebnen half. In der Botanik war es seine Suche nach einem allgemeinen Bauplan der Pflanzen, nach der Urpflanze. Seine Idee vom Blatt als Grundorgan stellte er 1790 in seinem Werk »Versuch, die Metamorphose der Pflanzen zu erklären« dar. Goethes Erkenntnisse beruhten auf einer scharfen Beobachtungsgabe und seiner Fähigkeit, das Gesehene in eine ganzheitliche Naturbetrachtung zu integrieren. In seiner Verbindung zur Universität in Jena verstärkte er den wissenschaftlichen Austausch der dortigen Gelehrtenwelt. Seinem tatkräftigen Einfluß verdankte die Universität auch die Einrichtung des Botanischen Gartens. Den Werdegang zum Botaniker schildert Goethe 1831 ausführlich in dem Aufsatz »Der Verfasser teilt die Geschichte seiner botanischen Studien mit«. Nach seinem eigenen Bekunden nahm in seinem Schaffen die Naturforschung einen seiner Dichtkunst vergleichbaren Stellenwert ein, wie aus den folgenden Zeilen hervorgeht: »Seit länger als einem halben Jahrhundert kennt man mich, im Vaterland und auch wohl auswärts, als Dichter und läßt mich allenfalls für einen solchen gelten; daß ich aber mit großer Aufmerksamkeit mich um die Natur in ihren allgemeinen physischen und ihren organischen Phänomenen emsig bemüht und ernstlich angestellte Betrachtungen stetig und leidenschaftlich im stillen verfolgt, dieses ist nicht so allgemein bekannt, noch weniger mit Aufmerksamkeit bedacht worden.« (*43*, S. 167) So war es für ihn eine ganz besondere Freude und Ehre, daß Ch. G. D. Nees von Esenbeck (>*Esenbeckia*) 1823 eine eben entdeckte Gattung der Malvengewächse aus den Regenwäldern Brasiliens nach ihm benannte. Goethe erbat sich eine Version der schön kolorierten Beschreibung, die er oft und gern seinen Besuchern zeigte und die noch heute in Weimar erhalten ist.

Gongora

Antonio Caballero y Góngora (1723–1796), ein spanischer Prälat, der 1775 Bischof von Yucatán in Mexiko und 1778 Erzbischof in Neugranada (heute Kolumbien) wurde, wo er zudem von 1782 bis 1788 Vizekönig war. Bei seinem Amtsantritt erließ er als Zeichen einer humanen Auffassung seiner Aufgaben eine allgemeine Amnestie. Dann bemühte er sich um eine Neuordnung der Diözesen in seinem Erzbistum. Zur Verbesserung des Lebensstandards kümmerte er sich um die Förderung der Landwirtschaft. Auch die Gründung eines naturwissenschaftlichen Institutes verdankte ihm Neugranada. 1788 legte dieser tüchtige Prälat sein Amt nieder und kehrte nach Spanien zurück, wo er mit dem Bistum Córdoba betraut wurde und die Kardinalswürde erhielt.

Goodenia

Samuel Goodenough (1743–1827) stammte aus Kimpton, Hampshire, und wurde 1755 auf die Westminster-Schule geschickt. 1760 erhielt er ein Stipendium in Oxford und studierte Jura. 1764 erwarb er den Bachelor-Grad, 1767 den eines Masters und 1772 promovierte er zum Doktor der Jurisprudenz. Im gleichen Jahr gründete er eine Schule, die er 26 Jahre lang leitete. Seine Schülerschaft bestand aus Söhnen des Adels und hochgestellter

Persönlichkeiten. Seine private Leidenschaft galt der Botanik. Als 1787 die Linnean Society gegründet wurde, war Goodenough wesentlich daran beteiligt und übernahm das Amt des Schatzmeisters. Eine Zeitlang diente er der Gesellschaft als Vizepräsident. Als Hobbybotaniker verfaßte er mit Thomas Jenkinson Woodward (>) mehrere Beiträge für die »Transactions«. der Linnean Society. 1797 berief ihn der Bischof von Oxford auf das Vikariat in Cropredy. Die nächste Stufe seines Aufstiegs war das Kanonat in Windsor, dem 1802 das Dekanat in Rochester folgte. Schließlich wurde er 1808 zum Bischof von Carlisle ernannt. Als hochgeschätzter Latinist wurde er gern bei philologischen Problemen konsultiert. Bischof Goodenough verstarb elf Wochen nach dem Tod seiner Frau und wurde im Kreuzgang von Westminster Abbey bestattet.

Goodia

Peter Good (?–1803) stammte aus Schottland und wurde Gärtner an den Londoner Kew Gardens. Als Pflanzensammler reiste er 1796 nach Kalkutta. 1801 begleitete er Robert Brown (>) auf der Expedition an die Küsten Australiens, die von Kapitän Flinders geleitet wurde und bis 1810 dauerte. Für Good jedoch fand die Reise bereits 1803 ein Ende: er verstarb in Sydney.

Goodyera
Netzblatt

John Goodyer (1592–1664) wurde in Alton in der Grafschaft Hampshire geboren und besuchte wahrscheinlich die dortige Grundschule. 1616 trat er als Agent in den Dienst bei Sir Thomas Bilson of Mapledurham. Bei den Besuchen der Klienten seines Herrn verstand Goodyer die Pflicht mit seinem Hobby, nämlich der Botanik, bestens zu verbinden. Stets machte er sich sorgfältig Notizen über die Flora, die ihm unterwegs begegnete oder die er in den Gärten seiner Kundschaft sah. Seine Beobachtungen hielt er in Zeichnungen und Aquarellen fest. Nach dem Ausscheiden aus den Diensten auf Mapledurham hielt er sich in London und Oxford auf. Um 1632 ließ er sich in Petersfield nieder. Während des Bürgerkrieges in England (1642–1649), der zur Absetzung König Karls I. und schließlich zu dessen Hinrichtung führte, blieb Goodyer ein treuer Royalist, was ihm aber nicht schadete. Er galt zu dieser Zeit bereits als der beste Botaniker Englands. Als Amateur hatte er sich besondere Verdienste um die Kenntnis der Ulmen erworben. 1652 zog er sich vom Botanisieren zurück und begann mit der Übersetzung der »Materia Medica« des Dioskorides (>) aus dem Griechischen ins Englische. Diese Arbeit hatte er glücklich nach drei Jahren vollendet.

Gravesia

Louis Graves (1791–1857) war in Frankreich Generaldirektor des Forstwesens. Neben seinem berufsbedingten Interesse an Problemen der Aufforstung trat er auch als Geologe und Archäologe in Erscheinung. Während eines Aufenthaltes auf Madagaskar tat er sich als eifriger Pflanzensammler hervor.

Grevillea
Grevillee, Silbereiche

Charles Francis Greville (1749–1809) war 1804 einer der Gründer der Londoner Horticultural Society und deren erster Schatzmeister. In seinem Garten in Paddington kultivierte er seltene Pflanzen aus den verschiedensten Klimazonen.

Grewia

Nehemia Grew (1641–1712) kam als Sohn eines Geistlichen in Coventry auf die Welt. Seine Grundausbildung erhielt er in Cambridge. Dann studierte er in Leiden Medizin und machte auch dort 1671 das Doktorexamen. Nach seiner Rückkehr in die Heimat praktizierte er und befaßte sich fortan mit den Naturwissenschaften. Um 1670 wurde er in London Mitglied der Royal Society. 1676 berichtete er über die vergleichende Anatomie von Magen und Darm. 1677 wurde er zum Sekretär der Gesellschaft bestellt, wobei die Herausgabe der Zeitschrift »Transactions« in seinen Händen lag. 1680 erschien sein dreibändiges Werk über die Anatomie der Pflanzen, das nochmals 1682 mit 83 Tafelbildern aufgelegt wurde. Grew gab auch den Anstoß zur Erforschung der Geschlechtlichkeit der Pflanzen. In den »Transactions« finden sich viele Mitteilungen und Beobachtungen von ihm. Interessanterweise berichtete er auch über die Möglichkeit, Süßwasser aus dem Meer zu gewinnen. Grew wurde als Nonkonformist in der Zeit religiöser Auseinandersetzungen wegen seiner Standhaftigkeit und Frömmigkeit gerühmt.

Greyia
Honigbaum

Sir George Grey (1812–1898) wurde in Lissabon geboren. Von 1829 bis 1839 war er beim Militär, wobei er Gelegenheit fand, Westaustralien zu erforschen. 1841 übernahm er den Gouverneursposten über Südaustralien. Vier Jahre später wurde er in der gleichen Eigenschaft nach Neuseeland versetzt. Mit mehreren Unterbrechungen hatte er diesen Posten bis 1884 inne. Sir Grey machte sich als Pflanzenlieferant für die Londoner Kew Gardens in Botanikerkreisen einen Namen.

***Griffithia** (Benkara)*

William Griffith (1810–1845) stammte aus der Nähe von Petersham, Surrey. Er studierte Medizin und wandte sich der Botanik zu. Seine ersten Publikationen erschienen 1832. Im gleichen Jahr segelte er als Arzt im Dienste der East India Company nach Madras. 1835 beteiligte er sich zusammen mit Wallich (>) und einem Geologen an einer Expedition nach Assam. Weitere botanische Forschungsreisen führten ihn in den Süden des Subkontinents. Während einer gefährlichen Exkursion von Assam nach Rangoon kursierte das Gerücht, er sei ermordet worden. In Kalkutta erholte er sich von mehreren Fieberattacken und wechselte nach seiner Genesung an die Botschaft in Bhutan. Hier unternahm Griffith zusammen mit dem Botschafter Major Pemberton ausgedehnte Expeditionen durch Burma. 1839 begab er sich zur am Indus bereitgestellten Armee, beteiligte sich am Feldzug gegen Afghanistan und reiste nach dem Fall Kabuls trotz häufiger Fieberanfälle durch das Hindukuschgebirge bis nach Khorasan. Mit einer reichen und wertvollen Ausbeute an Pflanzen kehrte er 1841 nach Kalkutta zurück. Nach einem Erholungsaufenthalt in dem von den Briten gern besuchten Luftkurort Simla am Fuße des Himalaja übernahm Griffith für kurze Zeit einen Posten in Malakka. 1842 bis 1844 leitete er in Vertretung von Wallich den Botanischen Garten in KalKutta. Während des Aufbruchs zu einer neuen Reise nach Malakka erkrankte er an einer Hepatitis, der er, von den vielen Strapazen geschwächt, im Februar 1845 erlag. Seine Sammlungen und Aufzeichnungen gingen in den Besitz der East India Company über.

Grindelia
Grindelie

David Hieronymus Grindel (1776–1836) wurde in Riga geboren. Nach einer Apothekerlehre studierte er von 1795 bis 1798 in Jena Naturwissenschaften und Medizin. Dann wandte er sich wieder dem Apothekerberuf zu und bestand 1800 das Staatsexamen. 1802 erwarb er in Jena den philosophischen Doktortitel. 1803 finden wir ihn in Riga hinter dem Ladentisch der Elefanten-Apotheke.

1804 holte ihn die Universität in Dorpat als Professor für Chemie und Pharmazie. Während der Napoleonischen Kriege stellte er sein Amt zur Verfügung und arbeitete wieder in seiner Apotheke in Riga. Nach 1820 zog es ihn wieder zum Medizinstudium. Und schließlich ließ er sich als praktischer Arzt in Riga nieder. Grindel war ein äußerst aktiver Mann, was sich nicht nur an seinem Lebenslauf ablesen läßt. So gründete er 1803 die erste Pharmazeutische Gesellschaft in Rußland. Auch die Begründung des »Russischen Jahrbuchs der Pharmazie« ist ihm zu danken. Grindel bearbeitete die baltische Flora und verfaßte eine große Zahl botanischer, pharmazeutischer und chemischer Arbeiten. 1804 erschien sein »Grundriß der Pharmazie« und 1805 seine »Pharmazeutische Botanik«.

***Gronovia** *(Illigera)*

Johannes Fridericus (Jan Frederic) Gronovius (1690–1762) stammte aus Leiden, studierte an der Universität seiner Vaterstadt Jurisprudenz und promovierte 1715. Gronovius wurde städtischer Beamter und stieg zum Senator auf. 1717 besuchte er England. Dort machte er die Bekanntschaft vieler Wissenschaftler, mit denen er nach seiner Rückkehr in einem ausgedehnten Briefwechsel stand. Neben seinen administrativen Pflichten befaßte er sich intensiv mit den Naturwissenschaften und ganz besonders mit der Botanik. Ab 1735 erhielt er von dem Pionier der amerikanischen Botanik John Clayton (>) getrocknete Pflanzen zur Bestimmung zugeschickt. Diese Zusammenarbeit war der Anlaß für die Abfassung eines epochalen Werkes mit dem Titel »Flora virginica«, dessen erster Teil 1739 erschien. 1735 kam Linné (>) nach Holland und erwarb an der Universität in Harderwijk das medizinische Doktordiplom. Dann zog es ihn nach Leiden, wo er durch die Vermittlung von Lawson (>) Gronovius kennenlernte, mit dem ihn bald eine lebenslange Freundschaft verband. So wurde Gronovius, obgleich älter an Jahren, der erste Schüler Linnés in Mitteleuropa. In Leiden entstand eine Interessengemeinschaft, die sich unter dem Vorsitz von Linné zu einem Debattierklub entwickelte, in dem alle Sparten der Naturwissenschaften zur Sprache kamen. Neben der »Flora virginica«, die mehrere Auflagen erlebte, veröffentlichte Gronovius 1755 noch eine »Flora orientalis«, in der sich auch eine Biographie des Reisenden und Botanikers Rauwolf (>) findet.

Gunnera
Gunnera

Johan Ernst Gunnerus (1718–1773) stammte aus Christiania, dem heutigen Oslo, und war Bischof in Trondheim. Als Biologe gründete er eine Naturforschende Gesellschaft, aus der später die Königliche Norwegische Wissenschaftsgesellschaft hervorging. Er war einer der ersten, die sich für die Einrichtung einer nordischen Universität einsetzten. Als Ergebnis seiner naturwissenschaftlichen Tätigkeit erschien von 1766 bis 1772 sein großes botanisches Werk »Flora Norvegica«.

H

Haageocereus (**Binghamia, *Peruvocereus*)

Friedrich Adolf Haage (1796–1866) stammte aus einer bekannten deutschen Gärtnerfamilie in Erfurt, deren Gründer um 1735 erwähnt wird. Friedrich Adolf war dessen Enkel und eröffnete 1822 ein eigenes Geschäft, das sich zu einem bedeutenden handelsgärtnerischen Unternehmen entwikkelte. 1834 erschien das erste Sämereienverzeichnis seiner Firma. Haage bot seiner Kundschaft auch eine reiche Auswahl an Warm- und Kalthauspflanzen. Seine besondere Liebe galt den Kakteen. Die Firma gilt als älteste Kakteenzucht Europas. Als kenntnisreicher und eifriger Sammler konnte er die damals wohl größte und vollständigste Kollektion Europas vorweisen. Es ist also von hohem Symbolwert, daß eine Kakteengattung nach ihm benannt wurde. Nach seinem Tode führte sein Sohn Ferdinand mit Umsicht und Erfolg die Firma weiter, die heute als Kakteen-Haage in Erfurt ansässig ist.

Haberlea

Carl Constantin Christian Haberle (1764–1832) aus Erfurt studierte in seiner Vaterstadt und in Mainz bis 1785 Jura. 1797 übernahm er als Begleiter und Erzieher die Ausbildung des jungen polnischen Edelmanns Milecki. Mit diesem widmete sich Haberle in Erlangen und an der Bergakademie in Freiberg dem Studium der Naturwissenschaften und des Bergbaus. 1806 promovierte er in Erfurt zum Dr. phil. Im gleichen Jahr erschien von ihm in Weimar »Das Gewächsreich. Erste Hauptabteilung: Pilze und Schwämme«. Bis 1812 hielt er sich in Weimar auf und übersiedelte dann nach Pest in Ungarn, wo er zunächst als Privatgelehrter botanisierte und sich intensiv mit der lateinischen Sprache beschäftigte. Um seinen Lebensunterhalt bestreiten zu können, verdiente er sich sein Geld mit Übersetzungen aus verschiedenen Sprachen. Als der Inhaber der Lehrkanzel für Botanik an der Pester Universität, Kitaibel (>), pensioniert wurde, berief man Haberle zum Nachfolger und ernannte ihn 1817 zum Professor. Im Jahr darauf übertrug man ihm auch noch die Direktion des Botanischen Gartens, der unter seiner Leitung vergrößert und mit neuen Glashäusern ausgestattet wurde. 1823 erhielt er von der medizinischen Fakultät der Universität das Doktordiplom. Am 1. Juni 1832 wurde Haberle ermordet in seiner Wohnung aufgefunden. Eine Monographie über Gurkenarten, die sich in Ansätzen in seinem Nachlaß fand, blieb unvollendet.

Hablitzia

Karl Ludwig von Hablitz (1757–1821) begleitete von 1769 bis 1773 Gmelin (>) auf seiner Reise durch Südrußland und Nordpersien. 1781 schloß er sich der Expedition des Grafen Weinowitsch zum Kaspischen Meer an. Später wurde Hablitz zum Leiter des Botanischen Gartens in Astrachan und zum Vizegouverneur der Krim ernannt. 1802 übernahm er das Forstdepartement in St. Petersburg. 1817 wurde er zum Geheimen Staatsrat und Senator befördert.

Hagenia

Karl Gottfried Hagen (1749–1829) wurde in Königsberg geboren. Ab 1763 machte er eine Apothekerlehre. 1769 bis 1772 studierte er in seiner Vaterstadt Medizin, promovierte 1775 und hielt Vorlesungen über Mineralogie und das Linnésche Pflanzensystem. 1779 wurde er außerordentlicher und 1788 ordentlicher Professor. 1800 ernannte man ihn zum Medizinalrat am Provinzial-Sanitätskollegium. Hagen wurde wegen seiner vorbildlichen Lehrtätigkeit hoch geachtet. In speziell eingerichteten Laboratorien leitete er die Studenten zu experimentellen chemischen Arbeiten an, was damals eine Novität war. Sein »Lehrbuch der Apothekerkunst« erschien in acht Auflagen. Sein »Grundriß der Experimentalchemie«, den der befreundete Philosoph Kant als »logisches Meisterstück« bezeichnete, wurde ebenfalls ein großer Erfolg.

Hakea

Christian Ludwig Freiherr von Hake (1745–1818) wurde in Hannover geboren und bezog nach sorgfältiger Erziehung im Elternhause 1763 die Universität in Göttingen, um Jura zu studieren. Bereits zwei Jahre später versah er das Amt des Auditors in der Justizkanzlei in Hannover. 1767 wurde er zum Deputierten der Calenbergschen Landschaft ernannt. Auf seiner Karriereleiter bekleidete er die Ämter eines Königlichen Geheimen Kammerrates, eines Regierungspräsidenten und schließlich ab 1801 eines Staatsministers. Als Regierungspräsident von Stade residierte er, abgesehen von dem Napoleonischen Interregnum, von 1801 bis zu seinem Tode 1818 in dieser Stadt. 1779 wurde ihm das Hofbau- und Garten-Departement übertragen. Von Hake machte sich besonders um die Pflege der Königlichen Gärten in Herrenhausen verdient. In dem dort wirkenden Botaniker Ehrhart (>) fand er einen sachkundigen Mitarbeiter, den er förderte und unterstützte. Aus Dankbarkeit benannte Ehrhart eine von ihm entdeckte Pflanzengattung *Hakea*. Als 1815 der Guelphen-(Welfen)-Orden gegründet wurde, ehrte der König seinen treuen Diener von Hake mit der Verleihung des Großkreuzes.

Halesia
Schneeglöckchenbaum

Stephen Hales (1677–1761) stammte aus der Grafschaft Kent und studierte in Cambridge. 1703 erwarb er den Master of Arts. Einer seiner Lehrer war Newton. In seiner Studienzeit fiel Hales als Konstrukteur verschiedenster Maschinen auf. Die Universität Oxford verlieh ihm 1733 den Doctor of Divinity (Theologie). 1708 erhielt er als Hilfsgeistlicher eine Pfründe im Wallfahrtsort Teddington. 1722 übertrug man ihm das Rektorat an zwei Schulen. 1751 wurde Hales Hauskaplan bei Prinz Georg, dem späteren König Georg III. Seine freie Zeit widmete er eifrig den Naturwissenschaften. Obgleich er Theologe war, versuchte er die Lebenserscheinungen physikalisch zu erklären. Für seine wissenschaftlichen Leistungen wurde er bereits 1717 in die Royal Society aufgenommen. In der Botanik galt sein besonderes Interesse den Problemen des Wasserhaushaltes, in der Tierphysiologie dem Blutdruck, den er mit einer stehenden Röhre an der Schlagader maß. Er publizierte bahnbrechende Ergebnisse über den Säftestrom der Pflanzen. Eine seiner wichtigen Entdekkungen war die Erkenntnis, daß ein großer Teil der Pflanzensubstanz aus der Luft stammen müsse. Er nahm an, Licht sei eine in die Blätter eindringende Substanz und trage zur Veredlung der Stoffe bei. Wenn man den entsprechenden modernen Begriff sehr weit auslegt, könnte man Hales den Entdecker der Photosynthese nennen. Als ideenreicher und geschickter Experimentator wurde er zu einem der Väter der botanischen Physiologie. Seine wesentlichen Arbeitsgeräte waren Glasröhren und tierische Blasen (es gab ja noch keinen Gummi). 1739 wurde er mit der Copley-Medaille ausgezeichnet. Maßgeblich war er an der Gründung der Society of Arts beteiligt. Die französische Akademie ernannte ihn 1753 zu einem ihrer acht ausländischen Mitglieder. Hales war ein vielseitiger Praktiker, der sich nicht nur mit biologischen Problemen befaßte. So war er auch der Erfinder eines Ventilators, der ab 1747 in einem der Londoner Gefängnisse mit großem Erfolg eingesetzt wurde. Während vorher jährlich etwa 150 Gefangene an fiebrigen Erkrankungen in der Haft verstarben, sank die Zahl der Toten innerhalb von zwei Jahre auf vier! Ein weiteres geradezu modernes Problem, das ihn in seinem

Labor in Teddington beschäftigte, war die Gewinnung von Trinkwasser aus dem Meer. So unterschiedliche Probleme wie die bessere Konservierung von Fleisch und die Auflösung von Blasen- oder Nierensteinen gehörten zu seinem Untersuchungsprogramm. Hales wurde mit einem Monument in der Westminster Abbey geehrt.

Halleria

Albrecht von Haller (1708–1777), in Bern geboren, wurde Arzt, Botaniker und Dichter. Als Kind war er oft krank und litt bis zu seinem neunten Lebensjahr an Rachitis. Wie nicht selten bei Kindern mit körperlichen Mängeln war auch Albrechts Intellekt schon früh entfaltet. So soll er noch vor seinem Eintritt in das Berner Gymnasium über 1.000 Beschreibungen berühmter Männer zu Papier gebracht haben. Nach dem Tode seines Vaters erhielt er in Biel bei einem Arzt eine weitere Ausbildung. Ausflüge in die Umgebung weckten in dem Jüngling die Liebe zur Natur. So zerrann der Wunsch seiner Familie, die einen Geistlichen aus ihm machen wollte. Haller entschied sich für das Studium der Medizin und schrieb sich 1723 an der Universität in Tübingen als Student ein. Er fand an dem Lehrbetrieb wenig Freude. So wechselte er nach Leiden über, wo alsbald der große Boerhaave sein Lehrmeister im Botanischen Garten und am Krankenbett wurde. Schon 1727 erwarb er in Leiden den Doktorhut. Auf einer Reise durch England lernte er den Präsidenten der Royal Society Sir Hans Sloane (>) und viele wissenschaftliche Einrichtungen des Landes kennen. An diesen Aufenthalt schloß sich ein Besuch der chirurgischen und anatomischen Anstalten in Paris an. 1728 vervollständigte er in Basel seine Kenntnisse in Mathe matik. An der Universität bekam er Gelegenheit, anatomische Vorlesungen und Demonstrationen zu halten. Im Sommer dieses Jahres begab er sich mit seinem Freund Johannes Gesner auf floristische Exkursionen in die Alpen. Ab 1729 praktizierte er in seiner Vaterstadt und beschäftigte sich mit botanischen und anatomischen Untersuchungen. 1736 erreichte ihn ein Ruf als Professor für Anatomie, Botanik und Chirurgie nach Göttingen, den er annahm und bis 1753 ausfüllte. Alsbald konnte er einen Neubau des anatomischen Gebäudes in die Wege leiten. Seine grundlegenden Veröffentlichungen aus der Göttinger Zeit betrafen anatomische und physiologische Fragen. Seine überzeugende Beweisführung gründete sich stets auf sorgfältige Beobachtung, exaktes Experimentieren und nicht zuletzt auf eine immense Literaturkenntnis. Göttingen verdankte ihm auch die Gründung des Botanischen Gartens. 1742 erschien von ihm eine umfassende Pflanzenkunde der Schweiz. 1749 faßte er seine zahlreichen floristischen Studien in den bescheiden klingenden »Opuscula botanica« zusammen. Durch ihn wurde Göttingen zu einer der hervorragendsten Universitäten im deutschsprachigen Raum. In Hallers Zeit fällt das sinkende Interesse am Lateinischen als universaler Gelehrtensprache, was er zutiefst bedauerte. Gesundheitliche Probleme und wohl nicht zuletzt kollegiale Streitigkeiten veranlaßten ihn, reich an Ehrungen und Titeln, Göttingen den Rücken zu kehren und sich wieder in seiner Heimat niederzulassen, wo er den bescheidenen Posten eines Berner Rathausammanns übernahm. Von 1758 bis 1764 war er Verwalter der Salinen in Roche. In drei großformatigen Bänden legte er 1768 nochmals ein Werk über die Schweizer Flora vor. 1771 bis 1772 verfaßte er eine »Bibliotheca botanica« in zwei Bänden. Hallers literarische Hinterlassenschaft umfaßt mehrere historische Romane und zahlreiche Lehrgedichte, von denen vor allem »Die Alpen« zum Muster für viele zeitgenössische Poeten wurde.

Hamelia

Henri-Louis Duhamel du Monceau (1700–1782) wurde in Paris als Sproß einer begüterten Familie geboren. Nach seiner Grundausbildung mietete er sich in der Nähe des Jardin des Plantes ein, um in Kontakt mit dessen führenden Köpfen zu treten. Insbesondere suchte er den Umgang mit Bernard de Jussieu (>*Bernardia*). Als ihn die Akademie der Wissenschaften mit der Aufgabe betraute, die Ursache für den Verfall der Safrankulturen im Gatinais, einer der wichtigsten Einnahmequellen des Departements, herauszufinden, stellte er eine parasitäre Krankheit als Wurzel des Übels fest. Diese Entdeckung wurde 1728 mit dem Eintritt in die Akademie belohnt. Zurückgezogen auf seinen Besitz in Denainvilliers im Gatinais veröffentlichte er bis zu seinem Tode eine Unzahl wissenschaftlicher Mitteilungen aus den verschiedensten Sparten. Mehrere von der Fachwelt hochgeschätzte Abhandlungen befaßten sich mit der Kultur der Bäume und Sträucher in Frankreich. Neben Untersuchungen über die Mistel und das Mutterkorn finden sich sorgfältige meteorologische Aufzeichnungen. Von 1761 bis 1766 stellte er in einer fortlaufenden Serie die handwerklichen Künste dar, darunter die Kunst des Ankerschmiedens. 1769 lieferte er eine umfangreiche Abhandlung über die See- und Flußfischerei. Viele Anregungen zu dieser enormen Bandbreite seiner Interessen verdankte er seinem Bruder. Für die Korrektheit seiner Ausführungen bürgte die kritische Durchsicht seiner Manuskripte durch seinen Freund de Jussieu. Zur Enttäuschung seiner Familie blieb er Junggeselle, weil er überzeugt war, daß eine Verheiratung seiner Arbeit nur abträglich sein würde, was ihn aber nicht hinderte, mit väterlicher Fürsorge seine Nichten und Neffen wie eigene Kinder zu behandeln. Duhamel du Monceau starb 1782 in Paris.

Hampea

Georg Ernst Ludwig Hampe (1795–1880) wurde in Fürstenberg an der Weser geboren. In Brakel absolvierte er eine Lehre zum Apotheker. Von 1818 bis 1819 war er in der Universitätsapotheke in Göttingen im Dienst. Dort legte er auch sein pharmazeutisches Staatsexamen ab. Über Kassel führte ihn der Weg nach Blankenburg im Harz, wo er sich zu einem ausgezeichneten Kenner der Harzflora entwickelte, was sich auch im »Verzeichnis der in dem Harzgebiet wildwachsenden Pflanzen« niederschlug, das 1836 erschien. 1875 wurde er zum Professor ernannt. Sein umfassendes Moosherbarium erwarb das Britische Museum in London.

Hanburia

Daniel Hanbury (1825–1875), aus London gebürtig, erlernte den Apothekerberuf. 1860 begleitete er Joseph Dalton Hooker (>*Hookerella*) auf einer Reise durch Syrien. Sein botanisches Steckenpferd waren seltene chinesische Medizinalpflanzen, über die er zahlreiche Mitteilungen veröffentlichte. An der Riviera, nicht weit von Genua, richtete er einen botanischen Garten ein, in dem einige Jahre nach seinem Tod über 3.600 Pflanzen gepflegt wurden. 1855 nahm ihn die Londoner Linnean Society und 1867 die Royal Society als Mitglied auf. Hanbury verstarb 1875 in Clapham, Surry.

Hancea

Henry Fletcher Hance (1827–1886) verlebte seine Jugend teils in London, teils in Belgien. Mit 17 Jahren kam er nach Hongkong und trat ein Amt als englischer Konsularbeamter in der Zivilverwaltung an. Als Amateurbotaniker erforschte er die chinesische Flora und ließ sich von durchreisenden Pflanzenjägern Duplikate geben, wodurch er sein Herbarium wunderbar ergänzen konnte. Bald begann er mit Beschreibungen bisher unbekannter Pflanzen. 1849 zeichnete ihn die Universität in Gießen für seine Verdienste um die Botanik mit der Verleihung der Ehrendoktorwürde aus. 1851 erlebte er während der Überfahrt nach Europa in der Nähe von Java einen Schiffbruch, bei dem er und seine Sammlung mit knapper Not gerettet wurden. Nach

Hongkong zurückgekehrt, übernahm er 1854 einen Posten in der Handelsabteilung. 1856, während des Englisch-Chinesischen Krieges, befand sich Hance in Kanton und verlor durch Brandschatzung seine Bücher und seine botanische Sammlung. 1861 wechselte er als Vizekonsul nach Whampoa. Mit Eifer erneuerte und ergänzte Hance sein Herbarium. Seine botanischen Exkursionen dehnte er bis nach Saigon aus. Sein Herbarium mit über 22.000 Spezies hatte Hance testamentarisch dem Britischen Museum in London überlassen. 1872 berichtete Hance ausführlich über die Flora von Hongkong. 1877 wurde ihm die Ehre zuteil, in die Deutsche Akademie der Naturforscher Leopoldina aufgenommen zu werden. Hance verstarb 1886 in Amoy (Xiamen).

Hasskarlia

Justus Karl Hasskarl (1811–1894) stammte aus Kassel, wo sein Vater Direktor des Aue-Gartens war. So kam der junge Hasskarl schon früh mit der Botanik in Kontakt. Nach der Versetzung des Vaters nach Bonn besuchte er dort das Gymnasium und trat mit 16 Jahren als Lehrling in den Botanischen Garten in Poppelsdorf ein. Nach Abschluß seiner Lehrzeit und Ableistung des Militärdienstes studierte er in Bonn Botanik und Geologie. 1834 wurde er als Gehilfe am Botanischen Garten in Düsseldorf angestellt. Aus dieser Zeit stammten seine ersten Veröffentlichungen. Durch Vermittlung eines seiner Professoren wurde ihm ein Herzenswunsch erfüllt, eine Reise nach Niederländisch Ostindien. Auf Java erhielt er 1837 eine Anstellung als Gärtner am Botanischen Garten in Botor, das die Holländer Buitenzorg (»Ohne Sorge«) nannten. Hasskarl gelang es, aus dem inzwischen zu einem Privatpark heruntergekommenen Garten eine angesehene Einrichtung zu machen. Auf vielen Reisen ins Innere der Insel erforschte er die noch wenig bekannte Flora und sammelte eifrig Pflanzen, die in Buitenzorg kultiviert wurden. In schneller Folge erschienen in den Fachzeitschriften zahlreiche Mitteilungen, die ihm bald den Ruf eines hervorragenden Systematikers einbrachten. 1843 zwang ihn seine angeschlagene Gesundheit zu einem Erholungsurlaub in Europa. Ein Jahr später war er, mit der amtlichen Zusage einer Aufwertung seiner Stellung und Verbesserung der Besoldung in der Tasche, wieder in Buitenzorg und publizierte einen Bestandskatalog des Gartens mit fast 3.000 kultivierten Arten. Ein Gouverneurswechsel auf Java machte seinen weiteren Plänen ein Ende. Der neue Gouverneur hielt sich nicht an die Versprechungen seiner Regierung. Hasskarl kehrte sofort wieder nach Europa zurück. Doch auch in Amsterdam wollte man von den ministeriellen Zusagen nichts mehr wissen. Er wurde mit einem bescheidenen Ruhegehalt abgespeist. In Düsseldorf fand er Arbeit bei der Handelskammer und verdiente als Stenograph und Übersetzer den Lebensunterhalt für seine Familie. Die Mitgliedschaft in der berühmten Leopoldinischen Akademie (1847) und in anderen wissenschaftlichen Gesellschaften ehrte ihn zwar, änderte aber nichts an seinen kargen Einkommensverhältnissen. Das Jahr 1851 brachte endlich eine Wende. Zur Bekämpfung der Malaria dienten als einziges Mittel Extrakte aus der Rinde des Cinchona(>)-Baumes, der in den Höhenlagen von Peru und Bolivien gedeiht. Dort wurde die Rinde von den Cascarilleros gesammelt und zu hohen Preisen verkauft. Raubbau ließ jedoch den Baumbestand so bedenklich schrumpfen, daß die südamerikanischen Länder die Ausfuhr von Cinchonapflanzen oder -samen bei Todesstrafe verboten. Da besann man sich in Amsterdam auf Hasskarl, zitierte ihn ins Kolonialministerium und bot ihm streng vertraulich an, Cinchonaableger aus Südamerika nach Java zu entführen. Hasskarl sagte zu. Da die Presse jedoch von dem Plan erfahren hatte und in großaufgemachten Zeitungsartikeln darüber berichtete, schlug Hasskarl dem Minister vor, dann eben nicht unter seinem Namen, sondern als »Botaniker Dr. Müller« die Expedition zu unternehmen. 1852 begann das große Abenteuer. Unter unsäglichen Mühen und Strapazen gelang es Dr. Müller alias Hasskarl, die kostbare Beute, 500 Schößlinge und Bündel mit Samen, in sargähnliche Kisten zu verpacken und nach weiteren kuriosen Begebenheiten 1854 auf einem holländischen Kriegsschiff nach Java zu überführen. Doch der eigenwillige Kapitän machte einen Umweg von 2.000 Kilometern, und zur großen Enttäuschung Hasskarls waren nach der Ankunft in Batavia nur 75 Ableger am Leben geblieben. Als Leiter der Cinchona-Kultur überwachte er die weitere Kultivierung. Die Nachricht vom Untergang seiner Familie, die nach Batavia nachkommen sollte, vor der englischen Küste führte zu einem gesundheitlichen Zusammenbruch. Hasskarl kehrte 1856 nach Europa zurück und wurde mit einer mageren Pension entlassen. Seinen Lebensabend verbrachte er in Kleve. Die Universität Greifswald verlieh ihm 1860 die Ehrendoktorwürde, und 1870 erhielt er vom preußischen König den Roten Adlerorden. 1894 verstarb der fast vergessene Wohltäter der Menschheit.

Haussknechtia

Heinrich Carl Haussknecht (1838–1903) stammte aus Bennungen bei Sangerhausen und erlernte von 1856 bis 1859 den Apothekerberuf. 1861 ging er als Gehilfe in die Schweiz. Ein Jahr später begann er in Breslau mit dem Studium der Medizin und schloß es mit dem Staatsexamen ab. 1864 brach er zu einer Reise in den Orient auf, die ihn bis ins Quellgebiet des Euphrat führte. Nach seiner Rückkehr 1866 rüstete er sich zu einer neuerlichen Expedition nach Kurdistan und Persien, die bis 1869 dauerte. Bis 1876 übte er den Apothekerberuf aus und zog sich dann als Privatgelehrter nach Weimar zurück. Haussknecht wurde zum Professor und Hofrat ernannt. Von seinen Reisen hatte er eine wertvolle Sammlung zusammengetragen, in der sich neben botanischen Objekten auch Münzen und Keilschriften befanden. 1896 begründete er das »Herbarium Haussknecht«, das nach seinem Tode als Stiftung weitergeführt und 1949 in Jena untergebracht wurde. Es enthält eine glänzende Sammlung der orientalischen Flora.

Haworthia

Adrian Hardy Haworth (1768–1833), ein englischer Gärtner und Naturwissenschaftler aus Hull, der durch zahlreiche Abhandlungen aus der Botanik und Entomologie bekannt wurde. Von 1812 bis 1817 arbeitete er in einem Garten in Cottingham in der Nähe von Hull. Dann wechselte er an den Botanischen Garten in Chelsea, wo er bis zu seinem Tode tätig war. Seine interessanten Mitteilungen, besonders über Sukkulenten, erschienen meist in den Veröffentlichungen der Linnean Society. 1965 wurden seine gesammelten Werke in einer Faksimileausgabe als »Complete Works on succulent Plants, 1794–1831« vorgelegt.

Hebe
Strauchveronika

Hebe stieg als Tochter von Zeus und Hera zur göttlichen Mundschenkin auf und versorgte das Göttergeschlecht mit dem Unsterblichkeit verleihenden Nektar, einem geheimnisvollen, metähnlichen Gebräu aus vergorenem Honig. Von den Sterblichen wurde sie als Göttin der Jugend angebetet. Doch als ihr Vater Zeus eines Tages, in heftiger Liebe zu dem schönen Knaben Ganymed entbrannt, diesen auf Adlersfittichen in den Olymp entführte und ihm das Amt des Mundschenken übertrug, blieb Hebes enttäuschter Mutter Hera nichts anderes übrig, als für eine standesgemäße Heirat ihrer hübschen Tochter zu sorgen. Ihr Auge fiel auf Herakles (>), ihren inzwischen zum Unsterblichen gewordenen Adoptivsohn. Erfolgreich fädelte sie die Ehe ein, aus der zwei Söhne hervorgingen.

Hechtia

Julius Gottfried Konrad Hecht (1771–1837) wurde in Halberstadt geboren und erhielt auch dort seinen ersten Unterricht, der später in Hamburg fortgesetzt wurde. An den Universitäten in Halle und Göttingen widmete er sich dem Jurastudium. 1794 wurde er als Referendar bei der Kurmärkischen Kammer in Berlin angestellt. 1801 reichte Hecht ein Urlaubsgesuch ein, um auf eigene Kosten einen ehemaligen Kollegen nach Spanien begleiten zu dürfen und dort »eine Anzahl spanischer Böcke und Schafe einzukaufen«. Mit königlich preußischer Order wurde ihm dieser Urlaub gewährt. 1804 legte er vor der Ober-Examinations-Commission eine Prüfung ab, die er glänzend bestand. Außerdem hatte er einen Aufsatz über die Schafzucht in Spanien eingereicht. Prompt wurde er zum Assessor ernannt. Fünf Jahre später bekleidete er das Amt eines Regierungsrates in Potsdam. Vom preußischen König wurde er 1825 zum Geheimen Regierungsrat erhoben. Als besondere Auszeichnung erhielt er 1832 den Roten Adlerorden III. Klasse. Hecht, der als umgänglicher und heiterer Mensch beschrieben wird, unternahm fast jährlich eine Reise ins Ausland. So erwarb er sich eingehende Kenntnisse über die Flora fast aller europäischen Länder, die er durch eine rege Korrespondenz mit den führenden Botanikern vertiefte. Für ihn galt, kein botanischer Garten sei so unbedeutend, daß man nicht etwas in ihm lernen könnte. In seinem Testament vermachte er einem Oberpräsidenten und dessen Gattin für ihre vielen Freundschaftsbeweise als hochherziges Legat Teile des kostbaren Blumenwerkes der Maria Sibylla Merian.

Hedwigia

Johann Hedwig (1730–1799) stammte aus Siebenbürgen, wo er in Kronstadt das Gymnasium besuchte. 1749 zog er nach Zittau in Sachsen und begann 1752 in Leipzig Medizin zu studieren. 1759 bestand er dort das Doktorexamen und wollte sich in Kronstadt als Arzt niederlassen. Da jedoch in Österreich das sächsische Arztdiplom nicht anerkannt wurde, kehrte der junge Doktor nach Sachsen zurück und eröffnete 1762 in Chemnitz eine Praxis. Zur Vertiefung seiner Kenntnisse übernahm er 1781 eine Stelle an einem Hospital in Leipzig. Fünf Jahre später wurde Hedwig zum Professor der Medizin ernannt. Ab 1789 lehrte er Botanik und betreute als Direktor den Leipziger Botanischen Garten. Ab 1791 wirkte er zudem als Arzt an der Thomasschule. Seine botanischen Arbeiten befaßten sich hauptsächlich mit den Kryptogamen. Die Zeitschrift für Kryptogamenkunde heißt nach ihm »Nova Hedwigia«.

Heisteria

Lorenz Heister (1683–1758) stammte aus Frankfurt a. M. und begann 1702 in Gießen Medizin zu studieren. 1706 begab er sich zur Weiterbildung nach Amsterdam. 1707 diente er zu Beginn des spanischen Erbfolgekrieges als Hilfsarzt in englischen und holländischen Feldlazaretten. Noch im gleichen Jahr setzte er in Leiden das Medizinstudium fort und betrieb nebenher botanische Studien. 1708 konnte er an der Universität in Harderwijk promovieren. In Amsterdam lehrte er eine zeitlang Anatomie, trat aber dann wieder in den Sanitätsdienst ein. Nach der Schlacht bei Malplaquet (1709) zeichnete sich Heister bei der Versorgung der Verwundeten in einem holländischen Lazarett besonders aus. 1710 wurde er als Professor der Anatomie und Chirurgie an die damalige Universität in Altdorf bei Nürnberg berufen. Zuvor hatte er Oxford und Cambridge besucht und dabei den großen Newton kennengelernt. Heister, der sich einen Ruf als hervorragender Chirurg erworben hatte, folgte 1719 einem Angebot der Universität Helmstedt. 1730 gab er die Professur für Anatomie auf und übernahm dafür die Fächer Botanik – er baute u. a. einen bedeutenden botanischen Garten auf – und theoretische

Medizin. Ab 1740 lehrte er auch noch praktische Heilkunde. Heisters Bibliothek umfaßte mehr als 12.000 Bücher und sein Herbar 90 großformatige Bände. Neben einem reichlich ausgestatteten Naturalienkabinett verfügte er über eine Sammlung von 470 meist silbernen chirurgischen Instrumenten. Die brillante Verbindung von theoretischem Wissen und praktischer Anwendung in Heisters Persönlichkeit zeigte sich auch darin, daß er aus Nützlichkeitserwägungen das Kupferstechen und die Glasschleiferei erlernte. Neben seinen zahlreichen medizinischen Schriften erschien 1748 eine Pflanzensystematik. Dieser vielseitige Gelehrte verstarb bezeichnenderweise im Dienst – auf dem Wege zu einem Patienten, den er operieren sollte.

Helenium
Sonnenbraut

Die Geburt der schönen Helena war so wunderlich, daß gleich mehrere Versionen ihrer Herkunft gesponnen wurden. In der meistverbreiteten Sage hatte Leda, die Gemahlin eines Königs, Gott Zeus in Schwanengestalt empfangen und als Frucht dieser komplizierten Vereinigung ein hyazinthfarbenes Ei gelegt, aus dem Helena zusammen mit zwei Brüdern kroch und bald als ein Juwel an Schönheit und Liebreiz alle Welt betörte. Wie allgemein bekannt, entführte sie, die inzwischen zur Gemahlin von Spartanerkönig Menelaos aufgestiegen war, mit ihrem Einverständnis der trojanische Königssproß Paris (>) nach Kleinasien, womit Aphrodite, auch Paphia (>*Paphiopedilum*) genannt, zwar ein Versprechen ein-, aber auch jenen fürchterlichen Krieg auslöste, der mit der Zerstörung Trojas endete. Was wurde aus Helena? Nachdem ihr geliebter Paris sein Leben ausgehaucht hatte, wurde sie noch während des Kampfgetümmels einem gewissen Deiphobos, einem verdienten troischen Helden, versprochen. Doch Helena wollte nicht, sie erinnerte sich plötzlich ihrer spartanischen Königinnenwürde und versuchte ins Lager der Griechen zu fliehen, was ihr aber nicht gelang. Der ergrimmte Deiphobos vergewaltigte Helena. Die Schmach war unerträglich, sie zückte einen Dolch und stieß ihn beherzt dem Deiphobos in den Rücken. Dieses Drama beobachtete ihr gehörnter Ehegemahl Menelaos mit bestürzter Bewunderung. Er, der geschworen hatte, daß Helena sterben müsse, schmolz bei ihrer heroischen Tat und dem Anblick ihrer nackten Brüste dahin, zog sie vergebend an sich und rettete sie aus dem Gemetzel auf sein Schiff. Nach jahrelangen Irrfahrten durch das östliche Mittelmeer und einem guten Rat des greisen Proteus (>) konnte König Menelaos mit seiner zurückgewonnenen Helena endlich wieder Sparta erreichen.

Heracleum
Bärenklau, Herkuleskraut

Wieder einmal überkam den Herrscher im Olymp die Lust auf ein erotisches Abenteuer. Diesmal hatte er ein, nein, beide Augen auf die schöne und tugendsame Alkmene, die bezaubernde Gattin des Amphitryon, der sich gerade irgendwo im Kriege tummelte, geworfen. Er nahm dessen Gestalt an, kreuzte bei Alkmene auf und brachte es mit List fertig, eine lustvolle Nacht mit ihr auf die Länge von dreien auszudehnen. Als Frucht dieses göttlichen Beisammenseins gebar die getäuschte Gespielin den Herakles, der zum Lieblingssohn von Papa Zeus und zur totalen Persona ingrata seiner betrogenen Ehefrau Hera wurde. Doch mit seiner Bauernschläue verstand es der Götterchef, seiner getäuschten Gemahlin das Baby als armes Findelkind an die Brust zu legen. Das Knäblein forderte so ungestüm seine Nahrung von der göttlichen Amme, daß sie ihm schmerzgepeinigt mit einem Ruck die stillende Brust entzog. Immerhin hatte Herakles so viel schlucken können, daß es reichte, ihn unsterblich zu machen. Einige Spritzer der Milch fielen auf die Erde und wurden zu Lilien, die meisten aber verteilten sich am Firmament, wo wir sie als Milchstraße bestaunen. Welche unglaublichen zwölf Heldentaten der mit einer Keule bewaffnete und in einem Löwenfell einherschreitende Herakles vollbracht hat, ist ja wohlbekannt. Auch eine Tour durch die düstere Unterwelt blieb ihm nicht erspart. Auf dem Heimweg aus dem Tartarus, froh, wieder im Tageslicht wandeln zu können, wand er sich einen Kranz von Blättern um sein Haupt. Wunderbarerweise wurden die äußeren Blätter entsprechend der Farbe der Unterwelt schwarz. Die Blätter, die seinen Augenbrauen am nächsten waren, aber bleichten durch seinen glorreichen Schweiß zu einer silberweißen Farbe. Aus diesem Grund weihten ihm seine Verehrer die Weißpappel oder Espe. Traurig, sehr traurig, war es um das Ende des Helden bestellt. Vor einem Dankopfer für seinen Vater zog er sich infolge der Verkettung tragischer Umstände ein zwar frisches, aber giftgetränktes Hemd über, das ihm Haut und Fleisch auflöste. Unter unsäglichen Qualen bestieg er einen Scheiterhaufen und suchte schnell in den Flammen sein Leben zu beenden. Vater Zeus aber hüllte ihn in eine Wolke und holte seine unsterblichen Teile in die Göttergemeinschaft. Als Torhüter bewacht er den Olymp, wo wir ihn in seiner majestätischen Größe am nördlichen Sternhimmel bewundern können.

Herbertia

William Herbert (1778–1847) wurde als Sohn des Earl of Carnarvon geboren und in Eton erzogen. Noch während seiner Schulzeit veröffentlichte der aufgeweckte Knabe 1795 einen Gedichtband mit dem schönen Titel »Die Musen von Eton«. Für ein Gedicht in Latein über den Rhein wurde er mit einem Preis ausgezeichnet. Sein Studium schloß er als Doktor des Zivilrechts ab. Neben seiner Anwaltstätigkeit wurde er politisch aktiv und 1806 und 1811 zum Parlamentsabgeordneten gewählt. 1812 jedoch zog er sich aus der Politik zurück und widmete sich der Theologie. In den folgenden Jahren erschienen zahlreiche Gesänge aus seiner Feder, so 1815 das Gedicht »Helga« in sieben Gesängen, 1820 eine lateinische Ode »Iris« u. a. m. 1838 veröffentlichte er nach intensiver langjähriger Vorbereitung die Dichtung »Attila« in zwölf Bänden. 1840 erwarb Herbert das Bakkalaureat für Theologie und wurde im gleichen Jahr zum Dekan von Manchester ernannt. Aber nicht nur als Dichter machte er sich einen Namen. Als kenntnisreicher Botaniker publizierte er häufig in angesehenen Fachzeitschriften. Sein besonderes Steckenpferd waren die Zwiebelgewächse, mit denen er in seinen Gärten experimentierte. 1837 erschien als Standardwerk ein Buch über die Amaryllidaceen. Ein weiteres Werk befaßte sich mit der Geschichte des Krokus. Herbert verstarb 1847 in London.

Heritiera

Charles-Louis L'Héritier de Brutelle (1746–1800), ein Pariser Jurist an einem der ältesten französischen Gerichte, der zu den engeren Ratgebern des Königs und den Freunden um den Kanzler Malesherbes und Rousseau (>) gehörte. Als Botaniker war er ein kenntnisreicher Amateur und überzeugter Anhänger und Verfechter des Linnéschen Systems. Seine hervorragenden Kenntnisse in der Dendrologie ließen ihn zum Beauftragten über das französische Gewässer- und Forstwesen aufsteigen. Beim Ausbruch der Großen Revolution 1789 diente er als Kommandant der Nationalgarde in Versailles, konnte aber glücklich die Wirren des Umbruchs überstehen. L'Héritier war fasziniert von der Vielfalt und Schönheit der Flora, besonders aus Übersee, was ihn zu einer umfangreichen Abhandlung (1784 und 1785) über neue und weniger bekannte Pflanzen anregte. Zur Illustration gewann er den Künstler Pierre Joseph Redouté, der später zu den größten Pflanzendarstellern gehörte. Unter seinen weiteren Veröffentlichungen findet sich eine »Geraniologia« von 1792. L'Héritiers Freundschaft mit dem Pflanzensammler Joseph Dombey (>) stürzte ihn in ein dunkles Abenteuer. Gegen den Einspruch Spaniens, die umfangreiche, in Paris lagernde

Südamerika-Sammlung des verstorbenen Dombey zu bearbeiten und zu veröffentlichen, schaffte er auf Anregung Buffons (>) über Nacht die Kollektion nach London. Dort versuchte er in völliger Zurückgezogenheit unter Benutzung der ihm von Sir Banks (>) zur Verfügung gestellten Bibliothek, Dombeys Sammlung zu bearbeiten. 15 Monate hielt er sich in London auf und kehrte erst nach Frankreich zurück, nachdem ihm die Revolutionsregierung den Besitz der wertvollen Kollektion garantiert hatte. Leider sind die Früchte seines Abenteuers nie publiziert worden. L'Héritier war Mitglied der Académie des Sciences und hatte bedeutenden Anteil an der Organisation dieser Gelehrtenvereinigung. Mehrmals bekleidete er ein höheres Amt in der Zivilgerichtsbarkeit. Am 16. April 1800 wurde er auf dem Heimweg kurz vor seinem Domizil in der Dunkelheit mit mehreren Säbelhieben niedergestreckt. Dieser Mord blieb unaufgeklärt. Einen Zusammenhang mit der Affäre Dombey dahinter zu sehen, bleibt Spekulation.

Hermannia (**Mahernia*)

Paul Hermann (1640–1695) stammte aus Halle und begann bereits mit zehn Jahren Pflanzen zu sammeln. Er besuchte verschiedene Universitäten, darunter auch Leiden, und wurde 1670 in Padua zum Doktor der Medizin promoviert. Nach einer Reise durch Italien begab er sich nach Holland. Seine Kenntnisse in der Pflanzenkunde verhalfen ihm zu dem Angebot der Regierung, in Übersee seltene Pflanzen zu sammeln und zu beschreiben. Hermann segelte also nach Java und besuchte 1672 von Batavia aus Indien, Ceylon und Südafrika. Während des Aufenthaltes in Ceylon schickte er Pflanzen und Samen nach Amsterdam an Jan Commelin (>) und nach Danzig an Jacob Breyne (>). 1678 erhielt er, inzwischen Arzt bei der Niederländischen Ostindien-Kompanie, aus Leiden das Angebot, den Lehrstuhl für Botanik an der Universität zu übernehmen. Hermanns Antwort aus Colombo war positiv, und nach einem achtjährigen Aufenthalt in den Tropen schiffte er sich nach Holland ein. 1680 trat er sein Amt in Leiden an. Zu seinen Aufgaben gehörte auch das Direktorat über den Hortus Botanicus, der damals bereits 4.000 Arten enthielt. Unter seiner Leitung wurde der Garten beträchtlich erweitert. 1682 besuchte er in England die Gärten in Oxford und Chelsea und kehrte mit 200 lebenden Pflanzen im Gepäck zurück. Auf weiteren Studienreisen lernte er Frankreich und Deutschland kennen. Um die Verantwortung der gärtnerischen Betreuung seines Hortus zu straffen, führte er eine Rangfolge des Personals ein. Der erste Gärtner bekam den Titel »Hortulanus«, der auch heute noch üblich ist. Hermann erwarb sich durch seine vorzügliche Beobachtungsgabe und seinen enormen Fleiß den Ruf, einer der führenden Botaniker seiner Tage zu sein. Sein Vorschlag, Pflanzen nach ihren Früchten zu klassifizieren, wurde später von Linné (>) mit Anerkennung bedacht. 1686 bekam er zusätzlich die Aufgabe, praktische Medizin zu lehren. 1695 verstarb er, erst 49 Jahre alt. Hermanns botanische Veröffentlichungen waren, neben den Listen und Beschreibungen des Gartenbestandes, insbesondere Berichte über die Pflanzenwelt Ceylons, die auch nach seinem Tode mehrfach aufgelegt wurden. Die Schätze seines Nachlasses, z. B. sein »Museum Indicum« mit einem Wert von 12.000 Gulden oder sein Herbarium, auf 3.000 Gulden geschätzt, wurden leider von seiner mit vier Kindern in Dürftigkeit lebenden und nicht gerade geschäftstüchtigen Witwe weit unter Wert veräußert. Das stark ausgeplünderte Herbarium erwarb der König von Preußen 1705 für lächerliche 300 Gulden.

Heuchera

Johann Heinrich von Heucher (1677–1747), in Wien geboren, wurde von seinen Eltern schon als Zwölfjähriger 1689 auf die Universität Wittenberg geschickt, wo er 1696 Magister wurde. 1699 promovierte er zum Doktor der Medizin und wurde Substitut im Fach Physik. 1709 wurde er zum Professor der Medizin berufen. Heucher machte sich mit der Herstellung hervorragender anatomischer Präparate einen Namen und bemühte sich um die Erweiterung der anatomischen Sammlung. Ferner veröffentlichte er das erste Verzeichnis der Pflanzen des Botanischen Gartens (»Index plantarum horti medici Academiae Vitembergensis«). 1713 ernannte ihn König August der Starke zu seinem Leibarzt und zum Hofrat, was mit der Übersiedlung nach Dresden verbunden war. Zudem erhielt er den Auftrag, die grafischen Bestände der Kunstkammer zu erfassen, und gründete 1720 das Kupferstichkabinett, das er bis zu seinem Tode leitete. 1721 wurde er von Kaiser Karl VI. in den Adelsstand erhoben.

Hibbertia *(Candollea)*

George Hibbert (1757–1837) war aus Manchester gebürtig, besuchte eine Privatschule, siedelte nach London über, stieg als Juniorpartner in eine Westindien-Handelsfirma ein und wurde schließlich deren Chef. Von 1798 bis 1803 war dieser offensichtlich tüchtige Kaufmann Stadtrat in London. Als eindrucksvollen und überzeugenden Redner für die Liberalen wählte man ihn 1806 zum Abgeordneten in Seaford, East Sussex. Dieses Amt hatte er sechs Jahre inne. In London setzte er sich mit gescheiten Plänen und Entwürfen für die Errichtung der Westindien-Docks ein. Bis 1831 war er Vorsitzender der Westindien-Kaufmannschaft. Hibbert sammelte leidenschaftlich Gemälde und Bücher. Als Amateurbotaniker kultivierte er auf seinem Anwesen in Clapham mit Erfolg exotische Gewächse. Sein Wohlstand erlaubte es ihm, in eigener Regie Pflanzensammler, u. a. Niven (>), nach Afrika und Jamaica zu schicken. Ein anderer überraschender Zug in Hibberts Persönlichkeit war seine Beschäftigung mit alten Sprachen. So edierte er 1819 eine Übersetzung von Ovids »Metamorphosen« und versah sie mit einem Vorwort. 1829 erbte er den Landsitz Munden in der Nähe von Watford, Herfordshire. Wegen der geringeren Größe seines neuen Domizils mußte er jedoch einen Teil seiner literarischen und Kunstschätze veräußern. Allein der Verkauf seiner Bibliothek mit einem Katalogumfang von 482 Seiten dauerte 42 Tage. Sein Herbarium schenkte er der Linnean Society. Hibbert verstarb 1837 in Munden House.

Hillia

John Hill (1716–1775) aus Peterborough, Northamptonshire, erlernte zunächst den Apothekerberuf in Westminster. Unter widrigen Umständen nahm er eine kleine Stelle bei einem Militärapotheker an. Dann kaufte er sich den Doktortitel und begann, sich der Schriftstellerei zuzuwenden. So erschien 1746 eine von ihm kommentierte Übersetzung aus den Schriften Theophrasts (>). Zwei Jahre später gab er eine globale Naturgeschichte heraus. Mit der Edition von zwei Zeitschriften, »The Inspector« und »British Magazine«, erlebte er ziemliche Unannehmlichkeiten, die ihm sogar die Aufnahme in die erlauchte Royal Society verwehrten. Hill rächte sich für diese schmähliche Zurücksetzung mit satirischen Pamphleten gegen die Gesellschaft. Seine Armut verwandelte er durch den Verkauf von geheimnisvollen Heiltränken zunehmend in beachtlichen Reichtum. Neben zahlreichen medizinischen Abhandlungen verfaßte er über 70 botanische Schriften, die, wie »The Sleep of Plants« und »Exotic Botany«, zum Teil in mehreren Auflagen gedruckt wurden. Von 1759 bis 1775 berichtete er in 26 Folgen über »The Vegetable System«. John Hill verstarb 1775 in London an den Folgen der Gicht.

Hippocratea

Hippokrates (460–377 v. Chr.) wurde auf der Insel Kos im Ägäischen Meer geboren. Seine Familie führte ihren Ursprung auf den Heilgott Asklepios (>) zurück. Hippokrates begab sich nach Ägypten, um Medizin zu studieren. Außerdem ging er noch bei dem Philosophen Demokrit, der bekanntlich den Begriff des Atoms in die Wissenschaft einführte, in die Lehre. Dann folgten Wanderjahre als lehrender und praktizierender Arzt, die ihn auch nach Athen brachten. Ein bekannter Berufskollege rief ihn nach Mazedonien, wo der junge König Perdikkas ohne Diagnose dahinsiechte. Hippokrates gelang es, durch seine überaus sorgfältige Erhebung der Anamnese die Krankheitsursache herauszufinden: Perdikkas hatte sich, ohne daß es ihm bewußt war, wegen einer Konkubine seines Vaters in einen auszehrenden Liebeskummer gestürzt. Das brachte natürlich den Arzt aus Kos in die Schlagzeilen, und seine Berühmtheit drang bis nach Persien, von wo er einen Ruf des Königs Artaxerxes erhielt. Aus patriotischen Gründen verzichtete er und erteilte dem Erzfeind eine Absage. Aber leider, leider müssen wir gestehen, daß alle diese und ähnliche Berichte über seinen Lebenslauf wohlgemeinte Erfindungen sind. Fest steht nur, daß er tatsächlich aus Kos stammte und in Larissa in Thessalien gestorben ist. Man weiß auch nicht, wie er aussah. Ob eine 1933 auf Kos gefundene Statue Hippokrates darstellt, bleibt zu bezweifeln. Nicht anders ist es mit dem sogenannten Corpus Hippocraticum, das in etwa 60 Monographien das medizinische Wissen seiner Zeit darstellt. Vielleicht lassen sich einige wenige dieser Schriften, wie eine Abhandlung über die Epilepsie, Hippokrates zuschreiben. Tatsächlich ist es reizvoll, sich vorzustellen, wie dieser ohne Zweifel große Arzt lehrend und heilend durch die Räume des auf Kos freigelegten Asklepeions schritt. Es würde zu weit führen, auf die Behandlungsmethoden in einem solchen Klinikum einzugehen. Nur eine kardinale Erkenntnis hippokratischer Medizin sei angeführt: Krankheiten sind keine Wirkung von Dämonen oder sühnenden Göttern, sondern rein körperliche Phänomene. Die Auffassung, ein Ungleichgewicht der Körpersäfte Blut, Schleim, gelbe und schwarze Galle verursache die Krankheiten, sollte noch für lange Zeit ein Dogma des ärztlichen Wissensschatzes bleiben. Wer auf einem bestimmten kleinen Plätzchen in Kos unter dem Schatten der Arkaden seinen Ouzo genießt, entdeckt auch die sehr altersschwache »Platane des Hippokrates«. Unter ihren ausladenden Zweigen soll einst der große Heiler seine Schüler belehrt haben. Spitzt man die Ohren, so hört man ihn vielleicht gerade bei einer Diskussion über die Honorarhöhe: »Ich rate, keine hohen Forderungen zu stellen, aber die Möglichkeiten und das Einkommen des Patienten zu berücksichtigen. Unter bestimmten Umständen sollte der Arzt kostenlos behandeln.«

Hirschfeldia

Christian Cajus Lorenz (Cay Laurenz) Hirschfeld (1742–1792) erblickte unweit von Eutin das Licht der Welt. Er studierte ab 1760 in Halle und ging 1763 nach Kiel, wo er als Lehrer die Holstein-Gottorpschen Fürstenkinder erzog. 1765 begleitete er als Informator und Sekretär seine Zöglinge auf verschiedenen Reisen in Europa. Neid und Kabale jedoch nötigten Hirschfeld schon nach zwei Jahren, diesen Dienst zu quittieren. Nach einem längeren Aufenthalt in Hamburg wurde er 1773 an die Universität Kiel als Professor der Philosophie und der schönen Wissenschaften berufen. 1777 ernannte man ihn zum Königlich Dänischen Wirklichen Justizrat. 1776 hatte er »Über die Verwandtschaft der Gartenkunst und der Mahlerey« berichtet. Von 1779 bis 1785 beschäftigte ihn sein fünfbändiges wegweisendes Hauptwerk, die »Theorie der Gartenkunst«, das ihn als führenden deutschen Vertreter der englischen Gartenkunst auswies. Eine weitere gärtnerische Publikation, »Handbuch der Fruchtbaumkunst«, erschien 1788.

Hoffmannia

Georg Franz Hoffmann (1761–1826), im fränkischen Marktbreit geboren, wurde zunächst von seinem Vater, einem Landarzt, und dann von Hauslehrern erzogen. 1780 bezog er die Universität Erlangen, um Medizin zu studieren. Als die Königliche Akademie in Lyon einen Preis für eine Arbeit über die Färberflechten ausschrieb, beteiligte sich Hoffmann und erhielt den ersten Preis. In Lyon erwarb er 1786 den Doktorgrad und erhielt ein Jahr darauf schon die Erlaubnis, Vorlesungen zu halten. Es folgten Reisen durch Deutschland und die Niederlande. Die Universität in Erlangen berief ihn 1789 zum Professor für Arzneikunde. 1792 folgte er einem Ruf nach Göttingen als Professor und Leiter des Botanischen Gartens. Hoffmann wurde Ehrenmitglied mehrerer Akademien und auch der hochangesehenen Linnean Society in London. Sein Ruf als botanische Koryphäe drang bis nach Moskau, von wo ihn ein großzügiges Angebot erreichte, das er 1803 annahm. In Moskau wirkte Hoffmann als Professor der Botanik und Arzneikunde. Schon ein Jahr später ernannte man ihn zum Kaiserlichen Hofrat und Direktor des Botanischen Gartens. Die nächste Sprosse der Hierarchie erreichte er 1820 mit der Beförderung zum Staatsrat. Von seinen wissenschaftlichen Publikationen seien hier »Deutschlands Flora oder botanisches Taschenbuch« (mehrere Folgen zwischen 1791 und 1804) und ein zweibändiges Prachtwerk über Weidenarten (1785–91) genannt.

Hoffmannseggia

Johann Centurius Graf von Hoffmannsegg (1766–1849) aus Dresden studierte ab 1783 in Leipzig und ab 1786 in Göttingen. Anschließend lebte er in Böhmen. 1793 unternahm er als Entomologe, Ornithologe und Botaniker eine Forschungsreise durch Ungarn, von der er eine reiche Naturaliensammlung mitbrachte. 1798 brach Hoffmannsegg mit dem Botanikprofessor Heinrich Friedrich Link zu einer Reise nach Portugal auf, die bis 1801 dauerte. Die Ergebnisse und Erfahrungen ließ er auf eigene Kosten (eine Ausgabe von 50.000 Talern!) als Prachtwerk »Flore portugaise« drucken, bis heute ein Quellenwerk zur Flora Portugals von einmaliger Schönheit. Er war nicht nur Sammler, sondern auch ein sehr geschickter Präparator, der spezielle Instrumente und Methoden erfand. Mit seiner Sammlung trug er wesentlich zum Aufbau des Zoologischen Museums in Berlin bei. 1813 zog sich Hoffmannsegg ins Privatleben zurück und widmete sich der Pflege seines botanischen Gartens. Eine ausgedehnte, in mehreren Sprachen geführte Korrespondenz und das Bestimmen der aus aller Welt eingesandten Naturalien füllten seine Zeit aus. Als liebenswürdiger, weltoffener und heiterer Gesellschafter wurde er von seinen Kollegen geschätzt. »Der schöngewachsene Mann«, wie ihn sein Biograph Reichenbach *(100)* beschreibt, «war bei unübertrefflichster Mäßigkeit fast immer gesund und kräftig.«

Holubia

Emil Holub (1847–1902) aus dem tschechischen Holice studierte in Prag Medizin und erwarb 1872 an der dortigen Karls-Universität den Doktortitel. 1872 brach er mit fünf Schilling in der Tasche von Port Elizabeth aus, einem Hafen der britischen Kapkolonie, zu den Diamantfeldern in Kimberley auf und betrieb in einem Zelt eine Arztpraxis. Nach sieben Monaten konnte er eine Expedition ausrüsten, mit der er 1873 Naturalien sammelnd nach Norden bis zu den Flüssen Vaal und Mooi vorstieß. Zwar waren ihm bei der Rückkehr von den 400 Pfund Sterling, die ihn das Unternehmen gekostet hatte, nur noch 16 Schilling übriggeblieben, doch wurde dies durch das Sammelergebnis weitgehend wettgemacht: 30 Skelette, 1.500 Pflanzen, 3.000 Insekten, 200 Reptilien, zahlreiche Fische und 300 Mineralien! Holub nahm seine Praxis wieder auf und hatte nach sechs Monaten so viel gespart, daß er die nächste Expedition in Angriff nehmen konnte. Wieder sammelte Holub 1874 in der nördlichen Kapregion bis zum Limpopo und kehrte mit 40 Kisten voller Naturalien zurück. Diese beiden Exkursionen waren gewissermaßen eine Vorübung für die folgende Expedition mit dem Ziel, den Sambesi zu erreichen. Im Frühjahr 1875 überquerte er wieder den Limpopo, drang im Grenzgebiet zwischen Botswana und Rhodesien (Simbabwe) weiter nach Norden vor und erreichte im Spätsommer den Sambesi. In Sesheke legte er einen Zwischenstopp ein. Nach einem Abstecher zu den Victoria-Fällen wurde in der Umgebung von Sesheke fleißig gesammelt und gejagt. Auf einer Erkundungsfahrt den Sambesi aufwärts kam es zu einem Bootsunfall in den Stromschnellen nicht weit von Sioma. Holub verlor dabei einen Teil seiner Medizinausrüstung und mußte mit Fieber und Dysenterie nach Sesheke zurück. Seinen ehrgeizigen Plan, von hier aus scharf nach Westen bis zum Atlantik vorzustoßen, gab er auf und trat Anfang 1876 mit seinem Troß, immer noch von Dysenterie geplagt, den Rückweg an. Um Schulden abzubauen, nahm er seine Arztpraxis wieder auf und richtete eine kleine Menagerie ein, in der er die mitgebrachten Tiere und ethnographischen Kuriositäten für ein geringes Entgeld zur Schau stellte. 1879 reiste er mit seiner gesamten Kollektion nach Europa. Die lebenden Tiere gelangten in die Zoologischen Gärten von London und Prag. 1880 stellte er in Wien nicht nur 12.500 von seinen 30.000 gesammelten Naturalien und ethnographischen Objekten aus, sondern fand auch noch Zeit, eine Angehörige der oberen Zehntausend zu heiraten. Mit dieser mutigen Dame, die inzwischen das Präparieren von Tieren und Schießen gelernt hatte, machte er sich 1883 nach Kapstadt auf, um den afrikanischen Kontinent von Süden nach Norden zu durchqueren. Die Expedition erreichte den Sambesi, wo sich nach dem Tod von König Sepopo die Verhältnisse geändert hatten. Holub wurde vor der Aggressivität der Eingeborenen gewarnt und entschied sich, nach Osten auszuweichen, wovon ihm aber auch abgeraten wurde. Holub schlug die Warnungen in den Wind. Etwa 500 Kilometer nördlich des Sambesi, nachdem inzwischen die meisten der Träger desertiert und zahlreiche Zugochsen verendet waren, griffen die Eingeborenen an. Die durch Malaria geschwächte Mannschaft mußte umkehren. Trotz großer Verluste trat Holub mit immerhin 2.130 Kisten 1887 die Rückreise nach Europa an und brachte seine Kollektion in verschiedenen Museen, besonders im Prager Nationalmuseum, unter. In den Büchern »Sieben Jahre in Südafrika« (1881) und »Von der Capstadt ins Land der Maschukulumbe« (1890) berichtet Holub über seine Expeditionen. Mit Ehrungen und Orden ausgezeichnet verstarb Emil Holub 1902 in Wien.

Hookera *(*Hookeria)*

Sir William Jackson Hooker (1785–1865) stammte aus Norwich und wurde zunächst zum Kaufmann ausgebildet. 1805 entdeckte er in der Umgebung von Norwich in England ein bis dahin unbekanntes Laubmoospflänzchen mit großen rotbraunen Sporenkapseln, das nun in der Nomenklatur als *Buxbaumia aphylla* geführt wird. Ein Jahr später wurde Hooker zum Mitglied der hochangesehenen Linnean Society gewählt. Damit war auch sein weiterer Lebensweg bestimmt. Er unternahm Studienreisen durch Schottland, Frankreich, die Schweiz und Island. 1820 übernahm er die botanische Professur an der Universität in Glasgow. In Kew an der Themse waren 1759 königliche botanische Gartenanlagen eingerichtet worden. Der 1836 geadelte Sir William J. Hooker wurde 1840 zu ihrem Direktor berufen. Im Jahr darauf überließ Königin Victoria (>) die Kew Gardens dem Staat. Unter Hookers weitsichtiger und geschickter Leitung entwickelte sich das ausgedehnte Areal, jetzt auch der Öffentlichkeit zugänglich, zu einer der berühmtesten botanischen Einrichtungen weltweit. Würdevoll und stets korrekt gekleidet versah er sein Amt. Die Adrettheit behielt dieser Gentleman sogar beim Botanisieren bei, wo er mit Zylinder und steifem Kragen einen seltsamen Anblick bot. Zahlreiche größere Veröffentlichungen und Zeitschriftenbeiträge flossen bis zu seinem Tode 1865 aus seiner unermüdlichen

Feder. Besonders hervorzuheben ist sein fünfbändiges Werk »The British Flora« (1830), das bis 1842 in fünf Auflagen erschien. Für mehrere Fachzeitschriften zeichnete er als Redakteur und Herausgeber. Die Universität Glasgow hatte ihm 1845 die juristische Doktorwürde verliehen. 1855 ehrte ihn Frankreich mit dem Orden der Ehrenlegion. Sein Sohn Joseph Dalton Hooker (>*Hookerella*) löste ihn 1865 im Direktorat der Kew Gardens ab.

***Hookerella** *(Muellerina)*

Sir Joseph Dalton Hooker (1817–1911) kam in Halesworth, Suffolk, auf die Welt. Er studierte in Glasgow, wo sein Vater Sir William Jackson Hooker (>*Hookera*) Professor war, und erhielt 1839 das medizinische Doktordiplom. Im Alter von 22 Jahren beteiligte er sich als Assistenzarzt und Botaniker an Bord der »Erebus« an der Antarktisexpedition unter Sir James Clark Ross. Seine Ausstattung war sehr dürftig: er hatte Papier zum Pflanzentrocknen und Einmachgläser mit Rum zum Konservieren von Naturalien. Auf dieser vierjährigen Reise blieb der Expeditionscrew kein Unglück erspart. Gewaltige Stürme und riesige Eisberge drohten die beiden Forschungsschiffe »Erebus« und »Terror« zu zertrümmern und machten sie zeitweise manövrierunfähig. Die Expedition erreichte 79° 10' südlicher Breite und entdeckte den magnetischen Südpol. Auf der Hin- und Rückreise hatte Hooker Gelegenheit, sich mit der südafrikanischen Flora vertraut zu machen. Während seiner Abwesenheit war er in London 1842 in die Linnean Society aufgenommen worden. Von 1844 bis 1860 veröffentlichte er unter dem Titel »The Botany of antarctic Voyages of H. M. Discovery Ships Erebus and Terror, 1839–43« seine Forschungsergebnisse. Er hielt Vorlesungen in Edinburgh und bearbeitete fossile Pflanzenfunde und das Herbarium, das ihm sein Freund Charles Darwin von den Galapagos-Inseln zugeschickt hatte. Nebenbei verliebte er sich in die Tochter des Botanikprofessors in Cambridge. Während Hooker auf der Antarktisreise mit einer kärglichen Ausrüstung zurechtkommen mußte, gestaltete sich seine nächste Expedition für die Kew Gardens, wo sein Vater inzwischen Direktor geworden war, und für das Londoner Geologische Museum von 1847 bis 1851 nach Indien geradezu zu einem Luxusunternehmen. In Begleitung zahlreicher Diener und Träger und versehen mit den besten Ratschlägen von Nathaniel Wallich (>), dem ehemaligen Direktor des Botanischen Gartens in Kalkutta und Familienfreund, bereiste Hooker die Himalajaregion. Während dieser Expedition waren nicht wenige Abenteuer zu bestehen. Von Darjeeling, seiner Expeditionsbasis, aus durchforschte er die Ostregion Nepals. 1849 schloß sich ihm der britische Repräsentant im Fürstentum Sikkim, Archibald Campbell, als Pflanzensammler an. Versehentlich überschritten beide die Grenze nach Tibet, wurden von den Chinesen gefaßt und zurückgeschickt. Der Rajah von Sikkim sperrte sie als Gefangene in seiner Hauptstadt Tumloong in eine Hütte. Nach der Befreiung durch britische Truppen wurde als Vergeltung Sikkim von England annektiert. In dieser Region des Himalaja, in Nachbarschaft des Achttausenders Kangchenjunga, sammelte Hooker neben vielen anderen Pflanzen wunderschöne neue Rhododendronarten, die bald in England zu den begehrtesten Ziersträuchern gehörten und in prachtvollen Rhododendrongärten zur Schau gestellt wurden. Über seine Forschungsergebnisse berichtete er in den »Himalayan Journals«, der »Flora indica« und dem Werk »The Rhododendrons of Sikkim-Himalaya«. Eine wertvolle Hilfe für den späteren Indian Trigonometrical Survey waren seine überaus genauen Landschaftsskizzen für die Erstellung des Kartenmaterials zu den Pässen nach Tibet. Weitere erfolgreiche Reisen nach Palästina (1860), Marokko (1871) und in die Vereinigten Staaten (1877) mehrten seinen Ruhm als exzellenter Botaniker. 1865 folgte er seinem Vater als Direktor der Kew Gardens. Von den weiteren Ehrungen und Auszeichnungen seien die

Ernennung zum Ritter des Bath-Ordens 1869 und seine Erhebung 1871 in den Adelsstand genannt. Als unermüdlicher Autor veröffentlichte er zahlreiche weitere Werke; so umfaßt die Liste seiner Veröffentlichungen im »Kew Bulletin« von 1912 über 16 Seiten! 1862 bis 1883 erschien – in Zusammenarbeit mit George Bentham (>) – »Genera plantarum«, und 1895 gab er den von B. D. Jackson als mustergültiges Nachschlagewerk erarbeiteten »Index Kewensis«, eine Katalogisierung aller seit Linné (>) neu beschriebenen Blütenpflanzen, heraus. Dieser Index wird noch heute weitergeführt. Gegen Ende 1911 beschäftigte sich Sir Hooker intensiv mit Klassifizierungsproblemen der Gattung *Impatiens*, schloß die Untersuchung beglückt ab und verstarb unversehens vier Tage später im gesegneten Alter von 94 Jahren.

Hoppea

David Heinrich Hoppe (1760–1846) erlernte den Apothekerberuf in Celle. In Wolfenbüttel legte er 1784 die pharmazeutische Prüfung ab. 1792 begann er in Erlangen mit dem Medizinstudium und promovierte zum Dr. med. Dann ließ er sich in Regensburg als praktischer Arzt nieder. Zwischen 1798 und 1843 führten ihn zahlreiche Exkursionen in die Ostalpen. Seine botanischen Veröffentlichungen befaßten sich insbesondere mit pflanzengeographischen und physiologischen Beobachtungen. 1803 wurde Hoppe zum Professor der Botanik ernannt. Er war Mitbegründer der »Flora«, der ältesten botanischen Facheitschrift. 1820 wurde ihm die Mitgliedschaft in der Academia Leopoldina zuteil.

Hornschuchia

Christian Friedrich Hornschuch (1793–1850) stammte aus der Nähe von Coburg und begann 1808 mit der Apothekerlehre. 1813 arbeitete er als Gehilfe in Regensburg, wo er sich mit Hoppe (>) anfreundete. In Gefrees wurde er Mitarbeiter von Funck (>). Es folgten Reisen nach Istrien und in die Alpen. 1818 holte man ihn als botanischen Demonstrator an die Universität in Greifswald, wo er 1820 zum Professor ernannt wurde. Mehrere Reisen führten ihn nach Frankreich, Holland und Skandinavien. Hornschuchs Spezialgebiet war die Erforschung der Moose.

Hornungia

Ernst Gottfried Hornung (1795–1862) absolvierte in Erfurt eine Apothekerlehre. Danach arbeitete er als Gehilfe in Coburg, Aachen und Genf. In Berlin studierte er Pharmazie. 1823 übernahm er eine Apotheke in Aschersleben. 1836 gab er seinen Beruf auf und hoffte – leider vergebens –, mit der Gründung einer Zuckerfabrik in Freckleben sein Glück zu machen. Hornung war ein bekannter Botaniker und Entomologe, der vor allem die Harzregion erkundete. Von ihm stammt u. a. eine »Anweisung zur Untersuchung der Käfer«. Er beschäftigte sich auch mit chemischen Untersuchungen an Insekten.

*Hosta (*Funkia)*
Funkie

Nicolaus Thomas Host (1761–1834) erblickte in Fiume (Rijeka) das Licht der Welt. In Wien studierte er Medizin und erlangte die Doktorwürde. Sein besonderes Interesse galt der Botanik. Auf seinen Vorschlag richtete Kaiser Franz II. 1793 als »Flora austriaca viva« einen botanischen Garten im Belvedere ein, zu dessen Leitung Host bestellt wurde, der dieses Amt bis zu seinem Tod verwaltete. Gewächse, die er und sein Freund Joseph von Jacquin (>) auf Exkursionen in Österreich und auf dem Balkan gesammelt hatten, wurden in diesem Garten eingepflanzt und kultiviert. In vier Bänden (1801–1809) mit 400 großartigen handkolorierten Tafeln beschrieb

Host die in Österreich vorkommenden Gräser. In einem anderen Werk, »Salix« (1828), stellte er auf über 100 Abbildungen die österreichischen Weiden dar. Seine »Flora Austriaca« (1827–31) erhielt durch die Einbeziehung der Pflanzenwelt Istriens und Dalmatiens, die zum habsburgischen Vielvölkerstaat gehörten, eine herausragende Bedeutung. Host hatte sich in Wien als tüchtiger Arzt einen Namen gemacht und wurde zum Kaiserlichen Leibarzt ernannt. In dieser Eigenschaft und als Vertrauter war Host in seinen letzten Lebensjahren ein treuer Begleiter seines hohen Patienten.

Hottonia

Wasserfeder

Petrus Hotton (1648–1709) stammte aus Amsterdam. Nachdem er 1672 in Leiden Doktor der Medizin geworden war, praktizierte er mit großem Erfolg in seiner Heimatstadt. Als Nachfolger von Commelin d. Ä. wurde er zum zweiten Leiter des Hortus medicus ernannt. Er veranlaßte nach seinem Amtsantritt die Gliederung des Pflanzenbestandes nach dem System von Tournefort (>). 1679 übernahm er als Dozent vertretungsweise den verwaisten Lehrstuhl für Botanik an der Universität Leiden, bis der offiziell berufene P. Hermann (>), der sich noch auf Ceylon befand, 1680 eintraf. Nach dessen Tod 1695 wurde Hotton zum Professor für Medizin und Botanik ernannt. Er war Mitglied der Londoner Royal Society und der Leopoldinischen Akademie der Naturforscher, obwohl er weder einen Katalog des Kräutergartens noch eine andere Schrift verfaßt hatte. Petrus Hotton verstarb in Amsterdam an den Folgen eines Schlaganfalls. Seine umfangreiche Bibliothek wurde öffentlich verkauft.

Hovea

Anton Pantelon Hove (?–1798) stammte aus Warschau und war als Gärtner in den Royal Botanic Gardens in Kew bei London angestellt. Sir Joseph Banks (>) schickte ihn 1785 für ein Jahr als Pflanzensammler an die afrikanische Westküste. 1787 wurde er beauftragt, in Indien Baumwollpflanzen zu besorgen, die in den westindischen englischen Besitzungen weiterkultiviert werden sollten. Für die Rückreise nutzte man ein dänisches Schiff, das jedoch Hove in Südafrika an Land aussetzte, weil sich Dänemark inzwischen im Kriegszustand mit England befand. Diesen unfreiwilligen Zwischenstop benutzte er, um dort auf Pflanzenjagd zu gehen. 1788 bis 1789 wurde er nochmals als Sammler nach Indien geschickt, und 1796 war er in gleicher Mission auf der Krim auf. Dann soll sich Hove bis zu seinem Tode 1798 in Deutschland aufgehalten haben

Hoya

Wachsblume

Thomas Hoy (?–1809) war Gärtner am Syon House in Isleworth. 1788 wurde er Mitglied der Linnean Society und war 1804 Mitbegründer der London Horticultural Society. In Fachkreisen hatte er den Ruf eines erfahrenen und sehr fähigen Pflanzenzüchters.

Huernia

Justus van Heurn oder van Horn (1587–1653), lat. Heurnius, kam in Leiden auf die Welt und widmete sich ab 1602 an seiner Heimatuniversität dem Studium der Medizin, das er 1611 mit dem Doktordiplom abschloß. Anschließend reiste er für vier Jahre durch Frankreich und England. Nach seiner Rückkehr 1615 studierte er in Groningen bis 1618 Theologie. In seinem Eifer als Geistlicher setzte er sich für die Missionsarbeit in Fernost ein, und so schickten ihn die Amsterdamer Synodalen 1624 nach Java. Während eines Zwischenaufenthaltes in der Kapregion Südafrikas zeichnete und beschrieb er als erster eine Reihe Pflanzen und schickte diese Aufzeichnungen nach Holland. Über van Stapel (>) gelangten sie zu Linné (>) und fanden in dessen »Flora Capensis« 1759 Berücksichtigung. Heurnius kehrte nach 14 Jahren desillusioniert nach Holland zurück und übernahm 1638 eine Pfarre in Wijk bij Duurstede, wo er wahrscheinlich auch 1653 verstarb. Die ihn ehrende Gattung nannte Robert Brown (>) aufgrund eines Schreibfehlers seines Namens *Huernia*.

Humboldtia

Alexander Freiherr von Humboldt (1769–1859) kam zwei Jahre nach der Geburt seines Bruders Wilhelm auf Schloß Tegel, einem Familienbesitz nördlich von Berlin, zur Welt. Die Brüder wurden von einem Hauslehrer im Lesen, Schreiben und Rechnen unterrichtet. Als dessen Nachfolger sorgte ein junger Pastorensohn für die weitere Ausbildung. Geschichte, Mathematik und Sprachen standen nun auf dem Stundenplan. Später erhielt das Brüderpaar Spezialunterricht von Fachlehrern. Alexander nutzte die karg bemessene Freizeit zur spielerischen Erkundung der Natur. Mit Eifer sortierte er seine in der Umgebung des Schlosses gesammelten Blumen, Insekten, Muscheln und Steine, was ihm bald den Spitznamen »der kleine Apotheker« einbrachte. Die weitere Ausbildung in Berlin lenkte den Weg des älteren Bruders in die Gefilde des höheren Staatsdienstes, während für Alexander die bescheidenere Laufbahn als Verwaltungsbeamter vorgesehen war. Die Bekanntschaft des Sechzehnjährigen mit dem Berliner Physiker Marcus Herz war sicherlich ein Schlüsselerlebnis für seine Zukunft. Herz hielt nämlich in seinem Hause Vorlesungen über Physik, die er mit Experimenten garnierte. Alexander war beeindruckt, und ihm wurde klar, daß nur die Naturwissenschaften sein Leben ausfüllen konnten. Daß er dieses Ziel vollauf erreichte, ist wohlbekannt. Das Zentralereignis seines Wissenschaftlerlebens war die große Südamerika-Expedition von 1799 bis 1804. Zusammen mit dem französischen Botaniker Bonpland (>) erforschte er dabei u. a. den Orinoco und den Amazonas. Ein aufsehenerregendes Ereignis war die Besteigung des 6.310 m hohen Andenvulkans Chimborazo bis auf 5.759 m. Weitere Höhepunkte dieser Reise waren die freundschaftlichen Begegnungen mit dem Botaniker Mutis (>) in Bogotá und dem Präsidenten der USA, Thomas Jefferson (>), auf der Heimreise, die über Washington führte. Die Ergebnisse der Expedition publizierte er – immer unter Mitnennung seines Gefährten Bonpland (>) – in 30 Bänden von 1805 bis 1834 unter dem Titel »Voyage aux régions équinoxiales du Nouveau Continent«. Seine botanischen Beobachtungen in den unterschiedlichen Regionen legte er 1805 in dem »Essai sur la géographie des plantes« nieder. Mit der – bis heute üblichen – Darstellung der vertikalen Vegetationsgliederung in den Höhenstufen der Gebirge in Form von Vegetationsprofilen wurde Humboldt zum Mitbegründer der Pflanzengeographie. Sein großes Interesse an dieser Facette der Botanik über die eigenen Ergebnisse hinaus zeigte auch seine Mitarbeit an späteren Publikationen wie z. B. am »Physikalischen Atlas« von Berghaus 1838. In der bedrückenden Zeit unter der napoleonischen Herrschaft in Deutschland verfaßte Humboldt seine »Ansichten der Natur«, die 1808 erschienen und in denen er mit beeindruckender Sprachkraft Landschaften und Naturwunder beschrieb, die er auf seinen Reisen durch Südamerika erforscht und gesehen hatte. Dieses Werk, zugleich ein Bericht über die Freiheit der Natur, wurde in mehrere Sprachen übersetzt und erschien in zahlreichen Auflagen. Im Alter von 60 Jahren beteiligte sich Humboldt auf Einladung von Zar Nikolaus I. 1829 noch an einer nicht ungefährlichen und an Strapazen reichen Expedition nach Sibirien. Seine wissenschaftlichen Aktivitäten und erstaunliche physische Belastbarkeit wurden von seinen Begleitern rühmend hervorgehoben. Über diese Reise berichtete er 1831 in den »Fragments de géologie et climatologie asiatiques«. 1845, Humboldt war 76 Jahre alt, erschien der erste Band seines großartigen Werkes über das Universum mit dem Titel »Kosmos. Entwurf einer physischen Weltbeschreibung«. Die beginnende Spezialisierung in den Wissenschaften konnte ihn nicht abhalten, ein zusammenfassendes Bild der Natur darzustellen. Weit ausgreifend – »von den Erscheinungen der Himmelräume, von den Nebelsternen bis zur Geographie der Moose auf den Granitfelsen«, wie er selbst sagte – bezog er in dieses Bild auch neueste Ergebnisse auf den Gebieten der schönen Künste und der Philologie ein. Er scheute sich auch nicht, Probeabzüge seines Manuskriptes an Spezialisten zu schicken und deren Rat einzuholen. So entstand sein letztes großes Werk, das ihn auch als den letzten Universalgelehrten ausweist. Humboldt konnte noch die nächsten drei Bände des weltweit gefeierten Monumentalwerkes fertigstellen. Während der Arbeit am fünften Band nahm ihm 1859 der Tod die Feder aus der Hand. – Die mentalen und physischen Voraussetzungen für seine Erfolge als universelle Forscherpersönlichkeit hatte er sich bereits in jungen Jahren als Beamter in der preußischen Bergbauverwaltung erworben. Dieser weniger bekannte prägende Abschnitt seiner Biographie soll unsere Darstellung beschließen. Alexander von Humboldt war von Natur durchaus nicht mit eherner Gesundheit ausgestattet. Als Kind zeigte er bereits nach kleinen Anstrengungen auffällige Zeichen von Erschöpfung. Aber er lernte es, mit Begeisterung, unermüdlicher Aktivität und Selbstdisziplin seine Aufgaben zu erfüllen und sich körperlich zu stählen. Um 1787 freundete er sich mit dem Botaniker Willdenow (>) an, der seine dilettantische Liebe zur Natur in wissenschaftliche Bahnen lenkte. 1789 studierte er in Göttingen und erwarb sich solide Kenntnisse in Chemie, Physik und Mineralogie. 1790 unternahm er zusammen mit dem bewunderten und verehrten Georg Forster (>) eine Reise nach England. Dem Wunsche der Mutter entsprechend besuchte er bis 1791 in Hamburg die Handelsakademie und bewarb sich anschließend um eine Anstellung im Preußischen Ministerium für Industrie und Bergbau. Doch zunächst mußte er bis 1792 an der Bergakademie in Freiberg in Sachsen, der damals modernsten Einrichtung dieser Art in Europa, eine gründliche und anstrengende Ausbildung absolvieren, die ihn mit allen praktischen und theoretischen Belangen des Bergbaus vertraut machte. Das Ministerium hatte sehr bald seine Fähigkeiten und seine Begeisterung erkannt und ernannte ihn umgehend zum Bergassessor. Seine geologischen und ökonomischen Berichte über das Minenwesen führten zur Beförderung zum Oberbergmeister im Distrikt Ansbach-Bayreuth. Rastlos versah er zur höchsten Zufriedenheit des Ministers sein Amt. Die aufreibende Tätigkeit in den Gruben unter Tage im Sommer wie im Winter machte ihm nichts aus, Erz- und Metallanalysen erledigte er mit gleichbleibender Zuverlässigkeit. Die Analysen der Gase in den Stollen führten ihn zur Erfindung von Atmungsgeräten und Sicherheitslampen. Unerschöpfliche Leistungsfähigkeit war an die Stelle schwächlicher Konstitution getreten. Doch bei aller Freude und Begeisterung in seinem Amt verlor er nie sein eigentliches Ziel aus den Augen: Forschungsreisender zu werden und die Geheimnisse der Natur zu ergründen. Großzügige Angebote des Ministers konnten ihn nicht davon abhalten, 1797 den öffentlichen Dienst zu quittieren. Ausgestattet mit den besten Voraussetzungen für ein anstrengendes Leben in fernen, unberührten Landstrichen konnte Alexander von Humboldt nun den Aufstieg zum Gipfel weltweiten Ruhmes beginnen.

Hyacinthus
Hyazinthe

Hyakinthos, ein Spartanerprinz und echter Beau, wurde von Apoll heiß geliebt, was ja damals in Griechenland nichts Besonderes war. Aber auch Zephir, der Westwind, begehrte den Schönling. Doch der reizende Jüngling gab Apoll den Vorzug, was den eifersüchtigen Zephir zu einer Verzweiflungstat hinriß. Als Apoll seinem Liebling unter anderem das Diskuswerfen beibrachte, blähte Zephir seine Backen und versetzte dem Diskus einen Windstoß; die Scheibe landete am Kopfe von Hyakinthos und brachte ihn um. Der Windgott lachte nur höhnisch über den gelungenen Spaß und trollte sich zufrieden davon. Aus dem Blute des sterbenden Götterlieblings entsproß eine rote Blume, die Hyazinthe. Allerdings handelte es sich nicht um unsere süß duftende Hyazinthe, sondern wahrscheinlich um eine Art von *Fritillaria* oder um den Rittersporn, die Hyazinthe Homers.

I

***Ignatia** (*Strychnos*)
Brechnußbaum

Ignatius von Loyola (1491–1556), eigentlich Íñigo López Oñaz y Loyola, Sohn aus der Familie eines reichen navarresischen Edelmannes, führte am spanischen Hofe als Offizier das unbekümmerte Leben eines Soldaten seiner Zeit. Man beschrieb ihn als »Mozo polido, amigo de galas y de traerse bien.« (ein feiner Kavalier, Freund von galanten Abenteuern und eitel in seiner Kleidung). 1521 erlitt er bei der Verteidigung Pamplonas gegen die Franzosen eine schwere Verwundung. Während seiner Genesung vollzog sich bei ihm allmählich eine Hinwendung zu geistigen und religiösen Problemen. Zurückgezogen in der klösterlichen Stille auf dem Montserrat und in Manresa widmete er sich theologischen Studien, die er auf Pilgerreisen und durch Studien in Paris vertiefte, was schließlich 1534 zur Gründung der Gesellschaft Jesu führte. 1540 wurde der Orden vom Papst anerkannt, und ab 1541 kümmerte sich Loyola als Ordensgeneral um die straffe Organisation der Gesellschaft mit den Hauptaufgaben Predigt und Mission. Unbedingter Gehorsam gegenüber den Vorgesetzten, Unterordnung, Selbstdisziplin und strenge Askese wurden zu den Charakteristika des Ordens, über die eine befriedigende Meditation und endlich die mystische Vereinigung mit Gott erreichbar sind. Durch das Missionsgebot des Ordens und den Enthusiasmus seiner Mitglieder tat sich die Gesellschaft Jesu als wichtigstes Werkzeug der Gegenreformation hervor. Bereits 1622 wurde Loyola in die Gemeinschaft der Heiligen aufgenommen. Die Frucht der *Ignatia amara* wurde als Ignazbohne durch ihren Gehalt an Strychnin, das in höheren Dosen durch Atemlähmung zum Tode führt, berühmt und berüchtigt. Daher benutzte man die Ignazbohne nicht nur als Rattengift, sondern auch als probates Mittel zu Mordzwecken. *Ignatia* als Gattungsname fiel der Nomenklaturbereinigung zum Opfer und wurde in die Gattung *Strychnos* übergeleitet. Dort lebt der Vorname des Gründers des Jesuitenordens zur Kennzeichnung einer Art als *Strychnos ignatii* weiter.

Imperata

Ferrante Imperato (um 1550–um 1625; Angaben schwanken breit) war ein Apotheker in Neapel und beschäftigte sich mit allen Sparten der Naturwissenschaften. In seiner Heimatstadt gründete er ein Kabinett – eine Kunst- und Wunderkammer –, in dem er seine gesammelten Schätze ausstellte. Unter seinem Namen erschien das voluminöse Werk »Dell'Historia Naturale«. Allerdings gab es auch Vermutungen, nicht er, sondern ein gewisser Nicolò Antonio Stelliola sei der eigentliche Verfasser dieses Werkes. Imperato habe diesen mit 100 Scutatos bestochen, um sich als Autor ausgeben zu dürfen.

Incarvillea (**Amphicome*)
Freilandgloxinie

Pierre le Chéron d'Incarville SJ (1706–1757), geboren in Rouen, wurde nach seiner Ausbildung von der Gesellschaft Jesu als Missionar nach Quebec geschickt, wo er sich 1730 bis 1739 aufhielt. Im darauffolgenden Jahr reiste er im Auftrag seiner Gesellschaft nach China und kam in Peking an. Dort blieb d'Incarville bis zu seinem Tode. Als Pflanzensammler trug er ein Herbar mit 300 Spezies zusammnen, das er seinem Lehrer, dem berühmten Botaniker Bernard de Jussieu (>*Bernardia*), nach Frankreich schickte. Gesichtet und bearbeitet wurde diese Sammlung aber erst fast ein Jahrhundert nach seinem Tode. D'Incarville ist die Einführung zahlreicher chinesischer Holzgewächse in Europa zu verdanken. Mit dem Kaiser von China, der ein großer Freund der Flora war, unterhielt er eine umfangreiche Korrespondenz. Sein Manuskripte »Voyage à la Chine du Père d'Incarville« und »Mémoire sur le Vernis de la Chine« wurden erst postum publiziert.

Ingenhouzia

Jan Ingenhousz (1730–1799) kam in Breda in Holland auf die Welt. 1746 begann er in Löwen Medizin zu studieren und wurde 1752 zum Doktor promoviert. In Leiden, Paris und Edinburgh vervollkommnete er seine Ausbildung und praktizierte ab 1756 in Breda. In dieser Zeit beschäftigte er sich bereits mit physikalischen Experimenten. So ließ er Glasplatten für eine Elektrisiermaschine anfertigen. Dann reiste er nach London und erregte bald mit seinen wissenschaftlichen Untersuchungen die Aufmerksamkeit der dortigen Gelehrten, was ihm die Mitgliedschaft in der Royal Society einbrachte. Als Arzt machte er sich mit der Methode des Impfens gegen die Pocken vertraut. Diese Blatternerkrankung hatte Kaiserin Maria Theresia schon zwei Kinder genommen, und so entschloß sie sich zu dem Wagnis, ihre anderen Kinder inokulieren zu lassen, wie man damals sagte. Sie bat den Leibarzt des Königs von England um Hilfe. Dieser empfahl ihr den erfahrenen Dr. Ingenhousz, der 1760 nach Wien reiste. Nachdem sich die Kaiserin vom Erfolg der Methode überzeugt hatte, wozu Ingen-Housz erst einmal 200 Kinder aus einem Dorf in der Nähe Wiens inokuliert hatte, war sie mit der Impfung auch ihrer Kinder einverstanden. Zum Dank wurde Ingen-Housz mit einer guten Pension zum Hofrat und Leibarzt der kaiserlichen Familie ernannt. Ihr Sohn, Kaiser Joseph II., bedankte sich mit Freundschaftsbekundungen und lebhaftem Interesse an den Experimenten seines ärztlichen Wohltäters. Ingen-Housz hatte auch noch die Ehre, die Kinder des Herzogs von Toskana impfen zu dürfen. Doch dauerte es noch bis 1836, ehe durch ein Hofkanzleidekret, das sog. »Impfregulativ«, eine verpflichtende Vorschrift über die Kuhpockenimpfung in den »k. k. Staaten« erlassen wurde. Ingenhousz unternahm zwischen 1768 und 1772 häufig Reisen durch Europa. Auf botanischem Gebiet führte er viele Untersuchungen über die Ernährung der Pflanzen durch. Er erkannte die Bedeutung des Lichts für das Gedeihen der Pflanzen und entdeckte die Abgabe von Sauerstoff durch die Blätter. Als geschickter Experimentator verbesserte er zahlreiche physikalische Instrumente. Nach längerer Krankheit verstarb Ingenhousz in der Nähe von London.

Iris

Dame in Trauer, Schwertlilie

Iris, sie tritt uns in zweifacher Bedeutung entgegen: einmal als Göttin des Regenbogens, dessen Vielfarbigkeit wohl der Grund gewesen sein mag, die Gattung *Iris* mit diesem Namen zu belegen. Die Farbskala ihrer auffälligen Blüten umfaßt sogar mehr als das Spektrum des Regenbogens. Sie erfreuen uns in allen Schattierungen vom blendenden Weiß bis zur schwarzen Iris (*Iris nigricans*), der Nationalblume Jordaniens, wo sie auf kurzen Stengeln in den Steinwüsten nicht zu übersehen ist. Ihre zweite mythologische Bedeutung ist ihr Angestelltenverhältnis als Kurier der höchsten griechischen Göttin. Allzeit bereit zu irgendwelchen banalen oder meist delikaten Botengängen oder -flügen kauert sie nach dem Poeten Kallimachos unter dem Thron der Hera. Dieses Amt teilt sie sich mit dem beflügelten, dem Vater Zeus unterstellten, ein bißchen schlitzohrigen Hermes. Über das Elternhaus der Iris gibt es nicht viel zu berichten. Man weiß nur, daß ein gewisser Thaumas ihr Vater war. Manche behaupten, sie sei eine Ehe mit Zephir, dem regenreichen Westwinde, eingegangen. Ziemlich unwahrscheinlich dürfte wohl das Gerücht sein, dieser Verbindung sei der Liebesgott Eros entsprossen. Schließlich soll nur noch erwähnt werden, daß in der medizinischen Fachsprache die Regenbogenhaut des Auges als pars iridica der Retina, meist kurz als Iris, bezeichnet wird.

J

Jacquinia

Nikolaus Joseph Freiherr von Jacquin (1727–1817), Nachkomme einer französischen Familie, stammte aus Leiden in Holland. Er studierte in Antwerpen und Leiden Medizin und erwarb den Doktorgrad. Von 1750 bis 1752 hielt er sich in Paris auf, um sich weiterzubilden, und vertiefte im Jardin du Roi sein botanisches Wissen. Van Swieten (>), der Leibarzt der Kaiserin Maria Theresia, empfahl Jacquin, in Wien sein Glück zu versuchen. 1752 ließ sich Jacquin dort nieder. Kaiser Franz I. schickte ihn mit dem Auftrag, für seine neugegründeten Gärten in Schönbrunn Pflanzen zu sammeln, nach Westindien. Jacquin verließ Europa 1754, hielt sich fünf Jahre auf den Inseln der Karibik und in Südamerika auf und kehrte mit vielen tropischen Pflanzen zurück. 1768 erhielt er an der Universität in Wien den Lehrstuhl für Chemie und Botanik und wurde Direktor des Botanischen Gartens der Universität. Von 1770 bis 1776 veröffentlichte Jacquin den »Hortus Botanicus Vindobonensis«, also Wiens, der mit 300 Bildern die meist exotischen Pflanzen dieses Gartens darstellte, wobei er sich bei deren Bestimmung an das Linnésche System hielt. Jacquin publizierte auch über die Vegetation in Österreich, die er zusammen mit seinem Freund Host (>) erforschte. In diesen Beiträgen konnten zahlreiche bisher unbekannte Pflanzen beschrieben werden. Auch Schriften zur Chemie stammen aus seiner Feder. Jacquin korrespondierte und tauschte Pflanzen mit allen Spitzenvertretern der Botanik in Europa aus. 1791 berief ihn Leopold II. zum Oberaufseher der Kaiserlichen Gärten in Schönbrunn. Zwischen 1781 und 1793 trat er noch mehrmals mit reichkolorierten botanischen Werken hervor. Nach seiner Emeritierung 1797 erschien von 1800 bis 1809 aus seiner Feder eine letzte umfangreiche Ikonographie in sechs Bänden, die er Sir Joseph Banks (>) gewidmet hatte. 1806 wurde er geadelt. Im 90. Lebensjahr verstarb Jacquin in Wien.

Jaegeria

Georg Friedrich von Jäger (1785–1866) aus Stuttgart begann 1803 mit dem Studium der Medizin in Tübingen, wo er 1808 auch das Doktorat erwarb. Wissenschaftliche Reisen führten ihn über Paris nach Südfrankreich und in die Schweiz. Anschließend übte er in Stuttgart seinen Beruf als Arzt aus und widmete sich nebenher wissenschaftlichen Untersuchungen. 1814 berichtete er über Mißbildungen an Pflanzen. Auch seine folgenden medizinischen und naturwissenschaftlichen Mitteilungen handelten überwiegend von Mißbildungen. Ein weiterer Schwerpunkt seines Interesse betraf die Paläontologie. 1817 wurde er in Stuttgart Kustos an der Königlichen Naturaliensammlung. Außerdem unterrichtete er von 1823 bis 1845 Naturgeschichte und Chemie. 1850 wurde er mit der Verleihung des Württembergischen Kronenordens in den Adelsstand erhoben. Bereits seit 1836 war er Mitglied des Medizinal-Collegiums, wie sich die oberste Sanitätsbehörde damals nannte. Und schon im Jahr zuvor war er Ehrenbürger seiner Vaterstadt geworden. 1841 wurde er zum Obermedizinalrat ernannt. Zu seinen Amtsgeschäften gehörte die Überwachung der Mineralquellen und Bäder. 1852 verabschiedete sich dieser vielseitige Gelehrte in den Ruhestand.

Jeffersonia (**Plagiorhegma*)
Jeffersonie, Zwillingsblatt

Thomas Jefferson (1743–1826) wurde in Shadwell, Virginia, geboren und studierte Jura. In die Politik Virginias trat er ab 1769 ein und war maßgeblich an der Ausarbeitung der Unabhängigkeitserklärung von 1776 beteiligt. Von 1785 bis 1789 war er als Nachfolger Benjamin Franklins Botschafter in Frankreich. Während dieser Zeit kam er natürlich auch mit den Vorzeichen der Französischen Revolution in Berührung, für deren Ideale er sich durchaus aufgeschlossen zeigte, weshalb ihn seine Gegner in Amerika als Atheisten und Jakobiner abstempelten. 1790 bis 1793 war Jefferson unter der Präsidentschaft George Washingtons Außenminister. 1801 wurde er zum dritten Präsidenten der USA gewählt. Ein herausragendes Ereignis unter seiner Präsidentschaft war 1803 die Erwerbung Louisianas von Frankreich für weniger als 15 Millionen Dollar. Als Philanthrop setzte er sich dafür ein, die Impfung gegen die Blattern auch bei den Indianern einzuführen. Die ihm 1808 angebotene Wiederwahl zur Präsidentschaft lehnte er ab. Wie Washington (>) war auch Jefferson ein begeisterter Gärtner, der mit Eifer und profundem botanischen Wissen sein Anwesen in Monticello mit der im Stil von Palladio erbauten vornehmen Hügelvilla gestaltete. Seltene Pflanzen bezog er von seinen Freunden in Paris und aus dem Gartenbaubetrieb von Bernard MacMahon (>) in Philadelphia. 1804 schickte er die Lewis(>)-Clark(>)-Expedition nach Westamerika, die über den Missouri bis zum Pazifik vorstieß und 1806 mit einer reichlichen Ausbeute an dort heimischen Pflanzen zurückkehrte, die nun auch im Osten Nordamerikas Einzug hielten. Mit Hingabe widmete er sich den verschiedensten wissenschaftlichen Themen. Mit der Gründung der Universität von Virginia 1819, deren Rektor er bis kurz vor seinem Tod 1826 war, erfüllte er sich einen Herzenswunsch. Seinen Freunden beschrieb er mit poetischer Begeisterung das Gedeihen und Blühen der Flora rund um sein geliebtes Monticello. Bis ins hohe Alter ließ er es sich nicht nehmen, seinen Garten zu pflegen und wie ein junger Gärtner zu bearbeiten. Mit Hilfe seines »Garden Book«, das er von 1766 bis zwei Jahre vor seinem Tod sorgfältig geführt hatte, war es später möglich, eine getreue Rekonstruktion seines Gartens anzulegen.

Jubaea

Mähnenpalme, Honigpalme

Juba II. (um 50 v. Chr.–24 n. Chr.), König von Mauretanien. Sein Vater, Juba I., hatte sich als König von Numidien im Krieg zwischen Pompeius und Caesar leider auf die falsche Seite geschlagen. Zwar war es ihm gelungen, 49 v. Chr. zwei unter dem Kommando des Feldherrn Curio stehende Legionen Caesars zu vernichten, doch ereilte ihn wenige Jahre später, nämlich 46 v. Chr., bei Thapsus an der Küste des heutigen Tunesien sein Schicksal. Caesar selbst brachte ihm eine endgültige Niederlage bei, und Juba beging Selbstmord. Dessen Sohn, noch ein Knäblein, schaffte man nach Rom, wo ihn Caesar unter seine Fittiche nahm. Er ließ ihm eine vorzügliche Erziehung angedeihen und machte ihn zu einem zuverlässigen Verbündeten Roms. Als Juba II. erhielt er 25 v. Chr. die Herrschaft über das Königreich Mauretanien. Als besondere Auszeichnung gab ihm Kaiser Augustus eine Tochter Kleopatras zur Frau. Juba II. war ein umfassend gebildeter König, der mehrere Werke über Geographie, Geschichte und Kunst schrieb. Auch in der Botanik war er bewandert und entdeckte im Atlasgebirge eine milchsaftführende Pflanze, die er aus Dankbarkeit nach seinem Leibarzt Euphorbos (>), dem Bruder und Zunftgenossen von Antonius Musa (>), benannte. Den Milchsaft übrigens benutze man als Heilmittel. Juba bedeutet im Lateinischen die Mähne. So erscheint es nicht ganz abwegig, daß bei der Namengebung der *Jubaea* (»Mähnenpalme«) das lateinische Wort eine Rolle gespielt haben mag.

Jungermannia

Ludwig Jungermann (1572–1653) wurde in Leipzig geboren und studierte an der Universität seiner Vaterstadt Medizin. 1616 reiste er nach England, wo ihm eine Professur angeboten wurde, die er jedoch ablehnte. Dafür bezog er 1622 in Gießen den Lehrstuhl für Medizin. In seiner Gießener Zeit gründete er auch einen botanischen Garten. Der Dreißigjährige Krieg führte 1624 zur Schließung der Universität. Jungermann erhielt verlockende Angebote aus dem In- und Ausland, folgte jedoch einem Ruf an die Universität in Altdorf bei Nürnberg, zu der er seit seiner Studienzeit freundschaftliche Beziehungen hatte. Als jüngster Professor an der medizinischen Fakultät, die nun drei Mitglieder zählte, lehrte er Anatomie und Botanik. Auch hier sorgte er für die Einrichtung eines »Hortus medicus«, also eines Doktorgartens, dessen Heilkräuter zum wesentlichen therapeutischen Inventar eines Arztes gehörte. Im Nürnbergischen Gelehrtenlexikon *(132)* lesen wir: «Hier legte er nun den mit der Zeit so berühmt gewordenen botanischen Garten an, und zierete ihn besonders mit fremden Gewächsen, wozu er selbst viele Saamen mitgebracht hat, treflich aus; ja er konnte, der Unruhen des Dreißigjährigen Krieges ohngeachtet, den Altdorfischen Garten um so viel geschwinder in Flor bringen, weil er durch die Freygebigkeit vieler, großer und rechtschaffener Männer unterstützt wurde.« Dem Junggesellen wünschte man natürlich auch eine gute Hausfrau. Jungermann meinte aber, es sich leisten zu können, nur unter der Bedingung in eine Verehelichung einzuwilligen, daß man ihm eine Pflanze vorweist, die er nicht kennt. Tatsächlich blieb er bis an sein Lebensende unverheiratet, was ja wohl ohne Frage für seine Qualität als Botaniker sprach. 1613 erschien der »Hortus Eystettensis«, ein Bestandskatalog des Gartens des Fürstbischofs Johann Conrad von Gemmingen in Eichstätt mit 367 Bildtafeln. Als alleiniger Autor dieses großartigen und lukrativen Werkes zeichnete der Nürnberger Apotheker Basilius Besler (>) und unterschlug die wesentliche Mitarbeit Jungermanns. Verständlicherweise zeigte sich dieser sehr verärgert und wollte mit dem »ziemlich hochmütigen Mann« nichts mehr zu tun haben. 1623 veröffentlichte Jungermann eine Darstellung der Flora um Gießen, und 1635 folgte eine Aufstellung der Pflanzen, die »in horto medico et agro Altorphino«, also im Doktorgarten und in der Umgebung von Altdorf, zu finden sind. Jungermann wurde als freundlicher Lehrer beschrieben, der die nicht vermeidbaren Streitigkeiten unter den Kollegen mit dem Ausruf »Ach, lasset uns untereinander lieb haben!« *(99)* zu schlichten versuchte. Als vorzüglicher Humanist widmete er sich auch der Dichtkunst in lateinischer Sprache. Seinen Nachlaß vermachte Ludwig Jungermann großzügig der Universität in Altdorf, die mehr als 150 Jahre nach seinem Tode, genau 1809, geschlossen wurde.

K

Kaempferia
Gewürzlilie

Engelbert Kaempfer (1651–1716), in Lemgo geboren, wuchs in einem evangelischen Pfarrhaus auf. Er durchlief einen für damalige Verhältnisse unüblich langen Ausbildungsweg an zahlreichen Orten. Seine Schulbildung vertiefte er auf den Gymnasien in Lübeck, Danzig und Thorn. In Krakau befaßte er sich ab 1674 mit dem Studium der Philosophie und vervollkommnete seine Sprachkenntnisse. Nach drei Jahren begab er sich nach Warschau, wo er den Doktorgrad in Philosophie erwarb. In Königsberg studierte er nach dem Wunsch seines Vaters Medizin und Naturwissenschaften. Seine unbändige Reiselust trieb ihn nach Schweden, wo er begeistert das Angebot annahm, eine Gesandtschaft in den Orient zu begleiten. 1683 brach er als Sekretär mit dem schwedischen Diplomaten Fabricius von Stockholm auf. Die erste Etappe führte die Reisenden über Moskau nach Nowgorod. Von dort segelten sie auf der Wolga über Kasan nach Astrachan. Trotz Schiffbruchs auf dem Kaspischen Meer gelangten die beiden Reisenden nach Persien. Politische Querelen verzögerten den Empfang am Hofe in Isfahan. Kaempfer war über diesen unfreiwilligen Aufenthalt durchaus nicht aufgebracht, sondern nutzte die Zeit, um eifrig zu botanisieren. Nach Abschluß der Geschäfte machte sich Fabricius ohne seinen Sekretär auf den Heimweg. Dieser hatte es vorgezogen, von unstillbarem Fernweh getrieben, bei der Niederländischen Ostindien-Kompanie als Chirurg anzuheuern. Die neue Position brachte ihm das Vergnügen, nicht nur im Persischen Golf herumzukreuzen, sondern auch das durch seine schönen Frauen und hervorragenden Weine berühmte Shiraz und die Ruinen von Persepolis kennenzulernen. In Bender Abbas, am Ufer des Golfs, erkrankte Kaempfer. Während er sich beim Botanisieren in der Umgebung langsam erholte, schrieb er eine Geschichte der Dattelpalme und machte sich Notizen über den Stinkasant (*Ferula asa-foetida*), den die Griechen Götterspeise und die Römer Teufelsdreck genannt hatten. Mit einer niederländischen Flottille kam er über die Malabarküste, Ceylon und Sumatra 1689 nach Java, wo er sieben Monate lang Pflanzen sammelte. Im Mai 1690 segelte er als Schiffsarzt nach Japan. Dort wurden er und seine Begleiter permanent und mißtrauisch von den Japanern beobachtet, denn Europäer waren eine exotische Neuheit. Kaempfer machte eine Visite beim Shogun in Tokio, um seine Reverenz zu erweisen und Geschenke zu überreichen. Er kam sich wie ein Zirkustier vor, tagsüber bewacht, nachts eingesperrt, gezwungen zu tanzen, zu singen und wie ein Schauspieler zu posieren, während die Damen des Hofes sich hinter ihren Stellschirmen köstlich amüsierten. Ein wunderschöner Baum an Tempeln und Palästen mit merkwürdigen Blättern und gelben Früchten, der von den Japanern als heilig verehrt wurde, erregte seine Aufmerksamkeit. Dieser war bereits in dem botanischen Werk »kinmô-zui« des konfuzianischen Gelehrten Tekisai Nakamura unter der Bezeichnung »ginkyô« (Silberpappel) beschrieben worden. Kaempfer nahm den »ginkyô« in seinen »Catalogus Plantarum Japonicarum« auf. Durch einen Schreibfehler wurde daraus der Name Ginkgo, den Linné (>) in seiner Systematik beibehielt. In einer späteren Beschreibung verlieh 1797 James Edward Smith (>*Smithia*) dem lebenden botanischen Fossil aus dem Fernen Osten einen anderen Namen. Weil ihn nämlich der Name Ginkgo »uncauth and barbarous« dünkte, benannte er die Gattung nach dem Gärtner und Mitglied der Linnean Society R. A. Salisbury *Salisburia*, allerdings ohne Erfolg. Doch zurück zu unserem Weltreisenden. Über Java und das Kap der Guten Hoffnung kehrte Kaempfer zurück und hatte 1690 in Amsterdam endlich wieder europäischen Boden unter den Füßen. 1694 erwarb er in Leiden den medizinischen Doktorgrad. Seine Reiseerlebnisse,

Aufzeichnungen und Pflanzenabbildungen faßte er in einem Buch mit dem Titel »Amoenitates exoticae« (Fremdländische Merkwürdigkeiten) zusammen, das wie ein Bestseller in mehrere Sprachen übersetzt wurde und so auch den Ginkgo in Europa bekannt machte. Außerdem erwähnte er als erster die Akupunktur und die Moxibustion als Heilmethoden bei den Chinesen und Japanern. Der Graf zur Lippe in Detmold ernannte ihn zu seinem Leibarzt. 1700 heiratete Kaempfer, was ihm leider kein Glück bescherte – kein Wunder, denn die Angetraute war ganze 16 Jahre alt. Dauernder Ehekrach und die Folgen seiner Reisestrapazen vergällten ihm die letzten Lebensjahre. Außer den »Amoenitates« war keines seiner Werke zu seinen Lebzeiten erschienen. Es ist Sir Hans Sloane (>) zu danken, daß der Nachlaß Kaempfers geschlossen erhalten blieb und gepflegt werden konnte. Er befindet sich heute in der British Library.

Kalmia

Berglorbeer, Kalmie, Lorbeerrose

Pehr Kalm (1716–1779), Sohn eines Geistlichen, immatrikulierte sich an der Universität in Åbo, das damals zu Schweden gehörte, um ebenfalls Pfarrer zu werden. Doch der dortige Bischof, der die eigentlichen Neigungen Kalms erkannt hatte, riet ihm zum Studium der Naturwissenschaften. So wechselte er an die Universität in Uppsala und wurde Schüler von Linné (>). 1742–1745 bereiste er Schweden, Finnland und Rußland. 1747 holte man Kalm als Professor für Ökonomie an die Universität in Åbo. Im gleichen Jahr brach er mit einem Stipendium im Auftrag der Schwedischen Akademie nach Nordamerika auf, um Gewächse auszusuchen, die unter Berücksichtigung des skandinavischen Klimas ökonomisch wertvoll sein könnten. Insbesondere sollte er sich nach Maulbeerbäumen umsehen, mit denen man dann eine Seidenindustrie aufbauen wollte. Kalm schlug in New Jersey seine Zelte auf und heiratete erst einmal eine Pfarrerswitwe, dann begab er sich, oft begleitet von dem erfahrenen Pflanzenjäger John Bartram (>) aus Philadelphia, auf ausgedehnte Reisen in nördliche Landstriche und kam auch bis nach Niagara. In einem Brief an seinen Freund Benjamin Franklin schilderte er die berühmten Wasserfälle. Franklin veröffentlichte diesen Bericht in der »Pennsylvanian Gazette«. Die Kalmie wurde später zur Nationalblume des Staates Pennsylvanien. Kalm kehrte 1751 nach Schweden zurück und nahm seine Professur an der Universität in Åbo wieder auf. Über seine Zeit in Übersee berichtete er in den »Reisen nach Nord-America« (1753–1761).

Kayea

Robert Kaye Greville (1794–1866) stammte aus Bishop Auckland, Durham, und interessierte sich schon als Knabe für die Pflanzenwelt. Kaum zwanzig Jahre alt, legte er 200 sorgfältig gezeichnete Pflanzenabbildungen vor. In London und Edinburgh widmete er sich dem Medizinstudium. 1819 berichtete er in der dortigen Botanischen Gesellschaft über Algen und andere niedere Pflanzen; weitere kleinere Veröffentlichungen folgten, und 1823 erschienen die ersten Bände eines umfangreichen Werkes über die schottische Kryptogamenflora. Bereits ein Jahr darauf publizierte er eine Beschreibung der Pflanzenwelt in der Umgebung Edinburghs. Beide Publikationen waren mit Abbildungen von seiner Hand illustriert. Die Royal Society of Edinburgh wählte ihn 1821 zum Mitglied. Eine andere Anerkennung war 1824 die Verleihung der juristischen Doktorwürde durch die Universität Glasgow. Zusammen mit Sir William Hooker (>*Hookera*) begann er 1829 die Arbeit an einem stattlichen Werk über Farne, das auf reichliche Zusendungen aus Indien von Nathaniel Wallich (>) zurückgreifen konnte. Die Liste seiner Veröffentlichungen war damit aber noch lange nicht erschöpft. Greville war nicht nur ein fleißiger Publizist, sondern auch ein Mann der Praxis. So kehrte er

1837 von einer Exkursion mit zwei Kollegen in die schottischen Highlands mit 15.000 Pflanzen nach Edinburgh zurück. Greville war ein vielseitiger Kopf. Neben seinem künstlerischen Talent als Pflanzenmaler zeichnete ihn auch eine gewisse Begabung auf musikalischem und literarischem Gebiet aus. So schrieb er religiöse Gedichte und beteiligte sich an der Edition eines Gesangbuchs der Kirche von England. Eine weitere Facette im Charakter dieses interessanten Mannes war sein energisches Eintreten gegen die Sklaverei und den Alkoholmißbrauch.

***Kentia** (Howea)*
Howeapalme, Kentia

William Kent (1685–1748) stammte aus der Grafschaft York und lernte den Beruf eines Wagenmalers. Um sich zu verbessern, zog er nach London. Dort fand er Geldgeber, die ihm die Mittel zu einer Reise nach Rom spendeten, wo er sich in seiner Kunst vervollkommnete. Lord Burlington erkannte Kents Talent für die Gartenkunst und ermunterte ihn, Architektur zu studieren. Die großen Gartenanlagen wie Kensington, Esher, Chiswick und Stowe zeigen, mit welchem Geschick er es verstand, die Regeln der Landschaftsmalerei auf die Gartenkunst zu übertragen (»All gardening is a landscape painting«). Eine hohe Anerkennung für Kents Kunst war es, daß sogar der Prince of Wales zu seinen Auftraggebern gehörte. Ein Park sollte nicht architektonisch, sondern malerisch sein. Die nicht mehr schnurgeraden Wege paßten sich dem Gelände an. Bäche durften sich dahinschlängeln, Teiche natürliche Uferlinien haben. Natürlich war auch kein Platz mehr für Fontänen und großartige Wasserbecken. Gedenksteine unter Trauerweiden und hügelverzierende Freundschaftstempel sollten das Gemüt des Spazierenden bewegen. So wurde Kent zum Schöpfer des »Englischen Gartens«. Auch in anderen Ländern wurde der steife, in starre Regeln gezwängte französische Gartenstil verdrängt. Selbst in Frankreich ließ sich Marie Antoinette im Trianon einen solchen neumodischen Garten anlegen. Kent starb als »Erster Maler des Königs« und Oberbaumeister in Burlington.

Kernera
Kugelschötchen

Johann Simon Kerner (1755–1830) stammte als Kind armer Eltern aus Kirchheim unter Teck. Herzog Carl Eugen von Württemberg wandelte 1770 ein Militär-Waisenhaus in der Solitude bei Stuttgart in die Hohe Carlsschule um. Als erzieherische Devise galt das Prinzip, nicht die Herkunft des Schülers, sondern seine Leistung sei entscheidend. Der streng reglementierte Tagesablauf war nicht nur mit Arbeiten und Studieren ausgefüllt, Spielen und Baden gehörten ebenfalls zum Erziehungsprogramm. Als zwanzigster Schüler wurde Kerner 1770 in die Liste der herzoglichen Gärtner- und Stuccatorsknaben in die Anstalt aufgenommen. Er wurde ein guter Schüler und durfte sogar 1777 in Begleitung eines Offiziers im Botanischen Garten Pflanzen beobachten. Dieses vom Herzog zugestandene Privileg reflektiert wohl am besten die absolutistische Zucht an der Schule, die seinem Mitschüler Friedrich Schiller bekanntlich zum Verhängnis wurde. Kerner hatte nur die Botanik im Kopf und wurde 1780 Lehrer für Botanik und Naturgeschichte. Von 1783 bis 1792 verfaßte er eine »Beschreibung und Abbildung der Bäume und Gesträuche, welche in dem Herzogtum Wirtemberg wild wachsen«, parallel dazu das voluminöse achtbändige Werk »Abbildungen aller ökonomischen Pflanzen« (1786–96) mit 800 Tafeln. Während fast alle Werke Kerners wegen ihres riesigen Formats und ihrer Prachtausstattung für die meisten Menschen unerschwinglich waren, ist das 1786 erschienene Bändchen »Giftige und eßbare Schwämme« eine Ausnahme. So schreibt Kerner im Vorwort, daß die Gefahren des Genusses giftiger Pilze ihn zu dieser Schrift veranlaßt haben, und weiter: »In diesem meinem Unternehmen, das ich auch durch den Preis gemeinnützig zu machen suche, möchte ich diejenigen Liebhaber, die große und kostbare Bücher dieser Art nicht kaufen können und die Schwämme doch kennen möchten, einigermaßen befriedigen.« *(76)* 1786 ernannte ihn der Herzog zum Pfalz- und Zweibrückenschen Hofrat. Nachdem 1781 die Carlsschule Universitätsrang erhalten hatte, bekleidete Kerner das Amt eines Beisitzers der Fakultät und wurde 1791 mit der Aufsicht über das Pflanzenkabinett betraut. Die steile Karriere des ehemaligen Gärtnerburschen endete jedoch abrupt, als nach dem Tode Carl Eugens 1793 dessen Nachfolger Ludwig Eugen kurzerhand die Universität auflöste. Aber Kerner blieb auch in der nun schwierigen Zeit nicht untätig. 1796 wurde sein nächstes Buch gedruckt, und schon ein Jahr zuvor hatte er seinen »Hortus semper virens« (Der immer grünende Garten), ein riesiges, ja monströses Werk begonnen, das bis 1830 in 71 Fortsetzungen mit insgesamt 851 Tafeln erschien und von dem heute weltweit nur noch drei vollständige Exemplare existieren sollen. Zwischenzeitlich publizierte er zwölf Folgen zu je 12 Tafeln über die verschiedenen Rebsorten unter dem Titel »Le Raisin« (1803–15). Viele seiner Werke, die er, mit zeichnerischem Talent begabt, selbst illustrierte, machten ihn weit über die Grenzen seines Landes bekannt.

Kerria

Kerrie, Ranunkelstrauch

William Kerr (?–1814), aus Schottland stammend, war als Gärtner in Kew angestellt. 1803 wurde er von Sir J. Banks (>) nach China geschickt, wo er bis 1812 blieb. Das Verbot der Mandarine, in die weitere Umgebung seines Standortes vorzudringen, gar dort Pflanzen zu sammeln oder zu erwerben, war zwar aufregend genug, konnte ihn aber nicht aus der Ruhe bringen. Seine geringen finanziellen Mittel zwangen ihn im krassen Gegensatz zu den wohlhabenden chinesischen Gärtnern zu einem bescheidenen Lebensstandard, der ihn bei den einheimischen Gehilfen nicht gerade als Respektsperson erscheinen ließ, wenn er die Züchtung und Kultivierung chinesischer Obstgehölze studierte. Als Pflanzenjäger dehnte er sein Revier auf Java und die Philippinen aus. Unter seinen nach London geschickten Schätzen befanden sich auch die Tigerlilie und der Winterjasmin. Als interessantes Novum konnte er nach London über die Kunst der Bonsaizüchtung berichten. Banks dankte Kerr für seinen Einsatz, indem er ihm den Posten eines Oberaufsehers im Colonial Botanic Garden in Colombo auf Ceylon verschaffte. Kerr trat diesen Posten 1812 an, hatte aber nicht lange Freude daran. Zwei Jahre später verstarb er.

Kickxia

Tännelkraut

Jean Kickx (1775–1831) wurde in Brüssel als Sohn eines Apothekers geboren und machte eine pharmazeutische Lehre. 1793 erhielt er das Abschlußdiplom und übernahm die väterliche Apotheke. Seine Liebe galt der Botanik. Ab 1796 begann er die Flora in der Umgebung von Brüssel zu erforschen. Nach 15 Jahren eifriger Arbeit stellte er die Ergebnisse zusammen und beschrieb in seiner »Flora Bruxellensis« über 800 nach dem Linnéschen System klassifizierte Pflanzen. In anderen Mitteilungen berichtete er über mineralogische und chemische Untersuchungen. 1817 berief man ihn zum Mitglied in der Académie Royale de Bruxelles. Jean Kickx verstarb in seiner Vaterstadt.

Kitaibela *(*Kitaibelia)*

Paul Kitaibel (1757–1817) wurde in Mattersburg (Nagymartonban) geboren. Nach dem Besuch des Gymnasiums in Ödenburg (Sopron) und des Lyzeums in Raab (Györ) bezog er 1780 zum Jurastudium die Universität in Ofen (Buda). Doch sehr bald wechselte er zur Medizin, wo ihn besonders die Botanik fesselte. Kitaibel fiel seinem Botanikprofessor Johann Jakob Winterl durch seinen Fleiß und seine Begabung für die Naturwissenschaften auf und wurde noch als Student dessen Assistent. Nach dem Umzug der Universität nach Pest promovierte er 1785 zum Dr. med. Bald stieg er zum Vertreter seines Lehrers als Betreuer des Botanischen Gartens in Ofen auf. Nach dem Tode Winterls wurde er dessen Nachfolger auf dem Lehrstuhl für Chemie und Botanik und Präfekt des Botanischen Gartens. Allerdings hat er aus Zeitmangel nie eine Vorlesung gehalten. Zwischen 1796 und 1816 unternahm Kitaibel im Auftrag der Regierung zahlreiche strapaziöse Reisen durch Ungarn. Seine Berichte über diese Unternehmungen wurden als Manuskripte in 54 Paketen im Ungarischen Nationalmuseum in Budapest gestapelt. Sein Hauptwerk »Descriptiones et icones plantarum rariorum Hungariae« (Beschreibungen und Abbildungen seltener Pflanzen Ungarns) erschien mit Unterstützung des Grafen Waldstein (>) in drei Bänden mit 280 kolorierten Kupfern zwischen 1802 und 1812. Als Chemiker fertigte er Analysen von über 150 Heilwässern in den ungarischen Bädern an. Kitaibel entdeckte nicht nur zahlreiche Pflanzen- und Tierarten, sondern war auch ein Mitentdecker des Halbmetalls Tellur. Ferner beschäftigte er sich mit Versuchen zur Gewinnung von Rübenzucker. Sein Interesse galt auch Untersuchungen an Hefen und der Züchtung von Seidenraupen und Bienen. Er war der Erstbeschreiber eines Erdbebens in Ungarn. Man ernannte ihn nicht nur zum Ehrenmitglied zahlreicher wissenschaftlicher Gesellschaften, sondern ihm war auch die Gründung einer ungarischen naturwissenschaftlichen Gesellschaft zu verdanken. In Budapest benannte man eine Straße nach ihm. Mit Recht gaben die Ungarn Kitaibel den Ehrenitel »Homo universalis der Wissenschaft«.

Kleinia

Jakob Theodor Klein (1685–1759) stammte aus Königsberg. Im Alter von 16 Jahren reiste er durch Holland und England. Als Sekretär im Senat von Danzig nutzte er jede freie Minute zur Vervollständigung seines privaten Naturalienkabinetts. Klein veröffentlichte zahlreiche botanische und zoologische Mitteilungen. Seine Beobachtungen waren meist genau und zutreffend. So fand seine Darstellung der Stachelhäuter, die in mehreren Auflagen erschien, den Beifall der Fachwelt. Seine Klassifizierungsangaben allerdings waren etwas merkwürdig: So siedelte er die Affen zwischen Bären und Bibern an. Grundsätzlich teilte er die Tierwelt in drei große Gruppen ein: in der ersten befanden sich die Tiere mit Hufen, in der zweiten solche mit Krallen, die weiter nach der Zahl der Krallen klassifiziert wurden, in der dritten Gruppe brachte er die Tiere mit Schuppen, aber ohne Haare unter.

Klotzschia

Johann Friedrich Klotzsch (1805–1860) begann mit 14 Jahren in seiner Vaterstadt eine Apothekerlehre. In Berlin studierte er Pharmazie und Botanik. Von 1830 bis 1832 hielt er sich in Schottland und England auf und gehörte zum Schülerkreis um William Hooker (>*Hookera*). 1834 berief man ihn als Assistenten an das Königliche Herbar in Berlin, und 1838 übernahm er als Nachfolger Adelbert von Chamissos (>) das Amt des Kustos. 1841 wählten ihn die Royal Society in Edinburgh und die Academia Leopoldina zum Mitglied. Kurz vor seinem Tode ernannte man ihn zum Professor. Klotzsch trat als Systematiker der Pilze hervor.

Kniphofia

Fackellilie, Raketenblume, Tritome

Johann Hieronymus Kniphof (1704–1765) wurde in Erfurt geboren, wo er auch Medizin studierte und 1727 das Doktordiplom erhielt. Zehn Jahre später war er Professor der Medizin in seiner Vaterstadt. 1745 wurde er zum Inspektor des dortigen

Naturalien- und Kunstkabinetts ernannt. Eine besondere Auszeichnung war seine Berufung zum Bibliothekar der Academia Leopoldina. Kniphof beschäftigte sich eingehend mit der Herstellung von pflanzlichen Naturselbstdrucken. Bei diesem Verfahren werden mit einem Farbstoff imprägnierte Pflanzen direkt auf Papier oder Leinen abgedruckt. So tauchten die Eingeborenen Tahitis Farne und Hibiskusblätter in einen roten Pflanzensaft und bedruckten damit ihre Stoffe. In einem Manuskript von Leonardo da Vinci findet sich der Selbstdruck eines Salbeiblattes. In der Schrift »De secretis« (Über die Sekrete) berichtete um 1560 Alexius Pedemontanus über diese Technik der Pflanzendarstellung. Der Schwede Samuel Hesselius befaßte sich um 1730 mit dieser Methode, die er in einer Abhandlung für die Schwedische Akademie der Wissenschaften ausführlich beschrieb. Olof Celsius (>) experimentierte ebenfalls mit der Herstellung von Naturselbstdrucken und konnte eine größere Sammlung gelungener Abbildungen vorweisen. Kniphof verbesserte das Verfahren, indem er den Abdruck nicht wie bisher mit der Hand und einem beinernen Utensil vornahm, sondern in Zusammenarbeit mit einem Erfurter Drucker eine Presse benutzte. 1733 veröffentlichte Kniphof unter dem Titel »Botanica in Originali Pharmaceutica« die Selbstdrucke von 200 Kräutern. Es folgten weitere Serien, bis die Edition 1764 mit insgesamt 1.200 Abdrucken abgeschlossen war. Um die gleiche Zeit erschienen in derselben Drucktechnik die »Ectypa Vegetabilium« von Ch. G. Ludwig (>).

Kochia

Besenkraut, Dornmelde, Radmelde, Sommerzypresse

Wilhelm Daniel Joseph Koch (1771–1849) aus Kusel in der Rheinpfalz besuchte das Gymnasium in Zweibrücken und studierte von 1790 bis 1793 an den Universitäten Jena, Marburg und Gießen Medizin und Naturwissenschaften. Seine Absicht, nach Staatsexamen und Promotion in seiner Vaterstadt eine Praxis zu eröffnen, verhinderte die französische Revolutionsarmee. Kusel wurde nämlich auf höheren Befehl durch Feuer vernichtet. Koch verlor seine gesamte Habe, Bücher und Manuskripte wurden ein Raub der Flammen. Zu seinem Glück wurde er 1795 als Gerichtsarzt nach Trarbach an der Mosel gerufen. Zwei Jahre später holte man ihn als Oberamtsarzt nach Kaiserslautern, und 1816 ernannte man ihn zum Kreisarzt. Bei Ausbruch einer Typhusepidemie konnte Koch seine Tüchtigkeit glänzend unter Beweis stellen. Neben seiner aufreibenden ärztlichen Tätigkeit fand er noch Zeit, auf zahlreichen Exkursionen die Flora seiner Heimat zu erforschen. 1814 veröffentlichte er zusammen mit seinem Freund Ziz einen Katalog der Pflanzen in der Rheinpfalz. 1821 ernannte ihn die Baierische Akademie der Wissenschaften zum Mitglied. Sein guter Ruf als Botaniker sprach sich auch an den Universitäten herum. Und nachdem er sich 1823 als Mitautor an der Herausgabe des Werkes »Deutschlands Flora« profiliert hatte, erhielt er fast gleichzeitig 1824 von Heidelberg und Erlangen einen Ruf als Professor für Botanik. Koch ging nach Erlangen und wirkte noch 25 Jahre an der dortigen Universität. Zusätzlich zu seinem Lehramt erhielt er das Direktorat über den Botanischen Garten. Seinem Einsatz verdankt Erlangen auch die Anlage und Gestaltung des schönen Schloßparks. Bayern ehrte ihn mit der Ernennung zum Hofrat. Wie seinen großen Fachgenossen Linné (>) zeichnete auch ihn 1845 Schweden mit der Verleihung des Nordstern-Ordens aus. Zwei Jahre vor seinem Tod erlitt er einen Schenkelhalsbruch, der ihn ans Bett fesselte. Doch dies konnte ihn nicht von seiner Lehrtätigkeit abhalten. Er bastelte eine Vorrichtung, mit der er von seinem Krankenlager aus auf eine Tafel zeichnen konnte, und setzte unverdrossen den Unterricht fort. Neben seiner vorbildlichen Bearbeitung der deutschen und schweizerischen Flora, die auch als Taschenbuch erschien, veröffentlichte Koch zahlreiche meist taxonomische Abhandlungen. Die Stadt Erlangen dankte ihm mit der

Verleihung der Ehrenbürgerschaft und der Benennung einer Straße mit seinem Namen.

Koeleria
Schillergras

Georg Ludwig Koeler (1765–1807) wurde in Göttingen geboren und bezog 1780 die dortige Universität zum Medizinstudium. Sechs Jahre später legte er eine Doktorarbeit über Knochenregeneration vor, die sich auf Experimente an Tauben, Hühnern und Hunden stützte. Die Kenntnisse für diese Untersuchungen hatte er bei seinem Anatomielehrer Blumenbach (>) erworben. Der junge Doktor erhielt einen Ruf als Leibmedicus beim Rheingrafen von Grumbach in Flonheim bei Mainz, konnte gleichzeitig eine einträgliche Landarztpraxis betreiben und noch im Jahr seiner Ankunft heiraten. Seine Frau, die aus einem aufgeklärten Hause stammte, verstarb nach nur zweijähriger Ehe. In ihrem Testament hatte sie bestimmt, daß keine Trauerkleidung zu tragen und ihr Körper zu sezieren sei. Diese für ihre Zeit ungewöhnliche Einstellung verdient es gewiß, hier erwähnt zu werden. 1788 zog der rheingräfliche Hof nach Wörrstadt, noch näher bei Mainz gelegen, so daß Koeler seine alte Freundschaft mit dem damals dort tätigen Georg Forster (>), dem Weltumsegler, auffrischen konnte. Als 1792 die französische Revolutionsarmee unter Custine in Wörrstadt einzog und den Einwohnern Repressalien auferlegte, gelang es Koeler bei Forster, inzwischen führendes Mitglied des Mainzer Jakobinerklubs, Milderung zu erwirken. Im Frühjahr 1793 konnte sich auch Koeler dem unverhohlenen Zwang, den Eid auf die Französische Republik zu leisten, nicht entziehen. Dafür wurde er nach der Rückkehr der Alliierten als Klubist und Jakobiner denunziert und auf der Festung Königstein in Arrest genommen. Als sich seine Unschuld herausgestellt hatte, konnte er seine ärztliche Tätigkeit in Wörrstadt wieder aufnehmen. 1799 begann Koeler in Mainz als Professor an der Medizinischen Spezialschule, einer Abteilung der Universität, Naturgeschichte, Physiologie und Anatomie zu lehren. Unter Napoleons Schulpolitik blieb die Spezialschule zwar erhalten, aber im wesentlichen nur noch als Ausbildungsstätte für Wundärzte ohne das Recht, den medizinischen Doktorgrad zu verleihen. Koelers Lehrtätigkeit wurde auf Materia medica (Pharmakologie) und Botanik beschränkt. Er hatte nun Zeit, seine botanischen Studien, besonders die Beschäftigung mit den Gräsern, zu vertiefen. Seine Exkursionen in der Umgebung von Mainz ließen ihn bald zu einem hervorragenden Kenner der Gräserflora werden, über die er 1802 zusammenfassend in einem mit 50 Tafeln illustrierten Werk berichtete. 1805 legte er eine systematische Abhandlung über verschiedene Veronikaspezies vor. Eine Flora Deutschlands, Frankreichs und der Schweiz, im Manuskript schon weitgehend vorbereitet, blieb unvollendet. Nicht unerwähnt bleiben soll Koelers Fehde mit seinem Arztkollegen Wendelin Ruf *(89)*. Dieser hatte bei einer Geburt mit der Zange die Wöchnerin verletzt und die nachfolgende Entzündung übersehen. Auf Bitten der Frau übernahm Koeler die Behandlung, konnte aber den tödlichen Ausgang nicht verhindern. Sein Kollege schob nun ihm alle Schuld am Tode der Patientin in die Schuhe. Dieser Fall erregte weit über Mainz hinaus die Aufmerksamkeit der medizinischen Welt. Koeler mußte sich mit mehreren Schriften energisch zur Wehr setzen, eine lautete: »Letztes Wort an's Publikum, meinen Streit mit Bürger Ruf betreffend«. Als 1807 eine verheerende Typhus- und Grippeepidemie auch Mainz heimsuchte, wurde Koeler zur Leitung des Militärhospitals berufen. Obwohl er schon seit langem nicht mehr praktiziert hatte, entzog er sich diesem Ruf nicht. Doch schon wenige Wochen nach seinem Amtsantritt raffte die Epidemie auch ihn dahin.

Koellikeria

Rudolf Albert von Kölliker (1817–1905) kam in Zürich zur Welt. Nach seinem Medizinstudium trat er 1841 als Assistent in das Anatomische Institut der Universität seiner Vaterstadt ein und konnte sich bereits zwei Jahre später habilitieren. 1844 wurde er ebenfalls in Zürich zum Professor für Physiologie und Vergleichende Anatomie ernannt. 1847 nahm Kölliker einen Ruf an die Universität in Würzburg an. Als Vertreter des Faches Anatomie blieb er dort bis zu seiner Emeritierung 1897. Zu den wissenschaftlichen Leistungen des Begründers der modernen Histologie gehören Arbeiten zur mikroskopischen Anatomie (»Handbuch der Gewebelehre des Menschen«, 1852) und Untersuchungen auf dem Gebiet der Entwicklungsgeschichte und Embryologie (»Entwicklungsgeschichte des Menschen und der höheren Tiere«, 1861). Während seiner Studienzeit hatte sich Kölliker auch mit der Botanik befaßt und 1839 ein Verzeichnis der Phanerogamen des Kantons Zürich vorgelegt.

Koelreuteria
Blasenbaum

Joseph Gottlieb Koelreuter (1733–1806), in Sulz am Neckar geboren, war Sohn eines Apothekers. In Tübingen und Straßburg studierte er Medizin und promovierte 1755 zum Doktor der Medizin. Dann nahm er eine Stelle als Assistent für Naturgeschichte an der Akademie der Wissenschaften in St. Petersburg an. 1761 kehrte er nach Deutschland zurück und wurde 1763 Professor der Naturgeschichte in Karlsruhe. Von 1768 bis 1786 versah er das Amt des Oberaufsehers der Botanischen Hofgärten. Er war der erste, der die Bedeutung der Insekten für die Bestäubung und das Wesen der sexuellen Befruchtung klar erkannte und ausgedehnte Bastardierungsversuche vornahm. So veröffentlichte er 1761 eine »Vorläufige Nachricht von einigen das Geschlecht der Pflanzen betreffenden Versuchen und Beobachtungen« und 1763 eine »Untersuchung über die Fortpflanzung der Mistel«.

***Koenigia** *(Lobularia)*

Johann Gerhard König (1728–1785) stammte aus Livland und absolvierte in Riga eine Apothekerlehre. Anschließend arbeitete er in Dänemark und Schweden. Von 1757 bis 1759 studierte er in Uppsala bei Linné (>) Naturgeschichte. In Kopenhagen erhielt er am Frederikshospital eine Stelle als Apotheker. In den Jahren 1764 bis 1766 besuchte er die Inseln Bornholm und Island. Ein Jahr darauf reiste er als Königlich Dänischer Missionsarzt nach Tranquebar, einer Stadt an der südindischen Coromandelküste, wo er bis zu seinem Tode blieb. Als Pflanzensammler führte ihn 1779 bis 1781 eine ausgedehnte Exkursion durch Indien, Siam und Ceylon.

L

Lachenalia
Kaphyazinthe, Lachenalie

Werner de Lachenal (1736–1800) wurde als Sohn eines Apothekers in Basel geboren. Dort studierte er Medizin und wurde 1776 Professor für Anatomie und Botanik. Lachenal stand in Verbindung mit dem großen Gelehrten Albrecht von Haller (>) und unterstützte mit seinen Beobachtungen dessen Werk zur Geschichte der Schweizer Pflanzenwelt. Er selbst legte ein lokalfloristisch unschätzbares Herbar an.

Laelia
Laelie

Diese Gattung ist benannt nach dem alten römischen Geschlecht der Laelier, als dessen prominentester Vertreter C. (= Gaius) Laelius Sapiens in die Geschichte einging. Er wurde um 185 v. Chr. als Sohn eines Feldherrn und Konsuls geboren. Mit seinem Freund P. Scipio Aemilianus Africanus Minor war er im Frühjahr 146 entscheidend an der endgültigen Unterwerfung und Zerstörung Karthagos beteiligt. 140 wurde Laelius Konsul und wollte durch einschneidende Reformen die üblen Agrarverhältnisse ordnen. Seine Freunde rieten ihm von diesem zwar fälligen, aber nicht ungefährlichen Vorhaben ab. Dafür traten die beiden Gracchen auf den Plan und versuchten mit einer sozialen Restaurierung die Verhältnisse in der Ackergesetzgebung zu ändern, jedoch ohne Erfolg. 132 kehrte Scipio nach der Niederwerfung der Iberer in Spanien nach Rom zurück und mischte sich als konservativer Vertreter im Senat in die Agrarfrage ein. 129 wurde er tot aufgefunden, was die wildesten Gerüchte in Umlauf brachte. In seiner Laudatio auf seinen besten Freund sprach C. Laelius jedoch von einem natürlichen Tod. C. Laelius war ein begeisterter Förderer der griechischen Bildung und erhielt den Beinamen Sapiens, der Weise. Um 115 verstarb er in Rom. In seiner Schrift »De amicitia« (Über die Freundschaft) setzte ihm Cicero ein ehrendes Denkmal.

Lagerstroemia
Kräuselmyrte, Lagerstroemie

Magnus von Lagerstroem (1696–1759) war Direktor der Schwedischen Ostindien-Kompanie in Göteborg. Die Agenten dieses Handelsunternehmens schickten ihm getrocknete botanische Raritäten. So brachte er eine Sammlung von 1.000 chinesischen Drogen zusammen. Lebende Pflanzen aus Übersee gab er an seinen Freund Linné (>) weiter, der für ihre Kultivierung im Botanischen Garten in Uppsala sorgte.

Lamarckia

Jean Baptiste Pierre Antoine de Monet Chevalier de Lamarck (1744–1829) stammte aus Bazentin in der Picardie, besuchte eine Jesuitenschule und sollte nach dem Willen seiner Eltern Geistlicher werden. Doch mit 17 Jahren trat er in die Armee ein und wurde aufgrund seiner Tapferkeit bald zum Leutnant befördert. Aus Krankheitsgründen mußte er jedoch die Militärlaufbahn aufgeben und studierte Medizin. Hierbei lernte er den Botaniker Bernard de Jussieu (>*Bernardia*) kennen, der ihm die Naturwissenschaften näherbrachte. So wurde Lamarck Privatgelehrter. Bereits in jener Zeit schrieb er ein dreibändiges Werk über die Flora in Frankreich. Seinen Lebensunterhalt verdiente er sich als Mitarbeiter an der »Encyclopédie Méthodique«. 1779 verschaffte ihm der große Naturwissenschaftler Buffon (>) eine Stellung als Botaniker in der Pariser Akademie. In den achtziger Jahren unternahm Lamarck Reisen durch

Holland, Deutschland und Ungarn. 1788 übertrug man ihm die Verwaltung des Herbariums im Jardin du Roi. 1793 erhielt er eine Professur für Naturgeschichte der wirbellosen Tiere. Nach intensiver Einarbeitung in dieses für ihn neue Gebiet veröffentlichte er hierüber ein Werk in sieben Bänden. Als weitere wesentliche Schriften nennen wir »Philosophie zoologique« und »Hydrogéologie«; in letzterer, die 1801 erschien, taucht erstmalig der Begriff »Biologie« auf. Erblindet und einsam verstarb Lamarck im Alter von 85 Jahren. Im Gegensatz zu der Hypothese von der Unveränderlichkeit der Arten und der aus dieser Sicht entstandenen und vehement vertretenen Katastrophentheorie seines wissenschaftlichen Antipoden Cuvier vertrat Lamarck eine völlig andere Vorstellung. Er erklärte die Entstehung der Arten ursächlich mit der Anpassung der Organismen an die Einwirkung äußerer Einflüsse und begründete damit die Theorie von der Vererbung erworbener Eigenschaften, die unter dem Schlagwort »Lamarckismus« die Abstammungslehre beeinflußte.

Lambertia

Aylmer Bourke Lambert (1761–1842) hatte in Oxford studiert und wurde ein begeisterter Hobbybotaniker. Er war Gründungsmitglied der Linnean Society in London und amtierte von 1796 bis zu seinem Tode als ihr Vizepräsident. In der Grafschaft Weltshire besaß er einen ausgedehnten Garten, dem ein umfangreiches Museum angegliedert war. Lambert verfügte über eine reichhaltige Bibliothek. In einschlägigen Zeitschriften erschienen zahlreiche Beiträge von ihm. 1803 legte er die »Description of the Genus Pinus« vor, die 1828 und 1832 eine mehrbändige Auflage erlebte. Lambert war auch stolzer Besitzer von Pflanzenabbildungen chinesischer Künstler. Sein Herbarium, reich an Pflanzen aus Sibirien und Südamerika, galt als eines der wertvollsten in privater Hand. Teile davon gelangten ins Britische Museum.

Landolphia

Jean François Landolphe (1747–1825) stammte aus Auxonne in Burgund und begab sich nach Paris, um Chirurg zu werden. Doch entwickelte er einen solchen Abscheu vor diesem Metier, daß er das Studium abbrach, 1766 nach Nantes reiste und in den Dienst der Marine trat. 1775 erhielt er das Kapitänspatent für große Fahrt. In den nächsten Jahren wurde Landolphe mit der Aufgabe betraut, in Benin an der afrikanischen Westküste eine französische Handelsniederlassung einzurichten. 1778 schloß er mit dem König von Owere einen entsprechenden Vertrag. Wegen des Krieges mit England verzögerte sich die Ausführung des Plans. Erst 1786 konnte mit dem Bau eines Forts begonnen werden. Zur Zufriedenheit Landolphes bewährte sich die Niederlassung und wurde ein lebhafter Handelsplatz. Nach Ausbruch der Revolution 1789 kam der Schiffsverkehr mit dem Heimatland zum Erliegen, und Landolphe beklagte sich bitter, daß er die Opfer des mörderischen Klimas nicht mehr in die Heimat zurückschicken konnte. 1792 vernichteten die Engländer die Niederlassung vollständig. Bei dieser nächtlichen Aktion stürzte Landolphe nackt aus dem Fenster und flüchtete in den Urwald. Von schwarzen Freunden gepflegt, verließ er Afrika, überstand manches Seegefecht, geriet für kurze Zeit in englische Gefangenschaft und betrat in Cherbourg wieder französischen Boden. Dort wurde er von einem Revolutionstribunal vernommen und nach Paris geschickt. Wegen des Verlustes der ihm anvertrauten Schiffe wurde er vor ein Kriegsgericht gestellt, jedoch einstimmig freigesprochen. Als Fregattenkapitän erhielt er 1796 den Auftrag, Truppen, Munition und Silber nach Cayenne zu befördern. Zwei Jahre später konnte er nach Erfüllung der Order und mehreren Zusammenstößen mit der englischen Flotte endlich wieder vor La Rochelle Anker werfen. Im folgenden Jahr kreuzte er mit mehreren Fregatten vor der afrikanischen Westküste, versorgte die französische Kolonie in

Senegal, besuchte die Kapverdischen Inseln und feierte mit seinen schwarzen Freunden aus Owere ein freudiges Wiedersehen. 1799 zwang ihn seine angeschlagene Gesundheit, die tropischen Gewässer zu verlassen. Er überquerte den Atlantik, kreuzte vor der südamerikanischen Küste und verlor 1800 vor Rio de Janeiro gegen eine englische Übermacht einen Teil seiner kleinen Flotte. Auf einem portugiesischen Schiff kehrte er über Lissabon und Spanien nach Frankreich zurück. Wieder mußte er sich vor einem Kriegsgericht verteidigen. Dann bat er um seine Entlassung und zog sich mit einer geringen Pension zurück. Von dem Anteil am Prisengewinn – aus der Veräußerung gekaperter Schiffe und ihrer Ladungen –, der ihm gesetzlich zustand und im Laufe der Jahre zu einer beachtlichen Summe aufgelaufen war, bekam er keinen Cent zu sehen. Als ihn der Erste Konsul zu einem Diner in die Tuilerien einlud und fragte, ob er etwas für ihn tun könnte, dankte Landolphe und erwiderte Napoleon, er habe keinen Wunsch. Zu seiner Zerstreuung schrieb er seine Memoiren, die 1823, zwei Jahre vor seinem Tod, erschienen. Die Ehre, in einem botanischen Gattungsnamen weiterzuleben, verdankt er dem Botaniker Palisot de Beauvois, der in Afrika schwer erkrankt war und von Landolphe gesund gepflegt wurde.

Lapageria

Lapagerie, Copihue

Marie-Rose Joséphine, geb. Tascher de la Pagerie, verwitwete de Beauharnais (1763–1814) aus Martinique wurde die Gemahlin von Napoleon Bonaparte. Vor dem Aufbruch Napoleons zu seinem Feldzug nach Ägypten hatte sie ihm den Erwerb des Schlosses Malmaison vor den Toren von Paris abgeschmeichelt, das der verliebte Gatte von einem gewissen Monsieur Le Couteulx du Moley erwarb. Sie richtete das heruntergekommene Gebäude nach ihrer Phantasie geschmackvoll ein und ließ den damals 120 ha umfassenden Park neu anlegen. Das verwilderte Gelände wurde kultiviert, die Rasenflächen ließ sie nach der modernen englischen Art kurz schneiden und außer in- und ausländischen Ziergewächsen Hunderte von Rosen pflanzen. Als Fachleute standen ihr Ventenat (>) als Botaniker, Mirbel (>) als Agent und Redouté als überragender Pflanzenmaler zur Seite. In Malmaison fühlte sie sich glücklich, ganz besonders wenn ihr kaiserlicher Gemahl irgendwo in Europa weilte, um sich mit vielen blutigen Schlachten und demütigenden Friedensdiktaten seinen Traum von der Weltherrschaft zu erfüllen. Doch der Imperator vergaß auch im Feldlager seine Madame Bonaparte nicht und sorgte dafür, daß ihr neben tausend heißen Küssen und Grüßen auch Pflanzen aus London zugesandt wurden. Vielleicht handelte es sich um die Erikapflanzen, die James Niven (>) für sie gesammelt hatte. Mit Wehmut vermerkt Napoleon 1809 in einem Brief aus Wien, daß er seit Tagen keinen Brief von Joséphine erhalten habe, und argwöhnt: »Die Freuden von Malmaison, die schönen Gewächshäuser, die schönen Boudoirs, lassen sie die Abwesenden vergessen?« (*87*, S. 239). Von 1805 bis zu ihrem Ende hatte Joséphine in dem Botaniker und Weltreisenden Aimé Bonpland (>) einen begeisterten Inspektor ihrer Gärten und Mann ihres Vertrauens gefunden. Die Anlagen wurden geschmackvoll vergrößert und Gewächshäuser eingerichtet, aus denen sie viele Gärten in Frankreich mit exotischen Pflanzen versorgte. Es gelang ihr, Dahlien zu ziehen, die zu vielbegehrten Kostbarkeiten der botanischen Liebhaberei gehörten. Eifersüchtig behütete Joséphine ihre Sammlung. Aber bald war ihr Bestand so groß, daß sie einen Gärtner mit der Pflege ihrer hochgeschätzten Lieblinge betrauen mußte. Als eine Hofdame sie um eine Knolle bat, wurde dieses ungehörige Ansinnen barsch abgeschlagen. Natürlich konnte eine solche Kränkung nicht ertragen werden. Deshalb verlangte die Hofdame von ihrem Geliebten, einem polnischen Edelmann, er solle aus dem kaiserlichen Garten einige Dahlienknollen stibitzen. Der dachte nicht daran, einen solchen Frevel zu begehen, und bestach den Gärtner, ihm 100 Pflanzen zu »besorgen«. Doch die Kaiserin bekam Wind davon, entließ sofort Hofdame samt Gärtner, schickte den Polen in die Verbannung und ließ alle ihre Dahlien zerhacken. In ihrer Gegenwart durfte das Wort Dahlie keinem mehr über die Lippen kommen. Auch nach der Scheidung von Napoleon, seiner Abdankung und Verbannung auf die Insel Elba durfte sie dank der Großzügigkeit der Sieger ihr geliebtes Malmaison behalten. Dort konnte sie, von Luxus umgeben, in ihren hellen, tiefausgeschnittenen, die Grazie betonenden Musselinkleidern als vollendete Gastgeberin noch die gekrönten Häupter der Alliierten zu einem glanzvollen Diner empfangen, bevor sie im Fieberdelir am 29. 5. 1814 verstarb. Vermutlich waren die Musselinkleider für die noch kühlen Nächte im Park doch zu dünn. In tiefer Ergebenheit und Dankbarkeit hatte Ventenat die Kaiserin 1804 mit der Benennung der Gattung und Art *Josephinia imperatricis* geehrt. Die beiden spanischen Botaniker Ruiz (>) und Pavón (>) führten die Gattung *Lapageria* mit der Widmung »Der erlesenen Dame Josepha Lapageria, der würdigsten Gattin Napoleon Bonapartes, ausgezeichnet in der Botanik und den Naturwissenschaften« (*59*, S. 118) in die Nomenklatur ein. Die wunderschöne Art *Lapageria rosea* aus Südamerika, von den Einheimischen Copihue genannt, ist die Nationalblume der Chilenen.

Lapeyrousia

Philippe Picot Baron de Lapeyrouse (1744–1818) erblickte als Sohn eines Kaufmanns in Toulouse das Licht der Welt. Als Beamter in der Stadtverwaltung stieg er zu hohen Ämtern auf. Durch den Tod eines Onkels, dem er auch das Baronat verdankte, wurde er wohlhabend, gab seine Stellung im Magistrat auf und widmete sich in den Pyrenäen dem Studium der Natur. Bei der Einberufung der Generalstände 1789 wurde ihm als Deputiertem der Notabeln von Toulouse die Redaktion der Beschwerdehefte (»Cahiers de doléances«) des Adels übertragen. Lapeyrouse erhielt in diesem Zusammenhang das Amt als Präsident der Distriktverwaltung. Der Verzicht auf diese Auszeichnung 1792 rettete ihn aber nicht vor dem Gefängnis. Am 9. Thermidor 1794, nach dem Sturz Robespierres, erhielt er wieder seine Freiheit. 1800 wurde er zum Bürgermeister von Toulouse berufen und sorgte alsbald für die Ausführung zahlreicher Projekte. Unter der langen Liste dieser Maßnahmen findet sich auch die Vergrößerung und Bereicherung des Botanischen Gartens. Um jedoch die nötigen Geldmittel für seine ehrgeizigen Pläne bereitstellen zu können, verfiel Lapeyrouse auf die glänzende Idee, die Zahl der Spielhäuser in der Stadt zu vermehren. Dies allerdings kostete ihn sein Amt. Er zog sich auf den Lehrstuhl für Naturgeschichte an der von ihm gegründeten Schule der Wissenschaften zurück, der ihm auch nach der Umwandlung dieser Einrichtung in eine Universität erhalten blieb. 1811 wurde er zum ständigen Sekretär der Akademie der Wissenschaften von Toulouse ernannt. Nach dem Ende des Kaiserreiches verbrachte Lapeyrouse seine Tage in friedlicher Zurückgezogenheit, bis er in seiner Heimatstadt verstarb. Unter seinen zahlreichen botanischen und zoologischen Veröffentlichungen finden sich eine Monographie über die Steinbrechgewächse (1801), ein Abriß über die Pyrenäenpflanzen (1813) und mehrere Mitteilungen über die Gesangsorgane der Vögel. In seinen letzten Lebensjahren befaßte er sich mit einer Monographie über Pinien, die er liebte und in seinem Garten pflegte.

Lavatera
Buschmalve, Strauchpappel

Heinrich (1560–1623) und Johann Heinrich (1611–1691) Lavater, Vater und Sohn, wurden beide in Zürich geboren. Der Vater studierte in Deutschland und Italien Medizin. In seiner Heimatstadt wurde er Professor für Physik und Mathematik. 1595 begleitete er als Arzt eine schweizerische Abordnung zu König Heinrich IV. von Frankreich. 1610 erschien von ihm eine Streitschrift zur Verteidigung der galenischen Ärzte gegen ihre Verleumdung. Sein Sohn folgte ihm auf den Lehrstuhl und bereiste Frankreich, England, Holland und Italien. 1667 veröffentlichte er eine Untersuchung über verschiedene Thermalwässer und 1668 ein Reglement gegen die Pest.

Lawsonia
Hennastrauch

Isaac Lawson (?–1746) war ein gebürtiger Schotte, der in Leiden in Holland Medizin studierte, wo er 1737 den Doktortitel erwarb. Als Linné (>) nach Holland kam, freundete er sich mit Lawson an. Mit anderen Gleichgesinnten, zu denen u. a. Gronovius (>) und van Swieten (>) gehörten, entstand ein Diskussionsklub, der unter dem Vorsitz von Linné jeden Samstag über naturwissenschaftliche Neuigkeiten debattierte. Lawson unterstützte mit Rat und Tat den Aufenthalt Linnés und finanzierte auch den Druck des »Systema Naturae« seines Freundes mit. Im Kriege Englands mit Frankreich diente Lawson als Arzt bei den Flemish Forces. Nach der Infizierung bei einem kranken Soldaten erlag er 1746 in Breda einem bösartigen Fieber.

Legousia
Frauenspiegel

Bénigne Legouz de Gerland (1695–1774) aus einer alteingesessenen und begüterten Familie Dijons studierte in Paris. Anschließend sah er sich in Italien um. In England interessierte er sich für die Sitten, Gebräuche und Gesetze des Landes. Nach seinen Reisen ließ er sich als Gelehrter in seiner Heimatstadt nieder und wurde als hochangesehener Mitbürger Ehrenmitglied der Akademie von Dijon. Als glühender Verehrer seiner Stadt stellte er der Akademie ein Gelände zur Einrichtung eines botanischen Gartens und sein reich ausgestattetes Naturalienkabinett zur Verfügung. Auf seine Kosten ließ er marmorne Büsten berühmter Männer aus Burgund fertigen, mit denen der Sitzungssaal der Akademie geschmückt wurde. Ihm verdankte Dijon auch die Gründung einer Maler- und Bildhauerschule. Jahrelang geplagt von einem schmerzhaften Tic, entschloß er sich zu einer komplizierten Operation, die jedoch keine Besserung brachte. Er spürte sein nahes Ende, ergab sich mit philosophischer Gelassenheit seinem Schicksal und hauchte 1774 sein Leben aus. Unter seinen vielseitigen, meist historischen Schriften seien hier eine Abhandlung über die Ursache der Sintflut und ein Essay über Naturgeschichte erwähnt.

Leschenaultia *(*Lechenaultia)*

Jean Baptiste Louis Claude Théodore Leschenault de La Tour (1773–1826) wurde in Châlon-sur-Saône geboren. 1793 wurde er zusammen mit seiner Familie vom Revolutionstribunal ins Gefängnis geworfen. Freigelassen nach dem 9. Thermidor 1794, trat er als Beamter in die militärische Transportverwaltung ein. 1799 begab er sich nach Paris, um seine Familienangelegenheiten zu ordnen. Die Bekanntschaft mit einflußreichen Naturwissenschaftlern führte 1800 zu seiner Ernennung zum Chefbotaniker einer von Kapitän Baudin geleiteten Expedition in die Südsee. An Bord der Korvette »Le Géographe« führte die Reise über die Kanarischen Inseln und um das Kap der Guten Hoffnung an die Küste Australiens. Dort und auf den benachbarten Inseln legte er ein bedeutendes Herbarium an und befaßte sich intensiv mit der malaiischen Sprache. Nach einem dreijährigen Aufenthalt auf Java kehrte er über Philadelphia 1807 nach Frankreich zurück. Seine wertvolle Sammlung übernahm das Pariser Museum für Naturgeschichte. Zu seinen Reiseberichten gehörten u. a. Mitteilungen über Gift- und Medizinalpflanzen, den Zimtbaum und die Brechnuß. Eine weitere Frucht seines Aufenthaltes auf Java war ein malaiisches Wörterbuch. 1811 wurde er per Dekret des Innenministers mit der Aufzucht von Merinoschafen betraut, was ihm wenig behagte. Ab 1816 finden wir Leschenault, versehen mit Empfehlungsschreiben von Sir Joseph Banks (>), für sechs Jahre in Indien und auf der Insel Ceylon. In dieser Zeit bewährte er sich auch als Direktor des Botanischen Gartens in Pondichery, der französischen Handelsniederlassung an der Südostküste Indiens. Mit einer reichen Sammlung an Pflanzen und lebenden Tieren, unter ihnen sogar ein Elefant, der noch viele Jahre im Pariser Jardin des Plantes bestaunt wurde, kehrte er 1822 nach Frankreich zurück. Ein Jahr darauf brach dieser unermüdliche Reisende zu einem Besuch Brasiliens, Cayennes und Guayanas auf. Nach 18 Monaten betrat er wieder französischen Boden und konnte sich noch zwei Jahre im Schoße der Familie von seinem ruhelosen Leben erholen. 1826 erlag er in Paris einem Schlaganfall.

Leuchtenbergia

Eugène Vicomte de Beauharnais (1781–1824) gab einem aus Mexiko stammenden Kaktus mit duftenden Blüten seinen Namen, den er selbst auf »Umwegen« erhalten hatte. Sein Vater Vicomte de Beauharnais wurde unter der Schreckensherrschaft Robespierres guillotiniert, seine Mutter Joséphine geb. Tascher de la Pagerie (>*Lapageria*) mußte zunächst ins Gefängnis und brillierte später als Gemahlin Kaiser Napoleons I. Napoleon nahm den Stiefsohn Eugène in seinen Familienclan auf und erhob ihn zum Vizekönig von Italien. Gegen den Willen aller Beteiligten verheiratete er ihn mit einer Tochter des ersten Königs von Bayern, Maximilian Joseph. Doch erstaunlicherweise entwickelte sich eine sehr glückliche Ehe. Eugène wurde ein treuer Gefolgsmann seines Stiefvaters und bewährte sich besonders beim Rückzug der kaiserlichen Armee nach dem Debakel in Rußland. Als Napoleons Stern unterging, wurde Eugène mit seiner Familie wohlwollend von seinem bayerischen Schwiegervater in München aufgenommen. König Max ernannte ihn zum Herzog von Leuchtenberg, Fürsten von Eichstätt, und gestattete ihm den Titel Königliche Hoheit. Zwei Jahre vor seinem Tode infolge eines Schlaganfalls durfte er noch die Verlobung seiner Tochter Joséphine mit dem schwedischen Kronprinzen feiern.

Leucothoe
Traubenheide

Poseidon, der große Gott der Meere, verliebte sich in eine Nymphe, eine gewisse Halia. Dieses Abenteuer blieb nicht ohne Folgen. Ein Mädchen und gleich sechs Söhne gebar die Nymphe. Diese Söhne entwickelten sich zu ungehobelten, üblen Burschen, beleidigten die schöne Aphrodite und wurden zwar mit Wahnsinn bestraft, was sie aber nicht hinderte, weitere Schurkereien zu verüben, ja sogar ihre Mutter zu vergewaltigen. Vater Poseidon machte dem Treiben ein Ende und scheuchte seine Brut kurzerhand unter die Erde. Die arme Mutter stürzte sich aus Scham und Verzweiflung ins Meer. Doch o Wunder, Helios, der kühne Lenker des Sonnenwagens, der ihr Vater war, fischte sie aus dem Naß und erhob sie zur Leukothea, zur weißen Göttin (griech. *leukos* – weiß).

Lewisia
Bitterwurzel

Meriwether Lewis (1774–1809) wuchs in Virginia auf. Der ungewöhnliche Vorname ist der Mädchenname seiner Mutter. Unter den Nachbarn wurde Thomas Jefferson (>), der spätere Präsident, sein guter Freund. Nach dem Tode des Vaters und der Wiederverheiratung seiner Mutter siedelte die kinderreiche Familie auf eine Pflanzung am Broad

River. Meriwether genoß das Landleben, wurde ein tüchtiger Jäger und auch ein gründlicher Kenner der umgebenden Fauna und Flora. Als ihm sein Schulmeister beibringen wollte, daß die Erde sich um ihre eigene Achse dreht, wollte er es nicht glauben, machte einen eleganten Luftsprung und war seiner Auffassung sicher, als er auf demselben Platz landete. Er mußte sich aber mit der Erklärung, daß er die Drehung ja mitmache, geschlagen geben. Unter der Anleitung von Privatlehrern lernte er Latein, Mathematik und die Grundlagen der Naturwissenschaften. Mit 18 Jahren mußte er seine Studien abbrechen, um nach dem Tode seines Stiefvaters die Pflanzung zu bewirtschaften. Bei Ausbruch der Whiskey-Rebellion 1794 wurde Lewis Soldat, kommandierte 1797 Fort Pickering in der Nähe von Memphis und wurde 1799 Leutnant. Das Fort lag im Territorium der Chichasawa-Indianer, deren Sprache und Sitten Lewis eifrig studierte. Als 1801 sein alter Freund und ehemaliger Nachbar Jefferson Präsident geworden war, nahm Lewis dessen Angebot, sein Privatsekretär zu werden, sofort an. Bald wurde er mit staatsmännischen Aufgaben betraut. 1803 hoffte Lewis, mit Hilfe Jeffersons endlich seinen alten Plan, einen Landweg zum Pazifischen Ozean zu finden, realisieren zu können. Der Präsident stimmte zu, bekam für dieses Vorhaben 2.500 Dollar vom Kongreß zugebilligt und setzte Lewis als Leiter der Expedition ein. Als Begleitoffizier holte sich Lewis William Clark (>), seinen Kameraden aus der gemeinsamen Zeit während der Niederschlagung der Whiskey-Rebellion. Die Lewis-Clark-Expedition, wie sie später genannt wurde, startete 1804 von St. Louis auf dem Missouri nach Nordwesten. 1805 wurde die Wasserscheide erreicht. Auf dem Columbia River gelangte die Crew ohne Schwierigkeit an den Pazifik. Bis auf wenige Scharmützel mit Indianern verlief die Rückreise problemlos. Im September 1806, nach 28 Monaten, kehrten die Helden unversehrt nach St. Louis zurück und wurden als schon Aufgegebene begeistert empfangen. Es waren vor allem die integre Persönlichkeit von Lewis, sein Eifer und seine Menschlichkeit, die das Unternehmen zum Erfolg werden ließen. Neben den wertvollen geographisch-geologischen Ergebnissen und den ethnologischen Neuigkeiten hatte das Unternehmen auch zahlreiche neue Zier- und Nutzpflanzen mitgebracht, die bald im Osten Nordamerikas und in Europa kultiviert wurden. Jefferson ernannte Lewis 1807 zum Gouverneur von Louisiana. Doch nur zwei Jahre blieben Lewis vergönnt, dieses Amt in Würde und mit Erfolg auszuüben. 1809 wurde er in Washington erwartet. Er wollte über New Orleans und den Seeweg reisen, besann sich aber anders und wählte den Landweg. In einem einfachen Gasthaus in Tennessee ereilte ihn sein Schicksal. Er wurde tot aufgefunden. Wahrscheinlich war Meriwether Lewis einem Raubmord zum Opfer gefallen. Man fand kein Geld bei ihm, seine Uhr tauchte später in New Orleans auf.

Lindenbergia

Johann Bernhard Wilhelm Lindenberg (1781–1851), Sohn des Bürgermeisters von Lübeck, besuchte das dortige Gymnasium. Nach dem Abitur bezog er 1801, dem Rat des Herrn Vaters folgend, die Universität in Jena, um Jura zu studieren. 1804 wechselte er nach Göttingen und erwarb dort 1808 den Doktortitel. Anschließend ließ er sich in seiner Vaterstadt als Advokat nieder. Nach der Einverleibung der Hansestädte durch die Franzosen wurde Lindenberg 1811 als Anwalt an die Cour imperiale berufen. Ein Jahr später verpflichtete man ihn gegen seinen Willen als Richter an das Tribunal de première instance. 1813 trat er in die Bürgergarde ein und nahm an Gefechten gegen die Franzosen teil. Als Hamburg von den Franzosen besetzt wurde, wich Lindenberg, der sich dort aufhielt, auf dänisches Gebiet aus. Während der Herrschaft von Marschall Davoust kehrte er nach Hamburg zurück und wurde zum Commissaire des französischen Proviantierungsamtes ernannt. 1814 übernahm er die Amtsverwaltung in Bergedorf bei Hamburg, in der er

37 Jahre mit großen Erfolgen tätig war. Bei seinen zahlreichen Verwaltungsaufgaben lag ihm besonders die Erneuerung der Gartenanlagen am Herzen, wozu auch die Einrichtung von Warmhäusern gehörte. Sowie es ihm seine Amtsgeschäfte erlaubten, begab sich Lindenberg auf botanische Exkursionen, wobei er sich mehr und mehr den Moosen zuwandte. Seine Korrespondenz mit Ch. G. D. Nees von Esenbeck (>*Esenbeckia*), Sir William Hooker (>*Hookera*) und anderen Botanikern zeugt von der Ernsthaftigkeit, mit der er seine Studien betrieb. Bei der ehrenvollen Aufnahme in die Academia Leopoldina 1829 trug er eine Übersicht über die Lebermoose in lateinischer Sprache vor. In Einzelmitteilungen befaßte er sich mit exotischen Lebermoosen. 1844 bis 1847 trug er zusammen mit Nees von Esenbeck und Gottsche zu diesem Thema bei.

Lindernia
Büchsenkraut

Franz Balthasar von Lindern (1682–1755) stammte aus Buchsweiler im Elsaß. Zur Vorbereitung auf sein Medizinstudium, das er 1700 in Straßburg aufnahm, hielt er es für wichtig, sich u. a. gründlich im Zeichnen und in der Musik zu üben. 1704 wechselte er an die Universität Jena. Zu seinem Examen kehrte er jedoch nach Straßburg zurück, wo er 1708 promovierte. Wie seine eigenwillige und gründliche Vorbereitung spricht auch die für die damalige Zeit lange Studiendauer für sein ungewöhnlich gewissenhaftes Wesen. Als Arzt beschäftigte er sich eingehend mit den venerischen Erkrankungen und legte seine Erfahrungen 1732 in der Schrift »Speculum Veneris« nieder. Seine weiteren Interessen galten der Chemie und Botanik. 1747 erschien sein »Hortus Alsaticus«, in dem er die Flora des Elsaß beschreibt.

Lindleya

John Lindley (1799–1865) stammte aus der Nähe von Norwich in England. Im Gartenbetrieb seines Vaters entdeckte er die Liebe zur Botanik. Als er 16 Jahre alt war, verdiente er sich vorübergehend in Belgien bei einem Samenhändler seinen Unterhalt. Wieder in Norwich, unterstützte er das Geschäft des Vaters und lernte William Hooker (>*Hookera*) kennen, in dessen Haus er wohnen durfte. Als dem Hausherrn zu Ohren kam, daß man jeden Morgen das Bett seines Gastes unberührt vorfand, befragte ihn Hooker besorgt, ob es ihm vielleicht an Bequemlichkeit mangele. Beschämt mußte Lindley zugeben, daß er immer auf dem Boden schlafe, weil er sich für einen Aufenthalt in den Tropen abhärten wolle. Daraus wurde freilich nichts, vielmehr kam es zu einer Empfehlung an Sir J. Banks (>) in London, der den jungen Lindley als Assistenten in seiner Bibliothek anstellte. 1820 erschien sein erstes Werk, das die Rosen zum Thema hatte, dem noch weitere wichtige botanische Veröffentlichungen folgten. Lindley wurde Sekretär der Royal Horticultural Society, die ihre Ehrenmedaille und ihre Bibliothek nach ihm benannte. 1829 erhielt er an der Londoner Universität den Lehrstuhl für Botanik. Von 1836 bis 1853 war er Vorsteher des Gartens der Apothekergesellschaft in Chelsea. 1832 ehrte ihn die Universität München mit der Verleihung des philosophischen Ehrendoktors und 1835 das Institut de France mit der Ernennung zum Korrespondierenden Mitglied. Lindley hat sich auch als Herausgeber von Fachzeitschriften einen Namen gemacht.

Linnaea
Moosglöckchen

Carl von Linné (1707–1778), bis 1762 Carolus Linnaeus, Sohn des Pfarrers aus Råshult in der schwedischen Provinz Småland, der eigentlich Ingemarsson hieß, sich aber nach einer alten Linde vor seinem Haus in Linnaeus umbenannte. Carolus besuchte als nicht gerade glänzender Schüler das Gymnasium in Växjö. Seinem armen Vater habe man empfohlen, den Filius, der nichts anderes als

Blumen im Kopf hätte, in eine Schusterlehre zu geben. Durch ein gütiges Geschick kam dem jungen Linnaeus ein gewisser Dr. Johan Rothman über den Weg, der seine Fähigkeiten erkannte und ihn zum Medizinstudium ermunterte. Und Linné studierte ab 1727 in Lund Medizin und Botanik. 1732 unternahm er als Student eine Reise nach Lappland, um Naturalien zu sammeln. Nach seiner Rückkehr begegnete er Browall (>), der ihm den weisen Rat gab, sein Studium im Ausland zu beenden und ein reiches Mädchen zu heiraten. In der durch den Kupferbergbau berühmten Stadt Falun, wo Linnaeus Unterricht in Mineralogie und Botanik erteilte, lernte er Sara Lisa, die Tochter des Stadt- und Grubenarztes Johannes Moraeus (>), kennen, machte ihr mit Erfolg den Hof und versprach seinem künftigen Schwiegervater, in drei Jahren, ausgestattet mit dem Doktordiplom, Hochzeit zu halten. Über Hamburg reiste er nach Amsterdam, wo er 1735 eintraf. An der damaligen Universität in Harderwijk (Gelderland) bestand er das Doktorexamen. Während seines Aufenthaltes in Holland schloß er mit bedeutenden Gelehrten des Landes, u. a. mit Lawson (>), Gronovius (>), Boerhaave, Burman (>), innige Freundschaft. Zur allgemeinen Heiterkeit erschien er mitunter im lappländischen Kostüm mit einer schamanischen Zaubertrommel am Gürtel, wie er es auf seiner Reise 1732 getragen hatte. Gronovius legte er in Leiden das Manuskript seines revolutionären Werkes »Systema naturae« vor, in dem er sein System der Pflanzeneinteilung nach Zahl und Verwachsung der Staub- und Fruchtblätter erläutert. Gronovius war von dieser Idee überzeugt und begeistert. Über seine Freunde lernte Linnaeus den Amsterdamer Bankier Clifford kennen, mit dessen finanzieller Unterstützung das Werk gedruckt werden konnte. Im Sommer 1736 besuchte Linnaeus England. Als nicht Unbekannter wurde er freundlich von Sir Sloane (>), Miller (>), Dillen (>) u. a. aufgenommen. Auf seine holländischen Freunde hatte Linnaeus einen derartigen Eindruck gemacht, daß man ihm einen Lehrstuhl an der Universität Utrecht anbot. Doch er wollte wieder in seine Heimat, nicht zuletzt, um endlich seine Verlobte in die Arme schließen zu können. So verließ Linnaeus als gereifter Mann und angesehener Gelehrter im Mai 1738 das von ihm hochgeschätzte Gastland und kehrte über Paris, wo er noch einige Wochen botanisierend in der Gesellschaft von Antoine und Bernard de Jussieu (>*Bernardia*) verbrachte, nach Schweden zurück. In Stockholm richtete er zunächst mit wenig Erfolg eine Arztpraxis ein. Doch nach wenigen Monaten gehörte er zu den gesuchtesten Kapazitäten Stockholms. Nebenbei dozierte er im »Bergkollegium« Mineralogie und Botanik. 1739 legte er mit einigen Kollegen im wunderschönen Riddarhuset in Stockholm den Grundstein für die Königliche Schwedische Akademie und wurde deren erster Präsident. Die Ernennung zum Admiralitätsarzt brachte ihm weiteres Ansehen ein. Im gleichen Jahr löste er sein Versprechen ein und feierte mit Sara Lisa Hochzeit. 1741 wurde er Professor der Medizin in Uppsala und ein Jahr darauf auch Professor der Botanik und Direktor des Botanischen Gartens. Sein Lehrstuhl wurde zum Magneten, aus aller Welt strömten Studenten und Wissenschaftler nach Uppsala. Mit Fahnenschmuck zog man zum Botanisieren und lauschte den Erklärungen des Meisters zu seinem Klassifizierungssystem. 1746 vereinbarte sein Freund und Gönner, Reichsrat Carl Gustaf Graf Tessin, mit der Schwedischen Ostindien-Kompanie, daß jährlich einer aus der großen Schülerschar Linnés auf ihren Seglern in ferne Länder reisen konnte. Vielleicht, so wurde spekuliert, trieb sie alle auch das Wikingerblut in ihren Adern in die Welt. Linnaeus war ein scharfsinniger Beobachter und äußerst fruchtbarer Schriftsteller. Die Zahl der Abhandlungen aus seiner Feder geht in die Hunderte, viele wurden überarbeitet und auf den neuesten Stand gebracht. So erlebte sein »Systema naturae« zwölf Auflagen. Während das seinerzeit in Holland aufgelegte Exemplar ein dünnes Heftchen war, umfaßte die letzte von ihm redigierte Edition 2.500 Seiten! Über 180 Dissertationen wurden von ihm angeregt und betreut. Mehr als 1.000 Briefe zeugen von seinem Fleiß und seiner Kontaktfreudigkeit. Da Linnaeus keine lebenden Fremdsprachen gelernt hatte, korrespondierte er mit ausländischen Wissenschaftlern in lateinischer Sprache. 1753 veröffentlichte er das Werk »Species plantarum«, in dem erstmalig das binäre System als Grundlage einer einheitlichen Nomenklatur im Tier- und Pflanzenreich vorgestellt wurde. Weniger bekannt sein dürfte, daß er die Temperaturskala von Celsius in die heutige Form umkehrte. Celsius hatte nämlich für den Siedepunkt des Wassers 0° und für den Gefrierpunkt 100° bestimmt. 1758 wurde Linnaeus mit dem Polarstern-Orden ausgezeichnet und 1762 in den Adelsstand erhoben, danach nannte er sich Carl von Linné. Allmählich zeigten sich erste Zeichen einer Erschöpfung. Er überstand eine Rippenfellentzündung und das sogenannte Uppsalafieber. 1772 traten Schwindelanfälle auf, und die Symptome einer Demenz machten sich bemerkbar, und 1774 erlitt er einen Schlaganfall. 1778 schloß Carl von Linné seine Augen für immer.

Lippia

Auguste Lippi (1678–1703) war italienischer Abstammung und ist in Paris geboren. Er nahm 1703 als medizinischer Beigeordneter an einer Gesandtschaft zum Negus von Abessinien teil und wurde dort im selben Jahr ermordet. 1704 erschien aus seinem Nachlaß eine Beschreibung ägyptischer Pflanzen.

Liriope

Leiriope wurde die blaue Nymphe genannt, weil ihr floristisches Logo eine blaue Iris war. Sie gefiel dem Flußgott Kephissos so sehr, daß er sie mit seinen Flüssen umwand und vergewaltigte. Leiriope gebar den Knaben Narkissos (>), der zum schönsten aller Jünglinge heranwuchs. Besorgt um das Schicksal ihres Sohnes, befragte die blaue Nymphe den Seher Teiresias, der ihr den rätselhaften Spruch offenbarte, daß Narkissos sehr alt werden könne, wenn er sich selbst nicht kenne. Aber leider erkannte sich Narkissos im klaren Wasser einer Quelle, verliebte sich in sein Spiegelbild und entleibte sich, von der Qual dieser unerfüllbaren Liebe gepeinigt und überwältigt, mit einem Dolch.

Listera
Zweiblatt

Martin Lister (1638?–1712) wurde in Radcliffe, Buckinghamshire, geboren. Sein angesehener Onkel, der Leibarzt bei König Karl I. war, nahm ihn in sein Haus auf und sorgte für seine Erziehung. Lister studierte in Cambridge Medizin und promovierte 1684 in Oxford. Anschließend ließ er sich in York als Arzt nieder und befaßte sich in seiner Freizeit mit naturwissenschaftlichen Themen. 1670 nahm ihn die Royal Society in ihre Reihen auf. 1689 bot sich ihm die Gelegenheit, als Begleiter des britischen Botschafters Frankreich kennenzulernen. 1709 ernannte ihn Königin Anna Stuart zu ihrem Leibarzt. Lister verfaßte mehrere medizinische Schriften und Abhandlungen über Muscheln. Er verstarb in London.

Lobelia
Lobelie

Matthias (Mathieu) de Lobel (1538–1616), lat. Lobelius, stammte aus Lille. Seit früher Jugend hatte er sich für die Pflanzenwelt seiner Heimat begeistert. Als er 16 Jahre alt war, spendierte ihm sein Vater, ein angesehener Advokat, eine Bildungsreise nach Deutschland und Italien. Ein Jahr später bezog er als Student der Medizin die Universitäten in Löwen und Montpellier. Bald avancierte er zum Lieblingsschüler seines Lehrers Rondelet (>), der als gefeierter Anatom wie ein Magnet Schüler aus aller

Welt an diese südfranzösische Universität zog. 1568 legte Lobel das Doktorexamen ab. Er fand schnell gleichgesinnte Kommilitonen, die sich zusammenschlossen und gemeinsam auf botanische Exkursionen im Umland von Montpellier gingen. Dann praktizierte er zunächst in Antwerpen, von wo er als Arzt des Statthalters Wilhelm von Oranien nach Delft gerufen wurde. Abgeschreckt durch die politischen und reformatorischen Erschütterungen in seiner Heimat, folgte er gern dem Wunsche König Jakobs I., nach London zu kommen. Lobel konnte, wie er äußerte, seine Liebe zu den Gärten und Blumen in einem Land, das mit Blut gewässert wird, nicht befriedigen. Wahrscheinlich hielt er sich von 1569 bis 1573 in England auf. Sein großes Erstlingswerk »Adversaria ….« hatte er aus Dankbarkeit für die Gastfreundschaft der Königin Elisabeth I. gewidmet; es konnte allerdings mit seinen wenigen und kleinformatigen Abbildungen nicht gegen die marktbeherrschenden und weit besser illustrierten Foliobände eines Fuchs (>), Bock (>) oder Mattioli (>) bestehen. Außerdem hatte Lobel nie ein besonderes Faible für Grammatik und Sprachen gehabt, was sich in seinem fehlerhaften und unbeholfenen Latein niederschlug. Eine erweiterte und verbesserte Auflage erschien 1576 unter dem Titel »Observationes …«. Diesmal hatte er das Buch seiner alten Fakultät in Montpellier gewidmet. Nach der Rückkehr in seine Heimat überwachte er die Edition seiner mit fast 1.500 Holzschnitten illustrierten Geschichte der Pflanzen (»Plantarum seu stirpium historia«). 1581 erschien bei dem hochangesehenen Verleger Plantin in Antwerpen in niederländischer Sprache sein »Kruydtboeck«. Dieses Werk von über 1.000 Seiten enthielt 2.181 Holzschnittabbildungen. Darin findet sich schon eine Zusammenfassung der Kräuter zu natürlichen Gruppen wie Lilien, Lippenblütler, Gräser u. a. Im Alter von 54 Jahren ging Lobel wieder nach England zurück und wurde Gartendirektor bei Lord Zouch in Hackney. 1592 hatte er noch Gelegenheit, seinen Brotgeber auf einer Gesandtschaftsreise an den dänischen Königshof zu begleiten. 1606 erhielt er von König Jakob I. den Titel »King's Botanist«. Seine letzten Lebensjahre verbrachte Lobel im Hause seiner verheirateten Tochter in Highgate, wo er im Alter von 78 Jahren verstarb.

Lodoicea

Doppelkokosnuß, Seychellennußbaum

Ludwig XV. (1710–1774) soll als Namenspate hinter diesem Gattungsnamen stehen. Sein Königtum begann, als er erst fünf Jahre alt war, und endete mit einer kurzen, unaufhaltsamen Pockenerkrankung. In seiner Zeit begann der Geist der Aufklärung zu blühen und bereitete die große Revolution vor. Seinem berüchtigten ausschweifenden Leben in den frühen Jahren – Stichwort »Parc aux Cerfs« (Hirschpark) – folgten die Bindungen an seine Mätressen, von denen die Damen Jeanne Poisson als Marquise de Pompadour und Jeanne Bécu als Madame du Barry in die Geschichte eingegangen sind. Als Urenkel von Ludwig XIV., dem »Sonnenkönig«, brachte er nur allzu wenig von dessen Interessen an den Staatsgeschäften in seine Regierungszeit mit, diese überließ er lieber seinem Premier Kardinal Fleury und dem durchaus fähigen Minister Maupou. Auch wenn sich Ludwig XV. als vermeintlich fortschrittlicher Monarch über landwirtschaftliche Fragen unterrichten und elektrische Experimente mit der Leidener Flasche vorführen ließ, so war er doch blind für die sozialen Mißstände in seinem Land. Notwendige Reformen wurden so ungeschickt durchgeführt, daß mehr Schaden als Nutzen herauskam. Der König spürte wohl den zunehmenden Haß gegen seine Person, und um in Paris den Weg durch das undankbare Volk zu vermeiden, befahl er schon 1750 den Bau einer Straße rund um die Stadt, die man den »Weg der Revolution« nannte. So wundert es nicht, daß man den Tod von »Louis Bien-Aimé« (Ludwig dem Vielgeliebten), wie ihn seine Höflinge nannten, mit großem Jubel feierte.

Loeflingia

Pehr Löfling (1729–1756) aus dem schwedischen Tolvfors gehörte zu dem engeren Kreis der Schüler um Linné (>). 1749 promovierte er mit einer Arbeit über die Knospen der Bäume. Als Assistent seines Doktorvaters unterstützte er dessen publizistische Arbeit. Auf Einladung der spanischen Regierung erforschte er 1751 bis 1753 die Flora der iberischen Halbinsel und organisierte botanische Exkursionen. 1754 segelte er nach dem nördlichen Südamerika. Seinem Aufenthalt war nur eine kurze Dauer beschieden. Anfang des Jahres 1756 verstarb Löfling in der Missionsstation Murrecurri im heutigen Venezuela. Seine nachgelassenen Schriften gab Linné 1758 heraus.

Logania

James Logan (1674–1751) stammte aus Lurgan (Armagh) in Irland und bekam die ersten Lektionen in Griechisch, Latein und Hebräisch von seinem Vater beigebracht. Aus politischen Gründen mußte die Familie Irland verlassen. Sie ließ sich daraufhin in Edinburgh nieder. In Bristol studierte James Jura und Fremdsprachen. Nach dem Tode des Vaters stieg er auf Wunsch seiner Mutter als Kaufmann im Schiffsverkehr zwischen Dublin und Bristol in das Handelsgeschäft ein. Die Bekanntschaft mit William Penn änderte entscheidend Logans Lebensweg. Penn, der aus einer berühmten Quäkerfamilie stammte, hatte in Amerika die wälderreiche Kolonie gegründet, der König Karl II. von England zu Ehren des Admirals Penn, des Vaters von William, den Namen Pennsylvania (Penns Wälder) gegeben hatte. Penn lernte den jungen Mann während eines Englandbesuchs schätzen und machte ihn zu seinem Sekretär. 1699 segelten beide nach Nordamerika. Logan erwarb sich das volle Vertrauen und die Freundschaft von Penn. 1722 stieg er zum Bürgermeister von Philadelphia auf. Von 1731 bis 1739 bekleidete er das Amt des ersten. Richters am Obersten Provinzgericht und war zwischendurch für zwei Jahre zum Gouverneur gewählt worden. Durch geschickten Landkauf und ausgedehnten Handel mit den Indianern, die ihn stets als zuverlässigen Freund behandelten, vermehrte er sein Vermögen, das ihm auch die Anschaffung einer Bibliothek mit 3.000 Bänden ermöglichte, die er bei seinem Tode der Stadt Philadelphia vermachte. Nach seinem Rückzug aus der Verwaltung 1747 richtete er sich einen Herrensitz in der Nähe von Germantown ein und widmete sich dem Studium der klassischen Literatur und der Naturwissenschaften. Seine Übersetzung von Ciceros Schrift »De senectute« (Über das Alter) erwies sich als so mustergültig, daß sie in mehreren Auflagen erschien. In seinem offenen Haus waren unter seinen Gästen nicht nur berühmte Zeitgenossen sondern auch Abordnungen von Indianerstämmen, die ihn mit einem Zeremonialbesuch beehrten. Logan beschäftigte sich auf dem Gebiet der Botanik experimentell mit der Befruchtung des Maises. Mit John Bartram (>) und Peter Collinson (>), bekannten Repräsentanten der damaligen Botanikerwelt, stand er in freundschaftlicher Beziehung.

Loiseleuria
Felsenröschen

Jean Louis Auguste Loiseleur-Deslongchamps (1775–1849) wurde in Dreux geboren und erhielt in Chartres eine gediegene Bildung. Sein Wunsch, Arzt zu werden, zerschlug sich durch die Einberufung zum Militär. Während des Einsatzes in den Alpen bewunderte er die üppige Flora, was in ihm die Liebe zur Botanik weckte. So botanisierte er in seiner freien Zeit eifrig und setzte nach seiner Entlassung aus dem Militärdienst 1797 zusammen mit mehreren Freunden in der Landschaft um Orléans und Paris diese Studien fort. Um seine Kenntnisse zu erweitern, bereiste er 1803 die Provence und die Pyrenäen. Als Frucht der Untersuchungen erschien in zwei Bänden 1806 und 1807 die »Flora Gallica«, die 1828 eine zweite Auflage erlebte. Seine alte Neigung zur Heilkunst ließ ihn das Medizinstudium an der Pariser Fakultät und besonders an der Klinik von Corvisart, dem berühmten Internisten und Leibarzt Napoleons, aufnehmen und 1805 mit dem Doktortitel abschließen. Durch den Krieg mit England war die Einfuhr überseeischer Phytopharmaka unterbrochen und führte zu einer enormen Preissteigerung für diese Produkte. Loiseleur versuchte diesem Mangel durch die Anwendung heimischer Kräuter abzuhelfen. So ersetzte er u. a. das Opium durch Lattichsaft, die Verschreibung von Ipecacuanha, einem Brech- und Hustenmittel aus Brasilien, durch den Saft verschiedener Euphorbien, und anstelle des Chinins empfahl er einen Narzissenextrakt, worauf er 1810 in einer Studie zur Geschichte, Botanik und medizinischen Anwendung einheimischer Narzissen näher einging. Unermüdlich beschäftigte er sich mit den verschiedensten Sparten der Botanik. 1824 veröffentlichte er eine Abhandlung über den Maulbeerbaum, und 1827 berichtete er über die Libanon-Zedern. In eine anderen Mitteilung widmete er sich der Geschichte und Züchtung der Rosen und ihrer Bedeutung für die Poesie. Außerdem erschien von ihm eine Pflanzenkunde für Amateure (1817–1820). Für seine Verdienste um die Botanik wurde er 1834 mit dem Orden der Ehrenlegion ausgezeichnet. Unverdrossen arbeitete Loiseleur bis zu seinem Hinscheiden. Noch in seinem Todesjahr erschien aus seiner Feder eine Abhandlung über den Wein.

Lonicera

Geißblatt, Heckenkirsche, Jelängerjelieber

Adam Lonitzer (1528–1586) wurde in Marburg geboren. Er soll schon mit 13 Jahren Baccalaureus und mit 16 Jahren Magister geworden sein. 1546/47 übte er eine Tätigkeit als Hilfslehrer an der Barfüßerschule in Frankfurt/Main aus. 1553 finden wir ihn als Professor der Mathematik in Marburg. 1554 wurde ihm das Amt des Stadtphysikus in Frankfurt/Main übertragen. In diesem Amt als Stadtarzt verfaßte er mehrere Schriften zur öffentlichen Gesundheitspflege (Pestilenzordnung 1572 und 1576, Hebammenordnung 1573 u. a.). Als Schwiegersohn des damals bekannten und einflußreichen Verlegers Egenolff wirkte er in dessen Unternehmen als Lektor und Berater mit. Hierdurch lernte er die in dem Verlag erschienenen Bestseller unter den Kräuterbüchern seiner Zeit kennen, was ihn zur Umarbeitung seines zweibändigen Werkes »Naturalis historiae opus novum« veranlaßte, das 1565 unter dem Titel »Botanicon« bei Egenolff herausgegeben wurde. Eine Ausgabe in deutscher Sprache erschien 1557 als »Kreutterbuch«. Später wurde diesem ein Destillierbuch und ein Buch über Baumpflanzung angeschlossen. In diesem Werk verarbeitete Lonitzer auch Angaben aus einem Kräuterbuch seines Frankfurter Amtsvorgängers Eucharius Roesslin von 1533. Als volkstümliches, für Laien verfaßtes Heilpflanzenbuch fand Lonitzers Werk eine weite Verbreitung und erschien in mehreren revidierten Auflagen bis 1783.

Lopezia

Jacinto López (?–1813). Bei der Einrichtung eines Botanischen Gartens in Atlampa in Neu-Spanien (Mexico) ergaben sich erhebliche Schwierigkeiten mit der Bodenbeschaffenheit. Deshalb holte man als Experten 1790 Jacinto López aus Madrid, der über eine langjährige Erfahrung als Gärtner im dortigen Königlichen Botanischen Garten verfügte. López kümmerte sich noch 24 Jahre als Obergärtner um den Ausbau und die Pflege der Anlage. 1813, im Jahre der Unabhängigkeitserklärung Mexikos, starb López als Opfer einer Fieberepidemie.

Als möglicher zweiter Namenspatron wird Francisco López de Villalobos (1469–?) aus Valladolid genannt. Dieser hatte in Salamanca Medizin studiert und diente Karl V. und Philipp II. als Leibarzt, konnte aber neben den ärztlichen Verpflichtungen auch seinen naturwissenschaftlichen Ambitionen nachgehen. 1524 legte er eine Übersetzung der ersten beiden Bücher der »Naturalis historia« des römischen Schriftstellers Plinius vor, der beim Ausbruch des Vesuvs 79 n. Chr. sein Leben verloren hatte.

***Loudonia** *(Glischrocaryon)*

John Claudius Loudon (1783–1843) stammte aus der Nähe von Edinburgh. Er war Gärtner und Schriftsteller. In Venedig entdeckte er die Wasserpflanze *Vallisneria*, die in England noch unbekannt war. Sorgfältig bewahrte er seinen Fund in einem offenen Zinngefäß. Als er auf der Rückreise in Paris Station machte, stellte er den Behälter auf das Fensterbrett, sicherte ihn und begab sich zu Bett. Die Enttäuschung am nächsten Morgen war begreiflicherweise grenzenlos, als er feststellte, daß offenbar die Vögel seine Wasserpflanze zum Frühstück verspeist hatten. Sein Schmerz über den entgangenen Ruhm verrauchte aber schnell, als er bei der Ankunft in England erfuhr, daß *Vallisneria* ein paar Monate früher schon eingeführt worden war. Unter seinen zahlreichen Veröffentlichungen finden wir »An Encyclopedia of Gardening« (1822) und »An Encyclopedia of Plants« (1829). Die meisten seiner Werke erlebten mehrere Auflagen. Von 1826 bis 1843 fungierte er als Herausgeber von »The Gardener's Magazine«.

***Lourea** *(Christia)*

João Loureiro (1717–1791) aus Portugal hatte sich dem geistlichen Stand verschrieben und reiste nach Cochinchina (Südvietnam, speziell das Mekongtiefland), um den christlichen Glauben zu verbreiten. Da nach den örtlichen Bestimmungen Europäer nicht so ohne weiteres ins Landesinnere reisen durften, nutzte er die Zeit und studierte Medizin. Seine ärztlichen Bemühungen und die Wirkung seiner Heilmittel machten ihn bald so populär, daß ihm der Aufenthalt im Land gestattet wurde. Am königlichen Hofe war er nicht nur Arzt, sondern dozierte auch noch Mathematik und Physik. Die meisten Eingeborenen waren leider nicht versessen auf die Vorzüge des christlichen Glaubens, vielmehr waren sie hinter seinen Heilmitteln her. Loureiro hatte bald seine Vorräte aufgebraucht und bemühte sich, aus dem Kräuterschatz des Landes Ersatz zu beschaffen. Über diesen Umweg fand er an der Botanik Geschmack. Ein Engländer überließ ihm die Werke Linnés (>), die nun zu seinen ständigen Begleitern wurden. Er sammelte von seinen botanischen Entdeckungen Musterexemplare, die er nach England und Schweden schickte. Seine Ausbeute soll schließlich etwa dreiviertel der Flora von Cochinchina umfaßt haben. Auf seiner Rückreise nach Europa hielt er sich mehrere Monate in Kanton, an der indischen Malabarküste und in Mozambik auf, wo er seine Pflanzensammlung noch bereicherte. Nach 36 Jahren wieder in Portugal, ordnete er seine Sammlung und veröffentlichte unter dem Titel »Flora Cochinchinensis« die Beschreibung der von ihm gefundenen Pflanzen, ergänzt mit Hinweisen auf ihren Standort, ihre ökonomische Brauchbarkeit und ihren pharmazeutischen Nutzen. Das Werk wurde auf Kosten der portugiesischen Akademie 1790 veröffentlicht. Loureiro verstarb in Lissabon.

Ludwigia
Heusenkraut

Christian Gottlieb Ludwig (1709–1773) erblickte in ärmlichen Verhältnisse als Sohn eines Schuhmachers in Brieg in Schlesien das Licht der Welt. Nach gründlicher Schulausbildung wollte er in Halle Medizin studieren. Weil aber die ökonomischen Umstände damals in Leipzig für einen jungen Menschen günstiger waren, schickte ihn sein Vater unter Androhung des Entzugs des väterlichen Segens dorthin. Nach einem kurzen Aufenthalt in Holland wurde vor dem Ende seines Studiums ein Stipendium, von dem er leben konnte, nicht erneuert. Zum Glück bot ihm König August II. von Sachsen, der Starke, die Teilnahme als Botaniker an der Hebenstreit-Expedition nach Afrika an, wo er als Günstling des Beys von Tunis fleißig Pflanzen sammelte. Als er 1733 zurückkehrte, konnte er endlich in Leipzig seine Studien beenden. Als Magister durfte er 1736 an der Universität Vorlesungen halten. Seinen medizinischen Doktorgrad erwarb er ein Jahr später. Die Ernennung zum außerordentlichen Professor (1740) brachte ihm zwar den Titel ein, aber kein festes Gehalt. So mußte Ludwig mit einem kleinen Gnadengehalt, das ihm von der Afrika-Reise zustand, in bedrängten Umständen haushalten. Seine Situation besserte sich 1746 durch eine Erbschaft und 1747 durch seine Ernennung zum ordentlichen Professor für Physiologie. Doch auch dieser Status in der Hierarchie der Universitätsbediensteten schien nicht sehr lukrativ gewesen zu sein. Die Einrichtung eines Mittagstisches für zahlende Teilnehmer, unter denen sich auch der junge Goethe (>) befand, mußte das schmale Budget aufbessern. Die Gesellschaft dieses Mittagstisches bestand überwiegend aus angehenden Ärzten. Hier hörte der frischgebackene Jurastudent aus Frankfurt am Main erstmals die mit Ehrfurcht genannten Namen Haller (>), Linné (>) und Buffon (>). Ludwig experimentierte auch mit dem Verfahren des Naturselbstdruckes und veröffentlichte von 1760 bis 1764 unter dem Titel »Ectypa Vegetabilium. Nach der Natur verfertigte Abdrucke der Gewächse, welche besonders zu dem medicinischen Gebrauche bestimmt sind« die Abdrucke von 200 Pflanzen. Während die 1733 von J. H. Kniphof (>) publizierten Abdrucke mit schwarzer Druckerfarbe hergestellt waren, benutzte Ludwig einen grünen Farbstoff; Blüten und andere Details wurden zusätzlich handkoloriert. Zu seinen Freunden gehörte der Nürnberger Arzt Ch. J. Trew (>), der in mehreren Schriften als Mitautor erscheint und der Ludwig für die Betreuung der deutschen Ausgabe des Kräuterbuches der Elizabeth Blackwell (>) gewann. Ludwig, der ein Glanzlicht der Leipziger Universität war, gründete in den fünfziger Jahren auch eine Fachzeitschrift, die bis 1806 bestand.

Lycoris

Eine der 50 Nereiden, der Töchter der Nymphe Doris und des Nereus, auch Proteus (>) genannt, eines alten, prophetischen Mannes, der im Meer wohnte und seine Gestalt verändern konnte. Die Nereiden waren den Menschen wohlgesinnte liebliche Meeresnymphen und die Begleiterinnen des Meeresgottes Poseidon und seiner Gemahlin, ihrer Schwester Amphitrite. Sie kamen bedrängten Seeleuten gern zu Hilfe, wurden vor allem in Hafenorten verehrt und bedankten sich dafür artig mit reichem Fischfang.

Lysimachia

Felberich, Gilbweiderich, Pfennigkraut

Lysimachos (360–281 v. Chr.) war Leibwächter und Feldherr Alexanders des Großen und begleitete diesen auf seinen Feldzügen. Er erhielt nach Alexanders Tod (323 v. Chr.) die Satrapie Thrakien und nahm den Königstitel an. Lysimachos erwarb Kleinasien bis zum Taurusgebirge und auch noch Mazedonien. Durch ein verräterisches Komplott seines Schatzmeisters Philetairos fiel er bei Magnesia im Kampf gegen Seleukos I.
Nicht ganz auszuschließen ist allerdings, daß auch ein Arzt gleichen Namens der Pate von *Lysimachia* sein kann.

M

Maackia

Richard Maack (1825–1886) wurde in Arensburg (heute Kuressaare) auf der Insel Ösel (Saarmaa) geboren. In St. Petersburg studierte er bis 1849 Naturwissenschaften. Drei Jahre später wurde er in Irkutsk Lehrer und dann Direktor einer Schule. Schließlich ernannte man ihn 1868 zum Superintendenten über alle Schulen in Ostsibirien. Dieses Amt versah er bis 1879. Maack, der kein Schreibtischmensch war, unternahm von 1855 bis 1856 eine Reise in das Gebiet des Amur und kehrte mit einer großen Sammlung von botanischen und zoologischen Objekten zurück. Die Auswertung der botanischen Kollektion wurde von dem Fachmann Maximowicz (>) übernommen. Im Auftrag der Kaiserlichen Geographischen Gesellschaft brach Maack 1859 zu einer Expedition ins Gebiet des Ussuri auf, das flußaufwärts erkundet wurde. 1861 kehrte er über Chabarowsk in den Westen zurück. Die Reiseergebnisse wurden in zwei Bänden veröffentlicht. Im ersten Band berichtete er in russischer Sprache über die geographischen, geologischen und zoologischen Beobachtungen, im zweiten in deutscher Sprache über die Flora am Ussuri.

Macadamia

John Macadam (1827–1865) wurde in Northbank bei Glasgow geboren. Nach Unterrichtung durch Privatlehrer begann er an der Andersonian University in Glasgow Chemie zu studieren. Besonders interessierte ihn die analytische Chemie. 1846 vertiefte er seine Ausbildung an der Universität in Edinburgh. 1847 kehrte er nach Glasgow zurück und unterrichtete als Chemielehrer. Im selben Jahr wurde Macadam zum Mitglied der Royal Scottish Society of Arts und im darauffolgenden Jahr zum Mitglied der Glasgow Philosophical Society gewählt. Um seine Ausbildung zu erweitern, begann er in Glasgow noch ein Medizinstudium, das er 1854 als M. D. (Medicinae Doctor) abschloß. Als ihm eine Stelle als Dozent für Chemie und Naturwissenschaft am Scotch College in Melbourne angeboten wurde, sagte er zu, verließ seine schottische Heimat und kam Anfang 1855 in Australien an. Diese Dozentur übte er bis zu seinem tragischen Tod 1865 aus. Bereits im Jahr seiner Ankunft in Australien wählte ihn das Philosophische Institut des Bundesstaates Victoria zum Mitglied. Macadam setzte sich mit Nachdruck für die Umwandlung des Instituts in eine Königliche Gesellschaft ein. Und als 1860 aus dem Institut die Royal Society of Victoria wurde, wählte man ihn zum Sekretär und 1863 zum Vizepräsidenten. 1858 übernahm er den Posten eines Regierungschemikers. 1860 wurde er Mitglied des Landwirtschaftsministeriums von Victoria und Chef des Gesundheitsamtes in Melbourne. Bei der Gründung der Medizinischen Fakultät an der Universität in Melbourne 1862 betraute man ihn mit der Dozentur für Chemie. Geschickt nutzte er den Einfluß seiner Ämter. So verbesserte er das Sanitätswesen, setzte sich für die Regelung der ärztlichen Zulassung ein, ließ Bodenuntersuchungen durchführen und sorgte für eine gesetzliche Handhabe gegen Lebensmittelverfälschungen. Macadams große Gestalt mit langem rotem Haupthaar und einem wehenden Bart war unübersehbar. Sein fundiertes Wissen und seine eloquente Rede, unterstützt von einer kraftvollen Stimme, fesselten die Zuhörer im Parlament wie im Hörsaal. In der Zeit seines Sekretariats im Philosophischen Institut lernte er Ferdinand von Mueller (>) kennen. Als dieser als Präsident die Royal Society leitete, kamen sich beide Männer über ihre Verwaltungsaufgaben näher und wurden Freunde. 1855 bis 1857 hatte von Mueller als Botaniker an der Nordaustralien-Expedition teilgenommen. Unter den von ihm entdeckten Pflanzen befand sich auch eine Gattung aus der Familie der Silberbaumgewächse, aus deren eßbaren Nüssen ein sehr geschätztes Öl gewonnen wird; er benannte diese Gattung nach seinem Freund *Macadamia*. Im März 1865 fand in Neuseeland ein Prozeß statt, in dem ein gewisser Captain Jarvey des Giftmordes an seiner Ehefrau angeklagt war. Macadam war als begutachtender Zeuge geladen, konnte aber nicht verhindern, daß der Angeklagte zunächst freigesprochen wurde. Auf der Rückreise nach Australien erlitt er bei stürmischer See mehrere Rippenbrüche, die eine schwere Brustfellentzündung auslösten. Obwohl noch nicht auskuriert, wollte es sich Macadam nicht nehmen lassen, an der Wiederaufnahme des Verfahrens teilzunehmen. In Begleitung eines erfahrenen Studenten wollte er nach Neuseeland segeln, verstarb aber am 2. September auf hoher See. Der Student trat als sein Vertreter in dem Prozeß auf, in dem diesmal Jarvey als schuldig überführt werden konnte.

Maclura *(*Cudrania)*
Osagedorn

William Maclure (1763–1840) stammte aus Ayr in Schottland und hatte sich schon in der Jugend für die Naturwissenschaften interessiert. Mit 19 Jahren besuchte er die USA, kehrte aber bald nach England zurück und versuchte sein Glück als Kaufmann. 1796 reiste er mit dem ehrgeizigen Plan, die Vereinigten Staaten flächendeckend geologisch zu erforschen, wieder nach Amerika. Im Verlaufe dieser Untersuchungen überquerte er an die fünfzigmal die Allegheny Mountains. Durch die Veröffentlichung seiner umfangreichen Ergebnisse wurde er zu einem der führenden Geologen Nordamerikas. 1817 wählte ihn die Academy of Natural History in Philadelphia zu ihrem Präsidenten. Dieses Amt hatte er bis zu seinem Tode inne. 1816 und 1817 führte er auf den Westindischen Inseln geologische und kartographische Untersuchungen durch. 1819 bis 1824 weilte er in Spanien und versuchte am Ende dieses Forschungsaufenthaltes vergeblich, eine auf landwirtschaftliche Probleme ausgerichtete Lehranstalt ins Leben zu rufen. Großzügig stiftete Maclure der Akademie in Philadelphia 25.000 Dollar und 5.000 Bücher aus seiner Bibliothek.

Magnolia
Magnolie

Pierre Magnol (1638–1715), geboren als Sohn eines Apothekers in Montpellier, erlangte 1659 den medizinischen Doktortitel. 1667 bewarb er sich als aussichtsreichster Kandidat um einen freigewordenen Lehrstuhl. Die Berufung kam jedoch nicht zustande, da sich Magnol zur reformierten Kirche bekannte. Auf ausgedehnten Reisen durch den Süden Frankreichs studierte er dessen Pflanzenwelt. Nachdem er sich vom Protestantismus losgesagt hatte, ernannte ihn 1697 König Ludwig XIV. zum Professor für Medizin und Direktor des Botanischen Gartens in Montpellier. 1709 konnte Magnol in der Königlichen Akademie der Wissenschaften in Paris den Platz Tourneforts (>) einnehmen. In seinem »Botanicum Monspeliense« (1686) beschreibt er über 2.000 Species. Magnol stellte auch Überlegungen zur Verbesserung der Nomenklatur an, indem er eine Einteilung der Pflanzen in natürliche Familien vorschlug. Als Zeichen verwandtschaftlicher Beziehung sollten nicht nur die Reproduktionsorgane, sondern auch die Morphologie der gesamten Pflanze und insbesondere die der Keimblätter berücksichtigt werden. Seine Ideen faßte er in dem Werk »Prodromus historiae generalis plantarum« zusammen, das 1689 erschien und ihn zu einem der herausragenden Botaniker seines Jahrhunderts machte.

Mahonia
Stechlaub, Mahonie

Bernard MacMahon (1775–1816) kam 1796 aus Irland nach Nordamerika und gründete in Philadelphia eine Samenhandlung. Bereits 1804 florierte sein Geschäft als international bekanntes Unternehmen. In seinen Gewächshäusern in Germantown lagerten Sämereien und Pflanzen aus den Kollektionen der von Präsident Thomas Jefferson (>) ausgeschickten Lewis(>)-Clark(>)-Expedition ins westliche Nordamerika. Darunter befand sich auch die von Thomas Nuttal (>) nach ihm benannte *Mahonia aquifolium*. MacMahon bediente sich in seinem Versandkatalog des Linnéschen Klassifizierungssystems. Daneben pries er seine Pflanzen auch mit den volkstümlichen Bezeichnungen an. Ein großer Erfolg wurde sein 1806 erschienenes Werk »American Gardener's Calendar«, das erste Gartenbuch Amerikas, in dem er Ratschläge und Anweisungen für den professionellen und den Amateurgärtner erteilte. Es erlebte elf Auflagen. MacMahon galt seinen Zeitgenossen als der Pflanzenzuchtspezialist schlechthin. Er beriet Thomas Jefferson (>) zu dessen größter Zufriedenheit und belieferte ihn mit botanischen Raritäten für seine Gartenanlage in Monticello.

Malcolmia

Sir John Malcolm (1769–1833) wurde in Westerkirk, Dumfrieshire, geboren und hatte das Glück, nach den Spekulationsverlusten seines verarmten Vaters als Elfjähriger von seinem Onkel nach London mitgenommen zu werden. Er erhielt eine gute Erziehung und wurde in der East India Company untergebracht. Bereits zwei Jahre später war er auf dem Wege nach Indien. »Boy Malcolm«, wie ihn seine Kameraden nannten, bewährte sich als vortrefflicher Reiter und Schütze. Die Bekanntschaft mit der britischen Diplomatie in Hyderabad begeisterte ihn derart, daß er auf diesem Felde seine Zukunft sah. Mit Eifer lernte er Persisch, das er bald meisterhaft beherrschte. Malcolm bewährte sich und stieg zielstrebig in der Hierarchie des britischen diplomatischen Corps von Stufe zu Stufe höher. Mehrmals wurden ihm heikle Missionen an den persischen Hof in Teheran anvertraut. Als Brigadegeneral trat er 1812 einen Heimaturlaub an. Bald nach seiner Ankunft wurde er geadelt und 1815 zum Großoffizier des Bath-Ordens ernannt. Als besondere Auszeichnung wurde ihm gestattet, den Löwen-und-Sonnen-Orden, den ihm der Schah von Persien verliehen hatte, in England zu tragen. 1816 verlieh ihm die Universität Oxford den juristischen Ehrendoktor. Im selben Jahr begab er sich wieder nach Indien. Sir Malcolm war durch seine geschickte und verbindliche Verhandlungstaktik bei seinen Landsleuten und, was nur wenige Kolonialbeamten von sich sagen konnten, auch bei der einheimischen Bevölkerung ein beliebter Vertreter der englischen Krone. 1827 wurde ihm das Gouvernement über Zentralindien mit Sitz in Bombay übertragen. Er versuchte, durch den Ausbau des Straßennetzes und die Förderung der Industrie für eine Verbesserung der Lebensbedingungen der indischen Bevölkerung zu sorgen. 1830 verließ er den Subkontinent für immer. Anfang 1833 erkrankte er an einer Grippe, der er wenige Monate später erlag. Es spricht für ihn, daß ihm aus Mitteln einer öffentlichen Sammlung in seinem Gouvernement ein Denkmal errichtet wurde. Doch auch seine Heimat ehrte ihn – mit einem Obelisken in Dumfrieshire.

Malpighia

Marcello Malpighi (1628–1694) wurde in Crevalcore bei Bologna geboren, studierte Philosophie und Medizin und wurde 1656 Professor in Bologna. 1657 folgte er einem Ruf nach Pisa, und von 1662 bis 1666 hielt er sich an der Universität in Messina auf. Bei seinen anatomischen Untersuchungen bediente sich Malpighi mit immer größerem Erfolg einer neuen Erfindung, nämlich des Mikroskops. Sein einfaches Instrument mit einer etwa 180fachen Vergrößerung wurde ihm zum unentbehrlichen Werkzeug, so daß man sagen kann, Malpighi wurde zum Begründer der mikroskopischen Morphologie. Seine Forschungsobjekte suchte er sich im Tier- und Pflanzenreich. 1661 konnte er zeigen, daß nicht

Lücken in den Geweben den Übertritt des Blutes aus den Arterien in die Venen ermöglichen, sondern dazwischengeschaltete winzige Röhrchen, die Haargefäße. Mit der Entdeckung dieser Kapillarnetze beschrieb er auch große rote Gebilde in der Blutflüssigkeit (die Erythrozyten), die er jedoch für Fettkügelchen hielt. Malpighi erforschte den Feinbau der verschiedensten Organe und der Embryonen im Hühnerei. So berichtete er 1689 über den mikroskopischen Aufbau der Drüsen, wodurch er den Weg zum Verständnis ihrer Funktion bahnte. Sein Name ist auch heute noch mit zahlreichen Gewebestrukturen verbunden, z. B. den Malpighischen Körperchen in der Niere. Über seine systematischen mikroskopischen Untersuchungen im Pflanzenreich schrieb er 1671 und legte damit den Grundstein für die Pflanzenanatomie. Die meisten Ergebnisse seiner Forschung veröffentlichte er über die Royal Society of Sciences in London, deren Ehrenmitglied er als erster Italiener war. In Kollegenkreisen zeigte man herzlich wenig Einsicht in die fundamentale Bedeutung seiner Entdeckungen, im Gegenteil, man bezichtigte ihn der Scharlatanerie und hielt seine mikroskopischen Studien für überflüssige Spielereien. Hinzu kam noch der Neid auf seine Erfolge. Der Ärger seiner Kollegen gipfelte in üblen Schikanen, ja, eines Tages wurde sogar seine Villa geplündert, seine Instrumente wurden zerschlagen und seine Manuskripte verbrannt. Wie eine Erlösung nahm er 1691 eine Berufung an die Universität Rom an, verbunden mit der ehrenvollen Ernennung zum Leibarzt des Papstes Innozenz XII. Nur noch vier Jahre konnte sich Marcello Malpighi endlich unter glücklichen Umständen seinen Studien widmen. Als er 1695 gestorben war, folgte ihm Luca Tozzi (>) auf den Lehrstuhl und als päpstlicher Leibarzt.

Mandevilla (**Dipladenia*)

Jehan de Mandeville (Sir John Mandeville) ist der Name eines Reisebesessenen in einem Buch, das um 1366 in Frankreich erschienen war. Dieser Mandeville wird als englischer Ritter aus St. Albans vorgestellt, der sich 1322 auf See begab und alle damals bekannten Länder bis nach China und Sumatra durchstreifte. Die teils märchenhafte Berichterstattung ist gewürzt mit allerlei unglaublichen Begebenheiten. So nippte er an der Malabarküste von einem Jungbrunnen, machte in den nördlichen Ländern astronomische Beobachtungen und diente dem Kaiser von China 15 Monate als Kriegsmann. Doch schließlich trieb ihn die Gicht 1357 wieder in die Heimat zurück, wo er zum Trost für sein elendes Ende zur Feder griff und eben dieses phantastische Buch schrieb, das reißenden Absatz fand und um 1400 in fast allen wichtigen Sprachen Europes erschienen war. Vielleicht verbarg sich hinter dem braven Ritter Mandeville ein gewisser Johann von Burgund, genannt der Bärtige, der zwar tatsächlich in ferne Länder gereist war, aber unfreiwillig, weil er einen Landsmann erschlagen hatte. 1343 konnte er sich in Lüttich niederlassen. Seine eigenen Reiseerfahrungen – »Ich habe alles selbst gesehen« war die Zauberformel jedes Einzelberichtes – kombinierte er großzügig mit Informationen aus Berichten anderer Zeitgenossen zu jenem Bestseller. Auch diese Version findet ihre ungeklärte Fortsetzung. Auf dem Totenbett soll Johann von Burgund geoffenbart haben, daß er eigentlich Mandeville Earl of Montfort in England sei. Und tatsächlich entdeckte man in Lüttich den Grabstein eines Medizinprofessors Mandeville mit dem Beinamen der Bärtige, der 1372 verstorben war. So unklar bis heute die Identität des Verfassers ist, so unstrittig handelt es sich um eines der einflußreichsten Reisebücher der Welt.

Manettia

Saverio Manetti (1723–1785), geboren in Florenz, studierte an der Universität in Pisa Medizin und promovierte 1747. Nach einer Zeit als Lektor in

Pisa wechselte er 1758 nach Florenz über, wo er Intendant des Botanischen Gartens wurde und dieses Amt bis 1782 ausübte. Manetti unternahm zahlreiche wissenschaftliche Reisen in Italien. 1756 befaßte er sich mit einer Darstellung des Linnéschen Pflanzensystems. Von seinen weiteren schriftstellerischen Leistungen sei die Herausgabe des »Il Magazzino Toscano« hervorgehoben. Von 1770 bis 1772 erschienen 31 Hefte, die zahlreiche Beiträge von ihm enthielten. 1777 beteiligte sich Manetti nochmals an einer Fortsetzung dieser Zeitschrift. Er verstarb in seiner Heimatstadt.

Maranta
Marante, Pfeilwurz

Bartolomeo Maranta wurde zu Beginn des 16. Jh. in Venosa im Königreich Neapel geboren und verstarb nach 1570 in Neapel. Man weiß, daß er sich dort als Arzt im Botanischen Garten dem Studium der Pflanzen widmete. Bei seinen Exkursionen in der Umgebung von Neapel entdeckte und beschrieb er einige unbekannte Pflanzen, wobei er schon zwischen Gattung und Art unterschied. Er schrieb zwischen 1559 und 1571 eine Abhandlung über Methoden zur Kenntnis der Pflanzen. Das Hauptziel der Botanik sah er in der Unterstützung der Medizin.

Marattia

Giovanni Francesco Maratti (?–1777) war Abt des Benediktinerklosters in Vallombrosa, das, von einem der schönsten Tannenwälder Italiens umgeben, hoch in den Bergen nicht weit von Arezzo in der Toskana liegt. Maratti lehrte nicht nur als Professor in Rom, sondern hielt auch öffentliche Vorträge über Botanik. 1776 berichtete er über die Pflanzen- und Tierwelt im Mittelmeer. Postum erschien 1822 eine Abhandlung über die römische Flora.

**Marlothia* *(Helinus)*

Hermann Wilhelm Rudolf Marloth (1855–1931) wurde in Lübben geboren und nach bestandener Reifeprüfung in der Delphinen-Apotheke in seiner Vaterstadt bis 1876 zum Apotheker ausgebildet. Dann arbeitete er in verschiedenen Apotheken in Deutschland und in der Schweiz. 1880 studierte er in Berlin und bestand 1881 die pharmazeutische Staatsprüfung. Nach Ableistung einer einjährigen Dienstzeit als Militärpharmazeut in einem Berliner Lazarett erlangte er 1883 in Rostock mit einer Dissertation über mechanische Schutzmittel der Samen den Doktortitel. Anschließend reiste er nach Südafrika und trat als Chemiker in eine pharmazeutische Firma in Kapstadt ein. Schon einen Tag nach seiner Ankunft bestieg er den Tafelberg und begann für sein Herbarium, das am Ende etwa 20.000 Bögen umfaßte, Pflanzen zu sammeln. Als leidenschaftlicher Bergsteiger gründete er 1893 den Bergclub, den er viele Jahre als Präsident leitete. 1884 erhielt er die Erlaubnis, eigenständig als Chemiker und Drogist zu praktizieren. 1885 bis 1886 verwaltete er in Kimberley eine Apotheke und unternahm ausgedehnte botanische Exkursionen in Deutsch-Südwestafrika. 1889 bis 1892 lehrte er am Victoria College in Stellenbosch Chemie. In diese Zeit fiel auch die Gründung eines Laboratoriums für chemische und pharmazeutische Untersuchungen, das ihm nicht nur Ansehen, sondern auch finanziellen Wohlstand einbrachte. Als Lehrer an der Hochschule für Landbau in Elsenburg bei Stellenbosch gab er wertvolle Anregungen zur Erforschung der Naturschätze Südafrikas an seine Schüler weiter, unter denen sich auch der spätere Premierminister der Südafrikanischen Union, General J. C. Smuts, befand. Auf seinen Forschungsreisen entstand die Idee für eine umfassende Darstellung der Flora Südafrikas. Das mit hervorragenden Illustrationen ausgestattete Werk erschien mit finanzieller Unterstützung aus Großbritannien 1913 bis 1932 in vier Bänden und Supplement. Von Marloths weitgefächerten wissenschaftlichen Ambitionen zeugten seine Arbeiten über die Mimikry der Wüstensukkulenten, über salzabscheidende Drüsen, über ätherische Öle, zur Chlorose, Pflanzengeographie und Systematik. 1898 besuchte die Deutsche Tiefsee-Expedition mit ihrem Forschungsschiff »Valdivia« Südafrika. Marloth ließ sich diese einmalige Gelegenheit nicht entgehen und nahm an Untersuchungen teil. Als unermüdlicher Forschungsreisender bis ins hohe Alter wurde er zum Patriarchen der südafrikanischen Botanik. Die Universitäten Stellenbosch (1922), Heidelberg und Kapstadt (1929) promovierten ihn zum Ehrendoktor. 1910 wurde ihm der preußischen Rote Adlerorden und 1911 der Professorentitel verliehen. Zahlreiche Ehrenmitgliedschaften und Medaillen angesehener wissenschaftlicher Gesellschaften wurden diesem schlichten und hilfsbereiten Mann zuteil. 1931 verstarb Marloth an den Folgen eines Schlaganfalls. In seinem Testament hinterließ er den bemerkenswerten Satz: »Um in dieser Welt Erfolg zu haben, genügt es nicht, eine Nation von Denkern zu sein; die Hauptsache ist die wissenschaftliche und praktische Anwendung des Denkens.«

Marsilea
Kleefarn

Graf Luigi Ferdinando Marsigli (1658–1730), lat. Marsilius, stammte aus Bologna. Mit Erfolg studierte er Mathematik und Naturwissenschaften. Mit 21 Jahren begab er sich nach Konstantinopel, nachdem er sich vertraglich gegenüber Venedig verpflichtet hatte, die militärische Stärke der Hohen Pforte auszukundschaften. 1680 kehrte er von dieser Mission nach Italien zurück. Während des Ansturms der Türken gegen Österreich begab er sich nach Wien und bot Kaiser Leopold seine Dienste an. Eingetreten in die Armee als einfacher Soldat, wurde ihm aufgrund seiner hervorragenden Bewährung 1683 eine Infanteriekompanie anvertraut. Er wurde verwundet und geriet in türkische Gefangenschaft, die neun Monate dauerte. Zu seinem Glück wurde er nämlich von zwei armen Brüdern als Sklave gekauft, deren Misere ihm mehr zu schaffen machte als ihre Grausamkeit. Jede Nacht fesselte man ihn an einen Pfahl, den die beiden armen Schlucker in ihrer schäbigen Hütte in den Boden gerammt hatten. Es gelang Marsigli, seinen Eltern eine Nachricht zukommen zu lassen, die ihn dann freikauften. Nach seiner Rückkehr nach Bologna trat er 1684 wieder in die kaiserliche Armee ein. 1689 wurde er im Rang eines Obersten mit dem Bau einer Brücke über die Donau beauftragt. Nach Friedensschluß beteiligte er sich an der Festlegung der Grenzen. Hierbei fand er noch die Zeit zu zahlreichen wissenschaftlichen Untersuchungen. Im Spanischen Erbfolgekrieg verteidigte er, inzwischen zum General aufgestiegen, unter dem Befehl des Grafen Arco die Stadt Breisach gegen die Angriffe des Herzogs von Burgund. Doch 1703 kam es zur Kapitulation. Der Kaiser stellte die beiden Verteidiger vor ein Kriegsgericht, das 1704 den Grafen Arco zum Verlust seines Kopfes und Marsigli zu dem seines Ranges verurteilte. Seine geschickte und gut begründete Verteidigung fand zwar die Anerkennung des großen Vauban, nutzte aber nichts. Marsigli begab sich in dieser Zeit der Ungnade auf zahlreiche Reisen in Europa, auf denen er sich intensiv seinen wissenschaftlichen Interessen widmete. 1709 übernahm er für kurze Zeit während des Pontifikats von Clemens XI. das Kommando über die Truppen des Heiligen Stuhls. Schließlich vermachte er großzügig 1712 seine wissenschaftliche Sammlung – astronomische und chemische Geräte, Zeichnungen für Befestigungsanlagen sowie Antiquitäten – der Stadt Bologna. Als er sich 1729 in seine geliebte Provence zurückziehen wollte, erlitt er einen Schlaganfall und verstarb im Jahr darauf. Die große Zahl der wissenschaftlichen Veröffentlichungen dieses bemerkenswerten Mannes ist angesichts seiner militärischen Aktivitäten erstaunlich. Wir wollen es ihm gern zugute halten, daß er in einem präzisen Bericht von 1707 über die Korallen diese noch zum Reich der Pflanzen zählte.

Marssonia

Maximilian Marsson (1845–1909) kam in Wolgast zur Welt und durchlief in Stralsund und Wolgast eine Apothekerlehre. Nach seinem Examen hatte er in Berlin 1870 bis 1871 das Amt eines Militärapothekers inne. Nebenher begann er das Studium der Pharmazie, das er in Greifswald und Heidelberg fortsetzte. Nach der Promotion vervollkommnete er in Genf seine naturwissenschaftlichen Studien. Zwischen 1874 und 1893 war er Apothekenbesitzer in Bad Kreuznach, Düsseldorf und Leipzig. Eine reiche Erbschaft ermöglichte es ihm, das Apothekerdasein aufzugeben und sich nur noch seinen botanischen Studien zu widmen, die sich überwiegend mit hydrobiologischen Fragen beschäftigten. Marsson zog 1898 nach Berlin, wo er 1902 zum Professor ernannt wurde.

Martiodendron

Carl Friedrich Philipp von Martius (1794–1868) kam in Erlangen als Sohn eines Hofapothekers und Honorarprofessors der Pharmazie auf die Welt. 1810 begann er nach einer gründlichen humanistischen Schulausbildung an der Universität seiner Vaterstadt mit dem Studium der Medizin. Zusammen mit dem befreundeten Brüderpaar Nees von Esenbeck (>*Neesia*, >*Esenbeckia*) vertiefte er sich besonders in die Botanik. Mit einer Arbeit über den Pflanzenbestand des Erlanger Botanischen Gartens wurde er 1814 zum Dr. med. promoviert. Im gleichen Jahr wurde er als Eleve in die Bairische Akademie aufgenommen. Auf zahlreichen Exkursionen in Bayern und Österreich erwarb er sich eine gründliche Kenntnis der Landesflora. 1817 hatte er das Glück, auf Betreiben König Max Josephs I. von Bayern an der Reise der österreichischen Erzherzogin, der Braut Kaiser Dom Pedros I., nach Brasilien als wissenschaftlicher Begleiter teilzunehmen. Die Gesellschaft brach von Triest aus nach Rio de Janeiro auf. Martius bereiste Brasilien bis an die Grenze zu Peru. Mit einer reichen Ausbeute an Pflanzen und Tieren kehrte er erst vier Jahre später wieder nach Europa zurück. Eine gründliche Beschreibung der Brasilienreise veröffentlichte er in drei Bänden. Martius wurde bald nach seiner Rückkehr ordentliches Mitglied der Bayerischen Akademie der Wissenschaften. 1826 übernahm er nach der Verlegung der Universität von Landshut nach München die Leitung des Botanischen Gartens. Damit verbunden war seine Ernennung zum Professor der Botanik. Mit großem Geschick und beharrlicher Energie betrieb Martius neben seinen enormen Pflichten als Sekretär der Akademie die Einrichtung und den Ausbau des Gartens. Kurze Unterbrechungen seines unermüdlichen Einsatzes gönnte er sich mit Reisen in europäische Länder. 1854 wurde gegen sein eindringliches Insistieren von höherer Stelle verfügt, den Palast für die Industrieausstellung auf dem Areal »seines« Gartens zu errichten. Martius bat um seine Entlassung, die ihm auch huldvoll zugestanden wurde. Seine Stellung als Sekretär in der Akademie, die Betreuung seiner privaten Sammlung und sein Einsatz als Vorsitzender der Münchner Gartenbaugesellschaft füllten seine Zeit vollständig aus. Unter seinen zahlreichen botanischen Schriften ragen eine »Historia Naturalis Palmarum« (Naturgeschichte der Palmen, 1823–50) und die von ihm begründete »Flora Brasiliensis« (1840–1906) – mit 40 Bänden und der Beschreibung von mehr als 22.000 Arten das größte vollendete Florenwerk –, die Martius als führender Kopf eines großen Autorengremiums bis zu seinem Tode betreute, besonders heraus. Als weitere Früchte seiner Brasilienreise erschienen »Abhandlung ueber den Rechtszustand der Ureinwohner Brasiliens«, »Ueber Pflanzen- und Thiernamen der Tupisprache«, und »Ueber das Naturell, die Krankheiten, das Arztthum und die Heilmittel der Ureinwohner Brasiliens«. Seiner Liebe zum klassischen Altertum und zur Latinität verdankten einige meisterhafte philologische Schriften ihre Entstehung. Dank seiner hervorragenden Lehrbefähigung verstand es

Martius, seinen Hörern die verschiedenen botanischen Themenkomplexe wie Anatomie, Physiologie und Systematik eindringlich zu vermitteln. Zum persönlichen Umgang mit den Studenten gehörte alljährlich am 24. Mai, dem Geburtstag von Linné (>), ein sehr beliebter festlicher Ausflug nach Ebenhausen zur Linnaeus-Eiche. Als passionierter Violinist verfaßte er eine sachkundige Abhandlung über die Herstellung von Geigen. So besorgte er alles, was er in Angriff nahm, mit einer bewundernswerten Gründlichkeit. 1868 starb er an einer heftigen Lungenentzündung.

Martynia

John Martyn (1699–1768), in London geboren, wurde in einer Privatschule unterrichtet und mußte mit 16 Jahren als Lehrling in ein Handelshaus eintreten. Der junge Martyn fühlte sich jedoch zum Schriftsteller berufen. So blieb ihm nichts anderes übrig, als nur nachts seinen Neigungen nachzugehen. 1718 weckte ein Demonstrator des Botanischen Gartens jedoch sein Interesse an der Pflanzenkunde. Er nahm nun teil an den Exkursionen der Apothecaries' Society und konnte so bald sein schriftstellerisches Talent auf dem Felde der Botanik unter Beweis stellen. Zusammen mit anderen jungen Botanikfreunden gründete er eine Society of Botanists, die immerhin fünf Jahre existierte. In seiner Londoner Zeit botanisierte Marty fleißig im Umland der Hauptstadt und dehnte allmählich seine Exkursionen in den Südwesten Englands bis nach Wales aus. Er brachte ein Herbarium mit 1.500 Pflanzen zusammen. Seine Ausflüge unternahm er stets zu Fuß. 1725 begann Martyn in London öffentliche Vorträge über Botanik zu halten. Man wurde auf ihn aufmerksam, und die führenden Botaniker Sherard (>) und Sir Hans Sloane (>) ermöglichten ihm, 1727 an der Universität in Cambridge Vorlesungen zu halten. Martyn bewährte sich so gut, daß er 1733 zum Professor ernannt wurde. 1727 wurde er auch zum Mitglied der Royal Society gewählt. Das Fehlen eines botanischen Gartens in Cambridge verleidete ihm seine Professur. So unterbrach er 1734 seine Vorlesungen und praktizierte als Arzt. 1761 legte er sein Amt als Professor nieder und vermachte sein Herbarium, seine wissenschaftlichen Aufzeichnungen und seine Sammlung von Zeichnungen der Universität. Der botanische Lehrstuhl wurde seinem Sohn übertragen. John Martyn verstarb in London. Neben seinem Hauptwerk, der »Historia Plantarum Rariorum«, erschienen zahlreiche weitere Schriften, hauptsächlich in den »Philosophical Transactions«. Martyn glänzte aber auch mit Publikationen ganz anderer Art. So erschienen von ihm Übersetzungen des römischen Dichters Vergil (>), die nicht nur in England, sondern auch auf dem Kontinent mit freundlicher Beachtung aufgenommen wurden.

Masdevallia

José Masdevall (18. Jh.) stammte aus Figueras in Spanien, studierte und promovierte in Cervera zum Doktor der Medizin. Den Königen Karl III. und Karl IV. diente er als Leibarzt. Masdevall erwarb sich als Gesundheitsinspektor in Katalonien große Verdienste um die Bekämpfung von Epidemien. Mit Nachdruck setzte er sich für die Anwendung von Opiaten ein. Die medizinische Akademie in Cartagena wählte ihn zu ihrem Präsidenten. Zeitgenossen priesen ihn als den modernen Hippokrates von Spanien. Masdevall verstarb 1785 in Trujillo.

Massonia

Francis Masson (1741–1805) stammte aus Aberdeen. Er war der erste der von den Kew-Gärten ausgesandten Pflanzenjäger. 1772/73 und 1773/74 sowie 1786 bereiste er im Auftrag von Sir Joseph Banks (>) Südafrika, von wo er an die 50 Varietäten von Pelargonien nach England schickte. Die Exkursionen in das Hinterland wurden oft von den Eingeborenen bedroht. Auch die antibritische Haltung der Buren machte seine Expeditionen zu gefahrvollen Unternehmungen. In der Nähe von Kapstadt traf er auf eine Horde entwichener, aber angeketteter Sträflinge, die ihn als Geisel nehmen wollten. Eine abenteuerliche Flucht rettete ihn vor diesem Schicksal. Von 1776 bis 1782 sammelte Masson auf den Azoren, Teneriffa und den Westindischen Inseln. Spanien und Portugal gehörten die nächsten beiden Jahre zu seinen Jagdrevieren. Von 1786 bis 1795 hielt er sich wieder in Südafrika auf. Nach zwei Ruhejahren in England wurde er nach Nordamerika geschickt. Unterwegs geriet er in die Hände französischer Seeräuber. Seinen tragischen Abschluß fand dieses unstete Leben im Dienste der Botanik in Kanada, wo Masson im bitterkalten Winter 1805 erfror.

Matteuccia
Straußenfarn, Trichterfarn

Carlo Matteucci (1811–1868) stammte aus Forlì und studierte in Bologna. Mit 19 Jahren erwarb er den Doktortitel in den mathematischen Wissenschaften. Nach seiner Hinwendung zur Physik beschäftigte er sich intensiv mit dem elektrischen Organ des Zitterrochens und leistete Bedeutendes auf dem Gebiet der Elektrophysiologie. Während eines zweijährigen Aufenthaltes bei dem großen Physiker und Astronomen Arago in Paris konnte er seine Kenntnisse vertiefen. Matteucci wurde Professor in Forlì und bald darauf auf Empfehlung Humboldts (>) in Pisa. Mehrere ausländische Akademien nahmen ihn als Mitglied auf. In seinen späteren Jahren betätigte er sich in der Politik, wurde 1860 Senator und schließlich Minister für das öffentliche Erziehungswesen.

Matthiola
Levkoje

Pietro (Pier) Andrea Mattioli (1500–1577), lat. Matthiolus, wurde in Siena als Sohn eines Arztes geboren und lernte in Venedig Griechisch und Latein. Anschließend wurde er nach Padua geschickt, um Jura zu studieren. Er wandte sich jedoch der Medizin zu und promovierte 1523. Dann praktizierte er in seiner Vaterstadt, der er aber aus politischen Gründen den Rücken kehrte. In Perugia erweiterte er seine chirurgischen Kenntnisse. Es folgte ein Aufenthalt in Rom bis 1527, als die Stadt von den Söldnertrupps Kaiser Karls V. geplündert wurde, ein Ereignis, das als Sacco di Roma in die Geschichte eingegangen ist. Mattioli wich nach Trient aus und betrieb1540 in dessen Nähe, in Görz, eine Praxis. Seine Fähigkeiten blieben auch dem kaiserlichen Hof nicht verborgen, der ihn zum Leibarzt der Kaiser Ferdinand I. und Maximilian II. berief. 1562 zog er sich in den Ruhestand zurück. Matthiolus ließ sich in Trient nieder und wurde 1577 ein Opfer der Pest. Unter seinen medizinischen Schriften erschien 1530 eine Abhandlung über die Syphilis, »De morbo gallico« (Über die Franzosenkrankheit), zu deren Behandlung er eine Quecksilbertherapie empfahl. Berühmt wurde Matthiolus vor allem durch einen Dioskorides(>)-Kommentar in Form eines Kräuterbuches, das ab 1544 in steter Umarbeitung mehrfach erschien. 1554 publizierte er es in italienischer Sprache, weil die meisten Apotheker, für die es bestimmt war, kein Latein mehr verstanden. Trotz der mäßigen Qualität der Bilder fand das Werk eine Verbreitung wie kein anderes Kräuterbuch. 1571 veröffentlichte er ein sehr geschätztes »Compendium de Plantis omnibus« (Kompendium aller Pflanzen) mit fast 1.000 Abbildungen. Was den Charakter des Matthiolus betrifft, so soll er sehr eitel und rechthaberisch gewesen sein. Bei Auseinandersetzungen mit seinen Gegnern war er mit der Wortwahl bei Beschimpfungen nicht gerade zimperlich.

Mauritia
Mauritiuspalme

Moritz Prinz von Oranien, Graf von Nassau-Dillenburg (1567–1625), wurde nach der Ermordung seines Vaters Wilhelm von Oranien in den Staatsrat berufen und setzte bis zu seinem Tode als Statthalter von Holland und Zeeland den Freiheitskampf der Niederlande gegen Spanien fort. Als Oberbefehlshaber der Streitkräfte reorganisierte er die Armee und konnte die niederländischen Nordprovinzen zurückerobern. 1600 gelang es ihm, bei Nieuwport das spanische Heer zu schlagen. Nach einem gegen seinen Willen 1609 durchgesetzten zwölfjährigen Waffenstillstand nahm er 1621 den Krieg gegen die Spanier wieder auf. Moritz sicherte durch seine Feldherrnkunst die Unabhängigkeit und Freiheit der Niederlande. Als Privatmann unterstützte er eine Veröffentlichung über die Naturgeschichte Brasiliens.

Maximiliana
Maximilianspalme

Maximilian Alexander Philipp, Prinz zu Wied-Neuwied (1782–1867) kam in Neuwied auf die Welt und fiel schon als Kind durch seine Vorliebe für die Naturgeschichte auf. Die Anregungen des Zoologen und Anatomen Blumenbach (>) in Göttingen lenkten sein Interesse besonders auf anthropologische Themen. 1802 trat er in preußische Kriegsdienste, machte 1806 die Schlacht bei Jena gegen Napoleon mit und geriet in französische Gefangenschaft. Nach der Entlassung nahm er seine Studien wieder auf und vertiefte seine Kenntnisse in Geographie und den Naturwissenschaften. 1813 trat er wieder in die preußische Armee ein und diente als Major in einem brandenburgischen Husarenregiment. Nach der Niederlage Napoleons zog er 1814 mit den verbündeten Monarchen in Paris ein. Nach Friedensschluß reiste der Prinz mit einem Jäger und einem Gärtner nach Brasilien und erreichte nach 72tägiger Überfahrt die Bucht von Rio. Über den Rio Paraiba drang die Expedition in das Innere des Landes vor und studierte im Urwald Sitten und Gebräuche der Eingeborenen. 1817 wurde von Bahia aus die Rückreise nach Europa angetreten. Die Ergebnisse seiner Untersuchungen veröffentlichte der Prinz in zwei Bänden unter dem Titel »Reise nach Brasilien in den Jahren 1815 bis 1817«. 1832 brach er mit einem Jäger und einem Zeichner zu einer Forschungsreise durch Nordamerika auf, die drei Jahre dauerte. Wieder waren in erster Linie völkerkundliche Studien das Ziel der Reise. Daneben kamen botanische und zoologische Untersuchungen aber nicht zu kurz. Eine schwere Erkrankung des Prinzen, wahrscheinlich Skorbut, zwang die Expedition zur Rückreise, die auf dem Missouri und Ohio schließlich nach New York führte, von wo die Überfahrt in die Heimat angetreten wurde. Aus Rücksicht auf seine angeschlagene Gesundheit waren dem Prinzen fortan nur noch kleine Reisen, meist Badereisen, vergönnt. 1867 verstarb er in seinem Geburtsort.

Maximowiczia *(Ibervillea)*

Karl Maximowicz (1827–1891) stammte aus Tula südlich von Moskau. Selbst deutscher Herkunft, schickten ihn die Eltern auf eine deutsche Schule in St. Petersburg. Anschließend bezog er von 1845 bis 1850 die Universität in Dorpat (Tartu), um Medizin und bei Bunge (>) Botanik zu studieren. Dieser vermittelte ihm eine Assistentenstelle am Botanischen Garten der Universität, die Maximowicz schon bald mit der Anstellung als Verwalter des Herbariums im Botanischen Garten von St. Petersburg tauschen konnte. 1853 reiste er an Bord einer Fregatte, die die Präsenz der russischen Flotte in den ostasiatischen Gewässern verstärken sollte, über den Atlantik, umrundete Kap Hoorn und gelangte über den Pazifik ins Zielgebiet. Wegen des Ausbruchs des Krieges der Westmächte mit Rußland 1854 wurde er als Zivilperson jedoch im Mündungsgebiet des Amur an Land gesetzt. Maximowicz erforschte bis 1856 die Flora des Amur- und Ussurigebietes und traf mit einer reichen Ausbeute ein Jahr später nach Durchquerung Sibiriens wieder in St. Petersburg ein. Nach Auswertung des Materials begann er mit der Veröffentlichung der Ergebnisse. Als Anerkennung seiner Verdienste wählte ihn die St. Petersburger Akademie zum Mitglied. 1859 brach er zu einer weiteren Reise ins Amurgebiet auf, die er auch noch zu ausgedehnten Expeditionen in die Mandschurei und nach Japan nutzte. 1864 kehrte er mit einer umfangreichen Kollektion nach St. Petersburg zurück. 1869 wurde er Chef des Herbariums und Direktor des Botanischen Museums der Akademie. Maximowicz verstand es, durch Austausch mit Kollegen in aller Welt und den geschickten Einsatz von Pflanzenjägern der Sammlung des Herbariums und dem Bestand des Botanischen Gartens an ostasiatischen Pflanzen Weltgeltung zu verschaffen. Er selbst entwickelte sich zu einem unumstrittenen Spezialisten auf diesem Gebiet. Seine Entdeckungen und Erfahrungen teilte er in zahlreichen Veröffentlichungen mit. Maximowicz wird als bescheidener und liebenswürdiger Mann beschrieben. Neben seiner deutschen Muttersprache beherrschte er noch Russisch, Französisch und Englisch, was ihm natürlich bei seiner ausgedehnten Korrespondenz zugute kam.

Mentha

Minze

Eines Tages blendete der wilde Hades bei einer seiner seltenen Reisen in die Oberwelt in bewährter Macho-Manier die Nymphe Minthe mit dem Glanz seines goldenen Wagens und seiner vier feurigen Rösser. Hades – oder Pluto, wie ihn die Römer nannten – würde Minthe ohne Federlesen verführt haben, wäre nicht unversehens Persephone, seine Gemahlin, zur rechten Zeit erschienen. Sie verwandelte in verständlicher Eifersucht der Nymphe Leib in ein immerhin süß duftendes Kraut, eben die Minze.

Mentzelia

Christian Mentzel (1622–1701) wurde in Fürstenwalde geboren. Von 1643 an studierte er in Frankfurt an der Oder und in Königsberg Medizin. Zwischenzeitlich hatte er Gelegenheit, als Begleiter des brandenburgischen Gesandten Polen kennenzulernen. 1648 unterrichtete er als Lehrer der Anatomie und Botanik am Akademischen Gymnasium in Danzig. Als Neuerung führte er dort die botanische Exkursion in den Unterricht ein. 1650 ging Mentzel von Danzig über Hamburg in die Niederlande und reiste zu Schiff über Frankreich, Spanien und Portugal ins Mittelmeer. Er besuchte Venedig, Pisa, Florenz und studierte ein Jahr Medizin in Bologna. 1654 wurde er in Padua zum Doktor der Medizin promoviert und kehrte danach in die Heimat zurück. Er ließ sich in Berlin nieder und hatte bald eine so gutgehende und bekannte Praxis, daß der Große Kurfürst ihn 1658 erst zum Hof- und Lagerarzt und zwei Jahre später in Königsberg zum kurfürstlichen Rat und Leibarzt ernannte. Ab 1665 war Mentzel wieder unterwegs. Er begleitete den Kurfürsten nach Kleve und den kranken Prinzen Friedrich in die Bäder von Aachen und Spa. Etwa um das Jahr 1685 wurde er mit der Verwaltung der chinesischen Büchersammlung des Kurfürsten betraut. 1688 hatte er sich nach dem Tode des Kurfürsten von seinen Pflichten als Leibarzt entbinden lassen, da ihn eine Schüttellähmung der rechten Hand befallen hatte. Die Academia Naturae Curiosorum nahm ihn 1675 als Mitglied auf. Man gab ihm den ehrenden Beinamen Apollo. Mentzel trug ihn mit Stolz und unterschrieb seine Briefe an Akademiemitglieder stets mit diesem Namen. In der Zeitschrift der Akademie, »Ephemerides«, berichtete er über Monstrositäten und Abnormitäten; so lesen wir u. a. über eine dritte Zahnung bei einem Greis von 120 Jahren, von einem Gänserich mit drei Herzen, einem Kalkstein im Gehirn einer Gemse, einer Möhre in Gestalt einer Hand. Eine Abhandlung befaßte sich mit gelb verfärbtem Schweiß nach dem Genuß von Rhabarber, was er am eigenen Leib beobachtet hatte. In den »Ephemerides« erschienen seit 1683 auch Berichte des als Kaufmann in den Diensten der Holländischen Ostindien-Kompanie stehenden

Andreas Cleyer (>) aus Java und Japan, überwiegend mit der Beschreibung dort heimischer, im Westen unbekannter Pflanzen. Mentzel hat diesen Veröffentlichungen seines Landsmanns Abbildungen, teils nach den mitgesandten Originalen, teils nach chinesischen oder japanischen Zeichnungen, in Kupfer gestochen beigegeben. Aus der Beschäftigung mit der Naturkunde des fernen Orients erwuchs Mentzels Neigung, nun auch die Sprachen jener Länder zu erlernen. So begann er als Sechzigjähriger das Studium des Chinesischen mit einem solchen Feuereifer, daß es seine Umwelt in Erstaunen versetzte. Als Frucht dieses Studiums verfaßte er sogar ein kleines lateinisch-chinesisches Wörterbuch (»Dictionarium Sinicum«) und eine Geschichte der chinesischen Herrscher. 1701 verstarb Mentzel in Berlin.

Menziesia

Archibald Menzies (1754–1842), aus Schottland stammend, arbeitete zunächst als Gärtner. Diese Tätigkeit gab er nach einiger Zeit auf und begann in Edinburgh mit dem Studium der Medizin, das er dort auch 1781 mit dem Doktordiplom abschloß. Nachdem er eine Zeitlang als Praktiker in Carnavon sein tägliches Brot verdient hatte, wurde er Schiffsarzt. Auf diesem Wege kam er nach Halifax in Nordamerika. In Kontakt mit Sir Joseph Banks (>) schickte er fleißig Samen nach England. Nach sechs Jahren zog es ihn wieder auf die Planken eines Schiffes. An Bord der »Prince of Wales« segelte er um Kap Hoorn nordwärts zur pazifischen Küste und weiter westwärts zurück nach Europa. 1789 betrat er wieder englischen Boden. Zwei Jahre später schloß sich Menzies als Naturforscher einer Expedition unter Kapitän Vancouver an, auf der er Neuseeland, Australien und Hawaii kennenlernte. Unterwegs konnte er an einem Gastmahl des spanischen Vizekönigs in Chile teilnehmen. Zum Nachtisch wurden neben anderen Köstlichkeiten Nüsse serviert, die Menzies unbekannt waren. Wie ein Taschenspieler ließ er einige in seiner Kleidung verschwinden und brachte fünf davon an Bord zum Keimen, die dann, als Vertreter der Gattung und Art *Araucaria araucana* klassifiziert, in den Londoner Kew-Gärten ihren Einzug hielten.

Mercurialis

Bingelkraut

Der lateinische Mercurius, der Götterbote und Gott der Kaufleute, tritt uns mit einem Heroldstab, einem Hut als Regenschutz und mit goldenen Sandalen, die ihm Windgeschwindigkeit verleihen, entgegen. Ihm entspricht der griechische Hermes, der mit seiner Vielfalt an guten wie üblen Eigenschaften und Fähigkeiten diese Figur im Reigen der olympischen Göttergemeinschaft mit einer schillernden Aura umgibt. Als uneheliches Kind seiner Mutter Maia und seines ehebrecherischen Vaters Zeus wurde er mit unglaublicher Geschwindigkeit vom Baby zum Knaben und stellte noch fast in den Windeln seine Pfiffigkeit unter Beweis. Er stahl aus Jux dem großen Apoll eine wertvolle Herde Kühe und versteckte sie in einer Höhle. Entdeckt und von seinem Papa zur Rede gestellt, druckste er erst ein bißchen herum und gab dann seine Missetat zu. Er mußte seinem Vater versprechen, brav zu werden und nicht zu lügen, was er aber listig ein wenig einschränkte, indem er auch nicht immer die ganze Wahrheit sagen wollte. Um den zornigen Apoll zu besänftigen, lullte er ihn mit holden Klängen auf einem flugs aus einem Schildkrötenpanzer und Kuhdärmen gebauten Instrument ein. So wurde er zum Gott der Diebe und zum Erfinder der Leier. Dabei blieb es nicht, die Liste seiner Erfindungen und Künste ist ellenlang. Sie enthält die Astronomie, die Tonleiter, das Alphabet, die Weissagerei und vieles mehr, ja sogar die Kunst des Boxens soll er in die Welt gebracht haben.

Mertensia
Mertensie

Franz Carl Mertens (1764–1831) stammte aus Bielefeld. 1781 begann er an der Universität in Halle mit dem Studium der Theologie. 1784 bekam er eine Hilfslehrerstelle an der Erziehungsanstalt des Pastors Milow in Wandsbeck. 1787 wurde er zum Rektor der reformierten Schule in Bielefeld berufen. Schon ein Jahr später tauschte er diesen Posten mit einer Lehrerstelle am Pädagogium in Bremen. Als 1817 eine Reorganisation der höheren Schulen stattfand, wurde Mertens zum Direktor der Handelsschule ernannt und erhielt den Professorentitel. Aus ökonomischer Notwendigkeit hatte er in seiner Wohnung ein Pensionat für junge Ausländer eingerichtet. Auch mit Privatunterricht und durch Übernahme von Lehrstunden in Mädchenschulen suchte er sein bescheidenes Einkommen zu verbessern. In der Bremer Museumsgesellschaft trat Mertens mit Vorträgen auf: 1805 referierte er über die Berberitze, 1808 über elektrische Fische, 1815 über die Gasbeleuchtung. Während der Franzosenzeit war er zeitweilig Redakteur des Departementsblattes. Mertens war ein vielseitig gebildeter und kenntnisreicher Mann. Gepflegte Ausdrucksweise, eine bilderreiche Sprache und Begeisterung für die Gegenstände belebten seinen Vortrag und weckten das Interesse seiner Zuhörer. Seine wissenschaftliche Bedeutung beruht vor allem auf seiner eifrigen botanischen Tätigkeit, insbesondere seiner Beschäftigung mit den Algen. 1798 begann sein Briefwechsel mit dem hervorragenden Algenkenner Dawson Turner in Yarmouth. 1816 begab er sich auf eine Studienreise durch Frankreich und England. In Paris wurde er in höchst ehrenvoller Weise und mit »großer Artigkeit« aufgenommen. 1820 besuchte er in Dänemark den Algenforscher Agardh in Lund.

***Messerschmidia** (Argusia, Tournefortia)*

Daniel Gottlieb Messerschmidt (1685–1730) studierte in Halle Medizin und schloß 1707 mit dem Doktorexamen ab. Als Zar Peter der Große sich bei dem angesehenen Danziger Botaniker Breyne (>) nach einem geeigneten Kandidaten zur Erforschung Sibiriens erkundigte, wurde ihm Messerschmidt empfohlen. Dieser wurde also 1719 nach St. Petersburg beordert und machte sich 1720 auf den Weg in das unbekannte Sibirien. 1724 erreichte er die Steppengebiete der Mongolei. Bei seiner Heimkehr 1727 legte er eine umfangreiche Kollektion mit zahlreichen unbekannten Pflanzen vor. Messerschmidt ließ sich in Moskau nieder, heiratete und verstarb schon drei Jahre nach der Rückkehr von seiner Expedition.

Meyenia

Franz Julius Ferdinand Meyen (1804–1840) aus Tilsit studierte Medizin und erwarb 1826 den Doktortitel. Als Arzt und Naturwissenschaftler unternahm er auf dem preußischen Seehandelsschiff »Prinzessin Louise« unter Kapitän Johann Wilhelm Wendt von 1830 bis 1832 eine Reise um die Erde. Von Hamburg aus erreichte die Gesellschaft über Rio de Janeiro und Kap Hoorn die Westküste Südamerikas und segelte über Honolulu nach China. Von Kanton aus besuchte man Macao, wo Meyen in Kollegenkreisen ein herzlicher Empfang bereitet wurde. Nach einem Zwischenstopp auf St. Helena erreichte das Schiff wieder Hamburg. Meyen wurde Professor für Botanik in Berlin. In seiner mitgebrachten Sammlung befand sich auch Baumwollsamen aus Nanking, der mit Erfolg bis zur Fruchtung kultiviert werden konnte. Die Besonderheit dieser Baumwolle ist ihre Gelbfärbung, das Charakteristikum der in den warmen Ländern damals gern getragenen Nankinganzüge.

Michauxia

André (1746–1802) und François André (1770–1855) Michaux, Vater und Sohn. André wurde in der

Nähe von Versailles geboren und wuchs auf einem reichen Gutshof auf. Nach dem frühen Tode seiner Frau suchte er im Studium der Botanik Trost. Nachdem er das Gut seinem Bruder übergeben hatte, besuchte er fleißig den königlichen Garten in Paris, wo er das Glück hatte, von dem berühmten Bernard de Jussieu (>*Bernardia*) unterrichtet zu werden. Michaux botanisierte als junger Mann eifrig in England und kehrte mit zahlreichen Bäumen im Gepäck, die für den Park des Herzogs von Noailles bestimmt waren, zurück. 1780 durchstreifte er zusammen mit Lamarck (>) und Thouin (>) botanisierend die Auvergne. Anschließend dehnte er seine Exkursionen in die Pyrenäen und nach Spanien aus. Von 1782 bis 1785 bereiste er als Begleiter einer politische Mission Persien. Ausgeraubt bis auf seine Bücher, erreichte er unter dem Schutz des englischen Konsuls Isfahan. Dort erwarb er sich die Gunst des Schahs, den er von einer schweren Erkrankung kuriert hatte, und durchforschte das Land vom Persischen Golf bis zum Kaspischen Meer. 1785 schickte ihn die Regierung nach Nordamerika, wo er sich bis 1796 aufhielt. In der Nähe von New York richtete er eine ausgedehnte Pflanzung zur Aufzucht nordamerikanischer Bäume und Sträucher ein. 1789 untersuchte er auf den Bahamas das Vorkommen von kommerziell verwertbaren Pflanzen. 1792 durchforschte er Kanada und drang bis zur Hudsonbai vor. 60.000 Baumschößlinge und 40 Kisten mit Samen soll er nach Frankreich geschickt haben. 1797 war er wieder in Paris, kümmerte sich um seine Pensionsansprüche und stach 1800 unter Kapitän Baudin zu einer Expedition nach Australien in See. Bei einem Zwischenstopp auf Madagaskar blieb er auf der Insel und begann eine Baumschule einzurichten. 1802 erlag Michaux der Ältere einer fieberhaften Erkrankung. Nach seinem Tode erschienen ein in Latein verfaßtes Werk über die nordamerikanische Flora, die »Flora boreali-americana«, und die von Kerner (>) besorgte deutsche Übersetzung der »Geschichte der amerikanischen Eichen«. Sein Sohn François André wurde ebenfalls nahe Versailles geboren. Er begleitete seinen Vater auf botanischen Exkursionen und entwickelte sich bald zum wertvollen Gehilfen. Mit dem Ziel, sich in Nordamerika als praktischer Arzt niederzulassen, begann er Medizin zu studieren. Doch überwog schließlich die Liebe zur Botanik. 1787 finden wir Michaux den Jüngeren bereits in der vom Vater eingerichteten amerikanischen Pflanzung. 1802 schloß er in Philadelphia Bekanntschaft mit den führenden Botanikern der Vereinigten Staaten. Eine weitere Expedition galt den Südstaaten. Nach einem Aufenthalt in seiner französischen Heimat startete André François 1804 von Bordeaux zur Rückreise nach Amerika. Auf dem Atlantik wurde jedoch sein Schiff von einem britischen Kriegsschiff gekapert. Man setzte Michaux auf den Bahamas aus und erlaubte ihm großzügig, in die Vereinigten Staaten zu segeln. Nach seiner Landung in Maine begab er sich auf eine Exkursion durch die Staaten an der Atlantikküste bis nach Georgia. Als Hauptwerk seiner Forschungsreisen veröffentlichte Michaux d. J. die dreibändige »Histoire des arbres forestiers de l'Amérique septentrionale« (1810–13), bekannter in der englischsprachigen Fassung und um einige Tafeln erweitert als »The North American Sylva« – bis heute eines der faszinierendsten Werke und gewiß das schönste zu diesem Thema. Thomas Nuttall (>) fügte ihm ab 1842 weitere drei Bände hinzu. 1816 wurde François André zum korrespondierenden Mitglied der Französischen Akademie der Wissenschaften gewählt. 1855 verstarb er in der Nähe von Pontoise. Vater und Sohn Michaux verdanken wir eine gründliche Kenntnis der Baum- und Strauchflora von Nordamerika. Frankreich profitierte von der Einführung zahlreicher schöner und interessanter Nutzhölzer.

Michelia

Pietro Antonio Micheli (1679–1737) aus Florenz interessierte sich schon in früher Jugend für botanische Themen und eignete sich die hierfür notwendigen Lateinkenntnisse an. Unter den fürsorglichen Fittichen des großherzoglichen Botanikers Paolo Boccone (>) verfaßte er als Erstlingswerk eine Mitteilung über die Doldenblütler, die ihm die Protektion einflußreicher Förderer einbrachte. So stellte ihm kein Geringerer als Prinz Eugen (>) ein Herbarium zur Verfügung und der große Boerhaave seinen wissenschaftlichen Rat. Micheli bereiste Italien und Deutschland, wo er seine Kenntnisse in allen Sparten der Naturwissenschaften zu vertiefen suchte. Gleichzeitig begann er mit Gelehrten im übrigen Europa einen ausgedehnten Meinungs- und Erfahrungsaustausch. 1734 gründete er mit befreundeten Wissenschaftlern eine Botanische Gesellschaft. Micheli veröffentlichte mehrere umfangreiche Werke, die ihn zu einem führenden Botaniker seiner Zeit erhoben. So erschien 1729 eine Pflanzenbeschreibung mit 108 großformatigen Blättern, auf denen 550 Pflanzen abgebildet waren, die er nach dem System von Tournefort (>) klassifiziert hatte. Zu seinem unschätzbaren Vorteil war er mit Salvini (>), einem der berühmtesten Meister der alten Sprachen, befreundet, der seine literarischen Arbeiten in ein glänzendes Latein verbesserte. 1748 gab Micheli als Nachfolger von Boccone einen ausführlichen Katalog über die Bestände des Botanischen Gartens von Florenz heraus. Von Exkursionen in die Bergwelt Italiens brachte er zahlreiche bisher unbekannte Spezies mit. Der Aufstieg 1736 auf den über 2.000 m hohen Monte Baldo am Gardasee, der wegen seiner reichen Flora auch der Garten Italiens genannt wird, wurde ihm zum Verhängnis. Micheli kehrte mit einer Lungenentzündung zurück, der er am 2. Januar 1737 erlag.

Mikania

Johann Christian Mikan (1769–1844), geboren in Teplitz als Sohn eines Professors der Botanik, studierte in Prag Medizin und promovierte 1793. Bald aber widmete er sich ausschließlich der botanischen und zoologischen Forschung. 1796 wurde er an der Prager Universität zum Professor der Botanik und 1800 zum zweiten Professor für allgemeine Naturgeschichte ernannt. Ab 1811 unternahm Mikan ausgedehnte Reisen. 1817 besuchte er Brasilien. Auf seinen Unternehmungen erwarb er sich so umfassende Kenntnisse, daß er bald als hervorragender Kenner der tropischen Gegenden Amerikas Berühmtheit erlangte. 1834 wurde er als ordentliches Mitglied in die Königliche Böhmische Gesellschaft der Wissenschaften aufgenommen. In mehreren Mitteilungen berichtete er über die Flora und Fauna Brasiliens.

Mildella

Karl August Julius Milde (1824–1871) wurde in Breslau geboren und zeigte schon früh eine Vorliebe für die Naturwissenschaften. Als Sohn unbemittelter Eltern mußte er während der Schul- und Universitätszeit in Breslau seinen Lebensunterhalt mit Stundengeben verdienen. Bereits als Primaner begann er mit regelmäßigen Exkursionen in die Umgebung Breslaus, die er stets zu Fuß und ohne Rücksicht auf die Wetterlage bis in die Trebnitzer Berge und auf den Zobten ausdehnte. Seine Hinneigung zur Botanik verdankte er nicht zuletzt seinem verehrten Lehrer Ch. G. D. Nees von Esenbeck (>*Esenbeckia*). Der Radius seiner Exkursionen dehnte sich später bis ins Glatzer Bergland, den Altvater und das Riesengebirge aus. Sein besonderes Interesse galt der Bearbeitung der Equiseten (Schachtelhalme), wobei ihm ein während des Studiums für 15 Taler erworbenes Mikroskop eine große Hilfe war. Wenige Tage nach seinem Doktorexamen, es muß wohl 1851 gewesen sein, machte er sich zu einer Reise nach Mannheim auf, um die an der dortigen Rheinschanze besonders reich entwickelte Schachtelhalmflora zu studieren. Die Rückreise mußte er aus Geldmangel zum Teil auf Schusters Rappen bewältigen. Mildes Bekanntheit als eminenter Kenner der einheimischen Flora brachte ihm den Posten als Kustos der Sammlungen der Schlesischen Naturwissenschaftlichen Gesellschaft ein. Zunächst Lehrer an einer Realschule wurde er 1853 am Heilig-Geist-Gymnasium in Breslau angestellt, wo er den Unterricht in Geographie, Physik und Naturkunde übernahm. Milde war mit seinem offenen, schlichten Wesen und seiner einfachen Lebensführung überall ein gerngesehener Gast. Ab 1859 plagte ihn zunehmend ein Lungenleiden, dessen erste Anzeichen sich schon 1847 bei einer anstrengenden Exkursion durch einen Blutsturz bemerkbar gemacht hatten. Die Bäder in Salzbrunn, Reinerz und Reichenhall brachten vorübergehende Besserung, so daß er sein Lehramt und seine wissenschaftliche Tätigkeit weiter ausüben konnte. 1858 berichtete er über die Gefäßkryptogamen Schlesiens und 1865 über die höheren Sporenpflanzen Deutschlands und der Schweiz. In den »Acta« der Leopoldinischen Akademie erschien 1867 eine umfangreiche Monographie über die Equiseten mit 35 Tafelabbildungen. Pflanzengeographische Studien gaben Veranlassung, sich näher mit den Theorien Darwins auseinanderzusetzen. Besonders hervorgehoben zu werden verdienen seine anerkannten Arbeiten über Moose, mit denen er zum »Vater der schlesischen Bryologie« wurde. Neben der Ernennung zum Mitglied vieler gelehrter Gesellschaften wurde er auch mit dem Professorentitel geehrt. Die Verschlimmerung seiner Krankheit führte ihn mehrmals nach Meran, wo er schließlich auch verstarb. Es ist bezeichnend für seinen Charakter, daß er sogar während der Kuraufenthalte botanisierte und darüber in der Mitteilung »Wissenschaftliche Ergebnisse meines Aufenthaltes in Meran« berichtete.

Milleria

Philip Miller (1691–1771) zeichnete sich zunächst als Schriftführer der Gesellschaft der Gärtner und Züchter Londons aus. Etwa 20 Mitglieder trafen sich allmonatlich und tauschten Erfahrungen aus, informierten sich über botanische Neueingänge und diskutierten über eine einheitliche Nomenklatur. 1722 wurde Miller zum Leiter des 1676 gegründeten Chelsea Physic Garden bestellt. In diesem Amt, das er bis ein Jahr vor seinem Tod ausübte, machte er diesen Garten zu einem der pflanzenreichsten der Welt. Miller sammelte mit Eifer Pflanzen aus Amerika, den Westindischen Inseln, Südafrika und natürlich Europa. Hierbei wurde er reichlich von seinem Freund Peter Collinson (>) unterstützt. Unter seinen Schülern sind die Gärtner Daniel Schwarzkopf, der später dem Landgrafen Friedrich II. in Kassel diente, und der aus Österreich stammende John Andrew Gaertner, der ab 1786 Leiter des großartigen königlichen Parks in Caserta bei Neapel wurde. Millers größter Erfolg wurde sein »Gardener's Dictionary«, mit dem er 1731 an die Öffentlichkeit trat. Dieses Handbuch wurde zu einem ausgesprochenen Renner und brachte es zu seinen Lebzeiten auf acht Auflagen. In der letzten hatte er sich dazu entschlossen, in der Nomenklatur das Linnésche System zu übernehmen. Die Brauchbarkeit und Gediegenheit dieses Werkes läßt sich auch daraus ersehen, daß nach dem Tode des Autors zwischen 1771 und 1830 noch weitere acht Auflagen gedruckt werden mußten.

Miltonia

Charles William Wentworth Earl Fitzwilliam Viscount of Milton (1786–1857) wurde in London geboren und studierte in Cambridge. In seiner politischen Karriere vertrat er in Wirtschaftsfragen eine liberale Auffassung; so setzte er sich für die Aufhebung von Gesetzen ein, die den Handel einschränkten. Als Hobbybotaniker wurde Lord Fitzwilliam durch seine Orchideensammlung bekannt. Die Miltonie mit dem großen englischen Dichter John Milton (1608–1674) in Zusammenhang zu bringen, wie man gelegentlich lesen kann, wäre leider ein Irrtum.

Minuartia

Miere

Juan Minuart y Peretes (1693–1768) wurde in San Celoni bei Barcelona zur Zeit des Spanischen Erbfolgekrieges geboren und erwarb um 1710 den Magistertitel. Etwa 1713 trat er in die Apotheke von Jaime Salvator in San Cugat de Vallés ein und wurde wahrscheinlich noch im gleichen Jahr Apotheker im Heere König Philipps V. 1722 bestand er das Examen für die Approbation und arbeitete in Barcelona. 1733 beteiligte er sich als Feldapotheker an den kriegerischen Operationen in Italien. Während dieser Zeit fand er reichlich Gelegenheit, zusammen mit dem Botaniker José Quer y Martinez (1695–1764) zu botanisieren. 1739 wählte die Königliche Medizinische Akademie in Madrid Minuart zu ihrem Mitglied. 1740 wurde er zum obersten Heeresapotheker ernannt. Während des Rückzuges der spanischen Truppen von Neapel 1744 benutzte er ausgiebig die Gelegenheit, die Flora der Abruzzen zu studieren. 1748 erhielt Minuart als Apotheker die Oberaufsicht über das Hospital General y de la Pasión in Madrid. 1755 holte man ihn als zweiten Professor an den Botanischen Garten in Madrid. In mehreren Veröffentlichungen beschrieb er die Flora der verschiedenen spanischen Landschaften, die er auf seinen Exkursionen teils allein, teils mit seinem Freund José Quer gesammelt hatte. Als 1751 der schwedische Botaniker Pehr Löfling (>) nach Madrid kam, wurde er von Minuart herzlich und, wie Löfling nach Uppsala meldete, wie ein eigener Sohn aufgenommen. Diese Verbindung führte zu einem regen Pflanzenversand nach Uppsala, für den sich Linné (>) artig mit der Benennung der Mierengattung nach Minuart bedankte.

Mirbelia

Charles François Brisseau de Mirbel (1776–1854) kam in Paris zur Welt und wurde von seinem Vater unterrichtet. 1792 zu den Fahnen gerufen, sollte er in Bayonne den Dienst antreten, wozu er aber wenig Lust verspürte. Mit dem Einberufungsbefehl in der Tasche setzte er sich über Paris nach Toulouse ab. Er wurde aufgespürt und zu seinem Glück ohne üble Folgen der Abteilung für Topographie und Militärgeschichte zugeteilt, die unter der Leitung des großen Reformers Carnot stand. Zurückgezogen in seinem Büro überlebte er die Greuel der Revolution und den Sturz Robespierres. Sein zeichnerisches Talent fand so sehr den Beifall der Vorgesetzten, daß sie ihn mit Beförderungen lockten und an die Armee binden wollten. Doch Mirbel winkte ab. 1796 übernahm General Clarke die Abteilung und machte Mirbel zu seinem Adjutanten und Vertrauten. Eines Tages fiel Mirbel ein Verzeichnis von Personen, die vom Revolutionstribunal verurteilt werden sollten, in die Hände. Bei der Durchsicht dieser Proskriptionsliste entdeckte er die Namen der Eltern einer ihm nahestehenden Dame und warnte die Familie. Leider blieb dem General dieser Vertrauensbruch nicht verborgen. Wütend ließ er Mirbel festnehmen, um ihn die Härte des Gesetzes spüren zu lassen. Wieder gelang es Mirbel, zu fliehen. Er zog sich in die Pyrenäen zurück, wo er zu seiner eigentlichen Bestimmung fand, den Naturwissenschaften. In Tarbes besucht er die Kurse des Botanikers Ramond (>) und unternahm mit ihm ausgedehnte Exkursionen bis zu den Gipfeln des Pic du Midi und Mont Perdus. 1798 kehrte er mit einem Empfehlungsschreiben Ramonds an Desfontaines (>) nach Paris zurück, erhielt eine Stelle am Museum für Naturkunde, vertiefte sich mit Begeisterung in seine Studien und blieb bis zu seinem Lebensende ein unermüdlicher botanischer Schriftsteller. Die Themen seiner Veröffentlichungen zeigen ein breitgefächertes Spektrum der Pflanzenforschung. Seine physiologischen, anatomischen und mikroskopischen Studien mündeten im Laufe der Zeit in umfangreiche Untersuchungen zu Fragen der Fruchtentwicklung und Keimung. 1815 berichtete er in dem dreibändigen Werk »Éléments de physiologie végétale et botanique« über seine Forschungsergebnisse. Während des Kaiserreiches wurde Mirbel zum Intendanten der Gärten von Schloß Malmaison bestellt. 1806 trat er als Sekretär in den Staatsrat König Louis Bonapartes von Holland. Neben seinen diplomatischen Pflichten blieb ihm Zeit, sich mit den Fachkollegen in Leiden und Utrecht auszutauschen. 1808 ernannte ihn die Pariser Akademie der Wissenschaften zum Mitglied. Die Ablösung der napoleonischen Ära durch die Restauration brachte ihm 1817 die Ernennung zum Generalsekretär und Direktor im Ministerium für Agrikultur, Wissenschaft und Künste. Drei Jahre später verabschiedete er sich von diesem Posten, um sich als Professor am Jardin des Plantes wieder gänzlich seinen botanischen Studien zu widmen. Als jedoch 1849 seine Gattin, eine berühmte Miniaturmalerin, von der Cholera hinweggerafft wurde, verlosch mit seinem Lebensmut auch seine Leidenschaft für die Wissenschaft. Er sorgte vor seinem Tode noch dafür, daß sein fähiger Schüler Joseph Decaisne (>) seine Nachfolge antreten konnte.

Mitchella
Rebhuhnbeere

John Mitchell (?–1772) wurde wahrscheinlich in England geboren. Sicher ist, daß er in Edinburgh und Leiden Medizin studiert hat. Um 1720 wanderte er nach Nordamerika aus und übernahm 1735 in Virginia den offiziellen Posten des Armenarztes. Mitchell gehörte zu den ersten Mitgliedern der American Philosophical Society in Philadelphia, die als Gegenstück zur Royal Society in London gegründet wurde. Er interessierte sich für zoologische und botanische Probleme. Insbesondere befaßte er sich mit dendrologischen Fragen, was durch seine Abhandlungen über die Kiefern in Virginia dokumentiert ist. Da ihm jedoch das Klima zu schaffen machte, entschloß er sich 1745 zur Rückreise nach England. Bei der Überfahrt wurde sein Schiff von einem französischen gekapert. Mitchell kam mit dem Leben davon, verlor aber alle Instrumente und Aufzeichnungen. 1746 wurde er in London Mitglied der Royal Society.

Moehringia

Paul Heinrich Gerhard Moehring (1710–1792) studierte von 1729 bis 1732 in Danzig Medizin. In Wittenberg erwarb er 1733 den Doktorhut und kehrte nach Jever, seiner Heimatstadt, zurück. Zunächst praktischer Arzt, arbeitete er sich zum Stadt- und Landphysikus empor. 1743 ernannte ihn der Fürst von Anhalt-Zerbst zu seinem Leibarzt. Moehring verfaßte vorwiegend medizinische Schriften. Seine weiteren Interessen waren die Botanik und die Vogelkunde.

Moenchia
Weißmiere

Conrad Moench (1744–1805) wurde in Kassel als Sohn eines Apothekers geboren und erlernte zunächst die Chirurgie. 1760 trat er als Lehrling in die väterliche Einhorn-Apotheke in Kassel ein. 1764 bis1765 arbeitete er als Gehilfe in Hannover, dann in Bern und 1768 bis 1770 in Straßburg. 1772 übernahm er die väterliche Apotheke. Seine erste botanische Mitteilung, die über die Flora Kurhessens berichtete, erschien 1777. 1780 finden wir ihn am Medizinischen Kollegium in Kassel, wo er als Assessor angestellt war und nur mehr wissenschaftlich arbeitete. Ein Jahr darauf hatte man ihn zum Professor für Botanik am Collegium Carolinum, ebenfalls in Kassel, befördert. Seine Lehrtätigkeit ergänzte er 1784 durch die Übernahme des Aufseherpostens am fürstlichen Mineralien- und Naturalienkabinett. 1785 wechselte er mit dem Kasseler Kollegium zur Universität in Marburg über und wurde noch zusätzlich zu seiner Professur als Aufseher am neubegründeten chemischen Laboratorium eingesetzt. Im gleichen Jahr veröffentlichte er eine Zusammenstellung nordamerikanischer Holzarten in deutscher Sprache. Sein wichtigstes Werk war eine umfassende Arzneimittellehre, die 1789 erschien. Sein kleines Büchlein »Einleitung zur Pflanzenkunde« von 1798 wandte sich in erster Linie an die Studenten. In dieser Schrift erläutert er zunächst Fachausdrücke, geht dann auf die Anatomie und Physiologie der Pflanzen ein und versucht sich am Ende an einer Verbesserung des Linnéschen Systems, was jedoch schon zu Lebzeiten des Autors kein Erfolg wurde und den Verfasser nicht überdauert hat. Konrad Moench starb in Marburg.

Molinia
Pfeifengras

Juan Ignacio Molina SJ (1740–1829) wurde in Talca in Chile geboren. Er interessierte sich schon in frühen Jahren für die Naturwissenschaften und durfte, nachdem er der Gesellschaft Jesu beigetreten war, bereits mit 20 Jahren die Ordensbibliothek in Santiago übernehmen. Als es zur Unterdrückung der Jesuiten in den spanischen Besitzungen kam, wich er 1782 nach Europa aus und lebte bis zu seinem Tode in Bologna. Seinen Unterhalt verdiente er als Lehrer. 1815 kam er in den Genuß einer reichen Erbschaft und sorgte für die Gründung einer Bibliothek in seiner Geburtsstadt. Molina schrieb Bücher über die Natur und Geographie Chiles und berichtete interessante Einzelheiten über die Sitten, Gebräuche und die Sprache seiner indianischen Einwohner.

Moltkia

Joachim Godske Graf Moltke (1746–1818) kam in Nygaard auf der dänischen Insel Mön zur Welt. Nach einer straffen Erziehung begab er sich mit 16 Jahren zum Studium nach Leipzig. 1768 begann er als Kammerherr seine politische Laufbahn. Über die Finanz- und Zollverwaltung stieg er 1776 zum Bergamtsdirektor auf (Norwegen gehörte damals noch zu Dänemark), und als Krönung seiner Karriere glänzte er von 1781 bis 1784 als dänischer Staatsminister. 1780 bis 1784 unterstand ihm auch die königliche Bibliothek. Graf Moltke interessierte sich lebhaft für die Wissenschaften. Seine besondere Liebe galt der klassischen Philologie. Der Universität in Kopenhagen überließ er die naturhistorische Sammlung seines Vaters zum Ausbau der naturwissenschaftlichen Fakultät. Stets bestimmten vornehme Gesinnung und patriotisches Verhalten das Leben von Graf Moltke.

Monarda
Indianernessel, Monarde

Nicolás Monardes (1493–1588) aus Sevilla studierte Medizin und praktizierte in seiner Vaterstadt. Seine Praxis entwickelte sich zu einem blühenden Unternehmen. 1554 gründete er ein Museum, in dem er unbekannte Produkte aus der Neuen Welt zur Schau stellte. Er, der selbst nie in Amerika war, sammelte die Berichte anderer Autoren über die dortigen Pflanzen von medizinischem Interesse und berichtete darüber in mehreren Veröffentlichungen, die in viele Sprachen übersetzt wurden. In seiner Schrift »Libro que trata de dos Medicinas excelentissimas contra todo veneno«, die 1569 und in einer Neuauflage 1580 erschien, beschreibt er also zwei ganz hervorragende Medikamente gegen jedes Gift. Als diese beiden Gegengifte nennt er die Schwarzwurzel und den Bezoarstein, der sich im Magen verschiedener Säugetiere aus verschluckten Haaren bildet. Wahrscheinlich fand man ihn besonders häufig im Magen der Bezoarziege *(Capra aegagrus)*, der Stammutter unserer Hausziege. Interessante Geschichten berichteten ihm seine Gewährsmänner aus der Neuen Welt über den Tabak. So würde bei wichtigen Unternehmungen der Indianer der Stammeshäuptling oder Kazike den Oberpriester konsultieren, der werfe eine Handvoll Tabakblätter ins Feuer und inhaliere über Mund

und Nase mit einem Rohr so lange den Rauch, bis er umfalle und die Besinnung verliere. Wenn er dann wieder zu sich komme, berichte er dem Häuptling seine Visionen, interpretiere sie und gebe sie als Ratschläge weiter. Ein anderer Brauch bei den Indianern sei es, wenn sie für längere Zeit unterwegs sein müßten, Tabakblätter zusammenzurollen, in den Mund zu stecken und darauf zu kauen, wodurch sie mehrere Tage ohne Nahrung und Getränke auskommen könnten. 1588 verstarb dieser interessante Mann in seiner Vaterstadt.

Monsonia

Lady Anne Monson (1714–1776), geb. Vane, hatte sich 1730 mit Colonel Monson vermählt, der im Dienste der East India Company nach Indien abkommandiert wurde. Bei einem Zwischenaufenthalt in Südafrika 1774 kam es zu einer Begegnung der Hobbybotanikerin mit Thunberg (>), auf den die Dame einen großen Eindruck machte. Er fand die damals bereits 60 Jahre alte Lady äußerst anziehend und bewunderungswürdig. Thunberg staunte nicht nur über ihre Sprachkenntnisse, wozu auch Latein gehörte, sondern auch über ihre umfassenden Botanikkenntnisse. Zu ihrem Gefolge gehörte auch ein versierter Zeichner. Zwei Jahre später verstarb Lady Monson 1776 in Kalkutta. Ein anderer charmanter Bewunderer dieser Dame war Linnaeus (>) in Uppsala. Nur mit Schmunzeln kann man die Zeilen lesen, mit denen er in typisch Linnéscher Diktion die Gattung *Monsonia* aus der Taufe hob: »Dies ist nicht das erstemal, daß ich in Liebe für eine Vertreterin des schönen Geschlechts entbrannt bin. Ihr Gatte möge mir verzeihen, solange ich seine Ehre nicht verletze. Zwar habe ich nie Ihr Antlitz gesehn, aber dennoch träume ich oft von Ihnen. Noch nie hat die Natur, soviel ich weiß, eine Frau hervorgebracht, die Ihnen gleicht. Sie sind ein Phönix unter den Frauen. Sollte ich so glücklich sein dürfen, meine Liebe zu Ihnen erwidert zu finden, dann erbitte ich mir eine Gunst: Es mag mir gestattet sein, mit Ihnen als Zeugnis unserer Liebe eine kleine Tochter, eine kleine *Monsonia* zu zeugen, durch die Ihr Ruhm für alle Zeiten im Reich der Flora weiterleben würde.« (*14*, S. 224)

***Montbretia** (Tritonia)*

Antoine François Ernest Coquebert de Montbret (1781–1801) wurde in Hamburg geboren und bis zu seinem elften Lebensjahr von seinem Vater unterrichtet. 1792 wurde er nach London geschickt, wo er sich in einer Pension einmietete, die unter der Leitung eines anglikanischen Geistlichen stand. Mit vorzüglichen Kenntnissen des Englischen und der klassischen Sprachen ausgestattet, ging er nach Paris und begann mit 16 Jahren Anatomie, Chemie und Botanik zu studieren. 1798 kam er mit dem Expeditionsheer Napoleons als Botaniker nach Ägypten. Auf seinen Exkursionen interessierte er sich nicht nur für die Pflanzenwelt, sondern kopierte auch lateinische und griechische Inschriften. Als Bibliothekar des Ägyptischen Instituts in Kairo wurde er 1801 ein Opfer der fürchterlichen Pest, die über 600 Menschen täglich hinraffte. Die unter seinem Namen bekannte Schönheit aus Südafrika wird in der alemannischen Mundart liebevoll »Mombrisli« genannt.

Moraea

Johannes Moraeus (1672–1742) begann in Schweden mit dem Studium der Medizin und setzte es, wie es damals üblich war, im Ausland fort, zunächst in Leiden, dann in Paris. In Reims machte er sein Doktorexamen, kehrte nach Schweden zurück und ließ sich als praktischer Arzt in Falun, bekannt durch seinen Kupferbergbau, nieder. Moraeus erhielt die Stellung des Stadt- und Grubenarztes. Seine älteste Tochter Sara Elisabet verlobte sich 1735 mit einem talentierten Naturwissenschaftler namens Carolus Linnaeus (>), der in Falun Mineralogie und

Botanik lehrte. Dieser versprach seinem künftigen Schwiegervater, nach drei Jahren Sara Lisa zum Traualtar zu führen. 1739 konnte Moraeus dieses Ereignis noch mit feiern.

Morina *(*Acanthocalyx)*

Louis Morin (1636–1715) studierte in Paris Medizin und wurde Arzt am Hôtel-Dieu. Sein Verdienst wanderte in den Opferstock des Krankenhauses. So war Morin zwar ein begeisterter Arzt, aber ein armer Mann, der sich von trocken Brot ernährte und seinen Durst mit Wasser stillte. Nur mit größter Mühe konnte man ihn dazu bewegen, die Stelle eines Leibarztes in dem Palais einer Gönnerin zu übernehmen. Nach dem Tode dieser Dame zog sich Morin in das Kloster Saint Victor zurück. 1699 wurde er als Botaniker in die Académie des Sciences aufgenommen. Als im Jahre 1700 der berühmte Botaniker Tournefort (>) seine Reise in die Levante antrat, betraute er Morin mit der Vertretung seines Amtes am Jardin du Roi. Neben mehreren medizinischen Aufsätzen erschien 1667 eine Publikation »Sur la culture des fleurs«. In seinem Nachlaß fanden sich die Daten von Barometer- und Thermometerablesungen über einen Zeitraum von 40 Jahren. Bei seinen Zeitgenossen war er als Morin de Saint Victor bekannt.

Morisia

Giuseppe Giacinto Moris (1796–1869) wurde in Orbassano im Piemont geboren und studierte Naturwissenschaften und Medizin in Turin. Nach Abschluß der Studien erhielt er zunächst am dortigen Medizinkolleg eine Anstellung. 1822 wurde er auf den Lehrstuhl für klinische Medizin an die Universität in Cagliari auf Sardinien berufen. Dort bewährte er sich bald durch seine Untersuchungen und Veröffentlichungen über eine einheimische typhöse Erkrankung. Seine besondere Aufmerksamkeit galt neben seiner klinischen Tätigkeit der Botanik. Moris studierte und sammelte auf ausgedehnten Exkursionen die Pflanzenwelt der Insel und begann 1837 mit der Veröffentlichung seines dreibändigen und mit einem Atlas versehenen Hauptwerkes »Flora Sardoa« über die Flora Sardiniens, die sich bis 1859 hinzog. Moris erhielt einen Ruf auf einen medizinischen Lehrstuhl und das Direktorat über den Botanischen Garten in Turin. 1848 wurde er während der Einigungsbestrebungen Italiens zum Senator ernannt. Dieses hohe Amt hatte er bis zum Wechsel des Senats nach Florenz inne. Seine Zeitgenossen schilderten ihn als gutmütig und anspruchslos. Moris verstarb 1869 in Turin.

Morisonia

Robert Morison (1620–1683) stammte aus Aberdeen in Schottland und sollte eigentlich Geistlicher werden. Diese Absicht gab er nach reiflicher Überlegung auf und studierte statt dessen Mathematik, Medizin und Botanik. Während des Bürgerkrieges und der Auseinandersetzung mit Cromwell trat er mit Eifer für seinen König, Karl II., ein und verließ mit ihm seine Heimat, um im französischen Exil bessere Zeiten abzuwarten. In Paris verdiente er eine Zeitlang als Erzieher eines reichen Jünglings seinen Lebensunterhalt, ohne dabei jedoch sein Studium zu vernachlässigen, und bestand 1648 in Angers das Doktorexamen. Exilkönig Karl empfahl ihn seinem Onkel, dem Herzog von Orléans, der ihn zum Aufseher seines Botanischen Gartens in Blois bestellte. Eine 1653 von einem Arzt verfaßte Schrift über diesen Garten gab Morison seinem herzoglichen Gönner zum Dank in einer neuen Auflage heraus. Zur Klassifizierung des Pflanzenreichs entwarf er ein System, in dem er die Form und Struktur der Früchte, Blüten und Blätter als Unterscheidungsmerkmale vorschlug. Nachdem Karl II. auf seinen Thron in England zurückgekehrt war, holte er auch Morison wieder über den Kanal und ernannte ihn zu seinem Leibarzt, zum

Königlichen Professor der Botanik und zum Oberaufseher der Königlichen Gärten. 1669 erhielt er in Oxford den Doktortitel und die Professur für Botanik an der dortigen Universität. 1672 verfaßte er eine Abhandlung über die Umbelliferen (Doldenblütler), und 1680 erschien eine Universalgeschichte der Pflanzen mit 124 Tafeln, auf denen 1.200 Pflanzen, z. T. Kopien aus älteren Werken, abgebildet waren. Seine Zeitgenossen unterstellten ihm ein hohes Maß an Eitelkeit, das ihm die Ablehnung vieler Botaniker eingebracht haben soll. Wie sein großer Kollege Tournefort (>) kam auch Morison bei einem Verkehrsunfall ums Leben: beim Überqueren einer Straße wurde er von der Deichsel eines Wagens tödlich verletzt.

Muehlenbeckia

Heinrich Gustav Mühlenbeck (1798–1845), in Sainte-Marie-aux-Mines geboren, studierte in Straßburg und Paris Medizin und Chirurgie. Nach bestandenem Doktorexamen ließ er sich 1822 in Gebweiler im Elsaß als praktischer Arzt nieder. 1833 verlegte er seinen Wohnsitz nach Mülhausen. Mühlenbeck zeichnete sich durch Scharfsinn und sicheres diagnostisches Urteil am Krankenbett aus. Mit seiner Bescheidenheit und Liebenswürdigkeit war er bei Patienten und Kollegen allseits hoch geschätzt. Als Naturforscher beschäftigte er sich eingehend mit der Botanik. Die Flora des Elsaß, des benachbarten Jura und der Graubündener Alpen wurde ihm auf zahlreichen Exkursionen so vertraut, daß er bald als deren gründlicher Kenner hohes Ansehen gewann. In der »Société industrielle de Mulhouse« betreute Mühlenbeck als Sekretär die naturhistorische Sektion und bereicherte mit seinem Fachwissen das Museum dieser Gesellschaft. Mit besonderem Interesse hatte er sich dem Studium der Pilze gewidmet und trug sich bereits mit Vorarbeiten für die Veröffentlichung eines größeren Werkes über die Mykologie, als ihm 1845 der Tod die Feder aus der Hand nahm.

Muelleranthus

Sir Ferdinand Jacob Heinrich von Mueller (1825 bis 1896) wurde in Rostock geboren und absolvierte in Husum eine Lehre als Apotheker. Zwischen 1840 und 1847 botanisierte er eifrig in Schleswig-Holstein und legte ein umfangreiches Herbarium an. In Kiel studierte er Pharmazie und Naturwissenschaften. Nach der Vorlage einer Arbeit über das Hirtentäschelkraut erhielt er den Doktorgrad. Da sich bei ihm die Anzeichen einer Tuberkulose bemerkbar machten, empfahl man ihm, in ein milderes Klima zu wechseln. So entschloß er sich, Australien aufzusuchen. Mit seinen beiden Schwestern betrat er 1847 in Adelaide den Boden des fünften Kontinents. Er arbeitete als Chemiegehilfe und frönte in der Freizeit weiter seiner Leidenschaft als Pflanzensammler. Die Ergebnisse teilte er der englischen und deutschen Linné-Gesellschaft mit, und in Adelaide berichtete er in Zeitungsartikeln über seine Entdeckungen. 1852 zog Mueller nach Melbourne, wo er auf dringende Empfehlung von Sir William Hooker (>*Hookera*) im nächsten Jahr zum Regierungsbotaniker ernannt wurde. Nun folgten zahlreiche Expeditionen in das Landesinnere. Er begnügte sich aber nicht mit dem Auffinden neuer Arten und Gattungen, sondern gab Ratschläge für deren medizinische und wirtschaftliche Verwendung. So empfahl er z. B. die Verwertung der Akazie zur Herstellung von Tannin und Gummi. Wenn wir jetzt rund ums Mittelmeer und in vielen anderen Ländern an den schönen Eukalyptusbäumen unsere Freude haben, so verdanken wir dies Sir Mueller. Er kam auf den glücklichen Einfall, zur Bodenentsumpfung und Klimaverbesserung und damit auch zum Kampf gegen die Malaria diese Bäume zu empfehlen und zu exportieren. Deshalb finden wir unter seinen zahlreichen Schriften auch den Titel »Eucalyptographia«. Andererseits sorgte er für die Einführung verschiedener Nutzpflanzen (so der Baumwolle) sowie die – aus heutiger Sicht wahrlich nicht unproblematische – Bereicherung der

Säugetier- und Singvogelfauna Australiens. 1855 nahm er an einer Expedition in den Nordwesten des Kontinents teil und kam mit einer Ausbeute von fast 2.000 Spezies zurück, von denen 800 in der australischen Flora bisher unbekannt waren. 1857 übertrug man ihm das Direktorat des Botanischen Gartens in Melbourne. 1873 entzog man ihm nach völlig haltlosen Einwendungen (so hatte man u. a. das Fehlen von Statuen beanstandet) dieses Amt, was jedoch nichts an seiner unermüdlichen Aktivität als Regierungsbotaniker änderte. So dehnte er sein Interesse auf die Antarktis und Neuguinea aus, worüber er zwischen 1875 und 1890 wiederholt berichtete. Seinen unglaublichen Fleiß dokumentieren über 800 Mitteilungen und größere Werke und die Abfassung von ca. 3.000 Briefen – jährlich! 1858 bis 1882 erschienen in elf Bänden seine »Fragmenta Phytographiae Australiae«. Kein Wunder, daß für sein Privatleben wenig Zeit blieb. So wurde auch die Verlobung mit Fräulein Euphemia Henderson 1863 aufgelöst. Immerhin jedoch war er aktives Mitglied der Melbourner Liedertafel und des Turnvereins. Nachdem er 1859 Mitglied der Londoner Linnean Society geworden war, wurde er 1861 in die Royal Society aufgenommen. Von den vielen Ehrungen, die ihm zuteil wurden (und die er stets mit großer Freude entgegennahm), seien nur die Verleihung hoher britischer Orden, der erblichen Baronswürde 1871 durch den König von Württemberg und des britischen Adelsprädikates 1879 durch Königin Victoria (>) genannt. Und, wie könnte es anders sein, mit einem Eukalyptuszweig zierte er sein Wappen. Zu erwähnen ist auch, daß die 1955 gegründete botanische Zeitschrift »Muelleria« seinen Namen trägt.

Munchausia

Otto von Münchhausen (1716–1774) entstammte dem Rittergut Schwöbber bei Aerzen. 1741 war er Drost (Bezirksverwalter als Vertreter des Landesherrn) zu Steyerberg. 1756 trat er das Amt als Calenberger Land- und Schatzrat an. 1765 wurde er zum Wirklichen Landdrost in Harburg ernannt. Von Münchhausen war mit Linné (>) befreundet und legte mit ihm zusammen ein bedeutendes Herbarium an, das jedoch bei einer Brandkatastrophe 1906 im Schloß Schwöbber ein Raub der Flammen wurde. Bereits sein Großvater hatte mit der Einrichtung eines Schloßparks begonnen, für dessen Ausbau als ersten englischen Garten in Deutschland sich sein Enkel einsetzte. Literarisch trat Otto von Münchhausen mit dem sechsbändigen Werk »Der Hausvater« hervor, an dem er von 1764 bis 1773 schrieb. Ein Jahr darauf verstarb er in Hannover.

Murraya

Orangenraute

Johann Andreas Murray (1740–1791) stammte aus einer deutsch-schottische Familie und wurde in Stockholm geboren. Von 1756 bis 1759 studierte er in Uppsala Medizin, wo Linné (>) zu seinen Lehrern gehörte. 1760 begab er sich nach Göttingen, promovierte 1763 und dozierte ab 1764 über Botanik nach dem Linnéschen System. Im nächsten Jahr erhielt er eine Professur. 1768 wurde Murray Mitglied der Schwedischen Akademie der Wissenschaften. 1769 übernahm er die Direktion des Botanischen Gartens in Göttingen. Aus seiner Feder stammten u. a. »Flora Goettingensis« und eine größere Abhandlung über Heilmittel. Murray setzte sich vehement für die Lehren Linnés ein und verteidigte ihn gegen jeden Angriff.

Musa

Banane

Antonius Musa (63–14 n. Chr.) war Leibarzt des Kaisers Augustus. Nach der Unterwerfung Kantabriens geriet der Kaiser durch krankhafte Gallenabsonderungen in einen hoffnungslosen Zustand. Notgedrungen mußte er sich einer gefährlichen, den gewöhnlichen Methoden zuwiderlaufenden Kur unterziehen. Auf Verordnung seines Leibarztes wurde er nämlich mit kalten Umschlägen, einer damals unglaublichen Neuerung, behandelt. Der Kaiser wurde wieder gesund und hielt seinen Doktor hoch in Ehren. Musa genoß ein so hohes Ansehen, daß man aus Spenden eine Statue von ihm anfertigen ließ, die neben der des Heilgottes Äskulap (> *Asclepias*) aufgestellt wurde. Nach Plinius d. Ä. soll Musa bereits Rohkost zu Heilzwecken verordnet haben. Merkwürdigerweise traten in alten Zeiten die Ärzte nicht selten im brüderlichen Duo auf. Schon in den altindischen Veden findet sich das heilkundige Brüderpaar Aschrin. Und die christlichen heiligen Patrone Cosmas und Damian waren ebenso medizinische Experten wie bereits im Krieg um Troja Podaleirios (>) und Machaon. Und so hatte auch Musa einen Arzt zum Bruder, der den Namen Euphorbos (>) trug. Interessanterweise heißt die Banane im Sanskrit motscha, im Hindustanischen und Arabischen mos oder maus, die Ägypter nennen sie mauz. Es ist wohl nicht ganz von der Hand zu weisen, daß Linné (>) vielleicht eines dieser Wörter bekannt war. Die Transformierung zu dem blutvollen Namenspatron Musa wäre dann denkbar.

Musschia

Jean Henri Mussche (1765–1834) kam aus Gent, wo sein Vater bischöflicher Gärtner war. Um 1780 wurde der junge Mussche in einem Pensionat in Ath erzogen und ergriff nach dem Schulabschluß ebenfalls den Beruf eines Gärtners. Während des Napoleonischen Kaiserreiches wurde in Gent der Küchengarten der Abtei Baudeloo zu einem botanischen Demonstrationsgarten umgewandelt, in dem Mussche ausgebildet wurde. Bei der Erweiterung dieser Einrichtung wirkte er bereits entscheidend mit. Er kümmerte sich besonders um die Einführung zahlreicher exotischer Gewächse. 1810 legte er einen Katalog des Pflanzenbestandes vor, der in den folgenden Jahren ergänzt und 1817 mit dem Titel »Hortus Gandavensis« veröffentlicht wurde. Nach der Neuordnung der europäischen Verhältnisse auf dem Wiener Kongreß wurde der Garten der Universität Gent angegliedert und Mussche zum Chefgärtner ernannt. Dessen Eifer und Beziehungen zu Garteneinrichtungen in ganz Europa machten Baudeloo bald über die Grenzen Belgiens hinaus bekannt und geschätzt.

Mutisia
Mutisie

José Celestino Bruno Mutis y Bosio (1732–1808) stammte aus Cádiz und studierte in Sevilla zunächst Theologie und dann Medizin. Seit 1757 hatte er an der Universität den Lehrstuhl für Anatomie inne. Als Arzt im Gefolge des Gouverneurs kam er 1760 nach Neugranada (Kolumbien) in Südamerika. Von Cartagena aus unternahm er eine Expedition in die Anden. In dem kleinen Städtchen Nuestra Señora del Rosario hielt er vor einem bescheidenen Auditorium Vorlesungen. Begeistert von seinen wissenschaftlichen Untersuchungen faßte er den Entschluß, nicht mehr nach Europa zurückzukehren. 1772 wurde er Mönch. König Karl III. berief ihn 1783 zum Leiter einer Expedition, die die Gebiete Neugranadas erforschen sollte. Mutis' Arbeiten über die Flora des Landes dehnten sich zu einem Lebenswerk aus. Zum Zentrum seiner Untersuchungen wählte er die Stadt Mariquita, wo er nicht nur seine Sammlung vorantrieb und bearbeitete, sondern sich auch um die Ausbildung der Zeichner und Radierer kümmerte. Dieses Team von 30 Künstlern erschaffte in klösterlicher Stille und in neunstündiger täglicher Arbeit über 6.000 Tafelbilder, die die Pflanzen in natürlicher Größe und mit allen Einzelheiten darstellen. Mutis stand in regem Briefwechsel mit Linné (>), dem er Naturalien und Abbildungen schickte.1790 verließ Mutis aus Gesundheitsgründen Mariquita, begab sich nach Santa Fé de Bogotá, heute Bogotá, und wurde in der dortigen Kathedrale Kanonikus. Mutis hinterließ umfangreiche Sammlungen von Muscheln, Mineralien und Tierhäuten und ein Herbarium mit mehr als 20.000 Pflanzen, die im Botanischen Garten von Madrid aufbewahrt werden. Es sei noch vermerkt, daß Mutis in Bogota ein astronomisches Observatorium gründete. Nach ihm wurde auch die kolumbianische botanische Fachzeitschrift »Mutisia« benannt.

N

Naegelia *(Smithiantha)*

Carl-Wilhelm von Nägeli (1817–1891) wurde in Kilchberg/Zürich geboren und studierte an seiner Heimatuniversität Medizin. 1839 wechselte er nach Genf über und besuchte mit besonderem Interesse die Vorlesungen und Kurse des Botanikers de Candolle. Auf zahlreichen Exkursionen machte er sich mit der Alpenflora vertraut. 1840 erwarb er sich mit einer botanischen Dissertation das medizinische Doktorat. Noch im gleichen Jahr zog es ihn nach Berlin, um den Philosophen Hegel zu hören. Es folgte ein längerer Aufenthalt in Jena, wo Naegeli zusammen mit Schleiden, einem Mitbegründer der Zelltheorie, die »Zeitschrift für wissenschaftliche Botanik« ins Leben rief. Auf Reisen nach Italien und England sammelte er Material für seine Untersuchungen über Algen. 1842 wurde er Privatdozent, 1848 Professor der Botanik in Zürich und 1852 in Freiburg i. Br. 1855 folgte er einem Ruf zurück nach Zürich. Mit Feuereifer widmete er sich in den folgenden Jahren pflanzenphysiologischen Untersuchungen, die auch nach Übernahme einer Professur in München 1857 fortgesetzt wurden. Wie schon in seiner Berliner Zeit beschäftigten ihn Probleme der Evolution und führten 1884 zur Publikation seiner »Mechanisch-physiologischen Theorie der Abstammungslehre.« 34 Jahre wirkte er als forschender und lehrender Spitzenvertreter der Botanik bis zu seinem Tod 1891 in München.

Narcissus

Jonquille, Narzisse, Osterglocke, Tazette

Narcissus oder Narkissos war der Sohn der blauen Nymphe Leiriope (>) und des Flußgottes Kephissos, der mit seinen gewundenen Flüssen die Jungfrau umschlungen und sie dann vergewaltigt hatte. Narkissos wuchs zu einem bildhübschen Kind heran, das von seiner eigenen Schönheit überwältigt war. Und als er in die Pubertät gekommen war, wies er alle, die in Liebe zu ihm entbrannt waren, Männer wie Frauen, herzlos und stolz zurück. Weder der unglücklichen Nymphe Echo noch dem zudringlichen Bewerber Ameinios gelang es, seine Liebe zu gewinnen. Als Narkissos eines Tages von Durst erschöpft eine Quelle mit glasklarem Wasser fand, beugte er sich hinab und erblickte in dem Wasser einen betörend schönen Jüngling, in den er sich sofort verliebte. Vergeblich versuchte er ihn zu umarmen und zu küssen. Bald aber erkannte er, daß er sich in sein eigenes Spiegelbild verliebt hatte. Geblendet von seiner Schönheit starrte er Stunde um Stunde ins Wasser, und seine Qual, sich selbst nicht in Liebe umarmen zu können, wurde so unerträglich, daß er sich einen Dolch ins Herz stieß. Sein Blut tränkte die Erde und ließ daraus die Narzissen sprießen. In der Psychologie spricht man bei einem Menschen mit übersteigerter Eitelkeit und Selbstliebe, die zu Persönlichkeitsstörungen führen können, von Narzißmus. Spricht man den Namen unseres Unglücksraben Narkissos aus, so stellt sich sofort der Begriff Narkose ein. Tatsächlich sprach man dem Duft dieser Blumen eine berauschende Wirkung zu. Es wird sogar gesagt, daß man aus den Narzissen ein Betäubungsmittel hergestellt haben will. Später destillierte man aus den Blüten ein Heilmittel, das merkwürdigerweise gegen Frostbeulen helfen sollte. Allerdings, und das ist der Pferdefuß an dieser wunderschönen Geschichte, muß offenbleiben, ob die mythologische Narzisse mit der botanischen identisch ist.

Neesia

Theodor Friedrich Ludwig Nees von Esenbeck (1787–1837) kam wie sein älterer Bruder Christian Gottfried Daniel (>*Esenbeckia*) auf Schloß Reichenberg im Odenwald zur Welt. 1805 begann er eine Lehre als Apotheker in Erlangen. Mit dem Sohn seines Chefs, Carl Martius (>), verbrachte er botanisierend seine Freizeit. 1811 ging er als Gehilfe nach Basel. Exkursionen ließen ihn zu einem gründlichen Kenner der Alpenflora werden. 1817 wurde er zum Inspektor des Botanischen Gartens in Leiden berufen. Die Universität Erlangen verlieh ihm 1818 die Würde eines Dr. phil. h. c., und 1819 habilitierte er sich in Bonn. Im gleichen Jahr nahm ihn die Academia Leopoldina als Mitglied auf. Drei Jahre später wurde er zum außerordentlichen und 1827 zum ordentlichen Professor der Pharmazie ernannt. Er bereicherte dieses Fach mit sehr sorgfältigen Drogenanalysen. In dem »Handbuch der medicinisch-pharmaceutischen Botanik«, das in mehreren Teilen ab 1830 erschien, hatte Esenbeck sämtliche offizinellen Pflanzen umfassend abgehandelt. 1833 wurde er stellvertretender, 1836 Mitdirektor des Botanischen Gartens in Bonn. Im gleichen Jahr brachte er die »Plantae medicinales« heraus. Eine Lungenkrankheit ließ ihn 1837 Bad Ems und Hyères an der Mittelmeerküste aufsuchen, wo er im gleichen Jahr seinem Leiden erlag.

Nemesia

Nemesis ist die Tochter des Okeanos und steht Aphrodite an Schönheit nur wenig nach. Ihre Heimat ist Attika. Sie hält in der einen Hand einen Apfelzweig, in der anderen ein Rad und personifiziert die göttliche Rache. Der lüsterne Zeus stellte Nemesis nach, sie floh ins Wasser und wandelte sich zu einem Fisch, Zeus zu einem Biber. Nach weiteren Verwandlungen erschien sie zuletzt als Wildgans. Zeus aber mimte einen Schwan und bemächtigte sich ihrer. Nach diesem etwas komplizierten erotischen Beisammensein legte Nemesis ein hyazinthfarbenes Ei, das der schlitzohrige Hermes zwischen Ledas gespreizte Schenkel warf. So wurde Leda zur Mutter der schönen Helena (>), die nach einiger Zeit aus dem Ei schlüpfte. Dies ist eine der Sagenvarianten über Helenas Herkunft.

Nerine

Guernseylilie, Nerine

Nerine war wie Lycoris (>) eine der 50 Nereiden, jener hübschen und hilfreichen Seemädchen. Während Nerines Name sich von dem ihres Vaters Nereus ableiten läßt, hatten die anderen Namen, die sich auf das Meer und die Seefahrt beziehen, wie Nesaia (das »Inselmädel«) oder Pontoporeia (die »Seefahrerin«). In ihrer Hilfsbereitschaft hatten sie auch den Argonauten bei der Durchfahrt zwischen Skylla und Charybdis geholfen, indem sie unsichtbar das Steuer führten. Bei der Hochzeitsparty ihrer zur Meeresgöttin avancierten Schwester Thetis mit einem Sterblichen, einem gewissen Peleus, ließ es sich die fröhliche und umtriebige Mädchenschar nicht nehmen, am Strand ein wirbelndes Ballett zur Feier des Tages auf den weißen Sand zu legen.

Nestlera

Chrétien Geoffroy (Christian Gottfried) Nestler (1778–1832), in Strasbourg geboren, wurde von seinem Vater, der aus Gotha stammte und Direktor an der École de Pharmacie in Strasbourg war, zum Apotheker ausgebildet. Seine Studien setzte er in Paris fort, wo er insbesondere die botanischen Vorlesungen von Louis Richard und Antoine de Jussieu hörte. Es folgten während der Napoleonischen Kriege Reisen in Europa, bis er 1807 an die Militärlazarette in Berlin und Potsdam verpflichtet wurde. In seiner freien Zeit besuchte er neben botanischen Vorlesungen auch die Vorträge des Philosophen Fichte. In dieser Zeit genoß er die großzügige Unterstützung seines Onkels väterlicherseits, der in Gotha Apotheker war. Während der Feldzüge Napoleons gegen Österreich lernte er Ungarn und die Schweiz kennen. Nachdem Nestler 1808 zum Militärapotheker 1. Klasse ernannt worden war, nahm er seinen Abschied und wurde 1811 Lehrer an der École de Pharmacie in Strasbourg. 1815 bekam er den pharmazeutischen Chefposten über alle Zivilkrankenhäuser in dieser Stadt. Nach der Einreichung einer wissenschaftlichen Arbeit in Paris, die die dortige Fakultät anerkannte, erhielt er von der Universität in Strasbourg die Professur für Botanik und das Direktorat über den Botanischen Garten. Neben seinen botanischen Publikationen veröffentlichte er 1819 einen Katalog des Pflanzenbestandes im Botanischen Garten, der 750 Gattungen und 2.400 Arten umfaßte. Schließlich soll nicht unerwähnt bleiben, daß sich Nestler große Verdienste um die Redaktion eines Arzneimittelhandbuchs erworben hatte.

Nicandra
Giftbeere

Nikander (wahrscheinlich 185–135 v. Chr.) wurde als Sohn eines Apollo-Priesters in einem kleinen Dorf in der Nähe der Stadt Kolophon in Lydien geboren, weshalb man ihn wegen der Häufigkeit seines Namens auch Nikander von Kolophon nennt. Von seinem Vater übernahm er die Würde und das priesterliche Amt. Er war ein bekannter Grammatiker, Poet und Arzt. Sein dichterisches Hauptwerk »Georgika«, von Cicero hoch gelobt, ist, wie die meisten seiner Schriften, verlorengegangen. In diesem Lehrgedicht befaßte er sich mit dem Ackerbau. Es enthielt auch Verse über giftige und die Kultivierung eßbarer Pilze. Andere waren Europa, dem Schlaf, der Bienenzucht und dem Orakelwesen gewidmet. Erhalten sind zwei Gedichte, »Alexipharmaka« und »Theriaka« (griech. *Therion* – wildes oder giftiges Tier). Das eine berichtet ganz allgemein über Gifte, das andere ist speziell tierischen Giften gewidmet. Viele seiner zoologischen Feststellungen gehören in eine Fabelwelt. So berichtet er über Schlangen mit zwei Köpfen, die Wespen läßt er aus Fäulnisprozessen in verendeten Pferden entstehen. Andererseits beschreibt er die Beziehung zwischen Nachtschmetterlingen und einer Lichtquelle. Das Schlangengift kommt aus einem membranösen Behälter um einen Zahn heraus, was im weitesten Sinne ja nicht ganz falsch ist. In beiden Werken empfiehlt Nikander als erste Hilfe pflanzliche Gegengifte. Er gehörte zu der Schule der Empiriker: Unter Verzicht auf jegliche Theorie beruhte deren ärztliches Handeln auf drei Grundsätzen: eigene Beobachtung, Kenntnis fremder Beobachtungen, Prinzip der Analogie – kurz als »Dreifuß der Empirie« bezeichnet. Die Therapie darf sich danach ausschließlich auf klinische Beobachtungen stützen. Viele seiner Zeitgenossen schätzten Nikanders Werke hoch ein und lobten sie in gelehrten Kommentaren.

Nicotiana
Tabak

Jean Nicot (1530–1600) stammte aus Nîmes und war von 1559 bis 1561 französischer Gesandter in Portugal, wo er nach einer Mitteilung seines Freundes Monardes (>) von einem flämischen Edelmann Tabaksamen aus der Neuen Welt bekam. Nicot säte ihn in seinem Garten aus und stellte bald zu seiner großen Freude fest, daß sich kräftige Pflanzen entwickelten, die sich auch noch großartig vermehrten. Da ihm bekannt war, daß bei den Indianern die Blätter des Tabaks als Heilmittel angewendet wurden, machte er sich diesen Gebrauch auch zunutze. So konnte er mit glänzendem Erfolg die entsetzliche Wunde an der Hand seines Kochs heilen, der sich mit einem Fleischmesser den Daumen abgesäbelt hatte. Nicot schickte einige Exemplare dieser neuen Pflanze an seine Königin Katharina von Medici, die sie zum Dank für seine Aufmerksamkeit »L'Herbe à l'Ambassadeur« nannte. Später gab ihr der Herzog von Guise den Namen »Nicotia«. Linné (>) schließlich taufte sie mit dem endgültigen Gattungsnamen *Nicotiana.*

Nierembergia

Johannes Eusebius (Juan Eusebio) Nieremberg y Otin SJ (1595–1658) hatte einen Vater aus Tirol und eine Mutter aus Bayern und wurde in Madrid geboren. Er studierte an den Universitäten in Madrid, Alcalá und Salamanca. 1614 trat er in die Gesellschaft Jesu ein, aus der er aber auf Geheiß seines Vaters austreten mußte. Doch setzte Nieremberg seinen Willen durch und ließ sich später wieder in die Gesellschaft aufnehmen. Seit 1623 hatte er das Priesteramt inne. 16 Jahre lehrte er in Madrid Humanität und Naturgeschichte. Dann wurde er auch seelsorgerisch tätig. In dieser Eigenschaft diente er der Herzogin von Mantua, einer Enkelin König Philipps II., als Beichtvater. 1642 mußte er infolge eines Schlaganfalls seine Lehrtätigkeit aufgeben. Nieremberg war ein sehr fleißiger Schriftsteller, obwohl ihm nur die Nächte für seine literarische Tätigkeit blieben – die Tage verbrachte dieser schlichte und höchst fromme Ordensmann im Gebet. Als Jesuit verfaßte er 73 Werke zum Thema Askese, darunter die eindrucksvolle Schrift »De la diferencia entre lo temporal y eterno«, die unter dem Titel »Waagschale der Zeit und Ewigkeit« auch in Deutschland Verbreitung fand. Besondere Beachtung fand seine Sammlung von Lebensbildern hervorragender Jesuiten. Seine naturgeschichtlichen Bücher »Curiosa Filosofía« (1630) und »Historia Naturae« (1635) spiegeln die volkstümlichen, teils noch aus dem Mittelalter stammenden Anschauungen naturwissenschaftlicher Sachverhalte wider und sind eine Quelle kurioser und unglaublicher Begebenheiten.

Nivenia

James Niven (1774?–1826), ein Schotte, war Gärtner am Botanischen Garten in Edinburgh. Von George Hibbert (>), einem wohlhabenden Amateurbotaniker in Clapham bei London, wurde er 1798 nach Afrika geschickt, wo er zunächst fünf Jahre für diesen und weitere neun Jahre für einen gewissen James Lee sammelte. Außerdem war er auch für Kaiserin Joséphine (>*Lapageria*), die Gemahlin Napoleons I., tätig, für deren Garten in Malmaison er u. a. 30 neue Erikaspezies gesammelt hatte. 1812 kehrte er nach England zurück. Er gab seinen Beruf auf, ging mit seinem Bruder in die schottische Heimat und widmete sich dem Geschäftsleben.

**Nuttallia* *(Oemleria)*

Thomas Nuttall (1786–1859) wurde in Settle, Yorkshire, geboren und erlernte den Beruf eines Buchdruckers. Mit 22 Jahren wanderte er nach Nordamerika aus und ließ sich in Philadelphia nieder, wo sich der Botaniker Benjamin Barton (>) seiner annahm und ihn in seiner Wissenschaft unterrichtete. Begeistert durchforschte Nuttall die Wälder längs der Atlantikküste in Virginia und North Carolina. 1809 machte er die Bekanntschaft des schottischen Naturforschers John Bradbury, der für den Botanischen Garten in Liverpool Pflanzen sammelte. Nuttall schloß sich ihm als Kompagnon an. Ihre Expedition wandte sich westwärts nach Missouri und Kansas. 1810 erreichte sie Dakota, wo es zu Zusammenstößen mit den Indianern kam. 1811 kehrten die beiden Forscher nach Philadelphia zurück. Nuttall wurde zum Mitglied der Linnean Society of London, der American Philosophical Society und der Academy of Natural Sciences in Philadelphia ernannt. 1818 erschien sein zweibändiges Werk »Genera of North American Plants«. Im gleichen Jahr startete er eine Expedition in die Wildnisse von Arkansas. Eine Erkrankung machte dem Unternehmen ein Ende und zwang ihn zur Rückkehr über New Orleans nach Philadelphia. Den Verlauf der Expedition veröffentlichte er als »Journal of Travels into the Arkansas Territory«. 1821 nahm er das Angebot einer Professur für Naturgeschichte und den Posten als Kurator des Botanischen Gartens an der Harvard-Universität an, den er bis 1834 ausfüllte. In dieser Zeit erwachte auch ein großes Interesse an der Vogelkunde. Als dessen Frucht publizierte er 1832 sein »Manual of the Ornithology of the United States and Canada«, das diesen erstaunlichen Mann zu einem anerkannten Vogelspezialisten machte. 1836 bereiste er die Sandwichinseln. 1842 erbte Nuttall einen Landsitz in England, auf dem er bis zu seinem Tode lebte.

Nyssa
Tupelobaum

Im Reigen seiner vielen Seitensprünge hatte Zeus mit Semele (>), einer thebanischen Königstochter, Dionysos gezeugt. Um das Knäblein vor der Rache seiner Gemahlin Hera zu schützen, gab er Hermes den Befehl, es in ein Zicklein oder einen Widder zu verwandeln und in einer Höhle auf dem Berge Nysa auf Kreta zu verstecken. Dort wurde es von der fürsorglichen Nymphe Nysa und ihren vier Schwestern Erato, Makris, Bromie und Bakche großgezogen. Sie pflegten den Säugling und fütterten ihn mit Honig. Zum Dank dafür setzte Zeus ihr Abbild unter die Sterne und nannte es die Hyaden.

O

Orbignya

Babassupalme, Cohunepalme

Alcide d'Orbigny (1802–1857) aus Couëron (Dep. Loire-Inférieure), Sohn eines Marinearztes, wurde in La Rochelle erzogen und zeigte schon früh eine Vorliebe für die Naturwissenschaften. Am Meeresufer sammelte er Muscheln und stellte Vergleiche mit fossilen Spezies an. Mit 23 Jahren legte er der Akademie der Wissenschaften in Paris seine ersten Forschungsergebnisse über 600 verschiedene Foraminiferenarten (Wurzelfüßer) vor. Ein Jahr darauf schickte ihn das Pariser Museum für Naturgeschichte auf eine Forschungsreise nach Südamerika. Orbigny durchquerte Brasilien und Uruguay, und von Buenos Aires aus besuchte er im Auftrag der argentinischen Regierung die Pampasregionen und gab Hinweise zur Verbesserung der Kultivierung. Bei der Erforschung Patagoniens geriet er in Kämpfe rivalisierender Eingeborenenstämme und mußte sich dabei nolens volens auf die Seite seiner Gastgeber schlagen, die glücklicherweise als Sieger hervorgingen. Von Montevideo begab er sich zu Schiff nach Chile. Von dort aus wandte er sich nach Bolivien. Nach gründlicher Durchforschung dieser neuen Republik beendete er in Peru seine Expedition und traf nach siebenjähriger Abwesenheit 1833 wieder in Frankreich ein. Die unglaubliche Ausbeute seiner Reise waren 160 Säugetiere, 800 Vögel, 150 Reptilien, 166 Fische, 980 Weichtiere, 5.000 Insekten und 3.000 Pflanzen! Außerdem hatte er noch einen reichen Schatz an geologischen und ethnographischen Objekten in seinem Gepäck. Nach Durchsicht des Materials wurde es mit Unterstützung der Regierung von 1834 bis 1847 in neun Bänden mit etwa 300 Abbildungstafeln publiziert. Orbigny setzte seine Forschungsarbeit über Fossilien fort und brachte eine Kollektion von mehr als 100.000 Objekten zusammen, die nach seinem Tode von der Regierung gekauft und 1859 im Museum für Naturgeschichte der Öffentlichkeit zugänglich gemacht wurde. 1852 präsentierte Orbigny seine paläontologischen und geologischen Forschungsergebnisse in einem dreibändigen Werk mit über 600 Abbildungen. 1853 wurde ein Lehrstuhl für Paläontologie am Musée d'Histoire Naturelle eingerichtet, den Orbigny als Professor übernahm. Unter den zahlreichen Ehrungen, mit denen er ausgezeichnet wurde, seien nur seine Ernennungen zum Offizier der französischen und der bolivianischen Ehrenlegion erwähnen. Erschöpft von rastloser Arbeit starb Alcide d'Orbigny nach schwerer Krankheit.

Orphium

Orpheus, von königlichem Geblüt, wurde ein so gottbegnadeter Poet und Musiker, daß er mit seiner Kunst sogar wilde Bestien zähmen konnte. Mit seiner Leier, einem Geschenk Apollons, begleitete er die Argonauten auf ihrer gefährlichen Fahrt nach Kolchis zum Goldenen Vlies und besänftigte mit seinen Tönen Zwietracht und Hader unter den Abenteurern. Heimgekehrt erkor er Eurydike zur Frau, die jedoch unversehens nach einem tödlichen Schlangenbiß dahinschied und in die Unterwelt entschwand. Orpheus nahm allen Mut zusammen, stieg in den Tartarus hinab und rührte Hades mit seinem Leierspiel so sehr, daß dieser Eurydike die Rückkehr unter die Sterblichen erlaubte. Nur mußte er die Bedingung erfüllen, sich nicht eher nach der Geliebten umzusehen, als bis beide wieder im Sonnenlicht wandeln würden. Orpheus drehte sich jedoch sehnsuchtsvoll zu früh um und verlor damit Eurydike für immer. Sein sehnsüchtiges, schmelzendes »Ach ich habe sie verloren«, das ihm Christoph Willibald Gluck in den Mund legte, machte ihn zum Traurigsten unter der Sonne. Sein Künstlerdasein endete schrecklich. Die Ehrfurcht vor der Größe Apolls, die er hymnisch laut besang, machte ihm den neidischen Dionysos (>) zum Todfeind. Auf dessen Wink zerfleischten seine Begleiterinnen, die Mänaden, eine Horde wilder, blutrünstiger Weiber, den Sänger. Das abgetrennte edle Haupt warfen sie in einen Fluß. Noch immer singend erreichte es das Meer und wurde auf die Insel Lesbos, auf der man die Musik pflegte, verschlagen.

Osbeckia

Pehr Osbeck (1723–1805) stammt aus der schwedischen Provinz Halland. Trotz der Drohungen der Kirche gegen das System Linnés (>) waren die beiden ersten Pflanzensammler, die von dem Meister ausgesandt wurden, kurioserweise Geistliche. Einer war Osbeck, der als Kaplan auf einem Schiff der 1731 in Göteborg gegründeten Schwedischen Ostindien-Handelskompanie anheuerte und von 1750 bis 1752 Ostindien und China bereiste. Nachdem er sich zunächst einige Monate in Cádiz als Pflanzensammler beschäftigt hatte, segelte er um das Kap der Guten Hoffnung und über Java bis nach Kanton, wozu er neun Monate brauchte. Dort hielt er sich fast ein halbes Jahr als fleißiger Sammler auf. Seine Kollektion wurde von Linné als einzigartig eingestuft. 1757 publizierte er sein »Dagbok över en Ostindisk resa«. Schließlich wurde Osbeck in seiner schwedischen Heimatprovinz Halland Vikar. Aber auch in dieser Eigenschaft blieb er der Botanik treu und durchforschte mit großem Eifer bis zum Ende seines langen Lebens die Pflanzenwelt seiner Umgebung.

Osmunda

Königsfarn, Rispenfarn

Benannt nach dem Beinamen Osmundr des altnordischen Gottes Thor, der mit dem gemeingermanischen Gotte Donar identisch ist. Dieser nahm neben Wodan (Odin) eine Spitzenposition unter dem Göttergeschlecht der Asen ein. Er war ein Sohn Wodans und wurde zu einem volkstümlichen Beschützer der Bauern. Man stattete ihn mit einem flammendroten wallenden Bart aus und unterstellte ihm einen derart riesigen Appetit, der ihn mehrere Ochsen auf einmal vertilgen ließ. Ein freundlicher Charakterzug dieses Gottes war seine Schutzfunktion gegen üble Machenschaften von Dämonen oder Riesen. Wenn er mit seinem Wagen über Land fuhr, verursachten die Räder ein entsetzliches Donnern. Mit seinem riesenhaften Hammer Mjölnir durchfurchte er die Erde, um sie fruchtbar zu machen und den Bauern eine gute Ernte zu schenken. Sein größter Feind war die entsetzliche Midgardschlange, die er zwar in der Götterdämmerung erlegen konnte, wobei er aber selbst durch ihren giftigen Atem hingerafft wurde. Unbewußt gedenken wir seiner an jedem Donnerstag.

Paeonia
Päonie, Pfingstrose

Paean wurde Apollon, der Sohn des Zeus und der Titanentochter Leto, auch genannt. Als Wachteln hatten sich seine Eltern gepaart. Obschon Apoll ein Siebenmonatskind war, wuchs er als Göttersprößling schneller als ein Sterblicher und übernahm bald ein ganzes Bündel ehrenvoller Aufgaben: er schützte die Vegetation, hütete das Recht und die Ordnung, vervollkommnete die Künste und gründete in Delphi eine weltberühmte Orakelstätte. So erhielt er durch die Mannigfaltigkeit seines Tuns auch eine Vielzahl von Beinamen. Als Paeon wurde er für seine Zuständigkeit bei Krankheiten und Gebrechen angefleht. Später nannte man ein Loblied, ja sogar einen Aufmunterungsgesang im Schlachtgetümmel einen Päan. In seinen jüngeren Jahren spielte eine ziemlich ausgeprägte erotische Triebhaftigkeit (wahrscheinlich ein Erbe seines Vaters Zeus) eine nicht unbedeutende Rolle in seiner Biographie. So mancher Nymphe bescherte er ein Kind. Berühmt wurde sein Sohn Asklepias (>), den er mit der Koronis gezeugt hatte. Manches Abenteuer verlief nicht ganz nach Wunsch, wie bei Daphne (>) oder dem armen Hyakinthos (>). In reiferen Jahren zollte auch er der Natur den unausweichlichen Tribut, wurde bescheiden, gab sich philosophisch und trat sogar als Vortänzer bei getragenen und erbaulichen Tänzen der Musen auf. Schließlich wurde Apoll zum Licht- und Sonnengott, dem Gegenpol zum orgiastischen und triebhaften Dionysos (>).

Palafoxia

José de Palafox y Melzi (1780–1847) kam auf dem Schloß Palafox in der spanischen Region Aragonien zur Welt und wurde Offizier. Während sich das von Napoleon 1808 in Bayonne inszenierte Theater des Thronverzichts Karls IV. und seines Sohnes Ferdinand abspielte, befand sich auch Palafox unter dem spanischen Gefolge. Nachdem er jedoch die listigen Absichten Napoleons erkannt hatte, machte er sich schleunigst davon und zog sich auf sein Schloß in der Nähe von Saragossa zurück. Als jedoch die Franzosen anrückten, proklamierte man ihn 1808 zum Generalkapitän von Aragonien und rief ihn, um die Verteidigung der Stadt zu organisieren. Mit 50 bewaffneten Bauern eilte er nach Saragossa und wurde mit Begeisterung von den Bürgern empfangen. Ohne besondere militärische Erfahrung machte sich Palafox sofort an die Befestigung der Stadt, bewaffnete die Studenten und alle Bürger im waffenfähigen Alter. Eifrig unterstützt wurde er in seinen Bemühungen von den Mönchen, die die Bürgerschaft anfeuerten. Dann erklärte er Napoleon den Krieg, was ohne Zweifel in den Augen der europäischen Staaten eine Wahnsinnstat war. Die Franzosen rückten mit zwei Armeekorps unter Marschall Lannes an. Am 13. Juni eröffneten die Belagerer das Bombardement auf die Stadt. Anfang August hatten sie einen Teil der Stadt erobert, mußten sich am 15. August aber wieder zurückziehen. Als sie am 20. Dezember ihren Angriff wiederholten, trafen sie auf eine noch besser befestigte Stadt. Palafox wagte sogar einen Ausfall, wurde aber zurückgeschlagen. Die Stadt wurde eingeschlossen, die Franzosen stürmten hinein und stießen auf erbitterten Widerstand. Jedes Haus wurde wie eine Festung verteidigt und mußte gesprengt werden. Zusätzlich breitete sich eine Epidemie aus und raffte täglich bis zu 500 Menschen hin. 20.000 Soldaten und 30.000 Zivilisten waren in der Stadt gefallen. Im Februar 1809 mußte die Stadt kapitulieren. »In Saragossa kämpfte das Volk, Frauen und Kinder genau wie die Männer. Die junge Frau, die ein Gewehr an sich riß, nachdem ihr Liebster, im Begriff, es zu laden, gefallen war, symbolisierte nicht allein den heroischen Geist Spaniens, sondern auch den des einfachen Volkes. Bald würde das Beispiel in Tirol, in Rußland, in Deutschland aufgegriffen werden.« (*61*, S. 217). Als kranker Mann wurde Palafox nach Frankreich verbracht und in der Festung Vincennes eingekerkert. Nach dem Friedensschluß von 1813 schickte ihn Ferdinand IV. (König von Neapel und Sizilien) mit einem Geheimauftrag nach Madrid. 1814 wurde er wieder zum Generalkapitän von Aragonien ernannt. 1820 zog er sich ins Privatleben zurück. Nach dem Tode König Ferdinands VII. von Spanien (1833) verlieh ihm dessen Frau Marie Christine als Regentin die Herzogswürde. Als der »Verteidiger von Saragossa« ging Palafox in die Geschichte ein.

Pallasia

Peter Simon Pallas (1741–1811) aus Berlin studierte in seiner Heimatstadt am Collegium medico-chirurgicum bereits mit 13 Jahren Anatomie und Physiologie. Botanische Studien trieb er bei Gleditsch (>). 1758 beschäftigte er sich in Halle mit Mathematik und Physik. Nach einem kurzen Intermezzo in Göttingen begab er sich nach Leiden in Holland und legte dort das Doktorexamen ab. 1761 besuchte er London und befreundete sich mit den Botanikern Solander (>) und Collinson (>). Entgegen dem Wunsche seines Vaters übte er nicht den Arztberuf aus, sondern beschäftigte sich mit den Naturwissenschaften. 1763 ließ er sich in Den Haag nieder. Pallas hatte sich schon in jungen Jahren einen solchen Ruf erworben, daß ihn die Royal Society in London und die Deutsche Akademie der Naturforscher, die ehrwürdige Leopoldina, als Mitglied aufnahmen. 1767 folgte er einem Rufe der Zarin Katharina II. nach Rußland. Als Mitglied der Kaiserlichen Akademie und als Professor für Naturwissenschaft wurde er dazu berufen, 1768 eine Expedition durch Sibirien bis an die Grenzen von China zu leiten. Die Fülle der ethnologischen (Beobachtungen über Kalmücken, Kirgisen und Turkmenen), botanischen, zoologischen und geographischen Beobachtungen erweiterten in jeder Hinsicht die Kenntnisse über diesen weitgehend unerschlossenen Teil des Russischen Reiches. Von eminenter Bedeutung waren seine Informationen über den Zustand technischer Einrichtungen wie Bergwerke, Färbereien und Eisenindustrie. Unterstützung auf dieser Expedition fand Pallas in zuverlässigen und sachkundigen Assistenten, zu denen auch zeitweilig sein Landsmann Georgi gehörte. »Mit einem«, wie er selbst sagte, »zwar entkräfteten Körper und schon im dreyunddreißigsten Jahre grauenden Haare« kehrte Pallas 1774 nach St. Petersburg zurück. 1793 bis 1794 bereiste er das südliche Rußland, wo er besonders angetan war von der Schönheit der Krim. In der Hoffnung, dort auch Heilung von seiner Fiebererkrankung zu finden, siedelte er 1795 nach Simferopol über. Die Kaiserin hatte ihm zwei Dörfer mit Weinbergen und Fruchtgärten in der Nähe geschenkt, in denen er Ruhe und Erholung suchte. 1810 verließ er Rußland und ließ sich in Berlin nieder. Mit seinen Freunden, darunter der Botaniker Willdenow (>), verbrachte Pallas noch glückliche Tage, bis er 1811 in den Armen seiner Tochter verstarb. Unter seinen zahlreichen Schriften erschienen »Reise in verschiedenen Provinzen des Russischen Reiches« (1771–76) und »Flora rossica« in zwei Bänden (1784 und 1788). Seine Naturaliensammlung erwarb die russische Kaiserin, und seine Bibliothek fand in Charkow ihre Heimstatt. Pallas wurde durch die Aufnahme in die Akademien von Berlin, London, Paris und Stockholm geehrt, seine Gönnerin Katharina II. zeichnete ihn mit dem Wladimir-Orden aus.

Pandorea

Pandora war nicht von Eltern gezeugt, sie war ein Kunstgebilde. Ihr Name bedeutet die Allbeschenkte oder die alles Schenkende. Zeus war von Prometheus, der den Sterblichen gegen den Willen des Göttervaters das Feuer geschenkt hatte, schändlich hintergangen worden. Seine Rache blieb auch uns nicht erspart. Er befahl seinem Chefkunsthandwerker Hephaistos, aus Ton ein Weib von unübertroffener Schönheit zu formen, die vier Winde mußten ihr Leben einblasen, alle Olympier putzten sie auf das feinste heraus, und schließlich drückte man ihr noch eine reichverzierte Schatulle oder Büchse mit Geschenken in die Hände (die länglich-elliptischen Fruchtkapseln der *Pandorea* haben übrigens eine gewisse Ähnlichkeit mit der Büchse der Pandora). Nur Verstand hatte man der Dame nicht gegeben. Von betörender Attraktivität, aber strohdumm und maliziös, eine Mischung, die auch heute noch gelegentlich anzutreffen sein soll, suchte Pandora den Bruder des Prometheus, Epimetheus mit Namen, auf und bot ihm die Schatulle und sich selbst als Geschenk des Göttervaters an. Der bedankte sich zwar artig, lehnte aber eingedenk einer Warnung seines Bruders das Angebot höflich ab. Erbost über diese neuerliche Schmach kettete Zeus Prometheus an einen Felsen im Kaukasus und ließ ihm täglich die immer wieder nachwachsende Leber von einem Geier herausreißen. Epimetheus, fast zu Tode erschrocken über das Schicksal seines Bruders, besann sich und nahm devotest das Schatzkästlein an und Pandora zur Frau. Neugierig wurde das Kästchen geöffnet, heraus strömten alle nur erdenklichen Leiden, Krankheiten und Laster, krochen mit Wonne in Pandora und ihren getäuschten Gatten, verbreiteten sich unter den Sterblichen und plagen unser Menschengeschlecht bis ans Ende seiner Tage.

Paphiopedilum
Venusschuh

Paphia ist ein anderer Name der Venus oder Aphrodite, die in der Stadt Paphos auf Zypern in einer hochberühmten Kultstätte verehrt wurde. Kronos hatte mit einer Sichel aus Feuerstein seinem schlafenden Vater Uranos die Genitalien abgeschnitten und ins Meer geworfen. Aus dem auf diese wenig delikate Weise befruchteten schaumigen Wasser erhob sich Aphrodite, die Schaumgeborene, in die Lüfte. Auf der Suche nach einer angemessenen Wohnstatt ließ sie sich schließlich in Paphos auf Zypern nieder und errichtete eine unsagbar prächtige Palastanlage. Die Wände waren aus blitzenden Brillanten, das Dach trug ein Gebälk aus grünem Smaragd, das auf amethystenen Säulen ruhte. Im Garten entsprangen zwei Quellen, eine süße und eine bittere, in die der kleine, schelmische Knabe Amor seine wonne- oder schmerzbringenden Pfeile tauchte. Lustwandeln sah man auch der Venus Gefolge: die Keckheit, den Jähzorn, das Schmachten und die Jugend; nur das Greisenalter hatte keinen Zutritt.

Paris *(*Daiswa)*
Einbeere

Paris hatte als junger Mann kein beneidenswerte Schicksal hinter sich. Priamos und seine Gattin Hekuba, die Herrscher in Troja, waren seine Eltern und hatten ihn wegen einer ungünstigen Weissagung ausgesetzt. Als einfacher, aber betörend schöner Hirte, ohne Wissen um seine edle Abstammung, fristete er sein Dasein und wurde von Zeus in eine üble Machenschaft hineingezogen. Eris, die beleidigte Göttin der Zwietracht, hatte einen goldenen Apfel mit der Aufschrift »Der Schönsten« den Kolleginnen Hera, Athene und Aphrodite vor die Füße rollen lassen. Und nun sollte Paris auf Befehl des Göttervaters, der selbst zu feige war zu entscheiden, den Schiedsrichter spielen. Als erste zeigte ihm Hera, die Gemahlin des Zeus, ihren makellosen Leib und versprach ihm die Herrschaft über Asien und unermeßlichen Reichtum. Als nächste hatte er Athene zu begutachten, die ihn zu einem bedeutenden Krieger und weisesten aller Männer machen wollte. Schließlich nahte sich ihm Aphrodite, die ihn mit einer raffinierten Taktik lockte. Zunächst rückte sie ihm in ihrer Nacktheit ziemlich dicht zu Leibe, dann bewunderte sie entzückt seine Schönheit und versprach ihm den Besitz der lieblichsten Frau auf

Erden. Schon hatte Paris – er war eben auch nur ein Mann – Feuer gefangen und wollte Näheres wissen. Helena (>), so hieße sie, sei zwar die Gattin des Königs von Sparta, was aber keine Rolle spielen würde. Mit diesem Versprechen hatte Aphrodite ihr Ziel erreicht, den Schönheitswettbewerb gewonnen und den Krieg gegen Troja programmiert. Wie die Geschichte weiterging, ist wohlbekannt. Bevor Troja fiel, durchbohrten mehrere Pfeile Paris. Eine frühere Geliebte erbarmte sich seiner und eilte ihm noch zu Hilfe, doch sie kam zu spät.

Parkia

Mungo Park (1771–1806) stammte aus der Nähe der schottischen Stadt Selkirk und war das siebente von 13 Kindern. Nach dem Besuch der Elementarschule in Selkirk wurde er dort mit 15 Jahren zu dem Chirurgen Thomas Anderson in die Lehre gegeben. 1789 bezog Park die Universität Edinburgh zum Medizinstudium, in dem er sich besonders zur Botanik hingezogen fühlte. Mit dem Chirurgendiplom in der Tasche machte er sich 1791 nach London auf, wo er sich, vermittelt von seinem späteren Schwager James Dickson (>), dem Präsidenten der Royal Society Sir Joseph Banks (>) vorstellte, der ihm eine Stelle als Assistenzarzt auf einem Ostindien-Segler beschaffte. 1792 ging er auf Sumatra an Land, durchforschte die Insel und kehrte ein Jahr später mit einigen seltenen Pflanzen und acht von ihm entdeckten Fischspezies nach England zurück. Banks war stark beeindruckt und ließ den jungen Mann vor der Linnean Society berichten. 1794 empfahl ihm Sir Banks, sich bei der African Association, einer 1788 gegründeten Gesellschaft zur Erforschung des Inneren Afrikas, zu bewerben. Er wurde angenommen und erhielt den Auftrag, vom Oberlauf des Niger aus dessen weiteren Verlauf möglichst bis zur Mündung zu erforschen. Damit sollte geklärt werden, ob der Niger, wie manche annahmen, in den innerafrikanischen Tschadsee mündet oder gar mit dem Kongo zusammenfließt. 1795 segelte Park von Portsmouth ab, gelangte zum Gambia in Westafrika und erreichte flußaufwärts knapp zwei Monate später die britische Handelsniederlassung Pisania. Zur Vorbereitung auf die Expedition erlernte er die Eingeborenensprache und erholte sich von seiner ersten schweren Fieberattacke. Während der Regenzeit brach er, noch ganz im europäischen Habit samt Regenschirm und einem hohen Hut, der wichtige Dokumente verbarg, mit zwei einheimischen Begleitern und einem Pferd auf. Er wurde ausgeraubt und gefangengesetzt, konnte fliehen, schlug sich ostwärts nach Sego am Niger durch und erreichte flußabwärts Silla. Wegen Lebensmittelmangels mußte er umkehren, überlebte fieberkrank nur dank der Fürsorge eines Eingeborenen, erreichte mühsam Pisania und war 1797 wieder in England. Er heiratete Alice, die Tochter seines Lehrmeisters, und bereitete die Veröffentlichung seines Reiseberichts vor, der 1799 als »Travels in the Interior Districts of Africa« erschien, zahlreiche Auflagen erlebte und in mehrere Sprachen übersetzt wurde. 1801 eröffnete er in Peebles (Schottland) eine Praxis, übernahm aber 1805 auf das Angebot des Kolonialministeriums hin erneut die Leitung einer Expedition zur Erforschung des Nigerverlaufs, die zur Tragödie für Park und seine Begleiter wurde. Als die Expedition von Pisania aus in Bamako am Niger eintraf, waren nur noch elf der ursprünglich mehr als dreißig europäischen Begleiter am Leben. Auf dem Weg nach Sansanding waren auch Parks Schwager Anderson und der Zeichner dem mörderischen Klima zum Opfer gefallen. Dennoch setzte Park seinen Weg per Boot fort. Er meldete dem Kolonialminister mit markigen Worten, daß er die Mündung des Niger erreichen oder umkommen werde. Während Park flußabwärts trieb, brachte der einheimische Führer Isaaco die Meldung, einen Brief an die Familie und Parks Tagebuch sicher nach Pisania zurück. Inzwischen hatte sich schon die Nachricht von Parks Tod verbreitet. Sowohl der Bericht eines einheimischen Führers, Park und die Seinen seien von Eingeborenen beschossen worden, in den Fluß gesprungen und ertrunken, als auch das Gerücht, Park sei von den eigenen Begleitern erschossen worden, sind nicht zu beweisen. Parks Sohn Thomas, der vermutete, sein Vater sei in Gefangenschaft geraten, hatte sich 1827 von der guineischen Küste aus auf die Suche nach ihm begeben, doch schon kurz nach dem Vordringen ins Landesinnere verstarb auch er fieberkrank – die Tragödie hatte sich vollendet. Mungo Park, der als erster Europäer den Verlauf des drittlängsten Stroms Afrikas wissenschaftlich erforscht und bewiesen hat, daß der Niger nicht in den Tschadsee mündet, blieb verschollen.

Parkinsonia

John Parkinson (1567–1650) stammte wahrscheinlich aus Nottinghamshire und praktizierte als Apotheker. Offensichtlich genoß er einen so glänzenden Ruf, daß König Jakob I. ihn mit der Ernennung zum Hofapotheker ehrte. In seinem Garten in Long Acre in London hegte und pflegte er neben einheimischen Pflanzen auch eine Fülle von Gewächsen aus der Neuen Welt, die er meist aus Spanien kommen ließ. Seine Berühmtheit gründet sich auf zwei herausragende botanische Werke. 1629 erschien sein »Paradisus«, ein Werk, das er in seiner Widmung für Königin Henrietta Maria, die Gemahlin Karls I., zu Recht als einen sprechenden Garten preist. Viele Arten von Lilien und Tulpen werden darin liebevoll beschrieben. In seinem Garten Eden durften natürlich auch die duftenden Gewächse nicht fehlen. Lavendel, besonders der weiße, den Henrietta Maria heiß liebte, ist nicht nur hervorragend geeignet, um Leinen, Handschuhe und Leder zu parfümieren, sondern ist mit seinem betörenden Duft auch ein probates Mittel, seelische Verstimmungen zu lindern. Sein zweites Werk mit dem opulenten Titel »Theatrum Botanicum« vollendete Parkinson in seinem 73. Lebensjahr. In dieser in seiner Muttersprache verfaßten großartigen Darstellung mit etwa 3.900 Beschreibungen unterteilte er das Pflanzenreich in 17 Klassen oder Stämme, die sich mehr an den Eigenschaften wie süß duftend oder scharf brennend als an morphologischen Details orientieren. In seiner Widmungsadresse an König Karl I., der ihn zum Ersten Königlichen Botaniker erhob, empfiehlt er sich als »Your Majestyes / Loyall Subject / Servant and Herbarist / John Parkinson«.

Parrotia
Eisenholz

Johann Jakob Friedrich Wilhelm Parrot (1791–1841) stammte aus dem damals württembergischen Mömpelgard (heute Montbéliard). 1797 kam er nach Riga und wechselte, nachdem sein Vater an die Universität in Dorpat berufen worden war, auf ein dortiges Gymnasium. 1807 begann er in Dorpat mit dem Medizinstudium. In seiner Studienzeit gewann er mehrmals Medaillen für Preisschriften. In einer dieser Schriften berichtete er auch über einen von ihm entwickelten Gasometer. Noch als Student unternahm er 1811 mit einem Mineralogen eine Reise auf die Krim und in den Kaukasus. Als während der Kriegswirren im russischen Heer Ärztemangel herrschte, diente er 1812 als Unterarzt in einem Militärhospital. Als kaiserliche Anerkennung erhielt er für seinen Einsatz eine goldene Uhr. Parrot wird als umgänglicher, heiterer Mann beschrieben, dessen kräftiger und durch Leibesübungen abgehärteter Körper geradezu für anstrengende Unternehmungen prädestiniert war. Auf der erwähnten Reise trieb er neben Höhenmessungen botanische Studien, in denen er u. a. darüber berichtet, daß die Verkrüppelung der Pflanzen in großen Höhen Blätter und Stiele betreffe, aber nicht die Wurzeln und die Blüten. Nachdem Parrot zum Doktor der Medizin und Chirurgie promoviert worden war, begab er sich, mit nur geringen Mitteln ausgestattet, 1814 für sechs Jahre auf Reisen in den Westen. Über den Anlaß für die lange Abwesenheit von seiner Heimat wird später zu sprechen sein.

Nach Napoleons Rückkehr von Elba stellte sich Parrot als Stabsarzt sofort wieder der russischen Armee zur Verfügung. Nach Kriegsende besuchte er verschiedene Universitäten und Krankenhäuser in Europa, um sich ärztlich und wissenschaftlich weiterzubilden. Hierbei machte er die Bekanntschaft von Volta, Cuvier, A. v. Humboldt (>) und anderen Koryphäen seiner Zeit. 1816 bestieg er von Mailand aus den Monte Rosa zu Höhenmessungen und Studien über die Schneegrenze. Mit den gleichen Studien befaßte er sich später in den Pyrenäen. Auf dieser Reise lernte er in Katalonien eine hölzerne Taschensonnenuhr kennen, die ihm so gefiel, daß er sie später in Dorpat in größeren Mengen nachbauen und zum Wohle der Armen verkaufen ließ. Am Ende seiner sechsjährigen Reisezeit finden wir ihn in Heilbronn, wo er sich als praktischer Arzt niedergelassen hatte. Dort lernte er den Dichter Justinus Kerner kennen und war bald ein gerngesehener Gast im »Kernerhaus«. Aber urplötzlich verließ er ohne große Abschiedszeremonie 1820 Heilbronn und kehrte nach Dorpat zurück. Das Kernerhaus erhielt den kurzen Brief: «Lebt wohl, ihr lieben, wackern Schwaben! Habt Dank für die genossenen, nicht vergänglichen Freuden! Lebt wohl, seid glücklich! Euer Parrot.« (*72*, S. 40) Theobald Kerner, ein Sohn des Dichters, lüftete das Geheimnis des plötzlichen Wechsels von Dorpat in den Westen sechs Jahre zuvor. Der junge Parrot hatte sich gegen den Willen seines Vaters verlobt. Um eine Heirat zu verhindern, hatte ihn dieser auf Reisen geschickt. Aber die lange Abwesenheit des Sohnes ließ den Vater anderen Sinnes werden; sehnsüchtig rief er ihn zurück und war zu guter Letzt auch mit der Heirat einverstanden. Als Professor der Physiologie und Pathologie besetzte Parrot 1821 in Dorpat einen Lehrstuhl, dem später noch das Fach Physik angeschlossen wurde. Von 1826 bis 1840 war er an der Kaiserlichen Akademie in St. Petersburg tätig. 1829 erforschte er zusammen mit vier Studenten den Kaukasus und Armenien. Auf dieser Reise gelang ihm auch die Besteigung des Ararat, der bis dahin als unbezwingbar galt. 1837 wagte er noch eine Reise zum Nordkap. Nach seiner Rückkehr wurde er kränklich, seine Kräfte schwanden zunehmend, und nach längerem Leiden verstarb Parrot 1841.

Paulownia
Kaiserbaum, Paulownie

Anna Pawlowna (1795–1865) war die Enkelin Katharinas II. und Tochter Kaiser Pauls I. von Rußland. 1816 wurde Anna mit dem Prinzen von Oranien, dem späteren König der Niederlande und Großherzog von Luxemburg, Wilhelm II., vermählt. Ihr zu Ehren wurde der attraktive Zierbaum mit den trompetenförmigen Blüten mit ihrem Namen benannt.

Pavonia
Schönmalve

José Antonio Pavón y Jiménez (1750–1844) bereiste 1778 bis 1788 zusammen mit Ruiz (>) und Dombey (>) Südamerika. Diese von dem spanischen König Karl III. angeordnete Expedition erfreute sich offenbar einer luxuriösen Ausstattung. So trat sein Landsmann Ruiz, der führende Kopf des Unternehmens, mit einer für den zu erwartenden Urwald mehr als aufwendigen Ausrüstung an. Seine Garderobe bestand aus fünf Anzügen, einer davon aus Seide, drei Paar Breeches aus Samt, zwei Morgenmänteln, 16 Paar Socken, 14 Hemden, 12 Paar Schuhen, drei Mänteln, mehreren Haarnetzen und Schlafmützen. Zu seiner Ausstattung gehörten vier Tischtücher, eine Tagesbettdecke aus Chintz und ein silbernes Nachtgeschirr. Viel wird von diesen hübschen Sachen nach dem zehnjährigen Aufenthalt mit gefährlichen Abenteuern sicherlich nicht übriggeblieben sein. Zusammen mit Ruiz beschrieb Pavón die Flora von Chile und Peru in dem Werk »Florae Peruvianae et Chilensis prodromus« (1794).

Paxia

Ferdinand Albin Pax (1858–1942) stammte aus Königinhof, das im böhmischen Teil des Riesengebirges zu suchen ist. In Begleitung seiner Großmutter sammelte er als Kind fleißig Kräuter. Von seinem Vater, der Schichtmeister in einem Bergwerk war, bekam er Pflanzenversteinerungen. So zeichnete sich schon sehr früh sein Lebensweg ab. Bereits in seiner Gymnasialzeit stand er mit bedeutenden Botanikern im Briefwechsel. In Breslau studierte er Naturwissenschaften und promovierte 1882. Nach einem kurzen Intermezzo im Schuldienst bekam er eine Assistentenstelle am Botanischen Institut in Kiel. 1886 habilitierte er sich an der Universität in Breslau für Botanik. Von 1889 bis 1893 wirkte Pax als Kustos am Botanischen Garten in Berlin, von wo er auf den Lehrstuhl für Botanik nach Breslau berufen wurde. Seine Lehrtätigkeit verband er mit ausgedehnten Exkursionen. Die Ergebnisse legte er in dem zweibändigen Werk »Grundzüge der Pflanzenverbreitung in den Karpaten« nieder. Zahlreiche Arbeiten befaßten sich besonders mit der Pflanzengeographie. Ein anderes Forschungsgebiet war die Systematik der Euphorbiengewächse, über die er in vielen grundlegenden Beiträgen berichtete. Seine Ausdauer und Anspruchslosigkeit auf Reisen wurden von seinen Schülern nicht immer als Vorzüge geteilt. Doch seine Zuverlässigkeit und Geradheit machten ihn zum verehrten Lehrer, der für seine Schüler nicht der »Chef«, sondern der »Vater« war. 1922 wählte ihn die Zoologisch-Botanische Sektion der »Schlesischen Gesellschaft für Vaterländische Kultur«, die eine der wichtigsten wissenschaftlichen Gesellschaften in Ostdeutschland war, zu ihrem Präsidenten. 1925 trat er in den Ruhestand. Doch auch nach seiner Emeritierung arbeitete er rastlos weiter. Nach kurzer Krankheit verstarb Ferdinand Albin Pax im 84. Lebensjahr.

Paxtonia

Sir Joseph Paxton (1801–1865), der spätere Ingenieur und Architekt, stammte aus Milton Bryant, Bedfordshire. Als Kind wenig begüterter Eltern mußte er früh selbst für seinen Lebensunterhalt sorgen und entschied sich für den Beruf des Gärtners. Seine Laufbahn begann er in Chiswick im Garten der Horticultural Society. Dann berief ihn der Duke of Devonshire zur Pflege seiner ausgedehnten Gärten und Parkanlagen in der Grafschaft Derby, die durch seinen Einsatz zu den schönsten in ganz England wurden. Ab 1831 publizierte Paxton zusammen mit anderen Autoren botanische Werke. 1843 setzte er sich für die Anlage des Birkenhead Park in Liverpool ein, der einer der ersten öffentlichen Parks in England war. Als unter dem Vorsitz Prinz Alberts und des Ingenieurs Stephenson ein Wettbewerb für die Errichtung eines Gebäudes für die erste Weltausstellung 1851 in London ausgeschrieben wurde, beteiligte sich auch Paxton mit einem Entwurf. Unter den 233 Bewerbern erhielt er, der Gärtner, zum Ärger der professionellen Architekten den Zuschlag. In der kurzen Frist von fünf Monaten wurde der Riesenpavillon (2.100 Fuß in der Länge und 400 Fuß in der Breite) errichtet und ging als »Kristallpalast« in die Geschichte ein. Die zündende Idee für die Konstruktion aus Eisenträgern und Glas war Paxton beim Bau seines Victoria-Hauses gekommen. Wie er selbst erzählte, inspirierte ihn die Natur als Ingenieur bei der Betrachtung der Unterseite der unglaublich stabilen Blätter der *Victoria* (>) *regia* mit ihrem Gitterwerk aus radiär verlaufenden Haupt- und verbindenden Nebenrippen. Interessanterweise wurde der Kristallpalast nach der Ausstellung Stück für Stück ab- und in Sydenham wieder aufgebaut. Von Paxtons botanischen Publikationen seien erwähnt: das dreibändige Werk »Paxton's Flower Garden« (1850–53), gemeinsam mit John Lindley (>) herausgegeben, eine Abhandlung über die Kultur der Dahlien (1838) und besonders ein sehr erfolgreicher Bauernkalender. Paxton wurde geadelt und erhielt 1854 für Coventry einen Sitz im Parlament.

Peckoltia

Theodor Peckolt (1822–1912) stammte aus der Nähe von Muskau in der Niederlausitz und absolvierte von 1837 bis 1841 eine Apothekerlehre. Das Studium der Pharmazie in Rostock mußte er aus Geldmangel bereits nach einem Semester abbrechen. In Hamburg nahm er den Beruf als Apothekengehilfe wieder auf. Sehnsucht nach den Tropen und die Hoffnung, in Brasilien sein Glück machen zu können, ließen ihn 1847 nach Rio de Janeiro aufbrechen. 1848 fand er eine Anstellung in einer Apotheke. Nachdem er ein Jahr unter ungünstigen Bedingungen, ohne je einen freien Tag gehabt zu haben, gearbeitet hatte, entschloß er sich zu einer zweijährigen Expedition in den brasilianischen Urwald. Von seinem kargen Ersparten leistete er sich ein Pferd, durchstreifte den Urwald und betätigte sich als Pflanzensammler. Die Angriffe der Indianer wehrte er mit kleinen Geschenken und ärztlichen Ratschlägen ab. So wurden aus den Feinden Freunde und Helfer. Mehrere Monate verbrachte er bei dem Stamm der Nacnauc. 1851 kehrte er mit einem umfangreichen Herbarium, Früchten, Harzen und anderen Naturprodukten nach Rio zurück und legte endlich die Apothekerprüfung ab. 1868 konnte er eine Apotheke in Cantagallo in der Umgebung von Rio erwerben. Zur Apotheke kam bald ein stattliches Laboratorium. 17 Jahre wirkte er dort in beruflicher und wissenschaftlicher Tätigkeit. 1868 kaufte er in Rio eine Apotheke, in der er zusammen mit einem Sohn arbeitete. Besondere Beachtung in seinen zahlreichen Veröffentlichungen in deutscher und portugiesischer Sprache verdienen die Hinweise auf die Verwendung bestimmter Pflanzen als Heilmittel bei den Eingeborenen. In seinem Laboratorium führte er phytochemische Untersuchungen durch und bemühte sich um die Isolierung von Wirkstoffen. Als Kenner und Analytiker brasilianischer Heilpflanzen machte er sich einen Namen und wurde Ehrenmitglied zahlreicher Fachgesellschaften. Mit dem Titel »Kaiserlicher Hofapotheker«, den ihm Pedro II. verliehen hatte, war eine wöchentliche Audienz verbunden, in der sich Peckolt und Seine Majestät angeregt über botanische und zoologische Fragen unterhielten. 1862 ernannte ihn der Kaiser zum Offizier des Rosenordens. Die Academia Leopoldina verlieh ihm 1864 den Dr. phil. h. c. 1869 erhielt er vom König von Schweden den Nordsternorden. Die letzten drei Jahre seines Lebens verbrachte Peckolt in seinem Landhaus und widmete sich seinem Garten und seinen Büchern. Die zahlreichen Ehrungen hatten nichts an seinem bescheidenen Lebensstil geändert: »Ich bin sehr mäßig, frühstücke um 11 Uhr, nehme Mittag um 5 Uhr, trinke nur Milch und Wasser.« (*114*, S. 88).

Pereskia (**Peireskia, *Rhodocactus*)

Nicolas-Claude Fabri de Peiresc (1580–1637) war Provenzale und beendete seine Schulausbildung bei den Jesuiten in Aix. Wie er zu seinem Steckenpferd als Antiquitätenliebhaber kam, erfahren wir aus folgender hübscher Anekdote: Sein Vater zeigte ihm eine römische Münze, die er in der Umgebung von Aix gefunden hatte. Im Nu hatte der Knabe die Umschrift entziffert. Zur Belohnung gab man ihm zwei weitere Münzen und ein paar Bücher über Numismatik. Und damit war der Grundstock für seine Liebhaberei gelegt. Peiresc begab sich nach Padua zum Jurastudium. Hier fand er reichlich Gelegenheit, auch seinem Hobby zu frönen. Er bestaunte nicht nur die Kunstschätze Italiens, sondern begann auch zu sammeln. Später lernte er im Gefolge des französischen Botschafters England kennen. Auf der Rückreise nach Frankreich hielt er in Holland Umschau. Mit reichen Schätzen aus beiden Ländern vermehrte er seinen Bestand an Antiquitäten und wissenschaftlichen Objekten. Er wurde Parlamentsrat in Aix. Sein Haus stand Besuchern aus aller Herren Länder offen, und seine grandiose Sammlung wurde zur Quelle zahlreicher wissenschaftlicher Untersuchungen und Berichte. Peiresc setzte sich für die Verbreitung der Theorien

Galileis und Keplers ein, unterstützte Untersuchungen ägyptischer Papyri, sorgte für die Anerkennung von Harveys Entdeckung des Blutkreislaufs und erwarb sich auf den verschiedensten Gebieten der Wissenschaft und des öffentlichen Lebens den Ruf eines großzügigen und segensreichen Förderers. Als geradezu modern muß man seine Anregung bezeichnen, die Geschichte der Kreuzzüge aus der Sicht arabischer Historiker zu schreiben.

Pfeiffera

Carl Georg Ludwig Pfeiffer (1805–1877) wurde in Kassel geboren und später meist Louis gerufen. Bereits mit 16 Jahren absolvierte er das Gymnasium, und an seinem 20. Geburtstag bestand er in Marburg die medizinische Doktorprüfung. Dank einer beneidenswerten körperlichen Konstitution legte er den Weg von Kassel nach Marburg mitunter an einem Tage zurück. Pfeiffers wissenschaftliche Arbeiten sind beschreibend und ordnend, einige, wie der »Nomenclator botanicus«, dienen ausschließlich der Ordnungsaufgabe. Neben seiner Muttersprache beherrschte er außer Latein und Griechisch auch noch Englisch, Französisch, Spanisch und Polnisch. Pfeiffer sammelte und bestimmte Pflanzen für seine »Flora von Niederhessen und Münden« und untersuchte lebende Kakteen. Als der eben erst zwanzigjährige Doktor der Medizin die Marburger Universität verlassen hatte, begab er sich zunächst für ein Jahr nach Paris und Berlin, um sein medizinisches Wissen zu erweitern. Danach ließ er sich in seiner Vaterstadt Kassel nieder, wo man ihm das Amt des Armenarztes übertrug. Die Kasseler Tätigkeit wurde kurz unterbrochen, als er während der polnischen Erhebung (1830/31) einem Hilferuf Polens an deutsche Ärzte folgte und sich als Stabsarzt in verschiedenen Lazaretten um Verwundete und Cholerakranke bemühte. Nach Kassel zurückgekehrt, gab Pfeiffer seine Arztpraxis auf und widmete sich nur noch botanischen Studien. Er interessierte sich besonders für die stachlige Pflanzengesellschaft und konnte schließlich 340 verschiedene Arten von Kakteen in seiner Sammlung vorweisen. 1837 erschien sein erstes Werk über Kakteen, das ihn über die Grenzen Deutschlands hinaus bekannt machte und ihm den Namen »Kaktus-Pfeiffer« eintrug. Sein Zeichentalent befähigte ihn, seine Arbeiten selbst zu illustrieren. Der Erforschung von Kakteen sollte auch eine Reise im Winter 1838/39 nach Kuba dienen. In den dreißiger und vierziger Jahren unternahm er zahlreiche Reisen und Wanderungen im In- und Ausland, die teils dem Besuch großer botanischer Gärten oder privater Kakteensammlungen, teils Literaturstudien in Bibliotheken galten. In späteren Jahren zog er sich immer mehr in sein Studierzimmer zurück, wo er vom Morgen bis zum Abend in Schlafrock, Unterhose und Pantoffeln mit einer langen Pfeife über seinen Präparaten und Büchern saß und für alle Welt unsichtbar und unzugänglich war. Erst spätabends zog es ihn in eine unterhaltende Runde, in der er bei einem Schoppen Bier die Wissenschaft zu vergessen suchte. Mit seinem schönen Bariton machte er dem Chor seines berühmten Schwagers Ludwig Spohr alle Ehre. Gelegentlich trat er sogar als Solo-Bariton auf. Eine hohe Ehre bedeutete die kaiserliche Auszeichnung mit dem Roten Adlerorden. Seine hervorragenden naturwissenschaftlichen Arbeiten veranlaßten die philosophische Fakultät der Marburger Universität, ihm an seinem 70. Geburtstage die Ehrendoktorwürde zu verleihen.

Pinckneya

Charles Cotesworth Pinckney (1746–1825) wurde in Charleston, South Carolina, geboren und studierte in Oxford Jura. Daran schloß sich ein Studium des Militärwesens an der Königlichen Akademie in Caen in Frankreich an. 1769 kehrte er nach Charleston zurück und ließ sich als Anwalt nieder. 1775 trat er bei Ausbruch der Amerikanischen Revolution im Rang eines Kapitäns und als Mitglied des Kongresses von South Carolina in die Armee ein und stieg bald zum Colonel auf. Bei der Einnahme von Charleston durch die Briten 1780 geriet er bis 1782 in Gefangenschaft. Nach seiner Entlassung wurde er zum Brigadegeneral ernannt. Nach der Anerkennung der Unabhängigkeit der Vereinigten Staaten 1783 nahm Pinckney seine Tätigkeit als Anwalt wieder auf. Als einflußreicher Politiker hatte er wesentlichen Anteil an der Ausarbeitung der Verfassung von South Carolina. 1796 schickte ihn Washington (>) mit einer Gesandtschaft nach Frankreich zu Verhandlungen über die Beilegung schwelender Differenzen. Die Mission scheiterte mit einem Eklat und löste den Seekrieg mit Frankreich von 1798 bis 1800 aus. Pinckneys politische Karriere fand ihren Höhepunkt 1800, 1804 und 1808 mit der Aufstellung als Kandidat für das Amt des Präsidenten der Vereinigten Staaten. In allen drei Wahlen jedoch trug Thomas Jefferson (>) den Sieg davon. In einem ganz anderen Bereich allerdings, in der Society of the Cincinnati, einer Vereinigung ehemaliger Offiziere der Amerikanischen Revolution, wählte man ihn 1805 zum Präsidenten. Dieses Amt verwaltete Charles Pinckney bis zu seinem Tode.

Pisonia *(*Heimerliodendron)*
Pisonie

Willem oder Guglielmo Piso (1611–1678), eigentl. Wilhelm Pies, kam in Leiden in Holland auf die Welt. An der Universität seiner Vaterstadt begann er u. a. bei Heurnius (>*Huernia*) Medizin zu studieren. Dann wechselte er nach Caen in der Normandie über und promovierte dort 1633 zum Doktor der Medizin. 1637 schickte ihn die Westindien-Kompanie auf Ersuchen des Gouverneurs in Holländisch-Westindien, des Grafen Johann Moritz von Hessen-Nassau, nach Brasilien. In Pernambuco übernahm Piso die Stelle als Leibarzt des Grafen und als Chef des Gesundheitsdienstes. Zusammen mit dem Naturforscher Georg Markgraf sammelte und beschrieb er nicht nur Pflanzen und Tiere, sondern studierte auch die klimatologischen Verhältnisse in bezug auf die Gesundheit des Menschen. Piso setzte sich für die Einrichtung eines Krankenhauses sowie eines Armen- und Witwenheimes ein, was ihm die Gelegenheit bot, die Krankheiten der Eingeborenen zu studieren. Seine Diagnosen überprüfte er durch Obduktionen. So berichtete er in einem Sammelband über die Medizin in Brasilien erstmals über Tropenkrankheiten und ihre Behandlung mit indianischen Heilpflanzen und Gegengiften. Eingehend beschrieb er den Sandfloh, eines der lästigsten und gefährlichsten parasitären Insekten Brasiliens. Besonders hervorzuheben ist Pisos Einführung der Ipecacuanha-Wurzel (Brechwurzel) als Heilmittel gegen Dysenterien (Durchfallerkrankungen). In einem Bericht über die venerischen Krankheiten trennt er nach sorgfältigen Beobachtungen die »französischen Pocken«, die Syphilis, als eigenständiges Krankheitsbild von Infektionskrankheiten mit ähnlichen Veränderungen ab. Zur Behandlung der Gonorrhoe, des Trippers, empfahl er einen Balsam des einheimischen Kopaibabaumes. Es ist erstaunlich, mit welcher Rastlosigkeit Piso unter dem ungesunden Einfluß des Tropenklimas seine verschiedenen Aufgaben als Arzt, Forscher und Gesundheitsbeamter so zuverlässig und umsichtig wahrnahm. 1644 kehrte Piso nach Holland zurück und eröffnete 1648 in Amsterdam eine erfolgreiche Praxis, die er bis zu seinem Tode 1678 versah. 1655 bis 1670 leitete er die Amsterdamer Medizinische Schule. Ab 1670 wirkte er als Dekan und Nachfolger jenes Dr. Tulp, dem wir auf dem bekannten Gemälde von Rembrandt bei einer Lehrveranstaltung zuschauen können, am Collegium Medicum. 1648 gab er zusammen mit Markgraf eine Naturgeschichte Brasiliens heraus. Dieses fundamentale Werk erschien nur unter seinem Namen in einer erweiterten und verbesserten Auflage 1658. In beiden Werken kommt deutlich zum Ausdruck, daß Willem Piso zu Recht ein Pionier der Tropenmedizin genannt wird.

Pitcairnia

Archibald Pitcairn (1652–1713) stammte aus Edinburgh und studierte Theologie und Jura. An beiden Fächern fand er aber wenig Gefallen und wandte sich der Mathematik zu. Dann aber sah er sein Lebensziel in der Medizin und begab sich zum Studium nach Paris. Nach der Rückkehr in seine schottische Heimat erwarb er sich bald einen so guten Ruf, daß man ihn auf den Lehrstuhl für Medizin ins holländische Leiden berief. Pitcairn, beflügelt sicherlich durch sein Faible für die Mathematik, versuchte alle körperlichen Funktionen mit mechanischen Prinzipien zu erklären, was seinen Hörern, unter denen sich auch der später berühmte Arzt und Hochschullehrer Boerhaave befand, aber sehr merkwürdig und wenig plausibel vorkam. Verärgert über diese Ignoranz seines Publikums verließ Pitcairn abrupt Leiden und kehrte nach Schottland zurück. Als offizielle Begründung für diesen ungewöhnlichen Schritt gab er seine Heirat mit einer gewissen Miß Stevenson an. Nun zog Pitcairn gewaltig gegen den damaligen Schematismus in der medizinischen Wissenschaft vom Leder. Aber leider ersetzte er die Irrtümer seiner Kollegen nur durch neue, indem er mit Leidenschaft seine mechanistischen Ideen zur Erklärung der Organfunktionen vertrat. In seinen Mußestunden ergötzte sich diese eigenwillige Kämpfernatur an der lateinischen Poesie und versuchte sich selbst darin mit einigen Gedichten.

Pleione
Pleione, Tibetorchidee

Pleione war eine Titanin und von Atlas, dem Chef der Titanen, zur Ehefrau erkoren. Eines Tages begegnete der große Jäger Orion Pleione und ihren sieben Töchtern, den Pleiaden, den jungfräulichen Begleiterinnen der Göttin Artemis. Aber nicht die Töchter, sondern ihre Mutter hatte es ihm angetan. Mit seinen erotischen Absichten stellte er Pleione nach. Mit Abscheu suchten Pleione und ihre Töchtern zu entkommen. Aber durch ein gnädiges Schicksal wurden Verfolger und Verfolgte als Sternbilder ans Firmament versetzt und somit unsterblich gemacht.

Plukenetia

Leonard Plukenet (1642–1706), ein Engländer und Doktor der Medizin, wurde von Königin Maria II. zum königlichen Botaniker ernannt und mit der Pflege des Royal Garden in Hampton Court beauftragt. Einen eigenen Garten besaß er in der Nähe von Westminster. 1705 beschrieb er in seinem »Amaltheum Botanicum« neue Pflanzen aus Amerika, Indien und China. Sein Herbarium, das eine große Auswahl chinesischer Pflanzen enthielt, gelangte später ins Britische Museum in London.

Plumeria
Frangipani

Charles Plumier (1646–1706), in Marseille geboren, zeigte schon sehr früh Interesse an den Wissenschaften. Er trat in den Orden der Minimen ein und wurde später nach Rom geschickt. Plumier interessierte sich für Mathematik und Malerei, bastelte optische Instrumente und drechselte leidenschaftlich. In Rom lernte er Paolo Boccone (>) kennen, der sein Interesse an der Botanik weckte. Zurück in Frankreich, lebte er im Konvent von Bormes, das an der Mittelmeerküste zwischen Hyères und St. Tropez liegt. Dort wurde er mit den Botanikern Tournefort (>) und Garidel bekannt, mit denen er im Midi botanisierte. 1689 wurde er zusammen mit dem Arzt Surian, ebenfalls aus Marseille, auf die Antillen geschickt. Sie sollten die dortige Pflanzenwelt auf ihre Brauchbarkeit für ökonomische und medizinische Zwecke untersuchen. Obwohl sich beide nicht besonders gut verstanden, benannte Plumier eine Gattung der Rosaceen *Suriana*. 1693 wurde Pater Plumier – nunmehr »Botaniste du Roi« – auf Geheiß Ludwigs XIV. nach Amerika entsandt. Als Ergebnis dieser Reise veröffentlichte er eine »Description des Plantes de l'Amérique« (1693) mit 108 Tafeln. 1695 brach er zu einer weiteren Reise auf, die ihn nach Guadeloupe, Martinique, Saint Domingue (Haiti) und an die Küste Brasiliens führte. Als Frucht dieses Unternehmens erschien von ihm »Nova plantarum americanarum genera« (1703). In diesem Werk konnte er 106 neue Gattungen mit zahlreichen Spezies beschreiben. Auf Saint Domingue wurde er sehr gastfreundlich von dem Gouverneur der Insel, Michel Bégon (>), aufgenommen. Bégon war nicht nur ein geachteter Verwaltungsbeamter, sondern auch ein begeisterter und kenntnisreicher Hobbybotaniker. Pater Plumier erkundete mit ihm die Flora der Insel und entdeckte dabei eine unbekannte Gattung, die er in Dankbarkeit nach seinem Gastgeber *Begonia* benannte. Auf einer geplanten Reise nach Peru wollte er über die Chinarinde forschen. Sie kam nicht mehr zustande. Pater Plumier verstarb 1706 in der Nähe von Cádiz an einer Rippenfellentzündung. Nicht unerwähnt bleiben sollte, daß seine schon eingangs erwähnte Leidenschaft für das Drechseln ihn bewog, 1701 eine Abhandlung über diese Kunst in Latein und Französisch zu veröffentlichen, die von Zar Peter dem Großen ins Russische übersetzt wurde.

Podalyria

Podaleirios und sein Bruder Machaon, beide Söhne des Heilgottes Asklepios (>) und seiner Gattin Epione, nahmen am Kampf um Troja teil und erwarben sich als tapfere Kämpen und geschickte Militärärzte große Verdienste. Machaon war Chirurg und verstand sich ausgezeichnet auf die Wundbehandlung. Sein Bruder Podaleirios wird als Vertreter der Inneren Medizin gerühmt. Als die Göttin Athene in diesem mörderischen Streite den griechischen Helden Aias (Ajax) mit Wahnsinn geschlagen hatte, erkannte Podaleirios den Ausbruch der Krankheit am Glanze der Augen seines heroischen Patienten. Ihm selbst setzte ein gewaltiger Speerstoß durch die Brust bis in die Wirbelsäule ein blutiges Ende. Sein Bruder Machaon beklagte jammernd das Schicksal des Bruders und wollte sich selbst entleiben. Bald griff er zum Schwert, bald umklammerte er ein tödliches Gift. Nach dem Aufstieg ihres Vaters Asklepios zum Olymp hatte Podaleirios, der ältere Bruder, Machaon umsorgt, ihn in der hohen Kunst des Heilens unterrichtet und war ihm stets ein treuer Gefährte gewesen. Und so wollte der Jüngere auch im Tode mit ihm vereint sein. Nur dem greisen Nestor gelang es, den verzweifelten Machaon davon abzuhalten, sich in den Tod zu stürzen. Nach einer anderen Version entkam Podaleirios dem entsetzlichen troischen Gemetzel und floh zu Schiff. Vor der karischen Küste erlitt er Schiffbruch und wurde von einem Hirten gerettet. Dieser brachte ihn zu König Dametus von Karien, der ihn hocherfreut aufnahm und mit der ärztlichen Versorgung seiner Tochter betraute, die sich beim Sturz von einem hohen Gebäude beide Arme gebrochen hatte. Podaleirios kurierte die Frakturen und bekam zum Dank die Prinzessin zur Frau. Er gründete zwei Städte: Syrnum und Bybassus, die eine benannt nach seiner Frau Syrna, die andere nach dem Hirten, der ihn beim Schiffbruch gerettet hatte. Unter seinen Kindern war auch Hippolochus, ebenfalls ein Arzt, dessen sich Hippokrates (>) als Vorfahre rühmte.

**Poinsettia* (*Euphorbia*)

Poinsettie, Weihnachtsstern

Joel Roberts Poinsett (1779–1851) wurde in Charleston, South Carolina, geboren. Er stammte aus einer Hugenottenfamilie, die um 1700 aus der Nähe von La Rochelle nach Amerika ausgewandert war. Nach seiner Grundausbildung im Elternhaus bezog er 1794 eine Hochschule in Greenfield Hill und wechselte zwei Jahre später nach Edinburgh in

Schottland über, wo er Sprachen und Militärwissenschaft studierte. Der Wunsch, das Soldatenmetier zu ergreifen, wurde von seinem Vater verhindert, der ihn 1800 nach Amerika zurückbefahl und Jura studieren ließ, was durchaus nicht im Sinne des Filius war. Der Aufenthalt in England und Portugal hatte ihm das Reisen schmackhaft gemacht, und so brach er 1801 mit dem väterlichen Einverständnis zu einer sieben Jahre dauernden Entdeckungsfahrt durch Europa und das westliche Asien auf, die ihn mit herausragenden Figuren dieser Zeit, u. a. mit Napoleon, Alexander I. und Metternich, zusammenführte. Danach begann für den auch auf dem diplomatischen Parkett geschulten Poinsett ein Lebensabschnitt mit abenteuerlichen Zügen. 1810 übernahm er einen Posten als Spezialagent der Vereinigten Staaten in Südamerika. Die Bekanntschaft mit führenden Patrioten, die für den Abfall von Spanien und die Unabhängigkeit Chiles kämpften, führte zu Unterstützungsmaßnahmen durch Poinsett. Aber bald schien es ihm geraten, lieber das Land zu verlassen, als tiefer in die revolutionären Machenschaften gezogen zu werden. Auf Umwegen erreichte er 1815 wieder Charleston. Als ihn 1817 Präsident Monroe wieder mit einem Spezialauftrag nach Südamerika schicken wollte, lehnte er dankend ab und stieg in die politische Arena South Carolinas ein. Diese Karriere brachte ihn 1821 in den Kongreß nach Washington, dem er vier Jahre angehörte. 1825 richteten die USA in Mexiko eine Botschaft ein, die mit Poinsett besetzt wurde, was sich als keine glückliche Wahl herausstellte. Bald war er als übler Intrigant verschrien, der sich unerwünscht in die Politik des Landes einmischt, ein Verhalten, das als »Poinsettismus« in den diplomatischen Sprachschatz einging. Nach wiederholten Aufforderungen verließ er 1830 Mexiko. In den folgenden drei Jahren profilierte er sich wieder im politischen Tagesgeschäft South Carolinas und zog sich dann auf eine Farm bei Georgetown zurück. 1837 hatte diese Phase des Privatlebens ein Ende. Präsident Van Buren übertrug ihm nämlich das Amt des Verteidigungsministers. Poinsett machte sich auf diesem Posten sehr verdient. U. a. sorgte er für die Verbesserung des Artilleriewesens und den Ausbau der Militärakademie West Point. 1840 trug er wesentlich zur Gründung des National Institute for the Promotion of Science and Useful Arts bei, das 1862 in der berühmten Smithsonian Institution aufging. 1841 zog sich Poinsett wieder auf seine Pflanzung zurück und interessierte sich nicht mehr für Politik. Während seines Aufenthaltes in Mexiko hatte Poinsett als Amateurbotaniker und Gärtner unter der Weihnachtsdekoration eine Pflanze mit signalroten Hochblättern entdeckt, die die Mexikaner Feuerblume nannten. Nach einer aztekischen Legende war sie aus den Blutstropfen einer an unglücklicher Liebe dahingeschiedenen Göttin entstanden. Poinsett schickte das Gewächs nach Amerika, wo es bald als Nativity Flower begeisterte Aufnahme fand. In Deutschland ist es als Weihnachtsstern bekannt.

Poitea

Pierre Antoine Poiteau (1766–1854) wurde in der Nähe von Soissons geboren und begann eine Ausbildung zum Gemüsegärtner. 1790 setzte er seine Lehre im Botanischen Garten des Naturhistorischen Museums in Paris fort. Drei Jahre später bekam er den Auftrag, im Gebiet der Dordogne eine landwirtschaftliche Einrichtung aufzubauen. Wenig später wurde er zum Direktor des neuen Botanischen Gartens auf Haiti ernannt. Trotz einer nicht gerade förderlichen Behandlung von seiten der Inselgouverneure gelang ihm der Ausbau des Gartens. 1802 hatte Poiteau bei seiner Rückkehr nach Frankreich 600 Pakete mit Samen und 1.200 verschiedene Pflanzen, sorgfältig klassifiziert und präpariert, im Gepäck. Die nächsten Jahre verbrachte er mit publizistischen Arbeiten, bis er 1815 zum Leiter der Königlichen Baumschule in Versailles ernannt wurde. Aber schon drei Jahre später reiste er nach Guayana, um als Direktor die dortigen königlichen Pflanzungen zu beaufsichtigen. Ein paar Jahre später holte man ihn als Chefgärtner am Schloß Fontainebleau nach Frankreich zurück. Die weiteren Stationen seiner Karriere waren die Leitung des Botanischen Gartens der Pariser Medizinschule und schließlich des Naturhistorischen Museums. Letzterem schenkte er alle Pflanzen und Tiere, die er von Guayana mitgebrachte hatte. Poiteau hatte zahlreiche neue Pflanzenarten und -gattungen entdeckt und beschrieben. Zusammen mit seinem Kollegen Turpin (>) publizierte er Abhandlungen über die Flora im Raume Paris (»Flora Parisiensis«, 1808–13) und über Obstbäume (1818–28). 1818 erschien eine Geschichte des Orangenbaumes und 1835 eine Abhandlung über die Kartoffel und 1846 unter dem Namen »Pomologie française« die Neuausgabe des wohl bis heute unübertroffenen pomologischen Werkes »Traité des arbres fruitiers« (1807–35), für das Poiteau und sein Freund Turpin botanisch wie künstlerisch überragende Vorlagen gezeichnet hatten. Damit ist nur eine kleine Auswahl seines umfangreichen botanischen Werkes aufgezählt. Bei der »Horticulture universelle« und dem »Dictionnaire d'agriculture pratique« war er Autor mehrerer Artikel. Von 1825 bis 1844 stand er als Chefredakteur dem »Almanach du bon jardinier« vor. Poiteau, begabt mit einem hervorragenden zeichnerischen Talent, schuf für seine eigenen wie für Werke anderer Autoren Vorlagen von hoher künstlerischer Qualität und gehört fraglos zu den besten botanischen Illustratoren.

***Poivrea** *(Combretum)*

Pierre Poivre (1719–1786) stammte aus Lyon, wurde Geistlicher und studierte nebenbei Naturwissenschaften. 1740 schickte ihn der Pariser Orden Missions Étrangères nach Cochinchina (Südvietnam, speziell das Mekongtiefland) und China, wo er zunächst die Landessprachen erlernte. Als er nach Kanton kam, wurde er wegen eines Mißverständnisses ins Gefängnis geworfen. Aber dank seiner ausgezeichneten Sprachkenntnisse verteidigte er sich so geschickt vor den anklagenden Mandarinen, daß sie ihn in allen Ehren aus der Haft entließen. Der Vizekönig von Cochinchina, dem darüber berichtet wurde, erlaubte Poivre großzügig, das Innere des Landes zu besuchen. Auf der Rückreise nach Europa verlor er in einem Seegefecht mit einem englischen Schiff einen Arm und geriet in Gefangenschaft. Nach der Freilassung erholte er sich bei seinen Landsleuten in Pondicherry und trat über die Insel Mauritius, die sich damals Île de France nannte, erneut die Heimreise an. Doch er wurde vom Pech verfolgt. In Sichtweite der französischen Küste kaperten die Engländer das französische Schiff, nahmen Poivre gefangen und entließen ihn erst nach Friedensschluß 1747. Wegen des Verlusts des Armes konnte er seinen geistlichen Beruf nicht mehr ausüben. Aufgrund seiner Erfahrungen schlug er der Französischen Ostindien-Kompanie vor, mit Cochinchina in direkte Handelsbeziehungen einzutreten. Man beauftragte ihn mit der Ausführung dieses Projektes und schickte ihn als Botschafter des französischen Königs 1749 auf die Reise. Es gelang ihm, mit dem Einverständnis des Königs von Cochinchina eine französische Niederlassung einzurichten. Die Rückkehr in die Heimat verlief aber auch diesmal dramatisch, er geriet nämlich nochmals in die Hände der Engländer und kam erst 1757 wieder nach Frankreich. Er wurde Mitglied der Akademie in Lyon und widmete sich Problemen der Agrikultur. 1767 wurde er Intendant der französischen Besitzungen Île de France und Île de Bourbon (heute Mauritius und Réunion). 1770 ließ er von den Molukken Setzlinge des Muskatnußbaumes entführen, die auf der Insel Bourbon allerdings ohne Erfolg angepflanzt wurden. Weitere Exemplare gelangten auf die Insel Cayenne vor Guayana, wo die Weiterzucht gelang. Den Intendantenposten versah Poivre erfolgreich bis 1773 und zog sich dann in seine Heimatstadt zurück, wo er 1786 verstarb. 1768 war ein kleines Bändchen mit dem Titel »Voyages d'un Philosophe« ohne Angabe des Verfassers erschienen, hinter dem sich, wie man aber bald erkannte, Pierre Poivre verbarg. In Mahé auf den Seychellen wurde ihm ein würdiges Denkmal gesetzt.

Pontederia

Hechtkraut, Pontederie, Sumpfkohl, Wasserhyazinthe

Giulio Pontedera (1688–1757) wurde in Vicenza geboren und studierte in Padua Medizin. Daneben galt seine Leidenschaft der alten Literatur; so gewann er auf diesem Felde auch mehrere der von der Académie Française ausgelobten Preise. Nach seiner Promotion widmete er sich der Botanik, die ihm ein Onkel schmackhaft gemacht hatte. 1718 veröffentlichte er seine erste botanische Arbeit. 1719 bekam er anstelle von Johann Scheuchzer (>) in Padua den Lehrstuhl für Botanik und übernahm die Leitung des Botanischen Gartens, den er durch die Errichtung neuer Treibhäuser und die Erwerbung seltener Pflanzen erweiterte und modernisierte. In seinen botanischen Ansichten war er ein überzeugter Anhänger der Systematik von Tournefort (>) und klassifizierte die Pflanzen nach ihren Blüten und Früchten. Mit einer geharnischten Anklageschrift vertrat Pontedera seine Ablehnung des Linnéschen Systems. Als Pflanzensammler entdeckte er im Veneto fast 300 unbekannte Spezies. Er interessierte sich besonders für die Morphologie und veröffentlichte mehrere Abhandlungen zu diesem Thema. An der Palme *Chamaerops*, die später auch ein Forschungsobjekt Goethes (>) wurde, führte Pontedera Studien über die Befruchtung durch. 1757 verstarb er in Lonigo, das nicht weit von Vicenza zu suchen ist.

Proserpinaca

Proserpina wurde von Demeter, der für das Gedeihen der Feldfrüchte zuständigen mächtigen Göttin, geboren. Zunächst bekam sie keinen Namen und wurde schlicht Mädchen gerufen. Einst ergötzte sich die Kleine an dem Anblick einer blumenübersäten Wiese, als sich plötzlich die Erde auftat, ein goldener Wagen, von vier stürmischen Rappen gezogen, heranpreschte, sein Lenker Hades, der Beherrscher der Unterwelt, sie an sich riß und in sein Reich verschleppte. Es war ihr Onkel, der Bruder des Regenten über die Oberwelt Zeus, ihres Vaters, der diese schändliche Tat vollbrachte. Verzweifelt und jammernd suchte Demeter vergebens in allen Gegenden der Erde ihr Töchterchen, bis ihr der Sonnengott, dem ja nichts verborgen blieb, die Entführung verriet. Wutentbrannt zog sich Demeter in die Einsamkeit zurück und nahm alle Fruchtbarkeit mit sich. Die Früchte und das Korn auf den Ähren verdorrten, es gab keine Ernte, und als Endkatastrophe drohte eine weltweite Hungersnot. Inzwischen war die Maid durch Liebeszauber ihrem Entführer verfallen – sie hatte nämlich von seinen Granatäpfeln genascht – und fühlte sich als Königin der Unterwelt pudelwohl. Sie hatte damit auch endlich einen Namen bekommen: Proserpina oder, mit griechischer Zunge, Persephone. Dennoch bestand die erzürnte Mutter auf ihrer Rückkehr in die Oberwelt. Der Göttervater löste auf seine Art das Dilemma. Proserpina, so befahl er, soll zwei Drittel des Jahres, in der Zeit des Knospens, Blühens und Erntens, bei ihrer Mutter verbringen und ein Drittel, in der Winterzeit, ihrem Gatten in der Unterwelt gehören. So wurden Proserpina und Demeter als Garantinnen für die immerwährende Wiederkehr von Auferstehung und Sterben der Natur im Kreislauf des Jahres in ihren Mysterien in tiefer Frömmigkeit verehrt.

Protea

Schimmerbaum, Silberbaum, Wunderfichte

Proteus, von manchen auch Nereus genannt, war ein uralter Mann aus dem Meere, der seine Tage auf der Insel Pharos verbrachte, wo er die Robbenherde des Meergottes Poseidon zu hüten hatte. Durch zwei erstaunliche Eigenschaften hob er sich von den meisten Sterblichen ab: er konnte sich blitzschnell verwandeln und besaß die Gabe der Prophetie. Besonders eindrucksvoll schildert diesen ungewöhnlichen Hirten Homer im 4. Gesang seiner Odyssee. König Menelaos, von widrigen Winden auf der Heimfahrt nach dem trojanischen Kriege zurückgehalten, bekam den Rat, sich des Proteus zu bemächtigen und ihn zu zwingen, dank seiner Sehergabe die Gründe für die offenbar durch die Ungunst der Götter verhängte Behinderung zu nennen. Menelaos und einige Gefährten bedeckten sich zur Tarnung am Ufer der Insel mit frisch abgezogenen Seehundsfellen. Um den entsetzlichen Gestank aus den in der Sonne schmorenden Häuten zu mildern, versprühte eine barmherzige Nymphe duftende Ambrosia als Deodorans. Gegen Mittag entstieg der Greis mit seiner Robbenherde den Fluten und ließ sich zum Schläfchen nieder. Die Griechen überwältigten den entschlummerten Proteus und hielten ihn fest umschlungen. Im Handumdrehen verwandelte sich dieser in verschiedene Tiere, in einen Baum und sogar in Wasser. Doch der Trick blieb diesmal ohne Erfolg. Gefesselt verriet er endlich, Menelaos müsse bestimmte Opfer bringen, dann stünde der Heimkehr nichts mehr im Wege. Beglückt befolgte der König den Rat, lichtete die Anker und konnte nach Hause segeln. Die *Protea cynaroides* übrigens, die Königsprotea, wurde zur Nationalblume Südafrikas.

Pueraria

Kopoubohne

Marc Nicolas Puerari (1766–1845) wurde in Genf geboren, begann in seiner Vaterstadt Naturwissenschaften zu studieren und setzte sein Studium in Kopenhagen fort. 1798 heiratete er, blieb in Dänemark und erhielt in Kopenhagen an der Universität eine Professur für Botanik. 1820 wurde er Mitglied des Königlichen Rates. Für seine Verdienste erhielt er den Danebrog-Orden. 1827 zog er sich von der Botanik zurück und überließ sein Herbarium mit einem Bestand von 6.000 Spezies dem Schweizer Botaniker de Candolle. Seine umfangreiche Bibliothek vermachte er dem Conservatoire Botanique in Genf. Puerari verstarb in seiner Vaterstadt.

Pultenaea

Richard Pulteney (1730–1801) studierte an der Universität von Edinburgh und übte zunächst eine Tätigkeit als Chirurg und Apotheker aus. Seine ersten botanischen Schriften erschienen 1750 im »Gentleman's Magazine«. 1762 wurde er Mitglied der Royal Society. 1764 verlieh ihm die Universität von Edinburgh den medizinischen Doktorgrad. Pulteney revanchierte sich mit einem Bericht über das Chinin. Von 1765 bis zu seinem Tode praktizierte er in Blandford. Als Botaniker war Pulteney ein begeisterter Anhänger Linnés (>). So publizierte er 1781 »View of Writings of Linnaeus«. 1790 erschien in zwei Bänden eine umfassende Geschichte der Botanik in England von ihren Anfängen bis zur Einführung der Linnéschen Systematik. Testamentarisch vermachte er seine wissenschaftliche Sammlung der Linnean Society, zu deren Gründungsmitgliedern er gehörte.

Puschkinia

Kegelblume, Puschkinie

Graf Apollos Apollossowitsch Musin-Puschkin (1760–1805) war als Chemiker und Mineraloge Vizepräsident des »Berg-Kollegiums« in St. Petersburg. 1796 trat er als Ehrenmitglied der dortigen Akademie der Wissenschaften bei. Besondere Verdienste erwarb er sich bei der Bearbeitung der Chemie und Technologie der Metalle der Platingruppe. Die verschiedensten Verbindungen des Platins untersuchte Musin-Puschkin auf ihre technologische Verwendbarkeit. 1800 entdeckte er das Chromalaun. Weitere grundlegende Untersuchungen galten der Chemie des Magnesiums, Natriums und Bariums. 1799 plante und leitete er eine Expedition in den Kaukasus und nach Transkaukasien zur Erforschung der Bodenschätze. Er war Mitglied mehrerer ausländischer Akademien und ein weit über die Grenzen des Zarenreiches hinaus angesehener Gelehrter. Graf Musin-Puschkin verstarb in Georgien.

R

Rafflesia

Rafflesie, Riesenblume

Sir Thomas Stamford Bingley Raffles (1781–1826) stammte aus einer der ältesten Handelskapitänsfamilien Londons und wurde standesgemäß vor Jamaika auf See geboren. Seine Schulausbildung unterbrach er mit 15 Jahren, um eine Anstellung in der East India Company anzunehmen. Sein Eifer und seine Intelligenz ließen ihn bald in der Gesellschaft aufsteigen, und 1805 wurde er als Untersekretär des Gouverneurs auf die Insel Pulo-Penang geschickt, wo er nach kurzer Zeit die Stellung des Chefsekretärs einnahm. Doch das mörderische Klima zwang Raffles, seine Tätigkeit aufzugeben. Er wurde nach Malakka versetzt. Im Kontakt mit Vertretern verschiedener fernöstlicher Völker lernte er bald deren Sitten und Gebräuche so gut kennen, daß er 1809 unter dem Titel »On the Malay Nation« darüber berichten konnte. Der Generalgouverneur von Indien wurde auf ihn aufmerksam, bestellte ihn nach Kalkutta und vertraute ihm 1811 eine Expedition zur Unterwerfung von Batavia an. Nach dem geglückten Unternehmen übernahm er den Posten eines stellvertretenden Gouverneurs von Java, den er bis zur Rückgabe der Insel 1816 an die Holländer innehatte. Während dieser Zeit erforschte er auf zahlreichen Exkursionen das Innere der Insel und studierte ihre Geologie, Flora und Fauna. Nach seiner Rückkehr nach England faßte er seine Erfahrungen und Ergebnisse in einer Geschichte Javas zusammen, die er Georg III. widmete. Raffles wurde in den Adelsstand erhoben und 1817 als Gouverneur nach Sumatra geschickt. Auch in dieser Position fand er neben der aufreibenden Verwaltungsarbeit noch Zeit für wissenschaftliche Exkursionen. So entdeckte er zusammen mit dem Botaniker Arnold im Inneren der Insel die riesige Schmarotzerblume, die als *Rafflesia arnoldii* in die Nomenklatur aufgenommen wurde. 1818 machte er die Regierung auf die herausragende handels- und geopolitische Lage von Singapur aufmerksam und siedelte dort die ersten Kolonisten an. 1824 verzichtete England vertraglich auf den Besitz von Sumatra und überließ es Holland. Im gleichen Jahr kehrte Raffles, gezeichnet durch den Einfluß des Klimas, den Tod von vier Kindern und den Verlust von guten Freunden, nach Europa zurück. Zu allem Unglück brach während der Überfahrt auf dem Schiff Feuer aus und zerstörte einen Großteil seiner Sammlung und seiner Aufzeichnungen. In London gründete er die Zoological Society und wurde ihr erster Präsident. Mit 45 Jahren starb Raffles an den Folgen eines Schlaganfalls.

Ramonda

Ramondie

Baron Louis-François Ramond de Carbonnières (1755–1827) stammte aus Strasbourg, studierte Jura und Medizin und erwarb in beiden Fakultäten den Doktorgrad. Bereits als Student zeichnete er sich durch einen geschliffenen Stil aus. 1777 unternahm er eine Reise durch die Schweiz, Deutschland, Belgien und England. In Strasbourg wurde er zum Ratgeber von Kardinal Rohan und übernahm mehrere sehr delikate Aufträge. So unterhielt er enge Beziehungen zu dem berüchtigten Wundermann Cagliostro. Ramond war von diesem durchtriebenen Betrüger sogar fasziniert und konnte nicht verhindern, daß der leichtgläubige Kardinal 1785 in der aufsehenerregenden Halsbandaffäre um die Königin Marie Antoinette geprellt wurde. Seine geschickte Verteidigung bewahrte den Kardinal vor einem härteren Strafmaß. Aufgrund seiner liberalen Gesinnung wurde er in der Revolution 1791 zum Deputierten in die Legislative gewählt. Ramond vertrat oft am Rednerpult wortstark seine Ideen. So setzte er sich vehement für eine konstitutionelle Monarchie ein und verurteilte die Konfiszierung des Eigentums unschuldiger Emigranten. Im gleichen Jahr machte er sich im Namen der Freiheit für die Geistlichen stark, die sich dem Eid auf die Verfassung widersetzten. 1792 finden wir ihn als Verteidiger der königlichen Garde und des Generals de La Fayette, den er als »Erstgeborenen Sohn der Freiheit« glorifizierte. Doch wurde ihm im August jenes Jahres der Boden in Paris zu heiß; er setzte sich in die Pyrenäen ab und begab sich auf botanische Exkursionen. Aber der lange Arm der Revolution holte ihn ein und warf ihn vom 26. Nivôse des Jahres II bis zum 18. Brumaire des Jahres III in Tarbes ins Gefängnis. Nach der Revolution wurde er 1796 zum Professor der Naturwissenschaften ernannt. Von 1800 bis 1806 bewährte er sich wieder in der Legislative. 1804 wurde er Kommandeur der Ehrenlegion. 1807 bis 1813 glänzte er als Präfekt des Departements Puy de Dôme. Nach dem Sturz Napoleons schloß er sich den Bourbonen an, die ihn 1815 mit den Verhandlungen über die von England geforderten Kriegsschulden beauftragten. Schließlich wurde dieser wahrhaft vielseitige Mann 1818 zum Staatsrat ernannt. Als Botaniker war Ramond mit mehreren Beiträgen über die Flora der Pyrenäen hervorgetreten. Er stellte fest, daß die Hochgebirgspflanzen Ähnlichkeiten mit den gleichen Spezies in den Ebenen höherer Breitengrade haben.

Raoulia

Raoulie

Édouard Fiacre Louis Raoul (1815–1852) kam in der Hafenstadt Brest auf die Welt, studierte Medizin und wurde 1836 Marine-Chirurg. Auf ausgedehnten Seereisen beschäftigte er sich mit Tropenkrankheiten und mit der Botanik. Einen längeren Aufenthalt verbrachte er an der afrikanischen Westküste. Von 1840 bis 1846 hielt er sich in Neuseeland auf, was sich in einem größeren Werk über dessen Flora niederschlug. 1851 übernahm er eine Professur für Chirurgie an der Schule für Schiffsmedizin in Brest, die er aber nur ein Jahr ausüben konnte. 1852 endete das Leben Raouls. Wahrscheinlich hatte der Aufenthalt in den heißen Ländern zu seinem frühen Tode wesentlich beigetragen.

Rauvolfia

Leonhard Rauwolf (um 1540–1596) stammte aus Augsburg und immatrikulierte sich 1556 als Studiosus der Medizin an der Universität in Wittenberg. 1560 tauchte er als »Leonhartus Rauwolff, Augustanus« im Register der medizinischen Fakultät in Montpellier auf, wo er sich ganz besonders mit der Botanik beschäftigte. Sein Lehrer war der große Guillaume Rondelet (>). Auf Streifzügen durch die Provence sammelte er eifrig Pflanzen, die er trocknete und sorgfältig auf Papier klebte. So wurden diese Blätter zum Grundstock für sein umfangreiches Herbarium, das später im Museum der Universität Leiden Aufnahme fand. 1562 durchstreifte er Oberitalien. Auf dem Heimweg nach Bayern besuchte er in Zürich Konrad Gesner (>). In Augsburg richtete sich Rauwolf einen Garten mit seltenen Gewächsen ein. Dann praktizierte er mehrere Jahre als Arzt in Aichach und Kempten. 1571 holte ihn Augsburg wieder als Stadtphysikus in seine Mauern. Als sein Schwager, der Kaufherr Melchior Manlich, vorschlug, ihm eine Reise in die Levante zu finanzieren, war Rauwolf begeistert. 1573 begab er sich nach Marseille und segelte über Famagusta auf Zypern, Konstantinopel und Alexandria nach Syrien. Seine nächste Station war Aleppo. 1574 schloß er sich einer Karawane nach Bir am Euphrat an, stieg auf ein Schiff um und gelangte nach Rakka. Dort hielten die mißtrauischen Zöllner den als Kaufmann verkleideten Globetrotter zuerst für einen Spion und hätten ihn beinahe verhaftet. Mit seinem Gepäck auf Eseln und Kamelen machte er sich von Rakka nach Bagdad auf. Bei den Vorbereitungen zur Weiterreise nach Hormuz (er wollte nach Indien) erhielt er die niederschmetternde Nachricht vom Bankrott seines Schwagers mit der Aufforderung zur Rückkehr nach Augsburg. Durch das wilde Kurdistan gelangte er wieder nach Aleppo. Sein Umherstreifen und Pflanzensammeln in der Umgebung machte ihn der Spionage verdächtig. Die türkische Obrigkeit drohte mit Verhaftung oder Zahlung eines hohen Lösegeldes. »Sie (die Polizei) hätten genauen Bericht darüber, daß ich außerhalb auf der Höhe (wo sie mich auf der Suche nach Kräutern gesehen hatten) die Lage der Stadt samt ihres ganzen Umlandes eingehend betrachtet hätte, damit ich ihren Feinden für die Belagerung und Einnahme einen guten Weg weisen könnte. Aber das alles geschah nur, damit sie einen Grund hätten, mir ein ›Auarium‹, wie es die Kaufleute dort nennen, abzunehmen, das heißt, mich durch ungerechte Anklagen strafbar zu machen und gute Beute zu erlangen.« *(69)*. Weiter reiste er an die Mittelmeerküste, sah sich im Libanon um und schloß eine Pilgerfahrt nach Jerusalem an. Schließlich kehrte er über Venedig nach Augsburg zurück und wurde mit der Leitung des Pestspitals beauftragt. Von seiner abenteuerlichen Reise brachte Rauwolf 834 Pflanzen mit. Aus Sämereien zog er in seinem Garten exotische Pflanzen, mit denen er auch die Gärten der Patrizier verschönte. Im Sommer 1596 zog er als Feldarzt mit einem österreichischen Aufgebot nach Ungarn, erkrankte dort an der Ruhr und verstarb in der Festung Hatrau. Rauwolfs sorgfältige Beschreibung orientalischer Pflanzen (»kurtze und einfeltige Erzelung der Kreuter, welche ich zu Halepo erlanget und aufs Papier geleymt hab«) und der eingehende Bericht seiner Reise machten ihn als Kräuterexperten weit über die Grenzen seiner Heimat bekannt. Der französische Ordensmann und Botaniker Charles Plumier (>) gab einer Gattung der Hundsgiftgewächse, deren Alkaloide heute medizinisch genutzt werden, Rauwolfs Namen.

Reaumuria

René-Antoine Ferchault de Réaumur (1683–1757) wurde in La Rochelle geboren. In Poitiers besuchte er zunächst ein Jesuitenkolleg, um dann seine Studien auf dem Gebiet der Rechtspflege in Bourges fortzusetzen. Seine besondere Neigung jedoch gehörte den Naturwissenschaften. Intensiv beschäftigte er sich mit mathematischen Problemen. Als er sich den professionellen Gelehrten ebenbürtig fühlte, reiste er 1703 nach Paris. Unter der Obhut des Präsidenten der Akademie der Wissenschaften, mit dem er verwandt war, wurde er in den Kreis der Gelehrten eingeführt. 1708, Réaumur war gerade 24 Jahre alt, begann er, der Akademie Abhandlungen zu Problemen der Geometrie vorzulegen. Seiner Aufnahme in diese illustre Einrichtung stand nun nichts mehr im Wege. Er wurde ein äußerst vielseitiger Forscher, und nur einige seiner Entdeckungen und bahnbrechenden Arbeiten seien hier aufgeführt. Die Stahlgewinnung profitierte von seiner Erkenntnis über die Bedeutung des Kohlenstoffs für diesen Prozeß (1722). Berühmt wurde er besonders durch seine Temperaturskala (1830), die zwischen dem Siedepunkt des Wassers (80 °R) und dem Schmelzpunkt des Eises (0 °R) in 80 gleiche Teile unterteilt war. Als geschickter Experimentator konnte er beweisen, daß die Verdauung kein mechanischer, sondern ein chemischer Vorgang ist. Er stellte klar, daß es sich bei den Korallen nicht um Pflanzen, sondern um tierische Lebewesen handelt. Als ihm vermeintliche Türkise aus Südfrankreich vorgelegt wurden, wies er nach, daß es sich vielmehr um fossile Zähne handelte. 1750 konstruierte Réaumur die erste Brutmaschine. Eine weitere herausragende Leistung war sein sechsbändiges Werk über die Insekten (1734–42). Seine letzten Jahre verbrachte er auf seinen Ländereien in der Saintonge und in seinem Landhaus bei Paris. Ein unglücklicher Sturz beendete sein Leben.

**Rechsteineria* *(Sinningia)*

Johann Konrad Rechsteiner (1799–1858) wurde in Speicher im Schweizer Kanton Appenzell geboren und in einer Privatanstalt in Gottstadt erzogen. Bereits in jener Zeit begann er zu botanisieren. Dann erhielt er in dem damaligen Gelehrten-Collegium in St. Gallen eine wissenschaftliche und theologische Ausbildung. Nachdem er 1818 das theologische Staatsexamen bestanden hatte, vertiefte er an der Universität Halle seine Kenntnisse. Nach der Rückkehr in die Schweiz erhielt er in Hofwyl die Lehrerstelle für Naturkunde. Bald übernahm er in Ennetbühl und später in Schönengrund die Pfarrerstelle. Bei seinen Exkursionen bereicherte er sein sorgfältig geführtes Herbarium mit Alpenpflanzen. Nach Zwischenstationen in Teufer und Zürich nahm er 1845 die Pfarrstelle in Eichberg am Fuße der Appenzeller Berge an. Hier im Rheintal fühlte er sich bald heimisch und hatte reichlich Gelegenheit, sich der Botanik zu widmen. Mit zahlreichen Fachgelehrten stand er in regem Briefwechsel und pflegte einen ausgedehnten Tauschverkehr, durch den er seine Sammlung mit Pflanzen aus aller Welt bereicherte. 1858 verstarb Pfarrer Rechsteiner an einem Lungenleiden. Dem Naturalienkabinett von St. Gallen hinterließ er sein geliebtes Herbarium mit 12.000 Spezies.

Reevesia

John Reeves (1774–1856) kam als Sohn eines Geistlichen in Westham bei London zur Welt, wurde in jungen Jahren ein Waisenkind und fand nach seiner Schulausbildung eine Stelle im Kontor eines Teemaklers. Reeves erwarb in kurzer Zeit so gründliche Kenntnisse, daß er 1808 in das Büro des Teeinspektors der Ostindien-Kompanie aufgenommen wurde. Zunächst als Assistent und wenig später als Inspektor wurde er 1812 an die chinesische Niederlassung der Kompanie in Kanton versetzt. Mit zwei kurzen Unterbrechungen versah er den Posten bis 1831. Während dieser Jahre korrespondierte er eifrig mit Sir Joseph Banks (>) und betätigte sich auch als Pflanzensammler. Es gab in dieser Zeit kaum ein Schiff der Kompanie, das in Richtung Europa nicht einige Töpfe mit Gewächsen von Reeves an Bord gehabt hätte. Als Hobbyzoologe legte er auch eine beachtliche Sammlung von Fischen an. Seine besondere Aufmerksamkeit galt chinesischen Pflanzenzeichnungen, von denen er eine kostbare Kollektion besaß. Darunter befanden sich auch mehrere Bilder, die auf das damals in der westlichen Welt noch wenig bekannte Reispapier gemalt waren. Reeves war Mitglied aller führenden wissenschaftlichen Gesellschaften Londons. Nach seiner Rückkehr in die Heimat 1831 ließ er sich in Clapham nieder und konnte sich noch viele Jahre an den Schätzen seines kostbaren Herbariums erfreuen.

Reichardia

Johann Jacob Reichard (1743–1782) stammte aus Frankfurt a. M. und studierte in Göttingen Philosophie, Naturwissenschaften und Medizin. Nach seiner Promotion 1768 praktizierte er in seiner Vaterstadt. 1773 trat er seine Tätigkeit als Arzt im Bürgerspital der Senckenberg-Stiftung an und erhielt später auch noch die Leitung des Botanischen Gartens und der Bibliothek der Stiftung. 1772 und 1778 machte er sich mit einer Darstellung der »Flora moeno-francofurtiana« um seine Heimat verdient. 1780 gründete er das »Medicinische Wochenblatt« Neben seiner praktischen Tätigkeit als Arzt dozierte Reichard für Mediziner und Chirurgen Materia medica (Heilmittelkunde) und Botanik. Reichard wurde als Herausgeber der Schriften Linnés (>) bekannt. Ein Lungenleiden, sehr wahrscheinlich eine Tuberkulose, erschwerte ihm zunehmend die Ausübung seiner Ämter. Anfang 1882, in seinem Sterbejahr, veröffentlichte er noch ein Pflanzenverzeichnis des Botanischen Gartens, in dessen Vorrede er sich mit den Worten verabschiedet: »Lebet wohl und bleibt dem Schauspieler, der von der Bühne abgeht, gewogen.« Reichard bestimmte in seinem Testament, daß die erheblichen Zinsen seines Legates von 4.000 Gulden an die Senckenberg-Stiftung für die Vermehrung der Bibliothek eingesetzt werden sollten.

Reinwardtia

Caspar Georg Carl Reinwardt (1773–1854) aus Lüttringhausen bei Remscheid kam zu seinem Bruder nach Amsterdam, der dort als Chemiker tätig war. Caspar widmete sich dem Medizinstudium. Hierbei wurde er näher mit dem Botaniker G. Vrolik bekannt, der Professor am Athenaeum, der späteren Universität, war und der in ihm die Vorliebe für die Pflanzenkunde weckte. Um seine Medizinkenntnisse zu vervollkommnen, war Reinwardt im Begriff, nach Göttingen zu wechseln, als er von der Universität in Harderwijk zum Hochschullehrer berufen wurde. Großzügig verlieh ihm, dem Siebenundzwanzigjährigen, der Senat der Hochschule den Doktorgrad honoris causa für Medizin und Naturkunde. Nach sieben Jahren in Harderwijk holte ihn 1808 König Louis Bonaparte nach Soestdijk und machte ihn zum Direktor eines noch anzulegenden botanischen Gartens und eines Naturkundemuseums. Dann wurde er mit dem gleichen Amt auch noch in Haarlem und Amsterdam betraut. Kurz vor König Louis' Abdankung und Flucht aus Holland wurde Reinwardt die Professur für Chemie und Arzneikunde in Amsterdam angetragen, die er 1810 übernahm. Fünf Jahre später wurde er zum »Direktor für Landwirtschaft, Künste und Wissenschaften« in den Ostindischen Kolonien mit Sitz auf Java ernannt. In Begleitung eines bewährten Gärtners, eines sog. Hortulanus, aus Harderwijk und mehrerer Zeichner kam Reinwardt 1816 in Batavia an. Mit großem Durchsetzungsvermögen gegen den Amtsschimmel begann er einen Kräutergarten anzulegen, der ein Jahr später fertig war. 1817 wurde somit zum Gründungsjahr für den weltberühmten Botanischen Garten in Bogor oder, wie man ihn später nannte, Buitenzorg (Ohne Sorge). Die Vergrößerung des Gartens und die spätere Angliederung eines Versuchsgartens und eines Gebirgsgartens machten Buitenzorg zu einem Eldorado für die Erforschung der tropischen Vegetation. Reinwardt unternahm während seiner Amtszeit zahlreiche Forschungsreisen auf Java. Er sammelte nicht nur Pflanzen, sondern ließ auch Tiere präparieren und stellte eine bedeutende Insektensammlung zusammen. Vor dem Ende seiner Amtszeit, die bis 1822 befristet war, besuchte er noch Timor, die Molukken und Celebes. 1823 übernahm er in Leiden als Nachfolger von Brugmans (>) den Lehrstuhl für Botanik und die Direktion des Hortus Botanicus. 1833 leitete er als Rektor die Universität. 1845 trat er in den Ruhestand. Für die Publikation seiner nachgelassenen Schriften, insbesondere seiner Reiseberichte, sorgte sein Schüler und Amtskollege de Vriese (>).

Remusatia

Jean-Pierre Abel Rémusat (1788–1832) erlitt in früher Kindheit bei einem Sturz so schwere Verletzungen, daß er für mehrere Jahre ans Bett gefesselt war. Außerdem hatte er bei dem Unfall ein Auge verloren. Rémusat benutzte diese unfreiwillige Muße, seine Bildung und sein Wissen mit einer bemerkenswerten Lernbegierde auf einer breiten Grundlage aufzubauen. Hierzu gehörte auch das Erlernen der alten Sprachen. Als er wieder laufen konnte, befaßte er sich mit der Botanik und stellte sich ein Herbarium zusammen. Als Beruf wählte er die Medizin und studierte in Paris. Durch Zufall konnte er sich in einer Abtei in ein chinesisches Herbarium vertiefen und war derart fasziniert, daß er sofort begann, asiatische Sprachen, insbesondere Chinesisch, Tibetisch und Tatarisch, zu lernen. 1811, also mit 23 Jahren, überraschte er die gelehrte Welt mit einer Abhandlung über die chinesische Sprache und Literatur. Schlagartig rückte er in die erste Reihe der europäischen Sinologen. Mit weiteren Mitteilungen festigte er seinen Ruf. Das Medizinstudium schloß er 1813 mit einer Doktorarbeit über die chinesische Heilkunst ab. Als 1814 die Alliierten

Paris bedrohten, versorgte er mit Umsicht und Sorgfalt kranke und verwundete Soldaten in den zu Hospitälern umgewandelten Schlachthöfen. Im gleichen Jahr noch wurde Rémusat mit einem Lehrstuhl für Chinesisch am Collège de France betraut. Als Mitbegründer der Asiatischen Gesellschaft 1822 war er für viele Jahre ihr Sekretär. 1823 wurde er Ritter der Ehrenlegion und korrespondierendes Mitglied ausländischer Asiatischer Gesellschaften. Im Strudel der Juli-Revolution 1830 geriet Rémusat in wirtschaftliche Bedrängnis und konnte nur durch geschicktes Lavieren seine Stellung behaupten. 1831 wurde er zum Verwalter der Königlichen Bibliothek ernannt. Bei Ausbruch der Cholera im März 1832 ließ er vorsorglich in den Räumen mit Manuskripten Behälter mit chlorhaltigen Substanzen aufstellen. Er selbst zog sich in sein Arbeitszimmer zurück und verstarb drei Monate später.

Riccia

Sternlebermoos

Matteo Ricci SJ (1552–1610) stammte aus Macerata und studierte nach dem Besuch eines Jesuitenkollegs Rechtswissenschaften in Rom. 1571 trat er als Novize in die Gesellschaft Jesu ein. Nach einer Vertiefung seiner mathematischen und naturwissenschaftlichen Kenntnisse segelte er 1578 von Lissabon nach Goa an der Westküste Indiens. Die Weihe zum Priester erhielt er in der Hafenstadt Cochin. Als Visitator der Mission wurde Ricci 1582 nach China, das von der Dynastie der Ming-Kaiser regiert wurde, geschickt und hielt sich in Macao auf. Neben der Missionsarbeit widmete er sich dem Studium der chinesischen Sprache und Kultur. 1595 siedelte er als Oberer der Gesellschaft nach Nanking über und erhielt endlich 1601 die kaiserliche Erlaubnis, Peking zu betreten. Bald wurde er ein vielgeachteter Mann am kaiserlichen Hof und zeichnete sich durch seine geographischen und astronomischen Kenntnisse aus, was natürlich auch seiner Missionsarbeit zugute kam. Und nicht zuletzt spielte noch sein geschicktes Auftreten, indem er sich z. B. in der Tracht der chinesischen Gelehrten kleidete, für seine Bekehrungserfolge eine wesentliche Rolle. 1610 verstarb Ricci als herausragender Vertreter der jesuitischen Missionsarbeit in Peking. Als möglicher weiterer Widmungsträger wird Pietro Francesco Ricci genannt, von dem allerdings nur bekannt ist, daß er als Senator die Arbeiten des Botanikers P. A. Micheli (>) gefördert hat.

Richardia

Louis Claude Marie Richard (1754–1821) wurde in Versailles geboren, wo sein Vater den Beruf eines Königlichen Gärtners ausübte. So war er schon in frühester Jugend mit der Botanik vertraut. Die Protektion des Erzbischofs von Paris, der ihn drängte, in den Dienst der Kirche einzutreten, schlug Richard aus und tauchte in einer billigen Pension unter. Um sich über Wasser zu halten, versuchte er sein Zeichentalent einzusetzen. Er kopierte zur Zufriedenheit seiner Auftraggeber die Pläne von Architekten. Allerdings standen ihm für diese Arbeit nur die Nächte zur Verfügung, am Tage besuchte er fleißig Vorlesungen und Kurse. Der Botaniker Bernard de Jussieu (>*Bernardia*) wurde auf den jungen Mann aufmerksam, und durch seine Vermittlung und die Gunst Ludwigs XVI. ermöglichte ihm die Pariser Akademie 1781 eine Reise zu den Antillen und nach Guyana. 1785 brach er nach Westen auf. Weder Räuber noch Mörder konnten ihn von seiner Sammelleidenschaft abhalten. Die Abwehr des Jaguars gehörte bei seinen Unternehmungen bald zur Routine. Als seine Gönner von der Revolution hinweggefegt wurden, blieben die Geldmittel aus, und Richard mußte 1789 nach Paris zurückkehren. Er brachte eine Riesensammlung an biologischem Material mit. Allein sein Herbar enthielt 3.000 Pflanzen, unter denen viele bisher unbekannte Spezies waren. Verbittert über die Zustände während der Revolution zog er sich ins Privatleben zurück. 1795 wurde er zum Professor der Botanik an der medizinischen Fakultät in Paris ernannt und zum Akademiemitglied berufen. Zu den vielen Ehrungen, die ihm jetzt zuteil wurden, gehörte auch die Aufnahme in die Ehrenlegion. Seine Mitteilungen und Veröffentlichungen glänzten durch präzise Beschreibungen und mit sicherer Hand gezeichnete Illustrationen, Vorlesungen und Kurse durch Klarheit seines Vortrags. Gerühmt wurden seine botanischen Demonstrationen, bei denen er selbst komplizierteste Zusammenhänge verständlich zu machen wußte. Ein qualvolles Krankenlager und ein schmerzhafter Tod beendeten in Paris das Leben eines der herausragenden französischen Botaniker.

Rivina

Augustus Quirinus Rivinus (1652–1723), der eigentlich Bachmann hieß, aber nach der Mode der Zeit seinen Namen latinisierte (lat. *riva* – Bach), wurde in Leipzig geboren. Nach dem Tode seines Vaters nahm sich der Kurfürst von Sachsen des Knaben an und sorgte für eine gediegene Erziehung. Rivinus studierte in Leipzig und wurde 1671 Magister. An der damaligen Universität in Helmstedt setzte er das Studium fort und schloß es 1676 mit der Promotion zum Doktor der Medizin ab. Dann ließ er sich in Leipzig als Arzt nieder und habilitierte sich 1688 an der medizinischen Fakultät. Drei Jahre später ernannte ihn die Universität zum Professor der Physiologie und Botanik. Rivinus vertrat seine Fachgebiete so hervorragend, daß man ihm auch noch die Professuren für Pathologie und Therapie übertrug. In der Botanik machte er sich mit der Einführung einer besonderen Klassifikation einen Namen, die sich an der Form der Blüten orientierte. Als Anatom beschrieb er als erster die kleinen Speicheldrüsen unter der Zunge (Glandulae sublinguales minores), die dann in der älteren Nomenklatur seinen Namen trugen. Auch astronomische Untersuchungen finden sich unter den zahlreichen wissenschaftlichen Abhandlungen dieses außerordentlich fleißigen und gelehrten Mannes. Bei der intensiven Beobachtung der Sonnenflecke hatte er sich ein Augenleiden zugezogen, das in den letzten Jahren seines Lebens zu einer fast gänzlichen Erblindung führte. Zu diesem Übel kam noch eine Nieren- und Gallensteinerkrankung, die seinem Leben ein Ende setzte.

Robinia

Falsche Akazie, Heuschreckenbaum, Robinie, Scheinakazie

Jean Robin (1550–1629), in Paris geboren, war Apotheker und hatte einen Garten angelegt, der bald zu den schönsten von Paris gehörte. Neben Arzneipflanzen kultivierte er auch prächtig blühende Gewächse, die den Damen am Hofe König Heinrichs III. als Vorlagen für ihre Stickereien dienten. 1556 wurde er zum Königlichen Botaniker ernannt. 1597 übernahm er die Leitung des von der medizinischen Fakultät in Paris gegründeten Botanischen Gartens. Neben den üblichen Arzneipflanzen kultivierte er auch fremdländische Gewächse, zu denen auch ein Baum aus der Familie der Leguminosen gehörten, dessen Samen er aus Virginia erhalten hatte. Linné (>) benannte ihm zu Ehren den Baum später Robinie. Auch die bisher nur in der Provence und im Languedoc kultivierte Tuberose mit ihrem berauschenden Duft gehörte zu seinen Schätzen. In einem 1601 erschienenen Katalog listete er 1.300 Pflanzen seines Gartens auf, die er mit Argusaugen hütete, was ihm den Spitznamen »Eunuchus Hesperidum« einbrachte. Leider wurde von einigen Zeitgenossen dieses Witzwort mißverstanden, was Robin in den Verdacht brachte, impotent zu sein. Dagegen sprach jedoch mit aller Entschiedenheit, daß er mit seiner Frau Cathérine drei Söhne gezeugt hatte. Der erste wurde auf den ausgefallenen Namen Vespasien (1579–1662) getauft. Unter den Augen seines Vaters wurde er zum Botaniker und Gärtner erzogen. Dann bereiste

Vespasien England, Deutschland, Italien, Spanien und wagte sich sogar bis an die von Seeräubern beherrschten Küsten Nordafrikas, um neue Pflanzen zu sammeln. 1623 veröffentlichte Robin d. J. eine Neuauflage des Katalogs seines Vaters, in dem rund 1.800 kultivierte Pflanzen verzeichnet waren. Vespasien wurde 1641 zum Demonstrator am Jardin du Roi, dem heutigen Jardin des Plantes, ernannt, in dem er 1635 das erste Exemplar der *Robinia pseudoacacia* auspflanzte.

***Rochea** (Crassula)*
Dickblatt

Daniel (1743–1813) und François (1782–1814) de la Roche waren Vater und Sohn. Daniel de la Roche wurde in Genf geboren, studierte dort zunächst auch und ging dann nach Leiden in Holland, wo er 1766 Doktor der Medizin wurde. 1771 kehrte er nach Genf zurück, übte eine ärztliche Praxis aus und befaßte sich mit wissenschaftlichen Studien. Im Jahre 1782 begab er sich nach Paris und wurde als Arzt bei den Königlichen Schweizergarden eingestellt. Nach Ausbruch der Revolution verließ de la Roche 1792 Paris und praktizierte mehrere Jahre in Lausanne. Später kehrte er nach Paris zurück und wurde Arzt am angesehenen Hôpital Necker. Diese Funktion übte er bis zu seinem Tode 1813 aus. 1798 lernte er den Botaniker de Candolle kennen. Durch ihn wurde er mit den führenden Köpfen des Pariser wissenschaftlichen Lebens bekannt. Die Publikationen von Daniel de la Roche galten vorzugsweise medizinischen Themen. Sein Sohn François kam in Paris zur Welt und studierte wie sein Vater Medizin. Nach seiner Doktorprüfung widmete er sich, unterstützt von Desfontaines (>) und Lamarck (>), mit Feuereifer der Botanik. Mit de Candolle, den er im Hause seines Vaters kennengelernt hatte, verband ihn eine lebenslange Freundschaft. In der Umgebung von Nantes, wo er sich niedergelassen hatte, studierte und sammelte er die lokale Flora. 1806 trat er mit einem Werk über einige Umbelliferengattungen hervor, dessen Illustrationen teils von ihm, teils von so hervorragenden Künstlern wie Turpin (>) und Poiteau (>) stammten. Andere Veröffentlichungen von François befaßten sich mit einem breitgefächerten Spektrum der Naturwissenschaften. Nach dem Tode seines Vaters übernahm er dessen Stelle am Hôpital Necker, bis er unerwartet mit erst 32 Jahren verstarb.

Roemeria

Johannes Jakob Römer (1763–1819) kam in Zürich auf die Welt und sollte nach dem Willen seines Vaters Kaufmann werden. Römer reiste nach Bergamo, um dort bei einem Onkel eine kaufmännische Lehre anzutreten. Doch Italiens Natur weckte in ihm bald seine wahre Neigung für die Naturwissenschaften. Nach einem dreijährigen Aufenthalt in Bergamo bezog er die Universität in Zürich, studierte Medizin und erwarb in Göttingen 1786 mit einer Arbeit »Ueber den Vorgang der natürlichen Geburt« den Doktortitel. Dann praktizierte er mit wenig Erfolg in seiner Vaterstadt. Später bekam er eine Stelle am Siechenhaus. Daneben unterrichtete er auch am Medizinisch-Chirurgischen Institut. 1798 wurde er Leiter des Militärhospitals in Zürich. Zu Beginn der Revolutions- und Kriegswirren 1799 gab er das Lehramt auf. Es gelang ihm, den in jenem Jahr von den russischen Truppen unter Suworow zerstörten Botanischen Garten Zürichs wieder in einen ansehnlichen Zustand zu versetzen. 1804 übernahm er auch wieder den Unterricht an dem Medizinisch-Chirurgischen Institut, das zu einer kantonalen Einrichtung geworden war. Die Schweizerische Naturforschende Gesellschaft verdankte ihm die Erweiterung ihrer Bibliothek, deren Leiter er war. Römer veröffentlichte zahlreiche medizinische Schriften, darunter 1788 eine Abhandlung »Ueber den Nutzen und Gebrauch der Eidechsen in Krebsschäden«. Unter seinen botanischen Veröffentlichungen findet sich von 1797 eine »Encyklopädie für Gärtner und Liebhaber«. 1794 gab er ein »Neues Magazin für die Botanik« heraus, das sich aber nur auf einen Band beschränkte. Von 1797 bis1811 veröffentlichte er in 14 Faszikeln mit großformatigen Abbildungen eine Darstellung der europäischen Flora. Wenige Jahre vor seinem Tode veröffentlichte Römer 1816 den »Versuch eines möglichst vollständigen Wörterbuches der botanischen Terminologie«. Ein schon länger bestehendes Herzleiden machte 1819 seinem Leben ein Ende. Sein privates Herbarium soll mehr als 14.000 Spezies enthalten haben.

***Roezlia** (Monochaetum)*

Benedikt Roezl (1824–1885) wurde in der Nähe von Prag geboren. Als Pflanzensammler hatte er sich besonders auf Orchideen spezialisiert. Seine Jagdgebiete waren Mittel- und Südamerika und Kalifornien. Er war so erfolgreich im Aufspüren von Orchideen, daß er bald zum neidlos anerkannten »Fürsten der Orchideenjäger« wurde. Obwohl seine Lieferungen oft mehrere Zentner wogen und die als Statussymbol begehrten Pflanzen gut bezahlt wurden, kam Roezl dennoch zu keinem Reichtum, was wohl daran liegen konnte, daß er nie für eine Handelsgärtnerei, sondern meist auf eigene Rechnung für private Liebhaber auf Jagd ging. Weder Raubtiere noch Banditen konnten den verwegenen Mann von seinem gefährlichen Metier abhalten. Als ihn eine Horde mexikanischer Desperados um seine Habe erleichtern wollte, fanden sie außer seinem Pferd und seinen Kleidern nichts als bündelweise aufgepacktes Pflanzenzeug. Enttäuscht und wütend wollten sie ihn umbringen. Aber dem schlauen Hauptmann war die Sache nicht ganz geheuer; er erinnerte sich, daß die Exekution eines Irren eine Freveltat bedeutet, mit der man sich die Hölle einhandelt. Und dieser komische Mensch mußte ein Verrückter sein. Nach dieser Erkenntnis ließen die Banditen den offenbar mit Gottes Gnade gesegneten Roezl stehen und machten sich aus dem Staube.

Romanzoffia
Romanzoffie

Graf Nikolai Romanzoff (1754–1826) wurde in St. Petersburg geboren. Seine Erziehung genoß er standesgemäß im Elternhaus. 1774 übertrug man ihm das Amt eines Kämmerers an Katharinas Hof, und 1797 wurde er Zeremonienmeister am Hofe von Zar Paul I., nach dessen Ermordung 1801 sein Sohn als Alexander I. folgte. Romanzoff wurde in den Staatsrat berufen und 1802 Handelsminister. 1807 übertrug ihm der Zar auch noch das Außenministerium. 1809 gelang ihm die Aussöhnung Napoleons mit Österreich. Mit der Unterzeichnung des Vertrages von Hamina (schwed.: Fredrikshamn) gliederte Romanzoff Finnland, bis dahin zu Schweden gehörend, dem Zarenreich an, wofür er mit der Würde eines Kanzlers belohnt wurde. Als nächste Sprosse auf seiner Karriereleiter erlangte er das Amt des Präsidenten des Staatsrates. Doch die Belagerung Moskaus durch Napoleon traf ihn zutiefst. Dieses Unglück von 1812 untergrub seine Gesundheit so sehr, daß er sich von den Staatsgeschäften zurückziehen mußte und fortan als Privatmann seine Zeit der Kunst und der Wissenschaft widmete. Als großzügiger Mäzen unterstützte und finanzierte er mehrere Forschungsreisen. Vor allem verdienen hier die Weltumseglungen unter Kapitän Kotzebue mit Chamisso (>) und Eschscholtz (>) an Bord genannt zu werden. Als Dank benannte Chamisso eine Gattung der Wasserblattgewächse nach dem großzügigen Förderer.

Rondeletia
Rondeletie

Guillaume Rondelet (1507–1566) stammte aus Montpellier in Südfrankreich und war in seiner

Jugend so schwach und kränklich, daß er erst mit 18 Jahren eine Schule besuchen konnte. Den Wunsch seines Vaters respektierend, der ihm nur eine kleine Erbschaft hinterließ, trat er in einen geistlichen Orden ein. Mit Unterstützung seines älteren Bruders konnte er die Kosten seiner Ausbildung aufbringen. In Paris führte er das Studium zu Ende und begab sich wieder nach Montpellier, aber nicht um einen geistlichen Beruf auszuüben, sondern um Medizin zu studieren. Nachdem er einige Kenntnisse in der Heilkunde erworben hatte, begann er in Pertuis in der Provence zu praktizieren und, was überrascht, auch Unterricht in Grammatik zu erteilen. Nach einiger Zeit traf man ihn wieder in Paris, wo er sich dem Studium der griechischen Sprache widmete. Danach ließ er sich in der Auvergne als praktischer Arzt nieder. 1537 erwarb Rondelet in Montpellier den Doktorhut, blieb in seiner Vaterstadt und erlangte bald als Arzt einen solchen Ruf, daß man ihn 1545 als Professor an die Universität berief. Kardinal de Tournon erwählte ihn zu seinem Leibarzt und Reisebegleiter. Rondelet lernte auf diese Weise die Küste des Atlantik und deren Flora und Fauna kennen. 1549 nahm ihn der Kardinal mit nach Rom. Rondelet blieb bis 1551 in Italien, besuchte Venedig und interessierte sich für die Universitäten des Landes. In Montpellier erhielt er von König Heinrich II. den ehrenvollen Auftrag, für die medizinische Fakultät ein Theatrum anatomicum zu bauen. Als Botaniker trug er wesentlich dazu bei, daß die Universität bis ins 17. Jahrhundert zum berühmtesten Zentrum der botanischen Wissenschaft nicht nur in Frankreich, sondern in ganz Europa wurde. Seine Vorlesungen und Demonstrationen pflegte Rondelet mit Heiterkeit und Witz zu würzen, was mit einem regen Studentenbesuch quittiert wurde. Zu seinen Schülern gehörte auch Lobel (>), dem er seine Manuskripte vermachte. Seit etwa 1550 setzte er sich wieder mit theologischen Problemen auseinander, was aber nur bis 1552 währte. In diesem Jahr wurde nämlich sein Freund Bischof Pelissier ins Gefängnis geworfen, weil er verdächtigt worden war, mit den Ideen Calvins zu sympathisieren. Dies versetzte Rondelet so in Rage, daß er alle religiösen Abhandlungen, deren er habhaft werden konnte, ins Feuer warf. 1566 erkrankte er – angeblich nach dem übermäßigen Genuß unreifer Feigen – an einer Dysenterie, was ihn aber nicht davon abhielt, an das Krankenbett der Frau eines Freundes in der Nähe von Albi zu eilen. Im Hause des Freundes verstarb Rondelet, und man nimmt an, als Protestant. Im 3. Buch (Kap. 31 bis 33) seiner grotesken Geschichten von Gargantua und Pantagruel erzählt Rondelets Freund und Kollege François Rabelais *(96)*, wie der bei seinen Heiratsabsichten von allzumenschlichen Zweifeln geplagte Panurg deswegen einen Arzt mit Namen Rondibilis konsultiert. Nach der Feststellung, daß Panurg »die Stacheln der Sinnlichkeit scharf spüret«, gibt ihm der wackere Doktor kuriose und witzige Ratschläge. Sicherlich dürfen wir annehmen, daß sich hinter dem Meister Rondibilis unser Guillaume Rondelet aus Montpellier verbirgt.

*Rothia *(Mibora)*

Albrecht Wilhelm Roth (1757–1834) entstammte einem Pfarrhaus in Dötlingen bei Oldenburg und wurde von seinem Vater in die Naturwissenschaft eingeführt. Ab 1775 studierte er in Halle Medizin. Um die Vorlesungen des bekannten Botanikers Schreber (>) hören zu können, wechselte er nach Erlangen, wo er 1778 auch promovierte. In Vegesack an der Weser ließ er sich als praktischer Arzt nieder. In seiner Freizeit verwandelte er in unermüdlichem Eifer das Umland in einen Garten Eden. 1782 und 1783 publizierte er die »Beyträge zur Botanik«. 1788 begann er mit dem Versuch, eine Flora Deutschlands zu veröffentlichen. 1828 wurde er zum Medizinalrat ernannt. Mehrere Berufungen auf einen Lehrstuhl an einer Universität lehnte er ab, weil er sich von seinem selbstgeschaffenen Paradies nicht trennen wollte.

Rothmannia

Göran Rothman (1739–1778) aus Huseby in Schweden studierte in Uppsala Medizin und Naturwissenschaften. Zu seinen Lehrern gehörte auch Carolus Linnaeus (>). 1763 bestand er das medizinische Doktorexamen und ließ sich in Stockholm als Arzt nieder. 1766 erwarb er sich durch die Bekämpfung einer in Åland grassierenden Form der Malaria große Verdienste. 1773 wurde er auf Ersuchen des tripolitanischen Gesandten von der Schwedischen Akademie als Naturforscher nach Afrika geschickt. Nach dreijährigem Aufenthalt kehrte er mit einer kargen botanischen Ausbeute zurück und wurde zum Assessor im Collegium medicum ernannt. Rothman war vielseitig begabt und trat besonders als Übersetzer in Erscheinung. Seine Übersetzung des Librettos der Oper »Orfeo e Euridice«, das von Calzabigi stammt, fand sogar den Beifall von König Gustav III. 1778 verstarb Göran Rothman in Stockholm.

Rottboellia

Christen Friis Rottboell (1727–1797) wurde in Seeland geboren und studierte in Roskilde 1745 erst Theologie, dann Medizin. 1752 legte er sein theologisches Examen ab. Von 1754 bis 1771 praktiziert er als Arzt am Waisenhaus in Kopenhagen und bestand während dieser Zeit das medizinische Doktorexamen. 1755 betätigte er sich außerdem an der neugegründeten Inokulationsanstalt als Impfarzt gegen die Pocken. 1756 wurde er Professor der Medizin. Auf einer Studienreise von 1757 bis 1760 durch Holland und Frankreich interessierte er sich hauptsächlich für die Botanik. 1770 ernannte man ihn zum Direktor des Botanischen Gartens in Kopenhagen. Seinen Lehrauftrag an der Universität nahm Rottboell von 1763 bis1773 wahr. Viele Jahre, nämlich von 1772 bis 1795, wirkte er als Mitglied des Direktoriums am Frederiks-Hospital. 1770 bekam er den Titel Justizrat. Seine botanischen Schriften befassen sich u. a. mit der Flora Islands und Grönlands. Als exzellenter Kenner der lateinischen Klassiker schrieb er 1790 eine textkritische Abhandlung über Catos Schriften.

Roussea

Jean-Jacques Rousseau (1712–1778) mußte nach Erscheinen seines Erziehungsromans »Émile« (>) fluchtartig Paris verlassen. In sein Heimatland, in die Schweiz, konnte er nicht; auch dort wurde sein Werk den Flammen übergeben und gegen den Autor ein Haftbefehl erlassen. So hoffte er in einem Dorf in Neuchâtel, einer preußischen Enklave, auf bessere Zeiten. Dort, im Val de Travers, unter den Fittichen des preußischen Adlers, führte ihn, den großen Freund der Natur, der Gelehrte Jean Antoine d'Ivernois, Leibarzt des Königs, in die Botanik ein. Rousseau lernte die Werke Linnés (>) kennen, botanisierte und studierte u. a. die Staubgefäße der Brennessel. Aber auch hier ließ ihn die von der Geistlichkeit aufgestachelte Bevölkerung nicht zur Ruhe kommen. Er floh auf die Petersinsel im Bieler See, die zur Republik Bern gehörte. Dann hetzte er von Asyl zu Asyl. Rousseau hatte sich inzwischen zu einem beachtlichen Amateurbotaniker entwickelt. Seinen Lebensunterhalt, den er mit dem mühsamen Kopieren von Noten bestritt, gedachte er nun durch den Verkauf von Herbarien, deren Besitz in jener Zeit eine Art Prestigeobjekt war, aufzubessern. Er wollte Mappen von je 100 Pflanzen herstellen und versprach sich davon ein glänzendes Geschäft. Aber schon nach einem Jahr gab er dieses Vorhaben auf, weil er feststellen mußte, daß er mehr Zeit zum Sammeln und Präparieren brauchte, als ihm zur Verfügung stand. Schriftstellerisch trat er 1771 bis 1773 mit Briefen über die Botanik an seine Gönnerin Madame Delessert hervor. Madame war die geistreiche Gattin des philanthropen Industriellen, Millionärs und Freundes der Wissenschaften Benjamin Delessert, der die vollständigste botanische Bibliothek Europas besaß. Rousseau vertrat nach seiner Erfahrung die Meinung, daß die Werke der modernen Botaniker nur für Botaniker dienen. »Zur Anwendung für die, welche noch nichts wissen, sind sie unbrauchbar«, schrieb er in einem Brief. Deshalb gab er ganz genaue Anleitungen zur Herstellung eines Herbariums, empfahl bestimmte Papiersorten zum Trocknen der Pflanzen und erklärte das Präparieren und Pressen. Weitere Veröffentlichungen zur Botanik sind ein Fragment für ein botanisches Wörterbuch und »Essais élémentaires sur la Botanique«, die erst nach seinem Tode erschienen. Wie in seinen anderen Schriften behandelte er auch dieses Thema mit großer Leidenschaft. 1778 hauchte Jean-Jacques, wie er von seinen Freunden nur genannt wurde, nach einem Schlaganfall in Ermenonville bei Paris sein Leben aus. In einem Triumphzug ließ nach dem Ausbruch der Französischen Revolution sein leidenschaftlicher Verehrer Robespierre die Gebeine des großen Mannes in das Panthéon der Nation überführen. Rousseaus Bedeutung und seinen Einfluß in dieser Zeit der Aufklärung auch auf die Welt der Gelehrten läßt die frappierende Äußerung des Botanikers Desfontaines (>) erkennen, das Hinscheiden von Jean-Jacques habe ihn mehr ergriffen und ihm schlaflosere Nächte bereitet als der Tod seiner eigenen Eltern!

***Roxburghia** (*Stemona*)

William Roxburgh (1751–1815) wurde in Craigie, Ayrshire, geboren, studierte Medizin und bestand das Doktorexamen. Dann trat er als Sanitätsoffizier in die Madras-Armee der East India Company ein und wurde bald zu deren Botaniker ernannt. 1793 übernahm er als Oberaufseher den Botanischen Garten in Kalkutta. Ab 1795 veröffentlichte er Beschreibungen der Pflanzen an der südindischen Koromandelküste. Von 1798 bis 1799 hatte er Gelegenheit, die Flora Südafrikas kennenzulernen. 1814 erschien sein »Hortus Bengalensis«. Geschwächt durch das mörderische Klima mußte er im gleichen Jahr nach England zurückkehren, wo er schon ein Jahr später in Edinburgh verstarb. Sein großes Werk »Flora Indica« lag bei seinem Tod als Manuskript vor und konnte erst viele Jahre später publiziert werden. Sein umfangreiches Herbar teilten sich die Kew Gardens und das Britische Museum.

***Roylea** (*Melanocenchris*)

John Forbes Royle (1799–1858) wurde in Cawnpore (Kanpur) in Ostindien geboren, studierte Medizin und promovierte 1833 in München. Von 1819 bis 1831 diente er als Stabsarzt in der Britisch-Bengalischen Armee und war gleichzeitig von 1823 bis 1832 Kurator des Botanischen Gartens in Saharunpur. 1831 kehrte er nach Europa zurück und wurde 1836 am King's College in London zum Professor der Arzneimittellehre ernannt. Dieses Amt übte er bis 1856 aus. Zwei Jahre später starb Royle in Acton, Middlesex. Von 1833 bis 1840 brachte er eine illustrierte Flora des Himalaja und Kaschmirs heraus. 1838 erschien eine Schrift über die Hindu-Medizin. Außerdem publizierte er u. a. 1845 das Handbuch über Arzneimittel »Manual of Materia Medica and Therapeutics«.

Rudbeckia
Rudbeckie, Sonnenhut

Olof (Olaus) Rudbeck (1630–1702), das elfte Kind eines schwedischen Bischofs, wurde von keinem Geringeren als König Gustav II. Adolf von Schweden aus der Taufe gehoben. Sein Studium begann er 1650 in Uppsala und begann sich bald selbständig mit anatomischen Fragen zu beschäftigen. 1652 reichte er als Doktorarbeit eine Untersuchung über den Blutkreislauf ein. Nachdem Gasparo Aselli 1618 und Jean Pecquet 1647 Lymphgefäße beschrieben hatten, berichtete Rudbeck 1653 der wissenschaftlich interessierten Königin Christine über seine folgenreiche Entdeckung, daß diese Teile eines großen zusammenhängenden Systems sind. Mit königlicher Unterstützung konnte Rudbeck ins Ausland reisen und begab sich für ein Jahr zur Vertiefung seiner Studien nach Leiden. Nach dreijähriger Abwesenheit von Schweden, in der er auch noch Deutschland und England besucht hatte, wurde er 1660 auf den Lehrstuhl für Anatomie und Botanik an der Universität in Uppsala berufen, den man später seinem Sohn (1660–1740) gleichen Namens übertrug. Er baute ein neues anatomisches Theater und gründete den ersten botanischen Garten in Schweden, der schon nach drei Jahren einen Bestand von rund 1.000 Pflanzen aufweisen konnte. Allerdings setzte Rudbeck seine Pläne oft mit ziemlicher Rücksichtslosigkeit durch, was zu heftigen Streitereien mit seinen Kollegen führte.. Sein Vorlesungsprogramm ergänzte er noch mit Chemie, Mechanik, Mathematik und Musik. 1675 beendete er sein Lehramt und widmete sich nur noch der Wissenschaft. In seiner Schrift »Propagatio Plantarum« von 1686 befaßte er sich mit physiologischen Problemen wie Ernährung und Reifung der Pflanzen. 1695 unternahm er eine Expedition nach Lappland und sammelte Pflanzen, insbesondere Phanerogamen. Seine Sammlung verbrannte jedoch 1702 in einer großen Feuersbrunst, die die ganze Stadt Uppsala in Asche legte. Auch seine Manuskripte über seine Expedition, die in einem zwölfbändigen Werk beschrieben werden sollte, wurden bis auf den ersten Band, der schon erschienen war, ein Raub der Flammen. Ein anderes seiner Werke, die Darstellung von 6.200 Pflanzenspezies in Farbbildern, blieb erhalten und befindet sich in Privatbesitz. Unter dem Eindruck der Brandkatastrophe verlor Rudbeck nach und nach sein Interesse an der Botanik. Mehr und mehr hatte er in seinen letzten Lebensjahren seine Zeit einer ganz anderen Wissenschaft gewidmet, nämlich der Philologie. So konnte es auch nicht ausbleiben, daß der Botanische Garten zunehmend vernachlässigt wurde und verfiel. Dieser geniale und vielseitig begabte Mann besaß nicht nur ein großes Talent zur Musik, sondern hatte auch noch eine so ausgezeichnete Stimme, daß ihn König Ludwig XIV. von Frankreich an seinen Hof als Sänger engagieren wollte.

Ruellia *(*Dipteracanthus)*
Rudel, Ruellie

Jean Ruel (1474–1537), lat. Ruellius. Man weiß, daß er in Soissons geboren wurde; über seine Kindheit und Jugend ist nichts bekannt. Er studierte Medizin, und dem Trend seiner Zeit folgend, interessierte er besonders sich für den botanischen Teil des Studiums. Er soll dann als praktischer Arzt in Paris gelebt haben. Andere meinen, daß er wohl die meiste Zeit seines Lebens in seiner Vaterstadt verbracht hat. Sicher ist, daß Ruel als etwa Vierzigjähriger in Paris eine beachtliche und erfolgreiche Praxis ausübte. In den Jahren 1508 und 1509 war er Dekan der medizinischen Fakultät an der Pariser Universität. Sein guter Ruf veranlaßte König Franz I. von Frankreich, ihn als Leibmedikus an seinen Hof zu berufen. Die Gunst des Bischofs von Paris, Etienne Poncher, ebnete ihm seinen weiteren Lebensweg. Nach dem Tode seiner Frau wurde Ruel von Poncher zum Priester ordiniert, wobei ihm jedoch die Pflichten als Seelsorger erspart blieben. Er wurde nämlich zum Kanonikus an Notre Dame in Paris ernannt und konnte sich ohne Sorgen ums tägliche Brot ganz seinen Studien widmen. Als erste Frucht seiner Gelehrsamkeit erschien 1516 eine Übersetzung der Schriften des Dioskorides (>) aus dem Griechischen ins Lateinische. Es ist ein außerordentlich elegantes Latein, das von seinen Zeitgenossen hoch gelobt wurde. So wundert es nicht, daß das Werk in zahlreichen Auflagen erschien. 1536 lag sein Hauptwerk »De Natura Stirpium« (Über die Natur der Pflanzen) vor. Es umfaßt 666 Seiten und ist mit hervorragenden Abbildungen ausgestattet. Ein Jahr nach dem Erscheinen seines Werkes rafften die Folgen eines Hirnschlags Jean Ruel in Paris dahin.

Rugelia

Ferdinand Rugel (1806–1879) stammte aus Oberschwaben. 1827 begab er sich in die Schweiz und absolvierte in Bern eine Apothekerlehre. Auf ausgedehnten Reisen in den Alpen zwischen Mont Blanc und Monte Rosa, in der südlichen Schweiz, in Piemont, an der Mittelmeerküste und in den Pyrenäen botanisierte er und sammelte Pflanzen. 1840 beschloß Rugel, nach Nordamerika zu gehen und in Georgia und Carolina als Sammler von Pflanzen und Insekten zu leben. Er weitete seine Tätigkeit bis nach Nordflorida und Alabama aus. Seine Kollektionen konnte er in Europa zu günstigen Preisen absetzen. Wohl vor allem aus Liebe zu seiner amerikanischen Frau, die ihm zwölf Kinder schenkte, beschloß Rugel, in der Neuen Welt zu bleiben. 1849 bereiste er Kuba. Nach dem Bürgerkrieg fand er vorübergehend eine Tätigkeit in einer Drogenfirma in Knoxville. Anschließend ließ er sich mit seiner Familie endgültig in Tennessee auf einer Farm in Jefferson County nieder. Eine letzte botanische Reise führte ihn ins Tal des Colorado. 1879 verstarb Ferdinand Rugel an einer Lungenentzündung.

Ruizia

Hipólito Ruiz López (1754–1816), in Barcelona geboren, wurde von einem Onkel, einem Apotheker, auf die Naturwissenschaften gelenkt, die er dann auch studierte. Seine Hinneigung zur Botanik trug schon 1772 die ersten publizistischen Früchte. Seinen hervorragenden Kenntnissen verdankte er die Ernennung zum Leiter einer Expedition in das spanische Vizekönigreich Peru durch König Karl III. im Jahre 1777. Der »Expedición Botánica« war die Aufgabe gestellt, Naturprodukte und Pflanzen des Vizekönigreichs für das Königliche Museum und den Botanischen Garten in Madrid zu beschaffen. Als Begleiter wurden ihm sein Landsmann Pavón (>), der Franzose Dombey (>) und zwei Zeichner zugeordnet. 1778 erreichte die Gesellschaft den Hafen von Callao und reiste weiter ins benachbarte Lima. Als Ergebnis ihrer Exkursionen konnte sie 300 Herbarpflanzen und 240 Zeichnungen nach Spanien auf den Weg geben. Ihre weitere Sammlung füllte bald zahlreiche große Kisten, die aber leider auf dem Seetransport nach Europa 1785 vor der portugiesischen Küste bei einem Schiffbruch verlorengingen. Dombey, der die Fahrt mitmachte, konnte seine Kisten in Sicherheit bringen. Ruiz und Pavón setzten unterdessen ihre Forschungsunternehmen fort. Unterwegs büßten sie einen Großteil ihrer Kollektion und Manuskripte bei einem Brand ein. Doch unverdrossen setzten die beiden Forscher ihre Erkundungen bis weit in den Süden des Kontinents fort. 1788 kehrten sie nach Spanien zurück und bescherten dem Königlichen Botanischen Garten über 120 unbekannte Pflanzen. Die Bearbeitung der gesamten Expeditionsausbeute wurde nie vollendet, von der auf zehn Bände veranschlagten »Flora Peruviana et Chilensis« erschienen bis 1802 nur drei. Nachdem Napoleon Bonaparte die politische Bühne Europas gründlich verändert hatte, erkannten auch Ruiz und Pavón die Zeichen der Zeit. Sie erlaubten sich, eine Gattung *Bonapartea* zu benennen, und begleiteten dies mit der devoten Widmung: »Dem Ersten Konsul, dem Schöpfer, dem immer unbesiegten Feldherrn, dem Beschützer der Botaniker, aller nützlichen Wissenschaften und Künste, dem Verteidiger der Religion, dem unsterblichen Manne und dem seit Menschengedenken durch seine Taten Berühmtesten.« (*59*, S. 117). Doch inzwischen tauchte *Bonapartea* in der Gattung *Agave* (>) unter. Nicht so jedoch die Gattung *Lapageria* (>), die Ruiz und Pavón nach der Gemahlin des Kaisers benannt hatten.

Rumohra
Lederfarn

Karl Friedrich Ludwig Felix von Rumohr (1785–1843) wurde in der Nähe von Dresden geboren, zog aber bald mit seinen Eltern auf die Familienbesitzungen bei Lübeck. Mit 13 Jahren unternahm er einen Versuch, das Elternhaus zu verlassen, weil ihm der Unterricht des Hauslehrers zu langweilig war. Um diesem Manko abzuhelfen, wurde er einem Abt in Holzminden zur Ausbildung anvertraut, dessen pädagogischer Einsatz aber auch als nur recht dürftig in Rumohrs Erinnerung blieb. In Göttingen studierte er Geschichte und Sprachen. Aus Kunstinteresse nahm er daneben auch Zeichenunterricht. 1805 führte ihn der Weg nach Italien, wo er sich mit Eifer und Begeisterung dem Studium der Kunst hingab, das er auch auf seinen vier späteren Italienreisen intensiv betrieb. Wesentliche Ergebnisse flossen in das vielbeachtete Werk »Italienische Forschungen« (1827–31) ein, das ihn zu einem der Begründer der deutschen, auf quellenkritischen Studien aufbauenden Kunstgeschichtsschreibung werden ließ. Seine zahlreichen Abhandlungen zur Kunstgeschichte wurden nicht zuletzt wegen ihres meisterhaften Stils geschätzt. Mit Beifall wurden der »Geist der Kochkunst« (1822) und die »Schule der Höflichkeit. Für Alt und Jung« (1834) vom Publikum aufgenommen. Die Landwirtschaft, Bewässerungsprobleme und die Kultivierung der besonderen Bodenverhältnisse in Norditalien diskutierte er in zwei ausführlichen Mitteilungen. Sein bewegtes, unstetes Reiseleben, das ihn auch in bedeutende europäische Metropolen führte, unterbrach Rumohr mit Aufenthalten auf seinem Gut Rothenhausen bei Lübeck, wo er in einer umfangreichen Bibliothek und in der Vertiefung in seine Kunstsammlungen Erholung suchte. Für Unterhaltung sorgten junge Künstler, die in seinem gastfreien Domizil Tage und Wochen verbrachten. Später verkaufte er Rothenhausen und ließ sich in Lübeck nieder. Im Sommer 1843, auf dem Wege zu einem Kuraufenthalt in Böhmen, verstarb Rumohr plötzlich in Dresden. Mit dem Ausruf: »Kinder, betet für mich!« soll er entseelt in die Arme seiner Diener gesunken sein.

Ruppia

Heinrich Bernhard Rupp (1688–1719) war bei seinen Zeitgenossen unter der latinisierten Namensform Ruppius bekannt. Er stammte aus Gießen und bezog im Alter von 16 Jahren die dortige Universität, um Medizin zu studieren. In dieser Zeit begann er mit botanischen Studien, die er nach einem Wechsel zur Universität Jena 1711 mit größtem Eifer fortsetzte. Ein Jahr später finden wir ihn in Holland, in Leiden, wo er bei dem berühmten Boerhaave seine Kenntnisse vertiefte. 1713 kehrte er nach Jena zurück, wo er bis zu seinem Tode blieb. Auf mehreren Reisen durch Thüringen und Sachsen studierte Rupp die Pflanzenwelt dieser Regionen, darunter auch die Salzflora der Seen in der Umgebung von Mansfeld. Er berichtete über fast 30, teils bisher unbekannte Arten in diesem Gebiet. Bis hierher unterscheidet sich die Biographie Rupps kaum von den Lebensläufen anderer Botaniker. Befassen wir uns aber mit seiner Persönlichkeit, dann tritt uns ein Mensch mit kuriosen und bizarren Zügen entgegen. Rupp war schon während seiner Studentenzeit wegen seines liederlichen Lebenswandels eine bekannte Figur. Alle Äußerlichkeiten einer geregelten Lebensführung verachtete er, selbst von der Reinlichkeit hielt er nicht viel. Er besaß weder eine Wohnung noch Geld. Je nach Gelegenheit beherbergten ihn seine Freunde und steckten ihm einen Bissen zu. Rupp war alles andere als ein Weiberheld, ganz im Gegenteil machte er sich mit beißendem Spott über das andere Geschlecht lustig. Zum Bild dieses – fast könnte man sagen – Wüstlings gehört eine mit den Lebensjahren zunehmende Neigung zum Alkohol, die sicherlich zu seinem frühen Tod wesentlich beigetragen hat. Natürlich besaß er auch kein einziges Buch. Er brauchte auch keins: Rupp hatte ein außerordentliches Gedächtnis. Er soll alles, was er gelesen hatte, einschließlich der Seitenzahlen, für Jahre parat gehabt haben. Zu dieser Eigenschaft paßt auch sein Sprachtalent: er soll sieben Sprachen gesprochen haben. Da er ein unabhängiges und freies Leben allem anderen vorzog, wundert es nicht, daß er mehrere Berufungen an eine Universität ablehnte. Die von ihm unter merkwürdigen Umständen verfaßte »Flora Jenensis« wurde in dritter Auflage von keinem Geringeren als Albrecht von Haller (>) herausgegeben. Goethe (>) nannte dieses Werk sogar epochal. Die höchste Anerkennung wurde ihm jedoch von Linné (>) zuteil, der die einzige Gattung der Familie der Saldengewächse (heute manchmal den Laichkrautgewächsen zugeschlagen) nach ihm benannte.

Ruprechtia

Franz Joseph Ruprecht (1814–1870), in Freiburg i. Br. geboren, studierte von 1830 bis 1836 in Prag Medizin und machte 1838 sein Doktorexamen. Im Jahr darauf siedelte er nach St. Petersburg über, wo er den Vorsteherposten am Botanischen Museum der Kaiserlichen Akademie übernehmen konnte. 1851 trat er die Stelle eines Direktoratsassistenten am Botanischen Garten der Akademie an und wurde vier Jahre später zu dessen Direktor ernannt. Von 1860 bis 1862 unternahm er eine Reise durch den Kaukasus, worüber er 1869 ausführlich berichtete. Ruprecht hatte es auch übernommen, die Beobachtungen und Befunde seiner Kollegen Maximowicz (>) und Maack (>) über die Flora der Amurregion mitzuteilen. Er starb in St. Petersburg.

Russelia

John Russell, sechster Duke of Bedford (1766–1839). Im Botanischen Garten von Woburn Abbey widmete er sich aus einem immensen Interesse an der Agrikultur dem Studium bestimmter Gräserarten, mit denen er Experimente auf unterschiedlichen Böden durchführte. In späteren Jahren beschäftigte er sich mit der stachligen Gesellschaft und brachte es auf die respektable Kollektion von 450 Kaktusspezies.
Genaust *(42)* gibt als Namenspatrone das aus Schottland stammende Brüderpaar Russell an, die beide Ärzte waren. Alexander (1714–1768) hielt sich von 1740 bis 1753 in Aleppo in Syrien auf und veröffentlichte 1756 ein Werk über die dortige Flora; Patrick (1726–1805) lebte ebenfalls zeitweilig in Aleppo und unternahm eine Expedition nach der südindischen Koromandelküste.

S

Sabinea

Joseph Sabin (1770–1837) stammte aus Tewin, Hertfordshire, studierte Jura und praktizierte zunächst als Anwalt. 1808 wurde er Generalinspektor im Steueramt und behielt diesen Posten bis zu seiner Pensionierung 1835. 1798 nahm ihn die Linnean Society und ein Jahr später die Royal Society als Mitglied auf. 1810 betraute ihn die Horticultural Society mit der ehrenamtlichen Leitung des Sekretariats. Sabin fand bei seinem Amtsantritt die Geschäfte der Gesellschaft in größter Konfusion, die er jedoch durch unermüdlichen Einsatz und mit Geschick wieder in Ordnung bringen konnte, wofür er 1816 mit einer Goldmedaille ausgezeichnet wurde. Sabin hatte bei der Einrichtung und Ausstattung der Gärten der Gesellschaft in Hammersmith und Chiswick einen ausschlaggebenden Einfluß. Zu den »Transactions«, der Zeitschrift der Gesellschaft, steuerte er zahlreiche floristische Aufsätze bei. Sabin, der sein Amt mit einem gewissen Despotismus ausübte, übernahm sich in seinem Eifer und stürzte die Gesellschaft in eine wirtschaftliche Krise. 1830 legte man ihm nahe, von seinem Sekretärsposten zurückzutreten. Wenig später trat er als Schatzmeister und Vizepräsident der Zoologischen Gesellschaft in Erscheinung. Als anerkannte Autorität berichtete er über biologische Aspekte in der britischen Vogelwelt. Sabin verstarb 1837 in London.

Saintpaulia

Usambaraveilchen

Walter Le Tanneux von Saint Paul-Illaire (1860 bis 1940) stammte aus Berlin und kam 1885 nach seiner Militärdienstzeit in die Kolonie Deutsch-Ostafrika. Als Leutnant machte er die Feldzüge gegen Sklavenhändler und Rebellen mit. 1889 wurde er Generalvertreter der Deutsch-Ostafrikanischen Gesellschaft, und 1891 trat er in die Regierungsverwaltung ein. Als Bezirkshauptmann des Distrikts Usambara hatte er seinen Verwaltungssitz in Tanga, einer Hafenstadt nördlich von Dar-es-Salam. Neben seinen Dienstaufgaben widmete er sich dem Studium des Kisuaheli, einer vokalreichen Bantusprache. Seinen Bemühungen, diese Umgangssprache der Eingeborenen in eine lateinische Schrift umzusetzen, führten 1890 zur Publikation des ersten Handbuches und 1896 eines Sprachführers des Kisuaheli. In anderen Veröffentlichungen nahm er zu kolonialpolitischen Zeit- und Streitfragen Stellung. Er gründete und förderte über 20 sogenannte Hinterlandsschulen, in denen Eingeborene ein Handwerk erlernten. Nach einer Prüfung stand ihnen dann der Zugang zu einer Zentralschule in Tanga offen, in der sie ihre Fertigkeit vertiefen und einen weiterführenden Abschluß machen konnten. Eine Eisenbahnlinie von Tanga nach Nordosten führte zunächst durch Farmen und Pflanzungen und endete am Rande des Urwaldes in den Bergen von Ostusambara. In dessen Lichtungen mit wilden Bananen und riesigen Baumfarnen entdeckte von Saint Paul-Illaire bei seinen Exkursionen an den Ufern von Bächen in diesem feuchten Tropenwald das Usambaraveilchen. 1892 schickte er die ersten Exemplare an seinen Vater in Berlin, von wo sie in den Botanischen Garten von Herrenhausen bei Hannover gelangten. Walter von Saint Paul-Illaire schied 1910 aus dem Staatsdienst aus und lebte noch bis 1940 in Berlin.

Salvinia

Schwimmfarn, Wasserblatt

Antonio Maria Salvini (1653–1729) wurde in Florenz geboren und studierte in Pisa Jura und alte Sprachen, in denen er es zu einer unglaublichen

Vollkommenheit brachte. 1676 besetzte er in Florenz den freigewordenen Lehrstuhl für griechische Linguistik, den er für 53 Jahre bis zu seinem Tode innehatte. Cosimo III. de Medici, der Großherzog von Toskana, förderte und unterstützte ihn mit allen Möglichkeiten. Salvini trat mit zahlreichen mustergültigen Übersetzungen und Bearbeitungen antiker Autoren hervor. Eine enge Freundschaft verband ihn mit dem Botaniker Micheli (>), dessen Schriften er sprachlich redigierte und in ein geschliffenes Latein brachte. Salvini war auch Gründungsmitglied einer hochangesehenen florentinischen Gelehrtengesellschaft, die sich »Arcadia« nannte und in der er – nach der Sitte dieser Zirkel – den Namen Aristes Cratio trug.

Sandersonia
Laternenlilie

Sir John Scott Burdon Sanderson (1828–1905) aus Newcastle-on-Tyne studierte Medizin und erwarb 1851 in Edinburgh den Doktorhut. 1855 lehrte er als Dozent Botanik und wechselte 1883 als Professor für Physiologie an die Universität in Oxford. Zwischen 1882 und 1888 veröffentlichte er Abhandlungen über Vorgänge bei der elektrischen Stimulation von Blättern. 1895 wurde er in den Ruhestand versetzt.

Sansevieria
Bajonettpflanze, Bogenhanf

Raimondo de Sangro, Fürst von San Severo und Castelfranco (1710–1771) stammte aus einer der vornehmsten Familien Neapels. Nachdem er in seinem Elternhaus eine umfassende Erziehung und Bildung erhalten hatte, vervollständigte und vertiefte er in Rom seine Kenntnisse in Mathematik und Physik. Dann kehrte er in seine Vaterstadt zurück und wurde 1737 zum Kammerherrn am Hofe Karls IV., des Königs von Neapel und Sizilien aus dem Hause Bourbon, ernannt. Der Fürst war ein ausgesprochener Tüftler und bescherte der Umwelt zahlreiche Erfindungen der verschiedensten Art. 1740 beschrieb er einen wirkungsvollen Feuerwerksapparat. Besonders Kriegsgeräte waren sein Steckenpferd. Für die Kanone bis zur Muskete schlug er Verbesserungen vor. Über die Grenzen Italiens hinaus wurde sein »Dizionario di scienza militare« sehr geschätzt. Der Preußenkönig Friedrich II. bedachte ihn als Waffenexperten mit hohem Lob. Seine Erfindungen befaßten sich auch mit Färbevorgängen. So ersann er Methoden, um Marmor zu färben – eine Kunst, die gewissen Fälscherkreisen auch heute noch zugute kommt.

Saussurea
Alpenscharte, Schärtling

Horace Bénédict (1740–1799) und Nicolas Théodore (1767–1845) de Saussure, Vater und Sohn, wurden mit dieser Namensverleihung geehrt. Der Ältere wurde mit 22 Jahren an der Genfer Universität Professor für Philosophie. Ein Onkel und die Bekanntschaft mit Albrecht von Haller (>) lenkten ihn jedoch zu den Naturwissenschaften. 1762 erschienen seine ersten botanischen Mitteilungen. Dann folgten zoologische Schriften. Sein Hauptverdienst jedoch lag auf dem Gebiete der Geologie. Horace de Saussure erforschte die Bergwelt und besonders die Alpen. 1788 bestieg er als zweiter Mensch den Mont Blanc. Er erfand zahlreiche geophysikalische und meteorologische Meßgeräte. De Saussure beschrieb mehr als 15 Minerale. Seine Professur füllte er bis 1786 aus. Allmählich machten sich, wohl als Folge seiner anstrengenden Unternehmungen – er hatte vierzehnmal die Alpen durchquert –, Gesundheitsschäden bemerkbar. Nach längerem Leiden verstarb er 1799. Nicolas Théodore begleitete zunächst den Vater auf den Bergtouren und lernte von ihm die exakte Beobachtung der Natur. Seine ersten wissenschaftlichen Mitteilungen befaßten sich mit geophysikalischen

Themen. Später wandte er sich der Botanik zu. Mit physiologischen und chemischen Untersuchungen erforschte er die Pflanzenatmung und insbesondere die Phänomene der Kohlenstoffassimilation, worüber er in mehreren Mitteilungen ab 1797 berichtet. De Saussure, der wie sein Vater Professor an der Genfer Universität war, verschloß sich auch nicht der Politik. 1814, 1824 und 1845 wurde er Mitglied des Rates von Genf.

Savignya

Marie Jules César Lelorgne de Savigny (1777–1851) wurde in Provins geboren und studierte Naturwissenschaften. Nach einer Reise in China begleitete er 1798 als Zoologe die Expedition Napoleons nach Ägypten. Nach der Rückkehr nach Frankreich stellte er die Ergebnisse seiner Untersuchungen und Entdeckungen zusammen, was mehrere Jahre beanspruchte. Savigny war Mitglied des Ägyptischen Instituts und seit 1821 des Institut de France. Auch in zahlreiche Akademien des Auslands wurde er aufgenommen. Seine überwiegend zoologischen Schriften beschäftigten sich besonders mit den wirbellosen Tieren. Savigny verstarb 1851 in der Nähe von Versailles.

Schefflera *(*Brassaia, *Dizygotheca, *Heptapleurum)*
Aralie, Lackblatt, Schefflera, Strahlenaralie

Jacob Christian Scheffler (1722–1811) lebte in Danzig und hatte Medizin studiert. Seine schwache Gesundheit versagte es ihm jedoch, sich als praktizierender Arzt niederzulassen. Ob er als Ratsherr im Senat einen Sitz hatte, wie mitunter angegeben wird, läßt sich nicht mit Sicherheit sagen. Scheffler beschäftigte sich intensiv mit Chemie und Mineralogie. Seine prächtigen Sammlungen von Insekten, Muscheln und Fischen wurden hoch geschätzt. Schefflers ganz besondere Liebe aber galt der Botanik. In seinem Garten hegte er sogar exotische Pflanzen. Für seine Kennerschaft in dieser Sparte der Naturwissenschaften spricht auch seine fachkundige Korrespondenz mit Linné (>).

Scheuchzeria
Blasenbinse, Blumenbinse

Johann Jakob Scheuchzer (1672–1733) und sein Bruder Johann (1684–1738) wurden beide in Zürich geboren. Der ältere Bruder studierte an der Universität in Altdorf bei Nürnberg Medizin. Seine Studien setzte er in Utrecht fort und promovierte dort zum Doktor der Medizin. Dann begab er sich wieder nach Altdorf, um seine Kenntnisse in Mathematik zu vertiefen. In die Schweiz zurückgekehrt, durchwanderte er sein Heimatland und sammelte, besonders in den Alpen, Pflanzen, Mineralien, Kristalle und Versteinerungen. 1702 publizierte er einen Katalog seiner Kollektion. 1709 erschien sein »Herbarium diluvianum«. Ab 1716 befaßte er sich mit einer systematischen Darstellung der Naturgeschichte der Schweiz in drei Bänden. Im ersten beschrieb er die Bergwelt. 1717 folgte der zweite Band über die Gewässer. Der dritte Band von 1718 war den Mineralien gewidmet. Ebenfalls 1716 gab er ein Aufstellung seines Bestandes an Versteinerungen unter dem Titel »Museum diluvianum« heraus. Allerdings unterliefen ihm auch einige Fehldeutungen. So hielt er z. B. das versteinerte Skelett eines Riesensalamanders für die Reste eines vorsintflutlichen Menschen. Aufgrund seiner Beschreibungen und Abbildungen fossiler Pflanzen kann man ihn als einen Mitbegründer der Paläobotanik bezeichnen. Scheuchzer widmete sich auch der Wissenschaft vom Wetter und berichtete 1728 über seine meteorologischen Beobachtungen in Zürich, die er 1731 noch mit Tabellen über die Luftdruckschwankungen in Zürich und auf dem St. Gotthard ergänzte. Seit 1696 hatte er in seiner Vaterstadt den Lehrstuhl für Mathematik und Naturgeschichte inne. Außerdem war er zum Stadtarzt ernannt worden. Als ihn 1712 auf Empfehlung von Leibniz Zar Peter der Große nach Rußland holen wollte, gelang es der Züricher Stadtverwaltung, Scheuchzer mit dem Angebot, auch noch die Professur für Physik zu übernehmen, in der Schweiz zu behalten. Johann Jakob Scheuchzer verstarb als hochgeachteter Mann in seiner Vaterstadt. Sein jüngerer Bruder verbrachte nach seiner Schulzeit in Zürich einige Zeit als Soldat in Holland. Als Sekretär des Grafen Marsigli (>) lernte er Italien kennen. Nach seiner Rückkehr in die Schweiz befaßte er sich mit der Technik von Befestigungseinrichtungen und wurde 1712 als Ingenieur beim Kanton Zürich eingestellt. Scheuchzer, der sich auch als Pflanzenexperte 1708 mit einem Werk über die wenig erforschten Gräser der Alpen (»Agrostographia«) einen Namen gemacht hatte, erhielt 1718 den Ruf auf den Lehrstuhl für Botanik an der Universität in Padua. Auf Grund seines protestantischen Glaubens zerschlug sich jedoch dieses Projekt, und die Stelle wurde mit dem Italiener Pontedera (>) besetzt. Nach Reisen durch Holland, Frankreich, Italien und Deutschland berief man ihn 1723 in der Grafschaft Baden/Limmat zum Landschreiber. Nach dem Tode seines älteren Bruders 1733 übernahm er in Zürich dessen Lehrstuhl für Naturgeschichte und Stellung als Stadtarzt. Zusätzlich ausgestattet mit einer Pfründe eines Züricher Kanonikerstiftes konnte Johann Scheuchzer aber nur noch wenige Jahre bis zu seinem Hinscheiden seine Ämter ausüben.

Schomburgkia

Sir Robert Hermann Schomburgk (1804–1865) kam in Freyburg an der Unstrut in einem Pastorenhaus zur Welt und wurde Kaufmann. Sein brennender Wunsch, in fernen Ländern naturwissenschaftliche Studien zu betreiben, ging 1822 in Erfüllung, als er den Auftrag übernahm, eine Schafherde nach Nordamerika zu transportieren. Er blieb in der Neuen Welt und versuchte sich zunächst in Nordamerika und dann in Westindien in Handelsgeschäften. Leider hatte er wenig Glück und gab kurzentschlossen den Traum vom goldenen Kommerz auf. Als Autodidakt widmete er sich den Studien, die für eine Forschungsreise Voraussetzung sind. 1835 wagte er es, einen Auftrag der britischen Admiralität zur Erforschung von Britisch-Guyana zu übernehmen. Dieses Unternehmen dauerte mit einer kurzen Unterbrechung bis 1844. Schomburgk löste diese Aufgabemit Bravour. Seine Ortsbestimmungen erwiesen sich als äußerst genau. Die Expedition führte ihn über die Pacaraima-Berge bis ins Quellgebiet des Orinoco. Seine Sammlungen, insbesondere das Herbarium mit 2.500 Pflanzen, ergänzte er mit gelungenen Zeichnungen. Im Oberlauf des Berbice entdeckte er 1837 eine Wasserpflanze mit riesigen kreisrunden Blättern, die uns in ihrer Pracht als *Victoria* (>) *regia* immer wieder in Erstaunen setzt. Ab 1840 gehörte sein Bruder Richard zu seinen Begleitern, der im Auftrage des Königs von Preußen botanische Studien übernommen hatte. Nach seiner Rückkehr nach London 1844 arbeitete Schomburgk unter Mithilfe seines Bruders an der Reisedokumentation. Zwei Jahre später hielt er sich auf der Insel Barbados auf. Zu der Ehrung mit der goldenen Medaille der Geographischen Gesellschaft kam 1845 die Erhebung in den Adelsstand hinzu. 1848 wurde er zum Konsul in Haiti ernannt. Nach ausgedehnten Reisen schuf er eine zwölf Fuß lange Karte der Insel im Maßstab 1:200.000. 1857 reiste er nach Bangkok, um den Posten eines Generalkonsuls anzutreten. Nach sieben Jahren anstrengender Verwaltungstätigkeit und gezeichnet vom tropischen Klima kehrte Sir Schomburgk nach Europa zurück und verstarb 1865 in Schöneberg (heute zu Berlin gehörend).

Schrebera

Johann Christian Daniel von Schreber (1739–1810) war ein Thüringer aus Weißensee. Sein Medizinstudium, das er in Halle begann, setzte er in Uppsala fort, wo er auch unter dem Vorsitz von Linné (>)

1760 promovierte. 1769 berief ihn die Universität Erlangen zum Professor der Arzneikunde und zum Direktor des Botanischen Gartens. Die ehrwürdige Akademie Leopoldina wählte ihn 1791 zu ihrem Präsidenten. Von seinen botanischen Schriften sei hier eine 1766 erschienene »Botanisch-ökonomische Beschreibung der Gräser« genannt. 1789 besorgte er die 8. Auflage der »Genera plantarum« seines Lehrers Linné.

Schweinfurthia

Georg August Schweinfurth (1836–1925) wurde in Riga geboren und studierte in Heidelberg, München und Berlin Naturwissenschaften mit dem Hauptgewicht auf Botanik. Die Bekanntschaft mit dem Afrikaforscher Heinrich Barth und die Arbeit an einem umfangreichen Herbar mit exotischen Pflanzen weckten sein Interesse an der afrikanischen Flora. So unternahm er 1864 bis 1866 seine erste Expedition in die Nilländer, die ihn bis ans Rote Meer und in das Quellgebiet des Blauen Nils führte. Im Auftrag der Preußischen Akademie der Wissenschaften erkundete er von 1869 bis 1871 das Quellgebiet des Nils und drang weit ins Innere des Kontinents vor. Er erforschte Eingeborenenstämme und entdeckte den Stamm der Aka, einer den Pygmäen zugehörigen Gruppe. Schweinfurth konnte sich ferner als erster Europäer mit ethnographischen Studien an dem Kannibalenstamm der Niam-Niam befassen. Nach Ägypten mußte er leider ohne seine Sammlung zurückkehren, die in einem Feuer untergegangen war. Im Auftrag des Khedive, des Vizekönigs, gründete er 1872 in Kairo das Ägyptische Institut und die Geographische Gesellschaft. Als Generaldirektor stand er den Kairoer Museen und Sammlungen vor. Mehrere Reisen führten ihn nach Nordostafrika und Arabien. 1925 verstarb Schweinfurth als hochangesehener Afrikaforscher in Berlin. Außer zahlreichen ethnographischen Publikationen erschienen 1867 seine »Beiträge zur Flora Äthiopiens«.

Scopolia
Glockenbilsenkraut, Tollkraut

Giovanni Antonio Scopoli (1723–1788) stammte aus Cavalese bei Trient, studierte in Innsbruck und Graz Medizin. 1753 bestand er in Wien das Examen und erwarb dort auch ein Jahr darauf unter dem Vorsitz van Swietens (>), des Leibarztes der Kaiserin Maria Theresia, sein Doktordiplom. In Idria ließ er sich dann als praktischer Arzt nieder. Zu seiner Weiterbildung reiste er nach Venedig. Auf einer Exkursion in die Tiroler Bergwelt entdeckte er seine Neigung zu den Naturwissenschaften. 1754 begleitete er den Fürstbischof Graf Firmian nach Graz und Wien. Scopoli erregte die Aufmerksamkeit van Swietens, der ihm 1767 die Stelle als Professor für Mineralogie und Metallurgie an der Bergakademie in Schemnitz in Ungarn vermittelte. In diesem Amt bewährte er sich zehn Jahre. Mit großem Einsatz kümmerte er sich um technische Verbesserungen im Bergbau und veröffentlichte zahlreiche Mitteilungen über Minerale und Fossilien. Zu seiner Enttäuschung überging man ihn bei der Besetzung des neuerrichteten Lehrstuhls für Naturwissenschaften in Wien. Als Trostpflaster bekam er 1776 die Professur für Chemie und Botanik in Pavia. Unter den Veröffentlichungen Scopolis finden sich Abhandlungen über die Flora von Kärnten, eine Einführung in die Naturwissenschaften (1777) und Schriften zur Mineralogie und Kristallographie. Mit seinen teils kuriosen Vorstellungen und Empfehlungen auf taxonomischem Gebiet nahm Scopoli eine Außenseiterstellung ein. Ein Streit mit Lazzaro Spallanzani (>), den Scopoli sicherlich nicht vom Zaune gebrochen hatte, eskalierte so sehr, daß er sich 1788 entleibte.

Semele

Semele, ein bildhübsches Töchterchen des Königs von Kadmos, wurde, vom Göttervater Zeus in der Verkleidung eines unbekannten, gewöhnlichen

Sterblichen verführt, schwanger. Als sie im sechsten Monat war, sprach eine mitleidige Nachbarin sie an, die aber in Wirklichkeit die verständlicherweise eifersüchtige Hera, die Gemahlin des Zeus, war, und riet ihr, nun endlich den mysteriösen Liebhaber zu zwingen, seine Anonymität aufzugeben. Und wer weiß, unterstützte sie noch ihren Rat, ob nicht vielleicht hinter dem Kerl ein übles Ungeheuer stekken könnte. Beherzt stellte Semele beim nächsten Stelldichein den zum Beilager drängenden Galan zur Rede. Der aber verweigerte die Auskunft. Entschlossen wandte die Königstochter die uralte Strafmaßnahme des weiblichen Geschlechts an, indem sie sich dem Ungeduldigen versagte. Das aber ging dem Olympier über die Hutschnur: in seiner wahren Gestalt vernichtete er Semele mit Donner und Blitz. Doch der pfiffige Hermes (>*Merkurialis*) rettete noch schnell den Embryo und nähte ihn in einen Schenkel des Zeus ein. Drei Monate darauf kam Dionysos (>), der zweimal Geborene, auf die Welt. Viel später, nachdem er im Olymp zur Rechten seines Vaters Zeus sitzen durfte, holte er seine Mutter aus der Unterwelt, gab ihr den Namen Thyone, und beide zogen in ein Haus, das ihnen der Göttervater, sehr zum Verdruß seiner Gemahlin, geschenkt hatte.

Sequoia
Mammutbaum, Redwood

Sequoya (um 1770–1843) war Häuptling der Cherokee-Indianer in North Carolina, die 1838 nach Oklahoma zwangsumgesiedelt wurden. 1821 hatte dieser kulturell schöpferische Mann für seinen Stamm ein Alphabet und eine Schrift entwickelt. Sieben Jahre später erschien als »Cherokee Phoenix« eine stammeseigene Zeitung.

Serapias
Stendelwurz

Serapis ist sozusagen der Kunstname eines Gottes. Er entstand aus der Zusammenziehung von Osiris und dessen Repräsentanten, dem Apis-Stier. Dieser ägyptische Gott wurde von den Griechen übernommen und hielt im 2. Jh. v. Chr. seinen Einzug auch bei den Römern. Wie Zeus oder Hades saß der bärtige Serapis auf seinem Thron und trug als Fruchtbarkeitsgott auf seinem Haupt ein Wännchen, gefüllt mit Olivenzweigen oder Früchten. In der linken Hand hielt er als Gott der Oberwelt ein Zepter, und zu seiner Rechten saß als Zeichen seiner Unterweltmajestät der dreiköpfige Zerberus, der Höllenhund. Seine Kultstätten waren öffentliche Einrichtungen unter der Obhut eines kahlgeschorenen Priesters, der das Serapium nicht verlassen durfte, oder auch kleine Tempel in Privathäusern. Bevor man an dem Kult mit seinen Prozessionen, Orakeln und dem Tempelschlaf teilnehmen durfte, mußte der Novize einen Vorbereitungsunterricht bei einem Priester absolvieren, dann wurde er gebadet, mit heiligem Nilwasser berieselt und während einer zehntägigen Fastenzeit in die Mysterien eingeweiht. Hierzu gehörten neben rituellen Orgien, bei denen wahrscheinlich auch die Stendelwurz aus der Familie der Orchidaceen als Aphrodisiakum eingesetzt wurde, ein Schritt über die Schwelle der Pforte in die Unterwelt und verzückt als Wiedergeborener die Rückkehr in die Oberwelt. Bekleidet mit mehreren penibel reinlichen Gewändern und einem langen Schultertuch präsentierte sich der nunmehr Eingeweihte seinen Kultgenossen und feierte mit einem festlichen Mahle seinen neuen Geburtstag. Noch im 4. Jh. wurden auf Veranlassung der wohlhabenden »heidnischen« Aristokratie Münzen mit dem Abbild des Serapis als Propaganda gegen das Christentum, die Religion der Besitzlosen, geprägt.

Sherardia
Ackerröte

William Sherard (1659–1728) kam in Bushby, Leicestershire, auf die Welt und bezog nach seiner

Grundausbildung 1677 die Universität Oxford, um Jura zu studieren. 1683 erwarb er den Bachelor of Law. Anschließend bereiste er als Erzieher Europa und begann Pflanzen zu sammeln. Er lernte den großen niederländischen Arzt Hermann Boerhaave kennen und wurde ein Schüler des Botanikers Pitton de Tournefort (>). Von 1703 bis 1718 vertrat er als Konsul England in Smyrna (heute Izmir). Als eifriger Pflanzensammler stellte er in dieser Zeit ein Herbarium mit 12.000 Spezies zusammen. Außerdem sammelte er Zeugnisse alter Kulturen. Nach seiner Rückkehr nach England erhielt er von der Universität Oxford den juristischen Doktortitel und wurde 1720 Mitglied der Royal Society. Auf weiteren Reisen durch Europa lernte er den Botaniker Johann Jakob Dillen oder Dillenius (>) kennen und nahm ihn nach England mit. Mark Catesby (>) unterstützte er mit Rat und Tat bei der Edition von dessen Werk »A Natural History of Carolina«. Sherard hinterließ sein Herbarium und seine Bibliothek der Universität Oxford. Außerdem vermachte er der Universität sein nicht unbeträchtliches Vermögen für die Einrichtung einer Professur für Botanik, allerdings mit der Auflage, daß Dillenius der erste Lehrstuhlinhaber sein sollte. Unter seinen Schriften ragt eine »Schule der Botanik« von 1689 heraus, die er merkwürdigerweise unter einem Pseudonym veröffentlicht hatte. Sherard verstarb in London.

Sibbaldia
Alpengelbling, Gelbling
Sir Robert Sibbald (1641–1722) wurde in Leslie, Fifeshire, in Schottland geboren und in Edinburgh erzogen, wo er auch an der St.-Andrews-Universität Medizin studierte. Dann zog es ihn nach Holland, wo er in Leiden 1661 den medizinischen Doktortitel erwarb. Nach der Rückkehr in seine Heimat 1662 versah er in Edinburgh eine Arztpraxis. Um 1667 setzte sich Sibbald zusammen mit seinem Kollegen Andrew Balfour für die Einrichtung eines städtischen Botanischen Gartens ein. Dessen Leitung wurde James Sutherland (>) übertragen, der 1676 auch den neugeschaffenen Lehrstuhl für Botanik an der Universität übernahm. Karl II. ernannte Sibbald zum Königlichen Naturkundler, Geographen und Physiker. 1681 wurde er Mitglied und 1684 Präsident des Royal College of Physicians. 1682 erhob ihn der Duke of York in den Adelsstand. Als vielseitig belesener Mann veröffentlichte Sir Sibbald eine illustrierte Geschichte von Schottland, die zu einem großen Erfolg wurde. 1685 wurde er in Edinburgh Professor für Medizin und befürwortete nachdrücklich die Gründung eines Botanischen Gartens der Universität. Bis dahin verlief das Leben von Sir Sibbald ohne Frage in geregelten, optimalen Bahnen. Aber dann stürzte ihn ein unüberlegter voreiliger Schritt, vielleicht aber auch eine Prise Opportunismus, ins Unglück. Es war die Zeit, als König Jakob II. wieder den Katholizismus in England durchsetzen wollte. Als Kanzler von Schottland lag der Earl of Perth Sir Sibbald in den Ohren und versuchte ihn zur römisch-katholischen Religion zu bekehren, was ihm 1686 auch gelang. Sir Sibbalds Konfessionswechsel rief jedoch den Pöbel auf den Plan. Grölende Horden umstellten sein Haus und stürmten es. Mit größter Not konnte Sir Sibbald über den hinter dem Domizil gelegenen Garten entkommen. Der Mob stellte das Haus auf den Kopf und durchwühlte ohne Erfolg sein Bett. Mit Todesschwüren zog die enttäuschte Bande wieder ab. Der flüchtige Sir verzog sich nach London und tauchte bei den Jesuiten unter. Doch bald fand er nicht nur die starre Disziplin des Ordens unerträglich, sondern beklagte vehement und öffentlich seinen voreiligen Schritt und kehrte reumütig in den Schoß seiner alten Kirche und auf seinen Lehrstuhl in Edinburgh zurück.

Sieversia
Petersbart

Johann August Carl Sievers (1762–1795) stammte aus Peine und begann um 1780 in der Hofapotheke in Hannover Pharmazie zu lernen. 1783 arbeitete er als Gehilfe in der Ratsapotheke in Hameln. 1785 reiste er zunächst nach London und anschließend nach St. Petersburg. Wohl als Stipendiat der russischen Regierung wurde er an einem medizinischen Institut mit botanisch-pharmazeutischen Aufgaben betraut und stieg später zum »Kaiserlich Russischen Apotheker der Akademie der Wissenschaften zu St. Petersburg« auf. 1790 startete er im Auftrage der Zarin Katharina II. zu einer Expedition nach Sibirien, wo er u. a. die Herkunft der Rhabarberwurzel erforschen sollte, was übrigens nicht gelang. Diese Reise führte ihn sogar in das damals verbotene chinesische Hoheitsgebiet jenseits des Irtysch. 1794 kehrte er mit einer reichen Ausbeute an botanischen, zoologischen und ethnographischen Objekten über Moskau nach St. Petersburg zurück. Während der Vorbereitungen zu einer weiteren Reise nach Sibirien verstarb Sievers plötzlich im Alter von 32 Jahren. Über Einzelheiten seiner Sibirienreise berichtete er in Briefen, die von seinem Landsmann und Kollegen Peter Simon Pallas (>) herausgegeben wurden.

Sigesbeckia

Johann Georg Siegesbeck (1686–1755) kam in Merseburg zur Welt, studierte in Wittenberg Medizin und erwarb dort 1716 den Doktorgrad. Bis 1730 praktizierte er in Seehausen und dann in Helmstedt. Nebenbei trieb er botanische Studien und veröffentlichte in einigen Mitteilungen seine Ergebnisse. Als Botaniker wurde Siegesbeck nach Rußland empfohlen und trat 1735 in St. Petersburg als Arzt beim Seespital an. Gleichzeitig wurde er Verwalter des Botanischen Gartens auf der Apotheker-Insel. Unter seinen in St. Petersburg verfaßten Schriften nimmt die Ablehnung der Systematik Linnés (>) eine besondere Stellung ein. Dessen System bezeichnete er als eine »abscheuliche Hurerei«, die zu einer Sexualisierung der Botanik führe. Als darauf sein Kollege Gleditsch (>) 1740 Linné verteidigte, verspottete ihn Siegesbeck mit einer mokanten Gegenschrift. Linné »ehrte« Siegesbeck auf seine Weise, indem er ein unscheinbares Unkraut nach ihm benannte. Eine Versöhnung schloß er aus und nannte Siegesbeck »ingratissimus cuculus et nebulo« (einen höchst undankbaren Kuckuck und eine Kreatur). 1742 bewarb sich Siegesbeck um die Aufnahme in die Kaiserliche Akademie der Wissenschaften. Noch im selben Jahr wurde er als Akademiemitglied für Botanik und Naturgeschichte angestellt. Die Verwaltung des Botanischen Gartens durfte er mit einem Jahresgehalt von 600 Rubel, freier Wohnung, Beheizung und Beleuchtung weiter behalten. Leider fand seine Mitgliedschaft in der Akademie ein unrühmliches Ende. Seine Einstellung war nämlich gegen den Wunsch der Akademie erfolgt! Als das ehemalige Akademiemitglied Johann Georg Gmelin (>) 1743 von seiner Sibirienreise zurückkehrte, kam es zu einem ärgerlichen Streit um den Botanischen Garten. Man wird Siegesbeck wohl einen etwas schwierigen Charakter unterstellen dürfen, denn es folgten weitere Differenzen in Kollegenkreisen. So geriet er u. a. mit dem Direktor der Anatomie aneinander, gegen dessen Willen der ehrgeizige Siegesbeck unbedingt seinen Sohn als Assistenten in diesem Institut unterbringen wollte. Schließlich wurde er aufgefordert, sein Amt als Akademiemitglied niederzulegen. Er weigerte sich zwar, wurde aber 1747 entlassen, erhielt seinen Paß und verließ noch im gleichen Jahr Rußland. Danach betrieb er wieder eine ärztliche Praxis in Seehausen, wo er 1755 starb.

Silene
Leimkraut

Silenos, ein erdgeborener glatzköpfiger Satyr, war der Erzieher und Lehrer des Dionysos (>). Als stets betrunkener und mit Geifer (griech. *sialon*) beklekkerter Dickwanst zog er gemeinsam mit seinen Söhnen, den Satyrn, und den Mänaden als Begleiter des Gottes Dionysos durch die Welt.

»…. Seht nur Silen, wie auf dem Esel er hängt!
Schlägt mit dem Stocke dem Grauen betrunken ums Ohr.
Frohes Gelächter, es bockt der Esel, Silen liegt am Boden.
›Väterchen auf! Hopp Väterchen‹, ruft man im Chor.«

(*93*, S. 29)

Als dereinst der wüste Haufen lärmend in das Reich des Königs Midas kam, erzählte Silen diesem ein Märchen von einem traumhaften Land jenseits des Ozeans, Atlantis, und von Bäumen, deren Früchte die Menschen verjüngten, bis sie wieder Kinder, dann Säuglinge würden und schließlich ganz verschwänden. Manchmal gab er sich philosophisch und verkündete, für einen Menschen sei es das beste, nicht geboren zu werden oder so schnell wie möglich nach der Geburt zu verschwinden. Unwillkürlich denkt man an den Spruch: »Kinder und Trunkene sagen die Wahrheit.« Trotz seiner enormen Beleibtheit war er ein glänzender Tänzer:

»Dann aber kreiste er wirbelnd in stets erneuertem Tanze,
Bog sich hintenüber mit so geschickter Bewegung,
Daß sein praller Bauch wie eine Kugel emporstand,
Während er immerzu auf gleichem Punkte sich drehte.
Tief hing ihm dabei das Haupt zu Boden, als streifte
Stets es die Erde, und doch vermied er, den Staub zu berühren.«

(*90*, XIX, 277)

Anläßlich einer derartigen akrobatischen Tanzvorführung glitt er aber aus, stürzte und wurde in einen Fluß verwandelt.

Sinningia

Wilhelm Sinning (1794–1874) aus Köln wirkte von 1847 bis 1874 als Dozent an der Landwirtschaftlichen Lehranstalt (seit 1861 Hochschule) Poppelsdorf, die 1934 in die Universität Bonn integriert wurde. Anfangs las er Botanik, und ab 1852 vertrat er auch das Fachgebiet Gartenbau. Die 1818 gegründete Universität Bonn erhielt das kurfürstliche Schloß Clemensruh in Poppelsdorf und den dazugehörigen Park zu ihrer Verfügung. Der Park wurde zum Botanischen Garten der Universität umgewandelt, als dessen erster Inspektor Sinning von 1819 bis 1870 wirkte. 1860 erwarb die Universität die Domäne Annaberg und richtete dort eine Landesbaumschule zwecks Hebung des Obstanbaus in der Rheinprovinz ein, deren Leitung Sinning übernahm. Für seine Verdienste wurde ihm 1854 der Rote Adlerorden verliehen.

Sloanea

Sir Hans Sloane (1660–1753) wurde in Killyleagh in Irland geboren und studierte in Paris Medizin. Zur Weiterbildung begab er sich nach dem damaligen Mekka der botanischen Gelehrsamkeit, nach Montpellier. Auf der Reise in den Süden machte 1684 er in Orange einen Zwischenstopp, um an der dortigen Universität das Doktordiplom zu erwerben. Bereits 1685 wurde er Mitglied der Royal Society in London. Zwei Jahre später bot sich ihm die Gelegenheit, mit dem zum Gouverneur ernannten Duke of Abermarle nach Jamaica zu reisen. Nach dem plötzlichen Tod des Herzogs kehrte Sloane 1789, nachdem er den Leichnam des Herzogs einbalsamiert hatte, mit einer umfangreichen naturwissenschaftlichen Kollektion im Gepäck nach England zurück. Darunter befand sich auch die Kakaobohne, die von den Bewohnern Jamaicas zu medizinischen Zwecken verarbeitet wurde. Sloane erfand ein Rezept, mit dem der unangenehme Geschmack der Bohne beseitigt wurde. Als »Sir Hans Sloane's Milk chocolate« fand das neue Produkt reißenden Absatz. Von 1693 bis 1712 hatte er als Sekretär der Royal Society die Leitung der »Transactions«, des Hausblattes der Gesellschaft, inne. In dieser Zeit stellte er auch einen Katalog der Flora Jamaicas zusammen. 1707 erschien der erste Band seines reichillustrierten botanisch-zoologischen Beschreibungswerkes »A Voyage to the Islands of Madera, Barbados, Nieves, St. Christopher's, and Jamaica …«, den er Königin Anna Stuart gewidmet hatte. Mit diesem Werk, dessen zweiter Band 1725 folgte, ging Sloanes weltweite Anerkennung als Naturwissenschaftler einher. So wählten ihn die französische Académie des Sciences, die Kaiserliche Akademie in St. Petersburg und die Königliche Akademie in Madrid zu ihrem Mitglied. Anläßlich der Thronbesteigung König Georgs I. wurde er zum Generalarzt der Armee ernannt, und 1716 folgte die Erhebung zum Baronet. Sir Sloane übernahm 1719 die Präsidentschaft über die Königliche Ärztegesellschaft und verwaltete dieses Amt bis 1735. Georg II. bestellte ihn 1727 zu seinem Leibarzt, und im selben Jahr wurde ihm die hohe Ehre zuteil, als Nachfolger des großen Newton die Präsidentenwürde der Royal Society zu übernehmen. Sir Sloane glänzte nicht nur als Naturwissenschaftler. Als Arzt zeichnete er sich durch prognostischen Scharfblick aus. Er bestätigte die heilende Wirkung der Chinarinde und setzte sich für die Verbreitung der Pockenimpfung ein, was er mit aufrichtiger Überzeugung tun konnte, nachdem er mehrere Mitglieder der königlichen Familie mit Erfolg inokuliert hatte, wie man diese Prozedur damals nannte. Sir Hans Sloane legte auch den Grundstock für das Britische Museum. 1740 legte er seine Ämter nieder und zog sich als liebenswürdiger und wohltätiger alter Herr in Behaglichkeit auf seinen Sitz in Chelsea zurück, wo er verstarb. Seinen privaten botanischen Garten vermachte er der hochangesehenen Londoner Apothecaries' Company.

Smithia

Sir James Edward Smith (1759–1828) war aus Norwich gebürtig, studierte in Holland Medizin und promovierte 1786 in Leiden. 1785 wurde er als Mitglied der Royal Society registriert. 1784 erwarb er in Schweden das Herbarium und die Bücherei Linnés (>), was fast zu diplomatischen Verwicklungen geführt hätte. Obwohl das Herbarium des weltberühmten Botanikers Lücken und Bestimmungsirrtümer enthielt, war sein ideeller Wert ohne Frage unschätzbar. 1788 wurde, nicht zuletzt als Folge dieses Wechsels in britische Obhut, in London die Linnean Society gegründet, der als Präsident Sir Smith, der 1814 in den Adelsstand erhoben worden war, bis zu seinem Tode vorstand. Zwischen 1789 und 1793 erschienen von ihm zwei große ikonographische Werke. Neben zahlreichen Zeitschriftenartikeln publizierte er 1804 das zweibändige Werk »Exotic Botany«, und 1821 erschien »A Grammar of Botany«. 1819 wählte ihn die Royal Horticultural Society zu ihrem Ehrenmitglied.

Smithiantha
Tempelglocke

Matilda Smith (1854–1926), eine Cousine zweiten Grades von Sir Joseph Hooker (>*Hookerella*), hatte in Bombay das Licht der Welt erblickt. 1878 begann sie mit Zeichnungen für die Zeitschrift »Botanical Magazine«. 1898 wurde Matilda Smith in das Herbarium der Kew Gardens berufen. Man rühmte sie dafür, wie sie als Künstlerin und Lithographin die getrockneten, gepreßten und oft unvollkommenen Pflanzenleichen zu neuem Leben zu erwekken wußte. Bis zu ihrem Abschied 1916 aus Kew wurde sie mehrfach geehrt.

Solandra
Goldkelch

Daniel Carlsson Solander (1733–1782) stammte aus Pitea in der schwedischen Provinz Norrland und studierte von 1750 bis 1759 in Uppsala Medizin, wo er bald zum Lieblingsschüler Linnés (>) wurde. Nach einigen Exkursionen durch Lappland bekam er ein Angebot aus England. Solander nahm diese Gelegenheit wahr, setzte 1760 auf die Insel über und kehrte nie wieder nach Schweden zurück. In London gewann er die Freundschaft von Sir Joseph Banks (>) und wurde als Kustos der Banksschen naturwissenschaftlichen Sammlung eingestellt. Außerdem bekam er den Posten als Bibliotheksassistent am Britischen Museum. Von 1768 bis 1771 nahm er in der Crew von Sir Banks an der ersten Cookschen Weltumseglung auf der »Endeavour« teil. Über Madeira, Rio de Janeiro und um Kap Hoorn erreichte die Expedition 1769 Tahiti. Dort sollte in der Matovai Bay der Venusdurchgang vor der Sonne beobachtet werden, was aber nicht glückte. Zur Entschädigung machten die beiden Forscher drei Monate lang ausgedehnte Exkursionen in der tropischen Vegetation. Die nächste Station der Reise war Neuseeland, wo sie ein halbes Jahr Zeit hatten, ihre Sammlung zu ergänzen. Schließlich hatten sie auch noch Gelegenheit, an der Ostküste Australiens zu botanisieren. Auf der Rückreise verstarben zwei Mitglieder von Banks' Begleitern an Dysenterie. Über Batavia und Kapstadt gelangte die »Endeavour« 1771 wieder zurück nach England. Banks war gerade 28 Jahre alt! Die beiden Botaniker brachten eine Ausbeute von 100 neuen Gattungen und 1.000 neuen Spezies mit. 1772 wollte sich Banks der zweiten Weltumseglung Cooks wieder anschließen. Zu seinem Team gehörten außer Solander der damals gefeierte Künstler Johann Zoffany, drei Zeichner, zwei Sekretäre, sechs Diener und als Krönung auch noch zwei Hornbläser. Mit dieser aufwendigen Crew waren aber weder die Admiralität noch Kapitän Cook einverstanden, und so mußte diese illustre Gesellschaft zu Hause bleiben. Statt um die Welt zu segeln, erforschten Banks und Solander 1773 die Flora von Island. Mit Lavabrocken, einer großen Pflanzenkollektion und musterhaften Aufzeichnungen kehrte die Expedition zurück. Solander stellte die »Flora Islandica« zusammen, die jedoch nicht publiziert wurde. Die Sichtung und Bearbeitung der Sammlung von der Cookschen Expedition konnte Solander wegen seines plötzlichen Todes nicht mehr abschließen.

Solmsia

Hermann Graf zu Solms-Laubach (1842–1915) stammte aus Laubach in Hessen. In Berlin, Gießen und Freiburg i. Br. studierte er Naturwissenschaften und promovierte 1865 in Berlin. Nach seiner Habilitation in Halle erhielt er 1872 in Straßburg eine Professur für Botanik. 1879 berief man ihn nach Göttingen und ernannte ihn gleichzeitig zum Direktor des Botanischen Gartens. 1888 siedelte er in gleicher Eigenschaft nach Straßburg über, wo er auch 1915 verstarb. Solms-Laubach war Mitglied mehrerer europäischer Akademien. 1887 erschien von ihm die »Einleitung in die Paläophytologie«.

Sonneratia

Pierre Sonnerat (1745–1814) stammte aus Lyon und hatte eine Laufbahn bei der Marine eingeschlagen. Auf seinen vielen Reisen fand er zunehmend Interesse an den Naturwissenschaften. So ist es nicht verwunderlich, daß sich ein Aufenthalt auf der Insel Mauritius 1768, die damals noch Île de France genannt wurde, auf sechs Jahre ausdehnte. Zufällig war ein Verwandter von ihm, Poivre (>), nicht nur Verwalter der französischen Kolonie, sondern auch noch ein begeisterter Botaniker. Dieser nahm Sonnerat auf eine Exkursion zu den Molukken mit, von der beide mit einer reichen Ausbeute an lebenden Gewürzpflanzen zur Weiterkultivierung auf Mauritius zurückkehrten. Zusammen mit seinem botanisierenden Landsmann Commerson (>) besuchte Sonnerat Madagaskar. 1774 kehrte er nach Frankreich zurück. Wenig später schickte ihn die Regierung zu Forschungszwecken nach Ostasien. Auf der Rückreise lief er die südindische Koromandelküste an und durchforschte das Hinterland. 1778 geriet er bei einem Besuch der französischen Niederlassung Pondicherry in englische Gefangenschaft. Über Mauritius erreichte er 1781 endlich wieder seine Heimat, verfaßte einen ausführlichen Reisebericht, ordnete seine reiche Sammlung an botanischen und zoologischen Objekten und segelte nach Indien, um sich in Pondicherry bis 1803 niederzulassen. Dann kehrte er endgültig nach Frankreich zurück und verstarb 1814 in Paris.

Sowerbaea

James Sowerby (1757–1822) wurde in London als Stammvater einer großen Künstlerfamilie auf dem naturwissenschaftlichen Sektor geboren. Ausgebildet an der Royal Academy School, entschied er sich für die Pflanzendarstellung. Anfangs mußte er sein täglich Brot aber auch noch als Porträtist und Zeichenlehrer verdienen. 1787 erschienen im »Botanical Magazine« Arbeiten von ihm. Für die ersten vier Bände dieser Zeitschrift steuerte er über 70 Abbildungen bei. Weitere Aufträge machten ihn zu einem gesuchten Illustrator. So schuf er 1789 für den von dem Vorsteher der Kew Gardens, William Aiton, verfaßten »Hortus Kewensis« die Abbildungen. 1788 schrieb Sowerby eine Anleitung zum Blumenmalen nach der Natur. Von 1790 bis 1814 erschien in 36 Bänden das Werk »English Botany«, für das er zusammen mit seinem ältesten Sohn James de Carle 2.500 Abbildungen schuf. 1797 legte er ein Buch über Pilze in England mit 440 Illustrationen vor. In seinen späteren Jahren wandte er sich schreibend und zeichnend der Zoologie und Mineralogie zu. James Sowerby, ein begnadeter und unglaublich fleißiger Maler und Zeichner, verstarb in London.

Spallanzania

Lazzaro Spallanzani (1729–1799) stammte aus dem kleinen Städtchen Scandiano in der Nähe Modenas. Zunächst von seinen Eltern unterrichtet, wurde er mit 15 Jahren nach Reggio geschickt, wo er sich in Rhetorik und Philosophie bildete und bei den Jesuiten in die Literatur eingeführt wurde. In Bologna widmete er sich anschließend dem Studium der Jurisprudenz. Angeregt durch seine Cousine Laura Bassi, die an der Universität Naturkunde lehrte, fand er jedoch zu seiner eigentlichen Bestimmung, den Naturwissenschaften. Er studierte nun Mathematik, Astronomie und erlernte den Gebrauch des Mikroskops. Außerdem vervollständigte er seine Kenntnisse des Griechischen. 1757 unterrichtete er an der Universität Reggio Naturwissenschaften und Mathematik. 1762 wurde er, wahrscheinlich über den Eintritt in einen Orden, zum Priester geweiht. 1763 lehrte Spallanzani an der Universität Modena Philosophie und Mathematik. In jener Zeit erschienen seine ersten Veröffentlichungen über physiologische Untersuchungen. Fasziniert berichtete er über das Regenerationsvermögen verschiedener Tiere. Weitere Erkenntnisse konnte er zum Wesen des Blutkreislaufs beitragen. Der inzwischen hochangesehene Naturforscher wurde 1768 Mitglied der Royal Society und erhielt 1769 einen Ruf an die Universität Pavia, wo er den gutdotierten Lehrstuhl für Naturwissenschaften übernahm, dem er trotz verlockender Angebote von Akademien und Universitäten aus ganz Europa 30 Jahre treu blieb. 1776 erschienen seine Mitteilungen über Infusorien, die anschließend durch Befunde an den »Samentierchen«, also den Spermatozoen, ergänzt wurden. Zur Erklärung von Verdauungsvorgängen unternahm er Selbstversuche und demonstrierte mit tierischem Magensaft den Abbau von Lebensmitteln. 1781 trug er an der Küste des Mittelmeeres eine umfangreiche Kollektion verschiedenster Tiere zusammen, um den Bestand des Naturalienkabinetts in Pavia, dessen Direktor er war, zu vergrößern. 1785 begab er sich auf eine Reise nach Konstantinopel, und kehrte nach 21 Monaten über die Balkanstaaten mit einer reichen Ausbeute an Naturalien zurück. 1788 bestieg er den Vesuv und den Ätna. Seine Begeisterung für geologische Probleme führte ihn auch auf die Insel Lipari bei Sizilien, wo er die heißen Unterwasserquellen und vulkanische Erscheinungen studierte. Das Geheimnis des Flugverhaltens der Fledermäuse interessierte ihn ebenso wie der vermeintliche Winterschlaf der Schwalben. Er war ein so geschickter Experimentator, daß ihm die künstliche Befruchtung an Seidenspinnern, Amphibien und am Hund gelang. Bei den damals heißen Kontroversen in der Präformationslehre (nach der ein Organismus im Keim schon vorgebildet sei) bekannte er sich zu den Ovisten. Seine Experimente hatten ihm gezeigt, daß das Sperma nur eine stimulierende Wirkung auf die Entwicklung im Ei haben könne. Nicht in den Samentierchen, wie die sogenannten Animalculisten behaupteten, sondern im Ei (lat. *ovum*) sei ein Organismus bereits präexistent. Das galt seiner Meinung nach auch für die Pflanzen; auch bei diesen enthielten die Eierstöcke den Embryo, und der Staub der Antheren habe nichts mit der Befruchtung zu tun. Dieses Fehlurteil teilte er mit namhaften Naturforschern seiner Zeit. Bei der Vielfalt seiner Forschungen und abgeleiteten Thesen konnten natürlich Reibungen mit Kollegen, die andere Ansichten vertraten, wie z. B. Giovanni Scopoli (>), nicht ausbleiben. Als Dozent lehrte Spallanzani vor einem Auditorium, das außer den Studenten auch Wissenschaftler, Neugierige aus der vornehmen Welt und hübsche Edeldamen füllten, von seinem Katheder, dem höchsten der Universität, wie ein Prediger. Seine ausholende, lebhafte Gestik und die Theatralik seines Vortrags trugen ihm den Spitznamen »Buffon d'Italie« ein, wobei man wissen muß, daß es sich dabei um ein Wortspiel handelt. Einmal konnte man an seinen Zeitgenossen, den großen französischen Naturforscher Buffon (>), denken, zum anderen bedeutet *buffone* im Italienischen aber Hanswurst. Neben seinen Vorlesungen veranstaltete er wöchentlich eine öffentliche Demonstration im Naturalienkabinett. Nach der großen Revolution bot ihm die Direktoratsregierung der Französischen Republik einen Lehrstuhl am weltberühmten Museum des Jardin des Plantes in Paris an. Spallanzani dankte für das ehrenvolle Angebot, lehnte es aber wegen seines Alters ab. Noch bis wenige Tage vor seinem Tode widmete er sich seinen Arbeiten. Wenige Stunden nach einem Hirnschlag starb er im Februar 1799.

Sparrmannia *(*Sparmannia)*
Zimmerlinde

Anders Sparrman (1748–1820) aus der schwedischen Provinz Småland war in Uppsala Schüler Linnés (>) und verdiente seinen Lebensunterhalt zunächst als Hauslehrer. 1765 bis 1767 reiste er für die schwedische Ostindien-Kompanie nach China. 1768 konnte er mit einer Arbeit über diese Reise das Doktorat erwerben. 1772 sorgte Linné dafür, daß er zum Kap der Guten Hoffnung reisen konnte. Dort traf er mit James Cook zusammen, der sich auf seiner zweiten Weltumseglung befand. Cook bot Sparrman an, diese Reise als Assistent der beiden Naturforscher Vater und Sohn Forster (>), die zu der Crew gehörten, mitzumachen. Sparrman willigte ein und nahm an der Expedition in die Südsee und die antarktischen Gewässer teil. 1775 kehrte er nach Kapstadt zurück und hielt sich noch fast ein Jahr in Südafrika auf. In dieser Zeit unternahm er Exkursionen in das Land der Hottentotten und der Kaffern. Nach seiner Rückkehr nach Schweden übernahm er das Amt eines Superintendanten am Historischen Museum in Stockholm. 1787 brach Sparrman nochmals zu einer Reise mit einer schwedischen Afrikaexpedition bis 1788 auf, die ihn an die Westküste führte, wo man einen geeigneten Platz für eine schwedische Niederlassung suchte. Außer der Beschreibung einiger südafrikanischer Pflanzen bearbeitete er zusammen mit den Forsters das während der Weltreise gesammelte Material.

Spigelia

Adrian van der Spigel (1578–1625) stammte aus Brüssel und wurde in Padua Professor für Botanik. 1606 berichtete er über die Verschiedenheit von Milchsaft und einfachem Nahrungssaft. Die Gefäße in den Pflanzen mit farbigem Inhalt bezeichnete er als Adern. Spigelius gab als erster Anweisungen für die Herstellung eines Herbariums, das er »Hortus hiemalis«, also Wintergarten, nannte.

Sprekelia
Jakobslilie

Johann Heinrich von Spreckelsen (1691–1764) wurde 1709 in das Akademische Gymnasium zu

Hamburg aufgenommen und schrieb sich mit 24 Jahren als Student der Rechte an der Universität in Straßburg ein. Zum Doktor beider Rechte wurde er wahrscheinlich in Orléans promoviert. Dann ließ er sich als Advokat in seiner Vaterstadt Hamburg nieder. Spreckelsen besaß einen ausgedehnten Garten, in dem er neben der heimatlichen Flora auch fremdländische Pflanzen kultivierte. Mit bedeutenden botanischen Gelehrten unterhielt er einen regen Briefwechsel und tauschte Samenmaterial. Als exzellenter Pflanzenkenner genoß er große Anerkennung, was mehrfache Besuche Linnés (>) in seinem Garten unterstrichen. 1727 richtete Spreckelsen auch noch ein Herbarium ein. 1738 löste er aus unbekannten Gründen seinen Garten auf und machte den Pflanzenbestand der Universität in Helmstedt zum Geschenk. Dazu mußten die Pflanzen von Hamburg aus auf der Elbe bis Magdeburg und von dort auf dem Landwege nach Helmstedt gebracht werden. 1735 wurde er in die Gelehrtengesellschaft Leopoldina aufgenommen, und 1747 ernannte man ihn zum Hamburgischen Senatssekretär. Dieses Amt füllte Spreckelsen bis zu seinem Tode aus.

Sprengelia

Curt Polykarp Joachim Sprengel (1766–1833) stammte aus der Nähe von Anklam. Er soll bereits mit 14 Jahren eine »Anleitung zur Botanik für Frauenzimmer« geschrieben haben. Während des Theologiestudiums in Greifswald verdiente er seinen Lebensunterhalt als Hauslehrer. Nach dem Examen erhielt er die Erlaubnis, als Prediger zu wirken. Doch diese Tätigkeit behagte ihm nur zwei Jahre. 1785 begann Sprengel in Halle Medizin zu studieren. Bereits zwei Jahre später promovierte er nicht nur, sondern habilitierte sich auch noch. 1789 wurde er außerordentlicher Professor und Direktor des Botanischen Gartens. Den Titel eines ordentlichen Professors erhielt er 1795. Etwa bis 1817 lehrte er vor allem Pathologie und wandte sich danach verstärkt der Botanik zu. 1808 wurde er zum Geheimrat und Hofmedicus ernannt. Unter seinen botanischen Schriften erschienen eine »Anleitung zur Kenntnis der Gewächse« und eine »Geschichte der Botanik«. Sprengels Werk umfaßte aber nicht nur botanische und spezielle medizinische Themen. Seine hervorragende Kenntnis der alten Sprachen, einschließlich der semitischen, ermöglichte ihm die Auswertung von Originaltexten antiker Schriftsteller, wie seine zahlreichen Beiträge zur Geschichte der Medizin zeigen.

****Sprucea** *(Simira)*

Richard Spruce (1817–1893) wurde zunächst von seinem Vater, der Lehrer in Gansthorpe in Yorkshire war, erzogen. Schon früh zeigte der Knabe ein besonderes Interesse an der Pflanzenwelt. Sein Vater unterstützte diese Neigung und besorgte ihm Bücher über Botanik. Bei einem Privatlehrer nahm Spruce Unterricht in alten Sprachen. Seine weitere Ausbildung ließ ihn schließlich in die Fußstapfen seines Vaters treten. Freudlos versah er den Lehrerberuf. 1841 veröffentlichte er die ersten botanischen Artikel. Als die Schule aufgelöst wurde, begab er sich 1844 nach London. Die Bekanntschaft mit Sir William Hooker (>*Hookera*) und George Bentham (>) führte zu dem Auftrag, in Spanien Pflanzen zu sammeln. Nach Exkursionen in die Pyrenäenlandschaft kehrte er mit reicher Ausbeute 1846 nach London zurück und publizierte seine »Notes on the Botany of the Pyrenees«. Ab 1848 bereitete er sich in den Kew Gardens auf eine Expedition nach Südamerika vor. Ein Jahr später verließ er Europa und landete im Mündungsgebiet des Amazonas. Er war endlich am Ziel seiner Träume. Unter unsäglichen Mühen und gefährlichen Abenteuern erforschte er die Flora des Amazonas- und Rio-Negro-Gebietes. Vom Londoner Indienministerium erreichte ihn der Auftrag, Samen und Pflanzen des roten Chinarindenbaumes zu »beschaffen«. Noch immer war die Droge aus der Rinde der

Cinchona (>) das einzige brauchbare Mittel zur Bekämpfung der Malaria. Bolivien und Peru, in deren hochgelegenen Gebieten der weltweit einzige Bestand an diesen Bäumen erschreckend zusammengeschmolzen war, hatten bei Todesstrafe die Ausfuhr von Pflanzen und Samen verboten. Spruce überstieg die Anden, ließ sich im Gebiet des Chimborazo nieder und suchte nach den Cinchonabäumen. Nach sorgfältiger Beobachtung wartete er die Blütezeit ab und gewann aus den Fruchtkapseln Samen. Der Versuch, Setzlinge zu ziehen, war wenig erfolgreich, sie wurden von Raupen befallen und von Ameisen zerfressen. Immerhin konnte er Tausende von Samenkörnchen nach England schicken. 1864 kehrte er nach London zurück. Über 30.000 Pflanzen hatte er gesammelt. Es war nicht zum wenigsten sein Verdienst, daß die Kew Gardens zur Weltberühmtheit wurden. Mit einer mageren Pension lebte er zurückgezogen und arbeitete an seinen »Notes of a Botanist on the Amazonas and the Andes« und an anderen Manuskripten. Die Academia Leopoldina in Halle verlieh ihm die philosophische Ehrendoktorwürde. Es ist schon merkwürdig, daß Spruce wie Justus Hasskarl (>), der für die Niederlande das gleiche Wagnis auf sich genommen hatte, vom Dank des Vaterlandes nur wenig zu spüren bekamen. Richard Spruce verstarb 1893 in Coneysthorpe in Yorkshire.

Stapelia
Aasblume

Johan Bodaeus van Stapel, lat. Stapelius, (?–1636) studierte ab 1620 in Leiden Medizin und promovierte 1625. Dann betrieb er in Amsterdam eine Arztpraxis. Stapelius war berühmt als Gelehrter in Latein, Griechisch und Botanik. Seine Übersetzung der »Historia plantarum« des Theophrast (>) konnte er nicht mehr vollenden. Sie wurde acht Jahre nach seinem Tode von seinem Vater Egbert Bodaeus van Stapel herausgebracht. In den Anmerkungen zu diesem Werk wurden Pflanzen beschrieben, die Theophrast unbekannt waren. So wird eine *Fritillaria crassa promontori bonae spei* (ein am Kap der guten Hoffnung vorkommendes Liliengewächs) erwähnt, über die zwar Justus Heurnius (>*Huernia*) als erster berichtet hatte, die aber von Linné (>) nicht nach diesem, sondern nach dem Autor ihrer ausführlichen Beschreibung in *Stapelia variegata* umbenannt wurde.

Stapfiella

Otto Stapf (1857–1933) wurde in Perneck bei Bad Ischl im Salzkammergut geboren. Bald siedelte die Familie nach Hallstadt um. Otto Stapf studierte in Wien und doktorierte mit einer Arbeit über Kristalle und Kristalloide bei Pflanzen. 1885 bereiste er Persien, von wo er eine reiche Sammlung mitbrachte. Im gleiche Jahr wurde er nach seiner Assistentenzeit Privatdozent an der Universität Wien. 1890 legte er Sir Joseph Hooker (>*Hookerella*) seine fundierte Untersuchung über die Gattung *Ephedra* (Meerträubel) vor, von der einige Arten das Ephedrin enthalten. Auf dessen Fürsprache bot ihm Sir Thiselton-Dyer, der Direktor der Royal Botanic Gardens in Kew, eine Stelle als »Assistent für Indien« an. Stapf sagte zu und siedelte 1891 nach England über. Dort arbeitete er zunächst über Pflanzen des tropischen Asien. Sein nächstes Interesse galt den Gräsern. Von den zahlreichen Veröffentlichungen zu diesem Thema seien hier nur genannt »Die Geschichte des Weizens« (1910) und »Elefantengras« (1912). Seine pflanzengeographischen und geschichtlichen Untersuchungen über die Flora Englands sollen nicht unerwähnt bleiben. 1899 stieg er zum »Principal Assistant« auf. Von 1909 bis 1922 versah er das Amt des Kustos des Herbariums und der Bibliothek von Kew. Außerdem war er von 1908 bis 1916 Sekretär der Linnean Society. 1922 bis 1933 bewährte sich Stapf als Redakteur der hochangesehenen Zeitschrift »Botanical Magazine«. Für seine Verdienste wurde er 1902 zum Mitglied

(Fellow) der Linnean Society und 1908 der Royal Society ernannt. 1927 ehrte man ihn mit der Verleihung der Linnean Gold Medal. Als Stapf 1933 auf einer Ferienreise in seine österreichische Heimat nach Innsbruck kam, erkrankte er dort und verstarb.

Stauntonia

Sir George Leonard Staunton (1737–1801) stammte aus Irland und studierte in Montpellier Medizin. 1762 trat er als Arzt in Westindien an und war bald dem Gouverneur der Inseln Tobago und Grenada, Lord George Macartney (1737–1806), freundschaftlich verbunden. Als der Lord 1789 Gouverneur von Madras wurde, nahm er Staunton als Sekretär mit, der sich während des antibritischen Aufstandes mit Tippu-Sahib an der Spitze auszeichnete. 1784 kehrte Staunton nach England zurück und wurde ein Jahr darauf geadelt. 1792 beauftragte die Regierung Lord Macartney mit einer Gesandtschaft an den Hof des Kaisers von China. Zusammen mit Sir Staunton als Sekretär im Ministerrang lichtete ein kleines Geschwader in Portsmouth die Anker und segelte über Rio de Janeiro und um Südamerika ins Reich der Mitte. Da sich aber der Mandschu-Kaiser Kien Lung weit im Norden in Jehol aufhielt, mußte die Gesandtschaft einen langen und beschwerlichen Weg auf sich nehmen. Nach Erledigung des diplomatischen Auftrags kehrte die Gesellschaft auf Umwegen 1794 nach England zurück. Mit Unterstützung von zwei der Gesandtschaft zugeteilten Gärtnern hatte Sir Staunton 400 Pflanzen mitgebracht, um deren Bestimmung sich der Botaniker Dryander (>) kümmern mußte. 1797 begann Staunton mit der Veröffentlichung seiner Aufzeichnungen. Neben sorgfältigen Pflanzenbeschreibungen berichtet er über die Anwendung und den Gebrauch der verschiedensten Gewächse. So fiel ihm auf, daß die Chinesen aus den Kernen der Aprikose ein wohlschmekkendes Speiseöl gewinnen. Die Herstellung von Kampfer teilte er detailliert mit. Erstaunlich war für ihn die kulinarische Anwendung von Hirtentäschelkraut als Salat. Und auch die Zubereitung von Jasmintee wie das Vorkommen verschiedener Orangensorten wurden mit Interesse registriert.

Steudelia

Ernst Gottlieb Steudel (1783–1856) wurde in Esslingen geboren und erhielt auch dort seine Grundausbildung. 1801 bezog er zum Studium der Medizin und Naturwissenschaften die Universität Tübingen, wo er 1805 seine Doktorprüfung ablegte. Nach Reisen in der Schweiz sah er sich in Wien und Halle um, kehrte in seine Vaterstadt zurück und ließ sich als praktischer Arzt nieder. Schon bald wurde er mit der Stelle eines Oberamtstierarztes betraut, und 1828 ernannte ihn die Stadt zum humanmedizinischen Oberamtsarzt. Diese Position hatte er bis zu seinem Tode inne. Steudel wird als ernster, vertrauenerweckender Arzt beschrieben, der bald eine ausgedehnte Praxis zu versehen hatte. Als die Cholera die Umgebung Esslingens erreichte, führte Steudel als Vorbeugungsmaßnahme die Fleischbeschau ein. In seiner knappen freien Zeit widmete er sich der Pflanzenkunde. So gab er von 1821 bis 1824 ein Verzeichnis sämtlicher Arten und Gattungen, den »Nomenclator Botanicus«, heraus. Als dieses Werk 20 Jahre später in einer zweiten Auflage erschien, enthielt es mehr als 78.000 Arten. 1825 war Steudel maßgeblich an der Gründung des Württembergischen Naturhistorischen Vereins beteiligt. Mit den Mitgliederbeiträgen und dem Gewinn aus Aktiengeschäften beauftragte der Verein berufsmäßige Pflanzensammler, europäische und andere Länder zu bereisen. Die heimgebrachte »Beute« wurde dann an die Vereinsmitglieder verteilt. Darüber hinaus erwarb der Verein große Sammlungen, aus deren Beständen die Hobbybotaniker ihre Herbarien vervollständigen konnten. Die Bemühungen Steudels, eine Gesellschaft zur Einführung des Tabakanbaus zu gründen, zerschlugen sich, was man aus heutiger Sicht als einen Segen registrieren muß. Zu seinem goldenen Doktorjubiläum wurde Steudel, den die Chronisten als einen Mann von stattlicher Statur mit einem gescheiten, geistvollen Kopf rühmen, vom König mit einem hohen Orden ausgezeichnet. Aus diesem Anlaß ließen es sich sämtliche Esslinger Gesangvereine nicht nehmen, dem Jubilar ein Ständchen zu bringen. Schließlich soll auch an die Beherztheit Steudels erinnert werden. Als im Revolutionsjahr 1848 auf dem Marktplatz in Esslingen eine aufgebrachte Menge für Unruhe sorgte, schritt der Doktor ein und machte mit einer flammenden Rede dem Aufruhr ein Ende.

Stevia

Pedro Jaime Esteve (um 1500–1556) stammte aus San Mateo oder Morella in Spanien, ganz genau weiß man es nicht. Er studierte zunächst in Valencia, dann in Montpellier und Paris Medizin. Esteve wurde in Valencia Professor der Medizin und befaßte sich besonders mit der Anatomie und Botanik. Seine Kenntnisse in den alten Sprachen, im Arabischen und in der Philosophie wurden hoch gelobt und qualifizierten ihn auch zu einer geschätzten Übersetzung der Werke des griechischen Arztes Nikander von Kolophon (>). Als Botaniker tat er sich mit einem Wörterbuch über Kräuter und Medizinalpflanzen hervor.

Stewartia *(*Hartia, *Stuartia)*
Scheinkamelie

John Stuart, Earl of Bute (1713–1792), wurde in Edinburgh geboren und schlug als Pair von Schottland die Laufbahn eines Politikers ein. Nach dem Sturz Pitts des Älteren unter der Regierung Georgs III. nahm er von 1762 bis 1763 dessen Posten als Premierminister ein. Auf dem europäischen Kontinent neigte sich der Siebenjährige Krieg seinem Ende zu. Obwohl der Earl of Bute den 1758 zwischen England und dem verbündeten Preußenkönig Friedrich II. geschlossenen Subsidienvertrag 1762 aufkündigte und die Zahlungen der Hilfsgelder einstellte, konnte Friedrich dennoch im Februar 1763 als Sieger über Österreich den Friedensvertrag von Hubertusburg aushandeln. Der gleichzeitig mit diesem Bündnisbruch mit Frankreich abgeschlossene Sonderfrieden hatte der englischen Krone zwar einen enormen Territorialgewinn (Verzicht Frankreichs auf Kanada) eingebracht, konnte aber das Ende Butes auf dem politischen Parkett nicht verhindern. Seine unglückliche Steuerpolitik, insbesondere die Erhebung einer Steuer auf den Apfelwein, kostete ihn das hohe Amt. Als Privatmann machte der Earl of Bute jedoch eine bessere Figur. So war er als wissenschaftlicher Ratgeber der Princess of Wales maßgeblich an der Gründung, Einrichtung und Organisation der Gärten von Kew beteiligt. Als Amateurbotaniker veröffentlichte er 1780 ein umfangreiches Werk über die britische Flora. Als der Londoner Kaufmann Peter Collinson (>), der mit den amerikanischen Kolonien Handelsbeziehungen pflegte, eine Interessengemeinschaft von Botanikern und Gärtnern ins Leben rief, die die Unternehmungen des Pflanzenjägers John Bartram (>) in Pennsylvanien unterstützte, war auch der Earl of Bute mit von der Partie. Seinem Einsatz verdankten die Kew Gardens die Anpflanzung von Libanonzedern, Weymouthkiefern und anderen seltenen Gehölzen. Interessanterweise ging diese Aufzucht auf Samen zurück, die aus seinen privaten Gärten in Luton Hoo und Highcliffe stammten. Leider wurde ihm seine botanischen Leidenschaft zum Verhängnis. Er stürzte von einem seiner geliebten Bäume und erlag den Verletzungen.

Strelitzia
Paradiesvogelblume, Strelitzie

Charlotte Sophia, Prinzessin von Mecklenburg-Strelitz (1744–1818) war die Gattin des englischen Königs Georg III. aus dem Hause Hannover. Nachdem sich der junge König die Möglichkeit einer Liebesheirat mit der fünfzehnjährigen Tochter des Herzogs von Richmond aus dem Kopfe geschlagen hatte, beauftragte er seine Ratgeber mit der Suche nach einer geeigneten Partie. Er selbst hatte sich bereits eifrig im »Gotha«, dem Adelsalmanach, umgesehen. Die Voraussetzungen für die Wahl der Kandidatin waren etwas kompliziert: sie sollte u. a. einen vorbildlichen Lebenswandel aufweisen und einen tadellosen Charakter haben, selbstverständlich Protestantin und möglichst Deutsche sein. Den Zuschlag bekam Charlotte Sophie von Mecklenburg-Strelitz. Ohne Zweifel hatte neben den zutreffenden geforderten Merkmalen für die junge Dame gesprochen, daß sie erst jüngst dem Preußenkönig Friedrich II. wegen der Abscheulichkeiten des Kriegshandwerks die Leviten gelesen hatte. Von ihren Zeitgenossen in England, deren Lebenswandel häufig dem Gegenteil des ihrigen entsprach, bekam sie eine unterschiedliche Presse. Sie wurde ein unscheinbares, ja sogar schrecklich häßliches Girl genannt. Andererseits kam Horace Walpole, der von der Königsfamilie abschätzig nur von den »Herren Deutschen« zu sprechen pflegte, nicht umhin, ihr duldsames Wesen zu bewundern. Der König hatte keinen Einwand gegen sie, und so fand 1761 die Vermählung statt. Georg hatte zu keiner Zeit Anlaß, seine Entscheidung zu bereuen. Charlottes musterhafte und spartanische Haushalts- und Lebensführung, ihre Frömmigkeit und ihr huldvolles Benehmen gegen alle Mitglieder des Hofes trugen in den rebellischen und unbeständigen Zeiten der Regierungsperiode Georgs III. wesentlich zur Erhaltung der Krone bei. Sie gebar 15 Kinder, von denen die überlebenden wenig Hoffnung auf eine glückliche Fortsetzung der Monarchie versprachen. Eine schwere und unheilbare Krankheit des Königs ertrug sie mit hingebender Pflege. Das zügellose Leben des Prinzregenten verdunkelte die letzten Jahre ihres Lebens, die sie mit Würde in Windsor und Kew verbrachte. Königin Charlotte gehörte auch zum Schülerkreis des Pflanzenmalers Franz Bauer (>) in den Kew Gardens, unter dessen Anleitung und zu dessen Zufriedenheit sie seine Zeichnungen kolorieren durfte.

Sutherlandia

James Sutherland (1639–1719) wurde 1676 Intendant des 1667 eingerichteten Botanischen Gartens Holyrood in Edinburgh. Unter seiner Leitung wurde der Garten erweitert, erhielt ein spezielles Gelände für Medizinalpflanzen und wurde zum Royal Physical Garden. Sutherland wurde mit dem Professortitel zum »Keeper of the Garden« und zum »Botanist to the King in Scotland« ernannt. 1683 erschien von ihm ein Katalog über den Pflanzenbestand des Gartens in lateinischer und englischer Sprache. Als die Universität in Edinburgh einen Lehrstuhl für Botanik einrichtete, wurde Sutherland damit betraut. Sein Gehalt betrug 20 Pfund pro Jahr. Da er aber nach und nach anderen Interessen frönte und damit auch seine Pflichten als Lehrstuhlinhaber vernachlässigte, kürzte man ihm sein Jahresgehalt auf 5 Pfund. Damit war Sutherland absolut nicht einverstanden, opponierte ohne Erfolg und mußte 1705 den Lehrstuhl räumen. Seinen Posten als »Keeper of the Royal Garden at Holyrood« durfte er behalten und nahm ihn bis 1715 wahr. Im Alter von 80 Jahren verstarb Sutherland.

Swietenia
Mahagonibaum

Gerard van Swieten (1700–1772) wurde als Sohn einer noblen römisch-katholischen Familie in Leiden geboren. Mit 14 Jahren bezog er die Universität in Löwen, mußte aber, nach dem Tod seiner Eltern verarmt, das Studium aufgeben. 1715 ging er bei einem Apotheker in Amsterdam in die Lehre. 1720 wurde er nach dem Examen in Leiden in das

Collegium Pharmaceuticum aufgenommen und eröffnete ein Geschäft. In Leiden, besonders bei seinem zeitlebens hochverehrten Lehrer Boerhaave, studierte er Medizin. Nebenbei übte er auch das erlernte Apothekergewerbe aus, um seinen Lebensunterhalt während des Studiums bestreiten zu können. Nach dem Examen 1725 praktizierte er in Leiden und sollte 1738 nach dem Tode von Boerhaave dessen Professur an der Universität übernehmen. Aus dieser Berufung jedoch wurde nichts, weil damals ein römisch-katholischer Lehrer in Leiden untragbar war. Immerhin durfte er durch ein Privileg der Universität Privatunterricht in Pharmazie für Medizinstudenten erteilen, was ihm 60 Gulden Gebühr pro Teilnehmer einbrachte. Als eine Schwester der österreichischen Kaiserin Maria Theresia schwer erkrankt war, wurde van Swieten zur Konsultation gebeten. Zwar konnte auch er das Leben der Patientin nicht retten, doch gewann er das Vertauen der Kaiserin, die ihm die Reorganisation der in einem jämmerlichen Zustand dahinvegetierenden Wiener medizinischen Fakultät anbot. Van Swieten willigte ein und trat 1745 sein Amt an. Mit großem Durchsetzungsvermögen und Weitblick sorgte er für eine Verjüngung und Modernisierung des verkrusteten Medizinalsystems. Auch als ihr Leibarzt enttäuschte er nicht das herzliche Vertrauen der Kaiserin. 1750 regte er die Einrichtung eines botanischen und zoologischen Gartens in Schönbrunn an. 1754 gründete er einen botanischen Garten an der Universität. Nikolaus Joseph von Jacquin (>), den er 1752 dazu ermuntert hatte, in Wien das Medizinstudium abzuschließen, wurde mit der Einrichtung des Gartens betraut. Van Swieten war auch Präfekt der Hofbibliothek und hatte als Zensor entscheidenden Einfluß auf literarische Neuerscheinungen. Dieses Amt war bisher autoritär von den Jesuiten versehen worden. Van Swieten wußte mit Geschick allmählich ihre allmächtigen Kompetenzen zu beschneiden. Unter seinem Einfluß wurde das Sanitätswesen in der Österreich-Ungarischen Monarchie neu organisiert. Van Swieten sorgte für die Einrichtung einer Tierärztlichen Hochschule und einer Hebammenschule. Mit der Gründung einer Pensionskasse für Witwen und Waisen seiner Kollegen machte er sich um den Ärztestand verdient. Seine medizinischen Schriften, darunter Kommentare zu den Lehrsätzen seines Lehrers Boerhaave, wurden in mehrere Sprachen übersetzt. Van Swieten war auch in seinem Auftreten seiner Zeit weit voraus. In einfacher Kleidung, ohne Degen und ohne Manschetten und Perücke, die er als lächerlich und abgeschmackt ablehnte, trat er sogar der Kaiserin entgegen, die ihn 1758 für seine Verdienste zum Freiherrn erhoben und mit dem St.-Stephans-Orden ausgezeichnet hatte. Als er 1772 nach mehrmonatigem Krankenlager verstarb, war sie über den Verlust ihres Leibarztes und Ratgebers untröstlich und sorgte für seine feierliche Beisetzung in der Augustinerkirche in Wien.

T

Tabernaemontana

Jacobus Theodorus, eigentlich Jakob Ditter/Diether (um 1522–1590), genannt Tabernaemontanus nach dem pfälzischen Städtchen Bergzabern, seinem Geburtsort. Von dem Botaniker Otto Brunfels (>) aus Straßburg wurde er an die Schule zu Hornbach empfohlen, wo der Theologe, Mediziner und Botaniker Hieronymus Bock (>*Tragus*) unterrichtete. Es gilt als sehr wahrscheinlich, daß er zwischen 1540 und 1548 in Padua und Montpellier Medizin studiert hat. 1553 war er kurzzeitig Leibarzt des Grafen Philipp II. von Nassau-Saarbrücken und verfaßte ein Werk über die Pestbekämpfung, bei der er sich zuvor schon praktische Verdienste erworben hatte. Um 1560 finden wir ihn als Apotheker in Weißenburg. In dieser Zeit erschien eine Arbeit über die Brustfellentzündung. 1562 nahm er in Heidelberg, als Jacobus Theodorus Tabernaemontanus eingeschrieben, das Studium der Medizin wieder auf, das er wahrscheinlich mit dem Doktorgrad abgeschlossen hat. 1563 berief ihn der Bischof von Speyer zum Leibarzt. 1568 wurde er Medicus des Pfalzgrafen in Heidelberg. Im gleichen Jahr verfaßte er ein Traktat über die Behandlung der Pest. 1571 machte er sich an eine Bearbeitung eines deutschsprachigen Arzneibuches von Christoph Wirsung. Die Reichsstadt Worms ernannte ihn 1580 zum Stadtarzt. 1584 praktizierte Tabernaemontanus als kurpfälzischer Medicus im Stift Neuhausen bei Worms. In dieser Zeit befaßte er sich auch mit Untersuchungen der Heilbrunnen und -quellen in Hessen (Ems, Schwalbach und Selters). Das Ergebnis wurde in der Schrift »Neuw Wasserschatz« mitgeteilt und 1581 in Frankfurt gedruckt. Im Auftrage des Bischofs von Straßburg ging er an eine Analyse der Brunnen und Quellen im Schwarzwald, worüber er 1584 berichtete. Er galt bald als einer der ersten Bäderkundler des Reiches. Den Ruhm Theodorus' begründete vor allem das »Neuw Kreuterbuch«. Der erste Band erschien 1588. Über der Arbeit am zweiten Band verstarb er. Mehr als 3.000 Pflanzen werden sorgfältig beschrieben und als Holzschnitte abgebildet. Auf die Beschreibung folgen Ausführungen über die Heilwirkung und die Art der Anwendung der Kräuter. Das Werk ist mit einem Register in zehn Sprachen, vom Altgriechischen über die modernen Sprachen Europas bis zum Arabischen, ausgestattet. Tabernaemontanus stand in der Tradition der Simplizisten, die sich gegen die Mixturen und Composita (Zusammensetzung aus mehreren Mitteln) in der Praxis der Mediziner wandten. Er vertrat die Ansicht, daß die einfachen, eben simplen Darreichungen oft mehr als die kostspieligen Composita bewirken. Darüber hinaus sollten Arzneien auch für die kleinen Leute erschwinglich sein. Der hochgeachtete und überragende Arzt und Forscher aus Bergzabern starb im protestantischen Glauben 1590 in Heidelberg.

Tagetes

Sammetblume, Studentenblume, Totenblume

In der Nachbarschaft der etruskischen Stadt Tarquinia ereignete sich eine wunderbare Geschichte: Ein Bauer pflügte seinen Acker:

> »Als er mitten im Feld die bedeutsame Scholle gewahrte,
> die sich zuerst von selbst und ohne Antrieb bewegte,
> bald dann die Erdengestalt verließ und menschliche annahm,
> um mit dem neuen Mund sodann die Zukunft zu künden.«

(*92*, XV, 554).

Dieses wunderbare Wesen war ein Knabe von Aussehen, aber ein Patriarch an Weisheit mit Namen Tages, der Sohn eines Genius und ein Enkel Jupiters. Die Etrusker indessen hielten den Tages für einen Sohn des Herkules und der Minerva. Der Bauer, über diese Erscheinung erstaunt, stieß einen lauten Schrei aus, und in kurzer Zeit war ganz

Etrurien versammelt. Der geheimnisvolle Knabe machte sie nun mit der Ausübung der Sehergabe durch Deutung der Eingeweide von Tieren und des Fluges der Vögel bekannt. Alles, was er gesagt oder gesungen hatte, sammelten sie wie einen Schatz und schrieben es sorgfältig nieder. Diese Schriften bildeten als heilige »Disciplina Etrusca« das Gesetzbuch, welches das bürgerliche und religiöse Verhalten der Etrusker regelte und von ihnen auf die Römer übertragen wurde.

Telekia

Ochsenauge, Telekie

Samuel Graf Teleki von Szék (1845–1916) aus Ungarn unternahm 1886 von Sansibar aus eine Forschungsreise auf dem afrikanischen Kontinent, die ihn zum Kilimandscharo und den Keniabergen führte. Weiter nach Norden vordringend entdeckte er den Rudolf- (heute Turkana-) und den Stephaniesee. 1888 traf er wieder an der Ostküste in Mombasa wohlbehalten ein. Seinem Begleiter, dem Marineoffizier Ludwig von Höhnel, verdanken wir die packende Schilderung des an gefährlichen Abenteuern reichen Unternehmens.

Telephium

Telephos, König von Mysien in Kleinasien, war ein Pechvogel. Als die Griechen mit ihrer Flotte auf ihrem Zug nach Troja wegen eines Navigationsfehlers irrtümlich in Mysien, das sie für troisches Land hielten, eindrangen, stellte sich ihnen Telephos mit seinen Mannen in den Weg und trieb sie auf ihre Schiffe zurück. Aber als sich ihm der fürchterliche Achill (>) näherte, machte er auf dem Absatz kehrt und suchte das Weite. Dionysos (>), der über die Mysier verärgert war, weil sie ihn beim Opfern vernachlässigt hatten, ließ aus gekränkter Eitelkeit plötzlich einen Rebstock aus dem Boden sprießen, über den der König stolperte. Da erwischte ihn auch schon die Lanze des Achill und riß ihm den Oberschenkel auf. Die Wunde heilte nicht und begann bald zu eitern. Nun verkündete Apoll, diese offene Läsion könne nur durch ihre Ursache geschlossen werden. Also mußte sich Telephos zähneknirschend wieder an Achill wenden. Das erreichte er auf allerlei Umwegen, bei denen sogar ein Kinderdiebstahl eine Rolle spielte. Kurz und gut, Achill war nur unter der Bedingung, daß der König den Griechen den richtigen Weg nach Troja wies, bereit, sich als Heilkünstler zu betätigen. Telephos willigte ein, und Achill heilte ihn. Aber wie? Da er bei dem Altmeister der Heilkunst, dem Pferdemenschen Cheiron (>), in die Lehre gegangen war, kannte er sich bestens aus und wußte: nur nach dem Prinzip, Ähnliches mit Ähnlichem zu heilen, mußte in diesem Falle gehandelt werden. So kratzte er einige Rostpartikel von seiner Lanzenspitze mit dem erwarteten und verblüffenden Erfolg in die schwärende Wunde. Frohgemut und tatendurstig konnte die griechische Flotte ihren richtigen Kurs nach Troja nehmen. Achill hatte das Heilungsprinzip vorweggenommen, das Samuel Hahnemann viele hundert Jahre später unter der Bezeichnung Homöopathie der Welt bescherte.

Ternstroemia

Christopher Ternström (1703–1746) war der erste der von Linné (>) in alle Welt ausgeschickten Schüler, die man auch seine Apostel nannte. Linné, der in Uppsala, damals das Eldorado der europäischen Biologen, lehrte, hatte mit der Schwedischen Ostindien-Kompanie vereinbart, daß seine Schüler als mitreisende Angestellte oder Schiffsärzte in fernen Ländern wissenschaftliche Beobachtungen machen und Pflanzen sammeln konnten. Er rühmte sich, daß keiner so viele Schüler in so viele Teile der Welt ausgeschickt habe wie er. Ternström reiste in den Fernen Osten und kehrte nicht zurück. Er verstarb auf der Insel Pulo Condor, die heute zu Vietnam gehört, an Malaria.

Teucrium

Gamander

Teukros oder Teuker, Sohn des Telamon und der Hesione, einer Schwester des trojanischen Königs Priamos, war der beste Bogenschütze der Griechen. Verstrickt in die Händel um den Selbstmord seines Halbbruders Aias, wurde ihm die Heimkehr in seine Heimat Salamis verwehrt. Teukros segelte nach Zypern und gründete dort ein zweites Salamis.

Thalia

Johannes Thal (1542–1583) wurde in Erfurt geboren und erhielt seine Schulbildung in der berühmten Klosterschule Ilfeld am Harz, deren Rektor damals der bedeutende Pädagoge und Humanist Michael Neander war. Schon während jener Zeit zeichnete sich Thal durch erstaunliche botanische Kenntnisse aus. In zwei Monaten gelang es ihm, 72 Grasarten zu bestimmen. Anfang der sechziger Jahre schrieb er sich an der Universität Jena als Studiosus der Medizin ein. Anschließend übte er in Stendal die ärztliche Kunst aus. 1572 beriefen ihn die Grafen zu Stolberg zu ihrem Leibarzt. Gleichzeitig übernahm er das Amt des Stadtarztes in Stolberg. 1581 bekleidete Thal die Stelle des Stadtarztes und Vorstehers des Apothekergartens in Nordhausen. Thal erforschte auf vielen Exkursionen die Flora des Harzes. Ein größeres Werk über die Geschichte, Ethnologie und Natur des Harzes war geplant, kam aber nicht zur Ausführung, weil Thal auf der Fahrt zu einem Patienten vom Pferdewagen stürzte, einen schweren Unterschenkelbruch erlitt und wenige Wochen später, erst 41 Jahre alt, in der Nähe von Oschersleben verstarb Fast alle seine Aufzeichnungen sind verlorengegangen.

Theophrasta

Theophrastos (um 372–287 v. Chr.) wurde in Eresos auf der Insel Lesbos geboren. Er studierte in Athen bei Platon und lernte Aristoteles (>) kennen. Als dessen Schüler und wissenschaftlicher Mitarbeiter ging er mit ihm 342 nach Mazedonien. Nach dem Tode des Aristoteles übernahm Theophrastos 322 als Nachfolger die Schule, deren Anhänger unter dem schönen Namen »Peripatetiker« (die Umherwandelnden) bekannt sind. Theophrastos wurde während seiner Lehrtätigkeit der Gottlosigkeit angeklagt, konnte aber diesen schweren Vorwurf ohne Schaden von sich abwenden. Seine Forschungen und sein Unterricht befaßten sich mit allen Disziplinen der antiken Gelehrsamkeit, von den Naturwissenschaften bis zur Politik. Als glänzender Dozent verschaffte er der Schule ein weitreichendes Ansehen. Gestützt auf die von Aristoteles zusammengetragene Bibliothek und das von der Gelehrtenabteilung Alexanders des Großen zur Verfügung gestellte Material verfaßte er mehrere botanische Werke, von denen zwei erhalten sind und in denen er mehr als 500 Pflanzenarten abhandelt. So beschreibt er schon zahlreiche Varietäten der Rose, die er nach der Zahl der Staubgefäße unterschied. Auffälligerweise handelte es sich nur um weiße Rosen. Rosen in anderen Farben wurden erst viel später von dem älteren Plinius (23/24–79 n. Chr.) in seiner Enzyklopädie »Historia naturalis« erwähnt. Theophrastos hatte auch einen botanischen Garten angelegt, den er nach seinem Tode den Freunden und Schülern zum Vergnügen und zum Studium überließ. Von einem weiteren Werk, den »Lehrmeinungen der Physik«, ist leider der Hauptteil verlorengegangen. Als Ethiker legte er ein Büchlein mit dem Titel »Die Charaktere« vor. Auf treffende Weise wird eine Auswahl der verschienen Typen, wie Schmeichler, Prahler, Schwätzer, Lügner, definiert und charakterisiert. Seinen Grundsatz vom naturgemäßen Leben faßte er in der Empfehlung zusammen: Werde, der du bist, indem du deine Naturanlagen erkennst und entfaltest. Mit Unterstützung seines einflußreichen Freundes Demetrios von Phaleron konnte Theophrastos zur Erweiterung der Schule günstig Grundbesitz erwerben. Sein 34 Jahre dauerndes Wirken als Vorstand, als Scholarch, bescherte der peripatetischen Schule eine Glanzzeit und der antiken Botanik einen Höhepunkt. Zu Recht wurde er mit dem Ehrennamen »Vater der Botanik« bedacht.

Thorelia

Jean Thore (1762–1823) erblickte in Montaut-les-Créneaux in Südfrankreich das Licht der Welt. Nach seiner Grundausbildung in einem Jesuitenkolleg in Auch bezog er 1786 die Universität in Bordeaux, um Medizin zu studieren. 1790 beendete er das Studium, erhielt zwei Jahre später seine Zulassung als Arzt und ließ sich in La Teste, nicht weit von Arcachon, nieder. 1793 schloß er sich der revolutionären Volksbewegung an und wurde in der Pyrenäen-Armee als Arzt-Major nach Bayonne abkommandiert. Von 1794 bis 1795 leitete er als Chefarzt das Militärkrankenhaus in Dax. Nach dem Ausscheiden aus dem Militärdienst ließ er sich dort nieder, übte seinen Beruf aus, gab Kindern aus den sogenannten guten Familien Unterricht und widmete sich der Wissenschaft. Nach seinen ersten Veröffentlichungen 1796 nahm ihn die Medizinische Gesellschaft in Bordeaux als auswärtiges Mitglied auf. Während der Blatternepidemie 1801 und 1802 setzte er sich vehement für das Impfen ein. Als Botaniker berichtete er in zahlreichen Veröffentlichungen über die Flora der Region Dax. Als es 1808 zum Krieg gegen Spanien kam, trat er wieder der Armee bei und kümmerte sich als Chefarzt bis 1815 um Kranke und Verwundete in den Hospitälern und dem Thermalbad in Dax. Als der politische Wind nach der Restauration von der anderen Seite blies, bekam Thore diesen Wandel zu spüren. Man bezichtigte ihn der Gottlosigkeit und versuchte, ihn an der Lehrtätigkeit zu hindern. Aus Überzeugung hatte er sich für die Ziele der Revolution eingesetzt, wobei er jedoch den Terror nachdrücklich verabscheute. 1804 hatte er bei der Volksbefragung zur Errichtung des Kaiserreichs unüberhörbar mit Nein gestimmt. So wurden die letzten Lebensjahre dieses Patrioten und tüchtigen Arztes durch unverdiente Schikanen getrübt.

Thouinia

André Thouin (1747–1823) wurde als Sohn eines Obergärtners am Königlichen Botanischen Garten in Paris ein glänzender Schüler von Bernard de Jussieu (>*Bernardia*). Als Siebzehnjähriger übernahm er nach dem Tode seines Vaters dessen Posten. Während der Revolution setzte er sich zusammen mit Desfontaines (>) für die Bewahrung L'Héritiers (>*Heritiera*) vor dem Schafott ein. Mit seinem praktischen Können und seinen wissenschaftlichen Studien brachte es Thouin 1793 zum Professor für Hortikultur. Mit der Aufnahme in das Institut de France und der Ernennung zum auswärtigen Mitglied der Londoner Linnean Society wurde Thouin hoch geehrt.

Thunbergia
Schwarze Susanne, Thunbergie

Carl Peter Thunberg (1743–1828) wurde in Jönköping in Schweden geboren. Er studierte Medizin und Naturwissenschaften bei Linné (>) in Uppsala. Zur Weiterbildung suchte er Paris und Holland auf. In Amsterdam machte er die Bekanntschaft einflußreicher holländischer Kaufherren und begab sich durch deren Vermittlung 1770 als Oberfeldscher bei der Holländischen Ostindischen Kompanie auf ausgedehnte Reisen, von denen er erst neun Jahre später zurückkam. 1771 segelte er nach Südafrika, wo er sich drei Jahre in einer holländischen Niederlassung am Kap der Guten Hoffnung aufhielt. In dieser Zeit vervollkommnete er seine niederländischen Sprachkenntnisse und unternahm ausgedehnte Exkursionen in das Hottentotten- und Kaffernland und in den Buschmännerdistrikt im Naquamaland. 1775 diente er einige Zeit als Chirurg in Batavia. Im gleichen Jahr reiste Thunberg nach Japan. Dort machte er in Nagasaki und Hokkaido als Gesandtschaftsarzt die Leibärzte des Mikado, des Kaisers, mit der europäischen Medizin bekannt. Sein bester Schüler Kogu Yoshio publizierte Thunbergs Vorlesungen mit den Titeln »Komo Hijiki« (Erinnerungen an die Geheimnisse des Rothaarigen), »Thunberg Kuden« (Vorlesungen des Thunberg) und »Komoryu Koyakuho« (Rezeptkunde des Rothaarigen). 1776 und 1777 hielt er sich zu botanischen und zoologischen Studien in Java und Ceylon auf. Anschließend besuchte er England. 1779 kehrte er nach Schweden zurück, wo ihm bereits in seiner Abwesenheit 1772 der medizinische Doktortitel verliehen worden war. Zunächst erhielt er eine Stelle als Demonstrator für Botanik an der medizinischen Fakultät in Uppsala. 1784 übernahm er nach dem Tode von Linné und dessen Sohn den Lehrstuhl für Medizin und Botanik an der Universität.. Nach seinen Plänen wurde der von Rudbeck (>) und Linné eingerichtete Hortus upsaliensis zum größeren Botanischen Garten umgewandelt. Thunberg, als »Japans Linné« bekannt, beschrieb als erster die japanische Pflanzenwelt (»Flora japonica«, 1784). Seine Erinnerungen »Travels in Europe, Africa, and Asia in 1770–1779« wurden in mehrere Sprachen übersetzt. Die südafrikanische Pflanzenwelt behandelt er in »Flora capensis« (1807–13). Thunberg war Ehrenmitglied zahlreicher wissenschaftlicher Gremien, viermal wurde er mit der Präsidentschaft der Schwedischen Akademie der Wissenschaften betraut. In Nagasaki errichtete man ein Denkmal zu seiner Erinnerung. 1828 starb der als uneigennützig und freundlich gerühmte Mann auf seinem Alterssitz Thunaberg bei Uppsala.

Tillandsia

Louisianamoos, Tillandsie

Elias Til-Landz, auch Tillandz, (1640–1693) war der Sohn eines Geistlichen namens Tillander. Nach einer abenteuerlichen Seereise hatte Elias, nachdem er wieder sicher an Land gekommen war, seinen Namen in Til-Landz (an Land) abgeändert. Nach seinem Studium in Uppsala wurde er 1670 Professor in Åbo, das damals zu Schweden gehörte, wo er an der 1640 gegründeten Universität das Studium der Botanik einführte und einen botanischen Garten einrichtete. Mit seinen Studenten machte er Exkursionen in das Umland. 1673 gab er einen Katalog aller wilden und kultivierten Pflanzen dieser Region heraus, der von den Studenten bei ihren Bestimmungsübungen eifrig zu Rate gezogen wurde und den Linné (>) später sehr bewunderte.

Todea

Elefantenfarn

Heinrich Julius Tode (1733–1797), geboren in Zollenspieker in den Vierlanden, studierte in Göttingen protestantische Theologie und wurde Pfarrer. 1761 übernahm er eine Predigerstelle in Pritzier in Mecklenburg. Neben der Ausübung seines geistlichen Amtes begeisterte er sich für die Botanik und beschäftigte sich besonders mit den Pilzen. Bereits während seiner Göttinger Studienzeit hatte ihn der Botaniker Murray (>) zu einer Bearbeitung der mecklenburgischen Flora ermuntert. 1790 erschien eine größere Abhandlung über die Pilze Mecklenburgs. Seine Mitteilungen zu diesem Thema blieben nicht unkritisiert. Daß sich in seine Darstellungen viele Irrtümer einschleichen konnten, führte man auf sein unzulängliches Mikroskop zurück. Außerdem habe er das Messer zum Sezieren nicht richtig zu handhaben gewußt. Tode stieg zum Superintendenten und Konsistorialrat in Schwerin auf. In den letzten Lebensjahren wandte er sich mehr der Theologie zu. So beteiligte er sich mit sieben »aufgeklärten Liedern« am Ludwigsluster Gesangbuch, das 1797 erschien, und schrieb geistliche Libretti.. Schließlich soll er seine frühere botanische Beschäftigung sogar für sündhaft angesehen haben. Diese Abneigung ging so weit, daß er das Manuskript und die Kupferplatten für eine Fortsetzung seines Werkes über die Pilze Mecklenburgs in einem Teich versenkte. Testamentarisch verfügte er, auch sein Herbarium im gleichen Teiche verschwinden zu lassen. Ob diese radikale Ausmerzung die Folge einer frommen Wandlung oder einer Eitelkeit war, um nach seinem Ableben die Suche nach Fehlern zu verhindern, lassen seine zeitgenössischen Biographen offen. Tode starb in Schwerin.

Torenia

Olof Torén (1718–1753) gehörte zu der Apostelschar von Linné (>). Auf einem Schiff der schwedischen Ostindien-Kompanie segelte er über Madeira nach Süden um das Kap der Guten Hoffnung in Richtung Indien. In Surat, das nördlich von Bombay zu suchen ist, hielt er sich botanisierend fast ein halbes Jahr auf. Schließlich gelangte er noch bis nach Kanton. Von dieser Reise brachte Torén eine Vielzahl seltener Pflanzen nach Uppsala.

Tournefortia

Joseph Pitton de Tournefort (1656–1708) stammte aus Aix-en-Provence und wurde zunächst in einem Jesuitenkolleg erzogen. In seiner Begeisterung für die Naturwissenschaften entschied er sich für das Studium der Medizin in Montpellier, dem damaligen Mekka der Botaniker, wo er mit dem Studienkollegen Magnol (>) Freundschaft schloß. 1681 führten ihn Exkursionen in die Pyrenäen. Dort geriet er in eine Räuberbande; um seine karge Barschaft zu sichern, verbarg er sie im Schwarzbrot, seiner überwiegenden Nahrung. Da die Banditen bei ihm nur trockene Pflanzen und Schwarzbrot fanden, hielten sie ihn für einen Verrückten und ließen ihn laufen. 1683, mit 27 Jahren, erhielt er einen Ruf als Professor für Botanik am Jardin du Roi in Paris. Auf ausgedehnten Reisen besuchte er Frankreich, Spanien, Portugal, Holland und England. 1691 sorgte Abbé Bignon (>) für seine Aufnahme in die Académie des Sciences. 1700 brach Tournefort im Auftrag des Königs zu einer botanischen Erforschung Griechenlands, Kleinasiens und Armeniens auf. Als er zwei Jahre später wieder in Frankreich eintraf, hatte er in seinem Gepäck 1.300 neue Arten. Zur Bestimmung benutzte er ein eigenes System, in dem Einzelheiten der Blüte den Schlüssel darstellten und das er in dem dreibändigen Werk »Éléments de Botanique« bereits 1694 erläutert hatte. 1698 verfaßte er eine Geschichte und 1699 eine Schule der Botanik. Im Alter von 52 Jahren kam Tournefort, inzwischen Professor am Collège de France, bei einem Verkehrsunfall in Paris um, eine Wagendeichsel kostete ihn das Leben. Der Ort des Unglücks bewahrt als Rue Tournefort auch auf diese Weise das Andenken an einen der größten Botaniker Frankreichs.

Tozzia

Luca Tozzi (1638–1717) stammte aus Frignano bei Aversa und wurde zur Ausbildung nach Neapel geschickt, wo er bei den Jesuiten in den klassischen Fächern unterrichtet wurde. Anschließend studierte er Medizin und erwarb 1661 in Neapel die Doktorwürde. 1664 erregte er allgemeine Aufmerksamkeit mit der Mitteilung über seine Beobachtungen eines Kometen. Tozzi erlangte großes Ansehen durch seine umfangreichen Kenntnisse und wurde deshalb 1678 beauftragt, Vorlesungen zu halten. Wie berichtet wird, bestieg er täglich viermal die Lehrkanzel. Zum Professor wurde er 1694 berufen und lehrte mit großer Eloquenz nicht nur Medizin und Physik, sondern auch Philosophie, Mathematik und Astronomie. Zu den reichlichen Lehrverpflichtungen kam noch die Ernennung zum Generalarzt des Königreichs Neapel. Nach dem Tode von Marcello Malpighi (>) in Rom wurde er 1695 zu dessen Nachfolger an der Universität und gleichzeitig zum Leibarzt von Papst Innozenz XII. (1615–1700) berufen. Seiner Geschicklichkeit und Fürsorge gelang es gegen alle Erwartungen, das Leben dieses schon betagten Papstes zu verlängern. Die Liebe zu Neapel ließ ihn im Alter dorthin zurückkehren, wo er mit Ehren überhäuft 1717 verschied. Er hinterließ zahlreiche Schriften zu medizinischen Themen.

***Tradescantia** (*Rhoeo,*Setcreasea,*Zebrina)*
Dreimasterblume, Rhoeo, Setcreasie, Tradeskantie, Wasserranke

John Tradescant (1570/75–1638) war ein englischer Gärtner, der von seinem Dienstherrn Robert Cecil, Earl of Salisbury, beauftragt wurde, den Pflanzenbestand seiner Gärten zu vermehren. So brachte er 1610 die Erdbeere von Flandern nach England. 1618 begleitete er den Diplomaten Sir Dudley Digges nach Archangelsk. 1621 kam er als Freiwilliger mit der britischen Flotte bei der Bekämpfung der Piraten im westlichen Mittelmeer nach Algerien. Seine auf diesen Unternehmungen gesammelten Pflanzen und anderen Objekte brachte er in einem eigenen Garten in Lambeth an der Themse unter. Zu diesem Garten gehörte auch ein naturwissenschaftliches Museum, das als »Tradescant's Ark« (Arche) bekannt und mit seinen Exponaten später zum Grundstock des Ashmole Museum in Oxford wurde. Um 1630 wurde er von Karl I. zum King's Gardener ernannt. Sein Sohn, der ebenfalls John hieß (1608–1662), führte den väterlichen Garten und das Museum weiter. Auch er war wie sein Vater ein großer Reisender. 1637 sammelte er Pflanzen in Virginia und brachte unter 100 Pflanzen auch die *Tradescantia virginica* mit. Unter den von den beiden Tradescants nach England eingeführten Gewächsen waren außer der Erdbeere u. a. der Flieder, die Platane und die Akazie. 1630 wurde Vater Tradescant zum Leiter der königlichen Gärten in Oatlands Palace ernannt, ein ehrenvoller Posten, den auch sein Sohn als Nachfolger übernahm. Auf ihrem Grabstein werden die beiden Tradescants als »Gardeners to the rose and lily queen« gerühmt. Diese ihre so hold botanisch umschriebene Queen war die Gattin König Karls I., Henrietta Maria

Tragus
Klettengras

Hieronymus Bock, lat. Tragus, (1498–1554) wurde in der Nähe von Bretten geboren und von den Eltern für das Kloster bestimmt. Er konnte jedoch mit Unterstützung von Freunden und Verwandten Theologie und Medizin studieren. In Zweibrücken bekam er nach dem Abschluß seiner Studien eine Schullehrerstelle und den Posten als Aufseher über den fürstlichen Garten. 1532 versah er eine protestantischen Predigerstelle in der Nähe von Zweibrücken und praktizierte daneben noch als Arzt. Seine Liebe zur Botanik, durch seine Tätigkeit als Arzt gefördert, führte ihn zu ausgedehnten Exkursionen. Bei seinen Wanderungen bis nach Graubünden und Tirol trug er Bauernkleidung, um nicht als Geistlicher aufzufallen. 1539 erschien von ihm ein »(New) Kreütterbuch. Darin Vnderscheydt, Würckung und Namen der Kreuter, so in Teutschen Landen wachsen«. Während die erste Auflage noch ohne Abbildungen erschien, finden sich in der nächsten von 1546 bereits 465 von dem Straßburger Künstler David Kandel in Holz geschnittene Illustrationen. Später folgten noch mehrere Auflagen in deutscher und lateinischer Sprache mit verschiedenen Titelvarianten. Bestechend an seinem Buch sind jedoch nicht die Bilder, sondern ist die Ausführlichkeit des Textes. Bock beschreibt nicht nur das Aussehen und die Entwicklung der Pflanzen, sondern berichtet auch über ihr Vorkommen und ihre Fundorte. Außerdem findet sich ansatzweise eine Zusammenstellung in natürliche Gruppen wie Lippenblütler, Kreuzblütler, Korbblütler und Gräser. Die Zuverlässigkeit seiner Angaben beruht auch darauf, daß er nur Pflanzen aufführte, die er selbst gesehen oder in seinem Garten kultiviert hatte. Neben Leonhart Fuchs (>) und Otto Brunfels (>) wurde Hieronymus Bock von Linné (>) mit dem Titel »Vater der Botanik« geehrt.

Trewia

Christoph Jacob Trew (1695–1769) wurde in der Nähe Nürnbergs als Enkel eines Astronomen und Professors für Mathematik an der Universität zu Altdorf geboren. Er studierte Medizin und übte bis zu seinem Tode in Nürnberg als Mitglied des »Collegium Medicum Norimbergense« eine ärztliche Praxis aus. Außerdem unterrichtete er im anatomischen Theater und im Hortus medicus Wundärzte, Hebammen, Apotheker und auch Künstler. Trew verstand es, seine Hörer so zu begeistern, daß sich einige aus dem Künstlerkreise zu wissenschaftlichen Illustratoren heranbilden ließen. Sie konnten bei der Erarbeitung seiner großformatigen naturkundlichen Tafelwerke mit bestem Erfolg eingesetzt werden. Als Förderer und Freund des brillanten Künstlers Georg Dionysius Ehret (>) trug er maßgeblich zur Geschichte der botanischen Illustration bei. Von 1744 bis 1767 zeichnete Trew als Herausgeber der Fachzeitschrift »Acta physico-medica«. Seine Privatsammlung, das »Museum Trewianum«, umfaßte nicht nur bedeutende naturkundliche Objekte, sondern auch eine Bibliothek mit dem unglaublichen Bestand von 35.000 Büchern.

Trinia

Karl Bernhard Trinius (1778–1844), dessen Mutter eine Schwester des Begründers der Homöopathie Samuel Hahnemann war, wurde in Eisleben geboren, besuchte das dortige Gymnasium und bezog die Universität Jena, um Medizin zu studieren. In Halle und Leipzig setzte er das Studium fort und schloß es in Göttingen mit dem Doktorexamen ab. In den baltischen Provinzen hoffte er eine Anstellung zu finden. Nach einem ärztlichen Examen in Dorpat konnte er sich in Kurland niederlassen. 1808 erwählte ihn die Herzogin Antoinette von Württemberg zu ihrem Leibarzt. Diese Stellung brachte viele Reisen in Deutschland und – wegen der Stellung des Herzogs in russischen Diensten – längere Aufenthalte in Rußland mit sich. So hielt sich Trinius von 1811 bis 1815 in St. Petersburg auf, und von 1816 bis 1822 lebte er in Witebsk. Neben der ärztlichen Betreuung der Herzogin fand Trinius genügend Zeit, um sich wissenschaftlichen Arbeiten zu widmen. 1822 wählte ihn die Kaiserliche Akademie in St. Petersburg zum Vertreter des Faches Botanik. Als zwei Jahre später die Herzogin starb, wurde er Leibarzt des Zaren. Von 1829 bis 1833 übernahm Trinius auch noch die naturwissenschaftliche Erziehung des Zarewitsch, des späteren Zaren Alexander II. Trinius war ein angesehener und beliebter Arzt. Mit seinem Onkel Hahnemann unterhielt er einen lebhaften Briefwechsel, woraus sich seine Hinneigung zur Homöopathie in späteren Jahren ergab. Als Botaniker veröffentlichte er über 30 Abhandlungen. Sein besonderes Interesse galt den Gräsern. Die Ergebnisse dieser speziellen Untersuchungen legte er in einem dreibändigen Werk nieder. St. Petersburg verdankt ihm die Begründung eines großartigen botanischen Museums. 1836 unternahm er im Auftrage der Akademie eine ausgedehnte Reise durch Deutschland und Österreich zum Studium wissenschaftlicher Sammlungen und Einrichtungen. 1844 verstarb Trinius in St. Petersburg an den Folgen eines Schlaganfalls. Noch kurz vor seinem Tode überließ er seine reiche Gräsersammlung mit 5.000 Arten der Akademie.

Tulbaghia
Kaplilie

Rijk Tulbagh (1699–1771) wurde in Utrecht getauft und wuchs in Bergen-op-Zoom auf. Als Sohn eines wenig begüterten Elternhauses kam er dank der Zuwendungen seines reichen Onkels Rijk Cattepoel auf eine Lateinschule. Mit 16 Jahren stellte er sich der holländischen Ostindien-Handelskompanie vor und wurde als Kadett aufgenommen. 1716 segelte er nach Südafrika in die Kapkolonie und stieg dort schon nach kurzer Zeit in hohe Ämter auf. 1728 wurde er Mitglied der Ratsversammlung, und 1732 erhielt er, inzwischen erfahren in allen Verwaltungsangelegenheiten der Kolonie, den Rang eines Kaufherrn. Nach seinem Aufstieg 1739 zum Präsidenten der Justizverwaltung und gleichzeitiger Ernennung zum Senior-Kaufherrn wurde Tulbagh 1751 von den »Heren XVII«, den 17 Direktoren der Handelskompanie in Amsterdam, zum Gouverneur der Kolonie gewählt. Während seiner Amtszeit bewahrte er 1755 und 1767 beim Ausbruch von Pockenepidemien durch frühzeitige und energisch durchgeführte Vorsichtsmaßnahmen das Land vor einer Katastrophe. Tulbagh lag die Erforschung der Flora und Fauna der Kolonie sehr am Herzen. Mehrere Expeditionen bereisten in seinem Auftrag das Landesinnere. So startete 1752 ein Treck mit elf Ochsenwagen und 71 Männern ins Kaffernland. 1761 bis 1762 wurden in Tulbaghs Auftrag unter der Leitung von Hendrik Hop die Uferlandschaften des Oranje-Flusses erforscht. Die Botanischen Gärten in Amsterdam und Leiden profitierten reichlich von den Expeditionen und konnten damit exzellente Kollektionen südafrikanischer Pflanzen aufbauen. Mit Linné (>) in Uppsala stand er, sich des Lateinischen bedienend, in einem regen Briefaustausch. Der große Schwede ehrte ihn als Dank für überlassene Pflanzen der Kapregion mit dem Gattungsnamen *Tulbaghia*. Hoch geachtet und verehrt verschied »Vater Tulbagh« nach schwerem Krankenlager in Kapstadt. In unserer Zeit ruft *Tulbaghia violacea* aus der Familie der Lauchgewächse als Zimmerknoblauch den verdienstvollen Pflanzenfreund in Erinnerung.

Turpinia

Pierre Jean François Turpin (1775–1840) besuchte in seinem Geburtsort Vire eine Kunstschule. Mit 14 Jahren trat er als Soldat in die republikanische Armee ein und wurde 1794 mit seinem Bataillon nach St. Domingo verschifft. Turpin befaßte sich auf Anregung des Botanikers und späteren Mitautors Poiteau (>) außerhalb seiner Dienstzeit eingehend mit der Flora der Insel und kannte sich bald so gut mit der medizinischen Verwendbarkeit zahlreicher Pflanzen aus, daß er zum Chefapotheker der Armee ernannt wurde. 1804 kehrte er nach Frankreich zurück. Zusammen mit seinem Freund Poiteau schuf Turpin für bedeutende botanische Publikationen des frühen 19. Jahrhunderts großformatige Illustrationen. So lieferte er 1819–20 als Anhang zu Poirets »Leçons de Flore«, einem botanischen Lehrwerk, eine »Iconographie végétale« mit 64 großartig kolorierten Tafeln. Seine Arbeiten fanden in Goethe (>) einen großen Bewunderer, der es sehr bedauerte, daß Turpin für die künstlerische Ausstattung seiner 1789 konzipierten »Metamorphose der Pflanzen« nicht zur Verfügung stand. In Turpins »Organographie végétale«, die 1827 erschien, findet sich eine Zeichnung aus dem Jahre 1804, die in der Darstellung der Blütengenese mit Goethes Ideen übereinstimmt. Zwischen 1808 und 1813 erschien die »Flora Parisiensis« mit seinen und seines Freundes Poiteau Tafeln und 1807–35 die grandiose Pomologie »Traité des arbres fruitiers«, ebenfalls mit Stichen nach Zeichnungen von beiden. Und zu Humboldts (>) großem Reisewerk hat er fast 900 Tafeln beigetragen – eine imponierende künstlerische Leistung. Turpin war auch als Mitarbeiter am »Dictionnaire des Sciences« sehr geschätzt. Zahlreiche Beobachtungen teilte er in den Sitzungen der Académie des Sciences mit, die ihn auch als Mitglied aufnahm. Blunt kommt in seinem Buch über die Kunst der botanischen Illustration zu der höchst ehrenvollen Einschätzung: »Turpin was possibly the greatest natural genius of all the French botanical painters of his days« (*13*, S. 180). Im Jahr, als Turpin in Paris starb, endete auch das Leben seines ebenbürtigen belgischen Zeit- und Kunstgenossen Pierre Joseph Redouté (1759–1840), dessen Rosendarstellungen man schon zu seinen Lebzeiten für Riesensummen handelte.

***Tydaea** *(Kohleria)*

Tydeus, der Vater des griechischen Helden Diomedes im Kriege gegen Troja, war einer der Sieben, die gegen Theben zu Felde zogen. Dabei besiegte er im Zweikampf alle Feldherren der Thebaner. Beim Sturm auf die Stadtmauern aber griff Zeus Blitze schleudernd zugunsten der Thebaner ein. So konnte einer ihrer Kämpfer, ein gewisser Melanipp, den Tydeus am Leibe verwunden. Athene, die um das Leben ihres Schützlings Tydeus bangte, bat Zeus um ein rettendes Lebenselixier. Doch ehe sie es dem Tydeus bringen konnte, war dieser durch einen grausigen Racheakt zu Tode gekommen. Ein Neider nämlich schlug jenem Melanipp den Kopf ab, brachte ihn zu Tydeus und forderte ihn auf, den Schädel zu spalten und das Hirn zu schlürfen, was ihm wieder zu voller Kampfkraft verhelfen würde. Aber das Gegenteil trat ein. So wurde der Orakelspruch erfüllt, nach dem Tydeus von Melanipp getötet werden sollte. Athene kam zu spät und verließ angeekelt die Szene.

V

*Vaillantia (Valantia)

Sébastien Vaillant (1669–1722) wurde in Vigny bei Pontoise geboren. Bereits im zarten Kindesalter fiel er durch seine Liebe zur Blumenwelt auf. Mit zwölf Jahren bediente er bei den Benediktinern in Pontoise die Orgel. Man erzählt, er habe, um rechtzeitig zum Unterricht bereit zu sein, auf einem geblähten Blasebalg mit einem Nagel im Boden geschlafen, der ihn rechtzeitig nach der allmählichen Entleerung des Balges geweckt habe. Bei den Besuchen des Ordensspitals wurde sein Interesse an der Medizin geweckt. So wurde er Militärchirurgus und erhielt eine Anstellung am Hôtel-Dieu in Paris. Dort hört er auch Vorlesungen des Botanikers Tournefort (>). Vaillant macht sich einen Namen als Botaniker und wurde Direktor des Jardin du Roi. Auf Geheiß Ludwigs XIV., des Sonnenkönigs, errichtete er einen amphitheatralischen Hörsaal, ein pharmazeutisches Labor und als unerhörte Neuerung ein ofenbeheiztes Glasgewächshaus zur Kultivierung von Pflanzen aus den warmen Ländern. Als unermüdlicher Arbeiter hielt er bereits um sechs Uhr morgens vor mehreren hundert Personen botanische Vorträge. 1717 beschrieb er die Reizbarkeit der Staubgefäße bei *Helianthemum*. Vaillant machte auf die Verschiedenheit der Blütenteile aufmerksam und erkannte ihre Wichtigkeit für die Befruchtung. Diese Erkenntnisse bezog später Linné (>) in sein System ein. Als sein Hauptwerk erschien postum das »Botanicon Parisiense« (1727).

Vallisneria

Antonio Vallisneri (1661–1730) praktizierte zunächst als Arzt und beschäftigte sich nebenher mit naturwissenschaftlichen und mikroskopischen Studien. Er war ein Schüler Malpighis (>). 1700 kam er als Professor der praktischen Medizin nach Padua, und 1710 übertrug ihm die Fakultät den Lehrstuhl für theoretische Medizin, den er bis zu seinem Tode innehatte. Sein besonderes Interesse galt der Embryologie. In seiner klassischen Schrift »Istoria della generazione dell'uomo e degli animali« (1721) legte er den Grundstein zu einer Generationslehre. Dabei schilderte er alle Erscheinungen, die im Zusammenhang mit der Fortpflanzung auftreten, beginnend mit der Loslösung des Eies im Ovarium und seiner Wanderung durch die Tuben. Auch setzte er dem Streit zwischen Ovisten und Animalculisten ein Ende. Die ersteren meinten, im Ei sei der Mensch schon vorgebildet, die anderen waren überzeugt, dieser Vorzug gebühre vielmehr dem »Samentierchen«, dem Spermatozoon. Beide Vorstellungen sind als »Präformationslehre« in die Geschichte der Naturwissenschaften eingegangen. Von seinen 18 Kindern überlebte als männlicher Nachkomme nur Antonio jr. (1708–1777), der nach 1733 den neuen Lehrstuhl für Naturgeschichte an der Universität Padua übernahm.

Veitchia

John Veitch (1755–1839), ein Schotte, richtete in der Nähe von Exeter eine Gärtnerei ein, in der ihm sein Sohn James (1792–1863) erfolgreich zur Seite stand. Bereits in der Gründerzeit war die Firma Veitch & Son in der Lage, die beiden Brüder Lobb als Sammler nach Amerika, Indien und Malaysia zu schicken, denen dann über viele Jahrzehnte Pflanzenjäger in aller Welt folgten. Durch diese geschickte Geschäftspraxis wurde die Firma mit ihrer bestechenden Auswahl an exotischen Gewächsen bald zur ersten Adresse in Großbritannien. James' Sohn, ebenfalls ein James (1815–1869), brachte das Unternehmen näher an die wohlhabende Käuferklientel, indem er die Gärtnerei 1853 nach London-Chelsea verlegte, wo sie unter dem stolzen Namen »Royal Exotic Nursery« kräftig florierte. In der nächsten Generation trat als ältester Sohn John Gould

(1839–1870) auf den Plan, der 1860 als begeisterter Botaniker nach China, Japan und den Philippinen aufbrach. Zu seinen besonderen Erlebnissen auf dieser Reise zählte die Besteigung des Fujiyama. Zwei Jahre später kehrte er zurück und rüstete sich bald zu einer neuen Expedition, die ihn von 1864 bis 1866 nach Australien und auf die Südseeinseln führte. Mit zahlreichen floristischen Entdeckungen im Gepäck konnte er das Angebot des Familienunternehmens noch reizvoller gestalten. Doch eine Lungenblutung machte 1870 seinem Leben ein frühes Ende. Unter dem Titel »Hortus Veitchii« berichtete 1906 ein weiteres Mitglied der Familie, James Herbert (1868–1907), über die Geschichte der Gärtnerei und ihr Sortiment. 1914 löste Sir Harry James Veitch (1840–1924) das mit der Geschichte der Botanik in England so eng verbundene Unternehmen auf. Mit der Benennung der Palmengattung *Veitchia* wurden der Enkel James und der Urenkel John des Firmengründers geehrt.

Veltheimia

August Ferdinand Graf von Veltheim (1741–1801) stammte aus Harbke bei Helmstedt. Nach zweijähriger Ausbildung für das Bergfach bezog er die damalige Universität in Helmstedt, um Naturwissenschaften zu studieren. Nach dem Examen wurde er Kammerassessor in Braunschweig. Zur Erweiterung seiner montantechnischen Kenntnisse unternahm er mehrere Reisen in Europa. 1764 trat er als Kammerrat in hannoversche Dienste. Vier Jahre später übernahm er das Amt des Vizeberghauptmanns im Harz, das er fast 30 Jahre verwaltete. Veltheim veröffentlichte in dieser Zeit 1781 einen »Grundriß der Mineralogie«. Da er sich auch für archäologische Untersuchungen interessierte, publizierte er einige Schriften aus diesem Gebiet, so »Die Kunst der Alten, Glas zu schleifen« oder »Über das Schießpulver der Alten«. Mißverständnisse mit den Kollegen führten 1795 zur Amtsniederlegung. Er zog sich auf das Familiengut in Harbke zurück und verstarb nach schwerer Krankheit in Braunschweig. Ein Jahr vor seinem Tode legte er in zwei Bänden »Aufsätze historischen, antiquarischen und mineralogischen Inhalts« vor. Von Veltheim wurde 1798 von der Universität Helmstedt mit der Verleihung des philosophischen Ehrendoktors und der Ernennung zum Magister der Freien Künste geehrt. Im gleichen Jahr wurde er auch in den Grafenstand erhoben.

Ventenata

Étienne Pierre Ventenat (1757–1808) wurde in Limoges geboren und war für die geistliche Laufbahn bestimmt. Mit 15 Jahren trat er in die Kongregation der Kanoniker von Sainte-Geneviève ein. Nach philosophischen und theologischen Studien wurde er Bibliothekar, um ungestört und intensiv seinen Interessen nachgehen zu können. 1788 schickte man ihn zum Bucherwerb nach England. Unter den angebotenen Werken waren auch einige aus dem Bereich der Botanik, die ihn so faszinierten, daß er beschloß, Botaniker zu werden. Auf der Rückreise nach Frankreich erlebte er einen Schiffbruch, er verlor sein Gepäck und konnte mit Mühe sein Leben retten. Die gesundheitlichen Folgen dieses Unglücks machten ihm bis zu seinem Tode zu schaffen. In Paris wandte er sich an den Botaniker L'Héritier (>*Heritiera*) um Rat, der ihm zunächst beibrachte, mit größter Sorgfalt und Genauigkeit eine Pflanze zu beschreiben. 1792 erschienen die ersten botanischen Schriften Ventenats, und 1792 beginnt er Unterricht in Botanik zu erteilen. 1800 veröffentlichte er sein erstes größeres Werk, eine Beschreibung von 1.800 neuen oder wenig bekannten Pflanzen im Garten von Jacques Martin Cels (>). 1802 erhielt er die ehrenvolle Berufung zum Bibliothekar des Panthéons. Auf Einladung von Madame Bonaparte (>*Lapageria*) befaßte er sich mit der Beschreibung der Pflanzen in ihren Gärten in Malmaison, die er in zwei Bänden publizierte. 1808 machte eine Lungenentzündung, die auch eine Kur in Vichy nicht lindern konnte, seinem Leben ein Ende.

Veronica
Ehrenpreis, Veronika

Veronika (im 1. Jhd.), Patronin der Leinwandhändler, Wäscherinnen, Pfarrhaushälterinnen, Helferin gegen Blutungen und Fürbitterin um einen guten Tod. Der Legende nach soll sie Jesus auf dem Kreuzweg ein Tuch gereicht haben, damit er sein Antlitz trockne. Darauf prägten sich seine Gesichtszüge für immer in das Schweißtuch ein. Gestorben sein soll sie in Soulac in Frankreich. Eine etwas andere Geschichte findet sich in der »Legenda aurea« des Jacobus de Voragine: »Als mein Herr durch die Welt ging predigen und ich seiner Gegenwart nicht mochte genießen alle Zeit, da wollte ich mir sein Bild lassen malen, daß ich davon Trost empfinge, wann er selber nicht gegenwärtig wäre. Da ich nun das Tuch zu dem Maler trug, daß er mir darauf das Bild male, begegnete mir mein Herr auf der Straßen und fragte mich, wohin ich ginge. Und da ich ihm die Sache meines Weges sagte, so hiesch er von mir das Tuch; und da er es mir wiedergab, hielt das Tuch das Bild seines Antlitzes.« (*130*, S. 269). In den Darstellungen der Heiligen trägt sie das Tuch mit dem Antlitz, das »vera ikon«, das wahre Bild, vor sich.

Verschaffeltia

Ambroise Verschaffelt (1825–1886) aus Gent in Belgien übernahm die in seinem Geburtsjahr gegründete väterliche Pflanzenhandlung. Von einer Informationsreise nach England brachte er die ersten Kamelien- und Azaleenvarietäten mit nach Hause, die zu einem Spezialgebiet der belgischen Züchter wurden. Darüber hinaus schickte Verschaffelt auf seine Kosten Pflanzensammler in alle Welt, die mit ihren Kollektionen an seltenen Gewächsen sein Unternehmen in eine Spitzenposition brachten. Von 1848 bis 1860 publizierte Verrschaffelt die großartige »Nouvelle Iconographie des Camellias« in 13 Bänden mit 624 kolorierten Lithographien.

Victoria
Riesenseerose, Victoria

Alexandrina Viktoria (1819–1901), Königin von Großbritannien und Irland und Kaiserin von Indien, hatte während ihrer langen Regierungszeit von 1837 bis 1901, nicht zuletzt durch den Einfluß ihres Gatten und Vetters, Prinz Albert von Sachsen-Coburg-Gotha, mit wachsender Popularität den Übergang zur demokratisch-parlamentarischen Monarchie gefestigt und prägte als Symbol der Einheit von Krone und Nation mit ihrem Namen ein Zeitalter. Bei vielen Gelegenheiten zeigte sich auch ihre Verbundenheit mit den Wissenschaften und besonders mit der Botanik. So übernahm sie als Achtzehnjährige anläßlich der Thronbesteigung mit Vergnügen das Patronat über die ehrwürdige Londoner »Horticultural Society«. Bei ihrem sechzigjährigen Thronjubiläum 1897 beschloß diese Gesellschaft, eine Medaille zur Auszeichnung verdienter Mitglieder zu stiften, die auf einer Seite über dem Haupte einer Flora die Umschrift V. R. I. (Victoria Regina Imperatrix) trägt. Die Queen war einverstanden, und so wurden sinnigerweise 60 Persönlichkeiten mit der Medaille ausgezeichnet. 1846 wurden erstmals in den Royal Botanical Gardens in Kew von Sir William Hooker (>*Hookera*) 22 Samenkörnchen der »water lily« aus dem Amazonas in die Erde gesteckt, von denen nur zwei keimten. Aber leider wollten die Keimlinge nicht so recht gedeihen und vor allem nicht blühen. Enttäuscht überließ Sir Hooker im August 1849 ein Pflänzchen Joseph Paxton (>), der es in einen Spezialtank von drei Fuß Tiefe mit erwärmtem und bewegtem Wasser setzte. Mitte September hatten die Blätter einen Durchmesser von 3,5 Fuß, Mitte Oktober von fast 5 Fuß, und Anfang November konnte Paxton stolz nach

Kew melden: Water lily in voller Blüte! Im folgenden Jahr zählte man 140 Blätter und 112 Blütenknospen. Natürlich mußte auch die Größe des Behälters Schritt halten, was dazu führte, daß Paxton ein gläsernes Victoria-Haus baute, dessen Wassertank nun einen Durchmesser von 33 Fuß hatte. Was Paxtons Konstruktion des Glaspalastes für die Londoner Weltausstellung 1851 mit der *Victoria* zu tun hatte, ist eine anderes Geschichtchen (s. unter *Paxtonia*). Natürlich wurde der Queen bei einem ihrer Besuche in Kew durch Sir Hooker eine vollentfaltete Blüte der *Victoria* in einem Präsentkästchen feierlich überreicht. Die Überraschung war gelungen, und die Blüte wurde huldvoll bewundert. Besucht man im nördlichen Libanongebirge die weltberühmten Zedern, so betritt man enttäuscht ein nur noch kleines Areal mit diesen imponierenden Baumriesen. Nicht nur Raubbau ließ den einstigen ausgedehnten Zedernwald schrumpfen, sondern auch der Appetit der Ziegen auf die Baumrinde. Zur Rettung der Zedern stiftete die Königin 1876 die Mittel zur Errichtung einer Schutzmauer gegen den Ziegenfraß, die noch heute das Areal umschließt. Daß die Neigung der Queen zur Botanik wohl nicht von ungefähr kam, belegt folgende hübsche Story: Um die kleine Viktoria gegen die Pocken zu impfen, suchte ihre Mutter, die Herzogin von Kent, nach einem geeigneten Lymphspender. Damals war es nämlich üblich, nicht tierischen Impfstoff zu benutzen, sondern von einem Kind, das die Blattern überstanden hatte, von Arm zu Arm die Lymphe zu übertragen. Die sorgfältige Auswahl fiel auf eines der 15 Kinder von John Elliot, dem Schatzmeister der Horticultural Society. Elliot war ein betuchter Brauereidirektor und besaß einen ausgedehnten Garten, in dem er mit viel Geschick Weintrauben und andere Früchte kultivierte. Die Übertragung der Lymphe von Edmund Elliot auf die künftige Queen gelang ohne Komplikation. So kann man feststellen: Königin Viktoria hatte die botanischen Ambitionen zwar nicht im Blute, aber immerhin über Edmund von seinem gärtnernden Vater in ihrem Lymphsystem.

Villarsia

Dominique Villars (1745–1814) wurde in der Nähe von Gap geboren. Er botanisierte in Zentralfrankreich, in der Provence und im Languedoc. Während der Revolution wurde er Chefarzt des Krankenhauses in Grenoble. Später berief man ihn auf eine Professur für Botanik und Medizin nach Straßburg. Zeitweilig hatte er das Amt des Rektors an der Universität inne. 1814 verstarb Villars in Straßburg. Unter seinen Schriften fand eine »Histoire naturelle des Plantes du Dauphiné« (1786–89) große Beachtung. Zusammen mit zwei anderen Autoren berichtete er 1812 über eine botanische Reise in der Schweiz, auf der einige neue Pflanzenspezies entdeckt wurden.

Virgilia

Publius Vergilius (Virgilius) Maro (70–19 v. Chr.), als Vergil bekannt, wurde in Andes unweit von Mantua als Sohn einer wohlhabenden Grundbesitzerfamilie geboren, die es ihm ermöglichte, als junger Mann nach Rom zu gehen, um sich dem Studium der Philosophie und seinem Talent als Dichter zu widmen. Etwa bis zum 30. Lebensjahr konnte er dieses Dasein genießen. Um diese Zeit nämlich veränderten die politischen Ereignisse im Römischen Reich auch das private Leben von Grund auf. Nach der Ermordung Julius Caesars stürzten die Machtkämpfe seines Adoptivsohnes Octavianus mit Marcus Antonius die römische Welt in ein Chaos, aus dem auch die Familie Vergils nicht unbeschadet davonkam. Nach dem Siege im Jahre 31 bei Actium konnte Octavian mit voller Befugnis durch die Enteignung der Besitzenden die Finanzmisere verbessern. Im Zuge dieser Maßnahme verlor auch des Dichters Familie ihren Besitz und sank zu Pächtern herab. Doch immerhin sorgte der neue Kaiser Octavianus Augustus für Vergil. Wahrscheinlich hat er ihm einen Wohnsitz in Kampanien zur Verfügung gestellt, wo er in Stille und Zurückgezogenheit der Dichtkunst lebte, bis er in Brundisium (heute Brindisi) verstarb. Andere glaubten, daß ihn der Tod in Neapel ereilte, wo man über Jahrhunderte in frommer Verehrung zum Grab Vergils pilgerte. Seine drei Hauptwerke »Bucolica«, »Georgica« und »Aeneis« sind uns erhalten und werden wie zu seiner Zeit auch von der heutigen Welt bewundert. Die »Bucolica« sind Hirtengedichte, die im Traumland Arkadien ein fried- und gütevolles, eben bukolisches Leben beschreiben. In schönster Harmonie, in Liebe und mit ein bißchen Eifersucht gehen Daphnis, Tityrus, Phyllis, Amaryllis (>), und wie sie alle noch heißen, miteinander um. Die Schäferidylle widerspiegelt die Sehnsucht nach einer besseren Zeit als der, in der das Gedicht entstand. Wenn gegen Ende der Verse ein Heilsbringer erfleht wird, so wird Vergil wohl schon den künftigen Kaiser Augustus damit gemeint haben. Sein zweites Hauptwerk, die »Georgica«, schildert das Leben des italischen Bauern in vier Abteilungen: Ackerbau, Baumkultur, Viehzucht und Imkerei. Dieses Gedicht hatte er im Jahre 29 Maecenas, dem Freund und Vertrauten des Kaisers, dem bekannten hochherzigen Förderer der Künste, gewidmet. In der »Aeneis« berichtet Vergil über Aeneas, den Helden von Troja, der sich nach gefahrvoller Irrfahrt schließlich am Tiber niederläßt, Gründer des Römischen Imperiums und somit Ahnherr von Kaiser Augustus wird.

Vriesea

Willem Hendrik de Vriese (1806–1862) wurde in Oosterhout geboren und besuchte ab 1819 die Lateinschule in Leiden. 1825 begann er dort das Studium der Medizin, wobei ihn die Botanik am meisten interessierte. Bei einer von der Universität Groningen ausgeschriebenen botanischen Preisfrage wurde er als Sieger mit einer Medaille ausgezeichnet. Nach der Promotion ließ er sich 1831 in Rotterdam als praktischer Arzt nieder. Daneben hielt er an der dortigen Medizinschule Vorlesungen über Botanik. 1834 holte ihn die Universität in Amsterdam auf einen Lehrstuhl. Elf Jahre später betraute ihn die Universität Leiden mit der freigewordenen Professur für Botanik. 1857 besuchte de Vriese Ceylon und Java und 1860 bis 1861 die Molukken und andere Südseeinseln. Auf Java bemühte er sich um Verbesserungen bei der Kultur der Vanille. Mit Eifer setzte er sich für die Kultivierung des Fieber- (> *Cinchona*) und des Kampferbaumes ein. De Vriese veröffentlichte nicht nur zahlreiche botanische Schriften, sondern machte sich auch von 1834 bis 1845 als Herausgeber einer Zeitschrift für Naturkunde und Physik einen Namen.

Vulpia
Federschwingel, Fuchsschwingel

Johann Samuel Vulpius (1760–1834) wurde in Mühlheim (Baden) geboren und machte bis 1781 bei seinem Vater eine Apothekerlehre. Von 1781 bis 1786 war er als Geselle in fünf Apotheken tätig und arbeitete bis 1788 als Provisor in einer Stuttgarter Apotheke. Anschließend half er in der väterlichen Offizin und lehrte nebenbei Pharmazie. Durch Heirat erbte Vulpius in Pforzheim eine Apotheke, die er bis 1834 führte. Bis zu seinem Tode im gleichen Jahr verlebte er noch einige Monate in Stuttgart. Er galt als zuverlässiger Kenner der Pflanzenwelt seiner badischen Heimat. Wahrscheinlich geht die deutsche Bezeichnung Fuchsschwingel auf seinen Namen zurück, Vulpes ist nämlich das lateinische Wort für Fuchs.

W

Wahlenbergia
Moorglöckchen

Göran Wahlenberg (1780–1851), geboren in Skarphyttan im schwedischen Värmland, studierte in Uppsala Medizin und erwarb 1806 den Doktorgrad. 1829 wurde er Professor der Medizin und Botanik. Diese Amt behielt er, der sich durch größte Pflichterfüllung und Arbeitsbesessenheit auszeichnete, bis zu seinem Tode. Botanische und geologische Exkursionen führten ihn nach Lappland und Nordnorwegen. Seine Untersuchungsergebnisse erschienen 1812 als »Flora Lapponica«. In seinen phytogeographischen Studien »Flora Svecica« (1824–26) werden die Vegetationsstufen der Berge in Zusammenhang mit den klimatischen Faktoren dargestellt. In den Jahren 1812 bis 1814 unternahm Wahlenberg eine Forschungsreise in die Schweiz und die Karpaten. In seinen Veröffentlichungen unterstrich er die Notwendigkeit des Studiums der chemischen Zusammensetzung der Pflanzen als Voraussetzung zum Verständnis von Stoffwechselvorgängen. Seine medizinischen Vorlesungen über Materia medica und Diätetik wichen in vielen Punkten von den Lehrmeinungen seiner Zeit ab, wobei er mit zunehmendem Alter auch homöopathisches Ideengut einfließen ließ. Göran Wahlenberg gehört mit Alexander von Humboldt (>) zu den Pionieren der Pflanzengeographie.

Waitzia

Karl Friedrich Waitz (1774–1848) studierte bis 1795 in Jena Jura, schlug nach seinem Examen die Beamtenlaufbahn ein und wurde zunächst Kammerarchivar in Altenburg. 1831 stieg er zum Kammerrat auf. Bereits während seiner Studentenzeit in Jena botanisierte er in der Umgebung von Altenburg. Waitz war Mitbegründer der Naturforschenden Gesellschaft des Osterlandes zu Altenburg. Das Osterland ist eine Region zwischen mittlerer Saale und Mulde einschließlich des Jenaer Raumes. Die Gesellschaft fand vorerst ihr Unterkommen in den Räumen der Loge »Archimedes zu den drei Reißbrettern«, was sich einfach damit erklärt, daß einige der Gesellschaftsmitglieder Logenbrüder waren. Noch heute besteht die Gesellschaft unter dem Kürzel NFGdO mit einer eigenen Zeitschrift. Bekannte Namen aus den Naturwissenschaften waren hochwillkommene Gäste und Referenten auf ihren Sitzungen. Nach dem Ende der Freiheitskriege führte Waitz auf vielbesuchten Exkursionen Gymnasiasten in die Botanik ein. Aufgrund dieser Erfahrungen setzten sich Waitz und seine Gesellschaft mit Nachdruck für die Einführung des naturhistorischen Unterrichts, also des Biologieunterrichts, als Schulfach ein. Neben einigen belletristischen Schriften verfaßte Waitz ein Werk über »Gattung und Arten der Heiden« (1805). Für mehrere Bände der »Annalen für Obstkunde« zeichnete er als Herausgeber. Schließlich sei erwähnt, daß ihm 1835 auf einer Sitzung der NFGdO die Ehre zuteil wurde, die Blüte von *Waitzia luminata,* einem Korbblütengewächs, zu demonstrieren.

Waldsteinia
Golderdbeere

Franz de Paula Adam Graf von Waldstein (1759–1823) wurde in Wien geboren. Nach sorgfältiger Erziehung wandte er sich dem Studium der Botanik zu. Als Ritter des Malteserordens mußte er mit 18 Jahren gegen die Türken zu Felde ziehen. Nach drei Jahren durfte der junge Held in die Heimat zurückkehren. Als 1787 der zweite Türkenkrieg ausbrach, holte man ihn wieder zu den Fahnen. Nach der Eroberung Belgrads 1789 schied er im Range eines k. u. k. Rittmeisters aus der kaiserlichen Armee aus. Es folgten Jahre eifrigen Botanisierens. Zusammen mit Kitaibel (>) erforschte Graf

Waldstein die Flora Ungarns und stellte dabei ein beachtliches Herbarium zusammen. Als Napoleon 1797 auf Wien vorrückte, meldete er sich als Freiwilliger bei einem Kavalleriekorps. Doch konnte er noch im selben Jahr nach dem Friedensabkommen von Leoben seine geliebten wissenschaftlichen Studien wiederaufnehmen. 1800 begann er zusammen mit Professor Kitaibel die Ergebnisse ihrer Ungarnreisen zu veröffentlichen, was ihm die Anerkennung zahlreicher gelehrter Gesellschaften einbrachte. Als 1809 Österreich zum Krieg gegen Napoleon aufrief, übernahm er das Kommando über drei Bataillone der Wiener Landwehr. Nach diesem erneuten militärischen Intermezzo verließ er hoch dekoriert als Oberstleutnant die Armee. Nach dem Tode seines älteren Bruders übernahm Franz Adam 1814 die Verwaltung der Waldsteinischen Besitzungen. Als tüchtiger Ökonom kümmerte er sich um Tuchfabriken und um die Verschönerung von Teplitz, um den Badegästen den Aufenthalt möglichst angenehm zu machen. Er sorgte für neue Schulen, richtete ein Naturalienkabinett ein und erlaubte den öffentlichen Zugang zu seiner Porzellansammlung und Kunstgalerie. Wie auf seinem Grabdenkmal zu lesen, verstarb Graf Waldstein 1823 in Oberleutensdorf in Böhmen – »Als Held ein Mensch, als Mann ein Held / Im Schlachtendampf und auf des Wissens Feld.«

Wallichia

Nathanael (Nathaniel) Wallich, eigentl. Nathan Wulff, (1786–1854) aus Kopenhagen diente als Chirurg in der damals dänischen Niederlassung in Serampor nahe Kalkutta und wechselte 1813 als Sanitätsoffizier zur britischen Bengalenarmee der East India Company über. Er war der erste Botaniker, der im Himalaja, in Burma und Nepal Pflanzen sammelte. Von diesen Expeditionen schickte er Samen von Rhododendren an die Kew Gardens in London. 1815 wurde Wallich Oberintendant des Botanischen Gartens der Company in Kalkutta. Fürsorglich kümmerte er sich um die durchreisenden Pflanzensammler und Gärtner. 1824 publizierte er über die nepalesische Flora. Aus Krankheitsgründen mußte er aber seinen Posten aufgeben und reiste 1828 mit etwa 7.000 Pflanzen im Gepäck nach England zurück. Aufgrund seiner Erfahrungen gab Wallich einleuchtende Tips für den Pflanzentransport. Die Behälter sollten auf Füßen stehen, damit das Deck darunter gesäubert werden kann, um einem Befall mit Pilzen vorzubeugen. Unbedingt müsse man die Behälter zweimal täglich belüften und mit Wasser versorgen. Besonders sorgfältig sei das Eindringen von salzigem Sprühwasser zu vermeiden. Eine liebenswerte Schrulle Wallichs war das Versenden zahlloser Briefchen an seine Freunde, in denen er Glückwünsche zu den unterschiedlichsten Anlässen aussprach oder sich wie ein besorgter Vater nach dem Wohlergehen überlassener Pflanzen erkundigte. Ein Glanzpunkt seines Schaffens war das dreibändige Tafelwerk mit 300 prachtvollen Abbildungen über seltene asiatische Pflanzen (1830–1832). 1835 zog es ihn nochmals nach Indien. Wieder mußte er, von Krankheit geschwächt, den Subkontinent verlassen. 1847 kehrte er nach England zurück und verstarb später in London.

**Wardenia* (*Brassaiopsis*)

Francis Kingdon Ward (1885–1958) stammte aus Manchester. Sein Vater war Professor für Botanik in Cambridge und auch sein erster Lehrer. Den jungen Ward zog es in den Fernen Osten. Deshalb nahm er in Shanghai eine Stelle als Lehrer an. Von dort durchquerte er zusammen mit einem Zoologen China und sammelte Pflanzen. Seine zweite Leidenschaft galt dem Fotografieren. Im Auftrag von Gärtnereien und Privatpersonen unternahm er Exkursionen in Burma, Indochina und Tibet, wo er den Blauen Mohn (Blue Poppy) entdeckte. Sein Talent als Schriftsteller stellte Ward mit den Berichten »A Plant Hunter in Tibet« (1934) und »Plant

Hunter's Paradise« (1937) unter Beweis. Noch mit über 70 Jahren plante er eine Expedition nach Persien und Vietnam. Ward verstarb in London.

Washingtonia

Priesterpalme, Washington-Palme

George Washington (1732–1799) war wohlhabender Farmer in Virginia und hatte als Kommandeur der Miliz im Kampf gegen die Franzosen militärische Erfahrung gesammelt, was 1775 mit ausschlaggebend für seine Ernennung zum Oberbefehlshaber der amerikanischen Truppen im Unabhängigkeitskrieg mit dem englischen Mutterland war. Als Delegierter Virginias wurde er 1789 erster Präsident der Vereinigten Staaten von Amerika. Diesem Amt, das er bis 1797 ausfüllte, verschaffte er durch seine charakterlichen Eigenschaften Würde, Ansehen und Geltung. Er war, wie es der Oberste Bundesrichter John Marshall formulierte, »der Erste im Krieg, Erster im Frieden und Erster im Herzen seiner Landsleute«. Mit viel Liebe und Geschick kümmerte sich Washington um seinen Besitz in Mount Vernon in Virginia. Die Gestaltung des Gartens plante er selbst, suchte geeignete Bäume aus und holte sich manchen Rat (und manche Pflanze) im berühmten Garten am Schuylkill River in der Nähe Philadelphias, der, von John Bartram (>) und seinen Söhnen angelegt, zum Mekka der amerikanischen Pflanzenliebhaber geworden war. Washington kultivierte mit Sorgfalt zahlreiche Pflanzen, die ihm André Michaux (>) als Geschenk aus Europa gebracht hatte und von denen manche in Amerika heimisch wurden. Besonders stolz war er auf 46 Magnolien, die ihm sein Neffe in einer Kiste geschickt hatte. Sie gediehen unter seiner Pflege großartig. Als kenntnisreicher Liebhaber der Botanik konnte Washington zufrieden den Blick von seinem Herrenhaus über den prächtigen Garten und den Wiesenabhang zu den Wellen des Potomac genießen.

Watsonia

Sir William Watson (1715–1787) absolvierte zunächst eine Apothekerlehre. Schon während dieser Zeit durchstreifte er botanisierend die Umgebung seiner Heimatstadt London. Für seine berufliche Tüchtigkeit und seine Begeisterung für die Botanik belohnte ihn die Apothecaries' Company mit einem jährlich verliehenen Preis. In seiner Freizeit widmete er sich vielfältigen wissenschaftlichen Fragen. Neben seiner Liebe zur Botanik interessierte er sich lebhaft für die Elektrizität, was ihm 1745 als Anerkennung die Copley-Medaille der Royal Society eintrug. Er vervollkommnete die bekannte Leidener Flasche, die älteste Form des elektrischen Kondensators. Für das wissenschaftliche Journal »Philosophical Transactions« lieferte Watson mehrere Aufsätze. Seine hervorragend illustrierten Mitteilungen über Giftpflanzen, insbesondere über das Bilsenkraut, erregten zu Recht Aufsehen. Eine sorgfältige und kritische Darstellung der Schriften Linnés (>) zur Systematik der Pflanzen, die er 1754 im »Gentleman's Magazine« veröffentlichte, wurde mit viel Lob aufgenommen und sogar mit einem Glückwunsch des Meisters in Schweden honoriert. Als »lebendes botanisches Lexikon«, wie ihn seine Freunde nannten, wurde Watson mit zahlreichen Ehrungen bedacht. Man ernannte ihn zum Kurator des Britischen Museums und zum Mitglied des Royal College of Physicians. Auch an Ehrungen aus dem Ausland fehlte es nicht; so wurde er in die Königliche Akademie von Madrid berufen, und die Universitäten von Halle und Wittenberg verliehen ihm die medizinische Ehrendoktorwürde. Schließlich wurde Watson ein Jahr vor seinem Tode zum Ritter geschlagen und durfte sich Sir nennen.

Weigela

Weigelie

Christian Ehrenfried von Weigel (1748–1831) wurde in Stralsund geboren. Seinen Elementarunterricht erhielt er zunächst im Elternhaus und bezog etwa ab 1760 eine Privatschule. Zu den Unterrichtsfächern gehörten neben den obligatorischen alten Sprachen auch Englisch und Französisch. Einer seiner Lehrer verdient hier erwähnt zu werden: Malte Mildahn. Dieser muß ein sehr vielseitiger Pädagoge gewesen sein. Er brachte seinen Zöglingen nicht nur Zeichnen und Malen bei, sondern legte auch großen Wert auf eine Ausbildung in mechanischen Arbeiten. Sein praxisverbundener Unterricht, in dem er mit seinen Schülern auch häufig Werkstätten besuchte, kam der späteren Tätigkeit Weigels aufs beste zugute. 1764 immatrikulierte sich Weigel mit 16 Jahren an der Universität in Greifswald. Es war vor allem die Botanik, die ihn dorthin zog, gehörte doch ein bereits 1559 gegründeter und hervorragend ausgestatteter Botanischer Garten zu ihren Einrichtungen. Bei seinem Vater, der als Protophysicus dem Gesundheitswesen von Stralsund vorstand, wurde er in die praktische Medizin eingeführt. Außerdem saß Bernhard Nikolaus Weigel, der in dem Rufe eines Alchimisten stand, in der Prüfungskommission für Apotheker, so daß sein Sohn sozusagen hautnah mit der Herstellung und der Analyse von Arzneien in Berührung kam. 1769 bezog der junge Weigel die Universität Göttingen. Bereits zwei Jahre später legte er dort eine Dissertation über chemische und mineralogische Beobachtungen vor und erwarb damit den medizinischen Doktorgrad. 1772 erlangte er in Greifswald, das damals noch zu Schweden gehörte, an der medizinischen Fakultät die Lehrerlaubnis (venia legendi) und ein Jahr darauf eine Stelle als Adjunkt (Assistent) und als Vorsteher des Botanischen Gartens, als der er eine Einladungsschrift »Vom Nutzen der Botanik« verfaßte. 1775 wurde Weigel von König Gustav III. zum Professor der Chemie und Botanik berufen. Wahrscheinlich hatte Linné (>), mit dem Weigel seit langem korrespondierte, dabei ein wenig mitgeholfen. Wegen seiner enormen Lehrverpflichtungen mußten seine botanischen Interessen in den Hintergrund treten, und 1781 gab er die Leitung des Botanischen Gartens ab. Zweimal durfte er das Amt des Rektors bekleiden. Noch mit über achtzig Jahren, in seinem Todesjahr 1831, hielt er Vorlesungen über Pharmazie. Weigel war ein beliebter Lehrer, was sich auch an der Zusammensetzung seiner Hörerschaft ablesen läßt. Vor ihm saßen nicht nur Studenten aus Schwedisch-Pommern, sondern auch aus Holstein, Thüringen, dem Baltikum und Bayern. Für die Qualität seines Unterrichts spricht auch, daß bereits praktizierende Ärzte und Magister aus anderen Fachgebieten seine Vorlesungen besuchten. Weigel erfand einen Destillierkühler, der aber als Liebig-Kühler in den Sprachgebrauch eingegangen ist. Er beschrieb diesen Apparat bereits 1771 in der erwähnten Dissertation und bildete ihn darin auch ab. Die anfangs benutzten Blechröhren wurden später durch Glas ersetzt. Das nützliche Gerät wurde zwar von anderen Kollegen empfohlen, aber, wie aus einer Bemerkung des Chemikers Göttling hervorgeht, nur in wenigen Laboratorien benutzt. Dieser schrieb nämlich 1794 in seinem »Taschenbuch für Scheidekünstler und Apotheker«: »... und fand mit Bewunderung, daß man von der so bequemen und nützlichen Kühlanstalt des Herrn Professor Weigel keinen Gebrauch macht.« (*122*, S. 474). Justus von Liebig nannte den Kühler Göttlingschen Apparat und hat ihn zur Standardausrüstung im chemischen Laboratorium gemacht. Weder mit Absicht noch durch einen Prioritätsanspruch wurde also der von Weigel erfundene Apparat mit Liebigs Namen weltbekannt. 1806 wurde Weigel in den Adelsstand erhoben. Nach den Beschlüssen des Wiener Kongresses kam 1815 Vorpommern zu Preußen. War Weigel also bisher mit hohen schwedischen Orden ausgezeichnet worden, kamen nun noch preußische hinzu. Die Ehrenmitgliedschaften in zahlreichen gelehrten Gesellschaften des In- und Auslands zeigten seine Wertschätzung. Als Kuriosum soll nicht unerwähnt bleiben, daß er in der Mitgliederliste der Römisch-Kaiserlichen Akademie der Naturforscher in Wien unter dem Namen Zosimos IV. eingeschrieben ist. Weigel war aber nicht nur Hochschullehrer, sondern blieb auch seinem ärztlichen Beruf als Praktiker verbunden. In dieser Eigenschaft wurde ihm 1794 das Amt des Direktors des Königlichen Gesundheitskollegiums übertragen, und 1795 erhielt er den Titel eines Archiaters (Oberarzt).

Weldenia

Franz Ludwig Freiherr von Welden (1782–1853) wurde in Laupheim in Württemberg geboren und trat als Leutnant in das Infanterieregiment »Würzburg« ein, das im Sold des Kaisers stand. Seine wechselhafte militärische Laufbahn bescherte ihm während der Napoleonischen Kriege Verwundungen und Gefangenschaft. Sein Aufstieg in der Militärhierarchie führte ihn über die Verwendung im Generalstab der österreichischen Armee bis zum k. u. k. General-Feldzeugmeister. 1848 mußte er sich in Dalmatien und später bis 1851 in Wien als Gouverneur bewähren. 1815 mit dem Ritterkreuz und 1848 mit dem Kommandeurkreuz des Maria-Theresien-Ordens ausgezeichnet, bat Welden 1851 um Versetzung in den Ruhestand. Dieser militärischen Seite seines Lebens steht eine ununterbrochene wissenschaftliche gegenüber. Bereits 1808 hatte er als Hauptmann im Generalstab seine freie Zeit als Botaniker verbracht und sich in Wien in Gesellschaft mit Jacquin (>) weiter ausgebildet. 1821 bis 1824 – er war bereits Chef des Generalstabes – konnte er die Alpen vom Montblanc über den Monte Rosa bis zum Ortler durchforschen. Die Ergebnisse legte er 1824 in der Monographie »Der Monte Rosa. Eine topographisch-naturhistorische Skizze« nieder. 1825 botanisierte Welden in der Bergwelt Österreichs und der Schweiz. 1828 nutzte er die dienstfreie Zeit zum Studium der dalmatinischen Flora. In botanischen Zeitschriften trat er öfters als Autor in Erscheinung. So berichtete er 1831 in einem Artikel über Pflanzenstudien in Albanien und Montenegro. Das »Alpenhaus« in Innsbruck verdankt seine Entstehung diesem natur- und kunstsinnigen Militär. In seinem geliebten Graz bemühte er sich um die hortikulturelle Verschönerung des Schloßbergs. So ließ er sich dann auch als Pensionär in der schönen Stadt an der Mur nieder, wo er nach längerem Leiden aus dem Leben schied.

Wellingtonia
Mammutbaum

Arthur Wellesley Duke of Wellington (1769–1852) stammte aus Irland und wurde in Dangan Castle in der Grafschaft Meath geboren. Kindheit und Jugend ließen in keiner Weise den späteren Nationalhelden erahnen. Ungesellig und streitsüchtig ohne jedes Interesse am Unterricht verbrachte er ein Jahr in Eton. Allerdings war er, wie sein gleichaltriger Erzfeind Napoleon, ein hervorragender Rechenkünstler. Arthurs geplagte verwitwete Mutter nahm ihn von der Schule und reiste mit ihm nach Brüssel. Auch der dortige Anlauf, ihrem Sohn Bildung beizubringen, schlug fehl. Arthur liebte die Musik und spielte ganz gut Geige, ein anderes Talent war nicht vorhanden. Mutter Wellesley kam zu dem rigorosen Schluß, daß ihr »ugly boy Arthur« eigentlich nur »fit for powder« sei, ihr schlimmer Junge also gerade für den bunten Rock geeignet. So schickte sie ihn auf die Militärakademie in Angers, wo der junge Wellesley neben dem Kriegshandwerk auch Französisch lernte. Nun waren die Weichen gestellt. Ein Jahr später trat er in die britische Armee ein, und sein Aufstieg zum Feldherrn konnte beginnen. Seine militärischen Erfolge 1813 in Spanien und seinen Sieg 1815 zusammen mit Blücher über Napoleon bei Waterloo ließen ihn zum Duke of Wellington und englischen Nationalhelden werden. Auf den Kongressen der Siegerstaaten in Wien (1815), Aachen (1818) und Verona (1822) spielte er als Repräsentant der englischen Krone eine überragende Rolle. Wellington bestimmte mit seinem hohen Ansehen auch zeitweilig die Innenpolitik. So saß er 1834/35 als Außenminister und von 1841 bis 1846 als Minister ohne Geschäftsbereich am Kabinettstisch. Von seinen Zeitgenossen wurde dem

Duke of Wellington ein lebhaftes und heiteres Wesen nachgesagt, wobei er aber Temperament und Gefühle stets unter Kontrolle hatte.

Welwitschia

Welwitschie

Fritz Welwitsch (1806–1872) stammte aus Maria Saal in Kärnten. In Wien studierte er Medizin und betrieb unter Anleitung von Jacquin (>) und Host (>) Botanik. 1834 beschrieb er seine floristischen Ergebnisse, die er in der Umgebung von Wien und in Niederösterreich gesammelt hatte, in den »Beiträgen zur Landeskunde Niederösterreichs«. 1836 bestand er die medizinische Doktorprüfung. Im gleichen Jahr bot ihm der württembergische Reiseverein eine Exkursion auf die Kanarischen Inseln an. Welwitsch unterbrach in Lissabon die Reise und zog es vor, Direktor des Gartens des Herzogs von Palmela zu werden. Später leitete er auch noch den Botanischen Garten von Lissabon und lehrte als Professor Botanik. 1853 brach Welwitsch im Auftrage der portugiesischen Regierung zu einer Forschungsreise nach Angola auf. Joseph Hooker (>*Hookerella*), der damals noch Assistent in den Kew Gardens war, erhielt 1860 von Welwitsch mehrere Exemplare einer seltenen Pflanze zugeschickt, die er auf einem Hochplateau der Wüste Namib entdeckt und mit dem Namen Tumboa, wie sie von den Eingeborenen genannt wurde, versehen hatte. Hooker untersuchte das merkwürdige und ideal an das Wüstenklima angepaßte Gewächs genau. Auf einer sehr tief in den Boden reichenden Pfahlwurzel sitzt ein kurzer Stamm, der ein Alter von 1.000 Jahren erreichen kann und aus dem zwei bandförmige Blätter mit einer Länge bis zu drei Metern abgehen. So wie diese Blätter an ihrer Basis auswachsen, zerfasern sie sich laufend an den Spitzen. Kommt die Pflanze zum Blühen, so zeigen sich rotbraune männliche oder weibliche Blütenstände. Hooker benannte die monströse Pflanze zu Ehren ihres Entdeckers *Welwitschia*. Als fleißiger Sammler versorgte Welwitsch Museen und Gärten Europas mit Gewächsen und erwarb sich den Ruf eines hervorragenden Kenners der afrikanischen Flora. 1863 wurde er für seine wissenschaftlichen Leistungen mit dem Ritterkreuz des Franz-Joseph-Ordens dekoriert. Welwitsch verstarb 1872 auf einer Reise durch England in London.

Wigandia

Johann Wigand (1523–1587) wurde in Mansfeld geboren. Nach einer guten Schulausbildung in seiner Vaterstadt bezog er 1539 die Universität in Wittenberg, an der Luther und Melanchthon lehrten, um Theologie zu studieren. Zwei Jahre später unterrichtete er in Nürnberg an der Lorenzschule. Diese Unterbrechung seines Studiums dauerte drei Jahre. Dann finden wir ihn wieder in Wittenberg, wo er seine Studien fortsetzte und sich auf ein akademisches Lehramt vorbereiten wollte. Der Tod des Reformators 1546 und der Ausbruch des Schmalkaldischen Krieges machten seinen Plänen ein Ende. Wigand nahm in Mansfeld eine Predigerstelle an und durfte an seiner ehemaligen Schule auch Unterricht in Dialektik (Kunst der Gesprächsführung) und Physik (allgemeine Naturkunde) erteilen. Seine Freizeit benutzte er, um in Wittenberg begonnene botanische Studien fortzusetzen. Ab 1549 setzte er sich in zahlreichen theologischen Streitschriften für die reine und unverfälschte Lehre Luthers ein. 1553 wurde er zum Pfarrer an der Ulrichskirche in Magdeburg berufen. Als gewandter Polemiker setzte Wigand seine Angriffe gegen Jesuiten und Sektierer jeder Couleur mit Bravour fort. 1560 berief man ihn als Professor nach Jena. In seinem engagierten Eintreten für die Rechtgläubigkeit von der Kanzel und in seinen Schriften hatte er wohl ein zu starkes Register gezogen, so daß man ihn des Amtes enthob. Zu seinem Glück holten ihn 1562 die Herzöge von Mecklenburg als Superintendenten nach Wismar. Auch in diesem

Amt setzte er seine literarische Tätigkeit unverdrossen fort. 1568 wurde er wieder in Jena als Professor eingesetzt. Doch nach einem Regierungswechsel jagte man ihn 1573 ein zweites Mal von seinem Katheder, sogar mit der Auflage, binnen vier Tagen Thüringen zu verlassen. In dieser Kalamität sprang der Herzog Albrecht Friedrich von Preußen ein und berief ihn an die Universität Königsberg, die damalige Hochburg des Protestantismus im Norden. 1575 erhielt er das Bistum Pommeranien. Zwei Jahre später wurde Bischof Wigand auch noch das Bistum Samland anvertraut. Bis ans Ende seiner Tage war er auch in seinem hohen Amte nicht müde, mit Wort und Schrift für ein strenges Luthertum einzutreten.
Als weiterer Kandidat für das Namenspatronat wird Justus Heinrich Wigand (1769–1817), ein deutscher Arzt aus dem Baltikum, genannt.

Willdenowia

Carl Ludwig Willdenow (1765–1812) wurde als Sohn eines Apothekers in Berlin geboren, folgte des Vaters Spuren und ging in eine Apothekerlehre, die er 1785 abschloß. Das botanische Rüstzeug für seinen Beruf brachte ihm sein Onkel Gleditsch (>) bei. Sein Interesse an der Pflanzenkunde bewies er schon 1787 mit einer Zusammenstellung der Berliner Flora. Dann studierte er in Halle Medizin und promovierte dort 1789. Ab 1790 übernahm er die väterliche Apotheke. In dieser Zeit verfaßte Willdenow einen »Grundriß der Kräuterkunde« (1792) und einen Folioband »Phytographia« (1794) mit der Beschreibung seltener Pflanzen. Seinen Ruf als Dendrologe begründete er 1796 mit dem Werk »Berlinische Baumzucht«. Seit 1794 gehörte er der Berliner Akademie der Wissenschaften an. 1798 wurde er als Professor für Naturgeschichte an das Berliner Collegium medico-chirurgicum berufen und übernahm drei Jahre später auch noch die Leitung des Botanischen Gartens in Schöneberg. Als Lehrer sorgte er mit einer »Anleitung zum Selbststudium der Botanik« (1804) für den leichteren Zugang zu seinem Fachgebiet. Diese Anleitung wurde bei den Studenten so gut aufgenommen, daß sie in mehreren Auflagen bis 1832 erschien. Nicht genug ist Willdenows Fürsorge für die Erweiterung und Modernisierung des Botanischen Gartens zu rühmen. Aus einer ungepflegten und verwilderten Anlage schuf er einen der schönsten Gärten. Innerhalb von elf Jahren wurde der Pflanzenbestand von 1.200 auf etwa 7.700 Arten vermehrt. Seine engen Verbindungen zu den Fachgenossen erleichterte die Komplettierung des Bestandes ungemein. So erhielt er Zusendungen von Samen aus allen Gegenden der Welt. Bekannte Namen wie Thunberg (>), Kitaibel (>), Pallas (>) oder Desfontaines (>), um nur einige zu nennen, tauchen in der Liste der Spender auf. Aber auch geschäftliche Verbindungen mit Handelsgärtnereien wurden für die Verschönerung »seines« Gartens eingesetzt. Leider ließ die Besetzung Berlins durch die Truppen Napoleons auch den Garten nicht ungeschoren: sechs Kisten mit seltenen Pflanzen wurden als Beute nach Paris geschickt. 1803 begann Willdenow mit der Veröffentlichung des Prachtwerkes »Hortus Berolinensis«, in dem wenig bekannte Pflanzen des Gartens abgebildet und beschrieben werden. Bis 1809 betreute er als Herausgeber die berühmte »Enumeratio plantarum«. Als 1810 die Universität in Berlin gegründet wurde, erhielt er den Lehrstuhl für Botanik. Eine besondere Auszeichnung für ihn war das Angebot, die Bearbeitung der botanischen Ausbeute der Reisen seines Freundes und Schülers Alexander von Humboldt (>) und Bonplands (>) zu übernehmen. Sein früher Tod 1812 verhinderte die Vollendung dieses Projekts. Ein Jahr vor seinem Hinscheiden wurde Willdenow, einer der bedeutendsten Systematiker, mit dem Diplom eines Doktors der Philosophie und Magisters der freien Künste ausgezeichnet. Sein großes forstwissenschaftliches Opus »Abbildung der deutschen Holzarten« mit 216 Kupfern erschien postum 1815–20 unter der Herausgeberschaft von F. G. Hayne. 1818 wurde Willdenows Herbarium auf Anweisung von

König Friedrich Wilhelm III. für 36.000 Mark gekauft und der Berliner Universität zu treuen Händen übergeben. Und ihm zu Ehren heißen die Annalen des Botanischen Gartens und des Botanischen Museums Berlin-Dahlem »Willdenowia«.

Wisteria
Blauregen, Glyzine, Wisterie

Caspar Wistar (1761–1818) stammte aus einer Quäkerfamilie in Philadelphia und studierte Medizin. Dieses Studium setzte er in London fort und beendete es in Edinburgh 1786 mit der Erlangung des Doktordiploms. Nach einer Rundreise durch Europa kehrte er 1787 nach Philadelphia zurück und konnte am College of Physicians seinen Beruf ausüben. 1789 wurde Wistar zum Professor der Chemie ernannt. Nach der Gründung der University of Pennsylvania übernahm er 1808 den Lehrstuhl für Anatomie und Geburtshilfe. Zwei Jahre später lehrte er bis zu seinem Tod ausschließlich das Fach Anatomie. 1811 erschien aus seiner Feder das erste amerikanische anatomische Lehrbuch. 1809 gründete er eine Gesellschaft zur Verbreitung der Impfung. Neben seinen akademischen Verpflichtungen gehörte er 1793 bis 1810 auch dem Pennsylvania Hospital an. Die American Philosophical Society wählte Wistar 1793 zum Mitglied und betraute ihn 1795 mit der Vizepräsidentschaft. Als Nachfolger von Thomas Jefferson (>) hatte er die Ehre, von 1815 bis 1818 den Präsidentenstuhl der Gesellschaft einzunehmen. 1818 verstarb Wistar an einem Herzleiden.

Woodwardia
Kettenfarn

Thomas Jenkinson Woodward (1745–1820) wurde in Huntingdon in England geboren, studierte in Cambridge und bestand 1769 das juristische Examen. 1789 wurde er Mitglied der Linnean Society. Woodward führte Experimente zur Physiologie der Pflanzen durch. Er war der erste Botaniker in England, der über die Transpiration berichtete. Zusammen mit dem Hobbybotaniker Bischof Goodenough (>) verfaßte er mehrere botanische Abhandlungen. Woodward verstarb in Norfolk.

Wulfenia
Kuhtritt, Wulfenie

Franz Xaver Freiherr von Wulfen SJ (1728–1805) wurde als Österreicher in Belgrad geboren und trat mit 17 Jahren nach dem Gymnasialbesuch in den Jesuitenorden ein. Die Zeit des Noviziats verbrachte er in Wien und betrieb Philosophie und Mathematik. Die vierjährigen theologischen Studien absolvierte er in Graz. 1763 durfte er das Ordensgelübde ablegen. In Wien und Laibach lehrte er als erster Newtonsche Physik. Ab 1764 wurde er als Lehrer in Klagenfurt eingesetzt. 1773 trat er vom Lehramt zurück und wirkte nur mehr als Seelsorger. Sein heißer Wunsch, als Missionar in fremde Länder entsandt zu werden, ging nicht in Erfüllung: 1773 verfügte Papst Clemens XIV. die Aufhebung des Ordens. Wulfen nahm nun bleibenden Wohnsitz in Klagenfurt. Während seines Aufenthaltes in Wien hatte er 1750 als Novize einen Arzt kennengelernt, der in ihm die Liebe zu den Naturwissenschaften, besonders zur Botanik, erweckt hatte. Wulfen berichtete in musterhaften Beschreibungen über seltene und neue Pflanzenarten in Kärnten unter dem Titel »Plantae rariores Carinthiacae« (1788). Seine Mitteilungen trugen wesentlich zur Kenntnis der Alpenflora bei. Der berühmte Wiener Botaniker Jacquin (>) ehrte ihn, indem er einer von Wulfen in der Umgebung des Gartnerkofels entdeckten Pflanze aus der Familie der Rachenblütler dessen Namen gab. Auch ein Mineral, das Gelbbleierz Wulfenit, ist nach ihm benannt. Er besuchte die meisten Täler und Gebirgsgruppen Kärntens und war wohl der erste Botaniker, der die reiche Pflanzenwelt des großartigen Glocknergebietes studierte. Wulfen war groß von Gestalt, hager, doch kraftvoll und sehnig, ein trefflicher Fußgänger, flinker Bergsteiger und, ungeachtet seiner Kurzsichtigkeit, ein kühner und behender Kletterer. Die Bergbevölkerung nannte ihn den »weißen Mann«, denn auf seinen Wanderungen pflegte er der Hitze wegen den Talar mit einem weißen Leibchen und den Hut mit einer weißen Mütze zu vertauschen. Unter seinen zahlreichen Briefpartnern, mit denen er in Latein, Deutsch und Französisch korrespondierte, befanden sich so bekannte Botaniker wie Schreber (>), Scopoli (>) und Willdenow (>). Wulfen war Mitglied in vielen gelehrten Gesellschaften. Ihm wurde auch die besondere Ehre zuteil, mit dem Beinamen Lycius II. in die Academia Leopoldina aufgenommen zu werden. Wulfens Tod kam ganz unerwartet. Bis ins hohe Alter rüstig, starb er nach nur dreitägigem Krankenlager an einer heftigen Lungenentzündung. Seine Grabstätte ziert die Inschrift: »Franz Xaver Freiherr von Wulfen. Gleich groß als Priester, Gelehrter und Mensch, gestorben am 17. März 1805.«

Z

Zannichellia

Gian Girolamo Zannichelli (1662–1729) wurde in Modena geboren und erlernte in Venedig den Apothekerberuf. 1684 erhielt er die Zulassung zur Berufsausübung, und 1701 übernahm er eine Apotheke im Quartier Santa Fosca. 1713 machte er sich mit der Erfindung eines Mittels zur Heilung des Trippers einen Namen. Zannichelli verfaßte eine umfangreiche Abhandlung über Methoden zur Herstellung pflanzlicher, tierischer und mineralischer Pharmaka. Seine Verdienste belohnte der Herzog von Modena mit der Ernennung zum Doktor der Medizin, der Chemie und der Chirurgie. In weiteren Schriften berichtete er über das Eisen (1713) und die Flora an Venedigs Stränden und in den Euganeischen Bergen (1730, 1735). Die Venezianer erfreute er mit einem Museum, in dem er seine Kollektion an Pflanzen, Muscheln, versteinerten Fischen, Metallen und Kristallen zur Schau stellte. Die Signoria von Venedig erhob ihren emsigen Sohn 1725 zum Amtsarzt im gesamten Staatsgebiet. 1726 unternahm er eine botanische Exkursion nach Istrien. Drei Jahre danach verstarb Zannichelli. Unter seinen nachgelassenen Schriften fand sich auch eine Abhandlung über die Tiere einschließlich der Insekten der Adria.

Zantedeschia
Kalla

Giovanni Zantedeschi (1773–1846) stammte aus Breonio bei Verona und studierte in Verona und Padua Medizin. Anschließend übte er für einige Jahre in Tremosine den Arztberuf aus, bevor er sich in Bovegno in der Nähe von Brescia endgültig niederließ. Über 40 Jahre versah er mit Erfolg als geschickter Arzt seine Praxis. Nebenbei widmete er sich mit großem Eifer der Botanik. 1812 erschien seine erste floristische Mitteilung, der noch zahlreiche weitere über die verschiedensten Themen der Botanik folgten. Vor allem hatte es ihm die Flora in der Umgebung von Brescia angetan. 1836 erschien ein Bericht über eine botanische Exkursion in die Alpenregion um Brescia und Bergamo.

**Zauschneria* (*Epilobium*)
Kolibritrompete, Weidenröschen

Johann Baptist Josef Zauschner (1737–1799) studierte in Prag und erwarb den Magistertitel in Philosophie. Anschließend studierte er Medizin und ließ sich als praktischer Arzt nieder. Nebenbei durchstreifte er zu botanischen und mineralogischen Studien Böhmen und wurde dabei auf Mineralquellen in der Marienbader Region aufmerksam. 1763 beauftragte ihn Kaiserin Maria Theresia, chemische Analysen und medizinische Beschreibungen dieser Quellen vorzunehmen. Seine Ergebnisse faßte er 1766 in einer Doktorschrift zusammen. Die von Zauschner beschriebenen Quellen sprudeln noch heute. 1775 erhielt er einen Lehrauftrag für Naturgeschichte an der Prager Universität und wurde 1784 ordentliches Mitglied der dortigen medizinischen Fakultät. Als Botaniker hielt er im Botanischen Garten Vorträge. Seine hinterlassenen Schriften enthalten vor allem medizinische Abhandlungen.

Zenobia
Zenobie

Septimia Zenobia übernahm 262 nach dem Tode ihres Gatten Odainat an Stelle des noch minderjährigen Sohnes Wahballat als Königin die Regentschaft über Palmyra (Tadmor). Diese Oasenstadt in der syrischen Steppe zwischen Euphrat und Damaskus sicherte und beherrschte die wichtigen Karawanenrouten zwischen dem Römischen und

Persischen Reich. Während ihrer zehnjährigen Herrschaft erlebte Palmyra eine Blütezeit als bedeutende Handelsstadt, deren Ruinen uns noch heute in Bewunderung versetzen. Zenobia mit ihren schwarzen Augen und perlweißen Zähnen galt als die schönste und edelste Frau des Orients. Hoch gebildet sprach sie außer dem palmyrenischen Aramäisch auch noch Griechisch und Ägyptisch. Zu ihrem engeren Vertrautenkreis gehörten der einflußreiche Bischof von Antiochia, Paulus von Samosate, und der griechische Philosoph Longinos. Zenobia scheute sich nicht, mit ihren Infanteristen meilenweite Strecken in glühender Hitze zu marschieren. Ein Wandgemälde in einem Hotel in Palmyra zeigt sie stolz hoch zu Roß im rasenden Galopp mit wehendem Gewand, was sicherlich nicht geschmeichelt ist. Mit dem Helm auf dem Kopf und im purpurnen Umhang verstand sie nach dem Vorbild römischer Caesaren ihr Volk in Begeisterung zu versetzen. Mit einem modernen Wort: sie war eine Powerfrau. Doch ihr Ehrgeiz machte allen Glanz zunichte. Als sie, immer abhängig von Rom, ihren Sohn zum Kaiser proklamierte und im Begriff war, sich ganz Kleinasien und Ägypten zu unterwerfen, ging sie zu weit. Kaiser Aurelian gebot Einhalt und vernichtete 272 in der Ebene von Emesa Zenobias Heeresmacht. Auf der Flucht nach Osten wurde sie kurz vor dem rettenden Euphrat eingeholt. Nach einem Zeugnis soll sie nach ihrer Ergreifung durch Krankheit und Hungerstreik zu Tode gekommen sein, nach anderen Quellen führte sie der Kaiser in Rom im Triumphzug mit. Vor dem kaiserlichen Gespann zog sie, mit goldenen Ketten um den Hals gefesselt, durch die Straßen Roms. Doch der Kaiser schenkte ihr großzügig das Leben und erlaubte ihr, in einer Villa in Tivoli ihre Tage zu beschließen.

Zeyheria

Karl Ludwig Philipp Zeyher (1799–1858) wurde in Dillenburg in Hessen geboren. Bei einem Onkel, der Obergärtner in den Gartenanlagen von Schwetzingen war, ging er für einige Zeit in die Lehre, bevor er 1822 zusammen mit einem Kompagnon nach Südafrika aufbrach. Während dieser weiter nach Australien segelte, durchforschte Zeyher die nordwestliche Kapregion bis hinauf zur Mündung des Oranje-Flusses und sammelte Pflanzen. Zwei Jahre später kam sein Kompagnon zurück, packte seine und Zeyhers Kollektion zusammen und reiste mit dem Versprechen, den Erlös des Verkaufs brüderlich zu teilen, nach Europa. Vergeblich wartete der geprellte Zeyher auf seinen Anteil. Unverdrossen sammelte er weiter, schickte die Sammlung zum Verkauf an seinen Onkel nach Schwetzingen. Aber leider ging auch diese Aktion daneben, weil der Onkel plötzlich verstarb und die Kollektion von der großherzoglichen Verwaltung kurzerhand kassiert wurde. 1829 traf Zeyher mit Ecklon (>) zusammen, mit dem er mehrere ausgedehnte Expeditionen unternahm. 1831 erstiegen sie den Groot Winterhoek, mit 2.078 m die höchste Erhebung im westlichen Kapland. Im folgenden Jahr besuchten sie die Karru-Region, gelangten mit reicher Beute über Knysna und Uitenhage zur Algoa Bay und segelten nach Kapstadt. Von dort reiste Ecklon mit 38 Kisten voller Zwiebeln, Samen und Herbariumpflanzen nach Europa und organisierte den Verkauf. Zeyher setzte seine Exkursionen fort. Das Museum in Berlin hatte ihn beauftragt, für einen guten Preis eine Sammlung von Holzproben zusammenzustellen. Doch das Geschäft wurde ein Fehlschlag, weil das Transportschiff mit der kostbaren Ladung unterging. 1840 begleitete Zeyher den Gärtner des Earl of Derby, Joseph Burke (>), mit drei Wagen und 36 Ochsen von Uitenhage aus auf eine Expedition, die über den Oranje-, Caledon- und Krokodilfluß weit nach Norden in die Waterberge führte. 1842 konnte Burke mit einer immensen Kollektion von lebenden und toten Tieren und botanischen Objekten nach England zurückkehren. 1843 unternahm Zeyher eine Exkursion durch die westlichen Regionen ins Namakwaland. 1844 besuchte er London und verbrachte, gastlich aufgenommen von Sir William Hooker (>*Hookera*), neun Monate in den Kew Gardens. Nach einem Abstecher ins heimatliche Dillenburg und einem Zusammentreffen mit Drège (>), der sich um die Auswertung des von Ecklon und ihm gesammelten Materials kümmerte, kehrte Zeyher 1847 nach Südafrika zurück. Nach einer vorübergehenden Anstellung in einem botanischen Garten in Kapstadt verbrachte er, gelegentlich noch Pflanzen sammelnd, in einer Hütte mit einem kleinen Gemüsegarten die letzten Jahre seines Lebens. 1858 verstarb Zeyher während einer Pockenepidemie.

Zinnia

Zinnie

Johann Gottfried Zinn (1727–1759) entstammte einer bekannten Beamtenfamilie in der Markgrafschaft Ansbach. Nach dem Schulbesuch in Schabach kam er 1746 nach Göttingen, um Medizin zu studieren. Dort zog ihn der damals weitaus bedeutendste Kopf der medizinischen Fakultät, der große Anatom, Physiologe und Botaniker Albrecht von Haller (>), mächtig an, und bald war der junge, begabte und fleißige Franke der Lieblingsschüler Hallers. 1749 wurde er zum Doktor der Medizin promoviert. Anschließend war Zinn kurze Zeit als praktischer Arzt in Ansbach tätig. Dann zog er für einige Jahre nach Berlin, wo er sich besonders mit der Anatomie des menschlichen Auges befaßte. 1753 erhielt Zinn eine Berufung nach Göttingen als Professor für Botanik und Direktor des Botanischen Gartens. 1755 erschien als sein anatomisches Hauptwerk die Beschreibung des menschlichen Auges. Es war die erste vollständige und ausführliche Darstellung in der Weltfachliteratur und ein Markstein in der Geschichte der Anatomie des Sehorgans. Die Zonula Zinnii und der Zinnsche Skleralgefäßkranz des Auges gehören zum Grundwissen eines Medizinstudenten. Er starb, erst 32 Jahre alt, 1759 in Göttingen an einer auszehrenden Krankheit, also wohl an Lungenschwindsucht. Zinn hatte einen zarten Körper, aber ein rasches, feuriges Wesen; er faßte schnell auf, sprach schnell und war leicht erregbar. Sein Porträt in der Aula der Universität Göttingen zeigt einen vornehmen, zarten Mann mit durchgeistigten, edlen Zügen und einer schönen Hand. Linné (>) benannte ihm zu Ehren eine Gattung aus der Familie der Korbblütler *Zinnia.*

ANHANG

Über die Technik der Pflanzenbenennung

Der Arzt und Botaniker Sir Hans Sloane entdeckte um 1688 auf Jamaika die Kordie. Er gab dieser Pflanze in lateinischen Sprache die Bezeichnung: *Prunus racemosa foliis oblongis hirsutis maxima fructu rubro* (zu deutsch: Verzweigte Pflaume mit länglichen stark borstigen Blättern und roten Früchten), weil sie ihn in ihrem Aussehen an einen Pflaumenbaum erinnerte (mit dem die Kordie allerdings nichts zu tun hat). 80 Jahre später nur fand Sir Joseph Banks die gleiche Pflanze in Brasilien, die inzwischen den Namen *Cordia macrophylla* trug.

Noch zu Sloanes Zeiten verstand man häufig die Beschreibung der Pflanzen als ihren Namen. Diese umständliche, bisweilen zeilenlange Benennung umfaßte mehrere Merkmale und sollte auf diese Weise eine Eindeutigkeit der Diagnose gewährleisten. Außerdem existierten oftmals verschiedene Namen für die gleichen Pflanzen. Der Anatom und Botaniker Caspar Bauhin (1560–1624) erkannte, daß das Wissen der Botaniker ohne Systematisierung und Vereinheitlichung wertlos war. In seinen Benennungen und Synonymenlisten bemühte er sich um ein übersehbares System. So wendete er die Begriffe Gattung und Art bereits als taxonomische Ordnungsbezeichnungen an, wobei allerdings die Art durch mehrere Adjektive charakterisiert wurde. Immerhin kann man Bauhin als Vorläufer der »binomialen« oder »binären«, also zweiteiligen, Namensgebung bezeichnen (1). Joseph Pitton de Tournefort (1656–1708) übernahm Bauhins System und baute es weiter aus. Leider jedoch, so beklagte sich der Philosoph und Schriftsteller Jean Jacques Rousseau, »... fügte (Tournefort) den langen Satzgebilden neue hinzu oder verkomplizierte die bestehenden durch Zusätze ... Es bestand höchste Notwendigkeit für eine Reform, oder es wäre das Ende für die umfangreichste, liebenswerteste und zugänglichste unserer drei Naturwissenschaften gewesen.« (2).

Der Reformer, der das Durcheinander der verschiedenen Benennungssysteme beendete, war der Zeitgenosse Rousseaus, Carl von Linné (1707–1778), der an der schwedischen Universität in Uppsala Botanik lehrte. Er vereinfachte Bauhins und Tourneforts Benennungen, indem er Beschreibung und Name der Pflanze strikt voneinander trennte. Das Prinzip des vorangestellten Gattungsnamens übernahm er von Bauhin. Zur Unterscheidung der Arten fügte er statt der diagnostischen Erklärungen einen zweiten Namensteil (das Epitheton) an. Dieses binäre Schema der Namensgebung verwendete Linnaeus erstmalig systematisch 1753 in seinem heute noch grundlegenden Werk »Species plantarum«.

Linné ordnete weiterhin mit voller Absicht die Pflanzen in einem »künstlichen« System aus 24 Klassen an. Hierbei bediente er sich der Entdeckung der geschlechtlichen Fortpflanzung der Pflanzen durch den Londoner Arzt Nehemia Grew (1641–1712) und der Erkenntnis des Tübinger Botanikprofessors Rudolf Jakob Camerarius (1665–1721), daß die Staubblätter die männlichen und die Stempel die weiblichen Organe darstellen. Anordnung und Zahl der Staubblätter setzte Linné als Unterscheidungsmerkmale für die Klassen ein, die nach Zahl und Aufbau der Stempel weiter in Ordnungen unterteilt werden

Trotz der offensichtlichen Vorteile blieb Linné durch nationale Vorbehalte und kollegiale Eifersüchteleien die Anerkennung seines Klassifizierungssystems anfangs versagt. Ein wesentliches Hindernis hierfür war seine Künstlichkeit. Im Gegensatz hierzu fehlte es nicht an Versuchen, »natürliche« Systeme zu erfinden und durchzusetzen. Ohne auf weitere Einzelheiten einzugehen, sei nur auf die französischen Forscher Bernard de Jussieu (1699–1777) und Auguste de Candolle (1778–1841) hingewiesen, die durch die Untersuchung

1) Mason, S. F.: Geschichte der Naturwissenschaft. Stuttgart 1974

2) Rousseau, J. J.: Fragmens pour un dictionnaire des termes d'usage en botanique. Genève 1774

und Berücksichtigung vergleichbarer Merkmale des ganzen Pflanzenkörpers natürliche Verwandtschaftsbeziehungen als Klassifizierungskriterien festsetzten. Die Notwendigkeit, die Einteilung des Pflanzenreiches modernen Erkenntnissen anzupassen, führte mehr und mehr zu einer Ablösung des Linnéschen künstlichen Systems zugunsten natürlicher Ordnungsprinzipien. Als Beispiel hierfür sei auf die Entwicklung eines phylogenetischen Systems durch Heinrich Engler (1844–1930) hingewiesen.

Linnés binäres System der Namensgebung ist inzwischen ein weltweit anerkanntes Instrument und regelt als »International Code of Botanical Nomenclature« (kurz ICBN) alle Fragen der wissenschaftlichen Bezeichnung der Pflanzen in lateinischer Form. Als Basisdatum wurde der 1. Mai 1753, an dem der erste Band seines Werkes »Species plantarum« erschienen war, festgesetzt. Alle Namen, die ab dann veröffentlicht wurden, sind die maßgeblichen Namen der Pflanzen, sofern sie den Richtlinien des Codes, dessen Fassung von 1999 z. Zt. gültig ist, entsprechen (3).

Wie wird nun bei der Benennung einer neuen Pflanzenart vorgegangen? Ein Beispiel soll dabei behilflich sein. Im Mai 1981 durchstreifte der Schweizer Botaniker Dr. W. Strasser die Berge und Täler Kretas. Dabei fiel ihm ein kleiner Strauch ins Auge, der auf den ersten Blick dem Strauch-Schneckenklee (*Medicago arborea*) ähnelte (4). Da manche Einzelheit aber doch anders aussah, gelang es Strasser nicht, die Pflanze *Medicago arborea* zuzuordnen, der einzigen holzigen *Medicago*-Art, die bis dahin im Mittelmeerraum bekannt war. Er nahm einen Zweig der Pflanze mit, um die Fachleute des Botanischen Museums in Berlin um Rat zu fragen. Dort konnte ihm nach eingehender Untersuchung und Vergleich mit anderen Pflanzen bestätigt werden, daß es sich tatsächlich um eine bis dato unbekannte Pflanze handelte. Die Botaniker des Museums publizierten den Fund in einer Fachzeitschrift (5), der erste Schritt, um einer neu entdeckten Art einen gültigen Namen zu geben. Dabei mußten bestimmte Regeln beachtet werden: Im beschriebenen Falle war klar, daß der Neufund auf Grund der beobachteten Merkmale zur Gattung *Medicago* gehört, also bleibt dieser Namensbestandteil bestehen. Nur der zweite Teil, das Epitheton, der zusammen mit dem Gattungsnamen die Art bestimmt, mußte neu erdacht werden. Das Recht zur Namensgebung besitzt der Beschreiber der Art, der, wie in unserem Beispiel, ja nicht mit dem Entdecker identisch sein muß. Die Bezeichnung des Epithetons kann willkürlich gewählt werden. Viele Bezeichnungen deuten auf Eigentümlichkeiten oder den Standort der Pflanze hin, aber auch personenbezogene sind möglich. Die Berliner Botaniker beschlossen, mit dem Epitheton an den Entdecker der neuen Art, W. Strasser, zu erinnern. Da die Pflanzennamen latinisiert werden sollen, hängten sie noch das Genitiv-i an den Namen: *Medicago strasseri* (»Strassers Schneckenklee«). Während der Gattungsname stets groß geschrieben wird, werden die Epitheta durchgehend klein geschrieben, was auch für die Eigennamen gilt.

Nach der Linnéschen Regel muß die Beschreibung der Pflanze vom Namen getrennt werden. Diese Beschreibung oder Diagnose ist in lateinischer Sprache in der Veröffentlichung mitgeteilt und lautet im Falle von *Medicago strasseri* folgendermaßen: *»Frutex ad 1.5 m altus cortico griseo, ramis novellis dense appressis serico-pilosis. Folia stipulata trifoliata; stipulis anguste triangulari-subulatis basi petiolo adnatis ...«* (zu deutsch: »Strauch etwa 1,5 m

3) Der Text des Codes ist im Internet veröffentlicht unter der Adresse:
http://www.bgbm.fu-berlin.de/iapt/nomenclature/code/SaintLouis/0000ST.Luistitle.htm
Eine deutschsprachige Fassung der 1994er Ausgabe (die in wesentlichen Punkten mit dem Code von 1999 übereinstimmt) findet sich unter: http://www.bgbm.org/iapt/nomenclature/code/Tokyo-d/default.htm

4) Bei uns ist z. B. *Medicago sativa* vertreten, die als Futterpflanze angebaute Luzerne.

5) Greuter, W., U. Matthäs und H. Risse (1982): Notes on Cardaegean plants. 3. *Medicago strasseri*, a new leguminous shrub from Kriti. Willdenowia **12**, 201–20

hoch, mit grauer Rinde, frische Zweige dicht angedrückt und seidig behaart. Dreiteilige Blätter mit Nebenblättern; die Nebenblätter mit schmalem, dreieckig bis pfriemförmigem Grund ...«). Weitere Angaben zur Pflanze, zu ihrer Entdeckung oder zu Unterschieden zu anderen Arten der Gattung werden heute meist in Englisch verfaßt. Das konservierte Exemplar soll dasjenige sein, das auch der Beschreibung zugrunde lag. Es wird als Holotypus bezeichnet und stellt künftig das Referenzobjekt dar.

Weiterhin muß beachtet werden, daß die »Prioritätsregel« eingehalten wird. Diese besagt, daß ein Name, wenn er nach 1753 nach den Regeln des Codes veröffentlicht wurde, gilt Wäre *Medicago strasseri* bereits früher einmal gültig beschrieben worden, dieses aber den Berliner Botanikern unbekannt gewesen, würde der alte Name weiterhin gelten. Die Regeln der Namensgebung fordern noch die Hinterlegung eines dauerhaft konservierten Exemplars der Pflanze in einer öffentlichen Sammlung, die allen Botanikern zugänglich ist.

Nach diesen Zeilen könnte der Eindruck entstehen, mit der Benennung wäre der Name einer Pflanze ein für allemal festgelegt. Leider ist dem nicht so. Das künstliche Ordnungssystem Linnés, nicht aber die Regeln der Benennung, mußte, wie schon oben ausgeführt, den Bemühungen um eine auf natürlichen Beziehungen basierende Klassifizierung weichen. Damit verbunden ist zwangsläufig der erhebliche Nachteil, daß Benennungen nicht konstant sind, weil neue Erkenntnisse eine Umsortierung und Neubenennung erforderlich machen. Es kann sich z. B. herausstellen, daß zwei Arten weniger eng verwandt sind, als man früher angenommen hatte, so daß ihre gemeinsame Zugehörigkeit zu einer Gattung nicht mehr gegeben ist. So ordnete noch Linné das Winterlieb gemeinsam mit dem Wintergrün der Gattung *Pyrola* zu: *Pyrola umbellata* und *Pyrola uniflora*. Spätere Forschungen ließen jedoch den Schluß zu, daß die beiden Arten mehr mit anderen als untereinander verwandt sind. Deswegen wurde nun das Winterlieb der Gattung *Chimaphila* zugeordnet, mit der es mehr Gemeinsamkeiten hat. Es heißt heute *Chimaphila umbellata*. Bei *Pyrola uniflora* blieb die Zuordnung erhalten. Häufig müssen auch Arten aufgespalten werden: Pflanzen, die man als einer Art zugehörig betrachtet, zeigen bei näherer Untersuchung doch solche Unterschiede, daß sie neu benannt werden müssen. Erkenntnisse der Molekularbiologie, insbesondere DNA-analytische Methoden, können unklare Verwandtschaftsbeziehungen klären und werden weitere Namensänderungen mit sich bringen. Hierdurch kommt es zunehmend zur Einführung sog. »synthetischer« Systeme.

Die Schwierigkeiten und Nachteile der heute üblichen Regeln müssen also wohl oder übel in Kauf genommen werden, sollen Objekte der Botanik identifiziert werden. Ohne feste Regeln zur Namensgebung geht es nicht, wie bereits Rousseau in seinem oben angeführten Artikel erkannte: »....wenn man zuläßt, sich mit der Botanik zu beschäftigen und gleichzeitig die Wissenschaft der Nomenklatur abzulehnen, gerät man in einen der absurdesten Widersprüche.« Allerdings wird man einschränkend hinzufügen dürfen, daß die Anwendung solcher Klassifizierungsänderungen in der gärtnerischen und floristischen Praxis ihre Zeit braucht. Hier sind alte, inzwischen ungültige Namen durchaus noch immer im Gebrauch. Abschließend sei jedoch hervorgehoben, daß die Namensänderungen zwar lästig sind und die Arbeit des Botanikers erschweren, andererseits aber auch ein Spiegelbild der Erforschung der Evolution darstellen. So sind die Namen nicht nur Mittel zum Zweck, sondern stellen selbst eine wissenschaftliche Erkenntnis dar.

Wichtige Akademien und Gesellschaften

Die folgenden Wissenschaftsakademien und Gelehrtengesellschaften wurden im Text besonders häufig erwähnt, da sie in den Biographien zahlreicher Namenspatrone eine wichtige Rolle spielten. Sie sollen daher in Kurzporträts vorgestellt werden.
Eine instruktive und ausführliche Darstellung zur Geschichte der Akademien und Gelehrtengesellschaften bietet Conrad Graus Arbeit »Berühmte Wissenschaftsakademien«, Leipzig 1988.

Academia Leopoldina (Leopoldinische Akademie)
1652 in Schweinfurt als Academia Naturae Curiosorum gegründet und damit älteste deutsche Akademie; mehrfache Namensänderung infolge von Privilegien, die die Kaiser Leopold I. und Karl VI. erteilten, seit dem 19. Jahrhundert Deutsche Akademie der Naturforscher Leopoldina. Sitz vor der endgültigen Ansiedlung 1878 in Halle war der jeweilige Wohnort des Präsidenten. Ab 1670 Herausgabe der ersten naturwissenschaftlich-medizinischen Zeitschrift überhaupt, der »Miscellanea curiosa medico-physica«. Heute internationale Gelehrtengesellschaft von Naturwissenschaftlern und Medizinern; betreibt keine eigenen Forschungseinrichtungen, wirkt vor allem über ihre Publikationen. Bedeutende Mitglieder waren u. a. C. von Linné, A. von Haller, A. von Humboldt. Heute die älteste und mitgliederstärkste Akademie in Deutschland.

Académie Française
1635 in Paris im Anschluß an einen Schriftstellerzirkel gegründet. Hauptaufgabe der jeweils 40 Akademiemitglieder war und ist die Pflege der französischen Sprache (dazu wurden auch Naturwissenschaftler berufen!). 1793 aufgelöst und 1803 als Klasse dem Institut de France unterstellt; seit 1816 wieder Akademie im Rahmen des Institut. Bedeutende Mitglieder u. a. G. L. Buffon, Montesquieu, Voltaire, V. Hugo, L. Pasteur.

Académie des Sciences
1666 in Paris für Arbeiten auf allen Gebieten der Mathematik, Naturwissenschaften und Medizin gegründet. Im 17./18. Jh. herausragende in- und ausländische Mitglieder wie J. d'Alembert, J. Banks, H. Boerhaave, L.-A. de Bougainville, G. W. Leibniz, C. v. Linné, R.-A. Réaumur. 1793 aufgelöst und 1795 als Klasse des Institut de France wiederbegründet; 1816 wieder Akademiestatus und auch im 19./20. Jh. Koryphäen der Wissenschaft als Mitglieder: von A.-M. Ampère über R. Virchow bis zu A. Einstein.

Institut de France
Die 1795 gegründete und in Klassen gegliederte Einrichtung ist heute die Dachorganisation für fünf namhafte Akademien, zu denen neben den beiden obengenannten die Akademien der Inschriften und der Literatur, der Künste und der Moral- und Politikwissenschaften gehören.

Akademie der Wissenschaften und Künste
1724 in St. Petersburg gegründet, seit 1803 Kaiserliche Akademie der Wissenschaften; mehrere Namens- und Strukturänderungen bis 1991. Seitdem Russische Akademie der Wissenschaften mit Sitz in Moskau. Im 18 Jh. eine der führenden Akademien Europas und Trägerin wichtiger Expeditionen zur Erforschung

Rußlands. Bedeutendstes Mitglied in jener Zeit war der Universalgelehrte M. W. Lomonossow. Viele Jahre arbeiteten u. a. L. Euler und P. S. Pallas in der Akademie. Ehrenmitglieder waren u. a. Chr. Wolff, J. Bernoulli, R.-A. Réaumur, Voltaire und C. v. Linné.

Linnean Society
1788 gegründet, ist sie die älteste noch bestehende biologische Gesellschaft der Welt. Erster Präsident war Sir J. E. Smith, Namenspatron C. von Linné (Linnaeus). Heute ein führendes Diskussionsforum für Fragen der Biologie im weitesten Sinne: von der Genetik über relevante Disziplinen zahlreicher Wissenschaften wie Medizin, Agrar- und Forstwissenschaften bis zur Geschichte und zur Pflege der zoologischen und botanischen Taxonomie.

Royal Society
Die Royal Society of London for Improving Natural Knowledge wurde 1660 gegründet und 1662 vom König bestätigt. Sie arbeitet nur auf mathematisch-naturwissenschaftlich-medizinischem Gebiet und hat heute etwa 1.250 Mitglieder (Fellows), darunter 20 Nobelpreisträger, und 125 Auswärtige Mitglieder, von denen 40 den Nobelpreis erhielten. Herausragende Präsidenten waren I. Newton von 1703 bis 1727 und J. Banks von 1778 bis 1820. Bedeutende Mitglieder in der Frühzeit u. a. R. Boyle, J. Wilkins, W. Petty, im 18. Jh. E. Halley, J. Harrison und J. Cook, die Grundlegendes bei der Längenmessung der Erde leisteten. Deutsche Mitglieder waren u. a. G. D. Ehret und G. Forster.

Literatur

Neben in- und ausländischen biographischen und lexikalischen Standardwerken wurden die folgenden Monographien und Aufsätze als Quellen herangezogen:

1. Ackerknecht, E. H.: Malaria. Ciba-Zeitschrift, Bd. 6, Nr. 62, Wehr/Baden

2. Allan, David Ellison: The Botanists. St. Paul's Biographies, Winchester 1986

3. Allan, Mea: The Hookers of Kew 1785–1911. London 1967

4. Asmous, Vladimir C.: Fontes historiae botanicae Rossicae. In: Chronica Botanica, Waltham, Mass. 1947, pp. 88–118

5. Backeberg, Curt: Wunderwelt Kakteen. Jena 1974

6. Barnhart, John Hendley: Biographical Notes upon Botanists. Vol. 1–3. Boston, Mass. 1965

7. Bayle, Antoine, Thillaye, Auguste: Biographie Médicale (Reprint). Amsterdam 1967

8. Berdrow, Wilhelm: Berühmte Kaufleute. (Reprint) Leipzig 1997)

9. Berkeley, Edmund, Smith-Berkeley, Dorothy: John Clayton. Pioneer of American Botany. Chapel Hill, N. C. 1963

10. Birt, Theodor: Charakterbilder Spätroms und die Entstehung des modernen Europa. Leipzig 1919

11. Bismarck: Gedanken und Erinnerungen. Stuttgart und Berlin 1928

12. Bluche, François: Frankreich zur Zeit Ludwigs XVI. Stuttgart 1989

13. Blunt, Wilfrid: The Art of Botanical Illustration. London 1955

14. Blunt, Wilfrid: The Compleat Naturalist: A Life of Linnaeus. London 1971

15. Boerner, Franz: Taschenbuch der botanischen Pflanzennamen. Berlin-Hamburg 1966

16. Böttcher, Helmuth M.: Geschichte der Naturwissenschaften. Darmstadt 1968

17. Boll, Ernst: Flora von Mecklenburg. Neubrandenburg 1860

18. Botting, Douglas: Alexander von Humboldt. München 1974

19. Brachmann, Wilhelm: Friedrich Ehrhart, der »Botanikus von Herrenhausen«. Pharmazeut. Ztg. 90 (1954) 879–883

20. Brandenburg, Dietrich: Die Ärzte des Propheten – Islam und Medizin. Edition 9, Berlin1992

21. Bretschneider, Emil: History of European Botanical Discoveries in China. Reprint of the Original edition 1898. Vol. I/II, Leipzig 1962

22. Briquet, John: Biographies des Botanistes à Genève. Ber. Schweiz. Botan. Ges. 50a (1940)

23. Britten, James, Boulger, George S.: A biographical index of deceased British and Irish Botanists. London 1931

24. Brooks, Eric St. John: Sir Hans Sloane. London 1954

25. Carl, Viktor: Lexikon der Pfälzer Persönlichkeiten. Edenkoben 1995

26. Colmeiro, Miguel: La Botánica y los Botánicos de la Península Hispano-Lusitana. Madrid 1858

27. Cox, E. H. M.: Plant-hunting in China. Hongkong 1986

28. Dammer, Inga, Adam Birgit: Das große Heiligenlexikon. Weyarn 1966

29. Deeken, Anette, Bösel, Monika: An den süßen Wassern Asiens – Frauenreisen in den Orient. Frankfurt/New York 1996

30. Dennis, George: Die Städte und Begräbnisplätze Etruriens. Darmstadt 1973

31. Desmond, Ray: The European Discovery of the Indian Flora. Royal Botanic Gardens. Oxford 1992

32. Desmond, Ray: Dictionary of British and Irish Botanists and Horticulturists including Plant Collectors, Flower Painters and Garden Designers. London 1994

33. De Toni, Giovanni, Battista: Il botanico padovano Giacomo Antonio Cortuso nelle sue relazioni con Ulisse Aldrovandi e con altri naturalisti. Spigolature Aldrovandiane XIX. In: Contributo del R. Istituto Veneto di scienze, lettere ed arti alla Centenario della Università di Padova: Venezia 1922, pp. 217–249
34. Duggan, A.: King of Pontus. The Life of Mithridates Eupator. NewYork, 1959
35. Eggli, Urs: Curt Backeberg und die Erforschung der Kakteen. In: Kakteen und andere Sukkulenten. 38 (1987), 112–116 u. 140–143
36. Encke, F., Buchheim, G., Seybold, S.: Zander – Handwörterbuch der Pflanzennamen. Stuttgart 2000.
37. Ewan, Joseph (Ed.): A Short History of Botany in the United States. New York and London 1969
38. Fischer, Hermann: Mittelalterliche Pflanzenkunde. Hildesheim 1967
39. Fitting, Hans: Geschichte der hallischen Floristik. Zeitschr. Naturwiss. 69 (1896) 289–386
40. Fletcher, Harold R.: The Story of the Royal Horticultural Society 1804–1968. Oxford 1969
41. Fries, Robert, E.: A short History of Botany in Sweden. Uppsala 1950
42. Genaust, Helmut: Etymologisches Wörterbuch der botanischen Pflanzennamen. Basel und Stuttgart 1976
43. Goethes Werke. Hamburger Ausgabe. Bd. XIII, Naturwissenschaftliche Schriften I. München 1998
44. Götz, Erich, Gröner, Gerhard: Kakteen. Stuttgart 2000
45. Gourlie, Norah: The Prince of Botanists – Carl Linnaeus. London 1953
46. Grant, Michael, Hazel, John: Lexikon der antiken Mythen und Gestalten. München 1976
47. Green, J. Reynolds: A History of Botany in the United Kingdom from the Earliest Time to the End of the 19th Century. London and Toronto 1914
48. Gullers K. W., Strandell B.: Carl von Linné. Chicago 1977
49. Gunn, Mary, Codd, L. E.: Botanical Exploration of Southern Africa. Cape Town 1981
50. Gunther, R., T.: Early British Botanists and their Gardens. New York 1971
51. Gutte, Gottfried: Erinnerung an Curt Backeberg. In: Kakteen und andere Sukkulenten 46 (1995) 13–14
52. Hagen, Victor Wolfgang von: The immortal Botanist. Journal of New York Botanical Garden, 49 (1948) 171–184, 210–218
53. Hagelin, O.: Old and rare Books on Materia medica. Stockholm 1957
54. Halm, Heinz: Das Reich des Mahdi. München 1991
55. Hartmann, K., Metz, C.: Der Panamahut – der König der Hüte. Natur und Museum 132 (2002) 119–121
56. Haustein, E.: Botanisches Wörterbuch. Lehrmeister Bücherei Nr. 903. Minden 1982
57. Healey, B. J.: The Plant Hunters. New York 1975
58. Hein, Wolfgang-Hagen und Schwarz, Holm-Dietmar (Ed.): Deutsche Apotheker Biographie. Stuttgart 1975–1997
59. Heine, H.:«Ave Caesar, Botanici Te Salutant« L'épopée napoléonienne dans la botanique. Adansonia 7(1967)115–140
60. Helm, J.: Die Pflanzengattung Sprekelia Heister und ihr Namenspatron Johann Heinrich von Spreckelsen (1691–1764). Beitr. Biol. Pflanzen 44 (1968) 1–57
61. Herold, Christopher: Der korsische Degen. Napoleon und seine Zeit. Verlag München 1966
62. Hielscher, Kej, Hücking, Renate: Pflanzenjäger. München u. Zürich 2002
63. Hirsch, August: Biographisches Lexikon der hervorragenden Ärzte aller Zeiten. München, Berlin 1962
64. Hobbhouse, Penelope: Illustrierte Geschichte der Gartenpflanzen vom alten Ägypten bis heute. Bern, München, Wien 1999
65. Hyam, Roger, Pankhurst, Richard: Plants and their Names – A concise Dictionary. Royal Botanic Garden Edinburgh. Oxford 1995

66. Jansen, Albert: Jean Jacques Rousseau als Botaniker. Berlin 1885
67. Jessen, H., Schulze, H.: Botanisches Wörterbuch. Alfeld 1999
68. Jones, W. H. S.: Gaius Plinius secundus. Pliny Natural History. London 1966
69. Junginger, Fritz: Leonhard Rauwolf – ein schwäbischer Arzt, Botaniker und Entdeckungsreisender des 16. Jahrhunderts. Heidenheim an der Brenz 1969
70. Keller, H. L.: Reclams Lexikon der Heiligen und der biblischen Gestalten. Stuttgart 1968
71. Kerényi, Karl von: Die Heroen der Griechen. Zürich 1958
72. Kerner, Theobald: Das Kernerhaus und seine Gäste. Stuttgart und Leipzig 1897
73. Kersten, Kurt: Der Weltumsegler. Frankfurt a. M. 1957
74. King, Roland: The world of Kew. London 1976
75. Koch, Ludwig SJ: Jesuiten Lexikon. Paderborn 1934
76. Kübler, Ursula: Erinnerungen an Johann Simon von Kerner. Stadtarchiv Kirchheim/Teck, Bd. 4 (1986) 209–216
77. Lack, H. Walter: Ein Garten Eden. Meisterwerke der botanischen Illustration. Köln 2001
78. Leon, Vicki: Kleopatra u. Co. Aufmüpfige Frauen der Antike. Berlin 1998
79. Lindeboom, G. A.: Dutch Medical Biography. Amsterdam 1984
80. Lyons, Albert S., Petrucelli II, R. Joseph: Die Geschichte der Medizin im Spiegel der Kunst. Köln 1980
81. Mägdefrau, Karl: Geschichte der Botanik. Stuttgart 1973
82. Manfred, A. S.: Napoleon Bonaparte. Köln 1981
83. Meyer, H.: Geschichte der abendländischen Weltanschauung. Würzburg 1947
84. Mielke, H. J., Domke, W.: 300 Jahre Botanischer Garten Berlin. Berliner Natur Blätter 23 (1979) 487–501
85. Möbius, M.: Geschichte der Botanik. Jena 1937
86. Möller, Rudolf: Notizen zu einer Geschichte der Naturforschenden Gesellschaft des Osterlandes zu Altenburg. Mauritiana (Altenburg) 16 (1996) 117–178
87. Napoleon: Liebesbriefe an Joséphine. Hrsg. von Jean Tulard. Wien/Hamburg 1983
88. Nicolson, Harold: Das Zeitalter der Vernunft. Basel 1961
89. Nissen, Claus, Spilger, Ludwig: Georg Ludwig Koeler, Professor der Botanik und der Arzneimittellehre an der Mainzer Universität. In: Mainzer Zeitschrift 21 (1936) 60–66
90. Nonnos: Dionysiaka (Verdeutscht von Thassilo von Scheffer). Wiesbaden o. J.
91. Oliver, F. W. (ed.): Makers of British Botany. Cambridge 1913
92. Ovid: Metamorphosen. Verdeutscht von Thassilo von Scheffer. Wiesbaden 1948
93. Ovid: Ars amatoria (Liebeskunst). Verdeutscht von Alexander von Gleichen-Rußwurm. Berlin 1948
94. Pedrotti, Franco: 100 Anni di ricerche botaniche in Italia. Società botanica ital., Firenze 1988
95. Pies, Eike: Wilhelm Pies – ein Pionier der Tropenmedizin. In: Die Waage 10 (1971) 193–196
96. Rabelais, François: Gargantua und Pantagruel, verdeutscht durch Gottlob Regis. München 1964
97. Ragot, Jacques: Le docteur Jean Thore dénoncé comme terroriste par la Municipalité de La Teste-de Buch le 8 prairial An 3. Bull. Soc. Borda 112 (1987) 45–59
98. Ranke-Graves, Robert von: Griechische Mythologie. Reinbek-Hamburg 1955
99. Recknagel, Hans: Die Nürnbergische Universität Altdorf und ihre großen Gelehrten. Feucht 1998
100. Reichenbach, H. G. L.: Johann Centurius Graf von Hoffmannsegg. Jahresberichte der Gesellschaft für Natur- und Heilkunde. Dresden 1849
101. Rice, Anthony: Der verzauberte Blick. München 2000
102. Rohde, Eleanor S.: The old English Herbals. London 1922

103. Robb, Helmut, Hopf, Cornelia: Jacob und Johann Philipp Breyne – zwei Danziger Botaniker im 17. und 18. Jahrhundert. Forschungsbibliothek Gotha, Heft 27,1988

104. Roscher, W. H. (Ed.): Ausführliches Lexikon der griechischen und römischen Mythologie. Leipzig 1884–1886

105. Rose, Herbert, J.: Griechische Mythologie. München 1969

106. Rousseau, Jean-Jacques: Die Krisis der Kultur. Stuttgart 1956

107. Saas, Walter: Buxbaum. Ein Merseburger als erster Botaniker an d. Akad. d. Wissensch. zu St. Petersburg. Beitr. z. Univ.-Geschichte, Halle 1983

108. Saccardo, P. A.: La botanica in Italia. Parte 1. In: Memorie del Reale Istituto Veneto di Scienze, Lettere e Arti. Vol. XXV No. 4, pp. 1–236

109. Schmid, Maria, Schmoll gen. Eisenwerth, Helga: Ginkgo. Stuttgart. 1994

110. Schnarrenberger, Claus, Scholz, Hildemar (Eds.): Geschichte der Botanik in Berlin. Berlin 1990

111. Schubert, R., Wagner, G.: Pflanzennamen und botanische Fachwörter. Radebeul 1971

112. Schumacher, Hermann A.: Südamerikanische Studien. Berlin 1848

113. Seybold, Siegmund: Luca Ghini, Leonhard Rauwolff und Leonhart Fuchs. Über die Herkunft der Aquarelle im Wiener Kräuterbuch-Manuskript von Fuchs. Jb. Ges. Naturkde. Württ. 145 (1990) 239–264

114. Siedler, P.: Theodor Peckolt. Ber. Dt. Pharm. Ges. 24 (1914) 81–97

115. Sigerist, Henry E.: Große Ärzte. München 1959

116. Sigerist, Henry E.: Anfänge der Medizin. Zürich 1963

117. Stafleu, Frans A.: Linnaeus and the Linnaeans. Utrecht 1971

118. Stübler, E.: Leonhart Fuchs. Leben und Werk. Münchener Beitr. zur Gesch. u. Lit. d. Naturwiss. u. Medizin. München 13/14 (1928) 1–299

119. Thierfelder, Franz, Pluntke, Margitta: Die Botanische Gesellschaft zu Altenburg. Mauritiana (Altenburg) 13 (1992) 525–535

120. Trevisan, Renata: »Giacomo Antonio Cortuso«. In: L'orto botanico di Padova 1545–1995. Venezia, Marsilio 1995, pp. 62–64

121. Tyler-Whittle, Michael, S.: The Plant Hunters. New York 1997

122. Valentin, Johannes: Die Entwicklung der Pharmazeutischen Chemie an der Ernst-Moritz-Arndt-Universität in Greifswald. In: Festschrift zur 500-Jahrfeier der Universität Greifswald 17.10.1956, Bd. 2, Greifswald 1956, S. 468–479

123. Varnhagen von Ense, Karl August: Denkwürdigkeiten des eignen Lebens. Bd. 1. Berlin 1971

124. Venzmer, Gerhard: Krankheit macht Weltgeschichte. Stuttgart 1960

125. Vergil: Hirtengedichte.(Verdeutscht von Theodor Haecker). München 1953

126. Vermageren, M. J.: Hellenistic Religions. In: Bleeker and Widengren (Eds.): Historia Religionum, Handbook for the History of Religions, vol. I. Leiden 1969

127. Virville, A. D. de: Histoire de la Botanique en France. Paris 1954

128. Vollmer, W.: Vollständiges Wörterbuch der Mythologie aller Nationen. Stuttgart 1836

129. Volz, Günther: Ein großer Gelehrter des 16. Jahrhunderts: Jakob Theodor aus Bergzabern. Heimat-Jahrbuch d. Landkreises Südl. Weinstraße 13 (1990) 81–86.

130. Voragine, Jacobus de: Die Legenda aurea. Aus dem Lateinischen übersetzt von Richard Benz. Heidelberg o. J.

131. Wilhelm, A.: Die mecklenburgischen Ärzte von den ältesten Zeiten bis zur Gegenwart. Schwerin 1901

132. Will, Georg Andreas: Nürnbergisches Gelehrten-Lexicon. Nürnberg und Altdorf 1755

133. Wittstein, G. C.: Etymologisch-botanisches Handwörterbuch. Niederwalluf bei Wiesbaden 1971
134. Zögner, L., Lindner, K. , Zögner, G. K.: Kartenschätze: aus den Sammlungen der Staatsbibliothek zu Berlin. Braunschweig 2000

Register der Personennamen und der von ihnen abgeleiteten Gattungsnamen

Blumenbach, J. F.	*Blumenbachia*
Boccone, P.	*Bocconia*
Bock (Tragus), H.	*Tragus*
Böhmer, G. R.	*Boehmeria*
Bönninghausen, C. M. F. v.	*Boenninghausenia*
Bolus, H.	*Bolusanthus*
Bomare, J. Ch. V. de	*Bomarea*
Bonpland (eigtl. Goujaud)	*Bonplandia*
Bosisto, J.	*Bosistoa*
Boswell, James	*Boswellia*
Bougainville, L. A. de	*Bougainvillea*
Boussingault, J. B. J. D.	*Boussingaultia*
Bouvard, Ch.	*Bouvardia*
Bowen, Sir G. F.	*Bowenia*
Bowie, J.	*Bowiea*
Brahe, T. de	*Brahea*
Brass, W.	*Brassia*
Bras(s)avola, A. M.	*Brassavola*
Breyn(e), J.	*Breynia*
Breyn(e), J. Ph.	*Breynia*
Bromel, O.	*Bromelia*
Brosse, G. de la	*Brossaea*
Broussonet, P. M. A.	*Broussonetia*
Browall, J.	*Browallia*
Brown, R.	*Browningia*
Bruckenthal, S. Frh. v.	*Bruckenthalia*
Brugmans, S. J.	*Brugmansia*
Brunfels, O.	*Brunfelsia*
Buc'hoz, P. J.	*Buchozia*
Buddle, A.	*Buddleja*
Buffon, G.-L. L. de	*Bufonia*
Bunge, A. A. v.	*Bungea*
Burbridge, F. W. Th.	*Burbridgea*
Burke, J.	*Burkea*
Burman, J.	*Burmannia*
Burser (Burserius), J.	*Bursera*
Buxbaum, J. Ch.	*Buxbaumia*
Caballero y Góngora, A.	*Gongora*
Cabral, P. A.	*Cabralea*
Caesalpinus s. Cesalpino	
Calandrini, J.-L.	*Calandrinia*
Caldas, F. J. de	*Caldasia*
Caldesi, L.	*Caldesia*
Carnegie, A.	*Carnegiea*
Catesby, M.	*Catesbaea*
Cattley, W.	*Cattleya*
Cavanilles, A. J.	*Cavanillesia*
Cavendish, H.	*Cavendishia*
Cels, J. M.	*Celsia*
Celsius, O.	*Celsia*
Cesalpino, A.	*Caesalpinia*
Chamisso, A. v.	*Chamissonia*
Charlotte Sophia, Prinz. v. Mecklenb.-Strelitz	*Strelitzia*
Cheiron	*Chironia*
Choisy, J. D.	*Choisya*
Christ, J. L.	*Christia*
Clapperton, H.	*Clappertonia*
Clark, W.	*Clarkia*
Clayton, J.	*Claytonia*
Cleyer, A.	*Cleyera*
Clinton, De Witt	*Clintonia*
Clive, Lady Ch. F.	*Clivia*
Clusius, C. (de l'Escluse, Ch.)	*Clusia*
Cobo, B.	*Cobaea*
Colden, C.	*Coldenia*
Collet, Ph.	*Colletia*
Collinson, P.	*Collinsonia*
Colonna, F.	*Columnea*
Commelin, C.	*Commelina*
Commerson, Ph.	*Commersonia*
Compton, H.	*Comptonia*
Conring, H.	*Conringia*
Correia da Serra, J. F.	*Correa*
Cortuso, G. A.	*Cortusa*
Cunningham, A.	*Cunninghamia*
Cunningham, R.	*Cunninghamia*
Curtis, W.	*Curtisia*
Dabeoc, hl.	*Daboecia*
Dahl, A.	*Dahlia*
Dalechamps (Dalechampius), J.	*Dalechampia*
Danae	*Danae*
Daphne	*Daphne*
Darlington, W.	*Darlingtonia*
Darwin, E.	*Darwinia*

Daubenton, L. J.-M.	*Daubentonia*
David, J. P. A.	*Davidia*
Decaisne, J.	*Decaisnea*
Desfontaines, R. L.	*Desfontainia, Fontanesia*
Diana	*Dianella*
Dickson, J.	*Dicksonia*
Dieffenbach, E.	*Dieffenbachia*
Dieffenbach, J.	*Dieffenbachia*
Dièreville	*Diervilla*
Dillen (Dillenius), J. J.	*Dillenia*
Dinter, M. K.	*Dinteranthus*
Dione	*Dionaea*
Dionysos	*Dionysia*
Dioskorides, P.	*Dioscorea*
Dodoens (Dodonaeus), R.	*Dodonaea*
Dombey, J.	*Dombeya*
Doody, J. S.	*Doodya*
Douglas, D.	*Douglasia*
Downing, A. J.	*Downingia*
Drège, J. F.	*Dregea*
Dryander, J. C.	*Dryandra*
Duchesne, A. N.	*Duchesnea*
Du Halde, J. B.	*Duhaldea*
Duhamel du Monceau, H.-L.	*Hamelia*
Du Roi, J. Ph.	*Duroia*
Echeverría, A.	*Echeveria*
Ecklon, Ch. F.	*Ecklonea*
Edwards, S. T.	*Edwardsia*
Egeria	*Egeria*
Ehret, G. D.	*Ehretia*
Ehrhart, J. F.	*Ehrhartia*
Eichhorn, J. A. F.	*Eichhornia*
Ekeberg, C. G.	*Ekebergia*
Émile (Romanfigur)	*Emilia*
Eschscholtz, J. F. v.	*Eschscholzia*
Esteve, P. J.	*Stevia*
Eugen, Prinz v. Savoyen-Carignan	*Eugenia*
Euphorbus	*Euphorbia*
Euryale	*Euryale*
Fabián y Fuero, Don F.	*Fabiana*
Ferrari, G. B.	*Ferraria*
Ficinus, H. D. A.	*Ficinia*
Fitch, W. H.	*Fitchia*
Fleming, J.	*Flemingia*
Focke, G. W.	*Fockea*
Ford, Ch.	*Fordia*
Forster, J. G.	*Forstera*
Forster, J. R.	*Forstera*
Forsyth, W.	*Forsythia*
Fortune, R.	*Fortunella*
Fothergill, J.	*Fothergilla*
Fouquier, P. É.	*Fouquieria*
Fourcroy, A. F. de	*Fourcroya*
Franco, F.	*Francoa*
Freese, F. H. Th.	*Freesia*
Frémont, J. Ch.	*Fremontodendron*
Fresenius, J. B. G. W.	*Fresenia*
Fresnel, A. J.	*Frenela*
Freycinet, L.-C. de Saulces de	*Freycinetia*
Fuchs, L.	*Fuchsia*
Funck, H. Ch.	*Funkia*
Funke, L. Ph.	*Funkia*
Galton, Sir F.	*Galtonia*
Garden, A.	*Gardenia*
Gaulthier, J.-F.	*Gaultheria*
Gay-Lussac, J. L.	*Gaylussacia*
Gaza, Th.	*Gazania*
Gentius, König v. Illyrien	*Gentiana*
Gerard, J.	*Gerardia*
Gerber, T.	*Gerbera*
Ges(s)ner, K.	*Gesneria*
Gilibert, J.-E.	*Gilibertia*
Gillen (Gillenius), A.	*Gillenia*
Giseke, P. D.	*Gisekia*
Gleditsch, J. G.	*Gleditsia*
Gleichen-Rußwurm, F. W. v.	*Gleichenia*
Gloxin, B. P.	*Gloxinia*
Gmelin, J. G.	*Gmelina*
Gmelin, S. G.	*Gmelina*
Göbel, C. Ch. T. F.	*Goebelia*
Godet, Ch.-H.	*Godetia*
Goethe, J. W. v.	*Goethea*
Good, P.	*Goodia*
Goodenough, S.	*Goodenia*
Goodyer, J.	*Goodyera*

Goujaud, A. J. A.	s. Bonpland
Graves, L.	*Gravesia*
Greville, Ch. F.	*Grevillea*
Greville, R. K.	*Kayea*
Grew, N.	*Grewia*
Grey, Sir G.	*Greyia*
Griffith, W.	*Griffithia*
Grindel, D. H.	*Grindelia*
Gronovius, J. F.	*Gronovia*
Gunnerus, J. E.	*Gunnera*
Haage, F. A.	*Haageocereus*
Haberle, C. C. Ch.	*Haberlea*
Hablitz, K. L. v.	*Hablitzia*
Hagen, K. G.	*Hagenia*
Hake, Ch. L. Frh. v.	*Hakea*
Hales, St.	*Halesia*
Haller, A. v.	*Halleria*
Hampe, G. E. L.	*Hampea*
Hanbury, D.	*Hanburia*
Hance, H. F.	*Hancea*
Hasskarl, J. K.	*Hasskarlia*
Haussknecht, H. C.	*Haussknechtia*
Haworth, A. H.	*Haworthia*
Hebe	*Hebe*
Hecht, J. G. K.	*Hechtia*
Hedwig, J.	*Hedwigia*
Heister, L.	*Heisteria*
Helena	*Helenium*
Henríquez de Rivera, F., Gräfin v. Chinchón	*Cinchona*
Herakles	*Heracleum*
Herbert, W.	*Herbertia*
Hermann, P.	*Hermannia*
Heucher, J. H. v.	*Heuchera*
Heurn (Heurnius), J. van	*Huernia*
Hibbert, G.	*Hibbertia*
Hill, J.	*Hillia*
Hippokrates	*Hippocratea*
Hirschfeld, Ch. C. L.	*Hirschfeldia*
Hoffmann, G. F.	*Hoffmannia*
Hoffmannsegg, J. C. Graf v.	*Hoffmannseggia*
Holub, E.	*Holubia*
Hooker, Sir J. D.	*Hookerella*
Hooker, Sir W. J.	*Hookera*
Hoppe, D. H.	*Hoppea*
Hornschuch, Ch. F.	*Hornschuchia*
Hornung, E. G.	*Hornungia*
Host, N. Th.	*Hosta*
Hotton, P.	*Hottonia*
Hove, A. P.	*Hovea*
Hoy, Th.	*Hoya*
Humboldt, A. Frh. v.	*Humboldtia*
Hyakinthos	*Hyacinthus*
Ignatius v. Loyola	*Ignatia*
Imperato, F.	*Imperata*
Incarville, P. le Chéron d'	*Incarvillea*
Ingenhousz, J.	*Ingenhouzia*
Iris	*Iris*
Jacquin, N. J. Frh. v.	*Jacquinia*
Jäger, G. F. v.	*Jaegeria*
Jefferson, Th.	*Jeffersonia*
Joséphine, Kaiserin d. Franzosen	*Lapageria*
Juba II., König v. Mauretanien	*Jubaea*
Jungermann, L.	*Jungermannia*
Jussieu, Baron B. de	*Bernardia*
Kaempfer, E.	*Kaempferia*
Kalm, P.	*Kalmia*
Kalypso	*Calypso*
Kamel, G. J.	*Camellia*
Karl d. Große, Röm. Kaiser	*Carlina*
Karl IV., König v. Spanien	*Carludovica*
Kassiopeia	*Cassiope*
Kekrops	*Cecropia*
Kent, W.	*Kentia*
Kerner, J. S.	*Kernera*
Kerr, W.	*Kerria*
Kickx, J.	*Kickxia*
Kirke (Circe)	*Circaea*
Kitaibel, P.	*Kitaibela*
Klein, J. Th.	*Kleinia*
Klotzsch, J. F.	*Klotzschia*
Kniphof, J. H.	*Kniphofia*
Koch, W. D. J.	*Kochia*
Koeler, G. L.	*Koeleria*
Koelreuter, J. G.	*Koelreuteria*

Kölliker, R. A. v.	*Koellikeria*
König, J. G.	*Koenigia*
Labillardière, J. J. H. de	*Billardiera*
Lachenal, W. de	*Lachenalia*
Laelius, C.	*Laelia*
Lagerstroem, M. v.	*Lagerstroemia*
Lamarck, J.-B. de	*Lamarckia*
Lambert, A. B.	*Lambertia*
Landolphe, J. F.	*Landolphia*
Lapeyrouse Ph. Picot de	*Lapeyrousia*
Lavater, H.	*Lavatera*
Lavater, J. H.	*Lavatera*
Lawson, I.	*Lawsonia*
Legouz de Gerland, B.	*Legousia*
Leiriope	*Liriope*
Leschenault de la Tour, J. B. L. C. Th.	*Leschenaultia*
Leukothea	*Leucothoe*
Lewis, M.	*Lewisia*
L'Héritier de Brutelle, Ch.-L.	*Heritiera*
Lindenberg, J. B. W.	*Lindenbergia*
Lindern, F. B. v.	*Lindernia*
Lindley, J.	*Lindleya*
Linné (Linnaeus), C. v.	*Linnaea*
Lippi, A.	*Lippia*
Lister, M.	*Listera*
Lobel (Lobelius), M. de	*Lobelia*
Löfling, P.	*Loeflingia*
Logan, J.	*Logania*
Loiseleur-Deslongchamps, J. L. A.	*Loiseleuria*
Lonitzer, A.	*Lonicera*
López, J.	*Lopezia*
López de Villalobos, F.	*Lopezia*
Loudon, J. C.	*Loudonia*
Loureiro, J.	*Lourea*
Ludwig, Ch. G.	*Ludwigia*
Ludwig XV., König v. Frankr.	*Lodoicea*
Lycoris	*Lycoris*
Lysimachos, König v. Thrakien	*Lysimachia*
Maack, R.	*Maackia*
Macadam, J.	*Macadamia*
Maclure, W.	*Maclura*
MacMahon, B.	*Mahonia*
Magnol, P.	*Magnolia*
Malcolm, Sir J.	*Malcolmia*
Malpighi, M.	*Malpighia*
Mandeville, J. de	*Mandevilla*
Manetti, S.	*Manettia*
Maranta, B.	*Maranta*
Maratti, G. F.	*Marattia*
Maria-Luisa v. Parma	*Carludovica*
Marloth, H. W. R.	*Marlothia*
Marsigli (Marsilius), L. F.	*Marsilea*
Marsson, M.	*Marssonia*
Martínez de **G**alinsoga, M.	*Galinsoga*
Martius, C. F. Ph. v.	*Martiodendron*
Martyn, J.	*Martynia*
Masdevall, J.	*Masdevallia*
Masson, F.	*Massonia*
Matteucci, C.	*Matteuccia*
Mattioli (Matthiolus), P. A.	*Matthiola*
Maximilian Alex. Philipp Prinz zu Wied-Neuwied	*Maximiliana*
Maximowicz, K.	*Maximowiczia*
Mentzel, Ch.	*Mentzelia*
Menzies, A.	*Menziesia*
Mercurius	*Mercurialis*
Mertens, F. C.	*Mertensia*
Messerschmidt, D. G.	*Messerschmidia*
Meyen, F. J. F.	*Meyenia*
Michaux, A.	*Michauxia*
Michaux, F. A.	*Michauxia*
Micheli, P. A.	*Michelia*
Mikan, J. Ch.	*Mikania*
Milde, K. A. J.	*Mildella*
Miller, Ph.	*Milleria*
Milton, Ch. W. W. Viscount of	*Miltonia*
Minthe	*Mentha*
Minuart y Peretes, J.	*Minuartia*
Mirbel, Ch. F. B. de	*Mirbelia*
Mitchell, J.	*Mitchella*
Mithridates VI. Eupator, König v. Pontos	*Eupatorium*
Moehring, P. H. G.	*Moehringia*

Moench, C.	*Moenchia*
Molina, J. I.	*Molinia*
Moltke, J. G. Graf	*Moltkia*
Monardes, N.	*Monarda*
Monson, Lady A.	*Monsonia*
Montbret, A. F. E. C. de	*Montbretia*
Moraeus, J.	*Moraea*
Morin, L.	*Morina*
Moris, G. G.	*Morisia*
Morison, R.	*Morisonia*
Moritz, Prinz v. Oranien	*Mauritia*
Mueller, Sir F. J. H. v.	*Muelleranthus*
Mühlenbeck, H. G.	*Muehlenbeckia*
Münchhausen, O. v.	*Munchausia*
Murray, J. A.	*Murraya*
Musa, A.	*Musa*
Musin-Puschkin, Graf A. A.	*Puschkinia*
Mussche, J. H.	*Musschia*
Mutis y Bosio, J. C. B.	*Mutisia*
Nägeli, C.-W. v.	*Naegelia*
Narcissus (Narkissos)	*Narcissus*
Nees v. Esenbeck, Ch. G. D.	*Esenbeckia*
Nees v. Esenbeck, Th. F. L.	*Neesia*
Nemesis	*Nemesia*
Nerine	*Nerine*
Nestler, Ch. G.	*Nestlera*
Nicot, J.	*Nicotiana*
Nieremberg y Otin, J. E.	*Nierembergia*
Nikander v. Kolophon	*Nicandra*
Niven, J.	*Nivenia*
Nuttall, Th.	*Nuttallia*
Nysa	*Nyssa*
Orbigny, A. d’	*Orbignya*
Orpheus	*Orphium*
Osbeck, P.	*Osbeckia*
Osmundr	*Osmunda*
Paean	*Paeonia*
Palafox y Melzi, J. de	*Palafoxia*
Pallas, P. S.	*Pallasia*
Pandora	*Pandorea*
Paphia	*Paphiopedilum*
Paris	*Paris*
Park, M.	*Parkia*
Parkinson, J.	*Parkinsonia*
Parrot, J. J. F. W.	*Parrotia*
Paulos v. Ägina	*Aeginetia*
Pavón y Jiménez, J. A.	*Pavonia*
Pax, F. A.	*Paxia*
Paxton, Sir J.	*Paxtonia*
Peckolt, Th.	*Peckoltia*
Peiresc, N.-C. Fabri de	*Pereskia*
Pfeiffer, C. G. L.	*Pfeiffera*
Pinckney, Ch. C.	*Pinckneya*
Piso (Pies), W.	*Pisonia*
Pitcairn, A.	*Pitcairnia*
Pleione	*Pleione*
Plukenet, L.	*Plukenetia*
Plumier, Ch.	*Plumeria*
Podaleirios	*Podalyria*
Poinsett, J. R.	*Poinsettia*
Poiteau, P. A.	*Poitea*
Poivre, P.	*Poivrea*
Pontedera, G.	*Pontederia*
Proserpina	*Proserpinaca*
Proteus	*Protea*
Puerari, M. N.	*Pueraria*
Pulteney, R.	*Pultenaea*
Raffles, Sir Th. St. B.	*Rafflesia*
Raimondo de Sangro, Fürst v. San Severo	*Sansevieria*
Ramond de Carbonnières, L.-F.	*Ramonda*
Raoul, É. F. L.	*Raoulia*
Rauwolf, L.	*Rauvolfia*
Réaumur, R.-A. F. de	*Reaumuria*
Rechsteiner, J. K.	*Rechsteineria*
Reeves, J.	*Reevesia*
Reichard, J. J.	*Reichardia*
Reinwardt, C. G. C.	*Reinwardtia*
Rémusat, J.-P. A.	*Remusatia*
Ricci, M.	*Riccia*
Ricci, P. F.	*Riccia*
Richard, L. C. M.	*Richardia*
Rivinus, A. Qu.	*Rivina*
Robin, J.	*Robinia*
Roche, D. de la	*Rochea*

Roche, F. de la	*Rochea*
Roezl, B.	*Roezlia*
Romanzoff, Graf N.	*Romanzoffia*
Römer, J. J.	*Roemeria*
Rondelet, G.	*Rondeletia*
Roth, A. W.	*Rothia*
Rothman, G.	*Rothmannia*
Rottboell, Ch. F.	*Rottboellia*
Rousseau, J.-J.	*Roussea*
Roxburgh, W.	*Roxburghia*
Royle, J. F.	*Roylea*
Rudbeck, O.	*Rudbeckia*
Ruel (Ruellius), J.	*Ruellia*
Rugel, F.	*Rugelia*
Ruiz López, H.	*Ruizia*
Rumohr, K. F. v.	*Rumohra*
Rupp, H. B.	*Ruppia*
Ruprecht, F. J.	*Ruprechtia*
Russell, A.	*Russelia*
Russell, J., Duke of Bedford	*Russelia*
Russell, P.	*Russelia*
Sabin, J.	*Sabinea*
Saint Paul-Illaire, W. v.	*Saintpaulia*
Salm-Reifferscheid Dyck, J. M. Fürst u. Altgraf zu	*Dyckia*
Salvini, A. M.	*Salvinia*
Sanderson, Sir J. S. B.	*Sandersonia*
Saussure, H. B. de	*Saussurea*
Saussure, N. Th. de	*Saussurea*
Savigny, M. J. C. Lelorgne de	*Savignya*
Scheffler, J. Ch.	*Schefflera*
Scheuchzer, J.	*Scheuchzeria*
Scheuchzer, J. J.	*Scheuchzeria*
Schomburgk, Sir R. H.	*Schomburgkia*
Schreber, J. Ch. D. v.	*Schrebera*
Schweinfurth, G. A.	*Schweinfurthia*
Scopoli, G. A.	*Scopolia*
Semele	*Semele*
Sequoya	*Sequoia*
Serapis	*Serapias*
Sherard, W.	*Sherardia*
Sibbald, Sir R.	*Sibbaldia*
Siegesbeck, J. G.	*Sigesbeckia*
Sievers, J. A. C.	*Sieversia*
Silenos	*Silene*
Sinning, W.	*Sinningia*
Sloane, Sir H.	*Sloanea*
Smith, Sir J. E.	*Smithia*
Smith, M.	*Smithiantha*
Solander, D. C.	*Solandra*
Solms-Laubach, H. Graf zu	*Solmsia*
Sonnerat, P.	*Sonneratia*
Sowerby, J.	*Sowerbaea*
Spallanzani, L.	*Spallanzania*
Sparrman, A.	*Sparrmannia*
Spencer-Churchill, G., Marquis of Blandford	*Blandfordia*
Spigel, A. van der	*Spigelia*
Spreckelsen, J. H. v.	*Sprekelia*
Sprengel, C. P. J.	*Sprengelia*
Spruce, R.	*Sprucea*
Stapel (Stapelius), J. B. van	*Stapelia*
Stapf, O.	*Stapfiella*
Staunton, Sir G. L.	*Stauntonia*
Steudel, E. G.	*Steudelia*
Stuart, J., Earl of Bute	*Stewartia*
Sutherland, J.	*Sutherlandia*
Swieten, G. van	*Swietenia*
Tabernaemontanus	*Tabernaemontana*
Tages	*Tagetes*
Teleki v. Szék, S. Graf	*Telekia*
Telephos	*Telephium*
Ternström, Ch.	*Ternstroemia*
Teukros	*Teucrium*
Thal, J.	*Thalia*
Theophrastos	*Theophrasta*
Thiselton-Dyer, Sir W. T.	*Dyera*
Thore, J.	*Thorelia*
Thouin, A.	*Thouinia*
Thunberg, C. P.	*Thunbergia*
Til-Landz, E.	*Tillandsia*
Tode, H. J.	*Todea*
Torén, O.	*Torenia*
Tournefort, J. P. de	*Tournefortia*
Tozzi, L.	*Tozzia*
Tradescant, J.	*Tradescantia*

Tragus s. Bock, H.	
Trew, Ch. J.	*Trewia*
Trinius, K. B.	*Trinia*
Tulbagh, R.	*Tulbaghia*
Turpin, P. J. F.	*Turpinia*
Tydeus	*Tydaea*
Vaillant, S.	*Vaillantia*
Vallisneri, A.	*Vallisneria*
Veitch, J.	*Veitchia*
Veltheim, A. F. Graf v.	*Veltheimia*
Ventenat, É. P.	*Ventenata*
Vergil s. Virgil	
Veronika, hl.	*Veronica*
Verschaffelt, A.	*Verschaffeltia*
Viktoria, Königin v. Großbritannien u. Irland	*Victoria*
Villars, D.	*Villarsia*
Virgil	*Virgilia*
Vriese, W. H. de	*Vriesea*
Vulpius, J. S.	*Vulpia*
Wahlenberg, G.	*Wahlenbergia*
Waitz, K. F.	*Waitzia*
Waldstein, F. de Paula A. Graf von	*Waldsteinia*
Wallich, N.	*Wallichia*
Ward, F. K.	*Wardenia*
Washington, G.	*Washingtonia*
Watson, Sir W.	*Watsonia*
Weigel, Ch. E. v.	*Weigela*
Welden, F. L. Frh. v.	*Weldenia*
Wellesley, A., Duke of Wellington	*Wellingtonia*
Welwitsch, F.	*Welwitschia*
Wigand, J.	*Wigandia*
Wigand, J. H. .	*Wigandia*
Willdenow, C. L.	*Willdenowia*
Wistar, C.	*Wisteria*
Woodward, Th. J.	*Woodwardia*
Wright, Ch.	*Carlowrightea*
Wulfen, F. X. Frh. v.	*Wulfenia*
Zannichelli, G. G.	*Zannichellia*
Zantedeschi, G.	*Zantedeschia*
Zauschner, J. B. J.	*Zauschneria*
Zenobia, Septimia, Königin v. Palmyra	*Zenobia*
Zeyher, K. L. Ph.	*Zeyheria*
Zinn, J. G.	*Zinnia*

Register der Gattungsnamen im deutschen Sprachgebrauch

Aasblume	*Stapelia*
Achillpflanze	*Achillea*
Ackerkohl	*Conringia*
Ackerröte	*Sherardia*
Adonisröschen	*Adonis*
Affenbrotbaum	*Adansonia*
Agave	*Agave*
Ährenheide	*Bruckenthalia*
Alexandrin. Lorbeer	*Danae*
Allamande	*Allamanda*
Alonsoe	*Alonsoa*
Alpengelbling	*Sibbaldia*
Alpenscharte	*Saussurea*
Ameisenbaum	*Cecropia*
Aralie	*Schefflera*
Artemisie	*Artemisia*
Atlasblume	*Godetia*
Aubrietie	*Aubrieta*
Augentrost	*Athamanta*
Augenwurz	*Athamanta*
Australische Fuchsie	*Correa*
Babassupalme	*Orbignya*
Bajonettpflanze	*Sansevieria*
Banane	*Musa*
Banksie	*Banksia*
Baobab	*Adansonia*
Barbarakraut	*Barbarea*
Barbenkraut	*Barbarea*
Bärenklau	*Heracleum*
Baumfarn	*Dicksonia*
Begonie	*Begonia*
Beifuß	*Artemisia*
Belladonnalilie	*Amaryllis*
Bergenie	*Bergenia*
Berglorbeer	*Kalmia*
Besenkraut	*Kochia*
Bingelkraut	*Mercurialis*
Bismarckpalme	*Bismarckia*
Bitterwurzel	*Lewisia*
Blasenbaum	*Koelreuteria*
Blasenbinse	*Scheuchzeria*
Blaukissen	*Aubrieta*
Blauregen	*Wisteria*
Blauschote	*Decaisnea*
Blumenbinse	*Scheuchzeria*
Bogenhanf	*Sansevieria*
Bougainvillee	*Bougainvillea*
Bouvardie	*Bouvardia*
Brasilnußbaum	*Bertholletia*
Brechnußbaum	*Ignatia*
Bromelie	*Bromelia*
Büchsenkraut	*Lindernia*
Buddleie	*Buddleja*
Buffonie	*Bufonia*
Buschmalve	*Lavatera*
Chinarindenbaum	*Cinchona*
Christophskraut	*Actaea*
Claytonie	*Claytonia*
Cohunepalme	*Orbignya*
Columnee	*Columnea*
Copihue	*Lapageria*
Dahlie	*Dahlia*
Dame in Trauer	*Iris*
Dickblatt	*Rochea*
Dieffenbachie	*Dieffenbachia*
Doppelkokosnuß	*Lodoicea*
Dornmelde	*Kochia*
Dreiblattspiere	*Gillenia*
Dreimasterblume	*Tradescantia*
Drillingsblume	*Bougainvillea*
Dschungelglocke	*Allamanda*
Eberwurz	*Carlina*
Echeverie	*Echeveria*
Edelraute	*Artemisia*
Ehrenpreis	*Veronica*
Eibisch	*Althaea*
Einbeere	*Paris*
Eisenholz	*Parrotia*

Elefantenfarn	*Todea*
Engelstrompete	*Brugmansia*
Enzian	*Gentiana*
Eschscholzie	*Eschscholzia*
Eugenie	*Eugenia*
Fackellilie	*Kniphofia*
Falsche Akazie	*Robinia*
Falsche Heide	*Fabiana*
Falscher Christusdorn	*Gleditsia*
Federbuschstrauch	*Fothergilla*
Federschwingel	*Vulpia*
Felberich	*Lysimachia*
Felsenröschen	*Loiseleuria*
Fieberrindenbaum	*Cinchona*
Forsythie	*Forsythia*
Fourcroye	*Fourcroya*
Frangipani	*Plumeria*
Franzosenkraut	*Galinsoga*
Frauenspiegel	*Legousia*
Freesie	*Freesia*
Freilandgloxinie	*Incarvillea*
Fuchsie	*Fuchsia*
Fuchsschwingel	*Vulpia*
Funkie	*Funkia, Hosta*
Gamander	*Teucrium*
Garbe	*Achillea*
Gardenie	*Gardenia*
Gaultherie	*Gaultheria*
Gazanie	*Gazania*
Geißblatt	*Lonicera*
Gelbling	*Sibbaldia*
Georgine	*Dahlia*
Gerbera	*Gerbera*
Gewürzlilie	*Kaempferia*
Giftbeere	*Nicandra*
Gilbweiderich	*Lysimachia*
Gleditschie	*Gleditsia*
Glöckel	*Cortusa*
Glockenbilsenkraut	*Scopolia*
Glockenrebe	*Cobaea*
Glockenwinde	*Cobaea*
Gloxinie	*Gloxinia*
Glyzine	*Wisteria*
Goldbecher	*Eschscholzia*
Golddistel	*Carlina*
Golderdbeere	*Waldsteinia*
Goldflieder	*Forsythia*
Goldglöckchen	*Forsythia*
Goldkelch	*Solandra*
Goldmohn	*Eschscholzia*
Goldtrompete	*Allamanda*
Gränke	*Andromeda*
Graukresse	*Berteroa*
Grevillee	*Grevillea*
Grindelie	*Grindelia*
Guernseylilie	*Nerine*
Gunnera	*Gunnera*
Gurkenbaum	*Averrhoa*
Hartriegel	*Benthamidia*
Hechtkraut	*Pontederia*
Heckenkirsche	*Lonicera*
Heilglöckchen	*Cortusa*
Hennastrauch	*Lawwsonia*
Herkuleskraut	*Heracleum*
Herzlöffel	*Caldesia*
Heuschreckenbaum	*Robinia*
Heusenkraut	*Ludwigia*
Hexenkraut	*Circaea*
Honigbaum	*Greyia*
Honigpalme	*Jubaea*
Howeapalme	*Kentia*
Hyazinthe	*Hyacinthus*
Indianernessel	*Monarda*
Indische Nessel	*Boehmeria*
Ind. Scheinerdbeere	*Duchesnea*
Inkalilie	*Alstroemeria*
Irische Heide	*Daboecia*
Jakobslilie	*Sprekelia*
Jeffersonie	*Jeffersonia*
Jelängerjelieber	*Lonicera*
Jonquille	*Narcissus*
Kaiserbaum	*Paulownia*
Kalandrinie	*Calandrinia*
Kalla	*Zantedeschia*
Kalmie	*Kalmia*
Kamelie	*Camellia*

Kaphyazinthe	*Lachenalia*
Kaplilie	*Tulbaghia*
Kappenmohn	*Eschscholzia*
Kegelblume	*Puschkinia*
Kentia	*Kentia*
Kerrie	*Kerria*
Kettenfarn	*Woodwardia*
Kirschmyrte	*Eugenia*
Klarkie	*Clarkia*
Kleefarn	*Marsilea*
Klettengras	*Tragus*
Klivie	*Clivia*
Knopfkraut	*Galinsoga*
Kobraschlauchpflanze	*Darlingtonia*
Kolibritrompete	*Zauschneria*
Königsfarn	*Osmunda*
Königskerze	*Celsia*
Kopoubohne	*Pueraria*
Kräuselmyrte	*Lagerstroemia*
Kreuzblume	*Clarkia*
Kreuzrebe	*Bignonia*
Kriechheide	*Daboecia*
Kugelschötchen	*Kernera*
Kuhtritt	*Wulfenia*
Kumquat	*Fortunella*
Lachenalie	*Lachenalia*
Lackblatt	*Schefflera*
Laelie	*Laelia*
Lagerstroemie	*Lagerstroemia*
Lapagerie	*Lapageria*
Laternenlilie	*Sandersonia*
Lavendelheide	*Andromeda*
Lederfarn	*Rumohra*
Lederhülsenbaum	*Gleditsia*
Leimkraut	*Silene*
Levkoje	*Matthiola*
Lobelie	*Lobelia*
Lorbeerrose	*Kalmia*
Louisianamoos	*Tillandsia*
Magnolie	*Magnolia*
Mahagonibaum	*Swietenia*
Mähnenpalme	*Jubaea*
Mahonie	*Mahonia*
Mammutbaum	*Sequoia, Wellingtonia*
Mandelröschen	*Clarkia*
Mangrovenbaum	*Avicennia*
Mannsschild	*Douglasia*
Marante	*Maranta*
Mauritiuspalme	*Mauritia*
Maximilianspalme	*Maximiliana*
Mertensie	*Mertensia*
Miere	*Minuartia*
Minze	*Mentha*
Monarde	*Monarda*
Moorglöckchen	*Wahlenbergia*
Moosglöckchen	*Linnaea*
Mutisie	*Mutisia*
Nabelkraut	*Echeveria*
Narzisse	*Narcissus*
Nelkenwurz	*Spigelia*
Nerine	*Nerine*
Nesselblatt	*Alonsoa*
Netzblatt	*Goodyera*
Ochsenauge	*Telekia*
Orangenblume	*Choisya*
Orangenraute	*Murraya*
Osagedorn	*Maclura*
Osterglocke	*Narcissus*
Ostind. Walnuß	*Albizia*
Päonie	*Paeonia*
Papageienpflanze	*Asclepias*
Paradiesvogelblume	*Strelitzia*
Paranußbaum	*Bertholletia*
Paulownie	*Paulownia*
Peruanische Lilie	*Alstroemeria*
Petersbart	*Sieversia*
Pfeifengras	*Molinia*
Pfeilwurz	*Maranta*
Pfennigkraut	*Lysimachia*
Pfingstrose	*Paeonia*
Pisonie	*Pisonia*
Pleione	*Pleione*
Poinsettie	*Poinsettia*
Pontederie	*Pontederia*
Priesterpalme	*Washingtonia*
Puschkinie	*Puschkinia*

Rachenrebe	*Columnea*
Radmelde	*Kochia*
Rafflesie	*Rafflesia*
Raketenblume	*Kniphofia*
Ramie	*Boehmeria*
Ramondie	*Ramonda*
Ranunkelstrauch	*Kerria*
Raoulie	*Raoulia*
Rebhuhnbeere	*Gaultheria, Mitchella*
Redwood	*Sequoia, Wellingtonia*
Rhoeo	*Tradescantia*
Riemenblatt	*Clivia*
Riesenblume	*Rafflesia*
Riesenhyazinthe	*Galtonia*
Riesenseerose	*Victoria*
Rispenfarn	*Osmunda*
Robinie	*Robinia*
Romanzoffie	*Romanzoffia*
Rondeletie	*Rondeletia*
Rosmarinheide	*Andromeda*
Rudbeckie	*Rudbeckia*
Rudel	*Ruellia*
Ruellie	*Ruellia*
Sammetblume	*Tagetes*
Schafgarbe	*Achillea*
Schärtling	*Saussurea*
Schefflera	*Schefflera*
Scheinakazie	*Robinia*
Scheinbeere	*Gaultheria*
Scheinkamelie	*Stewartia*
Schiefblatt	*Begonia*
Schillergras	*Koeleria*
Schimmerbaum	*Protea*
Schirmakazie	*Albizia*
Schmetterlingsstrauch	*Buddleja*
Schmiele	*Dalechampia*
Schneeglöckchenbaum	*Halesia*
Schönmalve	*Pavonia*
Schuppenheide	*Cassiope*
Schwarze Susanne	*Thunbergia*
Schwertlilie	*Iris*
Schwimmfarn	*Salvinia*
Seidelbast	*Daphne*
Seidenpflanze	*Asclepias*
Setcreasie	*Tradescantia*
Seychellennußbaum	*Lodoicea*
Silberbaum	*Protea*
Silbereiche	*Grevillea*
Sommerflieder	*Buddleja*
Sommerhyazinthe	*Galtonia*
Sommerzypresse	*Kochia*
Sonnenbraut	*Helenium*
Sonnenhut	*Rudbeckia*
Spießtanne	*Cunninghamia*
Stechapfel	*Brugmansia*
Stechlaub	*Mahonia*
Steinröschen	*Daphne*
Stendelwurz	*Serapias*
Sternlebermoos	*Riccia*
Strahlenaralie	*Schefflera*
Strauchpappel	*Lavatera*
Strauchveronika	*Hebe*
Straußenfarn	*Matteuccia*
Strelitzie	*Strelitzia*
Studentenblume	*Tagetes*
Sumpfkohl	*Pontederia*
Tabak	*Nicotiana*
Tännelkraut	*Kickxia*
Taschentuchbaum	*Davidia*
Taubenbaum	*Davidia*
Tazette	*Narcissus*
Telekie	*Telekia*
Tempelglocke	*Smithiantha*
Teufelsauge	*Adonis*
Thunbergie	*Thunbergia*
Tibetorchidee	*Pleione*
Tillandsie	*Tillandsia*
Tohabaum	*Amherstia*
Tollkirsche	*Atropa*
Tollkraut	*Scopolia*
Torfmyrte	*Gaultheria*
Totenblume	*Tagetes*
Tradeskantie	*Tradescantia*
Traubenheide	*Leucothoe*
Trichterfarn	*Matteuccia*
Tritome	*Kniphofia*

Tupelobaum	*Nyssa*
Usambaraveilchen	*Saintpaulia*
Venusfliegenfalle	*Dionaea*
Venusschuh	*Paphiopedilum*
Veronika	*Veronica*
Victoria	*Victoria*
Wachsblume	*Hoya*
Washington-Palme	*Washingtonia*
Wasserblatt	*Salvinia*
Wasserdost	*Eupatorium*
Wasserfalle	*Aldrovanda*
Wasserfeder	*Hottonia*
Wasserhanf	*Eupatorium*
Wasserhyazinthe	*Pontederia*
Wasserranke	*Tradescantia*
Weidenröschen	*Zauschneria*
Weigelie	*Weigela*
Weihnachtsstern	*Poinsettia*
Weihrauchbaum	*Boswellia*
Weißmiere	*Moenchia*
Welwitschie	*Welwitschia*
Wetterdistel	*Carlina*
Wisterie	*Wisteria*
Wolfsmilch	*Euphorbia*
Wollblume	*Celsia*
Wulfenie	*Wulfenia*
Wunderblume	*Bougainvillea*
Wunderfichte	*Protea*
Yams	*Dioscorea*
Yamswurzel	*Dioscorea*
Zenobie	*Zenobia*
Zimmerlinde	*Sparrmannia*
Zinnie	*Zinnia*
Zweiblatt	*Listera*
Zwillingsblatt	*Jeffersonia*
Zypressenkiefer	*Frenela*